Probability at Saint-Flour

For further volumes:
http://www.springer.com/series/10212

Saint-Flour Probability Summer School

Founded in 1971, the Saint-Flour Probability Summer School is organised every year by the mathematics department of the Université Blaise Pascal at Clermont-Ferrand, France, and held in the pleasant surroundings of an 18th century seminary building in the city of Saint-Flour, located in the French Massif Central, at an altitude of 900 m.

It attracts a mixed audience of up to 70 PhD students, instructors and researchers interested in probability theory, statistics, and their applications, and lasts 2 weeks. Each summer it provides, in three high-level courses presented by international specialists, a comprehensive study of some subfields in probability theory or statistics. The participants thus have the opportunity to interact with these specialists and also to present their own research work in short lectures.

The lecture courses are written up by their authors for publication in the LNM series.

The Saint-Flour Probability Summer School is supported by:

- Université Blaise Pascal
- Centre National de la Recherche Scientifique (C.N.R.S.)
- Ministère délégué à l'Enseignement supérieur et à la Recherche

For more information, see back pages of the book and
http://math.univ-bpclermont.fr/stflour/

Jean Picard
Summer School Chairman
Laboratoire de Mathématiques
Université Blaise Pascal
63177 Aubière Cedex
France

Jean Bertoin • Jean L. Bretagnolle • Ronald A. Doney
Ildar A. Ibragimov • Jean Jacod

Lévy Processes at Saint-Flour

Springer

Jean Bertoin
University of Zürich
Zürich, Switzerland

Jean L. Bretagnolle
Université de Paris-Sud
Orsay, France

Ronald A. Doney
University of Manchester
Manchester, UK

Ildar A. Ibragimov
V.A.Steklov Institute
of Mathematics
Russian Academy of Sciences
St. Petersburg, Russia

Jean Jacod
Université Paris VI
Paris, France

Reprint of lectures originally published in the Lecture Notes in Mathematics volumes 307 (1973), 1117 (1985), 1717 (1999) and 1897 (2007).

ISBN 978-3-642-25940-1
Springer Heidelberg Dordrecht London New York

Library of Congress Control Number: 2011945779

Mathematics Subject Classification (2010): 60G51; 60G50; 60G55; 60F05; 60E07; 60F17; 60J99; 60G48

Printed on acid-free paper

Springer is part of Springer Science+Business Media (www.springer.com)

Preface

The *École d'Été de Saint-Flour*, founded in 1971 is organised every year by the *Laboratoire de Mathématiques* of the *Université Blaise Pascal* (Clermont-Ferrand II) and the *CNRS*. It is intended for PhD students, teachers and researchers who are interested in probability theory, statistics, and in applications of stochastic techniques. The summer school has been so successful in its 40 years of existence that it has long since become one of the institutions of probability as a field of scholarship.

The school has always had three main simultaneous goals:
1. to provide, in three high-level courses, a comprehensive study of 3 fields of probability theory or statistics;
2. to facilitate exchange and interaction between junior and senior participants;
3. to enable the participants to explain their own work in lectures.

The lecturers and topics of each year are chosen by the Scientific Board of the school. Further information may be found at http://math.univ-bpclermont.fr/stflour/

The published courses of Saint-Flour have, since the school's beginnings, been published in the *Lecture Notes in Mathematics* series, originally and for many years in a single annual volume, collecting 3 courses. More recently, as lecturers chose to write up their courses at greater length, they were published as individual, single-author volumes. See www.springer.com/series/7098. These books have become standard references in many subjects and are cited frequently in the literature.
As probability and statistics evolve over time, and as generations of mathematicians succeed each other, some important subtopics have been revisited more than once at Saint-Flour, at intervals of 10 years or so .

On the occasion of the 40th anniversary of the *École d'Été de Saint-Flour,* a small ad hoc committee was formed to create selections of some courses on related topics from different decades of the school's existence that would seem interesting viewed and read together. As a result Springer is releasing a number of such theme volumes under the collective name "Probability at Saint-Flour".

Jean Bertoin, Erwin Bolthausen and K. David Elworthy

Jean Picard, Pierre Bernard, Paul-Louis Hennequin
(current and past Directors of the *École d'Été de Saint-Flour*)

September 2011

Table of Contents

PROCESSUS A ACCROISSEMENTS INDEPENDANTS

par J.L. BRETAGNOLLE

I - Introduction

Le texte qui suit ne représente qu'une partie du cours que j'ai fait à l'Ecole d'Eté. Un troisième chapitre que je n'ai pas rédigé comportait l'étude fine des trajectoires, où j'ai présenté les très beaux résultats de Kesten ; pour exposer ces derniers j'ai suivi de très près la rédaction que j'en ai faite pour le Séminaire de Strasbourg, 70/71, Lecture Notes, Springer Verlag. Je n'ai pas eu le temps d'aborder les questions de dimension de Hausdorff ou de mesure de Hausdorff des trajectoires. J'ai choisi de ne pas parler du Mouvement Brownien. Je suppose connues les notions de martingales et de temps d'arrêt telles qu'on les trouve par exemple dans le livre de Neveu.

Pour le chapitre I, j'ai suivi un exposé de Marie DUFLO. Pour le chapitre II, j'ai suivi un article de P.W. MILLAR : "Path behavior of processes with stationnary independents increments", Z. Wahr 17, 53-73 (1971). Enfin, au moment où je reprends ces notes, j'ai connaissance d'un article (à paraître dans Z. Wahr) de FRISTEDT et GREENWOOD qui contient des résultats extrêmement intéressants et généraux sur les sommes variationnelles, auquel je renvoie par avance les lecteurs intéressés par cette question. Je signale également mon exposé au Séminaire de Strasbourg 71/72 sur la p-variation forte en connexion avec ce problème.

Originally published in: *Ecole d'Été de Probabilités: Processus Stochastiques*, Lecture Notes in Mathematics, Vol. **307**, 1–26, DOI: 10.1007/BFb0059707, © Springer-Verlag Berlin Heidelberg 1973, Reprint by Springer-Verlag Berlin Heidelberg 2012

CHAPITRE I : LA DECOMPOSITION DE PAUL LEVY

Définition 1

Sur $(\Omega, \mathcal{F}, P)$, espace de probabilité muni d'une famille croissante de tribus $\mathcal{F}_t$, où $t \in \mathbb{R}^+$. Une famille X_t de variables aléatoires à valeurs dans $\mathbb{R}^n$ est un P.A. I n-dimensionnel si :

a) X_t est adapté à $\mathcal{F}_t$ pour tout t (cela signifie X_t $\mathcal{F}_t$-mesurable)

b) $X_0 = 0$ p.s.

c) $X_{t+s} - X_t$, indépendant de $\mathcal{F}_t$, est de même loi que X_s, pour s, t positifs

d) X_t est continu en probabilité.

Conséquences

Posons $\varphi_t(u) = E\{\exp i(u \mid X_t)\}$ où $(u \mid v)$ représente le produit scalaire de $\mathbb{R}^n$. D'après d), les $\varphi_t(u)$ sont continues du couple(t, u); d'après b), $\varphi_0(u) = 1$, et comme d'après c) $\varphi_{t+s}(u) = \varphi_t(u)\ \varphi_s(u)$, $\varphi_t(u) \neq 0$ pour tout couple t, u. On peut donc écrire $\varphi_t(u) = \exp(-t\,\psi(u))$, où ψ est une fonction continue nulle en 0.

Réciproquement, si on a une fonction $\psi(u)$, continue, nulle en 0, telle que pour tout $t \geqslant 0$, $\varphi_t(u) = e^{-t\psi(u)}$ soit de type positif [ce qui signifie que pour tout choix fini des u_j, λ_j, $\sum_{i,j} \lambda_i \overline{\lambda_j}\ \varphi_t(u_i - u_j) \geqslant 0$] d'après le théorème de Bochner $\varphi_t(u)$ est la transformée de Fourier d'une mesure de probabilité sur $\mathbb{R}^n$. On peut donc construire un système projectif de mesures de probabilité sur $(\mathbb{R}^n)^{\mathbb{R}^+}$ par la formule

$$E\left\{\exp\left[i\ (u_1 \mid X_{t_1}) + (u_2 \mid X_{t_2}) + \dots + (u_n \mid X_{t_n})\right]\right\}$$

$$= E\left\{\exp i\left[(u_1 + u_2 + \dots + u_n \mid X_{t_1}) + \dots + (u_n \mid X_{t_n} - X_{t_{n-1}})\right]\right\}$$

$$= \varphi_{t_1}(u_1 + \dots + u_n) \cdot \varphi_{t_2 - t_1}(u_2 + \dots + u_n) \dots \varphi_{t_n - t_{n-1}}(u_n),$$ pour tout choix fini des $0 \leqslant t_1 \leqslant t_2 \leqslant \dots \leqslant t_n$. Le processus X_t sur $(\mathbb{R}^n)^{\mathbb{R}^+}$, défini d'après le théorème de Kolmogorov, manifestement adapté à la tribu

$\mathcal{F}_t = \sigma\{X_s \mid s \leq t\}$, possèdera les propriétés a, b, c, d également puisque $X_{t+s} - X_t \xrightarrow{Pr} 0$ quand $s \to 0^+$ est une conséquence immédiate de $\varphi_s(u) \to 1$ quand $s \to 0^+$. Donc, à toute possédant les propriétés, correspond un P.A. I

Théorème 1

Soit S un sous-ensemble dénombrable de $\mathbb{R}^+$. Il existe alors un ensemble P-négligeable N tel que sur N^c, $t \to X_t$ soit pourvue de limites à gauche et à droite le long de S (l.a.g. l.a.d.). Si on pose alors $Y_t = \lim_{S \in S\, s \downarrow t} X_s$ sur N^c, 0 sur N, Y_t est adapté à $\mathcal{F}_t^{(*)}$, et Y_t est continu à droite, pourvu de limites à gauche (c.a.d. l.a.g). Enfin Y_t est une modification de X_t, c'est-à-dire que pour tout t, $P[Y_t \neq X_t] = 0$.

(*) $\overline{\mathcal{F}_t}$ est la complétée de $\mathcal{F}_t$ dans $\mathcal{F}$, c'est-à-dire complétée par tous les ensembles négligeables de $\mathcal{F}$ (ou de $\bigvee_t \mathcal{F}_t$).

Démonstration

Soit $u \in \mathbb{Q}^n$, et M_t^u définie par $t \to \dfrac{e^{i(u|X_t)}}{\varphi_t(u)}$. Pour chaque u, M_t^u est une martingale (complexe) adaptée à $\mathcal{F}_t$, donc, sauf sur un négligeable N^u, l.a.g. l.a.d. le long de S (voir par exemple Neveu, pages 129 à 132). Les limites à gauche et à droite le long de S existent donc simultanément pour toutes les M^u, sauf sur l'ensemble (négligeable) $N = \bigcup_{u \in \mathbb{Q}^n} N^u$. Supposons que, pour $\omega \in N^c$, $s \to X_s$ ait deux valeurs d'adhérence a et b distinctes quand s tend ($\uparrow$ ou $\downarrow$) vers un t ; on peut toujours trouver un u de $\mathbb{Q}^n$ tel que $(u \mid b-a) \notin 2\, i\, \Pi\, \mathbb{Z}$, c'est donc impossible ; X_t est donc l.a.g. l.a.d. le long de S sur N^c, et Y_t c.a.d. l.a.g. Par convergence dominée, on a $E\{\exp i\,(u \mid Y_t - X_t)\} = \lim_{s \downarrow t} E\{\exp i\,(u \mid X_s - X_t)\} = 1$, puisque X_t est continu en probabilité, donc $P\{Y_t \neq X_t\} = 0$. Enfin, puisque $X_t = Y_t$ p.s., Y_t est adapté à $\overline{\mathcal{F}_t}$.

<u>Conséquence</u>

On avait un P.A. I au sens de la définition I, on prend maintenant pour X_t la version régularisée (c.a.d. l.a.g.) Y_t , et pour $\mathcal{F}_t$, $\overline{\sigma\,(X_s \;|s \leq t)}$. Mais attention maintenant on étudie un <u>P.A. I fixé</u> X_t (s'il en existe), et $\mathcal{F}_t$ est maintenant fixée pour tout le chapitre.

<u>Théorème 2</u> (loi 0-1)

$\mathcal{F}_{t^+}$, définie comme $\bigcap\limits_{s>t} \mathcal{F}_s$, est égale à $\mathcal{F}_t$

<u>Démonstration</u>

$\mathcal{F}_{t^+}$ peut être considérée comme une intersection <u>dénombrable</u>, les tribus étant emboitées. Alors

si $t_1 \leqq t_2$, $E\,\{\exp i\,(u|X_{t_1})\;|\,\mathcal{F}_{t_2}\} = E\,\{\exp i\,(u|X_{t_1})\;|\,\mathcal{F}_{t_2^+}\}$, une version commune en étant $\exp i\,(u\;|\;X_{t_1})$.

si $t_1 > t_2$, $E\,\{\exp i\,(u|X_{t_1})\;|\,\mathcal{F}_{t_2^+}\} \overset{p.s}{=} \lim\limits_{s\downarrow t_2} E\,\{\exp i\,(u|X_{t_1})|\;\mathcal{F}_s\}$
$\overset{p.s}{=} \lim\limits_{s\downarrow t_2} \exp i\,(u|X_s)\,\varphi_{t_1-s}(u) \overset{p.s}{=} \exp i\,(u|X_{t_2})\,\varphi_{t_1-t_2}\,(u) \overset{p.s}{=}$
$\{\exp i\,(u|X_{t_1})\;|\,\mathcal{F}_{t_2}\}$ (on a utilisé la c.v.p.s. des espérances conditionnelles, c'est encore le théorème de convergence des martingales). Donc, pour tout u, tout s, $E\,\{\exp i\,(u|X_s)\;|\,\mathcal{F}_{t^+}\} \overset{p.s}{=} E\,\{\exp i\,(u|X_s)\;|\mathcal{F}_t\}$. Les deux espérances conditionnelles sont égales p.s. sur toute v.a. $\exp i\,(u|X_s)$, donc sur toute v.a. de $\bigvee\limits_t \mathcal{F}_t$, donc les σ-algèbres sont égales (elles sont complètes). Désormais donc, $\mathcal{F}_t$ est continue à droite : $\mathcal{F}_{t^+} = \mathcal{F}_t$ (en particulier $A \in \mathcal{F}_0 = \mathcal{F}_{0^+} \longrightarrow P\,(A) = 0$ ou 1).

Théorème 3 (Propriété de Markov forte)

Soit T un temps d'arrêt ; alors sur $\{T < \infty\}$, $\{X_{t+T} - X_T \mid t \geq 0\}$ est un P.A. I de même loi que X_t , adapté à $\mathcal{F}_{T+t}$, c.a.d. l.a. g et indépendant de $\mathcal{F}_T$.

Démonstration

Supposons tout d'abord T borné, $A \in \mathcal{F}_T$; soient des u_j de $\mathbb{Q}^n$, des t_j de $\mathbb{R}^+$; alors

$$E\left\{1_A . \exp\ i\left[\sum_j (u_j | X_{T+t_j} - X_{T+t_{j-1}})\right]\right\} = P(A) \prod_j \varphi_{t_j - t_{j-1}}(u_j)$$

on applique le théorème d'arrêt aux martingales $M_t^{u_j}$. Si T est non borné, la formule est vraie appliquée à $T \wedge n$ et $A \cap \{T \leq n\}$, qui appartient à $\mathcal{F}_{T\wedge n}$. On peut passer à la limite par convergence dominée, la formule est donc vraie sans restrictions. Elle montre : d'une part l'indépendance du processus $X_{t+T} - X_T$ de $\mathcal{F}_T$, d'autre part que $X_{t+T} - X_t$ a les propriétés a) b) c). Il est évidemment c.a.d. l.a. g ! donc à fortiori continu en probabilité.

Corollaire

Un P.A. I dont p.s l'amplitude des discontinuités est bornée a des moments de tous ordres.

Démonstration

Soit M tel que P $\{\exists t \text{ avec } |X_t - X_{t^-}| \geq M\} = 0$ (l'intérieur de l'accolade est bien un évènement pour un processus dont toutes les trajectoires sont c.a.d. l.a.g). Posons $T_1 = \text{Inf}\ (t \mid |X_t| \geq M)$, et $T_n = \text{Inf}\ \{t \mid t > T_{n-1}\ ;\ |X_t - X_{T_{n-1}}| \geq M\}$. La continuité à droite entraîne que les T_n forment une suite strictement croissante p.s. de temps d'arrêt. Comme pour tout T $|X_T - X_{T^-}| \leq M$, par récurrence $\sup_{s \leq T_n} |X_s| \leq 2\,n\,M$, Markov fort entraîne que les $T_n - T_{n-1}$ sont indépendants de $\mathcal{F}_{T_{n-1}}$, de même loi que T_1, donc que $E\{e^{-T_n}\} = (E\{e^{-T_1}\})^n = a^n$ avec $a < 1$. Alors $P\{|X_t| > 2\,n\,M\} \leq P\{T_n < t\} \leq a^n$ et, d'où l'existence d'un moment exponentiel pour X_t .

§ 2 - Processus de Poisson

C'est un processus croissant adapté qui ne peut croitre que par des sauts d'amplitude + 1. On le notera (N_t) par la suite, avec ou sans indices supplémentaires.

Soit alors $T_1 = \text{Inf}\ \{t \mid N_t \neq 0\}$, soit $\{T_1 > t\} = \{N_t = 0\}$.
T_1 est un temps d'arrêt, $P\ \{T_1 > t+s\} = P\ \{N_{t+s} - N_t = 0\ ;\ N_s = 0\}$, donc d'après Markov fort, $P\ \{T_1 > t+s\} = P\ \{T_1 > t\}\ P\ \{T_1 > s\}$; cette fonction étant décroissante bornée, $P\ \{T_1 > t\} = e^{-at}$ pour un a de $\mathbb{R}^+$ ($T_1 > 0$ p.s.).
Pour $a = 0$, $N_t \equiv 0$, sinon, T_1 est fini p.s. et si l'on pose
$T_n - T_{n-1} = \text{Inf}\ \{t \mid t > 0\ ;\ N_{t+T_n} - N_{t+T_{n-1}} > 0\}$, $T_n - T_{n-1}$ indépendant de $\mathcal{F}_{T_{n-1}}$, est de même loi que T_1.
Alors $P\ \{N_t = n\} = P\ \{T_{n+1} > t\ ;\ T_n \leqslant t\} = \frac{a^n t^n}{n!} e^{-at}$, soit
$E\ \{e^{i u N_t}\} = \exp - at\ (1 - e^{iu})$ - Comme cette fonction est de type positif, conformément à la réciproque page 1, il existe des processus de Poisson. Enfin (corollaire de T.3) $\hat{N}_t = N_t - a\ t$ et $(N_t - at)^2 - at$ sont intégrables, et des martingales comme on le vérifie immédiatement.

Théorème 4

Soit M_t une martingale centrée de carré intégrable, N_t un Poisson, alors, pour tout t,

$$E\ \{M_t\ N_t\} = E\ \{\sum_{n\geqslant 0}\ (M_{T_n} - M_{T_n^-})\ 1_{T_n \leqslant t}\ \}$$

(Les T_n sont ceux de Poisson N_t);

Démonstration

Soit $0 = t_0 < t_1 < t_2 < \ldots < t_n = t$ une subdivision de $[0\ t]$. En usant de manière répétée de la propriété des martingales de M_t et de $\hat{N}_t$, il vient :

$$E\ \{M_t\ N_t\} = E\ \{M_t\ \hat{N}_t\} = E\ \{(\sum_i (M_{t_{i+1}} - M_{t_i})\ .\ \sum_j (\hat{N}_{t_{j+1}} - \hat{N}_{t_j})\}$$

$$= E\ \{\ \sum_i (M_{t_{i+1}} - M_{t_i}).(\hat{N}_{t_{i+1}} - \hat{N}_{t_i})\} = E\ \{\sum_i (M_{t_{i+1}} - M_{t_i})\ (N_{t_{i+1}} - N_{t_i})\}$$

Si le pas $\operatorname{Sup}_i (t_{i+1} - t_i)$ tend vers 0,

$$\sum_i (M_{t_{i+1}} - M_{t_i})(N_{t_{i+1}} - N_{t_i}) \xrightarrow{P_r \text{ ou p.s.}} \sum_{n\geq 0} (M_{T_n} - M_{T_{n^-}}) 1_{T_n \leq t}$$

La démonstration est achevée si l'on montre que l'on peut appliquer le théorème de Lebesgue : or

$$\left| \sum_i (M_{t_{i+1}} - M_{t_i})(N_{t_{i+1}} - N_{t_i}) \right| \leq 2 \operatorname{Sup}_{s\leq t} |M_s| \cdot N_t$$, et les deux termes

sont dans $\mathbb{L}^2$ ($E \operatorname{Sup}_{s\leq t} |M_s|^2 \leq 4 \ E |M_t|^2$)

§3 - Décomposition de Paul Lévy

3.1 - Mesure de saut

Soit B un borélien de $\mathbb{R}^n$ avec $0 \notin \overline{B}$. Définissons par récurrence les temps d'arrêt : $S_B^1 = \operatorname{Inf} \{t \mid t > 0 \ ; \ X_t - X_{t^-} \in B\}$; $S_B^n = \operatorname{Inf} \{t \mid t > S_B^{n-1} \ ; \ X_t - X_{t^-} \in B\}$: on vérifie en effet facilement qu'à cause de la continuité à droite, X (t, ω) est mesurable du couple, donc que les S_B^n sont des temps d'arrêt adaptés aux $\mathcal{F}_{t^+}$, donc aux $\mathcal{F}_t$ d'après la loi (0-1) ; la continuité à droite entraîne que $S_B^1 > 0$ p.s. et que $N_t(B) = \sum_{n\geq 0} 1_{S_B^n \leq t} < \infty$ p.s. (sinon, il y aurait une discontinuité de 2ème espèce sur la trajectoire X_t)

N_t (B) est donc un Poisson (voir plus loin) dont on note L (B) le paramètre $E\{N_1(B)\}$. Pour chaque ω, N_t (d.) (ω) définit une mesure σ-finie sur $\mathbb{R}^n \setminus \{0\}$, donc $L(d.) = E\{n_1(d.)\}$ est également une mesure (≥ 0) σ-finie sur $\mathbb{R}^n \setminus \{0\}$

3.2 - Processus de sauts associés

Lemme 1

Soit f mesurable bornée de B dans $\mathbb{R}^p$ alors

$$\int_B f(x) N_t(dx) = \sum_n f(X_{S_B^n} - X_{S_B^{n^-}}) 1_{S_B^n \leq t}$$

Démonstration

Si f est étagée, $f = \sum_j a_j 1_{B_j}$ avec $\sum_j 1_{B_j} = 1_B$, l'intégrale vaut

$\sum_j a_j N_t (B_j) = \sum_j a_j \left(\sum_n 1_{S^n_{B_j} \leq t} \right)$. Mais la famille $\{S^n_B\}$ est la réunion des $\{S^n_{B_j}\}$, d'où le résultat pour f étagée. Sinon, on approche f uniformément par des étagées ...

Remarque

En fait, B étant un borélien ($0 \notin \overline{B}$ bien sûr) il suffit que f soit finie partout sur B pour que la formule soit vraie, car N_t (B) est p.s. fini pour tout t en particulier, on appellera X_t (B) la quantité

$$\int_B x \, N_t (dx) = \sum_n (X_{S^n_B} - X_{S^n_B -}) 1_{S^n_B \leq t} .$$

Lemme 2

$\int_B f(x) \, N_t (dx)$, $X_t(B)$ sont des P.A. I adaptés à $\mathcal{F}_t$

Démonstration

N_t (dx) est un P.A. I adapté !

Lemme 3

$X_t - X_t$ (B) est un P.A. I adapté à $\mathcal{F}_t$. [Pour démontrer que N_t (B) ou X_t (B) ou $X_t - X_t$ (B) sont des P.A. I adaptés,on remarque que les conditions a et b sont automatiquement vérifiées, ainsi que d. renforcée (c.a.d. l.a.g]. Seule c. est à vérifier ; or pour chacun d'eux, soit Z_t, on remarque que $Z_{t+s} - Z_t \in \sigma \{X_u \mid t \leq u \leq t+s\}$, donc est indépendant de $\mathcal{F}_t$; de même pour la stationnarité des accroissements...

Enfin, $X_t - \int_{|x|\geq 1} N_t$ (dx) n'a pas de sauts |d'amplitude| ≥ 1, (d'après le lemme 1), est un P.A. I adapté à $\mathcal{F}_t$ (d'après le lemme 3) peut donc être centré par une translation $_\gamma t$ (d'après le corollaire 3) et on peut donc se ramener à l'étude de la :

3.3 Décomposition de Lévy des P.A. I centrés à sauts bornés par 1

Lemme 4

Soit $B \subset \{|x| \leqslant 1\}$, tel que $0 \notin \overline{B}$. Soit maintenant $f : \mathbb{R}^n \to \mathbb{R}$, telle que $f \cdot 1_B$ soit dans $\mathbb{L}^2 \{L\,(d.)\}$ (la mesure de sauts $L\,(d.)$ a été introduite en 3.1)

On a alors

$$E\,\{\textstyle\int_B f(x)\, N_t\,(dx)\} = t \int_B f(x)\, L\,(dx)$$

et $$E\,\left\{\left[\textstyle\int_B f(x)\, N_t\,(dx) - t\int_B f(x)\, L\,(dx)\right]^2\right\} = t\int_B f^2(x)\, L\,(dx).$$

Remarquons que $1_B\, L\,(dx)$ est une mesure positive finie.

Démonstration

Si f est étagée, $f = \sum a_j 1_{B_j}$ on a alors

$$E\,\{\sum_j a_j N_t\,(B_j)\} = \sum_j a_j E\{N_t\,(B_j)\} = t \sum_j a_j L\,(B_j)$$

Pour la seconde formule, remarquer que si $B_i \cdot B_j = \emptyset$, d'après le théorème 4 $E\,\{\hat{N}_t\,(B_i)\,\hat{N}_t\,(B_j)\} = 0$; Pour f non étagée, on choisit une suite de fonctions étagées f_n telles que $f_n 1_B$ tendent vers $f \cdot 1_B$ dans $\mathbb{L}^2\,(L\,(d.))$ et donc aussi dans $\mathbb{L}^1\,(L\,(d.))$; il y a alors convergence des intégrales stochastiques correspondantes dans $\mathbb{L}^2$ et dans $\mathbb{L}^1\,(dP)$.

Introduisons maintenant $\mathcal{M}$, espace des martingales centrées de carré sommable de $(\Omega, \mathcal{F}, P)$, adaptées à $\mathcal{F}_t$, et dont on a pris la version c.a.d. l.a.g

On munit cet espace de la topologie (de Fréchet) induite par la famille de semi-normes $q_t\,(M) = \left[E\,\{M_t^2\}\right]^{1/2}$. De l'inégalité classique $E\,\{\sup_{s\leqslant t} M_s^2\} \leqslant 4\, E\,\{M_t^2\}$, on déduit que la q_t-convergence d'une suite entraîne, avec probabilité 1, la convergence uniforme des trajectoires sur l'intervalle $[0\ t]$, donc la limite est c.a.d. l. a. g . La q_t convergence entraîne également la convergence des v.a. dans $\mathbb{L}^2$, donc préserve les propriétés de centrage et de martingale. Autrement dit, $\mathcal{M}$ est fermé pour sa topologie.

Lemme 5

Soit B comme plus haut et

$\mathcal{H}_B = \{\int_B f(x)\ N_t(dx) - t \int_B f(x)\ L(dx) \mid f \cdot 1_B \in \mathbb{L}^2\ (L\ (d.))\}$

$\mathcal{H}_B$ est alors un sous espace fermé de $\mathcal{M}$.

Démonstration

On a (*) $t\ ||f \cdot 1_B||^2_{\mathbb{L}^2(L(d.))} = q_t\ (M_{f.1_B})^2$ en posant

$M_{f.1_B,t} = \int_B f(x)\ N_t(dx) - t \int_B f(x)\ L\ (dx).$

α) pour $f \cdot 1_B$ étagée, $M_{f.1_B}$ est bien une martingale de $\mathcal{M}$, puisqu'à chaque Poisson N_t correspond sa martingale $\hat{N}_t = N_t - E\ \{N_t\}$ dans $\mathcal{M}$. Toute fonction de $\mathbb{L}^2$ (L (d.)) étant limite d étagées, $M_{f.1_B}$ est bien alors une martingale de $\mathcal{M}$ dès que $f \cdot 1_B$ est dans $\mathbb{L}^2\ \{L\ (d.)\}$

β) Maintenant $\mathcal{H}_B$ est bien fermé dans $\mathcal{M}$, puisque la q_t-convergence entraîne réciproquement la convergence de $\mathbb{L}^2\ \{\mathbb{L}\ (d.)\}$ d'après la formule (*).

Lemme 6

Soit B comme dans $\mathbb{L}$.4. Si $M \in \mathcal{M}$ est continue aux temps S_{B^n} , alors M est orthogonale à $\mathcal{H}_B$.

Démonstration

D'après le théorème 4, pour tout A dans B, (à fortiori) $E\ \{M_t\ N_t(A)\} = 0$ pour tout t. Or, les $\{N_t\ (A) \mid A \subset B\}$ engendrent $\mathcal{H}_B$.

Corollaire 6

Si B_1 et B_2 sont deux boréliens disjoints, $0 \notin \overline{B}_1$, $0 \notin \overline{B}_2$, les processus $X_t\ (B_1)$ et $X_t\ (B_2)$ sont deux P.A. I indépendants.

Démonstration

Que ce soient des P.A. I a déjà été démontré (lemme 4).

Si maintenant $M_t^u = \frac{\exp i\,(u \mid X_t\,(B_1))}{E\,\{\exp i\,(u \mid X_t\,(B_1))} - 1,$

$M'^{\,v}_{t} = \frac{\exp i\,(v \mid X_t\,(B_2))}{E\,\{\exp i\,(v \mid X_t\,(B_2))\}} - 1,$ ces deux martingales sont orthogonales

d'après le lemme 6, soit $\forall s, t \in \mathbb{R}^+$, $\forall u, v \in \mathbb{R}^n$, $E\,\{M_t^u\ M'^{\,v}_{s}\} = 0$, ce qui assure l'indépendance.

Posons maintenant $Y_t(B) = X_t(B) - E\,\{X_t(B)\} = X_t(B) - t \int_B x\, L\,(dx)$.
C'est à la fois un P.A. I et une martingale de $\mathcal{M}$.
Si l'on pose $B_k = \{ \frac{1}{k+1} < |x| \leqslant \frac{1}{k} \}$ et $A_n = \bigcup_{k=1}^{n} B_k$, les $Y_{(B_k)}$ sont deux à deux indépendants, et $X - Y_{(A\ n)}$ et $Y_{(A_n)}$ sont orthogonaux et même indépendants (calquer la démonstration du corollaire 6). En conséquence, la série des $Y_{(B_k)}$ converge dans $\mathbb{L}^2$ et donc dans $\mathcal{M}$ vers un P.A. I X_d , pendant que $X - Y_{A_n}$ converge vers un P.A. I X_c de $\mathcal{M}$, donc :

Lemme 7

$X_t = X_c(t) + X_d(t)$ avec $X_c(t)$ martingale à trajectoires continues, où

$$X_d\,(t) = \int_{|x|\leqslant 1} x\,\left[N_t(dx) - t\,L\,(dx)\right]$$

Commentaire

Cette dernière intégrale existe dans $\mathbb{L}^2$, et donc

$$\int_{|x|\leqslant 1} |x|^2\ L\,(dx) \leqslant \infty.$$

Reste à caractériser la partie continue : on va montrer que c'est nécessairement un P.A. I gaussien, c'est-à-dire que chaque $X_c\,(t)$ sera gaussienne. Il suffit pour cela de le montrer pour chaque projection unidimensionnelle (propriété bien connue des gaussiennes) autrement dit de montrer le

Lemme 8

Soit B_t un P.A. I unidimensionnel, centré, à trajectoires continues ; alors, pour un $\sigma^2 \in \mathbb{R}^+$,

$$E\{e^{iuB_t}\} = e^{-t\sigma^2 \frac{u^2}{2}}$$

Démonstration

En tant que P.A. I sans discontinuité, tous ses moments existent d'après le corollaire 3. Ou bien $E B_t^2 = 0$ pour tout $t > 0$, et le problème est réglé, ou bien on peut poser $E B_t^2 = t$, en multipliant le processus par une constante.

Remarquons qu'alors $E B_t^4 = at + bt^2 + ct^3$: il suffit de poser $E\{e^{iuB_t}\} = e^{-t\psi(u)}$, de dériver 4 fois à l'origine ($\psi(u)$ est de classe $\mathscr{C}^\infty$ comme $\varphi_t(u)$) et de remarquer que $\psi'(o) = 0$. Soit maintenant $P = \{0 = t_o < t_1 < \ldots < t_n = t\}$ une partition de $[0\ t]$, dont le pas : $\sup_i (t_{i+1} - t_i)$ va tendre vers 0. On note Δt_i la quantité $t_{i+1} - t_i$, ΔB_i la quantité $B_{t_{i+1}} - B_{t_i}$. On a alors :

$$E\{e^{iuB_t} - 1\} = E\{\sum_i e^{iuB_{t_{i+1}}} - e^{iuB_{t_i}}\} =$$

$$\sum_i + iu E\{e^{iuB_{t_i}} \Delta B_i\} - \frac{u^2}{2}\sum_i E\{e^{iuB_{t_i}}(\Delta B_i)^2\}$$

$$-\frac{u^2}{2}\sum_i E\ \{\Delta B_i^2 . (e^{iu(B_{t_i}+\theta_i \Delta B_i)} - e^{iuB_{t_i}})\}$$

où les θ_i sont des nombres compris entre 0 et 1, par la formule de Taylor à l'ordre 2. Dans le second membre ; le premier terme est nul : ΔB_i est d'espérance nulle, indépendant de B_{t_i}.

Le second terme vaut $-\frac{u^2}{2}\sum_i \varphi_{t_i}(u)\ \Delta t_i$ et tend donc, quand le pas tend vers 0, vers $-\frac{u^2}{2}\int_0^t e^{-s\psi(u)}\, ds$.

Le troisième terme tend vers 0 : soit A_α l'évènement

$$A_\alpha = \{\sup_i \sup_{t_i \leq u, v \leq t_{i+1}} |B_u - B_v| < \alpha\}.$$

Le troisième terme peut alors se majorer par

$|u|^3 \int_{A_\alpha} \alpha\ (\sum \Delta\ B_i^2)\ dP + |u|^2 \int_{A_\alpha^c} (\sum \Delta\ B_i^2)\ dP$, soit par

$\alpha\ |u|^3\ E\ \{\sum \Delta\ B_i^2\} + |u|^2\ \sqrt{P\ (A_\alpha^c)}\ .\ \sqrt{E\ \{[\sum \Delta\ B_i^2]^2\}}$, soit,

compte-tenu de l'évaluation de $E\ \{B_t^4\}$, par $\alpha\ |u|^3\ t + u^2\sqrt{P(A_\alpha^c)}\ [O(t+t^3)]^{1/2}$.
Remarquons enfin que la continuité p.s. des trajectoires entraîne que quand la partition se raffine, $P\ (A_\alpha^c) \to 0$. L'espérance du 3ème terme a une $\lim \leqslant\ \alpha\ |u^3|$, donc <u>nulle.</u> On obtient donc la formule :

$e^{-t\psi(u)} - 1 = -\frac{u^2}{2} \int_0^t e^{-s\psi(u)}\ ds.$ qui identifie alors $\psi\ (u)$ à $\frac{u^2}{2}$.

<u>4 - Théorème de décomposition</u>

<u>A</u>- Soit X_t un P.A. I n-dimensionnel, alors

$$X_t = B_t^n + t\ E\ \{X_1 - \int_{|x|>1} x\ N_t\ (dx)\} + \int_{|x|\geqslant 1} x\ N_t\ (dx)$$

$$+ \int_{|x|<1} x\ (N_t\ (dx) - t\ L\ (dx))\ \text{où}$$

- B_t^n est un processus gaussien centré, à trajectoires continues p.s.
- N_t (dx) une famille de processus de Poisson, indépendants de B_t^n, N_t (A) indépendant de N_t (B) si $A.B = \emptyset$, avec $L\ (dx) = E\ N\ (dx)$.
- L (dx) est une mesure positive sur $\mathbb{R}^n \setminus \{0\}$, avec $\int (|x^2|_\wedge 1) L(dx) < \infty$
- La première intégrale stochastique a un sens dans L^0, la seconde dans $\mathbb{L}^2$.

<u>B</u>- <u>Formule en loi</u>. Dans ces conditions,

$$\psi\ (u) = -\frac{1}{t}\ \text{Log}\ E\ \{\exp\ i\ u\ X_t\} = \frac{1}{2}\ Q(u) - i\ (a|u) + \int_{|x|\geqslant 1} (1-e^{i(u|x)}) L(dx)$$

$$+ \int_{|x|<1} \left[1 - e^{i(u|x)} + i\ (u|x)\right] L\ (dx),\ \text{où}$$

Q forme quadratique positive sur $\mathbb{R}^n$, $a \in \mathbb{R}^n$, L (dx) comme dans A.

C- Réciproquement si on se donne Q, a, L comme dans B, il existe un P.A. I donc la loi est donnée par la formule B

D- Il y a unicité de la représentation B.

Démonstration

A résume l'étude précédente, (B) est évidente. (D) L'unicité de la décomposition est évidente par construction. Pour la formule en loi, soit

$$\psi(u) = Q_j(u) - i(a_j \mid u) + \int_{|x|\geq 1}(1 - e^{i(u|x)})\, L_j(dx) + \int_{|x|<1}(1 - e^{i(u|x)} + i(u|x))\, L_j(dx)$$

où Q_j, a_j, L_j comme dans B, j = 1, 2.

Soit i_θ vecteur unitaire de $\mathbb{R}^n$:

$\lim\limits_{\varphi\to+\infty} \frac{\psi(\varphi\, i_\theta)}{\varphi^2} = \frac{1}{2} Q_j(i_\theta)$, car $\lim\limits_{\varphi\to\infty} \frac{(a_j \mid \varphi\, i_\theta)}{\varphi^2} = 0$, de même pour les termes intégraux, par convergence dominée. ψ détermine donc Q. On va déterminer toutes les projections de L : (Supposons le P.A. I 1. dimensionnel) par

$$\psi(u) - \frac{1}{2} Q(u) - \frac{1}{2}\int_{u-1}^{u+1} (\psi(v) - \frac{1}{2} Q(v))\, dv = \int e^{iux}\left(1 - \frac{\sin x}{x}\right) L(dx)$$

Le premier membre détermine alors (Bochner) la mesure (positive)

$\left(1 - \frac{\sin x}{x}\right) L(dx)$, donc L puisque $1 - \frac{\sin x}{x} > 0$ sur $\mathbb{R} \setminus \{0\}$.

a s'identifiera alors par différence.

(C) : Pour chaque t, $\exp - t\,Q(u)$, $\exp - it(a \mid u)$ et $\exp - t(1-e^{i(u|x)})$ sont de type positif, donc la formule B définit une fonction continue $\psi(u)$ si $\int (|x|^2 \wedge 1)\, L(dx) < \infty$, avec pour chaque t $\exp - t\,\psi(u)$ de type positif, et donc, conformément à la remarque du premier paragraphe, un P.A. I

Remarque

On a démontré, sans jamais étudier ce processus, que la version c.a.d. l.a.g du Brownien est continue p.s ! en effet, $\psi(u) = \frac{u^2}{2}$ définit un P.A. I au sens de la définition 1 puisque pour chaque t, $e^{-t\frac{u^2}{2}}$ est de type positif. On régularise, on extrait les sauts, et on obtient une formule B ; l'unicité montre qu'alors L (dx) ≡ 0, a = 0, il n'y a donc pas de discontinuités !

Exercice : chercher où la démonstration est cachée

§ 5 - Classification rapide : restreignons nous au cas uni-dimensionnel

$$X_t = \sigma B_t + at + \int_{|x|\geq 1} x\, N_t\,(dx) + \int_{|x|<1} x\,(N_t\,(dx) - t\, L\,(dx))$$

1 : σB_t est, au facteur σ près, le mouvement brownien (à trajectoires continues)

2 : a t est la translation de vitesse uniforme a

3.1 : si $\sigma = 0$, si $\int L\,(dx) < \infty$, on peut faire rentrer $\int x\, L\,(dx)$ dans la constante a, et si celle-ci est nulle, on a affaire à un Processus de Poisson généralisé, $X_t = \int x\, N_t\,(dx)$. $[L] = \int L\,(dx)$ est alors le paramètre d'un processus de Poisson, le nombre de discontinuités, p.s. fini dans tout compact $[0\ t]$. Le processus X_t reste nul un temps exponentiel $T > 0$ p.s., X_T est une v.a. répartie suivant $\frac{L\,(dx)}{[L]}$, on recommence.

3.2 : $\sigma = 0$, $\int L\,(dx) = +\infty$, mais $\int_{|x|<} |x|\, L\,(dx) < \infty$ on le fait rentrer dans a, et si a = 0, $X_t = \int x\, N_t\,(dx)$, somme de Poissons convergeant dans $\mathbb{L}^0$: une infinité de discontinuités dans tous $[0\ t]$, mais $X_t = X_t^1 - X_t^2$, ou $X_t^1 = \int_{x>0} x\, N_t\,(dx)$ est un processus croissant, X_t^2, indépendant de X_t^1, est également croissant. Chaque trajectoire est alors p.s. à variation bornée (pour la réciproque, voir plus loin)

3.3 : $\int_{|x|<1} |x|\ L\ (dx)$ et à fortiori $\int L\ (dx) = +\ \infty$. Il y a alors trop de petits sauts, il faut les centrer pour avoir la convergence en P, et alors dans $\mathbb{L}^2$

Exemples

3.1 : le Poisson

3.2 : le stable $\frac{1}{2}$, les stables α pour $\alpha < 1$, i.e. $\psi\ (u) = |u|^\alpha$

$\alpha < 1$.

3.3 : le processus de Cauchy, $(\psi\ (u) = |u|)$ les processus stables

$1 \leqslant \alpha < 2$;

(Pour une étude en loi des stables voir par exemple Gnedenko Kolmogorov, Limit Theorems for sums of independant random variables) ainsi que pour tout l'aspect lois indéfiniment divisibles, domaines d'attractions, ...

CHAPITRE II : LE COMPORTEMENT LOCAL DES TRAJECTOIRES

Comme on s'intéresse au comportement local des trajectoires, on va tout d'abord supposer qu'il n'y a pas de grands sauts. Dans tout ce chapitre, la mesure de Levy L (dx) ne charge que l'intervalle $[-1, +1]$ (et donc tous les moments existent d'après le corollaire du T3 du chapitre I).

On va supposer qu'il n'y a pas de composante continue, c'est-à-dire pas de mouvement brownien et pas de translation. Enfin, le P.A.I. X_t sera toujours unidimensionnel. Il sera de type A si $X_t = \int x\, n_t\,(dx)$ (et donc différence de deux processus croissants indépendants, et $X_t = \sum_{s \leq t} (X_s - X_{s^-})$, la convergence ayant lieu dans $\mathbb{L}^0$ et $\mathbb{L}^1$) quand $\int |x|\, L\,(dx) < \infty$

de type C si $X_t = \int x\,(n_t\,(dx) - t\,L\,(dx))$ si $\int |x|\, L\,(dx) < \infty$ et $\int x^2\, L\,(dx) < \infty$ (et alors il sera centré).

§ 1 - Les "bonnes" classes de fonctions

- La notation $f_1 \lesssim f_2$ signifie : $\exists$ une constante C telle que $f_1 \leqslant C f_2$, et $f_1 \approx f_2$ signifie $f_1 \lesssim f_2$ et $f_2 \lesssim f_1$

g sera de type A si g est une fonction numérique, positive, continue, paire, g (0) = 0, concave sur $\mathbb{R}^+$: exemple $|x|^p$ $(0 < p < 1)$.

f sera de type C si f est une fonction numérique, positive, continue, paire, f (0) = 0, convexe sur $\mathbb{R}$, et $g\,(y) = f\,(\sqrt{|y|})$ est de type A : exemple $|x|^p$ pour $1 \leqslant p \leqslant 2$. En fait on pourra toujours supposer g constante en dehors de $[-1, +1]$, f affine en dehors de $[-1, +1]$

Lemme 1 (de représentation)

Soit f de type C. Il existe alors une mesure de Levy telle que

$f\,(x) \approx \int (1 - \cos u\,x)\; d\,M\,(u)$ pour $|x| \leqslant 1$

<u>Démonstration</u>

Soit $g(z) = f(\sqrt{z})$ pour $z \geqslant 0$

$g(z) = \int_0^z g'(t)\,dt = \int z_\wedge s\; d(-g''(s))$. Mais, pour deux constantes k et K

$k\,s\,(1 - e^{-\frac{z}{2s}}) \leqslant z_\wedge s \leqslant K\,s\,(1 - e^{-\frac{z}{2s}})$, soit, pour une $dH(s) \geqslant 0$ sur $\mathbb{R}^+$,

$g(z) \;\overset{K}{\underset{k}{\asymp}}\; \int (1 - e^{-\frac{z}{2s}})\,d\,H(s)$, soit, revenant à f,

$$f(x) = g(x^2) \overset{K}{\underset{k}{\asymp}} \int_{\mathbb{R}^+} (1 + e^{-\frac{x^2}{2s}})\,dH(s) = \iint_{\mathbb{R}^+\times\mathbb{R}^+} (1-\cos\frac{xy}{\sqrt{s}})\,dH(s)\,\frac{2}{\sqrt{2\pi}}\,e^{-\frac{y^2}{2}}\,dy,$$

soit en intégrant, il existe une mesure $d\,M(u)$ telle que $f(x) \overset{K}{\underset{k}{\asymp}} \int (1-\cos xu)\,dMu$

(Interprétation : une f de C est à peu près une seconde caractéristique, la minoration entraînant que $\int u^2{}_\wedge 1\; d\,M(u) < \infty$!)

<u>Lemme 2</u> (des f-moments locaux)

Si X et g sont de type A,

$$E\{g(X_t)\} \leqslant t \int g(x)\,L\,(dx)$$

Si X et f sont de type C,

pour une M universelle $E\{f(X_t)\} \leqslant M \,.\, t \,.\, \int f(x)\,L\,(dx)$

Désormais, on note $\overline{g} = \int g(x)\,L\,(dx)$, $\overline{f} = \int f(x)\,L\,(dx)$.

<u>Démonstration</u>

On peut se ramener au cas croissant dans le cas A :

on peut écrire $X_t = Y_t - Z_t$, où la mesure de Lévy de Y_t est $1_{x>0}\,L\,(dx)$, Y_t et Z_t positifs. Alors $g(X_t) \leqslant g(Y_t) + g(Z_t)$, il suffit donc d'étudier le cas croissant.

-De même, dans C, on peut se ramener au cas symétrique : f étant convexe, X_t centré, soit X'_t une copie indépendante de X_t. Alors

$$E\{f(X_t - X'_t) \mid X_t\} \geqslant f(E\{X_t - X'_t \mid X_t\}) = f(X_t).$$

En intégrant $E\{f(X_t)\} \leqslant E\{f(X_t - X'_t)\}$. Par ailleurs, passer de X_t au symétrisé $X_t - X'_t$ multiplie $\overline{f}$ par 2.

Cas croissant : $X_t = \sum_{s \leq t} (X_s - X_{s^-})$, où les sauts $X_s - X_{s^-}$ sont positifs. g, concave, est sous additive sur $\mathbb{R}^+$: $g(X_t) \leq \sum_{s \leq t} g(X_s - X_{s^-})$, or le second membre est un P.A. I, de représentation $\int g(x)\, n_t(dx)$ (voir le chapitre I), donc

$$E\, g(X_t) \leq E \int g(x)\, n_t(dx) = t\, \overline{g}$$

Cas symétrique : en utilisant le lemme 1,

$$E\{f(X_t)\} \leq K\, E \int (1 - \cos u X_t)\, d\, M(u) = K \int (1 - e^{-t\psi(u)})\, dM(u)$$

$$\leq K.t. \int \psi(u)\, dM(u) = K.t \iint (1 - \cos u\, x)\, dM(u)\, dL(x)$$

$$\leq \frac{K}{k}\, t \quad f(x)\, dL(x) = \frac{K}{k}\, t\, \overline{f}$$. On peut donc choisir pour M, $2\frac{K}{k}$.

2 - Le processus des h-sauts

h étant une fonction positive, on note J_t^h l'intégrale stochastique $\int h(x)\, n_t(dx)$, qui existe à condition que $\overline{h} = \int h(x)\, L(dx) < \infty$ (Il est infini p.s. sinon). On a alors la représentation

$$J_t^h = \sum_{s \leq t} h(X_s - X_{s^-})$$ (c'est encore l'étude du chapitre I)

Remarque : dans la mesure où il n'y a pas de grands sauts, un tel processus est fini p.s. si et seulement si il est intégrable : la CNS pour que X_t soit à variation bornée p.s. est donc que $\int |x|\, L(dx) < \infty$! et alors $X_t = Y_t - Z_t$, où Y_t, Z_t sont croissants et indépendants.

3 : La p-variation

On se fixe un intervalle $[0\ t]$, et une suite P_n de partitions, finies, emboitée, de pas tendant vers 0 de cet intervalle :

$P_n = \{0 = t_0^n < t^n < \ldots < t_i^n < \ldots < t_{k_n}^n = t\}$, avec $P_n \subset P_{n+1}$ et

$\lim_n \operatorname{Sup}_{i \leqslant k_n} (t_{i+1}^n - t_i^n) = 0$. p étant un nombre compris entre 0 et 2, on se propose d'étudier le comportement limite des sommes variationnelles

$$V_n^p (X)_0^t = \sum_{i<k_n} |X_{t_{i+1}^n} - X_{t_i^n}|^p .$$

Le but de ce paragraphe est de démontrer le

Théorème 1 (Millar)

Posons $\bar{p} = \int |x|^p\ L\ (dx)$

- Pour $0 < p \leqslant 1$, $\bar{p} < \infty$ et X de type A,

$$V_n^p (X)_0^t \xrightarrow[\mathbb{L}^1]{P} J_t^p (X) = \sum_{s \leqslant t} |X_s - X_{s-}|^p$$

- Pour $1 \leqslant p \leqslant 2$, $\bar{p} < \infty$ et X de type C

$$V_n^p (X)_0^t \xrightarrow[\mathbb{L}^1]{P} J_t^p (X)$$

- Si $\bar{p} = \infty$, $V_n^p (X)_0^t \to +\infty$; Enfin, dans le cas A et $p \leqslant 1$, ou dans le cas C symétrique et $1 \leqslant p \leqslant 2$, la convergence a lieu p.s.

Démonstration

Notons $J_t^{a,p}$ le processus (tronqué) $\sum_{s<t} |X_s - X_{s-}|^p\ 1_{|X_s - X_{s-}| \geqslant a}$

La partition P_n finit par séparer les sauts d'amplitude plus grande que a (ils sont en nombre fini) et vu que les trajectoires sont c.a.d. l.a.g, on a

$J_t^{a,p} \leqslant \underline{\lim}_n\ V_n^p (X)_0^t$, soit en passant à la limite en a,

$J_t^p (X) \leqslant \underline{\lim}_n\ V_n^p (X)_0^t$, d'où la conclusion quand $\bar{p} = \infty$, car alors $J_t^p = +\infty$ p.s.

En regardant les partitions régulières de $E\ J_t^p (X) \leqslant \underline{\lim}\ E\ V_n^p (X)_0^t$, on déduit que $\underline{\lim}_{t \to 0} E \left\{ \frac{|X_t|^p}{t} \right\} = \bar{p}$

Montrons maintenant que si $\overline{p} < \infty$, $\frac{|X_t|^p}{t} \xrightarrow{P_r} 0$ et $E\left\{\frac{|X_t|^p}{t}\right\} \to \overline{p}$.

On a $E \exp i u t^{-1/p} X_t = \exp\left[-t \int (1 - e^{iux/t^{1/p}}) L(dx)\right]$ (cas A)

ou $\exp\left[- t \int (1 - e^{iuxt^{-1/p}} + iux\, t^{-1/p}) L(dx)\right]$ (cas C) d'où la première conclusion par convergence dominée vers 0 quand $\overline{p} < \infty$

- Pour les moments : cas A : d'après le lemme 2, $\overline{\lim}\, E\left\{\frac{|X_t|^p}{t}\right\} \leqslant \overline{p}$, d'où le résultat. Cas C : la représentation approximative du lemme 1 devient <u>exacte</u> pour $f(x) = |x|^p$, $1 \leqslant p < 2$:

$$\int (1 - \cos u x) \frac{du}{|u|^{p+1}} = |x|^p \int (1 - \cos v) \frac{dv}{|v|^{p+1}} \quad \text{et donc}$$

$$\int (1 - \cos v) \frac{dv}{|v|^{p+1}} . E\left\{\frac{|X_t|^p}{t}\right\} = \int \frac{1 - \mathcal{R}e\, e^{-t\psi(u)}}{t} \frac{du}{u^{p+1}} \leqslant$$

$$\leqslant \int \left[1 - \mathcal{R}e\, \psi(u)\right] \frac{du}{|u|^{p+1}} + \int \mathcal{R}e\, .\psi(u) \left[1 - \cos t\, \mathcal{J}m\, \psi(u)\right] \frac{du}{|u|^{p+1}}$$

Le premier membre vaut $\int (1-\cos ux)\, L(dx) \frac{du}{|u|^{p+1}} = \int (1-\cos v) \frac{dv}{|v|^{p+1}} . \overline{p}$

A l'origine, le second est majoré par $O\left(u^2 \frac{du}{|u|^{p+1}}\right)$, à l'infini par $\mathcal{R}e\, \psi(u) \frac{du}{|u|^{p+1}}$, intégrable (voir le premier membre) . On peut donc appliquer le théorème de convergence dominée ($\lim_t 1 - \cos t\, \mathcal{J}m\, \psi(u) = 0$) on a donc également $\overline{\lim}\ E\left\{\frac{|X_t|^p}{t}\right\} \leqslant \overline{p}$

Pour $p = 2$, on sait que $E\,|X_t|^2 = t \int x^2\, L(dx)$.

En particulier, <u>$E\, V_n^p (X)_o^t \to E\, J_t^p (X)$</u>

Montrons maintenant la convergence en loi :

Introduisons un processus auxiliaire indépendant du premier S_λ (de variable temporelle λ) stable symétrique d'index p, ce qui signifie que $E\, e^{ivS_\lambda} = e^{-\lambda|v|^p}$. (Sa mesure de Levy est à peu de chose près $\frac{dy}{|y|^{p+1}}$)

Alors $E\, \frac{1}{t}(1 - e^{-\lambda|X_t|^p}) = E\, \frac{1}{t}(1 - e^{i S_\lambda X_t}) = E\, \frac{1}{t}(1 - e^{-t\, \psi(S_\lambda)})$ et en passant à la limite en t, il vient

$$E\left(\frac{1-e^{-\lambda|X_t|^p}}{t}\right) \to E\,\psi\,(S_\lambda) = E \int (1-\cos S_\lambda\, x)\, L\,(dx)$$

$$= \int (1-e^{-\lambda|x|^p})\, L\,(dx).$$

[Il faut regarder un peu soigneusement pour vérifier le droit au passage à la limite, toujours par convergence dominée]. On en déduit qu'alors

$$E\,\{\exp -\lambda\, V_n^p\} = \prod_{i<k_n} E\,\{\exp -\lambda\, |X_{t^n_{i+1}} - X_{t^n_i}|\}$$

$$= \prod_{i<k_n} \Big[1 + (t^n_{i+1} - t^n_i)\,.\int (1-e^{-\lambda|x|^p})\, L\,(dx)$$

$$+\, o\,(t^n_{i+1} - t^n_i)\Big] \to \quad \exp - t\int (1-e^{-\lambda|x|^p})\, L\,(dx)$$

Cette dernière quantité est justement la transformée de Laplace de la loi de J^p_t , d'où la conclusion.

On a donc $V_n \xrightarrow{\mathcal{L}} J$, $J \leqslant \underline{\lim}\, V_n$, $E\,V_n \to E\,J$.

Cela suffit à assurer la convergence en P et dans $\mathbb{L}^1$.

Convergences p.s.

Si $p \leqslant 1$, de $|a+b|^p \leqslant |a|^p + |b|^p$, on déduit que V_n est croissante – Sinon, dans le cas symétrique, montrons en suivant Millar que si k est concave, paire, positive, nulle en 0 (resp. convexe), si

$V_n = \sum k\,\{(X_{t^n_{i+1}} - X_{t^n_i})^2\}$ est une sur (resp. sous-) martingale renversée :

Il suffit de montrer que pour tout choix fini $n_0 < n_1 < \ldots < n_m$, toute fonction bornée de m variables h, on a

$$\int V_{n_0}\, h\,(V_{n_1}, V_{n_2}, \ldots, V_{n_m})\, dP \leqslant (\text{resp} \geqslant) \int V_{n_1}\, h\,(V_{n_1}, V_{n_2}, \ldots V_{n_m})\, dP$$

On peut toujours supposer (en ralentissant éventuellement la suite P_n), que P_{n_1} est obtenue en rajoutant un point de subdivision à P_{n_0} , par exemple entre 0 et $t_1^{n_0}$. Donnons nous alors une suite de variables de Rademacher R_n ($P\,(R_n = 1) = P\,(R_n = -1) = \frac{1}{2}$) indépendantes entre elles et du processus.

Supposons les construite sur $[0,\ 1]$, mesure ds. Alors

$$Y_{s,t} - Y_{s,t_j^{n_1}} = R_j(s)\ (X_t - X_{t_j^{n_1}})$$

ainsi chaque $Y_{s,t}$ est un P.A. I de même loi que X_t (symétrie !)

Si t, t' tombent dans un même intervalle de P_{n_1}, $|Y_{s,t} - Y_{s,t'}|^2 = |X_t - X_{t'}|^2$,

donc pour $n \geq n_1$

$$V_n\ (Y_{s,t}) = V_n\ (X_t)$$

On a donc

$$\int V_{n_o}(X)\ h\ (V_{n_1}, V_{n_2}, \ldots, V_{n_m}(X)\ dP = \iint V_{n_o}(Y_{s,t})\ h\ (V_{n_1}, \ldots, V_{n_m}(Y_{s,t}))\ ds\ dP$$

$$= \int h\ (V_{n_1}, \ldots V_{n_m}(X_t))\ dP\ \left[\int V_{n_o}(Y_{s,t})\ ds\right]$$

il suffit donc de montrer que $\int V_{n_o}(Y_{s,t})\ ds \leqslant$ (resp $\geqslant$) $V_{n_1}(X_t)$.

Or dans le cas choisi, tous les termes sont identiques dans les deux sommes,

sauf pour le premier terme de P_{n_o}, qui donne au premier membre la contribution,

$$\int k\ \left[\{R_o(s)\ X_{t_1^{n_1}} + R_1(s)\ (X_{t_2^{n_1}} - X_{t_1^{n_1}})\}^2\right]\ ds$$

et dans l'autre $k\ (\{X_{t_1^{n_1}}\}^2) + k\ (\{X_{t_2^{n_1}} - X_{t_1^{n}}\}^2)$

Il suffit donc de démontrer que si a et b sont deux nombres, R une rademacher,

$E\ \{k\ [(a + Rb)^2]\} \leqslant$ (resp $\geqslant$) $k\ (a^2) + k\ (b^2)$

En appliquant Jensen, il vient

$$E\ \{k\ [(a+RB)^2]\} \leqslant \text{(resp } \geqslant\text{)}\ k\ \left[E\ \{(a+Rb)^2\}\right] = k\ (a^2+b^2)$$

On conclut par sous (resp sur-) additivité de k. On a donc la convergence p.s.

Remarquer que pour la 2 variation, la fonction k est la fonction identique,

et donc les V_n^2 forment une <u>martingale</u>

Etude rapide du cas du mouvement brownien

Donc $V_n^2\,(B)_o^t$ est une martingale ($\geqslant 0$) qui converge p.s. puisque $E\,V_n^2\,(B)_o^t = t$. Utilisant les résultats $E\,\{B_t\} = E\,\{B_t^3\} = 0$, $E\,\{B_t^2\} = t$, $E\,\{B_t^4\} = 3\,t^2$, on vérifie en calculant les moments, que

$V_n^2\,(B)_o^t \xrightarrow{\mathbb{L}2} t$, et que

$$V_n^2\,(B)_o^t \xrightarrow{\text{p.s.}} t$$

§ 4 - Pour mémoire, parlons rapidement de la p-variation forte :

$W^p\,(X)_o^t = \operatorname{Sup}_P \left\{ \sum_{t_i \in P} |X_{t_{i+1}} - X_{t_i}|^p \right\}$ où la partition P peut être maintenant aléatoire : on évalue la p-variation trajectoire par trajectoire : Millar dans son article cité pose la conjecture de finitude p.s. de celle-ci sous l'hypothèse $\overline{p} < \infty$. Pour ceux intéressés par ce problème, ils trouveront une démonstration de la finitude dans mon exposé Séminaire de Strasbourg 70/71 - Lecture Notes Springer Verlag. J'y redonne en particulier une démonstration (due à Paul Lévy) suivant lequel $W^2\,(B)_o^t = +\infty$ p.s., bien que, je le rappelle, sur une suite de partitions certaines (c'est-à-dire en fait indépendantes de la trajectoire) il y ait convergence p.s. vers t.

§ 5 - Comportement local presque sûr

On s'intéresse ici à l'existence de la $\lim\limits_{t\to 0} \dfrac{h\,(X_t)}{t}$ (p.s.)

Il est raisonnable de se débarrasser de grands sauts, et de la partie brownienne car elle l'emporte trop largement : $\overline{\lim} \dfrac{B_t}{\sqrt{t}} = +\infty$ p.s.

Enfin suivant que $t = \sigma\,(h\,(r))$ ou $h\,(t) = \sigma\,(r)$, une translation l'emporte trop largement, ou à l'inverse, on peut centrer. On se place donc dans le cas A ou C.

Supposons h croissante sur $\mathbb{R}^+$, paire, comparable à une puissance : $h(|2x|) \leq k\, h(|x|)$ pour un k ne dépendant que h . Alors

Lemme 1

Si $\overline{h} = +\infty$, $\overline{\lim\limits_{t\to 0}} \dfrac{h(X_t)}{t} = +\infty$ p.s.

On va montrer que $\overline{\lim\limits_{t\to 0}} \dfrac{h(X_t - X_{t^-})}{t} = +\infty$, ce qui entraîne le résultat.

A cet effet, posons $A_c = \{t, x \mid t \in]0\ 1] \ ;\ |x| \geq c\, h^{-1}(t)\}$

La variable aléatoire $N_{A_c} = \text{Card } \{t \mid (t, X_t - X_{t^-}) \in A_c\}$ est une variable de Poisson dont le paramètre est $\lambda \otimes L\,(A_c)$ soit

$$\iint_{|x|>ch^{-1}(t)} dt\, L(dx) = \int h\left(\frac{|x|}{c}\right) L\,(dx) = +\infty \text{ si } \overline{h} = +\infty ,$$

compte tenu de $h(|x|) \leq h(|2x|) \leq k\, h(x)$

Une variable de Poisson de paramètre ∞ est infinie p.s.

Lemme de Khintchine

A l'inverse, sous les mêmes hypothèses sur h, il y a équivalence entre

(i) $\lim\limits_{t\to 0} \dfrac{h(|X_t|)}{t} = 0$ p.s. et

(ii) $\forall c \in \mathbb{R}^+ , \quad \int_0^1 P\{h(|X_t|) > ct\} \dfrac{dt}{t} < \infty$.

Supposons X_t symétrique : on peut alors utiliser les inégalités de Paul Lévy sous la forme suivante :

$$P\{\sup_{s\leq t} |X_s| \geq a\} \leq 2\, P\{|X_t| \geq a\}$$

Alors si pour c l'intégrale converge, il existe une suite de $t_n \in]2^{-n}, 2^{-n+1}]$ tels que $\sum_n P\{h(|X_{t_n}|) > c\, 2^{-n+1}\} < \infty$, donc

$\sum_n P\{\sup_{S \leq 2^{-n}} h(|X_s|) > c\, 2^{-n+1}\} < \infty$ d'où le résultat par le lemme de Borel Cantelli.

Théorème

1- Si $\overline{h} = +\infty$, $h(|x|) \leqslant h(|2x|) \leqslant kh(|x|)$ pour un k, $\overline{h} = +\infty$ entraîne

$$\overline{\lim} \frac{h(X_t)}{t} = +\infty \text{ p.s.}$$

2- Si $h \in A$ (resp C), si $\overline{h} < \infty$, et si $h(x) = |x|^p \mathcal{L}(x)$ où $\mathcal{L}$ est une fonction lente au sens de Karamata, avec $p < 2$, alors

$$\frac{h(X_t)}{t} \to 0 \text{ p.s.}$$

On a déjà démontré. Pour 2 on passe par la formule de Khintchine.

On vérifie immédiatement que $\frac{H(X_t)}{t} \xrightarrow{P} 0$, les P (c, t) tendent vers 0, conformément à la démonstration du lemme précédent, on peut supposer X_t symétrique.

On utilise alors l'évaluation $P\left[|X| \geqslant 1\right] \lesssim \int_0^1 1 - \varphi_X(u)\, du$, où φ_X est la transformée de Fourier de X symétrique. Il suffit alors de démontrer la convergence des

$$\iiint_{|x|\leqslant 1;0<t\leqslant 1;0\leqslant u\leqslant 1} \left(1 - \cos\left[\frac{u\,x}{h^{-1}(ct)}\right]\right) dt\, du\, L(dx)$$

On commence par intégrer en u, ...

Cette majoration n'est pas convergente pour h (x) trop près de x^2 (par exemple $h(x) = x^2 \mathcal{L}(x)$, où $\mathcal{L}$ est lente au sens de Karamata).

THEOREMES LIMITES POUR LES MARCHES ALEATOIRES

PAR I.A. IBRAGIMOV

Originally published in: *Ecole d'Eté de Probabilités de Saint-Flour XIII – 1983*, Lecture Notes in Mathematics, Vol. **1117**, 199–297, DOI: 10.1007/BFb0099422, © Springer-Verlag Berlin Heidelberg 1985, Reprint by Springer-Verlag Berlin Heidelberg 2012

INTRODUCTION

On peut dire en paraphrasant un peu J. Jacod ([28], Introduction) que les théorèmes limites pour les marches aléatoires sont innombrables. Dans ce cours j'ai choisi pour objectif de présenter une théorie qui a été initiée par A.V. Skorodod [42] et développée par A.V. Skorohod et Slobodényuk [43], [44], [45] . Cette théorie étudie les théorèmes limites pour les sommes :

$$\eta_n = \sum_1^n f_n(\zeta_k) \tag{1}$$

où $\zeta_k = \sum_1^n \xi_j$ et où $\xi_1, \xi_2, \ldots$ sont des variables aléatoires indépendantes de même loi. Les sommes de ce type ont été étudiées par Kallianpur et Robbins [31], Dynkin [15], Dobrushin [12]. Si f est la fonction indicatrice d'un ensemble A, (1) représente le nombre de visites de l'ensemble A par ζ_k (si $A = [0,\infty]$, $\xi_j = \pm 1$ avec probabilité 1/2 nous avons la fameuse loi de l'arc sinus de P. Lévy [35]). A.V. Skorohod considére dans [42] les sommes plus générales que (1) :

$$\eta_n = \sum_1^{n-r} f_n(\zeta_k, \ldots \zeta_{k-r}) \tag{2}$$

G.N. Sytaya considère le cas "polyadditif" [48], [49] :

$$\eta_n = \sum_{k_1,\ldots k_r=1}^{n} f_n(\xi_{k_1}, \ldots \xi_{k_r}) \tag{3}$$

La théorie de Skorohod et Slobodenyuk a été exposée par les auteurs dans les chapitres 5, 7 du livre [45]. La méthode des auteurs consiste en l'utilisation des théorèmes limites locaux avec estimation du terme restant. C'est pourquoi ces auteurs demandent que les variables ξ_j aient une densité de probabilité et des moments finis jusqu'à l'ordre 5. Dans ce cours je voudrais présenter la théorie de Skorohod et Slobodenyuk mais en utilisant quelques méthodes différentes. Ces méthodes permettent de démontrer les théorèmes limites pour les sommes (1) sous les hypothèses naturelles : les variables ξ_j appartiennent au domaine d'attraction d'une loi stable. Dans le chapitre 2 nous démontrerons des théorèmes limites pour les sommes (1), dans le chapitre 3 pour les sommes :

$$\sum_i^n f(\zeta_k).$$

Ces chapitres correspondent aux chapitres 5 et 6 du livre [45]. Le chapitre 1 est consacré à des rappels.

Comme J. Jacod (voir [28], Introduction), "faute de temps (et de courage)" je me suis borné au cas (1) et j'ai omis presque entièrement les résultats sur les sommes (2) et (3).

Chaque chapitre est muni d'un commentaire historique mais ce n'est pas une histoire complète. Ces commentaires ont pour but de donner au lecteur une orientation historique très approximative. Je m'excuse par avance de toute omission.

Je voudrais remercier Madame MAY pour la frappe de ce texte. Je remercie tout particulièrement P.L. Hennequin de m'avoir invité à participer à l'Ecole d'Eté de Saint-Flour et de m'avoir soutenu et aidé tout le temps de mon séjour à Saint-Flour.

CHAPITRE I

Ce chapitre est presque entièrement consacré à des rappels. La plupart des résultats sont donnés sans démonstration. Pour les théorèmes limites classiques, nous renvoyons aux livres de Gnedenko et Kolmogorov [23], Feller [19], Loeve [37]et, Ibraguimov et Linnik [27], pour tout ce qui concerne la convergence des processus, nous renvoyons à Billengsley [1], Guihman et Skorohod [21] et Jacod [28] .

On considère ici une suite :

$$\xi_1, \xi_2, \ldots \xi_n, \ldots$$

de variables aléatoires indépendantes de même loi (iid). L'objectif du chapitre est de rappeler des théorèmes limites fondamentals sur les sommes normalisées :

$$S_n = B_n^{-1} \sum_1^n \xi_i - A_n$$

quand $n \to \infty$.

1 - LOIS STABLES. CONDITIONS DE CONVERGENCE VERS UNE LOI STABLE

On dit qu'une loi de probabilité $\mathcal{L}$ est une loi stable de paramètres α, β, $0 < \alpha \leqq 2$, $-1 \leqq \beta \leqq 1$, si la fonction caractéristique de cette loi est :

$$\varphi_{\alpha\beta}(\lambda) = \exp\{ia\lambda - b|\lambda|^\alpha (1 + i\beta \operatorname{sign}\lambda\, \omega(\lambda,\alpha))\} ,$$

où :

$$\omega(\lambda,\alpha) = \begin{cases} \operatorname{tg} \frac{\pi\alpha}{2} , & \alpha \neq 1 , \\ \frac{2}{\pi} \ln|\lambda| , & \alpha = 1 . \end{cases} \tag{1.1}$$

On dit que α est l'ordre de la loi stable (1.1). Si, en particulier, $\alpha = 2$ on a la loi de Gauss, si $\alpha = 1$, $\beta = 0$ on a la loi de Cauchy. Nous supposerons toujours le paramètre du déplacement $a = 0$ et le paramètre de l'échelle $b = \alpha^{-1}$. Le théorème suivant explique le rôle des lois stables pour la théorie de l'addition des variables aléatoires indépendantes.

THEOREME 1.1 : *Soit :*

$$\xi_1, \xi_2, \ldots \tag{1.2}$$

une suite de variables aléatoires de même loi. Pour qu'une loi de probabilité $\mathcal{L}$ soit une loi limite des sommes normalisées :

$$B_n^{-1} \sum_1^n \xi_j - A_n \tag{1.3}$$

il faut et il suffit que cette loi $\mathcal{L}$ soit une loi stable. Si la loi limite a l'ordre α , alors les facteurs B_n doivent avoir la forme suivante :

$$B_n = n^{1/\alpha} h(n) \tag{1.4}$$

où $h(n)$ est une fonction à croissance lente au sens de Karamata.

Soit F la loi de probabilité des variables (1.2). On dit que F appartient au domaine d'attraction de la loi stable $\mathscr{L}$ si on peut choisir A_n, B_n de telle manière que les sommes (1.3) convergent en loi vers $\mathscr{L}$. Si on peut prendre dans (1.4) $h(n) \equiv$ const, on dit que F appartient au domaine d'attraction normale de $\mathscr{L}$.

THEOREME 1.2 : *Pour qu'une loi* F *appartienne au domaine d'attraction normale d'une loi stable d'ordre* $\alpha \neq 2$ *il faut et il suffit que :*

$$F(x) = (c_1\, a^{\alpha} + o(1))\ |x|^{-\alpha}, \qquad x \to -\infty,$$

$$1-F(x) = (c_2\, a^{\alpha} + o(1))\ |x|^{-\alpha}, \qquad x \to \infty$$

où c_1, c_2, a *sont des constantes. Les constantes* c_1, c_2, *ne dépendent que de* α *et* β *et les facteurs normalisés sont* $B_n = an^{1/\alpha}$.

THEOREME 1.3 : *Pour qu'une loi* F *appartienne au domaine d'attraction normale d'une loi de Gauss* ($\alpha = 2$) *il faut et il suffit que :*

$$\int_{-\infty}^{\infty} x^2\ dF(x) < \infty\ .$$

On peut réunir ces deux cas sous une forme commune.

THEOREME 1.4 : *Pour qu'une loi* F *appartienne au domaine d'attraction normale de la loi stable* (1.1), *il faut et il suffit que la fonction caractéristique* φ *de* F *ait la forme suivante :*

$$\varphi(t) = \exp\ \{ia_1 t - b_1\ |t|^{\alpha}(1+i\beta\omega(t,\alpha))\ (1+o(1))\},\ t \to 0 \qquad (1.5)$$

où a_1, $b_1 > 0$ *sont des constantes.*

On déduit facilement de (1.5) que si F appartient au domaine d'attraction normale d'une loi stable d'ordre α, alors :

$$\int_{-\infty}^{\infty} |x|^{\delta}\ dF < \infty$$

pour tout $\delta < \alpha$. En particulier, si $\alpha > 1$, alors $\int_{-\infty}^{\infty} x\, dF$ existe, et si dans (1.5) $a_1 = 0$:

$$\int_{-\infty}^{\infty} x\, dF = 0\ .$$

On peut trouver les démonstrations des théorèmes 1.1 - 1.3 dans [23], du théorème 1.4 dans [27].

2 - PROCESSUS STABLES. CONDITIONS DE CONVERGENCE VERS UN PROCESSUS STABLE

Soit $\xi(t)$ un processus stochastique à accroissements indépendants. On dit que $\xi(t)$ est un processus stable si tout accroissement $\xi(t) - \xi(s)$ est de loi stable. Nous supposons aussi que la loi de $\xi(t) - \xi(s)$ ne dépend que t-s et que :

$$E \exp \{i\lambda(\xi(t) - \xi(s))\} = \exp\{- \frac{t-s}{\alpha}|\lambda|^{\alpha} (1+i\beta \operatorname{sign}\lambda\omega(\lambda,\alpha))\} \quad (2.1)$$

Nous désignons le processus (2.1) par $\xi_{\alpha\beta}(t)$ ou $\xi_{\alpha}(t)$. Notons que $\xi_2(t)$ est le processus de Wiener.

Soit $\{\xi_n\}$ une suite de variables aléatoires indépendantes de même loi F dont la fonction caractéristique a la forme suivante :

$$\varphi(t) = \exp \{-\alpha^{-1}|\lambda|^{\alpha}(1+i\beta \operatorname{sign}\lambda\, \omega(\lambda,\alpha)) (1+o(1))\} ,\lambda \to 0 \quad (2.2)$$

Posons :

$$\zeta_k = \sum_1^k \xi_j, \quad S_{nk} = n^{-1/\alpha} \sum_i^k \xi_j , \quad \alpha \neq 1 ,$$

$$S_{nk} = n^{-1} \sum_1^k \xi_j - \frac{2}{\pi} \beta \ln n, \quad \alpha = 1 .$$

On peut définir les processus :

$$S_n(t) = S_{nk} , \frac{k-1}{n} \quad t < \frac{k}{n} \quad (2.3)$$

Evidemment, sous l'hypothèse (2.2) toutes les lois fini-dimensionnelle de $S_n(t)$ convergent vers celles de $\xi_{\alpha}(t)$. En fait, des résultats plus forts sont vrais. On peut supposer que toute trajectoire de $S_n(t)$ et $\xi_{\alpha}(t)$ appartient à l'espace D(0,1) de Skorohod,donc on peut considérer S_n, ξ_{α} comme des variables aléatoires à valeurs dans l'espace de Skorohod D(0,1) et on peut parler de la convergence en loi de S_n vers ξ_{α} dans D(0,1) (voir [1], [21]).

THEOREME 2.1 : *Si la condition (2.2) est vérifiée, alors* $S_n(t)$ *converge en loi dans* D(0,1) *vers le processus* $\xi_{\alpha}(t)$ *défini par (2.1).*

Ayant des variables ξ_j on peut aussi construire le processus $\tilde{S}_n(t)$ engendré par $\sum_1^k \xi_j$ d'une manière différente. Notamment, soit maintenant $\tilde{S}_n(t)$ une ligne brisée de sommets $(\frac{k}{n}, n^{-1/\alpha} \sum_1^k \xi_j)$. Dans ce cas $\tilde{S}_n \in C(0,1)$. Le processus $\xi_2(t) = W(t)$ est continu avec probabilité 1, et on peut parler de la convergence en loi dans C(0,1) de $\tilde{S}_n$ vers W.

THEOREME 2.2 : *Si* $E\xi_j = 0$, $D\xi_j = 1$, *c'est à dire si :*

$$\varphi(t) = \exp \{- \frac{\lambda^2}{2} (1+o(1))\}, \quad \lambda \to 0,$$

alors $\tilde{S}_n$ *converge en loi dans l'espace* C(0,1) *vers le processus de Wiener* $W(=\xi_2)$.

On peut trouver la démonstration de ces théorèmes très connus dans les livres [1], [21] .

Je voudrais rappeler aussi que, pour démontrer la convergence des processus ξ_n vers un processus ξ dans quelque espace B on procéde souvent en deux étapes :

1° On montre que les lois fini-dimensionnelles de ξ_n convergent vers celles de ξ ;

2° On montre que la suite $\mathscr{L}(\xi_n)$ des lois de ξ_n dans B est tendue dans B.

En rapport avec cela nous utiliserons plus bas un critère de compacité dans C(0,1) de Prohorov.

THEOREME 2.3 : *Supposons qu'une suite* $\{\xi_n\}$ *de processus séparables définis sur* $[0,1]$ *satisfait la condition suivante :*

$$E|\xi_n(t) - \xi_n(s)|^p \leq K|t-s|^q$$

où $p > 1$, $q > 1$, $K > 0$ *sont des constantes positives. Alors si la suite* $\mathscr{L}(\xi_n(t_0))$ *est tendue dans* R^1, *la suite des lois* $\{\mathscr{L}(\xi_n)\}$ *est tendue dans* C(0,1).

Ce critère est basé sur le théorème suivant :

THEOREME 2.4 : *Soit* $\xi(t)$ *un processus séparable défini sur* $[0,1]$ *et tel que :*

$$E\ |\xi(t) - \xi(s)|^p \leq K(t-s)^q\ , \qquad t,s \in [0,1]\ ,$$

où $p > 1$, $q > 1$, $K > 0$. *Alors* $\xi(t)$ *satisfait presque sûrement la condition de Hölder pour tout ordre* $\gamma < \frac{q-1}{p}$. *Qui plus est :*

$$E\left\{\sup \frac{|\xi(t) - \xi(s)|}{|t-s|^\gamma}\right\} \leq B$$

où B *ne dépend plus de* p, q, K, γ.

Pour la démonstration voir [1] , paragraphe 12.

3 - PROBLEME SUR LA LOI LIMITE DE FONCTIONNELLES DEFINIES SUR UNE MARCHE ALEATOIRE

Soit $\xi_1, \xi_2, \ldots \quad \xi_n, \ldots$

une suite de variables aléatoires de même loi et à valeurs dans R^k. Elles engendrent une marche aléatoire $\{\zeta_n\}$:

$$\zeta_n = \sum_1^n \xi_j\ .$$

Soient $F_n(x_1,\ldots x_n)$ des fonctions définies sur R^{kn} . Elles engendrent des fonctionnelles définies sur la marche aléatoire $\{\zeta_n\}$ par la formule suivante :

$$\eta_n = F_n(\zeta_1, \ldots \zeta_n)\ .$$

Il faut trouver des conditions sous lesquelles il existe des constantes normalisées A_n, B_n telles que la variable $B_n^{-1}(\eta_n - A_n)$ ait une loi limite et caractériser cette loi. Bien sûr ce problème est trop général. Il faut poser quelques restrictions sur F_n pour avoir des théorèmes intéressants.

Dans ce cours nous nous restreignons exclusivement au cas de fonctionnelles additives, c'est à dire au cas :

$$\eta_n = \sum_{k=1}^{n-r} f_n(\zeta_k, \ldots \zeta_{k+r}) \tag{3.1}$$

où $r \geq 0$ est un nombre fixé. De plus nous considérons en détail seulement le cas $r=0$. Voici quelques exemples :

1° Soit $f : R^k \longrightarrow R^1$. On peut considérer :

$$\eta_n = \sum_{j=1}^{n} f(\zeta_j) .$$

Si en particulier $f(x) = \mathbf{1}_A(x)$ est la fonction indicatrice d'un ensemble $A \subset R^k$, la fonctionnelle

$$\eta_n = \sum_1^n f(\zeta_k)$$

représente le nombre de visites de l'ensemble A par la marche aléatoire ζ_k. Si $f(x) = \mathbf{1}_A(x) - \mathbf{1}_B(x)$ la fonctionnelle η_n représente la surabondance du nombre de visites de l'ensemble A par rapport à celui de B.

2° Supposons que ξ_j a ses valeurs dans R^1.

Soit :
$$f(x,y) = \begin{cases} 1, & xy < 0 \\ 0, & xy > 0 , \end{cases}$$

alors :

$$\eta_n = \sum_1^{n-1} f(\zeta_k, \zeta_{k+1})$$

est le nombre d'intersections du niveau zéro par la suite $\{\zeta_k\}$.

3° Soit :

$$f(x,y,z) = \begin{cases} 1, & x < y,\ z < y \\ 0, & y \leq \max(x,z) \end{cases}$$

alors :

$$\eta_n = \sum_1^{n-2} f(\zeta_k, \zeta_{k+1}, \zeta_{k+2})$$

est le nombre de maxima locaux dans la suite $\{\zeta_k\}$.

On peut établir quelques résultats sur les lois limites de (3.1), en utilisant les théorèmes du paragraphe précédent.

THEOREME 3.1 : *Soit* f *une fonction définie et continue sur* R^1. *Sous les conditions du théorème 2.1, la variable :*

$$\eta_n = \frac{1}{n} \sum_1^n f(S_{nk}) = \sum_{k=1}^n f_n(\zeta_k)$$

où $f_n(x) = n^{-1} f(x\, n^{1/\alpha})$ *converge en loi vers* $\int_0^1 f(\xi_\alpha(t))dt$.

En effet, la fonctionnelle :

$$F(x(.)) = \int_0^1 f(x(t))dt$$

est définie et continue dans l'espace de Skorohod D(0,1).

En vertu du théorème 2.1 :

$$\frac{1}{n} \sum_{k=1}^n f(S_{nk}) = \int_0^1 f(S_n(t))dt = F(S_n(.))$$

où $S_n(t) = S_{nk}$, $\frac{k-1}{n} \leq t < \frac{k}{n}$, converge en loi vers :

$$F(\xi_\alpha) = \int_0^1 f(\xi_\alpha(t))dt.$$

THEOREME 3.2 : *Soit* $f(x_0, \dots x_r)$ *une fonction mesurable à valeurs dans* R^1 *localement bornée et continue sur* $x_0 = x_1 = \dots = x_r$. *Sous les conditions du théorème 2.1 la variable :*

$$\eta_n = \frac{1}{n} \sum_{k=1}^{n-r} f(S_{nk}, \dots S_{n,k+r}) = \sum_1^{n-r} f_n(\zeta_k, \dots \zeta_{k+r})$$

converge en loi vers $\int_0^1 f(\xi_\alpha(t), \dots \xi_\alpha(t))dt$.

Démonstration : On a :

$$\eta_n = \frac{1}{n} \sum_1^{n-r} f(S_{nk}, \dots S_{nk}) + \frac{1}{n} \sum_1^{n-r} \left[f(S_{nk}, \dots S_{n,k+r}) - f(S_{nk}, \dots S_{nk}) \right] =$$

$$= \eta_{n1} + \eta_{n2}$$

On a comme plus haut que η_{n1} converge en loi vers $\int_0^1 f(\xi_\alpha(t), \dots f_\alpha(t))dt$. Montrons que $\eta_{n2} = o(1)$ en probabilité. Soit B une constante positive. Pour tout $\varepsilon > 0$ il existe $\delta > 0$ tel que :

$$|f(x_0, \dots x_r) - f(x_0, \dots x_0)| \leq \varepsilon$$

si $|x_0| \leq B$ et $|x_i - x_0| \leq \delta$. Alors :

$$P\left\{ \frac{1}{n} \sum_1^{n-r} |f(S_{nk}, \dots S_{n,k+r}) - f(S_{nk}, \dots S_{nk})| > 2\varepsilon \right\} \leq$$

$$\leq P\left\{ \frac{1}{n} \sum_1^{n-r} |f(S_{nk}, \dots S_{n,k+r}) - f(S_{nk}, \dots S_{nk})| > 2\varepsilon, \max_k |S_{nk}| \leq B \right\}$$

$$+ P\left\{ \max_k |S_{nk}| > B \right\}.$$

En vertu du théorème 2.1 :

$$\lim_{B\to\infty} \lim_{n\to\infty} P\{\max_k |S_{nk}| > B\} = \lim_B P\{\sup_{0\le t\le 1} |\xi_\alpha(t)| > B\} = 0$$

Puisque $f(x_0,\dots x_r)$ est bornée dans le domaine $|x_j| \le B$ il existe un nombre $x > 0$ tel que, pour tout n assez grand,

$$P\{\frac{1}{n} \sum_1^{n-r} |f(S_{nk},\dots S_{n,k+r}) - f(S_{nk},\dots S_{nk})| > 2\varepsilon\ ,\ \max_k |S_{nk}| \le B\} \le$$

$$\le\ P\{|\xi_{i_1}| \ge \frac{\delta}{r} n^{1/\alpha},\dots\ |\xi_{i_p}| \ge \frac{\delta}{r} n^{1/\alpha},\ 1 \le i_1 <\dots < i_p,\ p = [nx]\} \le$$

$$\le\ C_n^p(P\{|\xi_1| > \frac{\delta}{r} n^{1/\alpha}\})^p.$$

On déduit du théorème 1.3 que :

$$P\{|\xi_1| > \frac{\delta}{r}\} \le\ B(\frac{r}{\delta})^\alpha n^{-1}\ .$$

Donc :

$$C_n^p(P\{|\xi_1| > \frac{\delta}{r} n^{1/\alpha}\})^p \le B \frac{n!}{P!(n-p)!} (\frac{r}{\delta})^\alpha n^{-p} \le B^n \frac{n^n}{p^p(n-p)^p} n^{-p}$$

$$\le B^n n^{-xn} \xrightarrow[n\to\infty]{} 0\ .$$

Le théorème est démontré.

Le théorème 3.1 jouera un rôle important ci-dessous et pour ne pas dépendre du théorème 2.1 qui n'était pas démontré ici nous donnons une autre démonstration de ce théorème pour le cas $\alpha > 1$. Cette démonstration est plus élémentaire ; elle est basée sur le lemme suivant :

LEMME 3.1 : *Soient* $\xi_n(t)$, $\xi(t)$ *des processus mesurables définis sur* $[0,1]$. *Si toute loi fini-dimensionnelle de* $\xi_n(t)$ *converge vers celle de* $\xi(t)$,

$$\sup_{t,n} E|\xi_n(t)| < \infty$$

et :

$$\lim_{h\to 0} \overline{\lim_{n\to\infty}} \sup_{|t_1-t_2|\le h} E|\xi_n(t_2) - \xi_n(t_1)| = 0 \tag{3.2}$$

alors $\int_0^1 \xi_n(t)dt$ *converge en loi vers* $\int_0^1 \xi(t)dt$.

Démonstration : Soit N un nombre entier. On a :

$$|E\{\exp\{i\lambda \int_0^1 \xi_n(t)dt\}\} - E\{\exp\{i\lambda \int_0^1 \xi(t)dt\}\}| \le$$

$$\le E|\exp\{i\lambda \int_0^1 \xi_n(t)dt\} - \exp\{\frac{i\lambda}{N} \sum_1^N \xi_n(\frac{k}{N})\}| +$$

$$+ E|\exp\{i\lambda \int_0^1 \xi(t)dt\} - \exp\{\frac{i\lambda}{N} \sum_1^N \xi(\frac{k}{N})\}| +$$

$$+ \left|E\{\exp \frac{i\lambda}{N} \sum_1^N \xi_n(\tfrac{k}{N})\}\} - E\{\exp\{\frac{i\lambda}{N} \sum_1^N \xi(\tfrac{k}{N})\}\}\right| .$$

Si N est fixé alors :

$$E \exp\{ \frac{i\lambda}{N} \sum_1^N \xi_n(\tfrac{k}{N})\} \underset{n}{\longrightarrow} E \exp\{ \frac{i\lambda}{N} \sum_1^N \xi(\tfrac{k}{N})\} .$$

En vertu de (3.2) :

$$\lim_N \overline{\lim_n}\, E\left|\exp \{i\lambda \int_0^1 \xi_n(t)dt - \exp \{\frac{i\lambda}{N} \sum_i^N \xi_n(\tfrac{k}{N})\}\right| \leq$$

$$\leq \lim_N \overline{\lim_n}\, |\lambda| E \left|\int_0^1 \xi_n(t)dt - \frac{1}{N} \sum_1^N \xi_n(\tfrac{k}{N})\right| \leq$$

$$\leq \lim_N \overline{\lim_n} \sup_{|t-s|\leq N^{-1}} E|\xi_n(t) - \xi_n(s)| = 0 .$$

D'après le lemme de Fatou :

$$\lim_N E\left|\exp \{i\lambda \int_0^1 \xi(t)dt\} - \exp\{ \frac{i\lambda}{N} \sum_1^N \xi(\tfrac{K}{N})\}\right| \leq$$

$$\leq \lim_N \sup_{|t-s|\leq N^{-1}} E|\xi(t) - \xi(s)| \leq \lim_N \overline{\lim_n} \sup_{|t-s|\leq N^{-1}} E|\xi_n(t)-\xi_n(s)| = 0$$

Le lemme est démontré.

Démontrons le théorème 3.1. Soit $\varphi(t)$ la fonction caractéristique de ξ_j. Puisque :

$$\varphi(\lambda) = \exp \{- \frac{|\lambda|^\alpha}{\alpha} (1+i\beta \operatorname{tg} \frac{\pi\alpha}{2} - \operatorname{sign} \lambda) (1+o(1)\} , \quad \lambda \to 0$$

on obtient que pour tout $0 < t_1 < \dots < t_r \leq 1$,

$$E\{\exp \sum_1^r i\lambda_j S_n(t_j)\} \longrightarrow E\{\exp \sum_1^r i\lambda_j \xi_\alpha(t_j)\} .$$

Il reste à montrer pour $S_n(t)$ la propriété (3.2).

<u>LEMME 3.2</u> : *Soit ξ une variable aléatoire d'espérance finie et de fonction caractéristique $\Psi(\lambda)$. Alors :*

$$E|\xi| = \frac{2}{\pi} \int_0^\infty \frac{\mathbb{R}e(1-\psi(\lambda))}{\lambda^2} d\lambda .$$

<u>Démonstration</u> : On a :

$$\frac{2}{\pi} \int_0^\infty \frac{\sin \xi x}{x} dx = \operatorname{sign} \xi .$$

Donc :

$$E |\xi| = \frac{2}{\pi} \int_0^\infty (\operatorname{Im} E\, \xi e^{i\xi x}) \frac{dx}{x} = \frac{2}{\pi} \int_0^\infty \operatorname{Im}(\frac{\psi'(x)}{i}) \frac{dx}{x} =$$

$$= - \frac{2}{\pi} \mathbb{R}e \int_0^\infty \frac{\psi'(x)}{x} dx = \frac{2}{\pi} \mathbb{R}e \frac{1-\psi(x)}{x^2} dx .$$

Le lemme est démontré. En vertu de ce lemme on a, pour un $c > 0$:

$$n^{-1/\alpha} E|\sum_{l+1}^{m} \xi_j| = \frac{2}{\pi} \int_0^\infty \frac{1-(\varphi(\lambda n^{-1/\alpha}))^{m-l}}{\lambda^2} d\lambda \leq$$

$$\leq B\left(\frac{m-l}{n} + \int_{cn^{1/\alpha}}^\infty \lambda^{-2} d\lambda\right) \leq B\,\frac{m-l}{n} + Bn^{-1/\alpha} .$$

Donc :

$$E|S_n(t_2) - S_n(t_1)| \leq B(|t_2-t_1| + n^{-1/\alpha}).$$

La démonstration est achevée.

On peut déduire du théorème 3.1 quelques résultats sur les sommes :

$$\eta_n = \sum_1^n f(\zeta_k) .$$

THEOREME 3.3 : *Soit* $f(x)$ *une fonction homogène d'ordre* γ , *c'est-à-dire telle que pour tout* $u > 0$

$$f(ux) = u^\gamma f(x).$$

Alors sous les conditions du théorème 3.1 les sommes :

$$n^{-1-\gamma/\alpha} \sum_1^n f(\zeta_k)$$

convergent en loi vers $\int_0^1 f(\xi_\alpha(t))dt$.

Démonstration : On a :

$$n^{-1-\gamma/\alpha} \sum_1^n f(\zeta_k) = n^{-1-\gamma/\alpha} \sum_1^n f(S_{nk} n^{1/\alpha}) = \frac{1}{n} \sum_1^n f(S_{nk})$$

et la somme de gauche converge vers $\int_0^1 f(\xi_\alpha(t))dt$ en vertu du théorème 3.1. Bien sûr l'ensemble des fonctions homogènes est très pauvre :

$$f(x) = \begin{cases} A_1\, x^\gamma, & x > 0 \\ A_2\, x^\gamma, & x < 0 \end{cases}$$

Nous montrerons des théorèmes plus généraux dans le chapitre 3.

Nous revenons pour conclure à l'exemple 3.

THEOREME 3.4 : *Soit* $\xi_1, \xi_2, \ldots..$ *des variables aléatoires indépendantes de même loi. Soit :*

$$P\{\xi_1 = 0\} = 0 \quad , \; P\{\xi_1 > 0\} = a .$$

Désignons par N_n *le nombre de maxima locaux dans la suite* $\zeta_1, \zeta_2, \ldots \zeta_n$. *Alors la variable :*

$$\frac{N_n - na(1-a)}{\sqrt{n}}$$

converge en loi vers une variable aléatoire normale de moyenne zéro et de variance $a(1-a)\ (1-3a(1-a))$.

Démonstration : Soit :

$$f(x,y) = \begin{cases} 1\ , & x > 0\ ,\ y < 0 \\ 0\ , & x \leq 0 \ \text{ ou } y \leq 0\ , \end{cases}$$

alors :

$$N_n = \sum_{k=1}^{n-2} f(\zeta_{k+1} - \zeta_k,\ \zeta_{k+2} - \zeta_{k+1}) = \sum_{k=1}^{n-2} f(\xi_{k+1},\ \xi_{k+2}).$$

Soit $X_k = f(\xi_{k+1},\ \xi_{k+2})$. Les variables X_k sont 2-dépendantes, c'est-à-dire que les suites $(X_1,\dots X_\ell)$, $(X_{\ell+2},\dots)$ sont indépendantes. La suite des X_k est stationnaire. Le théorème limite central est applicable à de telles suites (voir [1], théorème 20.1). Donc $\frac{1}{\sqrt{n}}(N_n - EN_n)$ converge en loi vers une variable normale ξ telle que $E\xi = 0$ et :

$$\mathrm{Var}\,\xi = \mathrm{Var}\,X_1 + 2\sum_{k=1}^{\infty} E(X_{k+1} - EX_{k+1})\ (X_1 - EX_1).$$

On a :

$$EN_n = (n-2)\ Ef(\xi_1,\xi_2) = (n-2)\ P\{\xi_1 > 0,\ \xi_2 < 0\} = (n-2)\ a(1-a)$$

$$= na(1-a) + O(1).$$

En outre :

$$\mathrm{Var}\,X_1 = EX_1^2 - (EX_1)^2 = a(1-a) - a^2(1-a)^2,\ E(X_1 - EX_1)(X_2 - EX_2) =$$

$$= Ef(\xi_1,\xi_2)\ f(\xi_2,\xi_3) - a^2(1-a)^2 = P\{\xi_1 > 0,\ \xi_2 < 0,\ \xi_2 > 0,\ \xi_3 < 0\} = a^2(1-a)^2 =$$

$$= -a^2(1-a)^2.$$

Donc :

$$\mathrm{Var}\,\xi = \mathrm{Var}\,X_1 + 2E(X_1 - EX_1)\ (X_2 - EX_2) = a(1-a)\ (1-3a(1-a)).$$

Le théorème est démontré.

4 - TEMPS LOCAL DE PROCESSUS STABLES

Soit $\zeta(t)$, $t > 0$, un processus stochastique à valeurs dans R^k. Soit Γ un ensemble mesurable sur R^k. Le temps de séjour du processus $\xi(t)$ dans l'ensemble Γ jusqu'au moment T est, par définition :

$$\mu(\Gamma;T;\xi) = \mu(\Gamma;T) \overset{\text{def}}{=} \text{mes}\ \{t : \xi(t) \in \Gamma,\ t \in [0,T]\}\ .$$

Pour chaque T fixé, $\mu(\Gamma;T)$ est une mesure sur R^k et $T^{-1}\mu(\Gamma;T)$ est une mesure de probabilité. Si la mesure $\mu(\Gamma;T)$ est absolument continue par rapport à la mesure de Lebesgue λ , on appelle temps local du processus $\xi(t)$ la dérivée :

$$\frac{d\mu}{d\lambda}(x;T) = \ell\,(x;T) = \ell\,(x;T;\Gamma).$$

On interprète f comme le temps que le processus $\xi(t)$ a passé dans le point x quand t a changé dans l'intervalle 0,T .

Il est clair que :

$$\int_0^T f(\xi(t))dt = \int_{\mathbb{R}^k} f(x)\, \mu(dx;T;\xi).$$

En particulier, si le temps local $\pounds(x;T;\xi)$ existe, on a :

$$\int_0^T f(\xi(t))dt = \int_{\mathbb{R}^k} f(x)\, \pounds(x;T;\xi)dx \tag{4.1}$$

et les temps locaux apparaitront en général dans ce cours dans des formules du type (4.1).

THEOREME 4.1 : *Soit* $\xi_\alpha(t)$ *un processus stable d'ordre* $\alpha > 1$. *Le temps local* $\pounds_\alpha(x;T)$ *de* ξ_α *existe pour tout* $T > 0$. *Par rapport à* x *le temps local vérifie presque partout la condition de Hölder pour tout ordre* $\lambda < \min(\frac{1}{2}, \alpha-1)$.

Démonstration : Pour simplifier soit T=1, posons :

$$\mu(\Gamma;1;\xi_\alpha) = \mu_\alpha(\Gamma),\ \pounds_\alpha(x;1) = \pounds_\alpha(x).$$

On a :

$$\Psi_\alpha(u) = \int_0^1 e^{i\xi_\alpha(t)u}\, dt = \int_{-\infty}^{\infty} e^{ixu}\, \mu_\alpha(dx).$$

Donc Ψ_α est la fonction caractéristique de la loi de probabilité μ.

Puisque :

$$E|\Psi_\alpha(u)|^2 = \int_0^1 \int_0^1 E \exp\{iu(\xi_\alpha(t)-\xi_\alpha(s))\}\, dtds \leq$$

$$\leq \int_0^1 \int_0^1 \exp\{-\alpha^{-1}\, |u|^\alpha\, |t-s|\}dtds \leq B(1+|u|^{-\alpha})$$

on a :

$$E\int_{-\infty}^{\infty} |\Psi_\alpha(u)|^2\, du = E||\Psi_\alpha||_2^2 < \infty .$$

Ceci montre que $\Psi_\alpha \in L_2(-\infty,\infty)$ avec probabilité 1. Donc, avec probabilité 1, il existe $\frac{d\mu_\alpha}{d\lambda} \in L_2$ et :

$$\pounds_\alpha(x) = \frac{d\mu_\alpha}{d\lambda}(x) = \underset{A}{\text{l.i.m}}\, \frac{1}{2\pi} \int_A^A e^{-iux}\, \Psi_\alpha(u)du .$$

Soit $A > 0$. Considérons la fonction :

$$\gamma(x;A) = \int_A^{2A} e^{-iux}\, \Psi_\alpha(u)du.$$

Soit k un nombre entier. On a :

$$E|\gamma(x;A)|^{2k} = B \int_A^{2A}\dots \int_A^{2A} \exp\{i(\sum_1^k u_j x - \sum_1^k v_j x)\, du_1\dots dv_k\ .$$

$$.\int_0^1 \dots \int_0^1 E \exp\{i \sum_j \xi(t_j)u_j + i \sum_j \xi(s_j)v_j\}\, dt_1\dots ds_k \leq$$

$$\leq B \int_A^{2A} \dots \int_{-2A}^{-A} du_1\dots dv_k \int\dots\int |E \exp\{i\sum \xi(t_j)u_j + i \sum \xi(s_j)v_j\}|dt_s\dots ds_k \leq$$

$$\leq B \int_A^{2A} \dots \int_{-2A}^{-A} du_1\dots dv_k \int_{-\infty}^{\infty}\dots\int \exp\{-t_1|\sum (u_i+v_i)|^{\alpha}\dots (s_k - s_{k-1})|v_k|^{\alpha}\}$$

$$.\ dt_1\dots ds_k \leq B \int_{-BA}^{BA} \dots \int_A^{\infty} du_1\dots dv_k\ .$$

$$.\int_{-\infty}^{\infty}\dots\int \exp\{-\sum_i t_j|u_j|^{\alpha} - \sum s_j|v_j|^{\alpha}\}dt_1\dots ds_k \leq BA^{-k}\ .$$

De la même manière on a :

$$E|\gamma'(x;A)|^{2k} \leq B \int_{-BA}^{BA} \int |u_1|\dots|v_k|du_1\dots dv_k \int_{-\infty}^{\infty}\dots\int \exp\{-\sum_1^k |t_j||u_j|^{\alpha} -$$

$$- \sum_1^k |s_j||v_j|^{\alpha}\}\, dt_1 \dots ds_k \leq B.A^{2k(2-\alpha)}\ .$$

Soit $x,y \in [-R,R]$, $R < \infty$. Alors :

$$E\{(\sup_{|x-y|\leq h} |\gamma(x;A) - \gamma(y;A)|)^p\} \leq \sum_{|j|\leq B/h} E(\int_{jh}^{(j+1)h} |\gamma'(u;A)|du)^p \leq$$

$$\leq B\, A^{(2-\alpha)p}\, h^{p-1}\ .$$

Subdivison l'intervalle $[-R,R]$ en un nombre fini d'intervalles partiels Δ_j. Prenons dans chaque intervalle Δ_j un point $x_j \in \Delta_j$. Alors :

$$E(\sup \gamma(x;A))^p \leq \sum_j E(\sup_{\Delta_j} \gamma(x;A))^p \leq$$

$$\leq B \sum_j E|\gamma(x_j;A)|^p + B \sum E \sup_{\Delta_j} |\gamma(x;A)-\gamma(y;A)|^p \leq$$

$$\leq Bh^{-1} A^{-p/2} + Bh^{p-2} A^{(2-\alpha)p}$$

On en déduit, en posant $h=2^{-n}$, $A=2^n$ que :

$$E(\sup_x |\int_{2^n}^{2^{n+1}} e^{iux}\Psi_{\alpha}(u)du|)^p \leq B(2^{-\frac{np}{2}+n} + 2^{np+2-\alpha np})$$

Soit $\varepsilon > 0$. On peut choisir dans l'inégalité précédente $p=p(\varepsilon)$ assez grand pour que :

$$E\{\sup_x |\int_{2^n}^{2^{n+1}} e^{iux}\Psi_{\alpha}(u)du|\} \leq B(2^{-\frac{n}{2}(1-\varepsilon)} + 2^{-(\alpha-1-\varepsilon)n}).$$

On en déduit que $\pounds_\alpha(x)$ vérifie la condition de Hölder d'ordre $\gamma = \min(\frac{1}{2} - \varepsilon, \alpha-1-\varepsilon)$. La démonstration est achevée.

Notons que, en fait, $\pounds_\alpha(x;t)$ est continue par rapport aux deux variables (x,t) ; nous le montrerons plus tard (voir § 4 du chapitre II).

Puisque $\pounds_\alpha(x)$ est continue, on a :

$$\frac{1}{2\pi}\int_{-\infty}^{\infty} d\lambda \int_0^1 e^{i\lambda\xi_\alpha(t)}\,dt = \lim_{A\to\infty} \frac{1}{\pi}\int_{-\infty}^{\infty} \pounds_\alpha(x)\,\frac{\sin Ax}{x}\,dx = \pounds_\alpha(0).$$

Puisque $\pounds_\alpha(0)$ vérifie la condition de Hölder, la fonction conjuguée à $\pounds_\alpha$, c'est à dire la transformation de Hilbert de $\pounds_\alpha$

$$\tilde{\pounds}_\alpha(x) = \frac{1}{2\pi}\int_{-\infty}^{\infty} e^{-i\lambda x}\, i \,\mathrm{sign}\,\lambda \Psi_\alpha(\lambda)\,d\lambda = \int_{-\infty}^{\infty} \frac{\pounds_\alpha(x-y)}{y}\,dy$$

est bien définie et vérifie la condition de Hölder (conséquence d'un théorème de Titchmarch ; d'ailleurs, ce résultat figure aussi dans la démonstration du théorème 7.1).

V - CONVERGENCE EN PROBABILITE ET CONVERGENCE EN LOI

Il existe une méthode utile pour établir les théorèmes limites pour les processus, on l'appelle parfois la méthode de l'espace probabilisé commun (**метод одного вероятностного пространства** en russe). Cette méthode consiste à remplacer la convergence en loi par celle en probabilité. Le théorème suivant constitue la base de cette méthode.

THEOREME 5.1 : *Soit* $\{\xi_n(t), n=1,2,..\}$ *une suite de processus à valeurs dans* R^k *définis sur un sous-ensemble* A *de* R^1 *et continus en probabilité. Si :*
1° toute loi fini-dimensionnelle de $\xi_n(t)$ *converge vers celle d'un processus* $\xi_0(t)$;
2° pour chaque $t \in A$ *et chaque* $\varepsilon > 0$

$$\lim_{h\downarrow 0}\ \overline{\lim_{n\to\infty}}\ \sup_{|t-s|\leq h} P\{|\xi_n(t) - \xi_n(s)| > \varepsilon\} = 0$$

alors on peut construire des processus $\{\tilde{\xi}_n(t), n=1,2,...\}$, $\tilde{\xi}_0(t)$ *de telle manière que :*
1° toute loi fini-dimensionnelle de $\tilde{\xi}_n$, $n=0,1,...$ *coïncide avec celle de* $\tilde{\xi}_n$:
2° $\tilde{\xi}_n(t)$ *converge vers* $\tilde{\xi}_0(t)$ *en probabilité pour chaque* $t \in A$.

Ce résultat est presque évident si A contient seulement un point. En effet, soit $F_n(x)$ la fonction de répartition de $\xi_n(t) = \xi_n$. Puisque $F_n(x) \longrightarrow F_0(x)$, on a :

$$\tilde{\xi}_n = F_n^{-1}(\xi) \longrightarrow F_0^{-1}(\xi) = \tilde{\xi}_0 .$$

ξ est une variable équidistribuée sur $[0,1]$.

La démonstration générale n'est pas si simple même si card A=2. On peut trouver la démonstration dans le livre [41] de Skorohod.

On utilise ce théorème de la manière suivante. Soit, par exemple, B un espace de fonctions $b(t)$ définies sur $[0,1]$. Supposons que chaque fonction $b \in B$ peut être définie par ses valeurs sur un sous-ensemble dénombrable R de $[0,1]$ $(0,1 \in R)$. Soit $\{\xi_n(t),\ t \in [0,1]\}$une suite de processus à valeurs dans B. Supposons que toute loi fini-dimensionnelle de ξ_n converge vers celle d'un processus $\xi_0 \in B$. D'après le théorème 5.1, on peut construire des processus $\tilde{\xi}_n$, $\tilde{\xi}_0$ de mêmes lois fini-dimensionnelles que ξ_n, ξ_0 et tels que $\tilde{\xi}_n(t) \longrightarrow \tilde{\xi}_0(t)$ en probabilité. Soit J une topologie dans B. On peut déduire très souvent de la convergence $\tilde{\xi}_n(t) \longrightarrow \tilde{\xi}_0(t)$ en probabilité la convergence de $\tilde{\xi}_n$ vers $\tilde{\xi}_0$ dans la topologie J. Donc si f est une fonctionnelle continue pour la topologie J, on peut montrer sous quelques hypothèses additionnelles,que $f(\tilde{\xi}_n) \longrightarrow f(\tilde{\xi}_0)$ en probabilité et donc que $f(\xi_n) \longrightarrow f(\xi_0)$ en loi.

Considérons l'exemple suivant :

Soit $\{\xi_n(t)\}$ une suite de processus définis sur $[0,1]$ et tels que :

$$E\ |\xi_n(t) - \xi_n(s)|^p \leq K\ |t-s|^q, \quad K > 0\ ,\ p,\ q > 1\ .$$

Si les lois fini-dimensionnelles de ξ_n convergent vers celles d'un processus $\xi_0(t)$, alors ξ_n converge vers ξ_0 en loi dans $C[0,1]$.

On peut construire $\tilde{\xi}_n$, $\tilde{\xi}_0$ de même loi et $\tilde{\xi}_n(t) \longrightarrow \tilde{\xi}_0(t)$ en probabilité. Puisqu'aussi :

$$E|\tilde{\xi}_n(t) - \tilde{\xi}_n(s)|^p \leq K|t-s|^q$$

on peut trouver pour chaque $\varepsilon > 0$ un compact $K_\varepsilon \in C[0,1]$ pour lequel :

$$P\ \{\tilde{\xi}_n \in K_\varepsilon,\ \tilde{\xi}_0 \in K_\varepsilon\} > 1-\varepsilon\ .$$

Puisque K_ε est compact on peut choisir pour chaque ε_1, $\varepsilon_2 > 0$ des points $t_1, \ldots t_N \in [0,1]$ tels que les inégalités :

$$|b_1(t_i) - b_2(t_i)| \leq \varepsilon_1\ , \quad b_1,\ b_2 \in K_\varepsilon$$

entraînent l'inégalité :

$$\sup_t\ |b_1(t) - b_2(t)| \leq \varepsilon_2\ .$$

Mais $\tilde{\xi}_n(t) \longrightarrow \tilde{\xi}_0(t)$ en probabilité, donc :

$$P\ \{\sup_t\ |\tilde{\xi}_n(t) - \tilde{\xi}_0(t)| > \varepsilon\} \underset{n}{\longrightarrow} 0\ .$$

Donc si f est une fonctionnelle continue dans $C\ [0,1]$, on a :

$$P\ \{|f(\tilde{\xi}_n) - f(\tilde{\xi}_0)| > \varepsilon\} \underset{n}{\longrightarrow} 0$$

et donc :

$$P\ \{f(\xi_n) < x\} \underset{n}{\longrightarrow} P\ \{f(\xi_0) < x\}\ .$$

Revenons aux processus $S_n(t)$ définis par la formule (2.3).

THEOREME 5.2 : *Soient* $S_n(t)$ *les processus définis dans le théorème 2.1. Alors on peut construire des processus* $\tilde{S}_n(t)$ *de même lois fini-dimensionnelles que* $S_n(t)$ *et un processus stable* $\tilde{\xi}_\alpha(t)$ *telles que* $\tilde{S}_n(t) \longrightarrow \tilde{\xi}_\alpha(t)$ *en probabilité.*

Démonstration : C'est une conséquence immédiate du théorème 5.1. En effet, il suffit de prouver que la condition 2 de ce théorème est vérifiée. Mais puisque :

$$\lim_{N\to\infty} P\{N^{-1/\alpha}|\sum_1^N \xi_j| > x\} = P\{|\xi_\alpha(1)| > x\},$$

on a :

$$\sup_{|t-s|\leq h} P\{|S_n(t) - S_n(s)| > x\} \leq \sup_{N\leq nh} P\{N^{-1/\alpha}|\sum_1^N \xi_j| > x(\tfrac{n}{N})^{1/\alpha}\}$$

$$\leq \sup_N P\{N^{-1/\alpha}|\sum_1^N \xi_j| > xh^{-1/\alpha} \underset{h\to 0}{\longrightarrow} 0$$

La démonstration est achevée.

THEOREME 5.3 : *Soit* $\xi_n(t) = (\xi_{n1}(t),\dots \xi_{nk}(t))$, $n=1,2,\dots$ *une suite de processus à valeurs dans* R^k *définis sur* $[0,1]$. *Si :*

1° Tout processus $\xi_{nj}(t)$ *est continu stochastiquement à gauche (à droite) ;*

2° Pour chaque $\varepsilon > 0$

$$\lim_{h\ 0}\ \overline{\lim_{n\to\infty}}\ \sup_{|t-s|\leq h} P\{|\xi_{nj}(t) - \xi_{nj}(s)| > \varepsilon\} = 0 \ ;$$

3°

$$\lim_{A\to\infty}\ \overline{\lim_{n\to\infty}}\ \sup_t P\{|\xi_{nj}(t)| > A\} = 0 .$$

Alors on peut construire des processus $\tilde{\xi}_n(t) = (\tilde{\xi}_{n1}(t),\dots \tilde{\xi}_{nk}(t))$, $n=1,2,\dots,$ $\tilde{\xi}_0(t) = (\tilde{\xi}_{01}(t),\dots \tilde{\xi}_{0k}(t))$ *tels que :*

1° Toute loi fini-dimensionnelle de $\tilde{\xi}_{nj}(t)$ *coïncide avec celle de*

$\xi_{nj}(t)$, $n=1,2,\dots,$ $j=1,\dots k$;

2° Pour une sous-suite $\{n_r\}$ $\tilde{\xi}_{n_{rj}}(t) \longrightarrow \tilde{\xi}_{0j}(t)$ *en probabilité.*

Démonstration : (D'après [45]). Soit N un ensemble dénombrable dense dans $[0,1]$ $N = \{t_1,\dots t_\ell, \dots\}$. D'après le principe de sélection de Helly et la condition 3, on peut choisir des sous-suite $\{n_j(p)\}$, $\{n_j(p+1)\} \subset \{n_j(p)\}$ telles que

$(\xi_{n_j(p)}(t_1),\dots. \xi_{n_j(p)}(t_p))$ converge en loi. Soit $n_r = n_r(r)$. Alors toute loi fini dimensionnelle de $\{\xi_{n_r}(t), t\in N\}$ converge vers celle d'un processus $\{\xi_0(t), t \in N\}$. D'après la condition 2 du théorème et l'inégalité suivante :

$$P\{|\xi_{0j}(t) - \xi_{0j}(t)| > \varepsilon\} \leq \overline{\lim_r}\ P\{|\xi_{n_{rj}}(t) - \xi_{n_{rj}}(s)| > \varepsilon\} \tag{5.1}$$

le processus $\xi_0(t)$ est continu uniformément sur N. Donc on peut prolonger $\xi_0(t)$ sur $[0,1]$ en posant :

$$\xi_0(t) = p \lim_{s\to t} \xi_0(s) .$$

Montrons que toute loi finidimensionnelle de $\xi_{n_r}(t)$ converge vers celle de $\xi_0(t)$. Soit $t_1,\dots t_p \in [0,1]$, $s_1,\dots s_p \in N$, $U_{11},\dots U_{1K},\dots U_{p1},\dots U_{pk}$ des nombres réels. On a :

$$\overline{\lim_{r\to\infty}} |E \exp \{i \sum_{l,j} U_{lj}\, \xi_{n_{rj}}(t_l) - E \exp \{i \sum_{l,j} U_{lj}\, \xi_{0j}(t_l)\}| \leq$$

$$\leq \overline{\lim_{r}} |E \exp \{i \sum_{l,j} U_{lj}\, \xi_{n_{rj}}(t_l) - E \exp \{i \sum_{l,j} U_{lj}\, \xi_{n_{rj}}(s_l)| +$$

$$+ \overline{\lim_{r}} |E \exp \{i \sum U_{lj}\, \xi_{n_{rj}}(s_l)\} - E \exp \{i \sum U_{lj}\, \xi_{0j}(s_l)\}| +$$

$$+ |E \exp \{i \sum U_{lj}\, \xi_{0j}(s_l)\} - E \exp \{i \sum U_{lj}\, \xi_{0j}(t_l)\}| = I_1 + I_2 + I_3.$$

Si U_{lj}, t_l sont fixés, alors $I_1 \to 0$ quand $s_l \to t_l$ d'après la condition 2 du théorème, $I_3 \to 0$ d'après (5.1). Puisque $(\xi_{n_r}(s_1),\dots \xi_{n_r}(s_p)$ converge en loi vers $(\xi_0(s_1),\dots \xi_0(s_p)$, on a $I_2 = 0$.

Donc $(\xi_{n_r}(t_1),\dots \xi_{n_r}(t_p))$ converge en loi vers $(\xi_0(t_1),\dots\xi_0(t_p))$. Maintenant pour achever la démonstration il suffit d'utiliser le théorème 5.1.

Remarque : Si, sous les conditions du théorème, les lois limites de $(\xi_{n_r}(t_1),\dots\xi_{n_r}(t_p)$ ne dépendent pas de la sous-suite $\{n_r\}$ alors $(\xi_n(t_1),\dots(\xi_n(t_p))$ converge en loi vers $(\xi_0(t_1),\dots \xi_0(t_p))$ et donc $\tilde{\xi}_n(t) \to \tilde{\xi}_0(t)$ en probabilité.

VI - UNE PROPRIETE CARACTERISTIQUE DU PROCESSUS DE WIENER (UN THEOREME DE P. LEVY)

THEOREME 6.1 : *(P. Lévy [36]). Soit* $\{\mathcal{F}_t,\ t \in [0,1]\}$ *une famille croissante de tribus d'évènements aléatoires. Soit* $\xi(t)$, $t \in [0,1]$ *un processus adapté à la famille* $\mathcal{F}_t$ *si :*

1° $\xi(t)$ *est continu presque sûrement ;*

2° Pour tout $t \in [0,1]$ *et pour tout* $h > 0$, $0 \leq t < t+h \leq 1$,

$$E\{\xi(t+h) - \xi(t) | \mathcal{F}_t\} = 0 ,$$

$$E\{(\xi(t+h) - \xi(t))^2 | \mathcal{F}_t\} = h ;$$

alors $\xi(t)$ *est un processus de Wiener ; de plus ce processus ne dépend pas de* $\mathcal{F}_0$.

Pour une démonstration de la première partie voir [14] , chapitre VII § 11. Quant à la démonstration de la seconde partie, on a : si $0 \leq t_0 < \ldots < t_n$, $z_1 \ldots z_n$ sont des nombres réels, alors :

$$E\{\exp\{i \sum_{k=1}^{n} z_k(\xi(t_k) - \xi(t_{k-1}))|\mathcal{F}_0\} =$$

$$= E\{E \;\exp\{i\, z_n(\xi(t_n) - \xi(t_{n-1}))\}|\mathcal{F}_{t_{n-1}}\}$$

$$\exp\{i \sum_{1}^{n-1} z_k(\xi(t_k) - \xi(t_{k-1}))|\mathcal{F}_0\}\} =$$

$$= \exp\{-\frac{1}{2} z_n^2 (t_n - t_{n-1})^2\}.E\{\exp\{i \sum_{k=1}^{n-1} z_k(\xi(t_k) - \xi(t_{k-1}))|\mathcal{F}_{t_0}\} =$$

$$= \exp\{-\frac{1}{2} \sum_{k=1}^{n} (t_k - t_{k-1})\, z_k^2\} .$$

D'où le résultat.

VII - COMMENTAIRES

Paragraphe 1 : Les bases de la théorie générale des lois stables ont été jetées par P. Lévy [34]. La formule (1.1) appartient à A. Ya. Khinchin et P. Lévy [33] , le théorème 1.1 appartient à P. Lévy [34] mais les fonctions à croissance lente ont été utilisées dans cette théorie pour la première fois par W. Doeblin [13] et B.V. Gnedenko [24]. La notion d'attraction normale et les théorèmes 1.3, 1.4 appartiennent à B.V. Gnedenko [24], le théorème 1.5 à I. Ibragimov [27] .

Paragraphe 2 : Le théorème 2.2, premier théorème du principe d'invariance, a été montré par M. Donsker [11], le théorème 2.1 par Yu. V. Prohorov [39] ; le théorème 2.3 appartient à Prohorov [39] .

Paragraphe 3 : Le théorème 3.2 pour le cas $\alpha = 2$ se trouve dans [45], le lemme 3.1 est un cas particulier d'un théorème de I.I. Gihman et A.V. Skorohod (voir [21], chapitre 9, paragraphe 7).Le nombre de maxima locaux d'une marche aléatoire a été étudié par I. Gihman [22] qui a démontré un théorème plus général que le théorème 3.4 ; la démonstration donnée ici est peut être nouvelle.

Paragraphe 4 : Je crois que la première notion de temps local appartient à P. Lévy [36] ; beaucoup de résultats sur ce sujet se trouvent dans le travail [20] de Geman et Horovitz. Le théorème 4.1 est très connu mais je ne sais pas à qui l'attribuer ; la démonstration est peut être nouvelle.

Paragraphe 5 : Tous les résultats de ce paragraphe appartiennent à Skorohod [41] .

CHAPITRE II

I - INTRODUCTION

Soient $\xi_1, \xi_2, \ldots \xi_n, \ldots$ des variables aléatoires indépendantes de même loi. Supposons que les sommes :

$$B_n^{-1} \sum_1^n \xi_j - A_n \qquad (1.1)$$

convergent en loi quand $n \to \infty$. Nous allons ici étudier les théorèmes limites pour les sommes :

$$\eta_n = \sum_1^n f_n(S_{nk}) \qquad (1.2)$$

quand $n \to \infty$. Nous allons utiliser la méthode suivante :

Soit :

$$\hat{f}_n(\lambda) = \int_{-\infty}^{\infty} e^{i\lambda x} f_n(x)dx .$$

Alors :

$$\eta_n = \frac{1}{2\pi} \sum_1^n \int_{-\infty}^{\infty} e^{-i\lambda S_{nk}} \hat{f}_n(\lambda)\, d\lambda =$$

$$= \frac{1}{2\pi} \int_{-\infty}^{\infty} \left(\frac{1}{n} \sum_1^n e^{-i\lambda S_{nk}}\right) \Psi_n(\lambda)d\lambda$$

où $\Psi_n(\lambda) = n\, \hat{f}_n(\lambda)$. Puisque le processus engendré par (1.1) converge en loi vers un processus stable $\xi(t)$, les sommes :

$$\frac{1}{n} \sum_1^n e^{-i\lambda S_{nk}}$$

convergent en loi vers $\int_0^1 e^{-i\lambda\xi}\, dt$. Donc si $\Psi_n(\lambda)$ converge vers une fonction $\Psi(\lambda)$ alors on peut s'attendre à la convergence de (1.2) vers :

$$\frac{1}{2\pi} \int_{-\infty}^{\infty} \Psi(\lambda)d\lambda \int_0^1 e^{-i\lambda\xi(t)}\, dt .$$

Nous montrons des théorèmes de ce type (nous les appelons les théorèmes limites du premier type) dans les paragraphes 2 à 4 sous l'hypothèse :

$$\lim_n \int_{-\infty}^{\infty} \frac{|\Psi(\lambda) - \Psi_n(\lambda)|^2}{1 + |\lambda|^\alpha}\, d\lambda = 0 \qquad (1.3)$$

Si la condition (1.3) n'est pas vérifiée, alors les théorèmes limites sont différents. Nous les appelons théorèmes limites du deuxième type et les démontrons dans le paragraphe 5.

Nos méthodes permettent aussi d'étudier les sommes du type :

$$\sum_{1}^{n-r} f_n(S_{nk}, \dots S_{n,k+r}) , \tag{1.4}$$

$$\sum_{1}^{n} f_n(S_{nk_1}, \dots S_{nk_r}) \tag{1.5}$$

mais nous omettons ce sujet. Montrons seulement une méthode de Skorohod qui permet de déduire des résultats sur (1.4) de ceux sur (1.2).

Posons :

$$\Phi_n (x) = Ef(x, x + S_{n1}, \dots, x + S_{nr}) \tag{1.6}$$

$$\bar{\eta}_n = \sum_{1}^{n} \Phi(S_{nk}) \tag{1.7}$$

THEOREME 1.1 : *Si* $f_n \geq 0$ *et* $\lim_n \sup_{x_i} f_n (x_0, \dots x_r) = 0$ *alors la loi limite de* η_n *défini par (1.4) existe si et seulement si la loi limite de* $\bar{\eta}_n$ *existe. De plus les lois limites de* η_n *et* $\bar{\eta}_n$ *coïncident.*

Démonstration : (D'après [45]). Posons :

$$\eta_{nj} = \sum_{1}^{j} f_n (S_{nk}, \dots S_{n,k+r}) ,$$

$$\bar{\eta}_{nj} = \sum_{1}^{j} \Phi_n(S_{nk})$$

et montrons que si $\bar{\eta}_n$ ou η_n sont bornés en probabilité alors :

$$\sup_{1 \leq j \leq n-r} |\eta_{nj} - \bar{\eta}_{nj}| \longrightarrow 0 \tag{1.8}$$

en probabilité. Evidemment le théorème résulte de (1.8).

Posons :

$$\Phi_{nl}(x_0, x_1, \dots x_l) = Ef_n(x_0, x_1, \dots x_l + S_{n1}, \dots x_l + S_{n,r-l}).$$

En particulier :

$$\phi_{n0}(x_0) = \Phi_n(x_0), \ \phi_{nr}(x_0, \dots x_r) = f_n(x_0, \dots x_r).$$

On a :

$$\phi_{n,l-1} (S_{ni}, \dots S_{n,i+l-1}) = E\{ \phi_{nl}(S_{ni}, \dots S_{n,i+l}) \mid S_{ni}, \dots S_{n,i+l-1}\} .$$

Soit :

$$\zeta_{il}(n) = \phi_{nl}(S_{ni}, \dots S_{n,i+l}) - \phi_{n,l-1}(S_{ni}, \dots S_{n,i+l-1}).$$

Alors :

$$\sup_k |\eta_{nk} - \bar{\eta}_{nk}| \leq \sum_{l=1}^{r} \sup_k | \sum_{1}^{k} \zeta_{ik}(n)| .$$

Donc il suffit de montrer que :

$$\sup_k \left| \sum_{i=1}^{k} \zeta_{ik}(n) \right| \longrightarrow 0 \qquad (1.9)$$

en probabilité.

Posons $\mu_n = \sup_k f_n$. Alors $0 \leqq \phi_{nj} \leqq \mu_n$. On a :

$$E\{\zeta_{il}(n) | S_{n1} \ldots S_{n,i+l-1}\} = 0, \qquad (1.10)$$

$$E\{\zeta_{il}^2(n) | S_{n1}, \ldots S_{n,i+l-1}\} \leqq \mu_n \, \phi_{n,l-1}(S_{ni}, \ldots S_{n,i+l-1}).$$

Supposons d'abord que les $\overline{\eta}_n$ sont uniformément bornés.

Puisque $\phi_n \geqq 0$ les variables $\overline{\eta}_{nk} \leqq \overline{\eta}_n$ sont uniformément bornées. Soit $N > 0$.

Posons :

$$\overline{\eta}_k^N = \begin{cases} 1, & \overline{\eta}_{kn} \leqq N \\ 0 & \overline{\eta}_{kn} > N \end{cases}$$

La variable $\overline{\eta}_k^N$ est mesurable par rapport à $S_{n1}, \ldots S_{nk}$. On a :

$$\overline{\eta}_1^N \geqq \overline{\eta}_2^N \geqq \ldots \geqq \overline{\eta}_n^N .$$

Posons $\alpha_k = \sum_1^k \overline{\eta}_i^N \; \zeta_{il}(n)$ et montrons que $\alpha_1, \alpha_2, \ldots$ est une martingale. En effet, il résulte de (1.10) que :

$$E\{\alpha_{k+1} | \alpha_k, \ldots \alpha_1\} = \alpha_k + E\{\eta_{k+1}^N \; \zeta_{k+1,l}(n) | \alpha_1, \ldots \alpha_k\} =$$

$$= \alpha_k + E\{\overline{\eta}_{k+1}^N \; E\{\zeta_{k+1,l}(n) | S_{n1}, \ldots S_{n,k+1}\} | \alpha_1, \ldots \alpha_k\} = \alpha_k .$$

On a :

$$P\{\sup_k \left| \sum_{i=1}^{k} \zeta_{il}(n) \right| > \varepsilon\} \leqq P\{\sup_k |\alpha_k| > \varepsilon\} +$$

$$+ P\{\overline{\eta}_n^N = 0\} \leqq \varepsilon^{-2} E(\sup_k \alpha_k)^2 + P\{\overline{\eta}_n > N\} .$$

La propriété de martingale donne (voir [14], théorème 7.3.4) :

$$E\{(\sup \alpha_k)^2\} \leqq 4 E \alpha_{n-r}^2 = 4 E\left(\sum_{i=1}^{n-r} \overline{\eta}_i^N \zeta_{il}(n)\right)^2 =$$

$$= 4 \sum_{i=1}^{n-r} E\{\eta_i^N E\{\zeta_{il}^2(n) | S_{ni}, \ldots S_{n,i+l-1}\} \leqq$$

$$\leqq 4\mu_n \sum_{i=1}^{n-r} E\{\overline{\eta}_i^N \; \Phi_n(S_{ni})\} \leqq \mu_n N.$$

Donc :

$$P\{\sup_k |\sum_1^k \zeta_{i1}(n)| \geq \varepsilon\} \leq N\, \varepsilon^{-2}\, \mu_n + P\{\overline{\eta_n} > N\}$$

et le théorème est démontré dans le cas où η_n converge en loi.

Supposons maintenant que les η_n sont bornés uniformément en probabilité. Posons :

$$\eta_i^N = \begin{cases} 1, & i=1,\dots r \\ 1, & \eta_{i-r,n} \leq N,\ i > r \\ 0, & \eta_{i-r,n} > N,\ i > r \end{cases}$$

On peut montrer comme plus haut que :

$$P\{\sup_k |\sum_1^n \zeta_{i1}(n)| > \varepsilon\} \leq B\, \varepsilon^{-2}\, \mu_n \sum_1^{n-r} E\{\eta_i^N f_n(S_{ni}, \dots S_{n,i+r})\}$$

$$+ P\{\eta_n^N = 0\} \leq B\, \mu_n (N + r\, \mu_n)\varepsilon^{-2} + P\{\eta_n > N\}\ .$$

La démonstration est achevée.

II - THEOREMES LIMITES DU PREMIER TYPE

1 - Enoncé de la condition et du résultat

Nous allons considérer une suite $\{\xi_n\}$ de variables aléatoires indépendantes de même loi. Nous supposons que la loi commune de ces variables appartient au domaine d'attraction d'une loi stable avec $\alpha > 1$, et que $E\xi_n = 0$. La fonction caractéristique $\varphi(t)$ des variables ξ_n au voisinage de zéro a la forme :

$$\varphi(t) = \exp\{-c|t|^\alpha (1+i\beta \frac{t}{|t|} \operatorname{tg} \frac{\pi\alpha}{2})\}\ (1 + o(1)) = \qquad (2.1)$$

$$= \exp\{-c|t|^\alpha \omega(t)\}(1 + o(1)).$$

Nous supposerons toujours $c = \alpha^{-1}$ pour avoir dans le cas $\operatorname{var}\xi_j < \infty$ une forme standardisée :

$$\varphi(t) = \exp\{-\frac{1}{2} t^2\}\quad (1 + o(1)).$$

Désignons par Λ l'ensemble $\{\lambda : \varphi(\lambda) = 1\}$.

Si la loi de ξ_n n'est pas arithmétique l'ensemble Λ contient seulement un point $\lambda = 0$; si cette loi est arithmétique, l'ensemble Λ ou bien contient de nouveau seulement le point $\lambda = 0$, ou bien est une progression arithmétique.

Posons :

$$S_{n,k} = n^{-1/\alpha} \sum_{j=1}^k \xi_j \quad , k = 1,2 \dots n$$

Nous allons considérer ici et dans les paragraphes suivants le comportement limite des sommes (1.1) pour r=0, de sorte que :

$$\eta_n = \sum_{k=1}^{n} f_n(S_{kn}) \tag{2.2}$$

Nous allons supposer ci-dessous que la fonction $f_n(x)$ coïncide partout avec la transformée de Fourier de $\widehat{f}_n$:

$$f_n(x) = \frac{1}{2\pi} \int_{-\infty}^{\infty} e^{-i\lambda x} \widehat{f}_n(\lambda)d\lambda \qquad , x \in R^1$$

Posons :

$$\Psi_n(\lambda) = n \sum_{\lambda_k \in \Lambda} \widehat{f}_n(\lambda + \lambda_k n^{1/\alpha}),$$
$$u_n(x) = n \int_0^x f_n(z) \sum_{\lambda_k \in \Lambda} e^{-i\lambda_k z n^{1/\alpha}} \tag{2.3}$$

de sorte que :

$$u_n(x) = \frac{1}{2\pi} \int_{-\infty}^{\infty} \Psi_n(\lambda) \frac{e^{-i\lambda x}-1}{-i\lambda} d\lambda \tag{2.4}$$

THEOREME 2.1 : *Supposons les conditions suivantes vérifiées :*

1° La fonction Ψ_n est nulle en dehors de l'intervalle $\left[-an^{1/\alpha}, an^{1/\alpha}\right]$ où la constante a ne dépend pas de n ;

2° Il existe une fonction $\Psi(\lambda)$ telle que :

$$\int_{-\infty}^{\infty} \frac{|\Psi(\lambda)|^2}{1+|\lambda|^\alpha} d\lambda < \infty; \ \lim_n \int_{-\infty}^{\infty} \frac{|\Psi_n(\lambda) - \Psi(\lambda)|^2}{1 + |\lambda|^\alpha} d\lambda = 0 \tag{2.5}$$

Alors la loi limite des variables η_n existe et coïncide avec la loi de la variable :

$$\eta = \frac{1}{2\pi} \int_{-\infty}^{\infty} \Psi(\lambda) \int_0^1 e^{-i\lambda\xi_\alpha(t)} dt\, d\lambda \tag{2.6}$$

où ξ_α est un processus stable de fonction caractéristique :

$$E\, e^{i\lambda\xi_\alpha(t)} = \exp\{-\frac{t}{\alpha}|\lambda|^\alpha(1 + i\beta \frac{t}{|t|} \operatorname{tg} \frac{\pi\alpha}{2})$$

Nous verrons dans la section suivante que sous l'hypothèse du théorème, l'intégrale (2.6) existe bien.

Commençons par une série de lemmes.

2 - Deux Lemmes

LEMME 2.1 : *Soient les fonctions ψ_n vérifiant les conditions 1, 2 du théorème 2.1. Alors pour tout* $c > 0$:

$$\lim_{T\to\infty} \sup_n \int_{|v|>T} dv \int_{-\infty}^{\infty} |\Psi_n(v)\ \Psi_n(u-v)| \ . \tag{2.7}$$
$$\cdot \left\{ \frac{1-e^{-c|u|^\alpha}}{|v|^\alpha\ |u|^\alpha} + \frac{|e^{-c|u|^\alpha} - e^{-c|v|^\alpha}|}{|v|^\alpha\ ||u|^\alpha - |v|^\alpha|} \right\} du = 0$$

En particulier :

$$\lim_T \int_{|v|>T} dv \int_{-\infty}^{\infty} |\Psi(v)\ \Psi(u-v)| \left\{ \frac{1-e^{-c|u|^\alpha}}{|v|^\alpha |u|^\alpha} + \frac{|e^{-c|u|^\alpha} - e^{-c|v|^\alpha}|}{|v|^\alpha\ ||u|^\alpha - |v|^\alpha|} \right\} du = 0$$

<u>Démonstration</u> : Dans le domaine d'intégration

$$\frac{|1-e^{-c|u|^\alpha}|}{|u|^\alpha\ |v|^\alpha} \leq \frac{B}{|u|^{\alpha/2}\ |v|^{\alpha/2}} \quad \frac{1-e^{-c|u|^\alpha}}{\sqrt{1+|u-v|^\alpha}} \quad (|u|^{-\alpha/2} + |v|^{-\alpha/2})$$

d'où :

$$\int_{|v|>T} \int_{-\infty}^{\infty} |\Psi_n(v)\ \Psi_n(u-v)| \frac{1-e^{-c|u|^\alpha}}{|u|^\alpha\ |u|^\alpha} \quad du\, dv \leq$$

$$\leq B \int_{-\infty}^{\infty} \frac{1-e^{-c|u|^\alpha}}{|u|^\alpha} du \left(\int_{|v|>T} \frac{|\Psi_n(v)|^2}{1+|v|^\alpha} dv \int_{-\infty}^{\infty} \frac{|\Psi_n\ (u)|^2}{1+|u|^\alpha} du\right)^{1/2} +$$

$$+ B\left(\int_{|v|>T} \frac{|\Psi_n(v)|^2}{1+|v|^\alpha} dv \int_{-\infty}^{\infty} \frac{|\Psi_n(u)|^2}{1+|u|^\alpha} du\right) .$$

Il existe une constante $c_1 > 0$ telle que pour $\frac{1}{2} \leq (\frac{u}{v})^\alpha \leq 2$

$$\frac{|e^{-c|u|^\alpha} - e^{-c|v|^\alpha}|}{|u|^\alpha - |v|^\alpha} \leq e^{-c_1|u|^\alpha} \leq \frac{B}{1+|u-v|^\alpha} \ .$$

Et si $|u|^\alpha < \frac{1}{2}\ |v|^\alpha$ ou bien $|u|^\alpha > 2\ |v|^\alpha$

$$||u|^\alpha - |v|^\alpha|^{-1} \leq B(1 + |u-v|^\alpha)^{-1} .$$

Donc :

$$\int_{|v|>T} \int_{-\infty}^{\infty} |\Psi_n(v)\ \Psi_n(u-v)| \frac{|e^{-c|u|^\alpha} - e^{-c|v|^\alpha}|}{|v|^\alpha\ ||u|^\alpha - |v|^\alpha|} \ du\, dv \leq$$

$$\leq B\int_{|v|>T} \frac{|\Psi_n(v)|}{|v|^\alpha} dv \left(\int_{-\infty}^{\infty} \frac{|\Psi_n(u)|^2}{1+|u|^\alpha} du \int_{-\infty}^{\infty} \frac{du}{1+|u|^\alpha}\right)^{1/2}$$

$$\leq B \left(\int_{-\infty}^{\infty} \frac{|\Psi_n(u)|^2}{1+|u|^\alpha} du\right)^{1/2} . \ T^{\frac{1-\alpha}{2}} \left(\int_{|v|>T} \frac{|\Psi_n(v)|^2}{1+|v|^\alpha} dv\right)^{1/2}$$

En définitive, il vient :

$$\int_{|v|>T} \int_{-\infty}^{\infty} |\Psi_n(v)\ \Psi_n(u-v)| \left\{ \frac{1-e^{-c|u|^\alpha}}{|u|^\alpha\ |v|^\alpha} + \frac{|e^{-c|v|^\alpha}-e^{-c|u|^\alpha}|}{|v|^\alpha\ ||u|^\alpha - |v|^\alpha|} \right\} du\ dv \leq$$

$$\leq B \left(\int_{-\infty}^{\infty} \frac{|\Psi_n(u)|^2}{1+|\ |^\alpha}\ du \int_{|v|>T} \frac{|\Psi_n(v)|^2}{1+|v|^\alpha}\ dv\right).$$

Cette inégalité avec la condition (2.5) prouve le lemme.

LEMME 2.2 : *Sous les hypothèses du théorème 2.1, les intégrales :*

$$\int_{-\infty}^{\infty} \Psi_n(\lambda) d\lambda \int_0^1 e^{-i\lambda\xi_\alpha(t)}\ dt, \int_{-\infty}^{\infty} \Psi(\lambda) d\lambda \int_0^1 e^{i\lambda\xi_\alpha(t)}\ dt$$

sont bien définies et :

$$\lim_n E \left| \int_{-\infty}^{\infty} (\Psi(\lambda) - \Psi_n(\lambda)) d\lambda \int_0^1 e^{-i\lambda\xi_\alpha(t)}\ dt \right|^2 = 0 \tag{2.8}$$

Démonstration : Soit $\psi(\lambda)$ une fonction telle que :

$$\int_{-\infty}^{\infty} \frac{|\psi(\lambda)|^2}{1+|\lambda|^\alpha}\ d\lambda < \infty \quad .$$

Soit C une constante positive assez petite. On a pour $-\infty < a < b < \infty$:

$$E \left| \int_a^b \psi(\lambda) d\lambda \int_0^1 e^{-i\lambda\xi_\alpha(t)}\ dt \right|^2 =$$

$$= \int_a^b \int_a^b \psi(\lambda)\ \overline{\psi(\mu)} \int_0^1 \int_0^1 E\ e^{i\lambda\xi_\alpha(t)-i\mu\xi_\alpha(s)}\ dt\ ds\ d\mu\ d\lambda \leq$$

$$\leq B \int_a^b \int_a^b |\psi(\lambda)\ \psi(\mu)| \int_0^1 \left\{ \frac{e^{-ct|\mu-\lambda|}-e^{-ct|\lambda|^\alpha}}{|\lambda|^\alpha - |\mu-\lambda|^\alpha} + \right.$$

$$\left. + e^{-ct|\mu-\lambda|^\alpha} \frac{1-e^{-c(1-t)|\mu|^\alpha}}{|\mu|^\alpha} \right\} d\lambda\ d\mu \leq$$

$$\leq B \int_a^b \int_a^b |\psi(\lambda)\ \psi(\mu)| \left\{ |(|\lambda|^\alpha - |\mu-\lambda|)^{-1} \right. .$$

$$. \left(\frac{1-e^{-c|\mu-\lambda|^\alpha}}{|\mu-\lambda|^\alpha} - \frac{1-e^{-c|\lambda|^\alpha}}{|\lambda|^\alpha} \right) +$$

$$\left. + \left(\frac{1-e^{-c|\lambda-\mu|^\alpha}}{|\mu|^\alpha\ |\lambda-\mu|^\alpha} - \frac{e^{-c|\lambda-\mu|^\alpha} - e^{-c|\mu|^\alpha}}{|\mu|^\alpha(|\mu|^\alpha - |\lambda-\mu|^\alpha)} \right) | \right\} d\lambda\ d\mu =$$

$$= B \int_a^b |\psi(\lambda)\, d\lambda \int_{a-b}^{b-a} |\psi(\lambda-\mu)| \,.$$

$$\cdot \left\{ (|\lambda|^{\alpha} - |\mu|^{\alpha})^{-1} \left(\frac{1-e^{-c|\mu|^{\alpha}}}{|\mu|^{\alpha}} - \frac{1-e^{-c|\lambda|^{\alpha}}}{|\lambda|^{\alpha}} \right) + \right.$$

$$\left. + |\lambda|^{-\alpha} \left(\frac{1-e^{-c|\mu|^{\alpha}}}{|\mu|^{\alpha}} - \frac{e^{-c|\mu|^{\alpha}} - e^{-c|\lambda|^{\alpha}}}{|\lambda|^{\alpha} - |\mu|^{\alpha}} \right) \right\} d\mu \,.$$

Le lemme 2.2 résulte alors du lemme 2.1.

3 - Démonstration du théorème dans le cas $\Lambda = \{0\}$

Supposons que l'ensemble $\Lambda = \{\lambda : \varphi(\lambda) = 1\} = \{0\}$. Dans ce cas, $\Psi_n(\lambda) = n\,\hat{f}_n(\lambda)$.

En vertu du théorème on peut supposer que les fonctions aléatoires :

$$W_n(t) = n^{-1/\alpha} \sum_{k \leq nt} \xi_k$$

convergent en chaque point $t \in [0,1]$ vers $\xi_\alpha(t)$ en probabilité. Montrons que sous cet hypothèse la différence :

$$\Delta_n = \eta_n - \frac{1}{2\pi} \int_{-\infty}^{\infty} \Psi_n(\lambda) \int_0^1 e^{-i\lambda \xi_\alpha(t)}\, dt \longrightarrow 0 \qquad (2.9)$$

en probabilité quand $n \to \infty$.

On a :

$$\eta_n = \frac{1}{n} \sum_1^n \frac{1}{2\pi} \int_{-\infty}^{\infty} \Psi_n(\lambda)\, e^{-i\lambda W_n(\frac{k}{n})}\, d\lambda =$$

$$= \frac{1}{2\pi} \int_{-\infty}^{\infty} \Psi_n(\lambda) \left[\frac{1}{n} \sum_1^n e^{-i\lambda W_n(\frac{k}{n})} \right] d\lambda \,.$$

cette **égalité** entraîne que pour $T,\ \varepsilon > 0$

$$E|\Delta_n|^2 \leq 4 \left\{ E \left| \int_{-T}^{T} \Psi_n(\lambda) \left[\int_0^1 e^{-i\lambda \xi_\alpha(t)}\, dt - \frac{1}{n} e^{-i\lambda W_n(\frac{k}{n})} \right. d\lambda \right|^2 + \right.$$

$$+ E \left| \int_{|\lambda|>T} \Psi_n(\lambda) \int_0^1 e^{-i\lambda \xi_\alpha(t)} \right] dt\, d\lambda \Big|^2 +$$

$$+ E \left| \frac{1}{n} \int_{T \leq |\lambda| \leq \varepsilon n^{1/\alpha}} \Psi_n(\lambda) . \sum_1^n e^{-i\lambda S_{nj}}\, d\lambda \right|^2 +$$

$$+ E \left| \frac{1}{n} \int_{\varepsilon n^{1/\alpha} \leq |\lambda| \leq a n^{1/\alpha}} \psi_n(\lambda) \sum_1^n e^{i\lambda S_{nj}}\, d\lambda \right|^2 = I_1 + I_2 + I_3 + I_4$$

Montrons qu'on peut rendre tous les I_j arbitrairement petits en choisisant ε et T convenablement et en faisant tendre n vers l'infini.

Puisque :

$$\frac{1}{n}\sum_{1}^{n} e^{i\lambda W_n(\frac{k}{n})} \longrightarrow \int_0^1 e^{i\lambda\xi_\alpha(t)}\,dt$$

en probabilité et que les deux membres de cette relation sont uniformément bornés on a aussi que :

$$\lim_n E\left|\frac{1}{n}\sum_{1}^{n} e^{i\lambda W_n(\frac{k}{n})} - \int_0^1 e^{i\lambda\xi_\alpha(t)}\,dt\right|^2 = 0 .$$

Donc quand $n \to \infty$

$$I_1 \leq 8(1 + T^\alpha) \,.\, T \int_{-T}^{T} \frac{|\Psi_n(\lambda)|^2}{1 + |\lambda|^\alpha}\, d\lambda .$$

$$\frac{1}{2T}\int_{-T}^{T} E\left|\frac{1}{n}\sum_{1}^{n} e^{i\lambda W_n(\frac{k}{n})} - \int_0^1 e^{i\lambda\xi_\alpha(t)}\,dt\right|^2 d\lambda \leq$$

$$\leq B(1 + T^\alpha)\; T \,.\, o(1).$$

On déduit de l'inégalité du lemme 2.2 que :

$$I_2 \longrightarrow 0 \quad , \text{ quand } \quad T\to\infty$$

uniformément par rapport à n.

Pour étudier les termes I_3, I_4 notons d'abord qu'ils ont la forme suivante :

$$n^{-2}\int_{-\infty}^{\infty}\int_{-\infty}^{\infty}\Psi_n(\lambda)\,\overline{\Psi_n(\mu)}\sum_{k,j=1}^{n} E\exp\{-i,S_{n,j}\lambda + iS_{n,k}\,\mu\} .$$

Posons $\lambda - \mu = u$, $\lambda = v$, alors :

$$\sum_{k<j} E\exp\{i\lambda S_{n,j} - i\mu\, S_{n,k}\,\mu\} = \sum_{j=2}^{n}\sum_{k=1}^{j-1}\varphi^{k}(n^{-1/\alpha}u)\,\varphi^{j-k}(n^{-1/\alpha}v) =$$

$$= \frac{\varphi(n^{-1/\alpha}u)\,\varphi(n^{-1/\alpha}v)}{\varphi(n^{-1/\alpha}u) - \varphi(n^{-1/\alpha}v)}\left(\varphi(n^{-1/\alpha}v)\;\frac{1-\varphi^{n}(n^{-1/\alpha}v)}{1-\varphi(n^{-1/\alpha}v)} - \frac{1-\varphi^{n}(n^{-1/\alpha}u)}{1-\varphi(n^{-1/\alpha}u)}\right) =$$

$$= (\varphi(n^{-1/\alpha}u).\,\varphi(n^{-1/\alpha}v).\;\frac{1-\varphi^{n+1}\varphi(n^{-1/\alpha}u)}{(1-\varphi(n^{-1/\alpha}v))(1-\varphi(n^{-1/\alpha}u))} - \tag{2.10}$$

$$- \varphi(n^{-1/\alpha}u)\,\varphi(n^{1/\alpha}v)\;.\;\frac{\varphi^{n+1}(n^{-1/\alpha}v) - \varphi^{n+1}(n^{-1/\alpha}u)}{(1-\varphi(n^{-1/\alpha}u))\;(1-\varphi(n^{-1/\alpha}v)}$$

et :

$$\sum_{k=1}^{n} E\exp\{i\lambda S_{nk} - i\mu S_{nk}\} = \varphi(n^{-1/\alpha}u)\;\frac{1-\varphi^{n}(n^{-1/\alpha}u)}{1-\varphi(n^{-1/\alpha}u)} \tag{2.11}$$

Nous utiliserons parfois au lieu de (2.10) la majoration suivante :

$$\Big|\sum_{j=2}^{n}\sum_{k=1}^{j-1} \varphi^{k}(n^{-1/\alpha}u)\,\varphi^{j-k}(n^{-1/\alpha}v)\Big| =$$

$$= \Big|\sum_{k=1}^{n-1} \varphi^{k}(n^{-1/\alpha}u) \sum_{j=k+1}^{n} \varphi^{j-k}(n^{-1/\alpha}v)\Big| \leqq \qquad (2.12)$$

$$\leqq \frac{|\varphi(n^{-1/\alpha}u)\ \varphi(n^{-1/\alpha}v)|\ (1-|\varphi(n^{-1/\alpha}u)|^{n-1})}{|1-\varphi(n^{-1/\alpha}v)|\ (1-|\varphi(n^{-1/\alpha}v)|)}\,.$$

Nous allons estimer maintenant I_3. Notons d'abord que si ε est assez petit l'inégalité :

$$|\varphi(n^{-1/\alpha}t)| \leqq \exp\{-cn^{-1}|t|^{\alpha}\}\qquad,\qquad c > 0$$

est satisfaite dans la région $|t| \leqq 2\varepsilon n^{1/\alpha}$.

Donc pour $|u| \leqq 2\varepsilon n^{1/\alpha}$, $|v| \leqq 2\varepsilon n^{1/\alpha}$

$$\Big|\frac{1-\varphi^{n}(n^{-1/\alpha}u)}{1-\varphi(n^{-1/\alpha}u)}\Big| \leqq \frac{1-|\varphi(n^{-1/\alpha}u)|^{n}}{1-|\varphi(n^{-1/\alpha}u)|} \leqq \frac{Bn}{|u|^{\alpha}}\,(1-e^{-e|u|^{\alpha}}),c > 0,$$

$$|1-\varphi(v\,n^{1/\alpha})|^{-\alpha} \leqq Bn|v|^{-\alpha}\,, \qquad (2.13)$$

$$\Big|\frac{\varphi^{n+1}(n^{-1/\alpha}n)-\varphi^{n+1}(n^{-1/\alpha}v)}{\varphi(n^{-1/\alpha}u) - \varphi(n^{-1/\alpha}v)}\Big| \leqq Bn\,\frac{|e^{-c|u|^{\alpha}}-e^{-c|v|^{\alpha}}|}{||u|^{\alpha}-|v|^{\alpha}|}$$

On déduit de ceci, de (2.10) et de (2.11) que :

$$I_3 \leqq Bn^{-2}\int_{T<|\lambda|<\varepsilon n^{1/\alpha}}\int_{T<|\lambda|<\varepsilon n^{1/\alpha}} \Psi_n(\lambda)\,\overline{\Psi_n(\mu)}\,\{\sum_{j\geqq k}\exp\{-cxn^{-1}\,.$$

$$.\ |\lambda-\mu|^{\alpha} - c(j-k)n^{-1}|\lambda|^{\alpha}\} + \sum_{j<k}\exp\{-cjn^{-1}|\lambda-\mu|^{\alpha} -$$

$$- c(k-j)\,|\mu|^{\alpha}\,n^{-1}\}\}\,d\lambda\,d\mu \leqq$$

$$\leqq Bn^{-1}\int_{T<|v|<\varepsilon n^{1/\alpha}}|\Psi_n(v)|\,dv\int_{-\infty}^{\infty}|\Psi_n(u-v)|\,\frac{1-e^{-c|u|^{\alpha}}}{|u|^{\alpha}}\,du\ +$$

$$+ Bn^{-2}\int_{T<|v|<\varepsilon n^{1/\alpha}}|\Psi_n(v)|\int_{-2\varepsilon n^{1/\alpha}}^{2\varepsilon n^{1/\alpha}}|\Psi_n(u-v)|\,\frac{n}{||u|^{\alpha}-|v|^{\alpha}|}\,.$$

$$\cdot \left| \frac{1-e^{-c|v|^\alpha}}{1-e^{-c|v|^\alpha n^{-1}}} - \frac{1-e^{-c|u|^\alpha}}{1-e^{-c|u|^\alpha n^{-1}}} \right| \, du\, dv \leq$$

$$\leq B \int_{|v|>T} |\Psi_n(v)| dv \int_{-\infty}^{\infty} |\Psi_n(u-v)| \left\{ \frac{1-e^{-c|u|^\alpha}}{|v|^\alpha \, |u|^\alpha} + \frac{|e^{-c|u|^\alpha} - e^{-c|v|^\alpha}|}{|v|^\alpha \, ||u|^\alpha - |v|^\alpha|} \right\} du.$$

En vertu du lemme 2.1, le membre de droite de cette inégalité tend vers zéro quand $T \to \infty$ uniformément en n.

Pour traiter I_4, il faut distinguer deux cas : la loi de ξ_i est arithmétique ou elle ne l'est pas. Supposons d'abord que cette loi n'est pas arithmétique. Alors, il existe $\delta > 0$ tel que $|\varphi(tn^{1/\alpha})| \leq e^{-\delta}$ pour $|t| > \varepsilon n^{1/\alpha}$ (bien sûr δ dépend de ε). Donc pour $\varepsilon n^{1/\alpha} \leq |v| \leq a n^{1/\alpha}$:

$$\left| \frac{\varphi^{n+1}(n^{-1/\alpha}v) - \varphi^{n+1}(n^{-1/\alpha}u)}{\varphi(n^{-1/\alpha}v) - \varphi(n^{-1/\alpha}u)} \right| \leq \sum_{j=0}^{\infty} e^{-j\delta} \leq (1-e^{-\delta})^{-1}$$

Ceci implique (voir aussi (2.10) et (2.13) que :

$$I_3 \leq n^{-2} \int_{\varepsilon n^{1/\alpha} > |\lambda| > T} \int_{|\mu|>T} \{\Psi_n(\lambda)\overline{\Psi_n(\mu)} \sum_{j \geq k} \exp\{-ckn^{-1}|\lambda-\mu|^\alpha -$$

$$- c(j-k)n^{-1}|\lambda|^\alpha\} + \sum_{j<k} \exp\{-cjn^{-1}|\lambda-\mu|^\alpha - c(k-j)|\mu|^\alpha n^{-1}\} \, d\mu\, d\lambda \leq$$

$$\leq Bn^{-1} \int_{\varepsilon n^{1/\alpha} > |v| > T} |\Psi_n(v)| dv \int_{-\infty}^{\infty} |\Psi_n(u-v) \frac{1-e^{-c|u|^\alpha}}{|u|^\alpha} du +$$

$$+ Bn^{-2} \int_{\varepsilon n^{1/\alpha} > |v| > T} |\Psi_n(v)| \, dv \int_{-2\varepsilon n^{1/\alpha}}^{2\varepsilon n^{1/\alpha}} |\Psi_n(u-v)| \frac{n}{||u|^\alpha - |v|^\alpha|} \,.$$

$$\cdot \left| \frac{1-e^{-c|v|^\alpha}}{1-e^{-c|v|^\alpha n^{-1}}} - \frac{1-e^{-c|u|^\alpha}}{1-e^{-c|u|^\alpha n^{-1}}} \right| du \leq$$

$$\leq B \int_{|v|>T} |\Psi_n(v)| dv \int_{-\infty}^{\infty} |\Psi_n(u-v)| \left\{ \frac{1-e^{-c|u|^\alpha}}{|v|^\alpha \, |u|^\alpha} + \right.$$

$$\left. + \frac{|e^{-c|u|^\alpha} - e^{-c|v|^\alpha}|}{|v|^\alpha \, ||u|^\alpha - |v|^\alpha|} \right\} du \,.$$

Quand $n\to\infty$ la première intégrale de droite est o(1), la seconde intégrale est inférieure à :

$$\left(\int_{|v|>n^{1/\alpha}\varepsilon} \frac{|\Psi_n(v)|^2}{1+|v|^\alpha} dv\right)^{1/2} \left(\int_{-\infty}^{\infty} du \int_{-\infty}^{\infty} \frac{|\Psi_n(u-v)|^2}{1+|u-v|^\alpha} \quad \frac{1-e^{-c|u|^\alpha}}{|u|^\alpha} du\right)^{1/2}.$$

$$\left(\int_{-\infty}^{\infty} \frac{1-e^{-c|u|^\alpha}}{|u|^\alpha} du\right)^{1/2} = o(1).$$

Donc $I_4 = o(1)$ quand $n\to\infty$.

Supposons maintenant que la loi de ξ_1 est arithmétique et que le pas maximal de cette loi est égal à h mais que l'ensemble $\Lambda = \{0\}$. Dans ce cas la fonction caractéristique $\varphi(t)$ a une période égale à $\frac{2\pi}{h}$ et $|\varphi(t)| < 1$ pour $0 < t < \frac{2\pi}{h}$. Puisque $\Lambda = \{0\}$, on a pour chaque ε , $a > 0$:

$$\sup_{\varepsilon n^{1/\alpha} \leq |v| \leq a n^{1/\alpha}} |1-\varphi(n^{-1/\alpha}v)|^{-1} \leq B = B(a,\varepsilon) < \infty .$$

Posons :

$$A_k = \{u : (\frac{2\pi k}{h} - \varepsilon)n^{1/\alpha} \leq u < (\frac{2\pi k}{h} + \varepsilon)n^{1/\alpha}\} , \quad k = 0,1 \ldots$$

où ε est un nombre positif assez petit. Si $u \notin \bigcup_k A_k$ on a alors l'inégalité $|\varphi(n^{-1/\alpha}u)| \leq e^{-\delta}$, $\delta > 0$. Ecrivons I_4 ainsi :

$$I_4 = 4n^{-2} \int_{\varepsilon n^{1/\alpha}|v| \leq a n^{1/\alpha}} \Psi_n(v)dv \int_{\overline{UA_k}} \Psi_n(v-u) (\ldots) du +$$

$$+ 4n^{-2} \int_{\varepsilon n^{1/\alpha} \leq |v| \leq a n^{1/\alpha}} \Psi_n(v)dv \int_{A_0} \Psi_n(u-v) (\ldots) du +$$

$$+ 4n^{-2} \sum_{k\neq 0} \int_{\varepsilon n^{1/\alpha} \leq |v| \leq a n^{1/\alpha}} \Psi_n(v)dv \int_{A_k} \Psi_n(u-v) (\ldots) du.$$

On peut majorer les deux premiers termes de la même manière que dans le cas de non arithmétique. En vertu de (2.12).

$$n^{-2} \left| \int_{\varepsilon n^{1/\alpha} \leq |v| \leq a n^{1/\alpha}} \Psi_n \int_{A_k} \Psi_n(u-v) (\ldots) du \right| \leq$$

$$\leq Bn^{-2} \int_{n^{1/\alpha} \leq |v| \leq a n^{1/\alpha}} \frac{|\Psi_n(v)|dv}{|v|^{\alpha/2}} \int_{(2\pi k h^{-1}-\varepsilon)n^{1/\alpha}}^{(2\pi k h^{-1}+\varepsilon)^{1/\alpha}} \frac{|\Psi_n(u-v)|}{\sqrt{1+|u-v|^\alpha}} \quad \frac{1-e^{-c|u-\frac{2\pi k}{h}|^\alpha}}{|u-\frac{2\pi k}{h}|^\alpha} du \leq$$

$$\leq B \left(\int_{|v|>\varepsilon n^{1/\alpha}} \Psi_n(v)|^2 |v|^{-\alpha} dv\right)^{1/2}.$$

$$\cdot \int_{-\infty}^{\infty} \frac{|\Psi_n(v)|^2}{1+|v|^\alpha} dv)^{1/2} \int_{-\infty}^{\infty} \frac{1-e^{-c|u|^\alpha}}{|u|^\alpha} du = o(1).$$

Mais le nombre de tous les ensembles A_k qui sont des sous-ensembles de l'intervalle $\left[-an^{1/\alpha}, an^{1/\alpha}\right]$ est inférieur à $\frac{h\ a}{\pi}$. Donc de nouveau $I_4 = o(1)$.

Ainsi la relation (2.9) est prouvée. D'après le lemme 2.2 :

$$E\ \left|\int_{-\infty}^{\infty}\Psi_n(\lambda)d\lambda \int_0^1 e^{-i\lambda\xi_\alpha(t)} dt - \int_{-\infty}^{\infty}\Psi(\lambda)d\lambda \int_0^1 e^{-\lambda\xi_\alpha(t)} dt\right|^2 \to 0 .$$

D'où, d'après (2.9) :

$$\lim_n E\left|\eta_n - \frac{1}{2\pi}\int_{-\infty}^{\infty}\Psi(\lambda)d\lambda \int_0^1 e^{-i\lambda\xi_\alpha(t)} dt\right|^2 = 0.$$

Cette dernière égalité démontre le théorème pour des lois telles que $\Lambda = \{0\}$.

4 - Démonstration du théorème dans le cas $\Lambda \neq \{0\}$.

Considérons maintenant des lois telles que $\Lambda \neq \{0\}$. Ce sont des lois arithmétiques. On peut supposer que l'ensemble des valeurs de la variable aléatoire ξ_j a la forme $\{kh + f\}$ où les k sont entiers, $0 \leqq f < h$ et h est le pas maximal de la répartition de ξ_j. La fonction caractéristique :

$$\varphi(t) = e^{itf} \sum_k p_k\ e^{ikht}$$

est égale à 1 aux points t pour lesquelles $(kh-f)t = 2\pi\ell_k$, avec ℓ_k entier, pour tout k tel que $p_k \neq 0$. Puisque le pas h est maximal, le plus grand commun diviseur de toutes les différences $k'' - k'$, $p_{k''}, p_{k'} \neq 0$ est égal à 1. Donc on peut trouver des nombres entiers c_j tels que :

$$\sum c_j\ (k''_j - k'_j) = 1 .$$

Mais dans ce cas nécessairement $f = h\,\frac{p}{q}$ où p, q sont deux nombres entiers sans commun diviseur. Donc :

$$\Lambda = \{\ \frac{2\pi}{h} kq,\quad k = 0, \pm 1\ \ \dots\ \} .$$

Prenons pour la simplicité $h = 1$, $\Lambda = \{\lambda_k,\ k=0,\ \pm 1\ \dots\}$, $\lambda_k = 2\pi kq$.

Notons que :

$$\exp\ \{i(\lambda + 2\pi\ qkn^{1/\alpha})\ S_{nj}\} = e^{i\lambda S_{nj}} .$$

Donc :

$$\eta_n = \sum_{j=1}^{n} \frac{1}{2\pi}\int_{-an^{1/\alpha}}^{an^{1/\alpha}} \hat{f}_n(\lambda)\ e^{-\lambda S_j}\ d\lambda =$$

$$= \sum_{j=1}^{n} \frac{1}{2\pi}\int_{-\pi qn^{1/\alpha}}^{\pi qn^{1/\alpha}} \sum_k \hat{f}_n(\lambda+n^{1/\alpha}\lambda_k)e^{iS_{nj}\lambda}\ d\lambda =$$

$$= \frac{1}{2\pi n}\int_{-\pi qn^{1/\alpha}}^{\pi qn^{1/\alpha}} \Psi_n(\lambda) \sum_1^n e^{iS_{nj}\lambda}\ d\lambda .$$

Le reste de la preuve coïncide absolument avec le cas analysé $\Lambda = \{0\}$. Notamment, on montre comme ci-dessus que :

$$n^{-1}\frac{1}{2\pi}\int_{-\pi q n^{1/\alpha}}^{\pi q n^{1/\alpha}}\Psi_n(\lambda)\sum_1^n e^{-i\lambda S_{nj}}d\lambda-\frac{1}{2\pi}\int_{-\infty}^{\infty}\Psi_n(\lambda)d\lambda\int_0^1 e^{-i\lambda\xi_\alpha(t)}dt\to 0$$

en probabilité.

Le théorème 2.1 est démontré.

Remarque : On peut montrer sous les hypothèses du théorème 2.1 l'inégalité suivante :

$$E\left|\sum_{ns<k\leq nt} f_n(S_{nk})\right|^r \leq B\,|t-s|^{1+p}$$

où p,r sont deux nombres positifs. On déduit de cette inégalité que les processus engendrés par les lignes brisées aléatoires $(\frac{\ell}{n}, \sum_i^{\ell} f_n(S_{nk}))$ convergent en loi vers la fonction aléatoire t $\frac{1}{2\pi}\int_{-\infty}^{\infty}\Psi_n(\lambda)d\lambda\int_0^1 e^{-i\lambda\xi_\alpha(u)}du$. Nous allons considérer cette question un peu plus tard.

5 - Quelques variantes du théorème 2.1

On peut formuler ce théorème de manière différente. Notamment :

$$\frac{1}{2\pi}\int_{-\infty}^{\infty}\Psi_n(\lambda)\int_0^1 e^{-i\lambda\xi_\alpha(t)}dt\,d\lambda =$$

$$= \int_0^1 dt\,\frac{1}{2\pi}\int_{-\infty}^{\infty}\Psi_n(\lambda)\,e^{-i\lambda\xi_\alpha(t)}d\lambda =$$

$$= \int_0^1 U_n'(\xi_\alpha(t))dt.$$

En introduisant le temps local $\pounds_\alpha(x)$ du processus $\xi_\alpha(t)$ sur l'intervalle $[0,1]$ on peut écrire que :

$$\int_0^1 U_n'(\xi_\alpha(t))dt = \int_{-\infty}^{\infty}U_n'(x)\,\pounds_\alpha(x)\,dx = \int_{-\infty}^{\infty}\pounds_\alpha(x)\,dU_n(x).$$

D'où le théorème suivant peut être déduit.

<u>THEOREME 2.2</u> : *Supposons que les conditions 1,2 du théorème 2.1 et en outre les conditions 3_1 , 3_2 ci-dessous sont satisfaites :*

3_1)
$$\lim_{T\to\infty}\sup_n\int_{|\lambda|>T}\frac{|\Psi_n(\lambda)|^2}{1+|\lambda|^\alpha}d\lambda < \infty \;;$$

3_2) *Les fonctions $U_n(x)$ sont à variation bornée sur tout intervalle borné et convergent quand $n\to\infty$ vers une fonction $u(x)$ de variation localement bornée dans tous les points de continuité de $u(x)$.*

Alors la loi limite de η_n existe et coïncide avec la loi de la variable aléatoire :

$$\eta = \int_{-\infty}^{\infty} f_\alpha(x)\, du(x).$$

<u>Démonstration</u> : En démontrant la relation (2.9) nous avons utilisé seulement la condition 3_1. Donc (2.9) est vraie sous les hypothèses du théorèmes 2.2. Puis, avec probabilité 1, $f_\alpha(x)$ est une fonction continue à support compact. Donc :

$$\int_{-\infty}^{\infty} f_\alpha(x)\, du_n(x) \to \int_{-\infty}^{\infty} f_\alpha(x)\, du(x)$$

et le théorème est démontré.

Si $\alpha = 2$, le processus limite $\xi_2(t) = w(t)$ est le processus de Wiener. Posons :

$$F_n(y) = \int_0^y u_n(x)\, dx .$$

D'après la formume d'Ito :

$$dF_n(w) = \frac{1}{2} F_n''(w)dt + F_n'(w)dw = \frac{1}{2} u_n'(w(t))dt + u_n(w)dw ;$$

d'où :

$$F_n(w(1)) = \int_0^{w(1)} u_n(t)dt = \frac{1}{2} \int_0^1 u_n'(w(t))dt + \int_0^1 u_n(w(dt))dt .$$

Donc :

$$\frac{1}{2\pi} \int_{-\infty}^{\infty} \Psi_n(\lambda) \int_0^1 e^{-i\lambda w(t)} dt = \int_0^1 u_n'(w(t))dt =$$

$$= 2 \int_0^{w(1)} u_n(t)dt - \int_0^1 u_n(w(t))dw(t).$$

Aussi peut-on pour $\alpha = 2$ remplacer la condition 3_2 du théorème 2.2 par la condition suivante : il existe une fonction $u(x)$ telle que :

$$\int_{-c}^{c} |u_n(x) - u(x)|^2\, dx \to 0$$

pour tout $c > 0$.

Dans ce cas la loi limite de η_n existe et coïncide avec la loi de la variable :

$$\eta = 2 \int_0^{w(1)} u(t)dt - 2 \int_0^1 u(w(t))dw(t).$$

6 - <u>Exemple</u>

Soient $\xi_1, \xi_2 \dots$ des variables aléatoires avec $E\xi_j = 0$, $\mathrm{Var}\xi_j = 1$. Nous allons trouver la loi limite des sommes :

$$\eta_n = \frac{1}{\sqrt{n}} \sum_1^n \frac{\mathrm{Sin}\zeta_k}{\zeta_k} \quad ; \quad \zeta_k = \sum_1^k \xi_j$$

en supposant en outre que $\Lambda = \{0\}$.

Posons :

$$f_n(x) = \frac{1}{\sqrt{n}} \frac{\sin x\sqrt{n}}{x\sqrt{n}} ,$$

on a :

$$\eta_n = \sum_1^n f_n(x).$$

Puisque la fonction :

$$u_n(x) = \int_0^{x\sqrt{n}} \frac{\sin y}{y} dy \to u(x) = \frac{\pi}{2} \operatorname{sgn} x$$

on a d'après le théorème 2.2 que la loi limite de η_n coïncide avec la loi de :

$$\eta = \int_{-\infty}^{\infty} \pounds_2(x)\, du(x) = \pi \pounds_2(0).$$

En vertu de la formule (6.1) du chapitre 2 :

$$P\{\eta < x\} = P\{\pounds_2(0) < \frac{x}{\pi}\} = \begin{cases} 0 \quad , \quad x < 0 \\ \frac{2}{\sqrt{2\pi}} \int_0^{x/\pi} e^{-\frac{z^2}{2}} dz, \quad x \geqq 0 . \end{cases}$$

III - THEOREMES LIMITES DU PREMIER TYPE (Suite)

1 - En continuant à étudier les lois limites des sommes $\eta_n = \sum_1^n f_n(S_{nk})$,

nous ne supposons plus que $\Psi_n(\lambda)$ est une fonction a support compact. En échange de cela il faudra poser quelques restrictions supplémentaires sur la loi de ξ_j. Toutes les notations du paragraphe précédent sont reprises ici. Evidemment, nous pouvons répéter tous les arguments du paragraphe précédent, mais maintenant la formule (2.10) aura un terme complémentaire :

$$I_5 = E\left| \int_{|\lambda| > an^{1/\alpha}} \hat{f}_n(\lambda) \sum_1^n e^{iS_{nj}\lambda} d\lambda \right|^2$$

L'analyse de ce terme est l'objet principal de ce paragraphe.

Supposons d'abord $\Lambda = \{0\}$. Dans ce cas :

$$I_5 = n^{-2} E\left| \int_{|\lambda| > an^{1/\alpha}} \hat{f}_n(\lambda) \sum_1^n e^{iS_{nj}\lambda} d\lambda \right|^2 =$$

$$\leqq Bn^{-1} \int_{|v| > an^{1/\alpha}} |\Psi_n(v)| dv \int_{|u| \leqq \varepsilon n^{1/\alpha}} |\Psi_n(u-v)| \frac{1 - e^{-c|u|^{\alpha}}}{|1 - \varphi(vn^{-1/\alpha})\ |u|^{\alpha}} du +$$

$$+ Bn^{-1} \int_{|v| > an^{1/\alpha}} |\Psi_n(v)| \int_{|u| > \varepsilon n^{1/\alpha}} |\Psi_n(u-v)| \frac{du\, dv}{|1 - \varphi(vn^{-1/\alpha})|\,|1 - \varphi(n^{-1/\alpha} u)|}$$

Donc si :

$$\inf_{|t|>\varepsilon} |1-\varphi(t)| > 0 ,$$

alors :

$$I_5 \leqq B^{n-1} \int_{|v|>an^{1/\alpha}} |\Psi_n(v)|dv \int_{-\infty}^{\infty} |\Psi_n(u)| \, du \tag{3.1}$$

Si $|\varphi(t)| \leqq e^{-\delta}$, $\delta > 0$ pour tout $|t| \geqq \varepsilon$, alors, en vertu de (2.12),

$$\begin{aligned} I_5 &\leqq Bn^{-1} \int_{|v|>an^{1/\alpha}} |\Psi_n(v)| \, dv . \operatorname{Sup} |\Psi_n(v)| + \\ &+ n^{-2} \int_{|v|>an^{1/\alpha}} |\Psi_n(v)|dv \, . \int_{-\infty}^{\infty} |\Psi_n(u)|du \, . \end{aligned} \tag{3.2}$$

Si $\varphi \in L_1$, alors, en vertu de (2.12),

$$I_5 \leq Bn^{-1} \sup_{|v|>an^{1/\alpha}} |\Psi_n(v)|^2 \int_{|v|>an^{1/\alpha}} |\varphi(vn^{-1/\alpha})|dv +$$

$$+ n^{-2} \sup_{|v|>an^{1/\alpha}} |\Psi_n(v)| \sup_u |\Psi_n(u)| \left(\int_{|v|> n^{1/\alpha}} |\varphi(vn^{-1/\alpha})|dv\right)^2$$

On peut aussi obtenir des majorations du même type que (3.3) sous les hypothèses $\varphi \in L_p$, $p > 1$. En utilisant (3.1) - (3.3) on peut donner différentes variantes du théorème 2.1 sans supposer que $\Psi_n(\lambda)$ est à support compact. Par exemple,

Supposons que les conditions suivantes sont vérifiées :

1° $\inf_{|t|>\varepsilon} |1-\varphi(t)| > 0$ *pour chaque* $\varepsilon > 0$

2° $\lim_n n^{-1} \int_{|v|>an^{1/}} |\Psi_n(v)| \, dv \int_{-\infty}^{\infty} |\Psi_n(u)|du = 0$ *pour n'importe quel* $a > 0$

3° Il existe une fonction $\Psi(\lambda)$ *telle que :*

$$\int_{-\infty}^{\infty} \frac{|\Psi(\lambda)|^2}{1+|\lambda|^\alpha} d\lambda < \infty ,$$

$$\lim_n \int_{-\infty}^{\infty} \frac{|\Psi(\lambda) - \Psi_n(\lambda)|^2}{1 + |\lambda|^2} d\lambda = 0,$$

alors la loi de η_n *existe et coïncide avec la loi de :*

$$\frac{1}{2\pi} \int_{-\infty}^{\infty} \Psi(\lambda)d\lambda \int_0^1 e^{-i\lambda\xi_\alpha(t)} dt .$$

Le cas $\Lambda \neq \{0\}$ se traite même plus simplement. En fait, on peut supposer que : $\Lambda = \{2\pi k\}$. On a :

$$\int_{-\infty}^{\infty} \widehat{f}_n(\lambda) \sum_{j=1}^{n} e^{i\lambda S_{nj}} d\lambda = \int_{-\pi n^{1/\alpha}}^{\pi n^{1/\alpha}} \sum_{k=-\infty}^{\infty} \widehat{f}_n(\lambda + \lambda_k n^{1/\alpha}) \sum_{j=1}^{n} e^{i\lambda S_{nj}} d\lambda =$$

$$= \int_{-\pi n^{1/\alpha}}^{\pi n^{1/\alpha}} \Psi_n(\lambda) \left[\frac{1}{n} \sum_{1}^{n} e^{i\lambda S_{nj}}\right] d\lambda$$

et il suffit de supposer outre la condition 2 du théorème 2.1 que :

$$\int_{-\infty}^{\infty} \widehat{f}_n(\lambda)\, d\lambda < \infty$$

Dans ce cas la série :

$$\Psi_n(\lambda) = n \sum_k \widehat{f}_n(\lambda + \lambda_k n^{1/\alpha})$$

converge absolument.

Soit $\Lambda = \{2\pi k, k=0, \pm 1, \ldots\}$. Dans ce cas toutes les valeurs possibles de S_{nj} appartiennent à l'ensemble $\{kn^{-1/\alpha}, k=0, \pm 1, \ldots\}$ et donc seules les valeurs $f_n(kn^{-1/\alpha})$ de la fonction f_n aux points $kn^{-1/\alpha}$ sont importantes. Mais en vertu de la formule de Poisson :

$$\Psi_n(\lambda) = n \sum_k \widehat{f}_n(\lambda + \lambda_k n^{1/\alpha}) = n \sum_k f_n(\lambda_k n^{-1/\alpha}) e^{ixkn^{-1/\alpha}}$$

c'est à dire que $\Psi_n(\lambda)$ est la transformée de Fourier de la suite $\{n f_n(\lambda_k n^{-1/\alpha})\}$ et on peut formuler des résultats pour les termes $\{f_n(\lambda_k n^{-1/\alpha})\}$ seulement.

2 - Divergence de l'intégrale de $|f_n(\lambda)|$. On peut penser que nos théorèmes sont restrictifs au sens suivant : il faut supposer l'existence de la transformée de Fourier de f_n. En fait, cette restriction n'est pas très sévère. On peut proposer aux moins deux méthodes pour éviter ces restrictions.

Tout d'abord, posons :

$$f_n^c(x) = \begin{cases} f_n(x) & , \quad |x| \leq \frac{c}{2} \\ 0 & , \quad |x| > c, \end{cases}$$

sur $\left[-c, -\frac{c}{2}\right], \left[\frac{c}{2}, c\right]$ la fonction f_n^c est définie de manière à conserver la régularité de f_n. Alors :

$$P\left(\sum_{k=1}^{n} f_n^c(S_{nk}) \neq \sum_{k=1}^{n} f_n(S_{nk})\right) \leq P\left(\sup_k |S_{nk}| > \frac{c}{2}\right) \underset{c\to\infty}{\Longrightarrow} 0 .$$

uniformément par rapport à n.

Cette remarque et les inégalités (3.1) (3.2) permettent de formuler quelques théorèmes sur la convergence de η_n en loi. Voici quelques exemples. Désignons par ψ_n^c, u_n^c les homologues des fonctions η_n, u_n construits à partir de f_n^c.

THEOREME 3.1 : *Supposons les conditions suivantes vérifiées :*

1° $\inf_{|t|>\varepsilon} |1-\varphi(t)| > 0$ *pour tout* $\varepsilon > 0$ *(donc* $\Lambda = \{0\}$*) ;*

2° Pour chaque $c > 0$ *il existe une fonction* ψ_n^c *telle que :*

$$\int_{-\infty}^{\infty} \frac{|\psi_n^c(\lambda)|^2}{1 + |\lambda|^\alpha} \, d\lambda < \infty$$

$$\lim_n \int_{-\infty}^{\infty} \frac{|\psi_n^c - \psi^c|^2}{1 + |\lambda|^\alpha} \, d\lambda = 0$$

3°

$$\lim_{a\to\infty} \overline{\lim_n} \; n^{-1} \int_{|v|>an^{1/\alpha}} |\psi_n^c(v)| dv \int_{-\infty}^{\infty} |\psi_n^c(u)| du = 0$$

4° Les lois des variables aléatoires :

$$\eta^c = \frac{1}{2\pi} \psi^c(\lambda) d\lambda \int_0^1 e^{-i\lambda\xi_\alpha(t)} \, dt$$

convergent quand $c\to\infty$ *vers une loi* $\mathscr{P}$.

Alors les lois de η_n *convergent aussi vers* $\mathscr{P}$ *quand* $n\to\infty$.

THEOREME 3.2 : *Soit* $E\xi^2 < \infty$ *. Supposons les conditions suivantes vérifiées :*

1°

$$\int_{-\infty}^{\infty} |\varphi(t)| dt < \infty \quad \text{(et donc } \Lambda = \{0\}\text{) ;}$$

2° Pour chaque $c > 0$

$$\lim_{a\to\infty} \overline{\lim_n} \Big(\frac{1}{\sqrt{n}} \sup_{|v|>an^{1/\alpha}} |\psi_n^c(v)|^2 \int_{|v|>a} |\varphi(v)| dv + $$
$$+ \; n^{-1} \sup_n |\psi_n^c(u)| \sup_{|u|>an^{-1/\alpha}} |\psi_n^c(u)| \Big) = 0$$

3° Il existe une fonction $u(x)$ *telle que pour chaque* $c > 0$

$$\int_{-c}^{c} u^2(x) dx < \infty ,$$

$$\lim_n \int_{-c}^{c} |u_n(x) - u(x)|^2 \, dx = 0.$$

Alors la limite de η_n *existe et coïncide avec la loi de :*

$$2 \int_0^{w(1)} u(x) dx - 2 \int_0^1 u(w(t)) \, dw(t).$$

On peut donner aussi d'autres variantes de ces théorèmes. La deuxième méthode pour éviter des hypothèses sur l'intégrabilité de f_n repose sur l'utilisation de la théorie des distributions de Schwartz. Supposons que $f_n(x)$ est une fonction à croissance lente, c'est-à-dire qu'il existe un entier ℓ tel que :

$$\int_{-\infty}^{\infty} \frac{|f_n(\lambda)|}{(1+\lambda^2)^{\ell}}\, d\lambda < \infty .$$

Soit $\widehat{f}_n$ la transformée de Fourier de f_n au sens de la théorie des distributions. Soit comme précédemment :

$$\Psi_n(\lambda) = n \sum_{\lambda_k\in\Lambda} \widehat{f}_n(\lambda + \lambda_k n^{1/\alpha})$$

$$u_n(x) = n \int_0^x f_n(z) \sum_{\lambda_k\in\Lambda} e^{-i\lambda_k z n^{1/\alpha}}\, dz .$$

Pour simplifier les calculs nous supposons que Ψ_n est une distribution à support compact appartenant à l'intervalle $\left[-an^{1/\alpha}, an^{1/\alpha}\right]$. Le théorème suivant est un homologue du théorème 2.1.

THEOREME 3.3 : *Supposons les conditions suivantes vérifiées :*

1° *La distribution* $\widehat{f}_n$ *a un support compact appartenant à* $\left[-an^{1/\alpha}, an^{1/\alpha}\right]$ *où a ne dépend pas de* n :

2° *Quand* $n\to\infty$ Ψ_n *converge vers une distribution* Ψ ;

3° *Il existe un nombre* $T_0 > 0$ *tel que les restrictions* $\widehat{\Psi}_n^T$, $\widehat{\Psi}^T$ *de* Ψ_n, Ψ *à l'extérieur de l'intervalle* $[-T,T]$, $T > T_0$, *sont des fonctions et* :

$$|(\Psi_n^T, h)|^2 \leq B_T \int_{-\infty}^{\infty} |h(\lambda)|^2 (1 + |\lambda|^{\alpha})\, d\lambda \tag{3.4}$$

$$|(\Psi^T, h)|^2 \leq B_T \int_{-\infty}^{\infty} |h(\lambda)|^2 (1 + |\lambda|^{\alpha})\, d\lambda$$

Pour toute fonction h indéfiniment dérivable à support compact.

Alors, la loi limite de η_n *existe et coïncide avec la loi de :*

$$\eta = \frac{1}{2\pi} (\widehat{\Psi}, \int_0^1 e^{-i\lambda\xi_\alpha(t)}\, dt).$$

Démonstration : Elle rappelle la démonstration du théorème 2.1 et nous l'ébauchons seulement. Soit $\mathcal{D}$ l'espace de Schwartz de fonctions indéfiniment dérivables à support compact. Soit $h \in \mathcal{D}$ et $h(\lambda) = 1$ si $\lambda \in \left[-an^{1/\alpha}, an^{1/\alpha}\right]$. Ecrivons h comme $h = h_1 + h_2$ où $h_1, h_2 \in \mathcal{D}$, $h_1(\lambda) = 1$ si $[-T,T]$, $h_1(\lambda) = 0$ si $|\lambda| > A$, $A > T > T_0 > 0$.

On a (voir [26], [40]) :

$$\eta_n = \frac{1}{2\pi} \sum_1^n (\widehat{f}_n, e^{-i\lambda S_{nk}} h) = \frac{1}{2\pi} (\widehat{\Psi}_n, h_1 \int_0^1 e^{-i\lambda w_n(t)}\, dt) +$$

$$+ \frac{1}{2\pi} (\widehat{\Psi}_n, h_2 \frac{1}{n} \sum_1^n e^{-i\lambda S_{nk}}).$$

où comme plus haut :

$$w_n(t) = n^{-1/\alpha} \sum_{k<nt} \xi_k .$$

Comme plus haut nous pouvons supposer que $w_n(t) \to \xi_\alpha(t)$ en probabilité. On déduit facilement de la convergence de Ψ_n vers Ψ et de w_n vers ξ_α que :

$$\frac{1}{2\pi} (\widehat{\Psi}_n, h_1 \int_0^1 e^{-i\lambda w_n(t)} dt) \to \frac{1}{2\pi}(\Psi, h_1 \int_0^1 e^{-i\lambda\xi_\alpha(t)} dt).$$

Les arguments que nous avons utilisés en démontrant le théorème 2.1 montrent que :

$$E(\widehat{\Psi}_n , \frac{h_2}{n} \sum_1^n e^{-i\lambda S_{nk}})^2 \xrightarrow[A\to\infty]{} 0$$

uniformément par rapport à n. Le théorème est établi.

Remarque 1 : En vertu de (3.4) $\widehat{\Psi}$ admet un prolongement tel que $(\Psi, \int_0^1 e^{-i\lambda\xi_\alpha(t)} dt)$ est bien défini.

Remarque 2 : Si les fonctions u_n convergent faiblement vers une fonction u à variation localement bornée on peut écrire η comme :

$$\eta = \int_{-\infty}^{\infty} \mathfrak{L}_\alpha(x)\, du(x)$$

et si cette fonction u est absolument continue :

$$\eta = \int_{-\infty}^{\infty} \mathfrak{L}_\alpha(x) u'(x) dx = \int_0^1 u'(\xi_\alpha(t))dt .$$

3 - Exemples

a) Considérons la somme :

$$\eta_n = \frac{1}{n} \sum_1^n f(S_{nk})$$

où f est une fonction sommable. Dans ce cas :

$$\Psi_n(\lambda) = \widehat{f}(\lambda) \qquad \text{si } \Lambda = \{0\}$$

et :

$$\Psi_n(\lambda) \to \widehat{f}(\lambda) \qquad \text{si } \Lambda \neq \{0\} .$$

Donc la loi limite coïncide avec la loi de

$$\frac{1}{2\pi} \int_{-\infty}^{\infty} \widehat{f}(\lambda)\, d\lambda \int_0^1 e^{-i\lambda\xi_\alpha(t)} dt = \int_0^1 f(\xi_\alpha(t))dt.$$

Cet exemple n'est pas très intéressant parce que ce résultat (et même un plus général) est une conséquence immédiate du principe de l'invariance (voir chapitre 1).

b) On a un exemple plus intéressant si on considère la somme :

$$\eta_n = n^{\frac{1-\alpha}{\alpha}} \sum_1^n f(\zeta_k) , \quad \zeta_k = \sum_1^n \xi_j$$

Pour utiliser notre théorie réécrivons cette somme comme

$$\eta_n = \sum_1^n f_n(S_{nk})$$

où :

$$f_n(x) = n^{\frac{1-\alpha}{\alpha}} f(xn^{1/\alpha}).$$

Soit d'abord $\Lambda = \{0\}$. Dans ce cas

$$\Psi_n(\lambda) = n.n^{\frac{1-\alpha}{\alpha}} . n^{-\frac{1}{\alpha}} \hat{f}(\lambda n^{-1/\alpha}) = \hat{f}(\lambda n^{-\frac{1}{\alpha}}) \to \Psi(\lambda) = \hat{f}(0).$$

Donc si nous supposons par exemple que $||f||_1 + ||\hat{f}||_\infty < \infty$ et que pour chaque $\varepsilon > 0$ $\sup_{|t|>\varepsilon} |\varphi(t)| > \varepsilon$ nous aurons en vertu de (3.2) que la loi limite de η_n coïncide avec la loi de :

$$\frac{1}{2\pi} \int_{-\infty}^{\infty} \Psi(\lambda) d\lambda \int_0^1 e^{-i\lambda\xi_\alpha(t)} dt = f(0)\ \pounds_\alpha(0).$$

Si :

$$\Lambda = \{\lambda_k\} \neq \{0\} \quad \text{et} \quad ||\hat{f}||_1 < \infty ,$$

$$\Psi_n(\lambda) = n \sum_{\lambda_k \in \Lambda} f_n(\lambda + \lambda_k n^{1/\alpha}) = \sum_{\lambda_k \in \Lambda} f(\lambda n^{-1/\alpha} + \lambda_k) .$$

$$\pounds_\alpha(0) \sum_{\lambda_k \in \Lambda} f(\lambda_k).$$

Nous reviendrons sur cet exemple dans le chapitre suivant.

IV - CONVERGENCE DES PROCESSUS ENGENDRES PAR LES SOMMES : $\sum_{k \leq nt} f_n(S_{nk})$

1 - Le résultat principal

Désignons par $\eta_n(t)$, $0 \leq t \leq 1$ la ligne brisée de sommets

$$\left(\frac{k}{n} , \sum_1^k f_n(S_{nj})\right), \quad k = 0,1 \dots n .$$

Alors les η_n sont des processus continus et ils engendrent des lois de probabilité dans l'espace $C[0,1]$. Nous allons montrer ici que ces lois convergent faiblement sous les hypothèses des paragraphes précédents vers la loi engendrée par :

$$\eta(t) = \frac{1}{2\pi} \int_{-\infty}^{\infty} \Psi(\lambda) d\lambda \int_0^t e^{-i\lambda\xi_\alpha(u)} du .$$

La fonction $\Psi(\lambda)$ est définie comme précédemment. Cette convergence a toujours lieu sous les hypothèses des théorèmes des paragraphes 2 et 3. Mais dans un but de simplicité nous allons considérer seulement le cas où $\hat{f}_n$ est à support compact.

<u>THEOREME 4.1</u> : *Sous les hypothèses du théorème 2.1* $\eta_n(t)$ *converge en loi vers* η *dans l'espace* $C[0,1]$

<u>Démonstration</u> : On va montrer d'abord les trois lemmes suivants.

<u>LEMME 4.1</u> : *Soit* $0 \leq t_1 < t_2 < \dots < t_k \leq 1$. *Les vecteurs* $(\eta_n(t_1),\dots,\eta_n(t_k))$ *convergent en loi vers le vecteur* $(\eta(t_1),\dots \eta(t_k))$.

LEMME 4.2 : *Il existe une constante* B_k *telle que :*

$$E|\eta_n(t) - \eta_n(s)|^k \leq B_k |t-s|^{\frac{\alpha-1}{2\alpha}k}, \quad 0 \leq t, s \leq 1 \tag{4.1}$$

LEMME 4.3 : *Il existe une cosntante* B_k *telle que :*

$$E|\eta(t) - \eta(s)|^k \leq B_k |t-s|^{\frac{\alpha-1}{2\alpha}k} \tag{4.2}$$

Démonstration du lemme 4.1 : Elle n'a rien de nouveau par rapport à la démonstration du théorème 2.1. En effet, puisque :

$$|f_n(S_{nj})| = \frac{1}{2\pi}\left|\int_{-an^{1/\alpha}}^{an^{1/\alpha}} \widehat{f}_n(\lambda)\, e^{-i\lambda S_{nj}}\, d\lambda\right| \leq$$

$$\leq \frac{B}{n}\int_{-\infty}^{\infty}|\Psi_n(\lambda)|\, d\lambda \leq \frac{B_T}{n}\left[\int_{-T}^{T} \frac{|\Psi_n(\lambda)|^2}{1+|\lambda|^\alpha}\, d\lambda\right]^{1/2} +$$

$$+ B\left(\int_T^{\infty} \frac{|\Psi_n(\lambda)|^2}{1+|\lambda|^\alpha}\, d\lambda\right)^{1/2},$$

on a :

$$\eta_n(t) = \sum_{k\leq nt} f_n(S_{nk}) + r_n,$$

où $r_n \to 0$ en probabilité.

Donc, si par exemple, $\Lambda = \{0\}$,

$$\eta_n(t) = \frac{1}{2\pi}\, \Psi_n(\lambda) d\lambda \int_0^t e^{-i\, w_n(t)}\, du + o(1)$$

en probabilité,

$$w_n(u) = \sum_{k\leq nu} S_{nk}.$$

Nous avons prouvé qu'on peut construire un espace probabilisé et définir dans cet espace des processus $\tilde{\eta}_n(t)$ de sorte que $(\tilde{\eta}_n(t_1)\ldots\tilde{\eta}_n(t_k)) \overset{\mathcal{L}}{=} (\eta_n(t_1)\ldots\eta_n(t_k))$ et que $\tilde{\eta}_n(1) \to \eta(1)$ en probabilité. Mais la même démonstration montre aussi que $\tilde{\eta}_n(t) \to \eta(t)$ en probabilité pour tout $t\in[0,1]$. Donc $(\eta_n(t_1)\ldots\eta_n(t_k))$ converge en loi vers $(\eta(t_1)\ldots\eta(t_k))$. Le lemme 4.1 est ainsi démontré.

Démonstration du lemme 4.2 : Soit $0 \leq s < t \leq 1$. On peut supposer que $t-s > \frac{1}{n}$. En effet, si $t-s \leq \frac{1}{n}$:

$$E|\eta_n(t)-\eta_n(s)|^k \leq 2^k(t-s)^k \sup_j E|n\, f_n(S_{nj})|^k \leq$$

$$\leq 2^k(t-s)^k \left(\int_{-an^{1/\alpha}}^{an^{1/\alpha}} n|\widehat{f}_n(\lambda)|\, d\lambda\right)^k \leq$$

$$\leq B(t-s)\left(\int_{-an^{1/\alpha}}^{an^{1/\alpha}} |\Psi_n(\lambda)|\, d\lambda\right)^k \leq$$

$$\leq B(t-s)^k n^{\frac{k(1+\alpha)}{2\alpha}} \left(\int_{-\infty}^{\infty} \frac{|\Psi_n(\lambda)|^2}{1+|\lambda|^\alpha} d\lambda \right)^{\frac{k}{2}} \leq B(t-s)^{\frac{k(\alpha-1)}{2\alpha}} .$$

Les mêmes arguments montrent que si $t-s > \frac{1}{h}$

$$E|\eta_n(t) - \eta_n(s)|^k \leq B\, E\left|\int_{-\infty}^{\infty} \widehat{f}_n(\lambda) \sum_{ns\leq j\leq nt} e^{-i\lambda S_{nj}} d\lambda\right|^k + B(t-s)^{\frac{k(\alpha-1)}{2\alpha}} \quad (4.3)$$

Pour estimer le premier temre à droite supposons que $k = 2p$ où p est un nombre entier et considérons séparément les trois cas :

1° La loi de ξ_j n'est pas arithmétique ;

2° La loi de ξ_j est arithémtique mais $\Lambda = \{0\}$;

3° $\Lambda \neq \{0\}$.

Premier cas : Il existe un nombre $\varepsilon > 0$ tel que $|\varphi(\lambda n^{-1/\alpha})| \leq \exp\{-\frac{c|\lambda|^\alpha}{n}\}$ si $|\lambda| \leq \varepsilon n^{1/\alpha}$; dans le domaine $\varepsilon n^{1/\alpha} \leq |\lambda| \leq a n^{1/\alpha}$ on a $|\varphi(\lambda n^{-1/\alpha})| < e^{-\delta}$, $\delta > 0$ puisque la loi de ξ_j n'est pas arithmétique. Donc il existe $c > 0$ tel que :

$$|\varphi(\lambda n^{-1/\alpha})| \leq \exp\{-c\frac{|\lambda|^\alpha}{n}\},\ |\lambda| \leq a n^{1/\alpha} \quad (4.4)$$

En vertu de ceci :

$$E\left|\int_{-\infty}^{\infty} \widehat{f}_n(\lambda) \sum_{ns\leq j\leq nt} e^{-i\lambda S_{nj}}\right|^{2p} =$$

$$= \int_{-\infty}^{\infty}\cdots\int_{-\infty}^{\infty} \widehat{f}_n(\lambda_1) \cdots \widehat{f}_n(\lambda_p) \overline{\widehat{f}_n(\mu_1)} \cdots \overline{\widehat{f}_n(\mu_p)} .$$

$$\cdot \sum_{ns\leq n_i, m_i\leq nt} E \exp\{-i\lambda_1 S_{nn_1} - \ldots - i\lambda_p S_{nn_p} +$$

$$+ i\mu_1 S_{nm_1} + \ldots \quad i\mu_p S_{nm_p}\}\, d\lambda_1 \ldots d\mu_p \leq \quad (4.5)$$

$$\leq B n^{-k} \int_{-\infty}^{\infty} \cdots \int_{-\infty}^{\infty} |\Psi_n(\lambda_1)| \ldots |\Psi_n(\lambda_k)| .$$

$$\cdot \sum_{ns\leq n_i \leq \ldots \leq n_k \leq n_t} E \exp\{i\lambda_1 S_{nn_1} + \ldots + i\lambda_k S_{nn_k}\} |d\lambda_1 \ldots d\lambda_k \leq$$

$$\leq B n^{-k} \int_{-\infty}^{\infty} \cdots \int_{-\infty}^{\infty} |\Psi_n(\lambda_1) \ldots |\Psi_n(\lambda_k) .$$

$$\cdot \sum_{ns\leq n_1\leq nt} |\varphi^{n_1}((\lambda_1 + \ldots + \lambda_k) n^{-1/\alpha})|$$

$$\sum_{ns\leq n_2\leq nt} |\varphi^{n_2-n_1}((\lambda_2 + \ldots + \lambda_k)\, n^{-1/\alpha})| .$$

$$\ldots \sum_{ns\leq n_k\leq nt} |\varphi^{n_k-n_{k-1}}(\lambda_k)\, d\lambda_1 \ldots d\lambda_k \leq$$

$$\leq B \int_{-\infty}^{\infty}\cdots\int_{-\infty}^{\infty}|\Psi_n(\lambda_1-\lambda_2)\,\Psi_n(\lambda_2-\lambda_3)\cdots\Psi_n(\lambda_{k-1}-\lambda_k)\,\Psi_n(\lambda_k)|\,.$$

$$\cdot \prod_1^k \frac{1-e^{-c|\lambda_i|^\alpha}}{|\lambda_i|^\alpha}\, d\lambda_1 \ldots d\lambda_k\,.$$

En notant que $\dfrac{1+|\lambda_i-\lambda_j|^\alpha}{|\lambda_i|^\alpha|\lambda_j|^\alpha} \leq 2(|\lambda_i|^{-\alpha}+|\lambda_j|^{-\alpha})$ pour max $(|\lambda_i|,|\lambda_j|) \geq 1$, nous pouvons réécrire la dernière inégalité de la manière suivante :

$$E\Big|\int_{-\infty}^{\infty}\hat{f}_n(\lambda)\sum_{ns\leq j\leq nt} e^{-i\lambda S_{nj}}d\lambda\Big|^{2p} \leq$$

$$\leq B\,|t-s|^k + \int_{-\infty}^{\infty}\cdots\int_{-\infty}^{\infty}\frac{|\Psi_n(\lambda_1-\lambda_2)\cdots\Psi_n(\lambda_{k-1}-\lambda_k)\,\Psi_n(\lambda_k)|}{\sqrt{1+|\lambda_1-\lambda_2|^\alpha}\cdots\sqrt{1+|\lambda_{k-1}-\lambda_k|^\alpha}\sqrt{1+|\lambda_k|^\alpha}}\,.$$

$$\cdot \prod_{i=1}^{k}(1-e^{-c|\lambda_i|^\alpha})\,|\lambda_1|^{-\alpha/2}\cdots|\lambda_k|^{-\alpha/2}\,. \tag{4.6}$$

$$\cdot \prod_{i=1}^{k-1}(|\lambda_i|^{-\alpha/2}+|\lambda_{i+1}|^{-\alpha/2})\,d\lambda_1\ldots d\lambda_k\,.$$

On a :

$$|\lambda_1|^{-\alpha/2}\cdots|\lambda_k|^{-\alpha/2}\prod_1^{k-1}(|\lambda_i|^{-\alpha/2}+|\lambda_{i+1}|^{-\alpha/2}) =$$

$$= \sum_{\gamma_1\ldots\gamma_k}|\lambda_1|^{-\alpha\gamma_1}\cdots|\lambda_k|^{-\alpha\gamma_k}$$

où la sommation est étendue aux vecteurs $\gamma = (\gamma_1 \ldots \gamma_k)$, $\gamma_i = 0,\ 1/2,\ 1$. Ces vecteurs γ doivent aussi satisfaire quelques conditions complémentaires. En particulier, si $\gamma_i = 0$, $\gamma_{i-1}, \gamma_{i+1} > 0$ si $\gamma_i = 1$, $\gamma_{i-1}, \gamma_{i+1} \leq \frac{1}{2}$; si $\gamma_{i-1} = \gamma_{i+1} = 0$, $\gamma_i = 1$; $\gamma_1, \ldots \gamma_k \geq \frac{1}{2}$.

En vertu de ceci et de l'inégalité (4.6), on a :

$$E\Big|\int_{-\infty}^{\infty}\hat{f}_n(\lambda)\sum_{ns\leq j\leq nt}e^{-i\lambda S_{nj}}d\lambda\Big|^p \leq B\,|t-s|^k +$$

$$+ \sum_{(\gamma_1\ldots\gamma_k)}\int_{-\infty}^{\infty}\cdots\int_{-\infty}^{\infty}\prod_{\gamma_{i=1}}\frac{1-e^{-c(t-s)|\lambda_{i1}|^\alpha}}{|\lambda_{i1}|^\alpha}\,d\lambda_{i1}\,.$$

$$\cdot\int_{-\infty}^{\infty}\cdots\int_{-\infty}^{\infty}\prod_{i:\gamma_{i-1},\gamma_i>0}\frac{\Psi_n(\lambda_i-\lambda_{i-1})}{\sqrt{1+|\lambda_i-\lambda_{i-1}|^\alpha}}\left[\frac{1-e^{-c(t-s)|\lambda_i|^\alpha}}{|\lambda_i|^{\alpha\gamma_i}}\,d\lambda_i\right]^{2(1-\gamma_i)}$$

$$\cdot \prod_{\substack{j:\ \gamma_j=\frac{1}{2}\\ \gamma_{j+1}>0}} \frac{\Psi_n(\lambda_{j+1}-\lambda_j)}{\sqrt{1+|\lambda_{j+1}-\lambda_j|^{\alpha}}} \quad \frac{1-e^{-c(t-s)|\lambda_j|^{\alpha}}}{|\lambda_j|^{\alpha\gamma_j}}\, d\lambda_j$$

$$\cdot \int_{-\infty}^{\infty}\cdots\int_{-\infty}^{\infty} \prod_{i:\gamma_i=0} \frac{\Psi_n(\lambda_{i+1}-\lambda_i)\,\Psi_n(\lambda_i-\lambda_{i-1})}{\sqrt{(1+|\lambda_{i+1}-\lambda_i|^{\alpha})\,(1+|\lambda_i-\lambda_{i-1}|^{\alpha}}} \quad \frac{d\lambda_i}{\lambda_i^{\ \alpha\gamma_i}} \ .$$

Puisque $\gamma_{i+1}, \gamma_{i-1} > 0$ si $\gamma_i = 0$ l'intégrale :

$$\int_{-\infty}^{\infty}\cdots\int_{-\infty}^{\infty} \prod_{i:\gamma_i=0} \frac{\Psi_n(\lambda_{i+1}-\lambda_i)\,\Psi_n(\lambda_i-\lambda_{i-1})}{\sqrt{(1+|\lambda_{i+1}-\lambda_i|^{\alpha})\,(1+|\lambda_i-\lambda_{i-1}|^{\alpha})}}\, d\lambda_i \le$$

$$\le \max_{1\le j\le k} \left(\int_{-\infty}^{\infty} \frac{|\Psi_n(\lambda)|^2}{1+|\lambda|^{\alpha}}\, d\lambda\right)^{j} = B\ .$$

De la même manière l'intégrale :

$$\int_{-\infty}^{\infty}\cdots\int_{-\infty}^{\infty} \prod_{i:\gamma_i,\gamma_{i-1}>0} \frac{\Psi_n(\lambda_i-\lambda_{i-1})}{\sqrt{1+|\lambda_i-\lambda_{i-1}|^{\alpha}}} \quad \frac{\left[(1-e^{-c(t-s)|\lambda_i|^{\alpha}})d\lambda_i\right]^{2(1-\gamma_i)}}{|\lambda_i|^{\alpha\gamma_i}}$$

$$\cdot \frac{\left[(1-e^{-c(t-s)|\lambda_{i-1}|^{\alpha}})\, d\lambda_{i-1}\right]^{2(1-\gamma_{i-1})}}{|\lambda_{i-1}|^{\gamma_{i-1}\alpha}} \le$$

$$\le B\left(\int_{-\infty}^{\infty} \frac{(1-e^{-c|t-s||\lambda|^{\alpha}})^2}{|\lambda|^{\alpha}}\, d\lambda\right)^{r/2} \le B(t-S)^{r\frac{\alpha-1}{2\alpha}}$$

où r est le nombre des γ_i qui sont égaux à 1/2. Enfin, l'intégrale :

$$\int_{-\infty}^{\infty}\cdots\int_{-\infty}^{\infty} \prod_{\gamma_i=1} \frac{1-e^{-c(t-s)|\lambda_i|^{\alpha}}}{|\lambda_i|^{\alpha}}\, d\lambda_i \le B(t-S)^{\ell\frac{\alpha-1}{\alpha}}$$

où ℓ est le nombre des γ_i qui sont égaux à 1.

Ainsi dans le premier cas :

$$E\,|\eta_n(t)-\eta_n(s)|^k \le B(|t-s|^k + |t-s|^{k\frac{\alpha-1}{2\alpha}} \qquad (4.7)$$

$$+ |t-s|^{r\frac{\alpha-1}{2\alpha}}\,|t-s|^{\ell\frac{\alpha-1}{\alpha}} \le B(t-s)^{\frac{k(\alpha-1)}{2\alpha}}$$

<u>Deuxième cas</u> : Dans ce cas l'ensemble $\Lambda = \{0\}$ mais la loi de ξ_j est arithmétique. Donc la fonction caractéristique $\varphi(\lambda)$ est périodique de période $2\pi/h$. On peut choisir un nombre $\varepsilon > 0$ tel que :

$$|\varphi(\lambda n^{-1/\alpha})| \leq \exp\ \{-\frac{c}{n}\ |\lambda - \frac{2\pi k}{h}|^{\alpha}\}\ ,$$

Si : $|\lambda - \frac{2\pi k}{h}| < \varepsilon n^{1/\alpha}\ ,\quad k = 0, \pm 1, \ldots$

Si $\lambda \notin \bigcup_k \{\lambda : |\lambda - \frac{2\pi k}{h}\ | < \varepsilon\ n^{1/\alpha}\}$, on peut trouver $\delta > 0$ tel que :

$$|\varphi(\lambda n^{-1/2})| \leq e^{-\delta} \leq \exp\ \{-c\ \frac{|\lambda|^{\alpha}}{n}\},\quad c > 0\ .$$

Donc dans ce cas (voir (4.6) si $k = 2p$

$$E\ |\int_{-\infty}^{\infty} \widehat{f}_n(\lambda) \sum_{nS \leq j \leq nt} e^{-i\lambda S_{nj}}\ d\lambda|^k \leq \tag{4.8}$$

$$\leq B \sum_{\ell_1,\ldots \ell_k} \int_{-\infty}^{\infty} \ldots \int_{-\infty}^{\infty} \prod_i |\Psi_n\ (\lambda_i + \frac{2\pi \ell_i}{h} - \lambda_{i-1} - \frac{2\pi \ell_{i-1}}{h}|\ .$$

$$.\ \prod_i (1 - \exp\ \{-c\ |\lambda_i|^{\alpha}\})\ \ |\lambda_i|^{-\alpha}\ d\lambda_1 \ldots d\lambda_k\ .$$

La sommation étant étendue à tous les entiers $\ell_1, \ldots \ell_k$ tels que $2\pi \ell_j\ h^{-1} < a$ (rappelons que $\Psi_n(\lambda) = 0$ si $|\lambda| > an^{1/\alpha}$).

Le même raisonnement que plus haut montre que, dans ce cas aussi,

$$E|\eta_n(t) - \eta_n(S)|^k \leq B\ |t-s|^{\frac{k(\alpha-1)}{2\alpha}}$$

<u>Troisième cas</u> : Le cas $\Lambda = \{\lambda_i\} \neq \{0\}$. Soit $\ldots < \lambda_{-1} < 0 < \lambda_1 < \ldots$ Dans ce cas (voir paragraphe 2)

$$\int_{-\infty}^{\infty} \widehat{f}_n(\lambda) \sum_{ns \leq j \leq nt} e^{-i\lambda S_{nj}}\ d\lambda =$$

$$= \sum_{\lambda_r \in \Lambda} \int_{-\lambda_i\ n^{1/\alpha}}^{\lambda_i n^{1/\alpha}} f_n(\lambda + \lambda_r\ n^{1/\alpha}) \sum_{ns \leq j \leq nt} e^{-i\lambda S_{nj}}\ d\lambda =$$

$$= n^{-1} \int_{-\lambda_1 n^{1/\alpha}}^{\lambda_1\ n^{1/\alpha}} \Psi_n(\lambda) \sum_{ns \leq j \leq nt} e^{-i\lambda S_{nj}}\ d\lambda$$

et donc

$$E|\int_{-\infty}^{\infty} \widehat{f}_n(\lambda) \sum_{ns \leq j \leq nt} e^{-i\lambda S_{nj}}\ d\lambda|^k =$$

$$= n^{-k}|E \int_{-\lambda_1 n^{1/\alpha}}^{\lambda_1\ n^{1/\alpha}} \Psi_n(\lambda) \sum_{ns \leq j \leq nt} e^{-i\lambda S_{nj}}\ d\lambda|^{\ k}\ .$$

Ainsi dans ce cas aussi :

$$E|\eta_n(t) - \eta_n(s)|^k \leq B \ |t-s|^{\frac{k(\alpha-1)}{2\alpha}}$$

Le lemme 4.2 est démontré.

Quant à la démonstration du lemme 4.3 elle est calquée sur celle du lemme 4.2 dans le cas nonarithmétique. On peut aussi déduire ce lemme des lemmes 4.1, 4.2. En effet, en vertu de ces lemmes pour chaque s,t :

$$\lim_n |E \ \eta_n(t) - \eta_n(s)|^k = E|\eta(t) - \eta(s)|^k$$

et donc

$$E|\eta(t) - \eta(s)|^k \leq E \ |t-s|^{\frac{k(\alpha-1)}{2\alpha}}$$

<u>Remarque 4.1</u> : En fait nous avons montré que :

$$E \ |\eta_n(t) - \eta_n(s)|^k \leq B \ \left(\int_{-\infty}^{\infty} \frac{|\Psi_n(\lambda)|^2}{1+|\lambda|^\alpha} d\lambda\right)^{1/2} \ |t-s|^{\frac{k(\alpha-1)}{2\alpha}}$$

$$E \ |\eta(t) - \eta(s)|^k \leq B \ \left(\int_{-\infty}^{\infty} \frac{|\Psi(\lambda)|^2}{1+|\lambda|^\alpha} d\lambda\right)^{1/2} \ |t-s|^{\frac{\alpha-1}{2\alpha} k} .$$

<u>Remarque 4.2</u> : On déduit immédiatement de (4.6) que si $|\Psi(\lambda)| \leq B$ l'inégalité du lemme 4.3 (ou 4.2) peut être écrite dans la forme plus forte :

$$E \ |\eta_n(t) - \eta_n(s)|^k \leq B_k \ |t-s|^{\frac{\alpha-1}{\alpha} k}$$

$$E \ |\eta(t) - \eta(s)|^k \leq B_k \ |t-s|^{\frac{\alpha-1}{\alpha} k} .$$

Ayant montré les lemmes, on arrive immédiatement à la démonstration du théorème : il est une conséquence immédiate de ces lemmes et du théorème de Prohorov (voir chapitre I).

3° <u>Exemple</u> : Utilisons le lemme 4.3 pour en déduire le théorème sur la continuité du temps local du processus $\xi_\alpha(u)$. Soit x un nombre réel. Choisissons dans le lemme 4.3 $\Psi(\lambda) = e^{i\lambda x}$. En vertu du lemme 2.2, le processus :

$$\eta(t) = \frac{1}{2\pi} \int_{-\infty}^{\infty} \Psi(\lambda) \int_0^1 e^{-i\lambda\xi_\alpha(u)} du \ d\lambda$$

est bien défini. On a :

$$\eta(t) = \lim_{A\to\infty} \frac{1}{\pi} \int_{-\infty}^{\infty} \pounds_\alpha(y,t) \frac{\sin A(x-y)}{x-y} dy$$

ou $\pounds_\alpha(y,t)$ est le temps local de ξ_α.

Nous avons montré (voir chapitre I, paragraphe 4) que pour chaque t la fonction $\mathcal{L}_\alpha(y,t)$ est continue par rapport à y et a un support compact. Alors en vertu d'un théorème classique sur la transformation de Fourier :

$$\eta(t) = \lim_{A\to\infty} \frac{1}{\pi} \int_{-\infty}^{\infty} \pounds_\alpha(y,t) \frac{\sin A(x-y)}{x-y} dy = \pounds_\alpha(x,t)$$

L'inégalité du lemme 4.3 (voir remarque 4.2) donne alors :

$$E \mid \pounds_\alpha(x,t) - \pounds_\alpha(x,s)|^k \leq B|t-s|^{\frac{(\alpha-1)k}{\alpha}}$$

Soient h_1, h_2 deux nombres réels. D'après le théorème du chapitre I et la dernière inégalité :

$$E\, |\pounds_\alpha(x+h_1,\ t+h_2) - \pounds_\alpha(x,t)|^p$$
$$\leq 2^{p-1}(E\, |\pounds_\alpha(x+h_1,\ t+h_2) - \pounds_\alpha(x,t+h_2)|^p +$$
$$+ E\, |\pounds_\alpha(x,t+h_2) - \pounds_\alpha(x,t)|^p) \leq B(h_1^2 + h_2^2)^{\frac{(\alpha-1)p}{\alpha}}$$

Pour achever la démonstration il suffit d'utiliser le théorème du chapitre I. Nous avons montré même que $\pounds_\alpha(x,t)$ satisfait la condition de Hölder pour tout ordre $\beta < \frac{\alpha-1}{\alpha}$.

V - THEOREMES LIMITES DU DEUXIEME TYPE

1° Enoncé du résultat et schéma de la preuve

Soit comme toujours :

$$\eta_n = \sum_1^n f_n(S_{nk})$$

et :

$$\Psi_n(\lambda) = n \sum_{\lambda_k\in\Lambda} \widehat{f}_n(\lambda + \lambda_k\, n^{1/\alpha}).$$

Nous allons étudier ci-dessous le cas où $\Psi_n(\lambda)$ n'a pas une fonction limite raisonnable. Posons :

$$g_n(x) = \sum_{k=1}^n E\, f_n(x + S_{nk})$$
$$k_n(x) = f_n^2(x) + 2\, f_n(x)\, g_n(x)$$
$$K_n(x) = n \int_0^x k_n(z) \sum_{\lambda_k\in\Lambda} e^{-i\lambda z n^{1/\alpha}} dz\ .$$

Définissons le processus $\eta_n(t)$ comme la ligne brisée de sommets $(\frac{k}{n}, \sum_1^k f_n(S_{nj}))$, k=0,...n . Le processus $\eta_n(t)$ engendre une loi de probabilité dans l'espace C$[0,1]$. Evidemment, $\eta_n = \eta_n(1)$.

THEOREME 5.1 : *Soient les variables* ξ_j *appartenant au domaine d'attraction de la loi stable de fonction caractéristique* $\exp\{-\frac{1}{\alpha}|\lambda|^{\alpha}(1+i\beta\frac{t}{|t|}\operatorname{tg}\frac{\pi\alpha}{2})\}$, $\alpha > 1$. *Supposons les conditions suivantes vérifiées :*

1° La transformée de Fourier $\hat{f}_n$ *de* f_n *s'annule hors de l'intervalle* $\left[-an^{1/\alpha},\ an^{1/\alpha}\right]$;

2° $\sup_n \int_{-\infty}^{\infty} \frac{|\Psi_n(\lambda)|^2}{1+|\lambda|^{\alpha}}\, d\lambda < \infty$; $\lim_n \int_{-\infty}^{\infty} \frac{|\Psi_n(\lambda)|}{1+|\lambda|^{\alpha}}\, d\lambda = 0$;

$$\lim_n \int_{-A}^{A} \frac{|\Psi_n(\lambda)|^2}{1+|\lambda|^{\alpha}}\, d\lambda = 0 \quad \textit{pour tout } A \textit{ fixé.}$$

3° Les fonctions $K_n(x)$ *convergent faiblement vers une fonction croissante* $K(x)$.

Alors le processus $\eta_n(t)$ converge en loi dans $C[0,1]$ vers un processus

$\eta(t) = W(\int_{-\infty}^{\infty} \mathfrak{L}_{\alpha}(x,t)\, dK(x)$ où W est un processus de Wiener, $\mathfrak{L}_{\alpha}(x,t)$ est le temps local d'un processus stable $\xi_{\alpha}(t)$,

$$E\, e^{i\lambda\xi_{\alpha}(t)} = \exp\{-\frac{|\lambda|^{\alpha}}{\alpha}(1+i\beta\frac{t}{|t|}\operatorname{tg}\frac{\pi\alpha}{2}\}$$

et les processus W, $\int_{-\infty}^{\infty}\mathfrak{L}_{\alpha}(x,t)\, dK(x)$ sont indépendants.

Comme corollaire presque immédiat, on a le

THEOREME 5.2 : *Sous les hypothèses du théorème 5.1 :*

$$\eta_n = \eta_n(1) \longrightarrow \xi\sqrt{\zeta}$$

où ξ *est une variable normale standardisée,* $\zeta = \int_{-\infty}^{\infty} \mathfrak{L}_{\alpha}(x,1)\,dK(x)$ *et les variables* ξ , ζ *sont indépendantes.*

Démonstration : La démonstration est assez longue. Ebauchons d'abord le schéma de la preuve. Introduisons les processus :

$$\eta_n(t) = \sum_{k\le nt} f_n(S_{nk}),$$

$$\zeta_n(t) = \sum_{k\le nt} k_n(S_{nk}),$$

$$W_n(t) = n^{-1/\alpha} \sum_{k\le nt} \xi_k .$$

Nous allons montrer que ces processus convergent respectivement vers les processus limites $\eta(t)$, $\zeta(t)$, $\xi(t)$. Pour les processus limites :

$$\begin{aligned} &E\{\eta(t)-\eta(s)\,|\,\mathcal{F}_s\} = 0, \\ &E\{(\eta(t)-\eta(s))^2\,|\,\mathcal{F}_s\} = E\{\zeta(t)-\zeta(s)\,|\,\mathcal{F}_s\} \end{aligned} \qquad (5.1)$$

où $\mathcal{F}_s$ désigne la tribu engendrée par $\{\xi_\alpha(u), 0 \leq u \leq 1 ; \eta(u), 0 \leq u \leq s\}$. Nous montrerons aussi que la martingale $\eta(s)$ est continue avec probabilité 1.

Définissons $\tau(s)$ comme la plus petite racine de l'équation :

$$\zeta(\tau(S)) = S.$$

Pour tout s la variable $\tau(s)$ est un temps d'arrêt pour $\xi_\alpha(t)$. Notons $\mathcal{A}_S$ la tribu $\mathcal{F}_{\tau(S)}$. Nous verrons que en vertu de (5.1) $\{\eta(\tau(s)), \mathcal{A}_s\}$ est une martingale et que :

$$E\{(\eta(\tau(s)) - \eta(\tau(t)))^2 | \mathcal{A}_S\} = \zeta(\tau(t)) - \zeta(\tau(s)) = t-s .$$

On déduit de ceci et du théorème 6.1 du chapitre 1 que le processus $W(s) = \eta(\tau(s))$ est le processus de Wiener qui ne dépend pas de la tribu $\mathcal{A}_0$. Dont $\eta(t) = W(\zeta(t))$ où les processus $W(.)$, $\zeta(.)$ sont indépendants. Le théorème 2.2 résulte alors de la relation :

$$\eta(1) = W(\zeta(1)) = \frac{W(\zeta(1))}{\sqrt{\zeta(1)}} \qquad \sqrt{\zeta(1)}$$

puisque, en vertu du théorème 2.1 :

$$\zeta(1) = \int_{-\infty}^{\infty} \pounds_\alpha(x,1)\, dK(x).$$

La preuve détaillée va être donnée dans les deux sous-paragraphes suivants : le sous paragraphe 2 contient des lemmes nécessaires ; la démonstration finale du théorème est contenue dans le sous-paragraphe 3. Pour simplifier on raisonnera seulement sur le cas où la loi de ξ_j est nonarithmétique. On a donc toujours $\Lambda = \{0\}$.

2 - Les premièrs lemmes assurent la convergence du processus :

$$\zeta_n(t) = \sum_{j \leq nt} k_n(S_{nj})$$

vers le processus :

$$\zeta(t) = \int_{-\infty}^{\infty} \pounds_\alpha(x,t)dK(x) \quad .$$

Soit $\kappa_n(\lambda) = n\widehat{k_n}(\lambda)$. La fonction κ_n joue le même rôle pour ζ_n que la fonction Ψ_n pour η_n .

<u>LEMME 5.1</u> : *Sous les hypothèses du théorème :*

$$\sup_n \int_{-\infty}^{\infty} \frac{|\kappa_n(\lambda)|^2}{1 + |\lambda|^\alpha} d\lambda < \infty \quad , \tag{5.2}$$

$$\sup_n \int_{|\lambda|>T} \frac{|\kappa_n(\lambda)|^2}{1 + |\lambda|^\alpha} d\lambda \xrightarrow[T \to \infty]{} 0$$

Démonstration : On a par définition de K_n :

$$\kappa_n(\lambda) = n(\hat{f}_n * \hat{f}_n(\lambda) + 2\hat{f}_n * \hat{g}_n(\lambda)).$$

Mais :

$$\hat{g}_n(\lambda) = \sum_1^n \hat{f}_n(\lambda)\, E\, e^{-i\lambda S_{nj}} = \hat{f}_n(\lambda)\,\varphi(-\lambda n^{1/\alpha})\ \frac{1-\varphi(-\lambda n^{-1/\alpha})}{1-\varphi(-\lambda n^{-1/\alpha})}$$

et puisque la loi de ξ_j n'est pas arithmétique et que $\hat{f}_n(\lambda) = 0$ si $|\lambda| > an^{1/\alpha}$, on a l'inégalité suivante :

$$|\hat{g}_n(\lambda)| \leq Bn|\hat{f}_n(\lambda)\ \frac{1-e^{-c|\lambda|^\alpha}}{|\lambda|^\alpha}\ ,\quad c > 0\ .$$

Alors pour $T > 0$

$$\int_T^\infty \frac{|\kappa_n(\lambda)|^2}{1+|\lambda|^\alpha}\, d\lambda \leq$$

$$\leq Bn^2 \int_T^\infty \frac{d\lambda}{1+|\lambda|^\alpha} \left\{ \left(\int_{-an^{1/\alpha}}^{an^{1/\alpha}} \hat{f}_n(\lambda-\mu)\, \hat{f}_n(\mu)d\mu\right)^2 + \right.$$

$$\left. + \left(\int_{-an^{1/\alpha}}^{an^{1/\alpha}} |\hat{f}_n(\lambda-\mu)|\ |\hat{f}_n(\mu)|\ \frac{1-e^{-c|\mu|^\alpha}}{|\mu|^\alpha}\, d\mu\right)^2 \right\}.$$

La première intégrale de droite est inférieure à :

$$Bn^2 \int_T^\infty \frac{d\lambda}{1+|\lambda|^\alpha}\ \left(n\int_{-\infty}^\infty \frac{|\hat{f}_n(\lambda)|^2}{1+|\lambda|^\alpha}\, d\lambda\right)^2 =$$

$$= B\left(\int_{-\infty}^\infty \frac{|\Psi_n(\lambda)|^2}{1+|\lambda|^\alpha}\right)^2 \int_T^\infty \frac{d\lambda}{1+|\lambda|^\alpha} \leq B\int_T^\infty \frac{d\lambda}{1+|\lambda|^\alpha}$$

en vertu de la condition du théorème.

Pour avoir une majoration de la deuxième intégrale on note d'abord que :

$$n^2 \int_T^\infty \frac{d\lambda}{1+|\lambda|^\alpha}\ \left(n\int_{-T/2}^{T/2} |\hat{f}_n(\lambda-\mu)\ \hat{f}_n(\mu)|\ \frac{1-e^{-c|\mu|^\alpha}}{|\mu|^\alpha}\, d\mu\right)^2 \leq$$

$$\leq \int_T^\infty \frac{d\lambda}{1+|\lambda|^\alpha} \int_{-T/2}^{T/2} \frac{|\Psi_n(\lambda-\mu)|^2}{1+|\mu|^\alpha}\, d\mu \int_{-T/2}^{T/2} \frac{|\Psi_n(\mu)|^2}{1+|\mu|^\alpha}\, d\mu \leq$$

$$\leq B\int_{-T/2}^{T/2} \frac{|\Psi_n(\mu)|^2}{1+|\mu|^\alpha}\, d\mu \quad \sup_n \int_{-\infty}^\infty \frac{|\Psi_n(\lambda)|^2}{1+|\lambda|^\alpha}\, d\lambda \xrightarrow[n\to\infty]{} 0$$

si T est fixé. Puis que

$$n^2 \int_T^\infty \frac{d\lambda}{1+|\lambda|^\alpha} \left(n \int_{|\mu|>T/2} |f_n(\lambda-\mu)\, f_n(\mu)| \frac{1-e^{-c|\mu|^\alpha}}{|\mu|^\alpha} d\mu\right)^2 \leq$$

$$\leq B \int_T^\infty \frac{d\lambda}{1+|\lambda|^\alpha} \int_{|\mu|> T/2} \frac{|f_n(\lambda-\mu)|^2}{1+|\mu|^\alpha} d\mu \leq$$

$$\leq B \int_T^\infty d\lambda \int_{|\mu|>T/2} \frac{|\Psi_n(\lambda-\mu)|^2}{1+|\lambda-\mu|^\alpha} \left(\frac{1}{1+|\mu|^\alpha} + \frac{1}{1+|\lambda|^\alpha}\right) d\mu \leq$$

$$\leq B \sup_n \int_{-\infty}^\infty \frac{|\Psi_n(\lambda)|^2}{1+|\lambda|^\alpha} d\lambda \cdot \int_{T/2}^\infty \frac{d\mu}{1+|\mu|^\alpha} .$$

Le lemme est démontré.

LEMME 5.2 : *Sous les hypothèses du théorème, les processus* $\zeta_n(t)$ *convergent en loi dans l'espace* $D(0,1)$ *de Skorohod vers le processus*

$$\zeta(t) = \int_{-\infty}^\infty \pounds_\alpha(x,t)\, dK(x).$$

Démonstration : On déduit du lemme 5.1, que :

$$\lim_T \overline{\lim_n} \; E\left|\int_{|\lambda|>T} \widehat{K}_n(\lambda) \sum_j e^{-i\lambda S_{nj}} d\lambda\right|^2 = 0,$$

et que la loi limite de $(\zeta_n(t_1)\ldots \zeta_n(t_k))$ coïncide avec la loi limite de :

$$\left(\frac{1}{2\pi} \int_{-\infty}^\infty \kappa_n(\lambda)\, d\lambda \int_0^{t_1} e^{-i\lambda\xi_\alpha(u)} du, \ldots, \frac{1}{2\pi} \int_{-\infty}^\infty \kappa_n(\lambda) d\lambda \int_0^{t_k} e^{-i\lambda\xi_\alpha(u)} du\right) =$$

$$= \left(\int_{-\infty}^\infty \pounds_\alpha(x,t_1)\, dK_n(x) , \ldots, \int_{-\infty}^\infty \pounds_\alpha(x,t_k)\, dK_n(x)\right).$$

Mais puisque toute fonction $\pounds_\alpha(x,t_j)$ de x a un support compact et puisque $K_n(x)$ converge faiblement, les variables

$$\int_{-\infty}^\infty \pounds_\alpha(x,t_j)\, dK_n(x) \xrightarrow[n\to\infty]{} \int_{-\infty}^\infty \pounds_\alpha(x,t_j)\, dK(x)$$

en probabilité. Donc $(\zeta_n(t_1)\ldots \zeta_n(t_x)) \xrightarrow{(\mathcal{L})} (\zeta(t_1)\ldots\zeta(t_k))$.

Puis en vertu des lemmes 5.1 et 4.2 :

$$E|\zeta_n(t) - \zeta_n(S)|^k \leq B_k\, |t-S|^{\frac{k(\alpha-1)}{2}} \tag{5.3}$$

pour tout K > 0. Ainsi $\{\zeta_n\}$ converge fini-dimensionnellement vers ζ et la suite $\{\zeta_n\}$ est tendue. Donc ζ_n converge vers ζ en loi pour la topologie de Skorokhod (et même pour la topologie uniforme).

<u>LEMME 5.3</u> : *Pour chaque nombre positif* p *il existe une constante* B_k *telle que pour* $t,s \in [0,1]$

$$E|\eta_n(t) - \eta_n(S)|^p \leq B_k \; |t-S|^{\frac{p(\alpha-1)}{2\alpha}} \tag{5.4}$$

<u>Démonstration</u> : Ce lemme est une conséquence directe du lemme 4.2 (voir remarque 4.1) et de la condition 2 du théorème.

<u>LEMME 5.4</u> : *Soit* $0 = t_0 < t_1 < \ldots < t_r = 1$. *Si* $j \leq r$, $G(y_0 \ldots y_{j-1} \,;\, x_0 \ldots x_r)$ *est une fonction continue à support compact, alors :*

$$\lim_n \; E\{(\eta_n(t_j) - \eta_n(t_{j-1}))\, G(\eta_n(t_0)\ldots\eta_n(t_{j-1}), W_n(t_0)\ldots W_n(t_r)\} = 0 \tag{5.5}$$

<u>Démonstration</u> : En vertu du théorème de Weierstrass sur l'approximation d'une fonction continue par des polynômes trigonométriques on peut trouver un polygône trigonométrique $G_\varepsilon(y_0 \ldots y_{j-1}, x_0 \ldots x_r)$ tel que :

$$\sup_{y_i,\, x_i} |G_\varepsilon - G| < \varepsilon$$

ou ε est un nombre positif donné. D'après le lemme 5.3 :

$$E\{|\eta_n(t_j) - \eta_n(t_{j-1})| \,.\, |G - G_\varepsilon|\} \leq$$

$$\leq \varepsilon \sup_{t,s} E\,|\eta_n(t) - \eta_n(s)| \xrightarrow[\varepsilon\to 0]{} 0 \,.$$

Donc on peut se borner au cas :

$$G(y_0 \ldots y_{j-1}, x_0 \ldots x_r) = \exp\{i\,(\sum_0^{j-1} \lambda_k y_k + \sum_0^r \mu_k x_k)\} \,.$$

Supposons que les nombres t_j, t_{j-1} sont tels que :

$$\eta_n(t_j) - \eta_n(t_{j-1}) = \sum_{k\leq nt_j} f_n(S_{nk}) - \sum_{k\leq nt_{j-1}} f_n(S_{nk}) =$$

$$\sum_{\ell_1}^{\ell_2} f_n(S_{nk}) = \sum_{k=0}^{\ell_2-\ell_1} f_n(S_{n\ell_1} + \sum_{\ell_1+1}^{k} \xi_j\, n^{-1/\alpha}).$$

Alors :

$$E\{(\eta(t_j) - \eta(t_{j-1}))G\} = E\{\exp\{i \sum_1^{j-1} \lambda_k \eta(t_k) + i \sum_1^{j-1} \mu_k W_n(t_k)\} \,.$$

$$.\; E\{\sum_0^{\ell_2-\ell_1} f_n(S_{n\ell_1} + \sum_{\ell_1+1}^{k} \xi_j\, n^{-1/\alpha}).\, \exp\{i\mu(W_n(t_j) - W_n(t_{j-1})) +$$

$$+\, i \sum_{k=j} \tilde{\mu}_k\, (W_n(t_{k+1}) - W_n(t_k))\} \,|S_0, \ldots S_{\ell_1}\} \,.$$

Toutes les différences $W_n(t_{k+1}) - W_n(t_k)$, $k \geq j$ et toutes les sommes $\sum_{\ell+1}^{k} \xi_j$ ne dépendent pas de $S_{n1} \ldots S_{n\ell_1}$. Donc il suffit de montrer que pour tout μ fixé :

$$\lim_n \sup_{\substack{x \\ 1\leq \ell\leq n}} E\,\{\sum_{k=0}^{\ell} f_n(x + \sum_1^k n^{1/\alpha}\xi_j) \exp\{i\mu\, S_{n\ell}\}\} = 0$$

On a :

$$|E\,\{\sum_0^{\ell} f_n(x + S_{nk})\, e^{i\mu S_{n\ell}}\}| =$$

$$= \frac{1}{2\pi}\, |\int_{-\infty}^{\infty} \widehat{f}_n(\lambda)\, e^{-i\lambda x} \sum_{k=0}^{\ell} \varphi^k\,(n^{-1/\alpha}(\mu-\lambda))\, \varphi^{\ell-k}(n^{-1/\alpha}\mu)d\lambda| \leq$$

$$\leq B_n \int_{-\infty}^{\infty} \frac{|f_n(\lambda)|}{1+|\mu-\lambda|^{\alpha}}\, d\lambda \leq B_{\mu} \int_{-\infty}^{\infty} \frac{|\Psi_n(\lambda)|}{1+|\lambda|^{\alpha}}\, d\lambda \to 0$$

d'après la condition 2 du théorème. Le lemme est démontré.

<u>LEMME 5.5</u> : *Soit* $0 = t_0 < t_1 < \ldots < t_r = 1$. *Si* $G(y_0 \ldots y_{j-1}, x_0 \ldots x_r)$, $j \leq r$ *est une fonction continue à support compact, alors*

$$\lim_n E\,\{[(\eta_n(t_j) - \eta_n(t_{j-1}))^2 - (\zeta_n(t_j) - \zeta_n(t_{j-1}))] \tag{5.6}$$

$$.\ G(\eta_n(t_0) \ldots \eta_n(t_{j-1}), W_n(t_0) \ldots W_n(t_r))\} = 0.$$

<u>Démonstration</u> : Comme plus haut il suffit de considérer seulement le cas :

$$G(y_0 \ldots y_{j-1}, x_0 \ldots x_r) = \exp\{\, i \sum_0^{j-1} \lambda_k\, y_k + i \sum_0^{r} \mu_k\, x_k\}$$

et de vérifier que pour tout μ fixé :

$$\sup_{x,\ell} E\,\{[(\sum_0^{\ell} f(x + S_{nj}))^2 - \sum_0^{\ell} k_n(x + S_{nj})]\ .\ e^{i\mu S_{n\ell}} \xrightarrow[n\to\infty]{} 0$$

On peut écrire l'espérance mathématique à gauche comme :

$$I = 2\{E\, e^{i\mu S_{n\ell}}(\sum_{1\leq k\leq j\leq \ell} f_n(x+S_{nk})f_n(x+S_{nj}) - f_n(x+S_{nk})g_n(x+S_{nj})) =$$

$$= \frac{1}{2\pi^2} \iint_{-an^{1/\alpha}}^{an^{1/\alpha}} \widehat{f}_n(u)\widehat{f}_n(v).e^{-ixu-ixv}\, (\sum_{k=1}^{\ell-1} \varphi^k((\mu-u-v)n^{-1/\alpha})).$$

$$.\ \{\sum_{j=k+1}^{\ell} \varphi^{j-k}\,((\mu-u)n^{-1/\alpha})\varphi^{\ell-j}(\mu n^{-1/\alpha}) -$$

$$- \varphi(-un^{-1/\alpha})\, \varphi^{\ell-k}(\mu n^{-1/\alpha})\ \frac{1-\varphi^n(-un^{-1/\alpha})}{1-\varphi(-un^{-1/\alpha})}\}\ du\, dv\ .$$

Puis :

$$I \leq B \int\int |\hat{f}_n(u)\ \hat{f}_n(v)\ \sum_1^{\ell} |\varphi^k((\mu+u+v)n^{-1/\alpha})|\ .$$

$$.|\varphi^{\ell-k}(un^{-1/\alpha})||\ \frac{1-\varphi^{n-\ell+k}(un^{-1/\alpha})}{1-\varphi(un^{-1/\alpha})}\ | \quad +$$

$$+ B \int\int|\hat{f}_n(u)\ \hat{f}_n(v)\ |\ \sum_1^{\ell}|\varphi^k((\mu+u+v)n^{-1/\alpha})|\ .$$

$$|\sum_1^{\ell-k}\ (\frac{\varphi((\mu+u)n^{-1/\alpha})}{\varphi(\mu n^{-1/\alpha})})^s - (\varphi(un^{-1/\alpha}))^s\ |du\ dv = I_1 + I_2\ .$$

Puisque dans le domaine ou l'intégrale est positive $|\varphi(un^{-1/\alpha})| \leq e^{-\frac{c}{n}|u|^\alpha}$, $c > 0$ et puisque dans ce domaine on a $|\mu + u + v| > c\ |v|$ ou $|u| > c\ |v|$, $c > 0$, on a :

$$I_1 \leq B \int_{-\infty}^{\infty}\int_{-\infty}^{\infty}|\hat{f}_n(u)\ \hat{f}_n(v)|\ \frac{n(1-e^{-c|u|^\alpha})}{|u|^\alpha}\ .$$

$$.\ n\ \min\ \{\ \frac{1-\exp\{-c\ |u+v+\mu|^\alpha\}}{|u+v+\mu|^\alpha}\ ;\ \frac{1-e^{-c|u|^\alpha}}{|u|^\alpha}\ \}\quad du\ dv\ \leq$$

$$\leq B\ (\int_{-\infty}^{\infty}\ \frac{|\Psi_n(\lambda)|^2}{1+|\lambda|^\alpha}\ d\lambda\ \xrightarrow[n\to\infty]{} 0\ .$$

Quant à I_2 on note d'abord que :

$$|(\frac{\varphi((\mu+u)n^{-1/\alpha})}{\varphi(\mu n^{-1/\alpha})})^s - (\varphi(un^{-1/\alpha}))^s\ | \leq \tag{5.7}$$

$$\leq B_\mu|\ \varphi((\mu+u)n^{-1/\alpha}) - \varphi(\mu n^{-1/\alpha})\ \ \varphi(un^{-1/\alpha})|\ .$$

$$.\ \sum_{j=0}^{s-1}|\ \varphi((\mu+u)n^{-1/\alpha})|^j|\ \ \varphi(un^{-1/\alpha})|\ ^{s-1-j} \leq$$

$$\leq B_\mu\ \ (\frac{1}{n} + |\varphi((\mu+u)n^{-1/\alpha}) - \varphi(un^{-1/\alpha})|\ ).$$

$$.\ \sum_{j=0}^{s-1}\ |\ \varphi((\mu+u)n^{-1/\alpha})|^j|\ \varphi(un^{-1/\alpha})|^{s-1-j}\ .$$

Un peu plus tard nous montrerons que :

$$|\varphi((\mu+u)n^{-1/\alpha}) - \varphi(un^{-1/\alpha})| \leq B_\mu\ \ (1+|u|)n^{-1} \tag{5.8}$$

En supposant que cette inégalité est vraie, utilisons la dans (5.7). On a :

$$I_2 \leq \frac{B_\mu}{n} \int_{-an^{1/\alpha}}^{an^{1/\alpha}} (1+|u|)|\hat{f}_n(u)|du \int_{-an^{1/\alpha}}^{an^{1/\alpha}} |\hat{f}_n(v)|dv \,.$$

$$\cdot \sum_1^{\ell} |\varphi^k((u+v+\mu)n^{-1/\alpha})| \sum_{s=1}^{\ell-k} \sum_{j=0}^{s-1} |\varphi((\mu+u)n^{-1/\alpha})|^j |\varphi(un^{-1/\alpha})|^{s-1-j}$$

D'où :

$$I_2 \leq B_\mu\{ \frac{1}{n} \iint (1+|u|)|\hat{f}_n(u)| \, |\hat{f}_n(v)|du\, dv +$$

$$+\iint_{|u+v|\leq \varepsilon n^{1/\alpha}} (1+|u|)|\hat{f}_n(u)| \frac{|\hat{f}_n(v)|}{1+|u-v|^\alpha} du\, dv +$$

$$+ n^2 \iint_{-\varepsilon n^{1/\alpha}}^{\varepsilon n^{1/\alpha}} (1+|u|^{\alpha/2}) \frac{|\hat{f}_n(u)|\, |\hat{f}_n(v)|}{(1+|u|^{2\alpha})(1+|u-v|^\alpha)} du\, dv \,.$$

Puis :

$$\frac{1}{n} \iint (1+|u|)|\hat{f}_n(u)||\hat{f}_n(v)|du\, dv \leq B(\int \frac{|\Psi_n(u)|}{1+|u|^\alpha} du)^2 = o(1),$$

$$\iint_{|u-v|\leq \varepsilon n^{1/\alpha}} (1+|u|)|\hat{f}_n(u)| \frac{|\hat{f}_n(v)|}{1+|u-v|^\alpha} du\, dv \leq$$

$$\leq \frac{B}{n} \int (1+|u|^\alpha) |\hat{f}_n(u)| du \leq B \int \frac{|\Psi_n(u)|}{1+|u|^\alpha} du = o(1),$$

$$n^2 \iint (1+|u|^{\alpha/2}) \frac{|\hat{f}_n(u)|\, |\hat{f}_n(v)|}{(1+|u|^{2\alpha})(1+|u-v|^\alpha)} du\, dv \leq$$

$$\leq B \int \frac{1+|u|^\alpha}{1+|u|^{2\alpha}} \,.\, n \,.\, |\hat{f}_n(u)| du = o(1).$$

La démonstration est finie sauf pour l'inégalité (5.8). Nous allons la démontrer

Soit F(x) la fonction de répartition de ξ_j. En vertu des théorèmes 1.3, 1.4 du chapitre I :

$$1 - F(x) + F(-x) = G(x) = O(|x|^{-\alpha}) \,, \quad x\to\infty \quad .$$

On a :

$$\varphi(s+t) - \varphi(t) = \int_{-\infty}^{\infty} [e^{ix(s+t)} - e^{ixt}] dF(x) =$$

$$= \int_0^\infty (1-F(x)) (i(s+t)\, e^{ix(s+t)} - it\, e^{ixt}) dx -$$

$$- \int_{-\infty}^0 F(x) (i(s+t)e^{ix(s+t)} - ite^{ixt}) dx.$$

Soit A un nombre positif assez grand que nous choisirons définitivement plus tard. On a en vertu du second théorème de la moyenne :

$$\int_A^\infty (1-F(x))\,(i(s+t)e^{ix(s+t)} - ite^{ixt})dx = O(A^{-\alpha}), \qquad (5.10)$$

$$\int_{-\infty}^{-A} F(x)\,(i(S+t)e^{ix(S+t)} - ite^{ixt})\,dx = O(A^{-\alpha}).$$

Puisque :

$$\int_{-\infty}^{\infty} x dF(x) = \int_0^\infty (1-F(x))dx - \int_0^\infty F(x)dx = 0 \quad ,$$

on a :

$$\int_0^A (1-F(x))dx - \int_{-A}^0 F(x)dx = O\,(A^{-\alpha+1}) \qquad (5.11)$$

On déduit des relations (5.9) - (5.11) que :

$$|\varphi(t) - \varphi(S)| \leq |t||s| \int_0^A x\, G(dx +$$

$$+ |s|\ |t+s| \int_0^A x\, G(x)\, dx + O(A^{-\alpha}) + O(A^{-\alpha+1})$$

$$\leq B(|t|\ |s|\ A^{-\alpha+2} + s^2 A^{-\alpha+2} + |s|\ A^{-\alpha+1} + A^{-\alpha})$$

En choisissant dans cette inégalité $A = n^{1/\alpha}(1+|u|)^{-1/2}$, $t = un^{-1/\alpha}$, $s = \mu n^{-1/\alpha}$, on trouve que :

$$|\varphi((u+\mu)n^{-1/\alpha}) - \varphi(un^{-1/\alpha})| \leq B_\mu\, n^{-1}\, (1 + |u|^{\alpha/2})$$

c'est à dire l'inégalité (5.8). Le lemme est démontré.

<u>LEMME 5.6</u> : *Sous les hypothèses du lemme* 5.5 :

$$\lim_n E\,\{[(\eta_n(t_j) - \eta_n(t_{j-1}))^4 - 3(\zeta_n(t_j) - \zeta_n(t_{j-1}))^2]\,.$$

$$.\ G(\eta_n(t_0)\ \dots\ \eta_n(t_{j-1}),\ W_n(t_0)\ \dots\ W_n(t_r))\} = 0 \qquad (5.12)$$

<u>Démonstration</u> : Elle est calquée sur celle des lemmes 5.4 et 5.5 et ne demande rien de nouveau mais les calculs sont plus fastidieux et nous ne les donnons pas ici.

<u>Démonstration du théorème</u> : D'après le lemme 5.3, l'ensemble des lois engendrées dans l'espace C $[0,1]$ par les lignes brisées η_n est relativement compact. Soit $\{\eta_{n(m)}\}$ une sous-suite qui converge en loi dans C $[0,1]$ vers un processus η . D'après le théorème 5.3 du chapitre I, on peut construire un espace de probabilité et définir sur cet espace des processus $\tilde{\eta}_{n(m)}(t)$, $\tilde{\zeta}_{n(m)}(t)$, $\tilde{W}_{n(m)}(t)$ de sorte que :

1° Toutes les lois fini-dimensionnelles des $\tilde{\eta}_{n(m)}$, $\tilde{\zeta}_{n(m)}$, $\tilde{W}_{n(m)}$ coïncident avec les mêmes lois des processus $\eta_{n(m)}$, $\zeta_{n(m)}$, $W_{n(m)}$;

2° Pour tout nombre $t\in[0,1]$ $\tilde{\eta}_{n(m)}(t)$, $\tilde{\zeta}_{n(m)}(t)$, $\tilde{W}_{n(m)}(t)$ convergent en probabilité vers les valeurs $\tilde{\eta}(t)$, $\tilde{\zeta}(t)$, $\tilde{W}(t)$ des processus $\tilde{\eta}$, $\tilde{\zeta}$, $\tilde{W}$. Bien sur, on peut prendre pour $\tilde{W}$ et $\tilde{\zeta}$ respectivement :

$$\tilde{W}(t) = \xi_\alpha(t)$$

$$\tilde{\zeta}(t) = \int_{-\infty}^{\infty} \pounds_\alpha(x,t)\, dK(x) \tag{5.13}$$

où $\pounds_\alpha$ est le temps local de $\xi_\alpha(t)$ (voir le lemme 5.2).

On déduit des lemmes 5.4, 5.5 que pour toute fonction continue $G(y_0 \ldots y_{j-1}, x_0, \ldots x_r)$ à support compact :

$$E\{(\tilde{\eta}(t_j) - \tilde{\eta}(t_{j-1}))\, G(\eta(t_0)..\eta(t_{j-1}), \tilde{W}(t_0)\ldots \tilde{W}(t_r))\} = 0 ,$$

$$E\{([\tilde{\eta}(t_j) - \tilde{\eta}(t_{j-1})]^2 - (\tilde{\zeta}(t_j) - \tilde{\zeta}(t_{j-1}))) \tag{5.14}$$

$$.\ G(\tilde{\eta}(t_0) .. \tilde{\eta}(t_{j-1}), \tilde{W}(t_0)\ldots \tilde{W}(t_r))\} = 0 ,$$

$$0 = t_0 < t_1 < \ldots < t_r = 1 .$$

Evidemment ces égalités restent valables pour toute G mesurable bornée.

Puis, on déduit de (5.14) que pour $i < j$

$$E \{(\tilde{\eta}(t_j) - \eta(t_i))\, G(\tilde{\eta}(t_0)\ldots\tilde{\eta}(t_i) , \tilde{W}(s_0)\ldots \tilde{W}(s_r))\} = 0 ,$$

$$E \{[\tilde{\eta}(t_j) - \eta(t_i))^2 - (\zeta(t_j) - \zeta(t_i))] \tag{5.15}$$

$$.\ G(\tilde{\eta}(t_0)\ldots \tilde{\eta}(t_i), \tilde{W} (s_0)\ldots \tilde{W}(s_r))\} = 0$$

pour toute G mesurable bornée.

Notons $\mathscr{F}_t$ la tribu engendrée par $\{\tilde{W}(s),\ 0 \leq s \leq 1\ ;\ \tilde{\eta}(s),\ 0 \leq s \leq t\}$.

Les égalités (5.15) signifient que pour $0 \leq s < t \leq 1$

$$E\{\tilde{\eta}(t) -\eta(s) | \mathscr{F}_s \} = 0,$$

$$E \{(\tilde{\eta}(t) - \eta(s))^2 | \mathscr{F}_s \} = E \{\tilde{\zeta}(t) - \tilde{\zeta}(s) | \mathscr{F}_s \} \tag{5.16}$$

Soit :

$$\tau(s) = \inf \{t : \zeta(t) = s\} .$$

Evidemment, $\tau(s)$ est un temps d'arrêt par rapport à la famille croissante des tribus engendrées par $\{\tilde{W}(u),\ u \leq t\}$. Soit $\mathscr{A}_s = \mathscr{F}_{\tau(s)}$. Puisque $\zeta(t)$ croît, $\mathscr{A}_s$ est une famille croissantes de tribus. On déduit de (5.16) et des propriétés des temps d'arrêt (voir [14]) que si $t > s$, alors :

$$E\{\tilde{\eta}(\tau(t)) - \tilde{\eta}(\tau(s)) | \mathscr{A}_s\} = 0$$

$$E\{(\tilde{\eta}(\tau(s)) - \tilde{\eta}(\tau(t)))^2 | \mathscr{A}_s\} = \zeta(\tau(t)) - \zeta(\tau(s)) = t-s$$

On a aussi en vertu du lemme 5.6 que :

$$E\{[\eta(\tau(t)) - \eta(\tau(S))]^4 | \mathscr{A}_s\} = 3(t-s)^2 .$$

Donc le processus $\lambda(S) = \eta(\tau(S))$ est une martingale continue satisfaisant la relation :

$$E\{(\lambda(t) - \lambda(s))^2 | \mathscr{F}_s\} = t-s .$$

D'après le théorème de P. Lévy (théorème 6.1 du chapitre 1) $\lambda(s) = W(s)$ est un processus de Wiener qui ne dépend pas de la tribu $\mathscr{A}_0 = \mathscr{F}_0$ c'est à dire que les processus W et $\tilde{\zeta}$ sont indépendants.

Nous avons finalement l'égalité :

$$\tilde{\eta}(s) = W(\tilde{\zeta}(s)) = W(\textstyle\int_{-\infty}^{\infty} \pounds_\alpha(x,t)\ dK(x)$$

avec W, $\tilde{\zeta}$ indépendants, cette égalité signifie que :

$$\eta_{n(m)}(\cdot) \xrightarrow{(\mathscr{L})} W\ (\textstyle\int_{-\infty}^{\infty} \pounds_\alpha(x,t)\ dK(x))$$

et puisque la loi limite ne dépend pas de la sous-suite $\{\eta_{n(m)}\}$ choisie, on a que le processus :

$$\eta_n \xrightarrow{(\mathscr{L})} W\ (\textstyle\int_{-\infty}^{\infty} \pounds_\alpha(x,t)\ dK(x).$$

Le théorème 5.1 est démontré.

Quant au théorème 5.2, on a :

$$\eta_n = \eta_n(1) \xrightarrow{(\mathscr{L})} W(\zeta(1)) = \frac{W(\zeta(1))}{\sqrt{\zeta(1)}} \quad \sqrt{\zeta(1)} .$$

Ici la variable aléatoire $\xi = \dfrac{W(\zeta(1))}{\sqrt{\zeta(1)}}$ a une loi normale standardisée et les variables $\xi, \sqrt{\zeta(1)}$ sont indépendantes. En effet, puisque les processus W, ζ sont indépendants, on a :

$$P\{\xi\in A, \sqrt{\zeta(1)}\in B\} = E\{P\{\sqrt{\zeta(1)}\in B \mid \zeta(1)\}\}$$

$$P\{\frac{W(\zeta(1))}{\sqrt{\zeta(1)}}\in A|\zeta(1)\}\} = \frac{1}{2\pi} \quad P\{\sqrt{\zeta(1)}\in B\} \int_A e^{-\frac{u^2}{2}} du .$$

Le théorème 5.2 est démontré.

Remarque 5.1 : On peut affaiblir les restriction introduites dans les hypothèses du théorème 5.1 de la même manière que plus haut : considérer des fonctions f_n^c, utiliser la théorie des distributions etc...

4° Exemple : Considérons les sommes :

$$\eta_n = n^{-1/2}\sum_1^n \sin S_k \quad ; \; S_k = \sum_1^k \xi_j .$$

En posant $f_n(x) = n^{-1/2}\sin x\sqrt{n}$ on a $\eta_n = \sum_1^n f_n(S_{nk})$.

Ici :

$$f_n(x) = \int_{\sqrt{-n}}^{\sqrt{n}} e^{i\lambda x} \quad \Psi_n(dx)$$

oµ la mesure Ψ_n est concentrée en deux points $\pm\sqrt{n}$ et $\Psi_n(\pm\sqrt{n}) = \frac{1}{2\sqrt{n}}$.

La fonction :

$$k_n(x) = \frac{\sin^2 x\sqrt{n}}{n} + 2\sin x\sqrt{n} \;\; \mathrm{Im} \;\; e^{ix\sqrt{n}}\varphi(1)\,\frac{1-\varphi^n(1)}{1-\varphi(1)} ,$$

et :

$$\lim_n K_n(x) = \lim_n \int_0^\infty nk_n(y)\,dy = (1 + 2\,\mathrm{Re}\,\frac{\varphi(1)}{1-\varphi(1)}) .$$

$$. \lim_n \int_0^x \sin^2 x\sqrt{n}\;dx = \frac{1}{2}\;\mathrm{Re}\;\frac{1+\varphi(1)}{1-\varphi(1)}\,x .$$

On ne peut utiliser le théorème 5.1 parce que la mesure Ψ_n n'est pas absolument continue par rapport à la mesure de Lebesgue. Mais on voit facilement que la méthode de la démonstration marche bien si $|\varphi(1)| < 1$. Donc le processus $\eta_n(t)$ converge vers $W(\int_{-\infty}^\infty \ell_\alpha(x,t)\,dK(x))$. Mais :

$$\int_{-\infty}^\infty \ell_\alpha(x,t)\,dx = t$$

et le processus limite en loi est $W(\frac{1}{2}\,\mathrm{Re}\,\frac{1+\varphi(1)}{1-\varphi(1)}\,t)$ où W est un processus de Wiener, en particulier :

$$\lim_n P\{n^{-1/2}\sum_1^n \sin S_k < x\} = \frac{1}{\sigma\sqrt{2\pi}}\int_{-\infty}^x e^{-\frac{\sigma^2 y^2}{2}}\,dy,$$

$$\sigma = \frac{1}{2}\;\mathrm{Re}\;\frac{1+\varphi(1)}{1-\varphi(1)} .$$

Nous verrons plus tard que des résultats de ce type sont vrais presque sans restrictions sur la loi de ξ_j. La raison en est la périodicité de la fonction f (dans notre cas $f(x) = \sin x$).

VI - COMMENTAIRE

Ce chapitre correspond au chapitre 5 du livre [45] .

Paragraphe 1, le théorème 1.1 et la démonstration sont empruntés à Skorohod et Slobodenyuk [45] .

Paragraphes 2,3, la théorie générale des théorèmes limites pour les sommes $\sum f_n(S_{nk},\dots S_{n,k+r})$ a été développée par Skorohod et Slobodenyuk [42] - [47] . Ces auteurs utilisaient comme méthode de démonstration les théorèmes limites locaux avec terme résiduel.C'est pourquoi ils supposaient que les variables ξ_j avaient des moments d'ordre 4 ou 5 et une densité de probabilité appartenant à L_2 . Les résultats des paragraphes 2, 3 sont récents.

G.N. Sytaja a démontré quelques théorèmes limites pour les sommes $\sum_{k_1,k_2=1}^{n} f_n(S_{k_1}, S_{k_2})$ en utilisant les méthodes de Skorohod et Slobodenyuk [48] .

Notons que nos méthodes permettent de démontrer des théorèmes limites pour les sommes : $\sum_{k=1}^{n-r} f_n(S_{nk},\dots S_{n,k+r})$, $\sum_{k_1,\dots k_r=1}^{n} f_n(S_{nk_1},\dots S_{nk_r})$.

Les points limites de ces sommes ont respectivement les formes suivantes :

$$\frac{1}{(2\pi)^{r+1}} \int_{\mathbb{R}^{r+1}} \Psi(\lambda_0,\dots\lambda_r)d\lambda_0\dots d\lambda_r \int_0^1 \exp\{-\sum_0^r \lambda_i\,\xi_\alpha(t)\}\,dt,$$

$$\frac{1}{(2\pi)^{r}} \int_{\mathbb{R}^{r}} \Psi(\lambda_1,\dots\lambda_r)\,d\lambda_1\dots d\lambda_r \int_0^1\int_0^1 \exp\{-\sum_1^r \lambda_i\,\xi_\alpha(t_i)\}\,dt_1\dots dt_r$$

où Ψ représente $\lim n\,\widehat{f}_n$ ou $\lim n^r\,\widehat{f}_n$.

Les théorèmes limites démontrés, il reste encore une chose à faire : calculer les lois limites. Celles-ci sont les lois de fonctionnelles additives de processus stables. Il existe une littérature assez vaste sur ce sujet, spécialement sur les fonctionnelles des processus de Wiener, voir par exemple [5] , [21] , [29] , [30] , [44] , [45] .

Voici quelques exemples (voir [4] , [45]).

1° Si :

$$\eta(t) = |W(t)| - \int_0^t \text{sign } W(s)\, dW(s) =$$

$$= \int_0^{W(t)} \text{sign} x dx - \int_0^t \text{sign } W(x) dW(x) = \frac{1}{2}\int_{-\infty}^{\infty} £_2(x;t) d \text{ sign } x = £_2(0,t)$$

Alors :

$$P\{\eta(t) < x\} = \begin{cases} \frac{2}{\sqrt{2\pi t}} \int_0^x \exp\{-\frac{y^2}{2t}\}\, dy, & x > 0 \\ 0 , & x < 0 \end{cases} \tag{6.1}$$

2° Soit $r(x) = 0,\ x < 0,\ r(x) = 1,\ x > 0$ et

$$\eta(t) = \int_0^t r(W(S))\, dS = \int_0^\infty £_2(x;t)\, dx$$

Alors :

$$P\{\eta(t) < x\} = \begin{cases} 0 , & x \leqq 0 \\ \frac{2}{\pi} \text{ arc sin} \sqrt{\frac{x}{t}} , & 0 < x \leqq t, \\ 1 , & x > t \end{cases}$$

3° Soit $\eta = \int_0^1 W^2(t)\, dt$ alors :

$$E \exp\{i\lambda\, \eta\} = \prod_1^\infty (1 - \frac{8i\lambda}{(2k+1)^2\pi^2})^{-1/2} = (\cos\sqrt{2i\lambda})^{-1/2} .$$

Dans [6] on peut trouver la démonstration de la formule :

$$P(x) = \left[\pi(1-\frac{1}{\alpha})\right]^{-1} \sum_1^\infty \frac{(-1)^{k-1}}{k!} x^{k-1} \sin(\pi(1-\frac{1}{\alpha})k) \frac{\Gamma(1+k(1-\frac{1}{\alpha}))}{\left[x\ \Gamma(1-\frac{1}{\alpha})\right]^k}$$

pour la densité de probabilité de $£_\alpha$ (0,1. Ici :

$$x = \frac{1}{2\pi} \int_{-\infty}^{\infty} \exp\{-\frac{|\lambda|^\alpha}{\alpha}(1 + i\beta \text{ sign } \lambda \text{ tg } \frac{\pi\alpha}{2})\}\, d\lambda .$$

Ces lois s'appellent lois de Mittag-Leffler [38].

Paragraphe 4, résultat nouveau.

Paragraphe 5, le phénomène d'existence des théorèmes limites de deuxième type a été découvert par R.L. Dobruchin [12] qui a démontré un théorème limite pour les sommes.

$$\sum_1^n f(\zeta_k),\ \zeta_k = \sum_1^k \xi_j,\ P\{\xi_j = \pm 1\} = \frac{1}{2} ,\ \sum f(k) = 0.$$

La théorie générale appartient à Skorohod [42] , [45] mais il ne considérait pas la convergence des processus. Les résultats de ce paragraphe sont récents.

CHAPITRE III

I - INTRODUCTION

Soient ξ_1, ξ_2, ... des variables aléatoires indépendantes à valeurs dans R^k. Toutes les ξ_j ont la même loi. Ces variables définissent une marche aléatoire dans R^k :

$$\zeta_0 = 0 \;,\; \zeta_1 = \zeta_0 + \xi_1 \;,\dots,\; \zeta_k = \zeta_{k-1} + \xi_k, \;\dots$$

Nous étudions dans ce chapitre des lois limites des sommes du type :

$$\sum_1^n f(\zeta_k), \quad n \longrightarrow \infty \,.$$

Nous nous intéressons exclusivement aux cas des marches récurrentes. On attend dans ce cas que, comme en règle générale,

$$\sum_1^n f(\zeta_k) \xrightarrow[n\to\infty]{} \infty$$

Donc pour avoir des théorèmes limites raisonnables,il faut centrer et normer ces sommes de la manière suivante :

$$\eta_n = B_n^{-1}\Big(\sum_1^n f(\zeta_k) - A_n\Big).$$

Donc nous avons les problèmes suivants :

1° Trouver B_n, A_n pour lesquels les η_n ont une loi limite propre.

2° Trouver cette loi limite.

Ce chapitre est consacré à l'investigation de ces problèmes. Une méthode générale consiste à utiliser les résultats du chapitre précédent. En effet :

$$\eta_n = \sum_1^n f_n(S_{nk})$$

où :

$$f_n(x) = B_n^{-1}\Big(f(xn^{1/\alpha}) - \frac{A_n}{n}\Big).$$

II - THEOREMES LIMITES DANS LE CAS $A_n = 0$

On suppose ici que les variables ξ_n appartiennent au domaine d'attraction normale d'une loi stable d'indice $\alpha > 1$ de fonction caractéristique :

$$\exp\Big\{- \frac{|\lambda|^\alpha}{\alpha} \Big(1 + i\beta \frac{\lambda}{|\lambda|} \operatorname{tg} \frac{\pi\alpha}{2}\Big)\Big\} \,.$$

On suppose aussi que $A_n = 0$. Or, soit :

$$\eta_n = B_n^{-1} \sum_1^n f(\zeta_k) = \sum_1^n f_n(S_{nk})$$

$$f_n(x) = B_n^{-1} f(xn^{1/\alpha}).$$

En utilisant les notations du chapitre précédent, on a :

$$\Psi_n(\lambda) = n \sum_{\lambda_k \in \Lambda} \hat{f}_n(\lambda + \lambda_k n^{1/\alpha}) = B_n^{-1} n^{1-1/\alpha} \sum_{\lambda_k \in \Lambda} \hat{f}(\lambda n^{-1/\alpha} + \lambda_k)$$

où comme toujours les λ_k sont les racines de $\varphi(\lambda) = 1$, et où $\varphi(\lambda)$ désigne la fonction caractéristique de ξ_j.

THEOREME 2.1 : *Pour que* $\Psi_n(\lambda)$ *converge quand* $n\to\infty$ *pour un choix convenable de* B_n *vers une fonction mesurable* $\Psi(\lambda)$ *en chaque point* λ *il suffit que dans un voisinage de zéro :*

$$\sum_{\lambda_k \in \Lambda} \hat{f}(\lambda + \lambda_k) = |\lambda|^\gamma \ (c_1 + c_2 \operatorname{sign} \lambda) \ h(\lambda) \qquad (2.1)$$

où c_1, c_2 *sont des constantes et où* h *est une fonction à croissance lente au sens de Karamata. On peut prendre :*

$$B_n = n^{1-1/\alpha - \gamma/\alpha} \times (h(n^{-1/\alpha}))^{-1} \quad si \quad \alpha - 1 > \gamma .$$

Si :

$$\lim_{\lambda\to 0} \frac{\sum \hat{f}(\lambda + \lambda_k)}{\sum \hat{f}(\lambda(1+o(1)) + \lambda_k)} = 1 ,$$

la condition (2.1) est aussi nécessaire pour que $\Psi_n(\lambda) \longrightarrow \Psi(\lambda)$.

Démonstration : (D'après [45]). Il suffit de montrer la deuxième partie du théorème, la première partie est évidente. Pour simplifier on raisonnera sur le cas où l'ensemble $\Lambda = \{0\}$. Soit $\Psi(\lambda) = \lim_n \Psi_n(\lambda)$. Montrons que pour tout $a > 0$ la fonction $\Psi(\lambda)$ satisfait l'équation fonctionnelle :

$$\Psi(\lambda)\ \Psi(a\mu) = \Psi(a\lambda)\ \Psi(\mu) \ , \quad \lambda,\mu \neq 0 \qquad (2.2)$$

Si $\Psi(\lambda) = \Psi(\mu) = 0$. (2.2) est satisfaite. Soit $\Psi(\mu) \neq 0$. On a :

$$\frac{\Psi(\lambda)}{\Psi(\mu)} = \lim_n \frac{\hat{f}(\lambda n^{-1/\alpha})}{\hat{f}(\mu n^{-1/\alpha})} = \lim_n \frac{\hat{f}(\lambda a(na^\alpha)^{-1/\alpha})}{\hat{f}(\mu a(na^\alpha)^{-1/\alpha})} \qquad (2.3)$$

D'où si $\Psi(\mu a) \neq 0$, on déduit (2.2). Si $\Psi(\mu a) = 0$, (2.3) donne $\Psi(\lambda a) = 0$, c'est-à-dire (2.2).

Montrons maintenant que toutes les solutions de (2.2) ont la forme suivante :

$$\Psi(\lambda) = |\lambda|^\gamma \ (\gamma_1 + \gamma_2 \ (\gamma_1 - \gamma_2) \operatorname{sign} \lambda)$$

où γ est une constante réelle et où γ_1, γ_2 sont des constantes complexes. En éliminant le cas $\Psi(\lambda) \equiv 0$, on peut supposer $\Psi(\lambda) \neq 0$, $\lambda>0$. Soit $\lambda > 0$, $\mu > 0$, on déduit de (2.2) :

$$\frac{\Psi(a\lambda)}{\Psi(\lambda)} = \frac{\Psi(a\mu)}{\Psi(\mu)} = Q(a)$$

$$\Psi(a\lambda) = \Psi(\lambda)\ Q(a).$$

En supposant ici $\lambda=1$, on a $Q(a) = \Psi(a)\ (\Psi(1))^{-1}$.

Donc Q est une solution de :

$$Q(\lambda a) = Q(\lambda)\ Q(a)\ ,\quad \lambda\ ,\ a > 0\ .$$

Mais toutes les solutions mesurables de cette équation ont la forme $Q(\lambda) = |\lambda|^{\gamma}$.

Donc :

$$\Psi(\lambda) = \Psi(1)\ Q(\lambda) = \gamma_1\ |\lambda|^{\gamma},\ \lambda > 0\ .$$

On montre de la même manière que :

$$\Psi(\lambda) = \gamma_2\ |\lambda|^{\gamma_1},\quad \lambda < 0$$

et (2.2) donne $\gamma_1 = \gamma$. Donc :

$$\Psi(\lambda) = \frac{1}{2}\ |\lambda|^{\gamma}\ (\gamma_1 + \gamma_2 + (\gamma_1 - \gamma_2)\ \text{sign}\ \lambda).$$

Si maintenant on suppose $\widehat{f}(\lambda) = |\lambda|^{\gamma} h(\lambda)$ on a :

$$\lim_n \frac{h(\lambda n^{-1/\alpha})}{h(\mu n^{-1/\alpha})} = 1$$

qui signifie que h est une fonction à croissance lente.

Le théorème est démontré.

Pour utiliser les résultats du chapitre précédent, nous supposons pour simplifier que $\widehat{f}(\lambda)$ a un support compact. Nous supposerons désormais que $\widehat{f}(\lambda)$ satisfait (2.1). Il faut distinguer deux cas : $2\gamma \geq \alpha-1$ et $2\gamma < \alpha-1$. Si $2\gamma \geq \alpha-1$:

$$\int \frac{|\Psi\ (\lambda)|^2}{1+\ |\lambda|^{\alpha}}\ d\lambda\ = \infty$$

et on ne peut pas utiliser directement les théorèmes du chapitre II. Nous considérerons ce cas plus tard.

THEOREME 2.2 : *Soit $\widehat{f}(\lambda)$ à support compact et telle que pour tout $\varepsilon > 0$ $\widehat{f} \in L_2(\varepsilon,\infty)$. Supposons (2.2) satisfaite avec $2\gamma < \alpha - 1$. Alors la loi limite de :*

$$\eta_n = n^{-1+1/\alpha + \gamma/\alpha}\ (h(n^{-1/\alpha}))^{-1}\ \sum_1^n\ f(\zeta_k) \tag{2.3}$$

existe et coïncide avec la loi de :

$$\eta = \frac{1}{2\pi}\int_{-\infty}^{\infty}\theta(\lambda)d\lambda\int_0^1 e^{-i\xi_\alpha(t)\lambda}\ dt = \int_{-\infty}^{\infty}\mathfrak{L}_\alpha(x)\ \widehat{\theta}(x)\ dx \tag{2.4}$$

où :

$$\theta(\lambda) = |\lambda|^{\gamma}(c_1 + c_2 \text{ sign } \lambda)$$

et :

$$\hat{\theta}(x) = \frac{1}{2\pi} \int_{-\infty}^{\infty} e^{-ix\lambda}\, \theta(\lambda) d\lambda \tag{2.5}$$

Ce théorème est un corollaire immédiat du théorème 2.1 du chapitre 2. Bien sûr, il faut comprendre (2.4) et (2.5) du point de vue de la théorie des distributions. On peut calculer la partie droite de (2.4) plus précisément.

LEMME 2.1 : *On a pour la transformée de Fourier de* $|\lambda|^{\gamma}$ *et de* $|\lambda|^{\gamma}$ *sign* γ *les formules suivantes (du point de vue de la théorie des distributions)* :

$$\frac{1}{2\pi} \int_{-\infty}^{\infty} e^{-ix\lambda} |\lambda|^{\gamma}\, d\lambda = \frac{1}{2\pi}\, C(\gamma)\, |x|^{-\gamma-1}, \quad \gamma \neq -1, -3, \ldots$$

$$\frac{1}{2\pi} \int_{-\infty}^{\infty} e^{-ix\lambda} |\lambda|^{\gamma} \text{ sign}\lambda\, d\lambda = -\frac{i}{2\pi}\, D(\gamma)\, |x|^{-\gamma-1} \text{ sign } x, \quad \gamma \neq -2, -4, \ldots$$

$$\frac{1}{2\pi} \int_{-\infty}^{\infty} e^{-ix\lambda} |\lambda|^{\gamma} \text{ sign}\lambda\, d\lambda = \frac{i}{2\pi} \left[-d_0^{(-\gamma)}\, x^{-\gamma-1} + d_{-1}^{(-\gamma)} x^{-\gamma-1}\, \ln |x| \right], \quad \gamma = -2, -4, \ldots$$

$$\frac{1}{2\pi} \int_{-\infty}^{\infty} e^{-ix\lambda} |\lambda|^{\gamma} d\lambda = \frac{1}{2\pi} \left[c_0^{(-\gamma)}\, x^{-(\gamma+1)} - c_{-1}^{(-\gamma)}\, x^{-(\gamma+1)} \ln |x| \right], \quad \gamma = -1, -3, \ldots$$

Ici :

$$C(\gamma) = -2 \sin \frac{\gamma\pi}{2}\, \Gamma(\gamma+1), \quad D(\gamma) = 2 \cos \frac{\gamma\pi}{2}\, \Gamma(\gamma+1),$$

$$c_0^{(n)} = 2 \text{ Re} \left\{ \frac{i^{n-1}}{(n-1)!} \left[1 + \frac{1}{2} + \ldots + \frac{1}{n-1} + \Gamma'(1) + \frac{i\pi}{2} \right] \right\},$$

$$d_0^{(n)} = 2 \text{ Im} \left\{ \frac{i^{n-1}}{(n-1)!} \left[1 + \frac{1}{2} + \ldots + \frac{1}{n-1} + \Gamma'(1) + \frac{i\pi}{2} \right] \right\},$$

$$c_{-1}^{(n)} = \frac{2(-1)^{n-1}}{(n-1)!} \cos (n-1)\frac{\pi}{2}, \quad d_{-1}^{(n)} = \frac{2(-1)^{n}}{(n-1)!} \sin (n-1)\frac{\pi}{2} .$$

On peut trouver la démonstration de ces formules par exemple dans [26], table de transformées de Fourier. Ces formules donnent la possibilité de réécrire le résultat du théorème d'une manière plus concrète. Par exemple, soit $0 < \gamma < \frac{\alpha-1}{2}$. Les distributions $|x|^{-\gamma-1}$ et $|x|^{-\gamma-1}$ sign x sont définies sur l'espace $\mathcal{D}$ des fonctions φ indéfiniment dérivables et à support compact par les formules :

$$(|x|^{-\gamma-1}, \varphi) = \int_{-\infty}^{\infty} |x|^{-\gamma-1} \varphi(x)\, dx =$$

$$= \int_{-1}^{1} |x|^{-\gamma-1} (\varphi(x) - \varphi(0)) dx + \int_{|x|>1} |x|^{-\gamma-1}\, \varphi(x)\, dx \,;$$

$$(|x|^{-\gamma-1} \text{ sign } x, \varphi) = \frac{1}{2} \int_{-\infty}^{\infty} |x|^{-\gamma-1} \text{ sign } x\, (\varphi(x) - \varphi(-x))$$

Il est évident que ces distributions peuvent être prolongées à toutes les fonctions φ qui satisfont une condition de Hölder d'ordre supérieur à γ. Dans ce cas la loi limite est donc la loi de :

$$\eta = \int_{-\infty}^{\infty} f_\alpha(x)\,\hat{\theta}(x)dx = -\frac{1}{\pi}\Big\{C_1 \sin\frac{\gamma\pi}{2}\,.\,\Gamma(\gamma+1)\,\times$$

$$\times\,\Big(\int_{-1}^{1}|x|^{-\gamma-1}(f_\alpha(x)-f_\alpha(0))dx + \int_{|x|>1}|x|^{-\gamma-1}\,f_\alpha(x)dx\Big) +$$

$$+\,iC_2 \cos\frac{\gamma\pi}{2}\,\Gamma(\gamma+1)\int_{-\infty}^{\infty}|x|^{-\gamma-1}\,\mathrm{sign}\,x\,\frac{f_\alpha(x)-f_\alpha(-x)}{2}\,dx\Big\}.$$

Si $\gamma = 0$,

$$\eta = C_1\int_{-\infty}^{\infty}\delta(x)\,f_\alpha(x)\,dx + \frac{C_2}{i\pi}\int_{-\infty}^{\infty}\frac{f_\alpha(x)}{x}\,dx =$$

$$= C_1\,f_\alpha(0) - iC_2\,\tilde{f}_\alpha(0). \tag{2.6}$$

Ici $\tilde{g}$ désigne la transformée de Hilbert d'une fonction

$$\tilde{g}(x) = \frac{1}{\pi}\int_{-\infty}^{\infty}\frac{g(\lambda)}{\lambda-x}\,d\lambda \quad .$$

Nous allons étudier ce cas plus en détail dans le paragraphe suivant.

Enfin, si $\gamma < 0$ et si γ n'est pas un entier, on a :

$$\eta = -\frac{1}{\pi}\Big(C_1 \sin\frac{\gamma\pi}{2}\,\Gamma(\gamma+1)\int_{-\infty}^{\infty}|x|^{-\gamma-1}\,f_\alpha(x)\,dx +$$

$$+\,iC_2\cos\frac{\gamma\pi}{2}\,\Gamma(\gamma+1)\int_{-\infty}^{\infty}|x|^{-\gamma-1}\,\mathrm{sign}\,x\,f_\alpha(x)\,dx\Big) \tag{2.7}$$

et les intégrales sont bien définies parce que f_α est une fonction à support compact.

Soit $\eta_n(t)$ la ligne brisée de sommets :

$$\Big(\frac{k}{n}\,,n^{-1+1/\alpha+\gamma/\alpha}(h(n^{-1/\alpha}))^{-1}\sum_{1}^{k} f(\zeta_j)\Big).$$

Il résulte du paragraphe 4, chapitre II, que sous les hypothèses du théorème 2.2 $\eta_n(t)$ converge en loi dans l'espace $C(0,1)$ vers :

$$\eta(t) = \int_{-\infty}^{\infty}\hat{\theta}(x)\,f_\alpha(x;t)dx\,.$$

Nous avons supposé que $\hat{f}$ est une fonction à support compact. Les résultats du paragraphe 3, chapitre II, donnent des possibilité de traiter aussi des cas où $\hat{f}$ n'est pas à support compact. Bien sûr, les lois limites sont les mêmes mais il faut imposer quelques conditions à la fonction caractéristique.

Considérons d'abord le cas $\Lambda \neq \{0\}$. Dans ce cas toutes les valeurs possibles de ξ_n appartiennent à une progression arithmétique. On peut supposer sans perdre de généralité que ces valeurs possibles sont des nombres entiers et que le pas maximal est égal à 1. Donc $\Lambda = \{2\pi k,\ k=0, \pm 1, \ldots\}$. Les sommes $\sum f(\zeta_k)$ sont définies par les valeurs $f(n)$ de la fonction f aux points $n = 0, \pm 1, \ldots$ Les valeurs $f(z)$, z non entier, peuvent être arbitraires et on peut utiliser convenablement cette liberté.

Posons :

$$f(x) = \frac{1}{\pi} \sum_{n=-\infty}^{\infty} f(n) \frac{\sin(x-n)\pi}{x-n} \quad .$$

Il est évident que f prend aux points entiers les valeurs nécessaires. La transformée de Fourier de f est :

$$\widehat{f}(\lambda) = g(\lambda) \sum_{n=-\infty}^{\infty} f(n)e^{in\lambda} ,$$

où :

$$g(\lambda) = \frac{1}{\pi} \int_{-\infty}^{\infty} e^{i\lambda x} \frac{\sin \pi x}{x} dx = \begin{cases} 1 , & |x| < \pi \\ 0 , & |x| > \pi \end{cases}$$

Donc :

$$\sum \widehat{f}(\lambda + \lambda_k) = \sum_{n=-\infty}^{\infty} f(n) e^{in\lambda} .$$

Le théorème 2.2 donne alors le résultat suivant :

THEOREME 2.3 : *Supposons que* ξ_j *prend ses valeurs dans une progression arithmétique* $\{kd, k=0, \pm 1, \dots\}$ *et que* d *est le pas maximal. Si :*

1° $\sum_k |f(kd)| < \infty$;

2° $\sum_k f(kd) e^{ikd\lambda} = |\lambda|^\gamma (C_1 + C_2 \text{ sign } \lambda) h(\lambda)$

dans un voisinage de zéro ; alors les processus $\eta_n(t)$ *engendrés par les sommes* $n^{-1+1/\alpha+\gamma/\alpha}(h(n^{-1/\alpha}))^{-1} \sum_1^k f(\zeta_j)$ *convergent en loi vers :*

$$\eta(t) = \int_{-\infty}^{\infty} \widehat{\theta}(x) \, \mathcal{L}_\alpha(x;t) \, dx .$$

Considérons maintenant le cas où $\overline{\lim_{t\to\infty}} |\varphi(t)| < 1$. Supposons qu'on puisse écrire f(x) comme :

$$f(x) = f_1(x) + f_2(x)$$

où la fonction $f_1(x)$ satisfait les hypothèses du théorème 2.2 et la fonction f_2 a comme transformée de Fourier une fonction $\widehat{f}_2$ à support en dehors d'un intervalle $[-\varepsilon, \varepsilon]$. Définissons B_n comme plus haut :

$$B_n = n^{1-1/\alpha-\gamma/\alpha} \, h(n^{-1/\alpha}) .$$

On a :

$$\eta_n = B_n^{-1} \sum_1^n f(\zeta_k) = B_n^{-1} \sum_1^n f_1(\zeta_k) + B_n^{-1} \sum_1^n f_2(\zeta_k) = \eta_{n1} + \eta_{n2} .$$

En vertu du théorème 2.2, η_{n1} converge en loi vers $\eta = \int_{-\infty}^{\infty} \mathcal{L}_\alpha(x) \widehat{\theta}(x) \, dx$. Tachons de trouver des conditions sous lesquelles $\eta_{n2} \to 0$. On a :

$$E|\eta_n|^2 \leq 2 B_n^{-2} \iint_{\substack{|\lambda| \geq \varepsilon \\ |\mu| \geq \varepsilon}} \widehat{f}_2(\lambda) \widehat{f}_2(\mu) \sum_{1 \leq k \leq \ell \leq n} \varphi^k(\lambda-\mu) \varphi^{\ell-k} (-\mu) d\lambda \, d\mu .$$

Donc si on suppose que $\widehat{f}_2 \in L_2 \cap L_\infty$ alors :

$$E|\eta_n|^2 \leq 2B_n^{-2}\, B\int_{-\infty}^{\infty} \frac{1-e^{-n|\mu|^\alpha}}{|\mu|^\alpha}\, d \leq B(h(n^{-1/\alpha}))^{-1} n^{-\frac{2\gamma}{\alpha}+\frac{1}{\alpha}-1} = o(1),$$

puisque $2\gamma < \alpha - 1$.

Soit maintenant $\varphi \in L_p$ pour quelque $p > 0$. Soit m un entier plus grand que p. Soit $\widehat{f} \in L_2$. On a :

$$E|B_n^{-1} \sum_{k=m}^{n} f_2(\zeta_k)|^2 \leq$$

$$\leq 2\, B_n^{-2} \iint_{\substack{|\lambda|>\varepsilon \\ |\mu|>\varepsilon}} \widehat{f}(\lambda)\, \overline{\widehat{f}(\mu)} \sum_{m\leq k\leq \ell\leq n} \varphi^k(\lambda-\mu)\, \varphi^{\ell-k}(-\mu)\, d\lambda d\mu \leq$$

$$\leq \quad B.B_n^{-2} \int_{-\infty}^{\infty}\int_{-\infty}^{\infty} \widehat{f}(\lambda-\mu)\, \widehat{f}(\mu)\, |\sum_{m}^{n} |\varphi^k(\mu) d\mu \leq$$

$$\leq \quad B.B_n^{-2}\, ||\widehat{f}||_2^2 \sum_{m}^{n} \int_{-\infty}^{\infty} |\varphi(\mu)|^k d\mu\ .$$

Mais on peut choisir $\delta > 0$, $c > 0$ de sorte que :

$$\int_{-\infty}^{\infty} |\varphi(\mu)|^k d\mu \int_{|\mu|\leq\delta} |\varphi(\mu)|^k + (\sup_{|\mu|>\delta} |\varphi(\mu)\,)^{k-m} \int_{-\infty}^{\infty} |\varphi(\mu)|^m d\mu \leq$$

$$\leq \int_{-\infty}^{\infty} e^{-kc|\mu|^\alpha} d\mu + \sup_{|\mu|>\delta} |\varphi(\mu)|^{k-m} \int_{-\infty}^{\infty} |\varphi(\mu)|^m d\mu.$$

On déduit de ceci que :

$$E|B_n^{-1} \sum_{m}^{n} f_2(\zeta_k)|^2 \leq B\, B_n^{-2} ||f_2||^2 (1 + ||\varphi||_m^m)\, n^{1-1/\alpha} = o(1).$$

Il est évident que :

$$B_n^{-1} \sum_{1}^{m} f(\xi_k) = o(1)$$

en probabilité. Donc nous avons montré le résultat suivant (comparer au théorème 2.3).

<u>THEOREME 2.4</u> : *Supposons que la fonction caractéristique* φ *de* ξ_n *appartient à* $L_p(R^1)$. *Si* $f \in L_2$ *et* :

$$\int_{-\infty}^{\infty} e^{i\lambda x} f(x) dx = |\lambda|^\gamma (c_1 + c_2 \operatorname{sign} \lambda)\, h(\lambda)$$

dans un voisinage de zéro, alors η_n *converge en loi vers* $\int_{-\infty}^{\infty} \widehat{\theta}(x)\, \pounds_\alpha(x) dx$.

On peut montrer aussi que sous les hypothèses du théorème, $\eta_n(t)$ converge vers $\int_{-\infty}^{\infty} \widehat{\theta}(x)\, \pounds_\alpha(x;t) dx$.

III - <u>THEOREME LIMITES POUR DES FONCTIONS SOMMABLES</u>

Considérons $\sum_{1}^{n} f(\zeta_k)$ où $f \in L_1 \cap L_2$. Dans ce cas la transformée de Fourier

$$\widehat{f}(\lambda) = \int_{-\infty}^{\infty} e^{i\lambda x} f(x)$$

est une fonction continue. Nous supposons que :

$$\widehat{f}(\lambda) \neq 0\ .$$

Dans ce cas, il faut choisir $B_n \sim \sqrt{n}$.

Notons $\eta_n(t)$ le processus dans $C[0,1]$ engendré par $\frac{1}{\sqrt{n}} \sum_1^k f(\zeta_k)$. Il résulte du théorème 2.2 que si f est à support compact alors $\eta_n(t)$ converge en loi vers :

$$\eta(t) = f(0)\ \pounds_\alpha(0;t)\ .$$

Nous allons considérer ici des cas où $\hat{f}$ n'est pas une fonction à support compact.

THEOREME 3.1 : *Soit* $|f(x)| \leq B(1+|x|^{1+c})$, $c > 0$. *Supposons* $\hat{f}$ *intégrable au sens de Riemann, alors* $\eta_n(t)$ *converge en loi vers* $\eta(t)$.

Démonstration : En vertu du théorème 2.2, il suffit de considérer le cas $\Lambda = \{0\}$.

1 - Soit d'abord f(x) une fonction continue. Soit $\varepsilon > 0$. On peut construire une fonction g (x) à support compact telle que :

$$\int_{-\infty}^{\infty} f(x) - g_\varepsilon(x)|dx < \varepsilon\ , \quad \sup_x |f(x) - g_\varepsilon(x)| < \varepsilon.$$

On peut, par exemple, prendre pour g_ε l'intégrale de Fejer :

$$g_\varepsilon(x) = \frac{2}{\pi T}\int_{-\infty}^{\infty} \frac{\sin^2 \frac{T}{2}(x-y)}{(x-y)^2}\, f(y)dy$$

où $T = T(\varepsilon)$, $T(\varepsilon) \xrightarrow[\varepsilon\to 0]{} \infty$.

La fonction :

$$g(x) = \sum n^{-1-c/2} \frac{\sin^2\pi(n-x)}{(n-x)^2}$$

est une fonction à support compact et :

$$c_1(1+|x|)^{-1-\frac{c}{2}} \leq g(x) \leq c_2\ (1+|x|)^{-1-\frac{c}{2}}$$

où c_1, c_2 sont des constantes positives.

Donc si $\delta > 0$ est donné on peut trouver $\varepsilon > 0$ de la manière suivante :

$$f(x) + \delta > f_\delta^+(x) = g_\varepsilon(x) + \varepsilon g(x) > f(x),$$
$$f(x) - \delta < f_\delta^-(x) = g_\varepsilon(x) - \varepsilon g(x) < f(x),$$
$$\int_{-\infty}^{\infty} |f(x) - f_\delta^+(x)|\, dx \leq \delta, \quad \int_{-\infty}^{\infty} f(x) - f_\delta^-(x)\, dx \leq \delta.$$

Notons $\eta_n^-(t)$, $\eta_n^+(t)$ les processus dans $C[0,1]$ engendrés par f_δ^-, f_δ^+. Alors :

$$\eta_n^-\ (t) \leq \eta(t) \leq \eta_n^+(t)$$

et les processus η_n^-, η_n^+ convergent en loi vers :

$$\pounds_\alpha(0;t) \int_{-\infty}^{\infty} f_\delta^-(x)dx\ , \quad \pounds_\alpha(0;t) \int_{-\infty}^{\infty} f_\delta^+(x)dx\ .$$

Puisque :

$$\int_{-\infty}^{\infty} [f_\delta^+\ (x) - f_\delta^-(x) - f_\delta^-(x)]\ dx < 2\delta$$

et que δ est arbitrairement petit, on en déduit que $\eta_n(t)$ converge en loi vers $\eta(t)$.

2 - Soit f une fonction continue par morceaux. Soit $\delta > 0$. On peut trouver deux fonctions continues f_δ^+, f_δ^- qui satisfont les hypothèses du théorème et pour lesquelles

$$f_\delta^-(x) \leq f(x) \leq f_\delta^+(x) ;$$

$$\int_{-\infty}^{\infty}\left[f_\delta^+(x) - f_\delta^-(x)\right] dx \leq \delta .$$

En vertu du point 1 de la démonstration les processus η_n^+, η_n^- engendrés par f_δ^+, f_δ^- convergent en loi vers :

$$\pounds_\alpha(0;t) \int_{-\infty}^{\infty} f_\delta^+(x)dx , \quad \pounds_\alpha(0;t) \int_{-\infty}^{\infty} f_\delta^-(x)dx.$$

Donc η_n converge en loi vers η .

3 - Soit enfin f une fonction intégrable au sens de Riemann. Soit $\delta > 0$. On peut trouver deux fonctions f_δ^-, f_δ^+ qui satisfont les hypothèses du théorème, se composent d'un nombre fini de morceaux continus et pour lesquelles :

$$f_\delta^-(x) \leq f(x) \leq f_\delta^+(x),$$

$$\int_{-\infty}^{\infty}\left[f_\delta^+(x) - f_\delta^-(x)\right] dx \leq \delta.$$

De ceci et du point 2, le théorème résulte.

Exemple : Soit :

$$f(x) = \begin{cases} 1 , & a < x < b \\ \frac{1}{2} , & x = a,b \\ 0 , & x \notin [a,b] \end{cases}$$

Soit d'abord $\Lambda = \{0\}$. Dans ce cas la somme $\sum_1^n f(\zeta_k)$ est le nombre de visites d'une marche aléatoire dans l'intervalle $[a,b]$. La somme normée $\eta_n = \frac{1}{\sqrt{n}} \sum_1^n f(\zeta_k)$ convergz en loi vers $\pounds_\alpha(0).\,(b-a)$. Si $\Lambda = \{\lambda_k\} \neq \{0\}$, les valeurs des ξ_n appartiennent à une porgression arithmétique $\{kd,\ k = 0, \pm 1,\ldots\}$ et η_n converge en loi vers :

$$f_\alpha(0) \left\{ \sum_{a<kd<b} f(kd) + \frac{1}{2} \sum_{kd=a,b} f(kd) \right\} .$$

IV - CAS $\gamma > \frac{\alpha-1}{2}$

Considérons à nouveau $\sum_1^n f(\zeta_k)$ et supposons maintenant que $\sum_k \hat{f}(\lambda + \lambda_k)$ a une racine d'ordre supérieur à $\frac{1}{2}(\alpha-1)$ au point $\lambda = 0$. La méthode du paragraphe 2 ne marche plus. On utilise dans ce cas le résultat du paragraphe 5, chapitre II.

THEOREME 4.1 : *Supposons que la fonction f a une transformée de Fourier $\hat{f}$ à support compact et que :*

$$\int_{-\infty}^{\infty} \Big|\sum_k f(\lambda + \lambda_k)\Big|^2 \, |\lambda|^{-\alpha} d\lambda < \infty \tag{4.1}$$

Alors les processus $\eta_n(t)$ en $C(0,1)$ engendrés par $n^{-\frac{\alpha-1}{2\alpha}} \sum_1^k f(\zeta_j)$ convergent en loi vers le processus :

$$w(\pounds_\alpha(0;t).b)^{1/2} , \quad b = \int_{-\infty}^{\infty} \sum_k f(\lambda+\lambda_k)\, \overline{f(\lambda)}\, \frac{1+\varphi(\lambda)}{1-\varphi(\lambda)}\, d\lambda,$$

où le processus de Wiener w et le processus $\xi_\alpha(0;t)$ *sont indépendants. En particulier,* $\eta_n = n^{-\frac{\alpha-1}{2\alpha}} \sum_1^n f(\zeta_j)$ *converge en loi vers* $\xi\,(\xi_\alpha(0)b)^{1/2}$ *où* $\xi \in \mathcal{N}(0,1)$ *et* ξ , $\xi_\alpha(0)$ *sont indépendants.*

Démonstration : Montrons que toutes les hypothèses du théorème 5.1, chapitre II, sont réalisées. On a, en utilisant les notations de ce théorème :

$$\Psi_n(\lambda) = n^{-1/2(1-1/\alpha)}n^{-1/\alpha}\; n \sum_k \widehat{f}(\lambda n^{-1/\alpha} + \lambda_k).$$

Donc :

$$\sup_n \int_{-\infty}^{\infty} \frac{|\Psi_n(\lambda)|^2}{1+|\lambda|^\alpha}\, d\lambda = \sup_n\, n \int_{-\infty}^{\infty} \frac{|\sum \widehat{f}(\lambda+\lambda_k)|^2}{1+n|\lambda|^\alpha}\, d\lambda \leq$$

$$\leq \int_{-\infty}^{\infty} |\sum \widehat{f}(\lambda+\lambda_k)|^2\, |\lambda|^{-\alpha} d\lambda < \infty \tag{4.2}$$

De la même manière, pour chaque $\varepsilon > 0$

$$\int_{-\infty}^{\infty} \frac{|\Psi_n(\lambda)|}{1+|\lambda|^\alpha}\, d\lambda = n^{1/2+1/2\alpha} \int_{-\infty}^{\infty} \frac{|\sum \widehat{f}(\lambda+\lambda_k)|^2}{1+n|\lambda|^\alpha}\, d\lambda \leq \tag{4.3}$$

$$\leq B_\varepsilon\, n^{\frac{1}{2\alpha}-\frac{1}{2}} + n^{\frac{1}{2}+\frac{1}{2\alpha}} \left(\int_{-\infty}^{\infty} \frac{d\lambda}{1+|\lambda|^\alpha n}\right)^{1/2} \left(\int_{-\infty}^{\varepsilon} \frac{|\sum \widehat{f}(\lambda+\lambda_k)|^2}{n|\lambda|^\alpha}\, d\lambda\right)^{1/2} \leq$$

$$\leq B_\varepsilon\, n^{\frac{1}{2\alpha}-\frac{1}{2}} + B \int_{-\varepsilon}^{\varepsilon} \frac{|\sum \widehat{f}(\lambda+\lambda_k)|^2}{|\lambda|^\alpha}\, d\lambda\,.$$

Donc la condition 3 du théorème 5.1 est vérifiée.

Par définition de la fonction k_n, on a :

$$n\widehat{k}_n(\lambda) = n \int_{-\infty}^{\infty} e^{i\lambda x}\, n^{\frac{1}{\alpha}-1}\, f^2(xn^{1/\alpha})\, dx +$$

$$+ 2n^{1/\alpha} \int_{-\infty}^{\infty} e^{i\lambda x} f(xn^{1/\alpha}) \sum_1^n E\, f(n^{1/\alpha}(x+S_{nk}))\, dx =$$

$$= \int_{-\infty}^{\infty} \widehat{f}(\mu+\lambda n^{1/\alpha})\, \overline{\widehat{f}(\mu)}\, d\mu + 2\int_{-\infty}^{\infty} \widehat{f}(\mu+\lambda n^{1/\alpha})\, \overline{\widehat{f}(\mu)}\, \frac{1-\varphi^n(\mu)}{1-\varphi(\mu)}\, d\mu\,.$$

D'où :

$$b_n(\lambda) = n \sum \widehat{k}_n(\lambda + n^{1/\alpha}\lambda_k) =$$

$$= \int_{-\infty}^{\infty} \widehat{f}(\mu) \sum_k \widehat{f}(\mu+\lambda_k+n^{1/\alpha}\lambda)\, \frac{1+\varphi(-\mu)-2(\varphi(\mu))^n}{1-\varphi(\mu)}\, d\mu\,.$$

Soit d'abord $\Lambda = \{0\}$. Nous allons montrer que :

$$\int_{-\infty}^{\infty} \frac{|b_n(\lambda) - b|^2}{1+|\lambda|^\alpha}\, d\lambda \longrightarrow 0 \tag{4.4}$$

Il suffit de montrer que :

$$\int_{-\infty}^{\infty} \frac{|b_n(\lambda) - b_n(0)|^2 \, d\lambda}{1 + |\lambda|^\alpha} \quad \lambda \longrightarrow 0 \tag{4.5}$$

Soit $\varepsilon > 0$. On a :

$$|b_n(\lambda) - b_n(0)|^2 \leq 2 \left\{ \left[2 \int_{|\mu|>\varepsilon} |\hat{f}(\mu)| \; |\hat{f}(\mu + n^{-1/\alpha}\lambda) - \hat{f}(\mu)| \frac{d\mu}{|1-\varphi(\mu)|} \right]^2 + \right.$$

$$\left. + B \int_{-\varepsilon}^{\varepsilon} \frac{|\hat{f}(\mu)|^2}{|\mu|^\alpha} d\mu \int_{-\varepsilon}^{\varepsilon} |\hat{f}(\mu + \lambda n^{-1/\alpha}) - \hat{f}(\mu)|^2 \frac{(1-e^{-cn|\mu|^\alpha})^2}{|\mu|^\alpha} d\mu \right\}$$

La première intégrale à droite est plus petite que :

$$B_\varepsilon ||\hat{f}||_2 \int_{-\infty}^{\infty} |\hat{f}(\mu + n^{-1/\alpha}\lambda) - \hat{f}(\mu)|^2 \, d\mu$$

et tend vers zéro uniformément par rapport à λ . Donc :

$$\int_{-\infty}^{\infty} \frac{|b_n(0) - b_n(\lambda)|^2}{1 + |\lambda|^\alpha} d\lambda \leq$$

$$\leq B \int_{-\varepsilon}^{\varepsilon} \frac{|\hat{f}(\mu)|^2}{|\mu|^\alpha} d\mu \int_{-\infty}^{\infty} \frac{d\lambda}{1+|\lambda|^\alpha} \int_{-\infty}^{\infty} \frac{|\hat{f}(\mu + n^{-1/\alpha}\lambda)|^2}{|\mu|^\alpha} (1-e^{-cn|\mu|^\alpha}) d\mu$$

$$+ B \int_{-\varepsilon}^{\varepsilon} \frac{|\hat{f}(\mu)|^2}{|\mu|^\alpha} + B_\varepsilon . \, O(1).$$

Or, il suffit de montrer que l'intégrale :

$$\int_{-\infty}^{\infty} \frac{d\lambda}{1+|\lambda|^\alpha} \int_{-\infty}^{\infty} \frac{|\hat{f}(\mu + n^{-1/\alpha}\lambda)|^2}{|\mu|^\alpha} (1-e^{-cn|\mu|^\alpha}) \, d\mu$$

est bornée. Mais cette intégrale est plus petite que :

$$n^{1-1/\alpha} \int_{-\infty}^{\infty} \frac{d\lambda}{1+|\lambda|^\alpha} \int_{-\infty}^{\infty} \frac{|\hat{f}(vn^{-1/\alpha})|^2}{|v-\lambda|^\alpha} (1 - e^{-c|v-\lambda|^\alpha}) \, dv =$$

$$= n^{1-1/\alpha} \int_{-\infty}^{\infty} |\hat{f}(vn^{-1/\alpha})|^2 \, dv \int_{-\infty}^{\infty} \frac{(1-e^{-c|v-\lambda|^\alpha})}{|v-\lambda|^\alpha (1+|\lambda|^\alpha)} d\lambda \leq$$

$$\leq Bn^{1-1/\alpha} \int_{-\infty}^{\infty} \frac{|\hat{f}(vn^{-1/\alpha})|^2}{|v|^\alpha} dv \leq B \int_{-\infty}^{\infty} \frac{|\hat{f}(v)|^2}{|v|^\alpha} dv < \infty .$$

La relation (4.5) et donc (4.4) est démontrée. On déduit de (4.4) que le processus engendré par $\sum_1^k g_n(S_{nj})$:

$$g_n(x) = n^{\frac{\alpha-1}{\alpha}} \left[f^2(xn^{1/\alpha}) + 2 \sum_{j=1}^{n} f(xn^{1/\alpha}) \, Ef((x+S_{nj})n^{1/\alpha}) \right]$$

converge vers $\mathcal{L}_\alpha(0;t)$. Donc toutes les hypothèses du théorème 5.1, chapitre II, sont vérifiées et notre théorème est démontré dans le cas $\Lambda = \{0\}$.

Soit maintenant $\Lambda = \{\lambda_k, k=0, \pm 1, \dots\} \neq \{0\}$. Dans ce cas $\lambda_k = k\lambda$ et ces nombres sont aussi les périodes de φ . En vertu de cela :

$$b_n(\lambda) = \int_{-1/2\,\lambda_1}^{1/2\,\lambda_1} \overline{\sum_k \hat{f}(\mu+\lambda_k)} \sum_j f(\mu+\lambda_j+n^{-1/\alpha}\lambda) \times \frac{1+\varphi(-\mu) - 2\,{}^n(-\mu)}{1-\varphi(-\mu)} \, d\mu$$

et comme plus haut on peut montrer que :

$$\int_{-\infty}^{\infty} \frac{|b_n(\lambda) - b|^2}{1 + |\lambda|^\alpha} \, d\lambda \longrightarrow \infty \ .$$

La démonstration est terminée.

THEOREME 4.2 : *Supposons que toutes les valeurs possibles de* ξ_j *appartiennent à une progression arithmétique* $\{kd, k=0, \pm 1, \dots\}$ *et que* d *est le pas maximal. Si :*

1°
$$\sum_k |f(kd)|^2 < \infty \ ;$$

2°
$$\int_{-\pi/d}^{\pi/d} \frac{|\Psi_1(\lambda)|^2}{|\lambda|^\alpha} \, d\lambda < \infty$$

$\Psi_1(\lambda) = \sum f(kd)\, e^{ikd\lambda}$, *alors les processus engendrés par* $\{n^{-\frac{\alpha-1}{2\alpha}} \sum_1^k f(\zeta_j)\}$ *convergent en loi vers* $w(\pounds_\alpha(0;t).b)$,

$$b = \int_{-\pi/d}^{\pi/d} |\Psi_1(\lambda)|^2 \, \frac{1+\varphi(\lambda)}{1-\varphi(\lambda)} \, d\lambda \ .$$

Démonstration : Elle est calquée sur celle du théorème 2.3. On réduit le problème au cas où $\hat{f}$ est à support compact.

THEOREME 4.3 : *Supposons que la fonction caractéristique* $\varphi \in L_p(-\infty,\infty)$ *pour un* $p > 0$. *Si :*

$$\int_{-\infty}^{\infty} \left(\frac{|\hat{f}(\lambda)|^2}{|\lambda|^\alpha} + |\hat{f}(\lambda)|^2 \right) d\lambda < \infty,$$

alors $\eta_n = n^{-\frac{\alpha-1}{2\alpha}} \sum_1^n f(\zeta_k)$ *converge en loi vers* $\eta = \xi\sqrt{\pounds_\alpha(0)\, b}$, *où* $\xi \in \mathcal{N}(0,1)$,

$$b = \int_{-\infty}^{\infty} |\hat{f}(\lambda)|^2 \, \frac{1+\varphi(\lambda)}{1-\varphi(\lambda)} \, d\lambda \ .$$

Démonstration : Soit $T > 0$. Posons :

$$f_1(x) = \frac{1}{2\pi} \int_{-T}^{T} e^{-i\lambda x} \, \hat{f}(\lambda) \, d\lambda \ , \quad f_2(x) = \frac{1}{2\pi} \int_{|\lambda|>T} e^{-i\lambda x} \hat{f}(\lambda) d\lambda \ .$$

Alors :

$$\eta_n = n^{-\frac{\alpha-1}{2\alpha}} \sum_1^n f_1(\zeta_k) + n^{-\frac{1}{2\alpha}} \sum_1^n f_2(\zeta_k) = \eta_{n1} + \eta_{n2} \ .$$

En vertu du théorème 4.1 η_n converge en loi vers $\xi\sqrt{f_\alpha(0)}\, b_T$ où :

$$b_T = \int_{-T}^{T} |\hat{f}(\lambda)|^2 \frac{1+\varphi(\lambda)}{1-\varphi(\lambda)} d\lambda .$$

Soit m un entier plus grand que p. Ecrivons η_{n2} comme $n^{\frac{1-\alpha}{2\alpha}} \sum_1^{m-1} f(\zeta_k) + \eta_{n3}$. Il est évident que $n^{\frac{1-\alpha}{2\alpha}} \sum_1^{m-1} |f(\zeta_k)| \longrightarrow 0$ en probabilité. Estimons $E|\eta_{n3}|^2$. On a :

$$E|\eta_{n3}|^2 \leq 2n^{-\frac{1-\alpha}{\alpha}} \int_{|\lambda|\geq T}\int_{|\mu|\geq T} |\hat{f}(\lambda)|\, |\overline{\hat{f}(\mu)}| \times \sum_{m\leq k\leq \ell\leq n} \varphi^k(\lambda-\mu)\varphi^{\ell-k}(-\mu)\, d\lambda d\mu \leq$$

$$\leq B\, n^{-\frac{1-\alpha}{\alpha}} \int_{-\infty}^{\infty} |\varphi(\mu)|^m \frac{1-e^{-cn|\mu|^\alpha}}{|\mu|^\alpha} d\mu \int_{|\lambda|\geq T} |\hat{f}(\lambda)|\, |\hat{f}(\lambda-\mu)|\, d\lambda \leq$$

$$\leq Bn^{-\frac{1-\alpha}{\alpha}} \left(||\varphi||_m^m\, ||f||^2 + n^{\frac{1-\alpha}{\alpha}} ||\hat{f}|| \int_{|\lambda|\geq T} |\hat{f}(\lambda)|^2 d\lambda\right).$$

En choisissant T assez grand, on peut rendre b_T très proche de b et $E|\eta_{n3}|^2$ très proche de zéro. Le théorème est démontré.

Exemple : Soit $f(x) = 0$, $|x| > 1$, $f(x) = \text{sign } x$, $|x| \leq 1$. Dans ce cas la somme $\sum_1^n f(\zeta_k)$ est le nombre de visites de $[0,1]$ moins celles de $[-1,0]$. Supposons que $\varphi \in L_p$. En vertu du théorème précédent $n^{-\frac{\alpha-1}{2\alpha}} \sum_1^n f(\zeta_k)$ converge en loi vers $\xi\sqrt{f_\alpha(0)b}$ où :

$$b = \int_{-\infty}^{\infty} \frac{16 \sin^4 \frac{\lambda}{2}}{|\lambda|^{2+\alpha}} \frac{1+\varphi(\lambda)}{1-\varphi(\lambda)} d\lambda .$$

V - MARCHE ALEATOIRE DE CAUCHY

Nous supposons dans ce paragraphe que la loi des pas ξ_j de la marche aléatoire $\{\zeta_k\}$ appartient au domaine d'attraction de la loi de Cauchy. Les théorèmes généraux du chapitre II ne contiennent pas ce cas. Mais puisque la marche continue à être récurrente on peut espérer quelques théorèmes limites raisonnables pour les sommes $B_n^{-1} \sum_1^n f(\zeta_k)$.

THEOREME 5.1 : *Supposons que les variables aléatoires ξ_j appartiennent au domaine d'attraction de la loi de Cauchy de fonction caractéristique $e^{-|t|}$. Soit f une fonction sommable de transformée de Fourier à support compact. Soit :*

$$\sum_{\lambda_j \in \Lambda} \hat{f}(\lambda_j) = a \neq 0 .$$

Alors la somme normée :

$$\eta_n = \frac{\pi}{a \ \ell n \ n} \sum_1^n f(\zeta_k)$$

converge en loi vers une variable aléatoire de densité e^{-x}, $x \geq 0$.

Démonstration : La seule loi F de moments :

$$\int_{-\infty}^{\infty} x^k \, dF(x) = k!$$

est la loi de densité e^{-x}, $x \geq 0$. Donc il suffit de montrer que :

$$\lim_{n\to\infty} \eta_n^k = k! \quad , \ k = 1,2 \ , \ \dots$$

Si $\varphi(t)$ est la fonction caractéristique de ξ_j on a :

$$\varphi(t) = \exp\{- |t| \ (1 + o(1))\} \quad , \quad t \to 0 \ .$$

Donc dans un voisinage de zéro, disons $|t| \leq \varepsilon$, on a :

$$|\varphi(t)| \leq \exp\{ - \frac{|t|}{2} \}.$$

Considérons les trois cas suivants :

1° La loi de ξ_j n'est pas arithmétique. Dans ce cas $\Lambda = \{0\}$ et pour $0 < \varepsilon \leq |t| \leq c$

$$|\varphi(t)| \leq \exp\{-\delta\} \quad , \quad 0 < \delta = \delta(c,\varepsilon) \ .$$

Soit :

$$z_n = \sum_1^n f(\zeta_k).$$

Si r est un nombre entier et si $\hat{f}(\lambda) = 0$ pour $|\lambda| > c$ on a :

$$E z_n^{2r} = (2\pi)^{-2r} \int_{-c}^{c} \dots \int_{-c}^{c} \hat{f}(\lambda_1) \dots \hat{f}(\lambda_{2r}).$$

$$\cdot \sum_{i_1,\dots, i_{2r}} E \, e^{-i\lambda_1 \zeta_{i_1}} \dots e^{-i\lambda_{2r} \zeta_{i_{2r}}} d\lambda_1 \dots d\lambda_{2r} \leq$$

$$\leq B \sum_{\ell=1}^{2r} \sum_{1\leq i_1 < \dots < i_\ell < n} \int_{-\infty}^{\infty} \dots \int_{-\infty}^{\infty} e^{-i_1|\lambda_1|} \dots e^{-(i_\ell - i_{\ell-1})|\lambda_\ell|} d\lambda_1 \dots d\lambda_2 \leq$$

$$\leq B(\ell n \ n)^{2r} \ .$$

De la même manière :

$$E\, Z_n^r = r!\ (2\pi)^{-r} \sum_{1\leq i_1<\ldots<i_r\leq n} \int_{-c}^{c}\ldots\int_{-c}^{c} \hat{f}(\lambda_1)\ldots\hat{f}(\lambda_r).$$

$$.\ \varphi^{i_1}(-(\lambda_1+\ldots+\lambda_r))\,\varphi^{i_2-i_1}(-(\lambda_2+\ldots+\lambda_r))\ldots\varphi^{i_r-i_{r-1}}(-\lambda_r)d\lambda_1\ldots d\lambda_r +$$

$$+ B(\ln n)^{r-1} =$$

$$= r!\ (2\pi)^{-r} \sum_{1\leq i_1<\ldots<i_r\leq n} \int_{-\varepsilon}^{\varepsilon}\ldots\int_{-\varepsilon}^{\varepsilon}\hat{f}(\lambda_1)\ldots\hat{f}(\lambda_r)\varphi^{i_1}\ldots\varphi^{i_r-i_{r-1}}\, d\lambda_1\ldots d\lambda_r +$$

$$+ B(\ln n)^{r-1}.$$

On peut supposer $a > 0$. On a, en vertu de l'inégalité précédente, que :

$$r!\ (2\pi)^{-r}(a+\delta)^r\int_{-\infty}^{\infty}\ldots\int_{-\infty}^{\infty}\sum_{1\leq i_1<\ldots<i_r\leq n} \exp\{-(1-\delta)\ i_1|\lambda_1+\ldots+\lambda_r| -$$

$$-\ \ldots - (1-\delta)\ (i_r - i_{r-1})\ |\lambda_r|\}\ d\lambda_1\ldots d\lambda_r + B(\ln n)^{r-1} \geq E\, Z_n^r \geq$$

$$\geq r!\ (2\pi)^{-r}\ (a-\delta)^r \int_{-\infty}^{\infty}\ldots\int_{-\infty}^{\infty} \sum_{1\leq i_1<\ldots<i_\ell\leq n} \exp\{-(1+\delta).$$

$$.\ i_1|\lambda_1+\ldots+\lambda_r| - \ldots - (1+\delta)\ (i_\ell - i_{\ell-1})|\lambda_r|\}\ d\lambda_1\ldots d\lambda_r +$$

$$+ B(\ln n)^{r-1}.$$

Puisque :

$$\frac{1}{2\pi}\int_{-\infty}^{\infty} e^{-|\lambda|}\,d\lambda = \frac{1}{\pi},$$

et :

$$\sum_{1\leq i_1<\ldots<i_r\leq n} \frac{1}{i_1}\ldots\frac{1}{i_r-i_{r-1}} = (\ln n)^r\,(1+o(1))$$

On a :

$$\lim_{n\to\infty} E\left(\frac{Z_n\pi}{a\ln n}\right)^r = r! = \int_0^{\infty} x^r e^{-x}\,dx.$$

Ce qui achève la démonstration pour le cas nonarithmétique.

2° Supposons maintenant que la loi de ξ_j est arithmétique mais que $\Lambda = \{0\}$. Soit $\varepsilon_1 > 0$ un nombre positif assez petit. Posons :

$$\eta_n = \eta_{n1} + \eta_{n2}$$

où

$$\eta_{n1} = \frac{\pi}{a\ln n}\sum_1^n \frac{1}{2\pi}\int_{-\varepsilon_1}^{\varepsilon}\hat{f}(\lambda)\,e^{-i\lambda\zeta_k}\,d\lambda,$$

$$\eta_{n_2} = \frac{\pi}{a\ln n}\sum_1^n \frac{1}{2\pi}\int_{|\lambda|>\varepsilon_1}\hat{f}(\lambda)\,e^{-i\lambda\zeta_k}\,d\lambda.$$

Choisissons $\varepsilon_1 > \varepsilon$ si petit que $\sup_{\varepsilon_1 \geq |t| \geq \varepsilon} |\varphi(t)| < 1$. En raisonnant comme dans le point 1, nous aurons que η_{n1} converge en loi vers une loi de densité e^{-x}, $x \geq 0$. Quant à η_{n2}, on a :

$$E\,\eta_{n2}^2 \leq B\ell_n^{-2}\, n\, E\,\Big(\sum_1^n \int_{|\lambda|>\varepsilon_1} \hat{f}(\lambda)\, e^{-i\lambda\zeta_k}\, d\lambda\Big)^2 \leq$$

$$\leq B\, \ell_n^{-2}\, n \int_{|\lambda|>\varepsilon_1} \int_{|\mu|>\varepsilon_1} \hat{f}(\lambda)\,\overline{\hat{f}(\mu)} \sum_{1\leq k\leq \ell\leq n} \varphi^k\,(\mu-\lambda)\varphi^{\ell-k}(\lambda)\; d\lambda d\mu\ .$$

Puisque $\Lambda = \{0\}$

$$\sup_{c\geq|\lambda|\geq\varepsilon_1}\ \sup_k \Big|\sum_1^k \varphi^j(\lambda)\Big| \leq 2 \sup_{c\geq|\lambda|\geq\varepsilon_1} |1-\varphi(\lambda)|^{-1} < \infty$$

si $|\varphi(u_0)| = 1$

$$|\varphi(u-u_0)| < \exp\{-\tfrac{1}{2}\ |u-u_0|\}$$

dans un voisinage de u_0. Donc :

$$E\eta_{n2}^2 \leq \frac{B}{\ell n^2\, n} \int_{-c}^{c} \frac{1-e^{-\frac{1}{2}n|u|}}{|u|}\, du \leq \frac{B}{\ell n\, n} \underset{n\to\infty}{\longrightarrow} 0$$

et la loi limite de η_n coïncide avec la loi limite de η_{n1} .

3° Soit enfin $\Lambda = \{\ldots,\ -\lambda_1,\ 0,\ \lambda_1,\ \ldots\} \neq \{0\}$. Parce que :

$$\exp\{-\,i(\lambda\ \pm\lambda_j)\ \zeta_k\} = \exp\{\,-i\lambda\ \zeta_k\}\ ,$$

on a :

$$\eta_n = \frac{\pi}{a\ \ell n\ n} \sum_{k=1}^n \frac{1}{2\pi} \int_{-\infty}^{\infty} e^{-\,\lambda\zeta_k}\,\hat{f}(\lambda)^{-}\, d\lambda =$$

$$= \frac{\pi}{a\ \ell n\ n} \sum_{k=1}^n \int_{-\lambda 1/2}^{\lambda 1/2} e^{-i\lambda\zeta_k} \sum_{\lambda_j\in\Lambda} \hat{f}(\lambda+\lambda_j)\,d\lambda\ .$$

Dans la région $\varepsilon \leq |\lambda| \leq \lambda_{1/2}$: $\sup |\varphi(\lambda)| < 1$

et on peut raisonner comme dans le point 1. Le théorème est démontré.

On peut maintenant considérer des fonctions f pour lesquelles $\hat{f}$ n'a pas un support compact. Parce que les démonstrations de ces théorèmes sont claquées sur celle des théorèmes des 2,3 , nous ne les donnons pas ici.

THEOREME 5.2 : *Supposons que* ξ_j *prend ses valeurs dans une progression arithmétique* $\{kd,\ k=0,\pm 1,\ \ldots\}$ *et que* d *est un pas maximal. Si :*

1° $\sum_k |f(kd)| < \infty$, $\sum_k f(kd) = a \neq 0$

alors les sommes $\frac{\pi}{a \ln n} \sum_1^n f(\zeta_k)$ *convergent en loi vers une loi de densité* e^{-x}, $x \geq 0$.

Démonstration : Elle coïncide avec la démonstration du théorème 2.3.

THEOREME 5.3 : *Soit* f *une fonction intégrable localement au sens de Riemann et*

$$|f(x)| \leq B(1 + |x|)^{1+\gamma}$$

Soit $\Lambda = \{0\}$. *Si :*

$$\int_{-\infty}^{\infty} f(x)\, dx = a \neq 0 ,$$

alors les sommes $\frac{\pi}{a \ln n} \sum_1^n f(\zeta_k)$ *convergent en loi vers une loi de densité* e^{-x}, $x \geq 0$.

Démonstration : Elle coïncide avec celle du théorème 3.1. Notons que le cas $\Lambda \neq \{0\}$ est contenu dans le théorème 5.2.

THEOREME 5.4 : *Supposons que* $\int |\varphi(t)|^p dt < \infty$ *pour tout* $p < \infty$. *Si la fonction* $f \in L_2$ *et si sa transformée de Fourier* $\hat{f}$ *est continue au point* $\lambda=0$ avec $\hat{f}(0) = a \neq 0$, *alors* $\eta_n = \frac{\pi}{a \ln n} \sum_1^n f(\zeta_k)$ *converge en loi vers une loi de densité* e^{-x}, $x \geq 0$.

La Démonstration est la même que celle du théorème 2.4.

VI - MARCHE ALEATOIRE DANS R^2

Nous supposons ici que les variables aléatoires ξ_j -les pas de la marche aléatoire $\{\zeta_k\}$ -prennent leurs valeurs dans R^2. La marche aléatoire $\{\zeta_k\}$ est encore récurrente si $E\,\xi_j = 0$, $E|\xi_j|^2 < \infty$ et on peut chercher des théorèmes limites pour les sommes normées $B_n^{-1} \sum_1^n f(\zeta_k)$. Soit R, la matrice des covariances des variables aléatoires ξ_j. Bien sûr, il faut supposer que $\det R \neq 0$. Soit $\varphi(\lambda)$ la fonction caractéristique des ξ_j. Comme toujours $\Lambda = \{\lambda : \varphi(\lambda) = 1\}$.

THEOREME 6.1 : *Soit* f *une fonction sommable de transformée de Fourier à support compact. Soit :*

$$\sum_{\lambda_j \in \Lambda} \hat{f}(\lambda_j) = a \neq 0$$

Alors :

$$P\left\{\frac{2\pi}{a \det R \ \ell n n} \sum_{1}^{n} f(\zeta_k) > x\right\} \longrightarrow e^{-x}, \quad x \geq 0 .$$

Démonstration : Elle coïncide avec celle du théorème 5.1. On peut supposer que $R = \begin{pmatrix} 1 & 0 \\ 0 & 1 \end{pmatrix}$. Dans ce cas :

$$\varphi(\lambda) = \exp\{-\frac{1}{2} |\lambda|^2 (1 + o(1))\}$$

dans un voisinage de zéro. Donc il existe un nombre positif $\varepsilon > 0$ tel que :

$$|\varphi(\lambda)| < \exp\{-\frac{1}{4} |\lambda|^2\}, \quad |\lambda| < \varepsilon .$$

Puisque la démonstration est presque calquée sur celle du théorème 5.1, celle-ci ne sera pas ébauchée.

Pour préciser on raisonnera sur le cas où $|\varphi(\lambda)| < 1$, $\lambda \neq 0$ et donc $\Lambda = \{0\}$.

Soit :
$$z_n = \sum_{1}^{n} f(\zeta_k).$$

Si r est un nombre entier et si $\hat{f}(\lambda) = 0$ pour $|\lambda'| > c$, $|\lambda''| > c$, $\lambda = (\lambda', \lambda'')$ on a :

$$E z_n^{2r} = (4\pi^2)^{-2r} \int_{R^2} \cdots \int_{R^2} \hat{f}(\lambda_1) \ldots \hat{f}(\lambda_{2r}) .$$

$$\cdot \sum_{i_1, \ldots, i_{2r}=1}^{n} E \exp\{-i\lambda_1 \zeta_{i_1} - \ldots - i\lambda_{2r} \zeta_{i_{2r}}\} d\lambda_1 \ldots d\lambda_{2r} \leq$$

$$\leq B \sum_{\ell=1}^{2r} \sum_{1 \leq i_1 < \ldots < i_\ell \leq n} \int_{R^2} \cdots \int_{R^2} e^{-\frac{i_1|\lambda_1|^2}{2}} \ldots e^{-\frac{(i_\ell - i_{\ell-1})|\lambda_\ell|^2}{2}} d\lambda_1 \ldots d\lambda_\ell \leq$$

$$\leq B(\ell n \, n)^{2r}.$$

En suivant la méthode de démonstration du théorème 5.1, on à pour n'importe quel $\delta > 0$ $(a > 0)$

$$r! \, (4\pi)^{-r} (a+\delta)^r \int_{R^2} \cdots \int_{R^2} \sum_{1 \leq i_1 < \ldots < i_r \leq n} \exp\{-\frac{(1-\delta)i_1}{2} |\lambda_1 + \ldots + \lambda_r|^2 -$$

$$- \ldots - \frac{1}{2}(1-\delta)(i_r - i_{r-1}) ||\lambda_r|^2\} d\lambda_1 \ldots d\lambda_r +$$

$$+ B(\ell n \, n)^{r-1} \geq E z_n^r \geq r! \, (4\pi)^{-r} (a-\delta)^r .$$

$$\cdot \int_{R^2} \cdots \int_{R^2} \exp\{-\frac{(1+\delta)i_1}{2} |\lambda_1 + \ldots + \lambda_r|^2 - \ldots - \frac{(1+\delta)(i_r - i_{r-1})}{2}$$

$$\cdot |\lambda_r|^2\} d\lambda_1 \ldots d\lambda_r + B(\ell n \, n)^{r-1} .$$

Puisque :

$$\int_{R^2} \exp\{-\frac{1}{2} |\lambda|^2\} \, d\lambda = 2\pi ,$$

on déduit de cette inégalité que :

$$\lim E\left(\frac{2\pi Z_n}{a \ln n}\right)^r = r!$$

La démonstration est achevée.

THEOREME 6.2 : *Supposons que* ξ_j *prend ces valeurs dans* $\mathbb{Z}^2$ *et que* $d = (1,1)$ *est un pas maximal. Si :*

1° $\sum_{k\in\mathbb{Z}^2} |f(k)| < \infty$ *2°* $\sum_{k\in\mathbb{Z}^2} f(k) = a \neq 0$

alors les sommes $\frac{2\pi}{a \ln n} \sum_1^n f(\zeta_j)$ *convergent en loi vers une loi de densité* $e^{-x}, x \geq 0$.

THEOREME 6.3 : *Soit* f *une fonction intégrable localement au sens de Riemann et* $|f(x)| \leq B(1+|x|^2)^{-1+\gamma}$, $|x|\to\infty$. *Soit* $\Lambda = \{0\}$. *Si :*

$$\int_{R^2} f(x) \, dx = a \neq 0.$$

alors les sommes $\frac{2\pi}{a \ln n} \sum_1^n f(\zeta_k)$ *convergent en loi vers une loi de densité* e^{-x}, $x \geq 0$.

THEOREME 6.4 : *Supposons que* $\int_{R^2} |\varphi(x)|^p \, dx < \infty$ *pour tout* $p < \infty$. *Si la fonction* $f \in L_2(R^2)$ *et si sa transformée de Fourier* $\hat{f}(\lambda)$ *est continue au point* $\lambda=0$ *avec* $\hat{f}(0) = a \neq 0$ *alors* $\eta_n = \frac{2\pi}{a \ln n} \sum_1^n f(\zeta_k)$ *converge en loi vers une loi de densité* e^{-x}, $x \geq 0$.

Les démonstrations de ces théorèmes sont calquées sur celles des théorèmes 5.2-5.4.

VII - LE CAS DES FONCTIONS PERIODIQUES

1° Nous allons étudier ici les lois limites des sommes :

$$Z_n = \frac{1}{\sqrt{n}} \sum_1^n f(\zeta_k) \tag{7.1}$$

où comme toujours $\{\zeta_k\}$ est une marche aléatoire et où f est une fonctions périodique. Nous avons vu dans le paragraphe 5 du chapitre II que $\frac{1}{\sqrt{n}} \sum_1^n \sin \zeta_k$ converge en loi vers une variable Gaussienne si les ξ_j appartiennent au domaine d'attraction normale d'une loi stable. Nous verrons ici que la convergence vers une loi Gaussienne des sommes (7.1) est une règle générale.

On suppose ci-dessous que f est une fonction périodique de période $2\pi\tau$ et que cette fonction a la série de Fourier :

$$f(x) = \sum_{j\neq 0} c_j\, e^{ixaj} \ , \quad \sum |c_j| < \infty \ , \quad a = \frac{1}{\tau} \tag{7.2}$$

quand nous parlons de la période de f nous entendons que a est une période minimale c'est à dire que le plus grand commun diviseur de $\{j : c_j \neq 0\}$ est égal à 1. Nous ne supposons aucune restriction sur la loi commune des ξ_j .

THEOREME 6.1 : *Soit* f *une fonction périodique de période* $2\pi\tau$, $a = \tau^{-1}$. *Soit* (7.2) *la série de Fourier de* f . *Supposons que la fonction caractéristique de* ξ_j *que nous notons comme toujours* $\varphi(\lambda)$ *vérifie la condition* $|\varphi(a)| < 1$. *Si la série :*

$$\sum_j \frac{|c_j|}{|1-\varphi(aj)|} \tag{7.3}$$

converge, alors les sommes normées $Z_n = \frac{1}{\sqrt{n}} \sum_1^n f(\zeta_k)$ *convergent en loi vers une variable Gaussienne de moyenne* 0 *et de variance :*

$$\sigma^2 = \sum_{p,q:\,\varphi(a(p-q))=1} c_p\, \bar{c}_q\, \frac{1-\varphi(ap)\,\overline{\varphi(aq)}}{(1-\varphi(ap)(1-\varphi(aq))} \tag{7.4}$$

En particulier, si $\varphi(ap) \neq 1$ *pour* $p \neq 0$, *alors :*

$$\sigma^2 = \sum_p |c_p|^2 \ \frac{1+\varphi(ap)}{1-\varphi(ap)}$$

Remarque : Bien sûr, quand nous parlons de la convergence de la série (7.3), nous supposons que la sommation est étendue aux nombres k pour lesquels $c_k = 0$. En particulier, il est possible que $\varphi(a_k) = 1$ si $c_k = 0$.

Le théorème va être démontré dans les trois sous-paragraphes suivants.

2° On calcule ici les deux premiers moments.

LEMME 7.1 : $EZ_n = o(1)$ *quand* $n \to \infty$.

Démonstration : En vertu de la convergence de la série (7.3), on a :

$$EZ_n = \frac{1}{\sqrt{n}} \sum_{k=1}^{n} \sum_q c_q\, E\, e^{iaq\zeta_k} =$$

$$= \frac{1}{\sqrt{n}} \sum_q \varphi(aq)\, \frac{1-\varphi^n(aq)}{1-\varphi(aq)} \to 0 \ .$$

<u>LEMME 7.2</u> : *Quand* $n \to \infty$.

$$\mathrm{Var}\, Z_n = \sum_{(p,q):\varphi(a(p-q))=1} c_p\, c_q \frac{1-\varphi(ap)\,\overline{\varphi(aq)}}{(1-\varphi(ap))(1-\varphi(aq))} + o(1) =$$

$$= \sigma^2 + o(1).$$

<u>Démonstration</u> : En vertu du lemme 7.1 :

$$\mathrm{Var}\, Z_n = E Z_n^2 + o(1) .$$

Puis :

$$E Z_n^2 = \frac{1}{n} \{ \sum_{q\neq 0} |c_q|^2 \; E \; |\sum_{\nu=1}^{n} e^{iaq\zeta_\nu}|^2 +$$

$$+ \sum_{p\neq q} c_p\, \overline{c_q} \; E \sum_{\nu=1}^{n} e^{iap\zeta_\nu} \sum_{\mu=1}^{n} e^{-iaq\zeta_\mu} \} = S_1 + S_2 \quad . \tag{7.5}$$

On écrit la somme S_1 comme :

$$S_1 = \frac{1}{n} \sum_{q\neq 0} |c_q|^2 \; (n + \sum_{\nu=2}^{n} \sum_{\mu=1}^{\nu-1} (\varphi(aq))^{\nu-\mu} +$$

$$+ \sum_{\mu=2}^{n} \sum_{\nu=1}^{\mu-1} (\varphi(-aq))^{\nu-\mu}) =$$

$$= \sum |c_q|^2 \; (1 + (1 - \frac{1}{n}) \; (\frac{\varphi(aq)}{1-\varphi(aq)} + \frac{\varphi(-aq)}{1-\varphi(-aq)})) \tag{7.6}$$

$$+ O(\frac{1}{n} \sum |c_q|^2 \; \frac{|1-\varphi^{n-1}(aq)|}{|1-\varphi(aq)|^2} =$$

$$= \sum_{q\neq 0} |c_q|^2 \; \frac{1+\varphi(aq)}{1-\varphi(aq)} + o(1).$$

Soit l'ensemble $A = \{p : \varphi(ap) = 1\}$. On peut écrire S_2 comme la somme :

$$S_2 = S_{21} + S_{22} ,$$

où :

$$S_{21} = \frac{1}{n} \sum_{p-q\in A} c_p\, \overline{c_q} \quad \{n + \sum_{\nu=2}^{n} \sum_{\mu=1}^{\nu-1} \varphi^{\nu-\mu}(ap) +$$

$$+ \sum_{\mu=2}^{n} \sum_{\nu=1}^{\mu-1} \varphi^{\mu-\nu}(-aq)\} = \tag{7.7}$$

$$= \sum_{p-q\in A} c_p\, \overline{c_q} \quad \frac{1-\varphi(ap)\,\varphi(-aq)}{(1-\varphi(ap))(1-\varphi(-aq))} + o(1).$$

On va montrer que $S_{22} \to 0$ quand $n \to \infty$. On a :

$$S_{22} = \frac{1}{n} \sum_{p-q \in A} c_p \overline{c_q} \; \{ \sum_{\nu=1}^{n} \varphi^{\nu}(a(p-q)) +$$

$$+ \sum_{\nu=2}^{n} \sum_{\mu=1}^{\nu-1} \varphi^{\nu-\mu}(ap) \varphi^{\mu}(a(p-q)) + \qquad (7.8)$$

$$+ \sum_{\mu=2}^{n} \sum_{\nu=1}^{\mu-1} \varphi^{\nu}(a(p-q)) \varphi^{\mu-\nu}(-aq) \} = S_{221} + S_{222} + S_{223} .$$

Soit :

$$\alpha_T = \sup\{ |1 - \varphi(a(p-q))|^{-1} : p-q \notin A , |p-q| \leq T \} .$$

Puisque $\alpha_T < \infty$ pour tout T on peut définir une suite $T = T(n)$ de sorte que $\alpha_T n^{-1} \to 0$. Alors :

$$S_{221} \leq \frac{1}{n} \sum_{p-q \notin A} |c_p c_q| \, | \sum_{\nu=1}^{n} \varphi^{\nu}(a(p-q)) | \leq$$

$$\leq \frac{2\alpha_T}{n} (\sum |c_p|)^2 + \sum_{|p-q|>T} |c_p c_q| \leq \qquad (7.9)$$

$$\leq \frac{2\alpha_T}{n} (\sum |c_p|)^2 + \sum_{|p|>\frac{T}{2}} |c_p| \sum |c_p| \xrightarrow[n\to\infty]{} 0.$$

Nous allons majorer S_{222}. Soit :

$$B = \{ (p,q) : \varphi(ap) = \varphi(a(p-q)) \} .$$

Montrons que si $(p,q) \in B$, ou bien $|\varphi(ap)| < 1$, ou bien $\varphi(aq) = 1$. En effet soit $\varphi(ap) = e^{i\alpha}$, $p > 0$, $0 \leq \alpha < 2\pi$; soit :

$$P_0 = \min \{ p : p > 0 , \varphi(ap) = e^{i\alpha} \} .$$

Dans ce cas toutes les valeurs possibles des variables ξ_j appartiennent à un ensemble dénombrable $\{x_k\}$ où les x_k ont la forme :

$$x_k = \alpha + 2\pi k \, (ap_0)^{-1}$$

Donc si $(p,q) \in B$ les égalités suivantes doivent être satisfaites :

$$apx_k = \alpha + 2\pi t_k$$

$$apx_k - aq\, x_k = \alpha + 2\pi S_k$$

où t_k, S_k sont des entiers. Donc pour tout x_k :

$$aq\, x_k = 2\pi (t_k - S_k) = 2\pi r,$$

où r est un entier. Donc $\varphi(aq) = 1$.

Ecrivons S_{222} comme :

$$S_{222} = \sum_1 + \sum_2 ,$$

ici, $\sum_1$ est la partie de S_{222} qui correspond à la sommation étendue aux couples (p,q) tels que $(p-q \notin A)$ et $(p,q) \in B$. On a :

$$\sum_1 \leq \frac{1}{n} \sum_{\substack{p-q \notin A \\ (p-q) \in B}} \{ |c_p \, c_q| \, . \, |1 - \varphi(ap)|^{-1} \, .$$

$$. \frac{|(\varphi(ap) - \varphi(a(p-q))) + \varphi(ap)\, \varphi(a(p-q))\, (\varphi^{n-1}(ap) - \varphi^{n-1}(a(p-q))) - (\varphi^n(ap) - \varphi^n(a(p-q)))|}{|1 - \varphi(a(p-q))| \, . \, |\varphi(ap) - \varphi(a(p-q))|}$$

Définissons :

$$\beta_T = \sup \frac{|(\varphi(ap) - \varphi(a(p-q))) + \varphi(ap)\varphi(a(p-q))(\varphi^{n-1}(ap) - \varphi^{n-1}(a(p-q))) - (\varphi^n(ap) - \varphi^n(a(p-q)))|}{|1 - \varphi(a(p-q))| \, . \, |\varphi(ap) - \varphi(a(p-q))|}$$

où on prend le sup sur les couples (p,q) qui appartiennent au domaine de sommation de $\sum_1$ et pour lesquels $|p-q| \leq T$. On peut choisir $T = T(n)$ de sorte que $\beta_T \, n^{-1} \to 0$.

Posons :

$$c_p (1 - \varphi(ap))^{-1} = b_p \quad .$$

En vertu de la condition du théorème $\sum |b_p| < \infty$. Soit enfin :

$$\Gamma_n = \sum_{|z_1| \leq 1, |z_2| \leq 1} \frac{1}{n} \; \frac{|(z_1 - z_2) + z_1 z_2 (z_1^{n-1} - z_2^{n-1}) - (z_1^n - z_2^n)|}{|1 - z_1| \; |z_1 - z_2|} .$$

Alors :

$$\sum_1 \leq \frac{\beta_T}{n} \sum_p |b_p| \sum_q |c_q| + \Gamma_n \sum_{|p-q| > T} |b_p| \; |c_q|$$

et pour prouver que $\sum_1 = o(1)$, il suffit de montrer que :

$$\sup_n \; \Gamma_n < \infty \quad .$$

La fonction :

$$g(z_1, z_2) = \frac{(z_1 - z_2) + z_1 z_2 (z_1^{n-1} - z_2^{n-1}) - (z_1^n - z_2^n)}{(1 - z_1) \; (z_1 - z_2)}$$

est holomorphe dans le produit des disques $|z_1| \leq 1$, $|z_2| \leq 1$ et donc $|g(z_1, z_2)|$ possède un maximum quand (z_1, z_2) parcourt le produit des cercles $|z_1| = 1$, $|z_2| = 1$.

Donc :

$$\Gamma_n \leq \sup_{\substack{-\pi\leq\alpha<\pi \\ -\pi<\beta<\pi}} \frac{1}{n} \frac{|(e^{i\alpha}-e^{i\beta}) + e^{i(\alpha+\beta)}(e^{i\alpha(n-1)}-e^{i\beta(n-1)}) - (e^{in\alpha}- e^{in\beta})|}{|1 - e^{i\alpha}|.\ |e^{i\alpha} - e^{i\beta}|} \leq$$

$$\leq \sup_{\alpha} \frac{\alpha}{|1-e^{i\alpha}|} \frac{1}{n} \sup_{\alpha,\beta} \{|\frac{(1-e^{i\alpha})\ (1-e^{i(\beta-\alpha)})}{\alpha(e^{i\alpha} - e^{i\beta})}| +$$

$$+ |\frac{(e^{i\alpha}-1)e^{i\beta}\ (e^{i(n-1)\alpha}-e^{i(n-1)\beta}}{\alpha(e^{i\alpha} - e^{i\beta})}| + |\frac{(1-e^{i(\beta-\alpha)})(1-e^{in\alpha})}{\alpha(e^{i\alpha} - e^{i\beta})}|\} \leq \Gamma < \infty.$$

Ainsi $\sum_1 \to 0$, $n \to\infty$. Quand à $\sum_2$ puisque $(p,q) \in B$, on a $\varphi(ap) = \varphi(a(p-q))$ et donc :

$$\sum_2 \leq \frac{1}{n} \sum_{\substack{p-q \notin A \\ (p,q) \in B}} |c_p\ c_q|\ |\sum_{\nu=2}^{n} (\nu-1)\varphi^{\nu}(ap)| \leq$$

$$\leq \frac{1}{n} \sum_{\substack{p-q \notin A \\ (p,q) \in B}} |c_p\ c_q|\ |\frac{1 - \varphi^n(ap)}{|(1- \varphi(ap))^2}| + \sum_{\substack{p-q \notin A \\ (p,q) \in B}} |c_p\ c_q| \frac{|\varphi^{n-1}(ap)|}{|1- \varphi(ap)|} .$$

Soit de nouveau $c_p(1- \varphi(ap))^{-1} = b_p$. En raisonnant comme plus haut on trouve :

$$\frac{1}{n} \sum |c_p\ c_q|\ |\frac{1 - \varphi^n(ap)}{(1- \varphi(ap))^2}| \leq$$

$$\leq \sup_{|p|\leq T} \frac{2}{n} |1- \varphi(ap)|^{-2} (\sum |c_p|)^2 + \sum_{|p|> T} |b_p| \sum_q |c_q| \to 0,\ n\to\infty .$$

On a remarqué plus haut que $(p,q)\in B$ et $c_q\neq 0$ alors $|\varphi(ap)| < 1$. C'est pourquoi :

$$\sum_{(p,q) \in B} |c_p\ c_q| \frac{|\varphi^{n-1}(ap)|}{|1- \varphi(ap)|} \leq \sup_{\substack{0\leq p\leq T \\ |\varphi(ap)|\neq 1}} |\varphi(ap)|^{n-1} \sum |b_p| \sum|c_q| +$$

$$+ \sum_{|p|>T} |b_p| \sum |c_q| \to 0,\ n \to\infty .$$

Ainsi $\sum_1$ et $\sum_2$ sont tous deux $o(1)$ quand $n\to\infty$.

Donc :

$$S_{222} = \sum_1 + \sum_2 = o(1).$$

Enfin $S_{223} = \overline{S_{222}} = o(1)$. Ceci donne que :

$$DZ_n = S_1 + S_{21} + o(1),$$

et en vertu de (7.6) et (7.7) la démonstration du lemme 7.2 est achevée.

3° On va chercher ici des majorants pour les moments $E|z_n|^p$, $p > 2$.

LEMME 7.3 : *Soit* $\sup_{1\leq k\leq N} |\varphi(k)| = \alpha < 1$. *Alors pour tout entier* r, $1 \leq r \leq N$

$$E\left|\sum_{\nu=1}^{n} e^{i\zeta_\nu}\right|^{2r} \leq \frac{B_r}{(1-\alpha)^r}\, n^r \tag{7.10}$$

où B_r *ne dépend que de* r .

Démonstration : On a :

$$E\left|\sum_{\nu=1}^{n} e^{i\zeta_\nu}\right|^{2r} = \sum_{\substack{t_1+..+t_n=r\\ \tau_1+..+\tau_n=r}} \frac{r!}{t_1!..t_n!}\;\frac{r!}{\tau_1!\,\dots\,\tau_n!}\;.$$

$$. \; E \exp\{it_1\zeta_1 + \dots + it_n\zeta_n - i\tau_1\zeta_1 - \dots - i\tau_n\zeta_n\} \leq$$

$$\leq (r!)^2 \sum_{\substack{t_1+..+t_n=r\\ \tau_1+..+\tau_n=r}} \left|\varphi\left(\sum_1^n (t_i-\tau_i)\right)\varphi\left(\sum_2^n (t_i-\tau_i)\right)..\,\varphi(t_n-\tau_n)\right|$$

$$= (r!)^2 \sum_{\substack{r=\lambda_n\geq\,..\geq\lambda_1>0\\ r=\mu_n\geq\,..\geq\mu_1>0}} |\varphi(\lambda_1-\mu_1)\varphi(\lambda_2-\mu_2)\dots\varphi(\lambda_n-\mu_n)| \tag{7.11}$$

Si m au moins des différences $\lambda_i-\mu_i$ ne sont pas égales à zéro, alors :

$$|\varphi(\lambda_1 - \mu_1) \dots \varphi(\lambda_n - \mu_n)| \leq \alpha^m.$$

On va trouver un majorant pour le nombre des couples de vecteurs entiers $\lambda = (\lambda_1,\dots,\lambda_n)$, $\mu = (\mu_1,\dots, \mu_n)$ qui satisfont les conditions :

a) $r = \lambda_n \geq \lambda_{n-1} \geq .. \geq \lambda_1 > 0$; $r = \mu_n \geq \mu_{n-1} \geq \dots \geq \mu_1 > 0$

b) il y a k des couples (λ_j, μ_j) avec $\lambda_j = \mu_j$.

On peut associer à chaque vecteur λ une courbe en escalier $\lambda(t)$ de sorte que $\lambda(n-k) = \lambda_k$. La fonction $\lambda(t)$ est définie par les points de saut et, si les points de saut sont donnés, par les valeurs des sauts. Si les points de saut sont fixés le nombre des valeurs possibles des sauts est borné supérieurement par un nombre qui ne dépend que de r. Cette interprétation montre que le nombre de couples satisfaisant aux conditions a), b) est majoré par le nombre de possibilités de choisir ℓ points entiers $i_1 < i_2 < \dots < i_\ell$, $\ell \leq 2r$ de manière que l'on puisse choisir $p \leq r$ des intervalles $[i_j, i_{j+1}]$ de longueur commune égale à k.

Si les longueurs des intervalles choisis sont fixées et égales à

$t_1,\ldots, t_p$, $t_1 + \ldots + t_p = k$, alors le nombre de ces intervalles est inférieur à

$(n-k)\ (n-t_1 - (k-t_1))\ldots = (n-k)^p \le (n-k)^r$.

Le nombre des longueurs possibles $t_1, \ldots, t_p$ est inférieur à $k^p \le k^r$.

Donc le nombre des couples (λ,μ) sous les conditions a), b) est inférieur à

$B_r(n-k)^r\, k^r \le B_r(n-k)^r\, n^r$ où B_r ne dépend que de r. Ainsi :

$$\sum |\varphi(\lambda_1-\mu_1)\ldots\varphi(\lambda_n-\mu_n)| \le c_r^1\, n^r \sum_{k\le n}^{\infty} (n-k)^r\, \alpha^{n-k} \le c_r^1\, n^r \sum_{k=0}^{\infty} k^r \alpha^k \le$$

$$\le c_r^1\, n^r \sum_{k=0}^{\infty} (k+r)\ (k+r+1)\ldots(k+1)\alpha^k = \frac{c_r^1\, n^r}{(1-x)^r}\ (r-1)\ !\ .$$

La démonstration du lemme est achevée.

<u>LEMME 7.4</u> : *Soit* :

$$f(x) = \sum_{-N}^{N} c_j\, e^{ixa_j}\ ,\ c_o = 0,$$

et $\sup\limits_{|n|\le Nr} |\varphi(ak)| = \alpha<1$. *Alors pour tout* $p \le r$:

$$E \left|\sum_{j=1}^{n} f(\zeta_j)\right|^{2p} \le (2N+1)^{2p-1} \sum_{-N}^{N} |c_j|^{2p}\ \frac{c_p}{(1-\alpha)^p}\ n^p \qquad (7.12)$$

<u>Démonstration</u> : On déduit l'inégalité (7.12) immédiatement de l'inégalité de Hölder et du lemme 7.3.

<u>Remarque</u> : Il est évident, voir (7.11), qu'on peut écrire les moments (7.12) de la manière suivante :

$$n^{-r}\ E \left|\sum_{j=1}^{n} f(\zeta_j)\right|^{2r} = H_{nr}(\varphi(a), \varphi(2a),\ldots \varphi(Nra), \varphi(-a), \ldots, \varphi(-Nra))$$

où $H_{nr}(u_1,\ldots u_{Nr}, v_1,\ldots, v_{Nr})$ est un polynôme des 2Nr variables complexes u_i, v_i. En démontrant les lemmes 7.3, 7.4 nous avons utilisé seulement que $|\varphi(ja)| < \alpha < 1$ et la construction des polynômes H_{nr} ; aucune propriété spéciale des fonctions caractéristiques n'a été utilisée. Donc on peut reformuler le lemme 7.4 de manière formellement plus générale.

<u>LEMME 7.4'</u> : *Dans le produit des disques* $|u_i| \le \alpha < 1$, $|v_i| \le \alpha < 1$ *les polynômes* H_{nr} *satisfont les inégalités suivantes* :

$$|H_{nr}(u_1,\ldots, u_{Nr}, v_1, \ldots, v_{Nr})| \le (2N+1)^{2r-1}\ \frac{B_r}{(1-\alpha)^r} \sum_{-N}^{N} |c_j|^{2r} \qquad (7.13)$$

4° On achève ici la démonstration du théorème. Distinguons deux cas :

A) Il existe un entier $p > 1$ pour lequel $|\varphi(ap)| = 1$

B) Pour tout entier $k \neq 0$ $|\varphi(ak)| < 1$.

A) Soit $|\varphi(ap)| = 1$. Dans ce cas toutes les valeurs possibles des ξ_j appartiennent à une progression arithmétique :

$$h + k\frac{2\pi}{ap} = h + \frac{2\pi\tau}{p} k, \quad k=0, \pm 1, \dots$$

On suppose que $\frac{2\pi}{ap}$ est un pas maximal (notez que,en vertu de la condition du théorème,$p > 1$). Notons C l'ensemble des nombres $\exp\{\frac{2\pi ik}{p}\}$, $k=0,1,\dots, p-1$. Si card C désigne le nombre des éléments de C, alors $1 \leq \text{card } C \leq p$. Soit : $\xi'_j = \xi_j - h$, $\zeta'_\nu = \sum_1^\nu \xi'_j$. Considérons la suite des variables aléatoires $y_\nu = \exp\{ia\,\xi'_\nu\}$, $\nu=1,2,\dots$

Les variables $y_1, y_2, \dots$ consitituent une chaîne de Markoff d'ensemble des états C. Les états de la chaîne constituent une classe positive sans sous-classe. Si τ_k désigne le moment du premier retour dans l'état $\frac{2\pi ik}{p}$, alors $E\tau_k^m < \infty$ pour tout nombre positif m.

<u>LEMME 7.5.</u> : *Soient $\varphi_\nu(y)$ des fonctions uniformément bornées définies sur les états de la chaîne $\{y_\nu\}$. Si :*

$$E\sum_1^n \varphi_\nu(y_\nu) = o(\sqrt{n}) ,$$

$$\text{Var}\left(\sum_1^n \varphi_\nu(y_\nu)\right) = \sigma^2 n + o(n) , \quad \sigma > 0 ,$$

alors les sommes $\frac{1}{\sqrt{n}}\sum_1^n \varphi_\nu(y_\nu)$ *convergent en loi vers une variable Gaussienne* de *moyenne* 0 *et variance* σ^2.

Pour des φ_ν qui ne dépendent pas de ν ce lemme est un cas particulier du théorème de Doeblin (voir [7], chapitre 16) ; la démonstration du cas général est la même que la démonstration de ce théorème de Doeblin. Nous l'omettons.

Posons maintenant $\varphi(z) = \sum c_j z^j$, les c_j sont les coefficients de Fourier de f. Soit $\varphi_\nu(z) = (z\, e^{i\nu h})$. Alors les sommes :

$$\frac{1}{\sqrt{n}}\sum_{\nu=1}^n f(\zeta_\nu) = \frac{1}{\sqrt{n}}\sum_1^n \varphi_\nu(z_\nu)$$

convergent en loi vers une variable de $N(0,\sigma^2)$ et le théorème est montré pour le cas cas A.

B) Soit maintenant $|\varphi(ak)| < 1$, $k=1,2,\ldots$ Supposons d'abord que $f(x) = \sum_{-N}^{N} c_j e^{ixaj}$ est un polynôme trigonométrique. Nous avons noté que les moments :

$$E\left|\frac{1}{\sqrt{n}}\sum_{1}^{n} f(\zeta_\nu)\right|^{2r} = E|Z_n|^{2r} = H_{nr}(\varphi(a),\ldots,\varphi(-aNr))$$

où $H_{nr}(u_1,\ldots, v_{Nr}) = H_{nr}(u,v)$ est un polynôme des variables complexes u_i, v_i qui ne dépend que de f,r et n. D'après le lemme 7.4', les polynômes $H_{nr}(u,v)$ sont uniformément bornés dans le produit des disques $|u_i| \le \alpha$, $|v_i| \le \alpha$. Donc l'ensemble des fonctions holomorphes $\{H_{nr}(u,v),\ n=1,2,\ldots\}$ est compact dans ce produit des disques.

Considérons avec les variables ξ_j les variables aléatoires :

$$\xi_{jp} = \frac{2\pi k\tau}{p} \qquad \text{si } \frac{2\pi k\tau}{p} \le \xi_j < \frac{2\pi(k+1)\tau}{p} .$$

Ces variables satisfont les conditions du point A : si $\varphi_p(\lambda) = E\exp\{i\lambda\xi_{1p}\}$ alors $|\varphi_p(ap)| = 1$. D'après A les sommes $Z_{np} = \frac{1}{\sqrt{n}}\sum_{j=1}^{n}\xi_{jp}$ sont asymptotiquement Gaussiennes de moyenne 0 et de variance σ_p^2. Puisque pour p assez grand $|\varphi_p(aj)| < 1$, $j=1,\ldots,2N$. (N est fixé) pour de tels p

$$\sigma_p^2 = \sum_{-N}^{N} |c_j|^2 \frac{1+\varphi_p(aj)}{1-\varphi_p(aj)} .$$

Les moments $E(Z_{np})^{2r}$ sont comme auparavant les valeurs des polynômes $H_{nr}(u,v)$ aux points $u_1 = \varphi_p(a),\ldots, v_1 = \varphi_p(-a),\ldots$ En particulier si p est assez grand le point (u,v) appartient à un polydisque $|u_i| < \alpha$, $|v_i| < \alpha$ et tous les moments $E|Z_{np}|^{2r}$ sont bornés uniformément en n. Donc :

$$\lim_{n\to\infty} E|Z_{np}|^{2r} = b_{pr} = \frac{2r!}{2^r.r!}\sigma_p^2 . \tag{7.14}$$

On déduit de la forme de σ_p^2 qu'on peut écrire :

$$b_{pr} = h_r(\varphi_p(a),\ldots,\varphi_p(-Nra))$$

où $h_r(u,v)$ est holomorphe dans le produit de disques $|u_i| < \alpha$, $|v_i| < \alpha$. D'après (7.14) :

$$H_{nr}(u,v) \longrightarrow h_r(u,v)$$

sur l'ensemble O des points (u,v) du polydisque $|u_i| < \alpha$, $|v_i| < \alpha$, qui peuvent être représentés comme $u_i = \varphi_p(ja)$, $v_i = \varphi_p(-ja)$ pour n'importe quelle fonction caractéristique φ. Parce que l'ensemble des fonctions holomorphes $\{H_{nr}\}$ est compact, on a que :

$$H_{nr}(u,v) \longrightarrow h_r(u,v)$$

dans la fermeture de l'ensemble O.

Donc sous la condition B :

$$E|z_n|^{2r} \longrightarrow \frac{(2r)!}{2^r.r!} \left(\sum |c_j|^2 \frac{1+\varphi(aj)}{1-\varphi(aj)}\right)^2 .$$

Une démonstration analogue montre que :

$$E\, z_n^{2r+1} \longrightarrow 0 .$$

Ainsi le théorème est démontré pour le cas où f est un polynôme trigonométrique.

Dans le cas général on peut écrire f comme la somme :

$$f(x) = \sum_{-N}^{N} c_j\, e^{iajx} + \sum_{|j|>N} c_j\, e^{ia_jx} = f_N(x) + g_N(x)$$

et z_n comme la somme :

$$z_n = \frac{1}{\sqrt{n}} \sum_{1}^{n} f_N(\zeta_\nu) + \frac{1}{\sqrt{n}} \sum_{1}^{n} g_N(\zeta_\nu) = z_{n1} + z_{n2} .$$

La variable z_{n1} converge en loi vers une variable Gaussienne de moyenne 0 et de variance :

$$\sigma_N^2 = \sum_{-N}^{N} |c_j|^2 \frac{1+\varphi(aj)}{1-\varphi(aj)} .$$

D'après le lemme 7.2 pour tout n assez grand :

$$E|z_{nr}|^2 \leq 2 \sum_{|j|>N} |c_j|^2 \frac{1+\varphi(aj)}{1-\varphi(aj)} \underset{N\to\infty}{\longrightarrow} 0$$

La démonstration est achevée.

En raisonnant de la même manière on peut montrer un résultat analogue pour des fonctions presque périodiques. Soit :

$$f(x) = \sum_j c_j\, e^{i\lambda_j x} .$$

Pour simplifier on suppose que $\Lambda = \{0\}$.

<u>THEOREME 7.2</u> : *Si la série :*

$$\sum_j \frac{|c_j|}{|1-\varphi(\lambda_j)|}$$

converge, alors la somme $\frac{1}{\sqrt{n}} \sum_{1}^{n} f(\zeta_\nu)$ *converge en loi vers une variable Gaus sienne de moyenne* 0 *et de variance :*

$$\sigma^2 = |c_j|^2 \frac{1+\varphi(\lambda_j)}{1-\varphi(\lambda_j)} .$$

Remarque : On peut montrer aussi que sous les conditions des théorèmes 7.1, 7.2 les processus $\mathfrak{Z}_n(t)$ engendrés par les lignes brisées de sommets $(\frac{k}{n}, \frac{1}{\sqrt{n}} \sum_1^n f(\zeta_j))$ convergent en loi dans l'espace $C[0,1]$ vers le processus $w(\sigma t)$, où w est le processus de Wiener.

VIII - COMMENTAIRE

Ce chapitre correspond au chapitre 6 du livre [45], paragraphe 1.4 P. Lévy a démontré le théorème limite pour le nombre des termes positifs de la marche aléatoire simple $\{\zeta_k\}$ [35] c'est à dire pour les sommes $\sum_1^n f(\zeta_k)$ (8.1) où $f(x) = 0$, $x \leq 0$, $f(x) = 1$, $x > 0$. W. Feller a étudié les mêmes sommes mais pour $f(x) = 0$, $x \neq x_0$, $f(x) = 1$, $x = x_0$ [18] , R.L. Dobruchin [12] a considéré ces sommes pour :

$$f : \sum |f(k)| = 1$$

et E.B. Dynkin pour $f(k) \sim c|k|^{\alpha}$, $k \to \infty$, [15] . P. Erdös et M. Kac ont considéré le cas de marches aléatoires dont les pas ξ_j appartiennent au domaine d'attraction d'une loi normale pour les fonctions :

$$f(x) = 0,\ x \leq 0,\quad f(x) = 1,\ x > 0\ [16]\ ;\ f(x) = |x|\ ,\ f(x) = x^2\ [17]$$

Les théorèmes limites pour le cas où f est une fonction homogène résultent des théorèmes de M. Donsker [11] et Yu V. Prohorov [39] .

Chung et Kac [8] ont obtenu les résultats limites pour le cas où les ξ_j sont des variables de loi stable symétrique et où $f(x) = \mathbf{1}_{[-a,a]}(x)$. G. Kallianpur et H. Robbins ont étendu ces résultats au cas de variables ξ_j appartenant au domaine d'attraction normale d'une loi stable symétrique et de f à support compact intégrable au sens de Riemann [31] . La théorie générale a été développée par Skorohod et Slobodenyuk [44], [45] . Ils supposent que $E|\xi_j|^5 < \infty$. Yu. A. Davydov [10] a étendu quelques résultats de Skorohod et Slovodenyuk au cas de convergence vers une loi stable. Les résultats de ces paragraphes appartiennent à l'auteur. Ils sont des généralisations des résultats de Skorohod et Slobodenyuk [45] .

Soient ξ_j des variables à valeurs entière et $E\,\xi_j^2 < \infty$ A.N. Borodin [3] a étudié la convergence du champ aléatoire :

$$\hat{t}_n(x,t) = \frac{1}{\sqrt{n}} \sum_1^{nt} \mathbf{1}_{\{[x\sqrt{n}]\}}(\zeta_k)$$

vers le champ aléatoire $\pounds_2(x,t)$. Il a donné aussi des applications très intéressantes de ces résultats [3] , [4] (voir aussi [2] , [6] , [32]).

Les résultats des paragraphes 5, 6 sont des généralisations de ceux de Kallianpur et Robbins [31] . On peut montrer que sous les hypothèses des théorèmes les processus engendrés par $\{\sum_1^k f(\zeta_k)\}$ convergent en loi vers une constante aléatoire η dans $C[\varepsilon, 1]$, $\varepsilon > 0$ ou dans $D[0,1]$. Bien sûr $P\{\eta > x\} = e^{-x}$.

Paragraphe 7 : Skorohod et Slobodenyuk pour le cas $E\,|\xi_j|^5 < \infty$ ont déduit le résultat des théorèmes limites du paragraphe 5 chapitre 2. Les théorèmes de ce paragraphe appartiennent à l'auteur. Bien sûr, on peut considérer toujours les sommes $\sum_1^n f(\zeta_k)$ comme les sommes de valeurs de la fonction f définie sur la chaîne de Markov $\{\zeta_k\}$. Mais si f est périodique cette chaîne peut être traitée comme une chaîne de Markov sur un groupe compact. M.I. Gordin et B.A. Lifšic ont montré une variante du théorème limite central pour ce cas [25] . Ils ont montré aussi indépendamment les théorèmes 7.1, 7.2.

NOTATIONS

P {.}, E {.} , Var {.} désignent respectivement la probabilité d'un évènement dans { } , l'espérance mathématique ou la variance d'une variable aléatoire dans { } .

$\xi_\alpha(t)$ désigne un processus stable de fonction caractéristique :

$$E \exp\{i\lambda(\xi_\alpha(t)-\xi_\alpha(s))\} = \exp\{-(t-s)\frac{|\lambda|^\alpha}{\alpha}(1+i\beta \operatorname{sign}\lambda\ \omega(\lambda,\alpha))\},$$

$$\text{avec} \qquad \omega(\lambda,\alpha) = \begin{cases} \operatorname{tg}\frac{\pi\alpha}{2}, & \alpha \neq 1, \\ \frac{2}{\pi}\ell n|\lambda|, & \alpha = 1 \end{cases}$$

$w(t) = \xi_2(t)$ désigne le processus de Wiener.

$\pounds_\alpha(x,t)$ désigne le temps local du processus $\xi_\alpha(u)$, $0 \leq u \leq t$.

$\pounds_\alpha(x)$ désigne $\pounds(x,1)$.

$\mathbf{1}_A(x)$ désigne la fonction indicatrice d'un ensemble A.

On note B des "constantes", c'est à dire des nombres qui ne dépendent pas des paramètres sur lesquels on raisonne et dont les valeurs précises ne sont pas importantes. On utilise C pour noter une constante strictement positive.

Chaque nouveau symbole qu'on rencontré pour la première fois dans une formule sans l'expliquer est défini par cette formule.

B I B L I O G R A P H I E (*)

[1] P. BILLINGSLEY, Convergence of Probability Measures, J. Wiley and Sons, 1968.

[2] A.N. BORODIN, A limit theorem for sums of independent random variables defined on a recurrent random walk, Dokl. Akad. Nauk SSSR 246, n°4, 1979, 786-788 ; Soviet Math. Dokl. 20, (4), 1978, 528-530.

[3] A.N. BORODIN, On the asymptotic behavior of local times of recurrent random walks with finite variance, Teor. Verojatnost. i Primenen, 26, n°4, 1981, 769-783 ; Theor. Probability Appl. 26, (4), 1981, 758-772.

[4] A.N. BORODIN, Limit theorems for sums of independent random variables defined on a recurrent random walk, Teor. Verojatnost. i Primenen, 28, n°1, 1983, 98-114 ; Theor. Probabality Appl. 28, (1), 1983, 105-121.

[5] A.N. BORODIN, Distribution of integral functionals of Brownian motion, Zapiski Nauchn Seminarov LOMI, t. 119, 1982, 19-38.

[6] A.N. BORODIN, On the asymptotic behavior of local times of recurrent random walks with infinite variance, Teor. Verojatnost. i Primenen, 29, n°1, 1984.

[7] K.L. CHUNG, Markov Chains with Stationary Probabilities, Springer Verlag, 1967.

[8] K.L. CHUNG, M. KAC, Remarks on fluctuations of sums of independent random variables, Mem. Amer. Math. Soc., v.6, 1951.

[9] K.L. CHUNG, G.A. HUNT, On the zeros of $\sum_{1}^{n} \pm 1$, Ann. Math., 50, 1949, 385-400.

[10] Yu.A. DAVYDOV, On limit behavior of additive functionals of semi-stable processes and processes attracted to semi-stable ones, Zapiski Nauchn Seminarov LOMI, t. 55, 1976, 102-112.

[11] M. DONSKER, An invariance principle for certain limit theorems, Mem. Amer. Math. Soc., 6, 1951, 1-12.

[12] R.L. DOBRUSHIN, Two limit theorems for the simplest random walk, Uspekhi Mat. Nauk, t. 10, 3, 1955, 139-146.

[13] W. DOEBLIN, Sur l'ensemble des puissances d'une loi de probabilité, Studia Math., 9, 1940, 71-96.

[14] J.L. DOOB, Stochastic processes, Wiley and sons, 1953.

[15] E.B. DYNKIN, On some limit theorems for Markov chains, Ukrain. Mat. Zh., t.6, I, 1954, 285-307.

[16] P. ERDOS, M. KAS, On the number of positive sums of independent random variables, Bull. Amer. Math. Soc., 53, 10, 1947, 1011-1020.

[17] P. ERDOS, M. KAS, On certain limit theorems of the theory of probability, Bull. Amer. Soc., 52, 4, 1946, 292-302.

[18] W. FELLER, Fluctuations theory of recurrent events, Trans. Amer. Math. Soc., 67, 1949, 98-119.

[19] W. FELLER, An introduction to Probability and its applications, 2nd v., J. Wiley and Sons, 1966.

[20] D. GEMAN, J. HOROWITZ, Occupation densities, Ann. Prob., v.8, N 1, 1980, 1967.

[21] I.I. GIKHMAN, A.V. SKOROHOD, Introduction to the theory of random processes, Moscou, 1965, (Trad. Anglaise : Saunders, Ph. 1969).

[22] I.I. GIKHMAN, A limit theorem for the number of maxima in the sequence of random variables in a Markov chain, Teor. Verojatnost. i Primenen, t.3, 2, 1968, 166-172 ; Theor. Probability Appl. 3, (2), 1968, 154-160.

[23] B.V. GNEDENKO, A.N. KOLMOGOROV, Limit distributions for sums of independent random variables, Moscou, 1949 (Trad. anglaise : Addison-Wesley, 1954).

[24] B.V. GNEDENKO, On the theory of domains of attraction of stable laws, Uchenye Zapiski Moskov. Gos. Univ., t. 30, 1939, 61-72.

[25] M.I. GORDIN, V.A. LIFSIC, Remark on Markov process with normal transition operator, Thés, 3d International Vilnius Conf. on Prob. and Math. Stat., Vilnius, 1982, 147-148.

[26] I.M. GELFAND, G.E. SHILOV, Generalized functions, V I, Moscou, 1958, (trad. Anglaise : Acad. Press, 1964).

[27] I.A. IBRAGIMOV, Yu. V. LINNIK, Independent and stationary sequences of random variables, Moscou, 1965, (trad. Anglaise : Wolters-Noordhoff, 1971).

[28] J. JACOD, Théorèmes limite pour les processus, Ecole d'été de Calcul des Prob. de St.-Flour 1983, Lect. Notes Math., 1984.

[29] M. KAC, On distributions of certain Wiener functionals, Trans. Amer. Math. Soc., v. 65, 1949, 1-13.

[30] M. KAC, On some connections between probability theory and differential and integral equations, Proc. 2nd Berkeley Symp. on Math. Stat. and Prob., 1951, 189-215.

[31] G. KALLIANPUR, H. ROBBINS, The sequence of sums of independent random variables, Duke Math. J., v. 21, N 2, 1954, 285-307.

[32] H. KESTEN, F. SPITZER, A limit theorem related to a new class of self similar processes, Z. Wahrscheinlichkeitstheorie und verw. Gebiete, 50, 1979, 5-85.

[33] A. KHINCHIN, P. LEVY, Sur les lois stables, C.R. Acad. Sci. Paris, t. 202, 1936, 701-702.

[34] P. LEVY, Calcul des probabilités, Paris, 1925.

[35] P. LEVY, Sur certains processus stochastiques homogènes, Compositio Math. 7, 1939, 283-339.

[36] P. LEVY, Processus stochastiques et mouvement brownien, Paris, 1948.

[37] M. LOEVE, Probability Theory, Springer-Verlag, 1978, (4 th. ed.).

[38] H. POLLARD, The completely monotonic character of the Mittag-Leffler function, Bull. Amer. Math. Soc., 54, 1948, 1115-1116.

[39] Yu. V. PROHOROV, Convergence of random processes and limit theorems in Probability Theory, Teor. Verojatnost. i Primenen I, n°2, 1956, 177-238 ; Theor. Probability Appl. I, (2), 1956, 157-214.

[40] L. SCHWARTZ, Théorie des distributions, Paris, 1966.

[41] A.V. SKOROHOD, Studies in the theory of random processes, Kiev University Press, 1961 (Traduction anglaise, Addison-Wesley 1961).

[42] A.V. SKOROHOD, Some limit theorems for additive functionals of a sequence of sums of independent random variables, Ukrain. Mat. Zh., 13, n°4, 1961, 67-78.

[43] A.V. SKOROHOD, N.P. SLOBODENYUK, Limit theorems for additive functionals of a sequence of sums of identically distributed independent lattice random variables, Ukrain. Mat. Zh. 17, n°2, 1965, 97-105.

[44] A.V. SKOROHOD, N.P. SLOBODENYUK, Limit theorems for random walks I, II, Teor. Verojatnost. i Primenen 10, n°4, 1965, 660-672 et 11, n°1, 1966, 56-67 ; Theor. Probability Appl. 10, (4), 1965, 596-606 et 11, (1), 1966, 46-57.

[45] A.V. SKOROHOD, N.P. SLOBODENYUK, Limit theorems for random walks, Kiev, 1970.

[46] A.V. SKOROHOD, N.P. SLOBODENYUK, On the asymptotic behavior of some functionals of Brownian motion, Ukrain. Mat. Zh. 18, n°4, 1966, 60-71.

[47] N.P. SLOBODENYUK, Some limit theorems for additive functionals of a sequence of sums of independent random variables, Ukrain. Mat. Zh. 16, n°1, 1964, 41-60.

[48] G.N. SITAYA, On the limit distribution of a certain class of functionals of a sequence of sums of independent random variables, Ukrain. Mat. Zh. 16, n°6, 1964, 799-810.

[49] G.N. SITAYA, Limit theorems for some functionals of random walks, Teor. Verojatnost. i Primenen, 12, n°3, 1967, 483-492, Theor. Probability Appl. 12, (3), 1967, 432-442.

(*) NDLR .- Bien que le Professeur IBRAGIMOV nous ait communiqué une bibliographie de certaines références, en russe, nous avons préféré donner ici la traduction en anglais des références

THEOREMES LIMITE POUR LES PROCESSUS

PAR J. JACOD

Originally published in: *Ecole d'Eté de Probabilités de Saint-Flour XIII – 1983*, Lecture Notes in Mathematics, Vol. **1117**, 298–406, DOI: 10.1007/BFb0099423, © Springer-Verlag Berlin Heidelberg 1985, Reprint by Springer-Verlag Berlin Heidelberg 2012

INTRODUCTION

Les théorèmes limite pour les processus stochastiques sont innombrables: au gré de ses besoins, et souvent motivé par des applications (statistiques, biologie, files d'attente, modélisation de phénomènes physiques,...), chaque auteur démontre (ou redémontre) à partir de zéro le théorème limite qui lui est nécessaire.

Pourtant, il n'existe que peu de méthodes différentes permettant d'établir ces théorèmes limite; et parmi celles-ci, les méthodes utilisant les martingales jouent un rôle absolument prépondérant: c'est dire que ce sont essentiellement les mêmes deux ou trois théorèmes de base qui sont redémontrés constamment, sous des hypothèses variées, avec des conditions plus ou moins restrictives sur le processus limite.

Dans ce cours, nous avons pour objectif de présenter ces quelques théorèmes de base, *sous des conditions aussi générales que possible* ((à une exception près, importante pour la théorie mais anodine pour les applications, à savoir que le processus limite sera toujours supposé quasi-continu à gauche), et en nous restreignant aux résultats qu'on peut obtenir *en utilisant les martingales*. Que l'utilisateur éventuel ne se méprenne pas: il s'agit de théorèmes généraux, donc souvent inapplicables tels quels dans la pratique; néanmoins, la plupart du temps on peut se ramener, au prix de transformations plus ou moins astucieuses, à vérifier les hypothèses de ces théorèmes (nous en donnons quelques exemples dans le texte).

Dans le chapitre I, on rappelle l'essentiel sur la topologie de Skorokhod, et surtout on démontre des critères de compacité faciles à vérifier dans les applications.

Le chapitre II concerne les processus à accroissements indépendants: c'est un sujet sans doute peu intéressant pour les applications, mais qui nous semble d'un assez grand intérêt théorique (outre le fait qu'historiquement, les premiers théorèmes limite concernent les sommes de variables indépendantes: le livre fondamental [15] de Gnedenko et Kolmogorov est tout entier consacré à ce sujet). Nous démontrons en particulier une condition nécessaire et suffisante de convergence.

Les deux chapitres suivants constituent le coeur de ce cours. Après des rappels sur les semimartingales et leurs caractéristiques locales (§III-1), nous donnons des théorèmes de convergence de plus en plus généraux: d'abord vers un processus à accroissements indépendants (chapitre III), puis vers une semimartingale (presque!) quelconque (chapitre IV). On pourrait faire l'économie du chapitre III, dont les résultats sont des cas particuliers de ce qui est fait au chapitre IV: nous avons préféré exposer les deux choses; en effet le cas où une suite de semimartingales converge vers un processus à accroissements indépéndants peut se traiter aussi bien par la méthode des "problèmes de martingales" du chapitre IV, que par les méthodes spécifiques aux processus à accroissements indépendants (qui reposent sur la convergence fini-dimensionnelle).

Enfin dans le chapitre V nous donnons quelques indications sur les conditions nécessaires de convergence. Il n'y a que des résultats très partiels, car il s'agit d'un sujet encore largement ouvert. En particulier, faute de place, nous avons laissé complètement de coté une notion de convergence, introduite récemment par D. Aldous et I. Helland, qui est un peu plus forte que la convergence en loi, et qui est précisément faite pour obtenir des conditions nécessaires et suffisantes de convergence.

Faute de temps (et de courage!) nous avons aussi omis un sujet fort important pour les applications: celui de l'évaluation des vitesses de convergence. Là aussi, seuls quelques résultats très partiels sont connus actuellement dans ce domaine.

Un mot sur la bibliographie, pour finir: bien que déjà longue, elle est très loin d'être complète! on peut la considérer comme une mise à jour (dans le domaine de la convergence fonctionnelle) de la bibliographie considérable du livre [20] de Hall et Heyde. Profitons-en pour dire que, sous certains aspects, ce livre est très proche du cours ci-dessous (et il contient bien d'autres sujets!): les méthodes sont les mêmes, nous avons simplement accentué ici les aspects "théorie générale" et "convergence fonctionnelle", notamment vers des processus limite discontinus.

I

TOPOLOGIE DE SKOROKHOD ET CONVERGENCE EN LOI DE PROCESSUS

1 - L'ESPACE DE SKOROKHOD

Nous avons pour but d'étudier la convergence en loi de processus à valeurs dans R^d, dont les trajectoires sont indicées par R_+ et sont continues, ou continues à droite et pourvues de limites à gauche (on dira: càdlàg). Ces processus sont donc des variables aléatoires à valeurs dans l'un des espaces suivants:

$C^d = C(R_+,R^d)$ = ensemble des fonctions continues de R_+ dans R^d,

$D^d = D(R_+,R^d)$ = ensemble des fonctions càdlàg de R_+ dans R^d.

On note α le point générique de ces espaces, et $\alpha(t)$ la valeur de la fonction α au point t; on note aussi $\Delta\alpha(t) = \alpha(t) - \alpha(t-)$ le "saut" en t, avec $\Delta\alpha(0) = 0$.

On munit C^d (resp. D^d) de la tribu $\underline{\underline{C}}^d$ (resp. $\underline{\underline{D}}^d$) engendrée par toutes les applications: $\alpha \rightsquigarrow \alpha(t)$ de C^d (resp. D^d) dans R^d.

La convergence en loi n'est pas vraiment maniable si on n'est pas sur un espace polonais (= métrique complet séparable). Il s'agit donc de munir C^d et D^d de topologies polonaises pour lesquelles $\underline{\underline{C}}^d$ et $\underline{\underline{D}}^d$ sont les tribus boréliennes. Pour C^d, c'est facile, on prend la topologie de la convergence uniforme sur les compacts. Pour D^d une topologie convenable a été introduite par Skorokhod [51] sous le nom de topologie J1. Une référence plus récente est le livre [3] de Billingsley. Ci-dessous nous allons rappeler (sans démonstration) l'essentiel des résultats de ce livre qui sont utiles ici, et donner (avec démonstration) quelques compléments.

Signalons toutefois une différence avec [3]. Skorokhod et Billingsley ont défini une topologie sur l'espace $D([0,N],R^d)$ des fonctions càdlàg sur $[0,N]$ pour tout N fini: le point N y joue un rôle très particulier. L'extension à $D(R_+,R^d)$ a été faite par Stone [52] et Lindvall [34].

§a - LA TOPOLOGIE UNIFORME SUR LES COMPACTS. Cette topologie est associée à la distance définie sur C^d ou D^d par

1.1 $$d_u(\alpha,\beta) = \sum_{N\geq 1} 2^{-N} \{1 \wedge \sup_{t\leq N} |\alpha(t) - \beta(t)|\}.$$

Il est facile de voir que, pour cette topologie, C^d est polonais, de tribu borélienne $\underline{\underline{C}}^d$. Le théorème d'Ascoli donne une caractérisation simple des compacts de C^d. A cet effet, posons

1.2 $\quad w(\alpha,I) = \operatorname{Sup}_{r,s\in I} |\alpha(r)-\alpha(s)|$ pour tout intervalle I,

1.3 $\quad w_N(\alpha,\delta) = \operatorname{Sup}\{w(\alpha,[t,t+\delta]) : t\geq 0,\ t+\delta\leq N\}$ pour $N\in\mathbb{N}^*$, $\delta>0$,

qui est le "module d'uniforme continuité" de α sur $[0,N]$. $w(\alpha,I)$ et $w_N(\alpha,\delta)$ ont un sens pour toute fonction α sur R_+, et on a:

1.4 $$\alpha\in C^d \iff \forall N\in N^*,\ \lim_{\delta\downarrow 0} w_N(\alpha,\delta) = 0.$$

On a alors:

THEOREME 1.5: *Une partie* A *de* C^d *est relativement compacte* (pour la topologie associée à d_u) *si et seulement si*

(*i*) $\operatorname{Sup}_{\alpha\in A} |\alpha(0)| < \infty$

(*ii*) $\forall N\in\mathbb{N}^*,\ \lim_{\delta\downarrow 0} \operatorname{Sup}_{\alpha\in A} w_N(\alpha,\delta) = 0.$

Dans ce cas, on a aussi: $\operatorname{Sup}_{\alpha\in A,\,t\leq N} |\alpha(t)| < \infty$ *pour tout* $N\in\mathbb{N}^*$.

L'espace D^d, muni de la distance d_u, est aussi complet mais il n'est pas séparable: les fonctions $\alpha^s(t) = 1_{[s,\infty[}(t)$, pour $s\in R_+$, sont en nombre non dénombrable et $d_u(\alpha^s,\alpha^{s'}) = 1/2$ si $s = s'$, $s\leq 1$, $s'\leq 1$.

§b - LA TOPOLOGIE DE SKOROKHOD. Pour cette topologie, deux fonctions α et β sont proches l'une de l'autre s'il existe un "petit" changement d'échelle des temps, tel que la fonction α changée de temps et la fonction β soient uniformément proches; ainsi, les fonctions α^s et $\alpha^{s'}$ définies plus haut seront proches si $|s-s'|$ est petit, ce qui permettra d'obtenir la séparabilité.

Plus précisément, on note Λ l'ensemble des changements de temps, i.e. des fonctions $\lambda: R_+ \to R_+$ continues, strictement croissantes, nulles en 0 et vérifiant $\lim_{t\uparrow\infty} \lambda(t) = \infty$. On commence par caractériser la convergence des suites:

DEFINITION 1.6: On dit que la suite (α_n) *converge vers* α *pour la topologie de Skorokhod de* D^d s'il existe des $\lambda_n\in\Lambda$ tels que

(i) $\operatorname{Sup}_t |\lambda_n(t) - t| \to 0$,

(ii) $\forall N\in\mathbb{N}^*,\ \operatorname{Sup}_{t\leq N} |\alpha_n\circ\lambda_n(t) - \alpha(t)| \to 0 \quad (\iff d_u(\alpha_n\circ\lambda_n,\alpha)\to 0).$

Il découle facilement de cette définition que

1.7 Si $\alpha_n\to\alpha$ pour la topologie de Skorokhod, on a:

a) $\alpha_n(t)\to\alpha(t)$ pout tout t tel que $\Delta\alpha(t) = 0$;

b) $\forall t,\ \exists t_n$ avec $t_n\to t$ et $\alpha_n(t_n)\to\alpha(t)$ et $\Delta\alpha_n(t_n)\to\Delta\alpha(t)$.

La définition de la topologie elle-même (et pas seulement de la convergence des suites) n'offre pas grand intérêt pour les applications. Nous la donnons pour être complet, mais elle ne sera pas utilisée dans la suite. Soit d'abord les fonctions

$$g_N(t) = \begin{cases} 1 & \text{si } t \leq N \\ N+1-t & \text{si } N<t<N+1 \\ 0 & \text{si } N+1 \leq t. \end{cases}$$

Soit ensuite

$$d_s(\alpha,\beta) = \sum_{N\geq 1} 2^{-N} \{1 \wedge \operatorname{Inf}(a: \exists \lambda\in\Lambda \text{ avec } \operatorname{Sup}_{s\neq t}|\operatorname{Log}\frac{\lambda(t)-\lambda(s)}{t-s}| \leq a \text{ et } \operatorname{Sup}_t |g_N(t)(\alpha\circ\lambda(t) - \beta(t))| \leq a)\}.$$

THEOREME 1.8: *La fonction* d_s *est une distance sur* D^d *, pour laquelle cet espace est complet et séparable, et pour laquelle* $\underline{D}^d$ *est la tribu borélienne; on a* $d_s(\alpha_n,\alpha) \to 0$ *si et seulement si les conditions de 1.6 sont satisfaites.*

Pour la preuve, nous renvoyons à Billingsley [3, pp. 111-115]; il y a quelques modifications triviales à effectuer, car on travaille sur $D(R_+,R^d)$ au lieu de $D([0,N],R^d)$ (c'est pour cela qu'on introduit, par exemple, les fonctions g_N).

1.9 L'espace D^d n'est pas un espace vectoriel topologique pour la topologie de Skorokhod: par exemple les fonctions $\alpha_n = 1_{[1-1/n,\infty[}$ convergent dans D^1 vers $\alpha = 1_{[1,\infty[}$; de même les fonctions $\alpha'_n = 1_{[1+1/n,\infty[}$ convergent vers α ; par contre $\alpha_n + \alpha'_n$ ne converge pas vers 2α (ni vers aucune autre limite).

1.10 Notons α^i la $i^{\text{ième}}$ composante de $\alpha\in D^d$ $(i = 1,..,d)$. L'application $\alpha \rightsquigarrow \alpha^i$ est continue de D^d dans D^1; par contre si $\alpha^i_n \to \alpha^i$ dans D^1 pour tout $i\leq d$ il se peut que α_n ne converge pas dans D^d (exemple: $d=2$, $\alpha^1_n = 1_{[1-1/n,\infty[}$ et $\alpha^2_n = 1_{[1,\infty[}$).

1.11 La topologie uniforme sur les compacts est plus fine que la topologie de Skorokhod.

1.12 Si $\alpha_n \to \alpha$ pour la topologie de Skorokhod et si α est continue, alors $d_u(\alpha_n,\alpha) \to 0$ (en particulier, en restriction à C^d, les distances d_s et d_u définissent la même topologie): supposons en effet qu'on ait les conditions 1.6; soit $\varepsilon>0$, $N\in\mathbb{N}^*$. Il existe $\delta>0$ tel que $w_N(\alpha,\delta)\leq\varepsilon$; il existe n_o tel que $\sup_t |\lambda_n(t) - t|\leq\varepsilon$ et $\sup_{t\leq N}|\alpha_n\circ\lambda_n(t) - \alpha(t)|\leq\varepsilon$ si $n>n_o$. Comme $|\alpha(t)-\alpha\circ\lambda_n(t)|\leq\varepsilon$ on a $\sup_{t\leq N}|\alpha_n(t) - \alpha(t)|\leq 2\varepsilon$ pour $n>n_o$.

§c - CARACTERISATION DES COMPACTS. Il existe sur D^d un théorème analogue au théorème d'Ascoli. A cet effet il faut définir un module de continuité semblable à w_N, mais adapté à D^d (et notamment "plus petit" que w_N à cause de 1.4). On pose

1.13 $\quad w'_N(\alpha,\delta) = \text{Inf}\{\text{Max}_{1\leq i\leq r}\ w(\alpha,[t_{i-1},t_i[): 0=t_o<..<t_r=N,\ \text{inf}_{i\leq r-1}(t_i-t_{i-1})\geq\delta\}.$

Ce module est défini pour toute fonction sur R_+, et on vérifie que

1.14 $$w'_N(\alpha,\delta) \leq w_N(\alpha,2\delta)$$

1.15 $$\alpha \in D^d \iff \forall N\in \mathbb{N}^*,\quad \lim_{\delta\downarrow 0} w'_N(\alpha,\delta) = 0.$$

THEOREME 1.16: *Une partie* A *de* D^d *est relativement compacte pour la topologie de Skorokhod si et seulement si:*

(i) $\forall N\in \mathbb{N}^*,\quad \text{Sup}_{\alpha\in A,t\leq N}|\alpha(t)| < \infty$

(ii) $\forall N\in \mathbb{N}^*,\quad \lim_{\delta\downarrow 0}\text{Sup}_{\alpha\in A}\ w'_N(\alpha,\delta) = 0$.

La démonstration se trouve dans Billingsley [3, pp.116-118]; là encore il y a des modifications dues à ce qu'on travaille sur $D(R_+,R^d)$ et qui se traduisent par une définition légèrement différente de w'_N: dans [3] on impose $t_i-t_{i-1}\geq\delta$ pour $i=r$ aussi.

§d - QUELQUES COMPLEMENTS UTILES. Dans ce paragraphe nous rassemblons quelques résultats que nous utiliserons de temps en temps; ce sont essentiellement des lemmes techniques.

1.17 Soit $\alpha_n\to\alpha$, $\beta_n\to\beta$ pour la topologie de Skorokhod. Si β est continu, alors $\alpha_n+\beta_n\to\alpha+\beta$ pour cette topologie: en effet, soit les $\lambda_n\in\Lambda$ associés aux α_n par 1.6; on a

$$|(\alpha_n+\beta_n)\circ\lambda_n(t) - (\alpha+\beta)(t)| \leq |\alpha_n\circ\lambda_n(t) - \alpha(t)| + |\beta_n\circ\lambda_n(t)-\beta\circ\lambda_n(t)| + |\beta\circ\lambda_n(t) - \beta(t)|.$$

En utilisant 1.12 et l'uniforme continuité de β sur les compacts, on en déduit que 1.6.(ii) est aussi satisfaite par la suite $(\alpha_n+\beta_n)$, relativement à λ_n.

Le résultat suivant précise 1.7, il est très facile à montrer en utilisant 1.6:

1.18 Soit $\alpha_n\to\alpha$ pour la topologie de Skorokhod; soit $t>0$.

a) Il existe une suite (t_n) telle que $t_n\to t$, $\alpha_n(t_n)\to\alpha(t)$ et $\Delta\alpha_n(t_n)\to\Delta\alpha(t)$; si $\Delta\alpha(t)\neq 0$, toute autre suite vérifiant les mêmes propriétés coïncide avec t_n pour tout n assez grand.

b) $t'_n\leq t_n$, $t'_n\to t \implies \alpha_n(t'_n-)\to\alpha(t-)$.

c) $t'_n<t_n$, $t'_n\to t \implies \alpha_n(t'_n)\to\alpha(t-)$.

d) $t'_n\geq t_n$, $t'_n\to t \implies \alpha_n(t'_n)\to\alpha(t)$.

e) $t'_n > t_n$, $t'_n \to t$ $\Longrightarrow$ $\alpha_n(t'_n-) \to \alpha(t)$.

f) Si $\alpha'_n(s) = \alpha_n(s) - \Delta\alpha_n(t_n)1_{\{t_n \leq s\}}$ et si $\alpha'(s) = \alpha(s) - \Delta\alpha(t)1_{\{t \leq s\}}$, alors $\alpha'_n \to \alpha'$ pour la topologie de Skorokhod (montrer que les suites α_n et α'_n vérifient 1.6 pour la même suite λ_n).

g) Si $a<b$ on a: $\limsup_n \operatorname{Sup}_{a \leq s \leq b} |\Delta\alpha_n(s)| \leq \operatorname{Sup}_{a \leq s \leq b} |\Delta\alpha(s)|$.

1.19 Soit $u>0$. Si $\alpha \in D^d$ on pose

$$t^o(\alpha,u) = 0, \dots, \quad t^{p+1}(\alpha,u) = \operatorname{Inf}(t> t^p(\alpha,u): |\Delta\alpha(t)|>u)$$

$$\alpha^u(s) = \alpha(s) - \sum_{p\geq 1 : t^p(\alpha,u) \leq s} \Delta\alpha(t^p(\alpha,u))$$

(α^u est la fonction α, amputée de ses sauts d'amplitude $>u$). Il est clair que $\alpha^u \in D^d$. Supposons que $\alpha_n \to \alpha$ pour la topologie de Skorokhod, et que $|\Delta\alpha(s)| \neq u$ pour tout $s>0$ (cette propriété est satisfaite pour tout $u>0$, sauf au plus une infinité dénombrable). Alors

a) $t^p(\alpha_n,u) \to t^p(\alpha,u)$

b) $\alpha_n(t^p(\alpha_n,u)) \to \alpha(t^p(\alpha,u))$, $\Delta\alpha_n(t^p(\alpha_n,u)) \to \Delta\alpha(t^p(\alpha,u))$, si $t^p(\alpha,u)<\infty$.

c) $\alpha^u_n \to \alpha^u$ pour la topologie de Skorokhod.

Preuve. Soit $t^p = t^p(\alpha,u)$, $t^p_n = t^p(\alpha_n,u)$. Supposons que $t^p_n \to t^p$ pour une valeur de p, et soit $s = \liminf_n t^{p+1}_n$. On a $s \geq t^p$; si $s=t^p$ il existe une sous-suite telle que $t^{p+1}_{n_k} \to t^p$, et comme $t^p_n \to t^p$ et $t^{p+1}_n > t^p_n$ cela contredit 1.18-d,e. On a donc $s>t^p$.

Ensuite, pour tout intervalle fermé $I \subset]t^p,t^{p+1}[$ on a $\operatorname{Sup}_{r \in I} |\Delta\alpha(r)|<u$ d'après l'hypothèse faite sur u. Donc 1.18-g entraine: $\limsup_n \operatorname{Sup}_{r \in I} |\Delta\alpha_n(r)|<u$; comme $s>t^p$ on en déduit que $s \geq t^{p+1}$. Une nouvelle application de 1.18 entraine alors que $t^{p+1}_n \to t^{p+1}$, et que $\alpha_n(t^{p+1}_n) \to \alpha(t^{p+1})$ et $\Delta\alpha_n(t^{p+1}_n) \to \Delta\alpha(t^{p+1})$ si $t^{p+1}<\infty$. Cela donne (a) et (b), par récurrence sur p.

Finalement, notons $\alpha^{u,q}_n$ et $\alpha^{u,q}$ les fonctions définies comme α^u_n et α^u, mais en sommant p de 1 à q seulement. D'après (a), (b) et (1.18-f) on a $\alpha^{u,q}_n \to \alpha^{u,q}$ pour chaque q. Comme pour tout $N \in \mathbb{N}^*$ il existe q tel que $t_q>N$ et $t^q_n>N$ pour n assez grand, on en déduit que $\alpha^u_n \to \alpha^u$. ∎

1.20 Soit $\underline{\underline{D}}^d_t$ la tribu engendrée par les fonctions $\alpha \rightsquigarrow \alpha(s)$ pour tout $s \leq t$. Soit $\underline{\underline{D}}^d_{t-} = \bigvee_{s<t} \underline{\underline{D}}^d_s$. Alors $\underline{\underline{D}}^d_{t-}$ est engendrée par les fonctions réelles bornées sur D^d qui sont mesurables par rapport à $\underline{\underline{D}}^d_{t-}$ et continues pour la topologie de Skorokhod.

Preuve. Il suffit de montrer que si $s<t$ et si f est continue bornée sur R^d,

alors $f(\alpha(s))$ est limite simple de fonctions mesurables par rapport à $\underline{\underline{D}}^d_{t-}$, bornées, continues pour la topologie de Skorokhod. La suite

$$g_n(\alpha) = n\int f(\alpha(r))\, 1_{\{s<r<t\wedge(s+1/n)\}}\, dr$$

remplit ces conditions. ∎

1.21 Soit D^+_o l'ensemble des fonctions de D^1 qui sont croissantes et nulles en 0. Si $\alpha_n, \alpha \in D^+_o$ et si α est *continue*, il y a équivalence entre:

(i) $\alpha_n \to \alpha$ pour la topologie de Skorokhod

(ii) $\alpha_n \to \alpha$ uniformément sur les compacts

(iii) $\alpha_n(t) \to \alpha(t)$ pour tout t appartenant à un ensemble dense de R_+.

Preuve. On a vu que (i)$\Longleftrightarrow$(ii) (voir 1.12) et (ii)$\Longrightarrow$(iii) trivialement. Supposons que $\alpha_n(t) \to \alpha(t)$ pour tout $t \in A$ avec A dense. Soit $\varepsilon>0$ et $N \in \mathbb{N}^*$. Soit $0=t_o<t_1<\ldots<t_r$ avec $t_i \in A$, $t_r \geqq N$ et $|\alpha(t_i) - \alpha(t_{i-1})| \leqq \varepsilon$. Il existe n_o tel que $|\alpha_n(t_i) - \alpha(t_i)| \leqq \varepsilon$ pour tout $i \leqq r$, si $n>n_o$. Comme α_n et α sont croissantes on en déduit que $\mathrm{Sup}_{t\leqq N} |\alpha_n(t) - \alpha(t)| \leqq 3\varepsilon$ pour $n>n_o$. ∎

2 - CONVERGENCE EN LOI DE PROCESSUS

§a - GENERALITES SUR LA CONVERGENCE EN LOI. Pour tout ce qui concerne la convergence étroite des probabilités sur un espace polonais, nous renvoyons à Billingsley [3] ou à Parthasarathy [44].

Si Y est une variable aléatoire définie sur un espace $(\Omega,\underline{\underline{F}},P)$ et à valeurs dans un espace polonais $(E,\underline{\underline{E}})$, on note $\mathcal{L}(Y)$ ou P^Y sa loi, qui est une probabilité sur $(E,\underline{\underline{E}})$. Un processus X indicé par R_+, à trajectoires càdlàg, est considéré comme une variable aléatoire à valeurs dans l'espace polonais $(D^d,\underline{\underline{D}}^d)$ muni de la topologie de Skorokhod.

Si (X^n) est une suite de tels processus, on dit que (X^n) tend en loi vers X et on écrit $X^n \xrightarrow{\mathcal{L}} X$, si (P^{X^n}) converge étroitement vers P^X. Noter que ces processus peuvent être définis sur des espaces $(\Omega^n,\underline{\underline{F}}^n,P^n)$ différents, quoique ce ne soit pas une restriction que de les supposer tous définis sur le même espace (prendre par exemple le produit tensoriel des $(\Omega^n,\underline{\underline{F}}^n,P^n)$). Lorsqu'on considère plusieurs suites X^n, Y^n,... et qu'on effectue des opérations comme $X^n + Y^n$, ..., il est bien entendu que pour chaque n, X^n et Y^n sont définis sur le même espace: tout cela ne sera pas nécessairement répété dans les énoncés.

Une autre "convergence en loi" est utile pour les processus: si $A \subset \mathbb{R}_+$ on dit que (X^n) <u>converge fini-dimensionnellement vers</u> X <u>le long de</u> A, et on écrit $X^n \xrightarrow{\mathcal{L}(A)} X$, si

2.1 $$\forall t_1,\dots,t_p \in A, \quad \mathcal{L}(X^n_{t_1},\dots,X^n_{t_p}) \longrightarrow \mathcal{L}(X_{t_1},\dots,X_{t_p}) .$$

A tout processus X on associe l'ensemble $J(X)$ de ses temps de discontinuités fixes:

2.2 $$\begin{cases} J(X) = \{t>0:\ P(\Delta X_t \neq 0) > 0\} \\ D(X) = \mathbb{R}_+ \setminus J(X) . \end{cases}$$

Il est facile de voir que $J(X)$ est au plus dénombrable; en effet il existe une suite (T_n) de variables aléatoires à valeurs dans $\overline{\mathbb{R}}_+$ qui "épuise" les sauts de X, ce qui veut dire que pour tous ω, t tels que $\Delta X_t(\omega) \neq 0$ il existe n avec $t = T_n(\omega)$; alors

$$J(X) = \bigcup_n \{t:\ P(T_n = t,\ \Delta X_t \neq 0) > 0\}.$$

PROPOSITION 2.3: *Si* $X^n \xrightarrow{\mathcal{L}} X$, *on a* $X^n \xrightarrow{\mathcal{L}(A)} X$ *pour* $A = D(X)$.

Preuve. Soit $t_1,\dots,t_p \in A = D(X)$. D'après 1.7 l'application: $\alpha \rightsquigarrow (\alpha(t_1),\dots,\alpha(t_p))$ est continue sur D^d en tout point α tel que $\Delta\alpha(t_i) = 0$ pour $i = 1,\dots,p$. Cette application est donc P^X-p.s. continue, d'où le résultat. ∎

La question essentielle abordée dans ce cours est la suivante: comment montrer que $X^n \xrightarrow{\mathcal{L}} X$. Pour cela, à part certains cas très particuliers, la méthode constante consiste à montrer:

2.4 (i) que la suite $\{\mathcal{L}(X^n)\}$ est <u>tendue</u>, i.e. relativement compacte pour la convergence étroite sur $(D^d,\underline{\underline{D}}^d)$;

(ii) que $\mathcal{L}(X)$ est le seul point limite de cette suite.

(Noter que 2.4) est nécessaire et suffisant pour que $X^n \xrightarrow{\mathcal{L}} X$). Pour montrer (ii) nous verrons plusieurs méthodes; l'une est basée sur le lemme bien connu suivant:

LEMME 2.5: *Soit* A *une partie dense de* $\mathbb{R}_+$. *Soit* X *et* X' *deux processus càdlàg à valeurs dans* $\mathbb{R}^d$. *Si* $\mathcal{L}(X_{t_1},\dots,X_{t_p}) = \mathcal{L}(X'_{t_1},\dots,X'_{t_p})$ *pour tous* $t_1,\dots,t_p \in A$, *alors* $\mathcal{L}(X) = \mathcal{L}(X')$.

Preuve. A étant dense dans $\mathbb{R}_+$, la tribu $\underline{\underline{D}}^d$ est engendrée par les applications $\alpha \rightsquigarrow \alpha(t)$ pour $t \in A$. Un argument de classe monotone montre alors le résultat. ∎

Ainsi, la convergence $X^n \xrightarrow{\mathcal{L}} X$ équivaut à:

2.6 (i) la suite $\{\mathcal{L}(X^n)\}$ est tendue,
(ii) $X^n \xrightarrow{\mathcal{L}(A)} X$ pour une partie dense A de R_+.

§b - RELATIVE COMPACITE: RESULTATS GENERAUX. Le reste du chapitre I est consacré à l'étude du problème 2.4-(i). Commençons par des résultats de base; les modules de continuité w_N et w'_N (voir 1.3 et 1.13) peuvent être calculés pour chaque trajectoire du processus X^n, donnant ainsi des variables aléatoires $w_N(X^n,\delta)$, $w'_N(X^n,\delta)$.

THEOREME 2.7: *Pour que la suite* $\{\mathcal{L}(X^n)\}$ *soit tendue, il faut et il suffit que:*

(i) $\forall N\in\mathbb{N}^*$, $\varepsilon>0$, *il existe* $n_o\in\mathbb{N}^*$, $K\in R_+$ *avec*

2.8 $$n>n_o \Longrightarrow P^n(\mathrm{Sup}_{t\leq N}|X^n_t|>K)\leq\varepsilon;$$

(ii) $\forall N\in\mathbb{N}^*$, $\varepsilon>0$, $\eta>0$, *il existe* $n_o\in\mathbb{N}^*$, $\delta>0$ *avec*

2.9 $$n>n_o \Longrightarrow P^n(w'_N(X^n,\delta)>\eta)\leq\varepsilon$$

(bien que ces conditions soient exprimées en terme des X^n, elles ne dépendent en fait que des lois P^{X^n}). On verra qu'on peut toujours prendre $n_o=0$ dans 2.8 et 2.9.

Preuve. Condition nécessaire: Soit $\varepsilon>0$. D'après le théorème de Prokhorov, il existe un compact $\tilde{K}$ de D^d tel que $P^n(X^n\notin\tilde{K})\leq\varepsilon$ pour tout n. Appliquons le théorème 1.16 avec $N\in\mathbb{N}^*$ et $\eta>0$ fixés. $K=\mathrm{Sup}_{t\leq N,\alpha\in\tilde{K}}|\alpha(t)|$ est fini, et il existe $\delta>0$ avec $\mathrm{Sup}_{\alpha\in\tilde{K}}w'_N(\alpha,\delta)\leq\eta$. On a donc 2.8 et 2.9 avec $n_o=0$.

Condition suffisante: Supposons (i) et (ii). La famille finie $\{\mathcal{L}(X^n)\}_{n\leq n_o}$ étant tendue, elle vérifie 2.8 et 2.9 avec des constantes K' et δ'. Quitte à remplacer K et δ par $K\vee K'$ et $\delta\wedge\delta'$, on peut donc supposer 2.8 et 2.9 avec $n=n_o$. Soit $\varepsilon>0$, $N\in\mathbb{N}^*$; soit $K_{N\varepsilon}\in R_+$, $\delta_{Nk\varepsilon}>0$ tels que

$$\sup_n P^n(\sup_{t\leq N}|X^n_t|>K_{N\varepsilon})\leq 2^{-N}\frac{\varepsilon}{2}, \quad \sup_n P^n(w'_N(X^n,\delta_{Nk\varepsilon})>1/k)\leq 2^{-N-k}\frac{\varepsilon}{2}.$$

Soit $A_{N\varepsilon}=\{\alpha\in D^d:\ \sup_{t\leq N}|\alpha(t)|\leq K_{N\varepsilon}$ et $w'_N(\alpha,\delta_{Nk\varepsilon})\leq 1/k$ pour tout $k\geq 1\}$ et $A_\varepsilon=\bigcap_{N\geq 1}A_{N\varepsilon}$. Par construction A_ε vérifie les conditions de 1.16, donc est relativement compact. On conclut en utilisant une nouvelle fois le théorème de Prokhorov et les inégalités:

$$P^n(X^n\notin A_\varepsilon)\leq\sum_{N\geq 1}P^n(X^n\notin A_{N\varepsilon})\leq\sum_{N\geq 1}\{P^n(\sup_{t\leq N}|X^n_t|>K_{N\varepsilon}) + \sum_{k\geq 1}P^n(w'_N(X^n,\delta_{Nk\varepsilon})>1/k)\}\leq\varepsilon. \blacksquare$$

Etant donnés 1.5 et 1.12, lorsque tous les processus X^n sont continus, la même démonstration montre que $\{\mathcal{L}(X^n)\}$ est tendue si et seulement si on a les conditions précédentes, avec w_N au lieu de w'_N. On peut dire un peu mieux:

DEFINITION 2.10: La suite $\{\mathcal{L}(X^n)\}$ est dite C-*tendue* si elle est tendue et si ses points limite sont des probabilités qui ne chargent que le sous-espace C^d de D^d.

PROPOSITION 2.11: *Il y a équivalence entre:*

a) la suite $\{\mathcal{L}(X^n)\}$ *est C-tendue;*

b) on a 2.7-(i), et pour tous $N\in\mathbb{N}^*$, $\varepsilon>0$, $\eta>0$ *il existe* $n_o\in\mathbb{N}^*$, $\delta>0$ *avec*

2.12 $$n > n_o \implies P^n(w_N(X^n,\delta) > \eta) \leq \varepsilon$$

c) la suite $\{\mathcal{L}(X^n)\}$ *est tendue et pour tous* $N\in\mathbb{N}^*$, $\varepsilon>0$ *on a:*

2.13 $$\lim_n P^n(\sup_{t\leq N} |\Delta X^n_t| > \varepsilon) = 0 .$$

Preuve. (a)$\Longrightarrow$(c): La suite $\{\mathcal{L}(X^n)\}$ étant tendue, il suffit de montrer 2.13 pour toute sous-suite convergeant en loi. Supposons donc que $X^n \xrightarrow{\mathcal{L}} X$, avec X continu par hypothèse. D'après 1.19 la fonction $\alpha \rightsquigarrow \sup_{t\leq N}|\Delta\alpha(s)|$ est continue pour la topologie de Skorokhod en tout point α tel que $\Delta\alpha(N) = 0$, donc P^X-p.s. Par suite $\sup_{t\leq N} |\Delta X^n_t| \xrightarrow{\mathcal{L}} \sup_{t\leq N} |\Delta X_t|$, qui est nul car X est continu: d'où 2.13.

(c)$\Longrightarrow$(b): cela découle de 2.7 et de l'inégalité suivante:

2.14 $$w_N(\alpha,\delta) \leq 2\, w'_N(\alpha,\delta) + \sup_{t\leq N} |\Delta\alpha(t)| .$$

(b)$\Longrightarrow$(a): Comme $w'_N(\alpha,\delta)\leq w_N(\alpha,2\delta)$, le théorème 2.7 entraine que la suite $\{\mathcal{L}(X^n)\}$ est tendue. Quitte à prendre une sous-suite, on peut supposer que $X^n \xrightarrow{\mathcal{L}} X$, et il faut démontrer que X est continu. Mais il est évident que: $\sup_{t\leq N}|\Delta\alpha(t)| \leq w_N(\alpha,\delta)$ pour tout $\delta>0$, de sorte que 2.12 implique que $\sup_{t\leq N} |\Delta X^n_t| \to 0$ en probabilité. On a vu ci-dessus que $\sup_{t\leq T} |\Delta X^n_t| \xrightarrow{\mathcal{L}} \sup_{t\leq T} |\Delta X_t|$ pour tout $T\in D(X)$: il s'ensuit que $\sup_{t\leq T}|\Delta X_t| = 0$ p.s., donc X est continu.∎

Comme D^d n'est pas un espace vectoriel pour la topologie de Skorokhod, la relative compacité des suites $\{\mathcal{L}(X^n)\}$ et $\{\mathcal{L}(Y^n)\}$ n'entraine pas celle de la suite $\{\mathcal{L}(X^n+Y^n)\}$. Il y a cependant quelques résultats partiels dans cette direction. Le premier est trivial:

2.15 Si $\lim_n P^n(\sup_{t\leq N}|Y^n_t|>\varepsilon) = 0$ pour tous $N>0$, $\varepsilon>0$, alors la suite (Y^n) converge en loi vers le processus nul (et même en probabilité pour la topologie uniforme sur les compacts).

LEMME 2.16: *Si la suite* $\{\mathcal{L}(X^n)\}$ *est tendue (resp. converge vers* $\mathcal{L}(X)$ *) et si la suite* (Y^n) *vérifie 2.15, alors la suite* $\{\mathcal{L}(X^n+Y^n)\}$ *est tendue (resp. converge vers* $\mathcal{L}(X)$ *).*

Preuve. L'assertion concernant la relative compacité se montre facilement (elle découle aussi du lemme suivant, avec $U^{nq} = X^n$, $V^{nq} = 0$, $W^{nq} = Y^n$). Si $X^n \xrightarrow{\mathcal{L}} X$ on a aussi $X^n \xrightarrow{\mathcal{L}(A)} X$ avec $A = D(X)$ et 2.15 implique que $Y^n_t \to 0$ en probabilité pour tout t. Donc $X^n + Y^n \xrightarrow{\mathcal{L}(A)} X$ et comme $\{\mathcal{L}(X^n+Y^n)\}$ est tendue on en déduit que $X^n + Y^n \xrightarrow{\mathcal{L}} X$. ∎

LEMME 2.17: *Supposons que pour chaque* $q \in \mathbb{N}$ *on ait une décomposition*

$$X^n = U^{nq} + V^{nq} + W^{nq}$$

avec: (*i*) $\{\mathcal{L}(U^{nq})\}_{n\geq 1}$ *est tendue;*

(*ii*) $\{\mathcal{L}(V^{nq})\}_{n\geq 1}$ *est tendue, et il existe une suite de réels* a_q *tendant vers* 0, *telle que:* $\lim_n P^n(\sup_{t\leq N} |\Delta V^{nq}_t| > a_q) = 0$;

(*iii*) $\forall N \in \mathbb{N}^*, \forall \varepsilon > 0$, $\lim_{q\uparrow\infty} \limsup_n P^n(\sup_{t\leq N} |W^{nq}_t| > \varepsilon) = 0$.

Alors, la suite $\{\mathcal{L}(X^n)\}$ *est tendue.*

Preuve. Il est évident que la suite (X^n) vérifie la condition 2.7-(i). Par ailleurs on vérifie aisément que

$$w'_N(\alpha+\beta,\delta) \leq w'_N(\alpha,\delta) + w_N(\beta,2\delta)$$

$$w_N(\alpha,\delta) \leq 2 \operatorname{Sup}_{t\leq N} |\alpha(t)| .$$

Ces inégalités, jointes à 2.14, entrainent:

$$w'_N(X^n,\delta) \leq w'_N(U^{nq}+V^{nq},\delta) + w_N(W^{nq},2\delta)$$

$$\leq w'_N(U^{nq},\delta) + 2\, w'_N(V^{nq},2\delta) + \operatorname{Sup}_{t\leq N} |\Delta V^{nq}_t| + 2 \operatorname{Sup}_{t\leq N} |W^{nq}_t| .$$

Soit $\varepsilon>0$, $\eta>0$. On choisit q de sorte que: $\limsup_n P^n(\sup_{t\leq N} |W^{nq}_t| > \eta) \leq \varepsilon$ et $a_q \leq \eta$. Appliquant ensuite 2.7-(ii), on choisit n_o et $\delta>0$ tels que si $n>n_o$ on ait:

$$\begin{cases} P^n(w'_N(U^{nq},\delta)>\eta) \leq \varepsilon, \quad P^n(w'_N(V^{nq},2\delta)>\eta) \leq \varepsilon, \quad P^n(\sup_{t\leq N} |\Delta V^{nq}_t| > 2\eta) \leq \varepsilon, \\ P^n(\sup_{t\leq N} |W^{nq}_t| > \eta) \leq 2\varepsilon . \end{cases}$$

Par suite $P^n(w'_N(X^n,\delta) > 8\eta) \leq 5\varepsilon$, donc (X^n) vérifie la condition 2.7-(ii). ∎

COROLLAIRE 2.18: *Supposons la suite* $\{\mathcal{L}(Y^n)\}$ *C-tendue, et la suite* $\{\mathcal{L}(Z^n)\}$ *tendue (resp. C-tendue). Alors la suite* $\{\mathcal{L}(Y^n+Z^n)\}$ *est tendue (resp. C-tendue).*

Preuve. Il suffit d'appliquer le lemme précédent avec $U^{nq} = Z^n$, $V^{nq} = Y^n$ et $a_q = 1/q$, $W^{nq} = 0$, et d'utiliser la proposition 2.11. ∎

§c - PROCESSUS CROISSANTS.

DEFINITION 2.19: - On appelle *processus croissant* un processus réel à trajectoires càdlàg, croissantes, nulles en 0 (i.e., à trajectoires dans l'ensemble D_o^+ défini en 1.21).

- Si X et Y sont deux processus croissants, on dit que X *domine fortement* Y , et on écrit $Y \prec X$, si le processus X - Y est lui-même croissant.

PROPOSITION 2.20: *Supposons que pour chaque* n *le processus croissant* X^n *domine fortement le processus croissant* Y^n. *Si la suite* $\{\mathcal{L}(X^n)\}$ *est tendue (resp. C-tendue), il en est de même de la suite* $\{\mathcal{L}(Y^n)\}$.

Preuve. Il suffit de remarquer que $|Y_t^n| \leq |X_t^n|$, $w_N'(Y^n,\delta) \leq w_N'(X^n,\delta)$ et $w_N(Y^n,\delta) \leq w_N(X^n,\delta)$, et d'appliquer 2.7 ou 2.11.∎

La même démonstration donne aussi la

PROPOSITION 2.21: *Soit* $X^n = (X^{n,i})_{i\leq d}$ *des processus à valeurs dans* R^d *, dont chaque composante* $X^{n,i}$ *est à variation finie; soit* $Var(X^{n,i})$ *le processus variation de* $X^{n,i}$. *Si la suite* $\{\mathcal{L}(\sum_{i\leq d} Var(X^{n,i}))\}$ *est tendue (resp. C-tendue), il en est de même de la suite* $\{\mathcal{L}(X^n)\}$.

3 - UN CRITERE DE COMPACITE ADAPTE AUX PROCESSUS ASYMPTOTIQUEMENT QUASI-CONTINUS A GAUCHE

Dans ce paragraphe on suppose donnée une suite (X^n) de processus càdlàg à valeurs dans R^d , chaque X^n étant défini sur l'espace $(\Omega^n,\underline{\underline{F}}^n,P^n)$. Il s'agit de formuler des critères de relative compacité pour la suite $\{\mathcal{L}(X^n)\}$, qui soient plus maniables que le théorème général 2.7.

Voici un exemple de tel critère, tiré (à une modification mineure près) de Billingsley [3, p.128].

THEOREME 3.1: *Supposons que:*

(i) la suite $\{\mathcal{L}(X_0^n)\}$ *soit tendue* (ces lois sont des probabilités sur R^d) ;

(ii) pour tout $\varepsilon>0$, $\lim_{\delta\downarrow 0} \limsup_n P^n(|X_\delta^n - X_0^n|>\varepsilon) = 0$;

(iii) il existe une fonction croissante continue F *sur* R_+ *et des constantes* $\gamma\geq 0$, $\alpha>1$ *telles que*

3.2 $\forall\lambda>0$, $\forall s<r<t$, $\forall n$, $P^n(|X^n_r-X^n_s|\geq\lambda,\ |X^n_t-X^n_r|\geq\lambda) \leq \lambda^{-\gamma}\{F(t)-F(s)\}^{\alpha}$.

Alors, la suite $\{\mathcal{L}(X^n)\}$ *est tendue.*

Ce critère est raisonnablement général pour les applications: il s'applique par exemple lorsque les processus X^n sont des processus de diffusion (continus ou non), lorsque les différents paramètres (ou coefficients) caractérisant les X^n sont bornés, uniformément en n. Cependant, il souffre de deux limitations importantes:

1) la majoration 3.2 est uniforme en n;

2) la majoration 3.2 impose un contrôle déterministe des accroissements des X^n.

La limitation 1) pourrait être levée en faisant dépendre la fonction F de l'indice n (et en imposant un certain mode de convergence des F_n). Par contre la limitation 2) est intrinsèque au critère. Or, on sait bien que dans de nombreux cas les accroissements de X^n ne sont pas contrôlables de manière déterministe (par exemple, si X^n est une diffusion à coefficients non bornés).

C'est pourquoi nous allons ci-dessous démontrer un critère de nature assez différente, dû à Aldous [1]. Ce critère nécessite une structure supplémentaire sur les espaces $(\Omega^n,\underline{\underline{F}}^n,P^n)$:

3.3 L'espace $(\Omega^n,\underline{\underline{F}}^n,P^n)$ est muni d'une filtration $(\underline{\underline{F}}^n_t)_{t\geq 0}$, i.e. une suite croissante continue à droite de sous-tribus de $\underline{\underline{F}}^n$. On suppose aussi que X^n est adapté à cette filtration, i.e. X^n_t est $\underline{\underline{F}}^n_t$-mesurable pour chaque $t\geq 0$.

§a - LE CRITERE DE COMPACITE D'ALDOUS. On suppose qu'on a 3.3. Si $N\in\mathbb{N}^*$, on note $\underline{\underline{T}}^n_N$ l'ensemble des $(\underline{\underline{F}}^n_t)$-temps d'arrêt sur Ω^n qui sont majorés par N.

THEOREME 3.4: *Pour que la suite* $\{\mathcal{L}(X^n)\}$ *soit tendue, il suffit qu'on ait:*

(i) $\forall N\in\mathbb{N}^*$, $\forall\varepsilon>0$, *il existe* $n_0\in\mathbb{N}^*$, $K\in R_+$ *avec*

3.5 $$n>n_0 \implies P^n(\sup_{t\leq N}|X^n_t|>K)\leq\varepsilon.$$

(ii) $\forall N\in\mathbb{N}^*$, $\forall\varepsilon>0$, $\forall\eta>0$, *il existe* $n_0\in\mathbb{N}^*$, $\delta>0$ *avec*

3.6 $$n>n_0 \implies \operatorname{Sup}_{S,T\in\underline{\underline{T}}^n_N;\ S\leq T\leq S+\delta} P^n(|X^n_T-X^n_S|>\eta)\leq\varepsilon.$$

REMARQUE 3.7: La compacité n'ayant a-priori rien à voir avec les diverses filtrations dont on peut munir l'espace $(\Omega^n,\underline{\underline{F}}^n)$, cet énoncé peut paraitre étrange. Cependant,

1) plus la filtration $(\underline{\underline{F}}^n_t)$ est "petite", moins il y a de temps d'arrêt, et moins forte est la condition (ii); il est ainsi judicieux de choisir la plus petite filtra-

tion rendant le processus X^n adapté: dans ce cas, un élément de $\underline{\underline{T}}_N^n$ est une fonction de la trajectoire de X^n et la condition porte en fait sur les lois $\mathcal{L}(X^n)$. Cependant dans certains cas le contexte impose une filtration plus grande.

2) Si au contraire on prend la plus grosse filtration possible, $\underline{\underline{F}}_t^n = \underline{\underline{F}}^n$ pour tout t, les conditions (i) et (ii) impliquent que la suite $\{\mathcal{L}(X^n)\}$ est C-tendue.∎

Preuve. Les condition 3.4-(i) et 2.7-(i) étant identiques, il reste à montrer que 3.4-(ii) implique 2.7-(ii). Fixons $N\in\mathbb{N}^*$, $\varepsilon>0$, $\eta>0$. Pour tout $\rho>0$ il existe $\delta(\rho)>0$ et $n(\rho)\in\mathbb{N}^*$ tels que

3.8 $\quad n > n(\rho), \quad S,T\in\underline{\underline{T}}_N^n, \quad S \leq T \leq S+\delta(\rho) \implies P^n(|X_T^n - X_S^n|\geq\eta) \leq \rho.$

Soit les temps d'arrêt $S_0^n = 0, \ldots, S_{k+1}^n = \operatorname{Inf}(t>S_k^n: |X_t^n - X_{S_k^n}^n|\geq\eta),\ldots$ On applique 3.8 à $\rho = \varepsilon$, $S = S_k^n\wedge N$ et $T = S_{k+1}^n\wedge(S_k^n+\delta(\varepsilon))\wedge N$ en remarquant que $|X^n(S_{k+1}^n) - X^n(S_k^n)| \geq \eta$ si $S_{k+1}^n<\infty$, ce qui donne:

3.9 $\quad n > n(\varepsilon),\ k \geq 1 \implies P^n(S_{k+1}^n\leq N,\ S_{k+1}^n\leq S_k^n+\delta(\varepsilon)) \leq \varepsilon.$

Choisissons ensuite $q\in\mathbb{N}^*$ tel que $q\delta(\varepsilon) > 2N$. Le même raisonnement que ci-dessus montre que si $\theta = \delta(\varepsilon/q)$ et $n_o = n(\varepsilon)\vee n(\varepsilon/q)$, on a:

3.10 $\quad n > n_o,\ k \geq 1 \implies P^n(S_{k+1}^n\leq N,\ S_{k+1}^n\leq S_k^n+\theta) \leq \varepsilon/q.$

Comme $S_q^n = \sum_{1\leq k\leq q}(S_k^n - S_{k-1}^n)$, on a pour $n > n_o$:

$$\begin{aligned}
N P^n(S_q^n \leq N) &\geq E^n\{\textstyle\sum_{1\leq k\leq q}(S_k^n - S_{k-1}^n)\, 1_{\{S_q^n\leq N\}}\}\\
&\geq \textstyle\sum_{1\leq k\leq q} E^n\{(S_k^n - S_{k-1}^n)\, 1_{\{S_q^n\leq N,\ S_k^n-S_{k-1}^n>\delta(\varepsilon)\}}\}\\
&\geq \textstyle\sum_{1\leq k\leq q} \delta(\varepsilon)\, \{P^n(S_q^n\leq N) - P^n(S_q^n\leq N,\ S_k^n - S_{k-1}^n\leq\delta(\varepsilon))\}\\
&\geq \delta(\varepsilon)\, q P^n(S_q^n \leq N) - \delta(\varepsilon)\, q\varepsilon,
\end{aligned}$$

la dernière inégalité venant de 3.9. Comme $\delta(\varepsilon)q > 2N$ il s'ensuit que

3.11 $\quad n > n_o \implies P^n(S_q^n < N) \leq 2\varepsilon.$

Soit alors $A^n = \{S_q^n \geq N\}\cap\left[\bigcap_{1\leq k\leq q}\{S_k^n - S_{k-1}^n > \theta\}\right]$. Pour $\omega\in A^n$ fixé, on considère la subdivision $0=t_o<\ldots<t_r=N$ avec $t_i = S_i^n(\omega)$ si $i\leq r-1$ et $r = \inf(i: S_i^n(\omega)\geq N)$; on a $w(X^n(\omega),]t_{i-1},t_i]) \leq 2\eta$ par construction des S_i^n, et $t_i-t_{i-1} \geq \theta$ pour $i\leq r-1$ car $\omega\in A^n$: donc $w_N'(X^n(\omega),\theta) \leq 2\eta$. Par suite 3.10 et 3.11 entraînent:

$$n > n_o \implies P^n(w_N'(X^n,\theta)>2\eta) \leq P^n((A^n)^c) \leq P^n(S_q^n<N) + \textstyle\sum_{1\leq k\leq q}P^n(S_k^n\leq N, S_k^n-S_{k-1}^n\leq\theta)$$

$$n > n_o \implies P^n(w'_N(X^n,\theta)>2\eta) \leq 3\varepsilon$$

et on a 2.7-(ii). ∎

Il nous reste à expliquer pourquoi ce critère est adapté aux processus "asymptotiquement quasi-continus à gauche". Nous nous contentons d'ailleurs d'une explication partielle. Rappelons d'abord la

DEFINITION 3.12: Un processus càdlàg X défini sur un espace probabilisé filtré $(\Omega,\underline{\underline{F}},(\underline{\underline{F}}_t),P)$ est dit *quasi-continu à gauche* (relativement à la filtration $(\underline{\underline{F}}_t)$) s'il vérifie l'une des deux conditions équivalentes suivantes:

(i) pour tout temps d'arrêt prévisible fini T, on a $\Delta X_T = 0$ p.s.

(ii) pour toute suite croissante (T_n) de temps d'arrêt telle que $T = \text{Sup}\, T_n$ soit fini, on a $X_{T_n} \to X_T$ p.s.

3.13 Si la suite stationnaire $X^n = X$ pour tout n vérifie 3.4-(ii), le processus X est quasi-continu à gauche. En effet, si ce n'était pas le cas, il existerait un temps d'arrêt prévisible $T \in \underline{\underline{T}}_N$ pour un $N \in \mathbb{N}^*$, et il existerait $\eta>0$, $\varepsilon>0$ tels que $P(|\Delta X_T|>2\eta) \geq 3\varepsilon$; il existe aussi $\delta>0$ tel que $P(\text{Sup}_{T-\delta\leq s<T} |X_s - X_{T-}|>\eta)\leq\varepsilon$. Comme T est prévisible, il existe des temps d'arrêt S_n croissant vers T et vérifiant $S_n < T$; il existe alors n avec $P(S_n<T-\delta) \leq \varepsilon$, et

$$\begin{aligned} P(|X_{(S_n+\delta)\wedge T} - X_{S_n}|>\eta) &\geq P(|\Delta X_T|>2\eta,\ S_n\geq T-\delta,\ \text{Sup}_{T-\delta\leq s<T} |X_s - X_{T-}|\leq\eta) \\ &\geq \varepsilon , \end{aligned}$$

ce qui contredit 3.4-(i). ∎

A l'inverse, on pourrait montrer que si X est quasi-continu à gauche, la suite stationnaire $X^n = X$ vérifie 3.4-(ii) (et aussi 3.4-(i), évidemment). Plus généralement, si la suite (X^n) vérifie les conditions de 3.4, alors les points limite de $\{\mathcal{L}(X^n)\}$ sont des lois de processus quasi-continus à gauche pour leur filtration propre.

Ainsi, le critère 3.4 souffre lui aussi d'une limitation intrinsèque, mais qui n'a que très peu d'importance pour les applications.

§b - APPLICATION AUX MARTINGALES. Le critère 3.4 apparait encore comme très abstrait. Nous allons voir qu'il s'applique cependant très simplement lorsque tous les processus X^n sont des martingales localement de carré intégrable.

Commençons par quelques rappels. D'abord, un processus càdlàg X sur l'espace probabilisé filtré $(\Omega,\underline{\underline{F}},(\underline{\underline{F}}_t),P)$ est une *martingale localement de carré intégrable* (resp. une *martingale locale*) s'il existe une suite (T_n) de temps d'arrêt croissant vers $+\infty$, telle que chaque processus arrêté $X_t^{T_n} = X_{t \wedge T_n}$ soit une martingale de carré intégrable (resp. une martingale).

Si X est une martingale localement de carré intégrable, on lui associe sa *variation quadratique prévisible*, notée $\langle X,X \rangle$: c'est le seul processus croissant prévisible tel que $X^2 - \langle X,X \rangle$ soit une martingale locale (décomposition de Doob-Meyer de la sousmartingale locale X^2). Lorsque X est de carré intégrable, le processus $X^2 - \langle X,X \rangle$ est une martingale uniformément intégrable et d'après le théorème d'arrêt de Doob, on a pour tout temps d'arrêt fini T :

<u>3.14</u> $$E(X_T^2) = E(\langle X,X \rangle_T) .$$

Lorsque X est seulement localement de carré intégrable, on applique 3.14 aux temps d'arrêt $T \wedge T_n$, et le lemme de Fatou permet d'obtenir:

<u>3.15</u> $$E(X_T^2) \leq E(\langle X,X \rangle_T) \quad \text{(éventuellement } = +\infty)$$

En second lieu, nous démontrons deux inégalités qui joueront un rôle très important dans la suite, et qui sont dues à Lenglart [33] et Rebolledo [46].

<u>LEMME 3.16</u>: *Soit* X *un processus càdlàg adapté à valeurs dans* R^d *et* A *un processus croissant adapté. On suppose que pour tout temps d'arrêt borné* T *on a*

<u>3.17</u> $$E(|X_T|) \leq E(A_T)$$

(*on dit que* A *domine* X *au sens de Lenglart*).

a) Si A *est prévisible, pour tous* $\varepsilon>0$, $\eta>0$ *et tout temps d'arrêt* T *on a*

<u>3.18</u> $$P(\sup_{s \leq T} |X_s| \geq \varepsilon) \leq \frac{\eta}{\varepsilon} + P(A_T \geq \eta) .$$

b) Pour tout $\varepsilon>0$, $\eta>0$ *et tout temps d'arrêt* T *on a:*

<u>3.19</u> $$P(\sup_{s \leq T} |X_s| \geq \varepsilon) \leq \frac{1}{\varepsilon}\{\eta + E(\sup_{s \leq T} \Delta A_s)\} + P(A_T \geq \eta).$$

<u>Preuve</u>. Si T est un temps d'arrêt quelconque, on peut démontrer 3.18 et 3.19 pour chaque $T \wedge n$ puis faire tendre n vers l'infini. Autrement dit, il suffit de montrer ces inégalités pour T borné. Soit $R = \text{Inf}(s: |X_s| \geq \varepsilon)$ et $S = \text{Inf}(s: A_s \geq \eta)$. On a $\{\sup_{s \leq T} |X_s| \geq \varepsilon\} \subset \{A_T \geq \eta\} \bigcup \{R \leq T < S\}$, donc

<u>3.20</u> $$P(\sup_{s \leq t} |X_s| \geq \varepsilon) \leq P(A_T \geq \eta) + P(R \leq T < S) .$$

a) Supposons A prévisible. Le temps d'arrêt S est alors prévisible, et il existe une suite (S_n) de temps d'arrêt croissant vers S et vérifiant $S_n < S$. Par suite

$$P(R\leq T<S) \leq \lim_n P(R\leq T<S_n) \leq \lim_n P(|X_{R\wedge T\wedge S_n}|\geq\varepsilon)$$
$$\leq \frac{1}{\varepsilon} \lim_n E(|X_{R\wedge T\wedge S_n}|) \leq \frac{1}{\varepsilon} \lim_n E(A_{R\wedge T\wedge S_n})$$

d'après 3.17. Mais $R\wedge T\wedge S_n < S$, donc $A_{R\wedge T\wedge S_n} \leq \eta$ et $P(R\leq T<S) \leq \eta/\varepsilon$. On déduit alors 3.18 de 3.20.

b) Supposons simplement maintenant que A est optionnel. Il vient

$$P(R\leq S<T) \leq P(|X_{R\wedge T\wedge S}|>\varepsilon) \leq \frac{1}{\varepsilon} E(|X_{R\wedge T\wedge S}|) \leq \frac{1}{\varepsilon} E(A_{R\wedge T\wedge S})$$

et on a $E(A_{R\wedge T\wedge S}) \leq \eta + E(\sup_{s\leq T} \Delta A_s)$ par définition de S. On déduit alors 3.19 de 3.20. ∎

COROLLAIRE 3.21: *Soit* $X = (X^i)_{i\leq d}$ *un processus dont les composantes sont des martingales localement de carré intégrable; soit* $A = \sum_{i\leq d} \langle X^i,X^i\rangle$. *Pour tous* $\varepsilon>0$, $\eta>0$ *et tous temps d'arrêt finis* $S\leq T$ *on a*

3.22
$$P(\sup_{S\leq s\leq T} |X_s - X_S|>\varepsilon) \leq \frac{\eta}{\varepsilon^2} + P(A_T - A_S\geq\eta)$$

Preuve. Les composantes du processus $X'_t = X_t - X_{t\wedge S}$ sont encore des martingales localement de carré intégrable, et $\langle X'^i,X'^i\rangle_t = \langle X^i,X^i\rangle_t - \langle X^i,X^i\rangle_{t\wedge S}$. Donc si $A'_t = A_t - A_{t\wedge S}$ et si $Y = |X'|^2$, 3.15 montre que pour tout temps d'arrêt T on a

$$E(Y_T) = \sum_{i\leq d} E\{(X'^i_T)^2\} \leq E(A'_T) .$$

Comme A' est prévisible, 3.22 découle de 3.19 appliqué à Y, A', ε^2 et η. ∎

Revenons au critère de compacité. Pour chaque n, on suppose que les composantes $X^{n,i}$ de X^n sont des martingales localement de carré intégrable. Soit

3.23
$$A^n = \sum_{i\leq d} \langle X^{n,i},X^{n,i}\rangle .$$

On a alors le résultat suivant, dû à Rebolledo [46]:

THEOREME 3.24: *Avec les hypothèses ci-dessus, pour que la suite* $\{\mathcal{L}(X^n)\}$ *soit tendue il suffit que:*

(i) la suite $\{\mathcal{L}(X^n_0)\}$ *soit tendue,*

(ii) la suite $\{\mathcal{L}(A^n)\}$ *soit C-tendue.*

Preuve. Soit $N\in\mathbb{N}^*$, $\varepsilon>0$. D'après (i) et (ii) il existe $K\in R_+$ avec

$$\sup_n P^n(|X^n_0|>K) \leq \varepsilon , \qquad \sup_n P^n(A^n_N>K) \leq \varepsilon$$

pour tout n; 3.22 appliqué avec $S = 0$, $T = N$, $\eta = K$ entraine

$$P^n(\sup_{t\leq N} |X_t^n| > K + \frac{\sqrt{K}}{\sqrt{\varepsilon}}) \leq P^n(|X_0^n|>K) + P^n(\sup_{t\leq N} |X_t^n - X_0^n| > \frac{\sqrt{K}}{\sqrt{\varepsilon}})$$
$$\leq \varepsilon + K(\frac{\sqrt{\varepsilon}}{\sqrt{K}})^2 + P^n(A_N^n>K) \leq 3\varepsilon,$$

si bien qu'on a la condition 3.4-(i).

Soit $N\in\mathbb{N}^*$, $\varepsilon>0$, $\eta>0$. D'après (ii) et 2.11 il existe $\delta>0$, $n_o\in\mathbb{N}^*$ avec

$$n > n_o \quad\Longrightarrow\quad P^n(w_N(A^n,\delta) \geq \varepsilon\eta^2) \leq \varepsilon .$$

D'autre part si $w_N(A^n,\delta) < \varepsilon\eta^2$ et si $S,T\in \underline{\underline{T}}_N^n$ vérifient $S\leq T\leq S+\delta$, on a $A_T^n - A_S^n \leq \varepsilon\eta^2$. Par suite, en appliquant 3.22 on obtient:

$$n > n_o,\ S,T\in \underline{\underline{T}}_N^n,\ S\leq T\leq S+\delta \quad\Longrightarrow\quad P^n(|X_T^n - X_S^n|>\eta) \leq P^n(\sup_{S\leq s\leq T} |X_s^n - X_S^n|>\eta)$$
$$\leq \frac{1}{\eta^2}(\varepsilon\eta^2) + P^n(A_T^n - A_S^n\geq\varepsilon\eta^2)$$
$$\leq \varepsilon + P^n(w_N(A^n,\delta)\geq\varepsilon\eta^2) \leq 2\varepsilon,$$

de sorte qu'on a aussi la condition 3.4-(ii). ∎

§c - <u>REMARQUE FINALE</u>. Les premiers critères de compacité faisant intervenir la structure des filtrations sont dus à Grigelionis [17] et Billingsley [4]. La démonstration du théorème 3.4 suit exactement celle de Métivier [41]. On pourra consulter [27] pour des critères de compacité permettant des limites non quasi-continues à gauche: ils sont basés sur un résultat du même type que 3.4, mais bien plus compliqué à énoncer. Voici, à titre d'exemple, comment le théorème 3.24 se généralise:

THEOREME: *On suppose que les* X^n *sont des martingales localement de carré intégrable;* A^n *est défini par 3.23. Pour que la suite* $\{\mathcal{L}(X^n)\}$ *soit tendue, il suffit qu'on ait 3.24-(i) et qu'il existe des processus croissants* G^n *dominant fortement les* A^n *et vérifiant* <u>*l'une*</u> *des conditions suivantes:*

(C1) La suite $\{\mathcal{L}(G^n)\}$ *est tendue et ses points limite sont des masses de Dirac.*

(C2) La suite $\{\mathcal{L}(G^n)\}$ *est tendue et, pour tout point limite* Q *de cette suite, le processus canonique* $X_t(\alpha) = \alpha(t)$ *sur* D^1 *est prévisible relativement à la filtration* $(\overline{\underline{\underline{D}}}_t^1)$, *où* $\overline{\underline{\underline{D}}}_t^1$ *est la tribu engendrée par* $\underline{\underline{D}}_t^1$ *et par les négligeables de la Q-complétion de* $\underline{\underline{D}}^1$.

(C3) Les espaces $(\Omega^n,\underline{\underline{F}}^n,(\underline{\underline{F}}_t^n),P^n)$ *sont tous égaux, et* G^n *converge en probabilité pour la topologie de Skorokhod vers un processus prévisible.*

On a (C1) $\Longrightarrow$(C2); la condition 3.24-(ii) entraine également (C2). Des résultats un peu différents, mais de la même veine, se trouvent dans l'article [32] de V. Lebedev, et l'article de revue [18] contient un certain nombre de compléments.

II

CONVERGENCE DES PROCESSUS A ACCROISSEMENTS INDEPENDANTS

1 - LES CARACTERISTIQUES D'UN PROCESSUS A ACCROISSEMENTS INDEPENDANTS

L'objectif de ce chapitre est de démontrer une condition nécessaire et suffisante pour qu'une suite de processus à accroissements indépendants converge en loi. Cette condition sera exprimée en terme des "caractéristiques" que nous allons définir ci-dessous. Ces caractéristiques sont plus ou moins bien connues depuis Lévy (au moins pour les processus sans discontinuités fixes), seule la formulation donnée ici est un peu différente de la formulation classique. On utilisera librement le livre [10] de Doob, en ne démontrant que les résultats qui ne figurent pas explicitement dans ce livre.

Soit $(\Omega,\underline{\underline{F}},(\underline{\underline{F}}_t),P)$ un espace filtré. Un *processus à accroissements indépendants* (en abrégé: PAI) est un processus X indicé par R_+, à valeurs dans R^d, adapté à $(\underline{\underline{F}}_t)$ et tel que les accroissements $X_{t+s} - X_t$ soient indépendants de la tribu $\underline{\underline{F}}_t$ pour tous $s,t \geq 0$. Cette notion dépend donc de la filtration: en général, mais pas toujours, cette filtration est celle engendrée par le processus lui-même. Comme en définitive on ne s'intéresse qu'à la convergence en loi des processus, ceux-ci doivent être càdlàg, et on fait donc en outre l'hypothèse:

1.1 $\qquad X$ est à trajectoires càdlàg, nulles en 0.

(la condition $X_0 = 0$ sert à éviter des complications sans intérêt).

Fixons quelques notations. Si $x,y \in R^d$ on note $x.y$ le produit scalaire, $|x|$ la norme euclidienne, et x^j la $j^{\text{ième}}$ composante de x. Si de plus c est une matrice $d\times d$, on note $x.c.y$ le nombre $\sum_{j,k\leq d} x^j c^{jk} y^k$.

Comme dans le chapitre I, on note $J(X)$ l'ensemble des temps de discontinuités fixes de X, et $D(X) = R_+ \setminus J(X)$.

On appelle *fonction de troncation* toute fonction $h: R^d \to R^d$ vérifiant

1.2 $\qquad \exists a \in]0,\infty[\quad$ avec $|h(x)| \leq a \quad , \quad |x| \leq \frac{a}{2} \Longrightarrow h(x) = x,$
$\qquad\qquad |h^j(x)| \leq |x^j| \quad , \quad$ et $|x| \geq a \Longrightarrow h(x) = 0$.

Si h est une fonction de centrage, on pose

1.3 $$X_t^h = X_t - \sum_{s\leq t} \{\Delta X_s - h(\Delta X_s)\},$$

ce qui définit un nouveau processus càdlàg X^h (car X n'a qu'un nombre fini de sauts $|\Delta X_s| > a/2$ sur tout intervalle fini), et $\Delta X_t^h = h(\Delta X_t)$.

§a - CARACTERISTIQUES DES PAI SANS DISCONTINUITES FIXES.

THEOREME 1.4: *Soit* h *une fonction de troncation.*

a) Soit X *un PAI sans discontinuités fixes, vérifiant 1.1. Il existe un triplet* (B^h, C, ν) *et un seul, constitué de:*

1.5 $B^h = (B^{h,j})_{j\leq d}$ une fonction continue: $R_+ \to R^d$ avec $B_0^h = 0$ (le *drift*);

1.6 $C = (C^{jk})_{j,k\leq d}$ une fonction continue: $R_+ \to R^d \otimes R^d$ avec $C_0 = 0$, telle que pour $s\leq t$ la matrice $C_t - C_s$ soit symétrique nonnégative (*variance de la partie gaussienne*);

1.7 ν une mesure positive sur $R_+\times R^d$ vérifiant $\nu(R_+\times\{0\}) = 0$, $\nu(\{t\}\times R^d) = 0$ et $\int_{R^d} |x|^2\wedge 1\ \nu([0,t]\times dx) < \infty$ pour tout t (*mesure de Lévy*);

et tel que pour tous $s<t$, $u\in R^d$ *on ait:*

1.8 $$E(e^{iu.(X_t-X_s)}) = \exp\{iu.(B_t^h-B_s^h) - \tfrac{1}{2}u.(C_t-C_s).u + \int_s^t\int_{R^d} (e^{iu.x}-1-iu.h(x))\nu(dr\times dx)\}.$$

b) Inversement, si (B^h,C,ν) *vérifie 1.5, 1.6, 1.7, il existe un PAI* X *satisfaisant 1.1 et 1.8, et* $\mathcal{L}(X)$ *est entièrement déterminée par le triplet* (B^h,C,ν)*, et en outre* X *n'a pas de discontinuités fixes.*

Un PAI qui vérifie 1.1 étant "centré" au sens de Lévy, ce théorème est intégralement contenu dans le livre [10] de Doob (pp. 417-419), à ceci près qu'on a choisi une version différente de la formule de Lévy-Khintchine 1.8.

Comme les notations le suggèrent, C et ν ne dépendent pas de la fonction de troncation h , mais B^h en dépend. Avant de donner la formule reliant B^h et $B^{h'}$ pour deux fonctions de troncation h et h', introduisons des notations supplémentaires:

1.9 $$f*\nu_t = \int_0^t\int_{R^d} f(x)\ \nu(ds\times dx) \qquad \text{si cette intégrale existe,}$$

1.10 $$\tilde{C}^h = (\tilde{C}^{h,jk})_{j,k\leq d}: \qquad \tilde{C}^{h,jk} = C^{jk} + (h^j h^k)*\nu .$$

La fonction $\tilde{C}^h$ vérifie les mêmes conditions que la fonction C ($\tilde{C}^h$ est bien définie, car $|h|^2 \leq c^{te}(|x|^2\wedge 1)$ et on a 1.7).

L'unicité dans 1.8 donne alors immédiatement la relation suivante:

1.11 $$B^{h'} = B^h + (h'-h)*\nu .$$

Il existe une autre caractérisation du triplet (B^h,C,ν) en termes de martingales, qui sera plus utile pour nous:

THEOREME 1.12: *Soit* X *une PAI sans discontinuités fixes, vérifiant 1.1, sur l'espace* $(\Omega,\underline{\underline{F}},(\underline{\underline{F}}_t),P)$. *Soit* (B^h,C,ν) *le triplet défini ci-dessus, et* X^h *et* $\tilde{C}^h$ *définis par 1.3 et 1.10; alors*

(i) $\tilde{X}^h = X^h - B^h$ *est une martingale* (d-dimensionnelle);

(ii) pour tous $j,k\leq d$, $\tilde{X}^{h,j}\,\tilde{X}^{h,k} - \tilde{C}^{h,jk}$ *est une martingale;*

(iii) pour toute fonction f *borélienne bornée nulle sur un voisinage de* 0 , *le processus* $\sum_{s\leq t} f(\Delta X_s) - f*\nu_t$ *est une martingale.*

De plus, (B^h,C,ν) *est l'unique triplet vérifiant 1.5-1.7 et ayant ces propriétés*

Preuve. D'abord, il est clair que X^h, $\tilde{X}^h$ et $Y^f_t = \sum_{s\leq t} f(\Delta X_s)$ (où f est comme dans (iii)) sont des PAI sur $(\Omega,\underline{\underline{F}},(\underline{\underline{F}}_t),P)$.

Ensuite, d'après la discussion des pp. 421-424 de [10], on a $E(Y^f_t) = f*\nu_t$ et

$$E(\exp iu.X^h_t) = \exp\{iu.B^h_t - \tfrac{1}{2}u.C_t.u + (e^{iu.h}-1-iu.h)*\nu_t\}.$$

Il est facile de vérifier que $\phi_t(u) = E(\exp iu.X^h_t)$ est deux fois dérivable, avec $\partial\phi_t/\partial u^j(0) = iB^{h,j}_t$ et $\partial^2\phi_t/\partial u^j\partial u^k(0) = -\{B^{h,j}_t\,B^{h,k}_t + C^{jk}_t + (h^jh^k)*\nu_t\}$. Donc

$$E(\tilde{X}^{h,j}_t) = 0 , \qquad E(\tilde{X}^{h,j}_t\,\tilde{X}^{h,k}_t) = \tilde{C}^{h,jk}_t .$$

Mais alors, (i) (ii) et (iii) proviennent des remarques évidentes suivantes: si Y est un PAI tel que $y(t) = E(Y_t)$ existe pour tout t, alors $Y_t - y(t)$ est une martingale; si de plus $y(t) = 0$ et $z^{jk}(t) = E(Y^j_tY^k_t)$ existe pour tout t, alors $Y^j_tY^k_t - z^{jk}(t)$ est aussi une martingale.

Enfin l'unicité vient de ce qu'une martingale déterministe nulle en 0 est identiquement nulle. ∎

§b - CARACTERISTIQUES DES PAI QUELCONQUES. Commençons par énoncer la généralisation du théorème 1.4.

THEOREME 1.13: *Soit* h *une fonction de troncation.*

a) Si X *est un PAI vérifiant 1.1, il existe un triplet* (B^h,C,ν) *et un seul constitué de:*

1.14 $B^h = (B^{h,j})_{j\leq d}$ une fonction càdlàg: $R_+ \to R^d$ avec $B^h_0 = 0$;

1.15 $C = (C^{jk})_{j,k\leq d}$ une fonction continue: $R_+ \to R^d \times R^d$ avec $C_0 = 0$, telle que pour $s \leq t$ la matrice $C_t - C_s$ soit symétrique nonnégative;

1.16 ν une mesure positive sur $R_+ \times R^d$ vérifiant pour tout $t>0$:

(i) $\nu(\{0\}\times R^d) = 0$, $\nu(R_+\times\{0\}) = 0$, $\nu([0,t]\times\{x:|x|>\varepsilon\}) < \infty$ $\forall \varepsilon>0$

(ii) $\nu(\{t\}\times R^d) \leq 1$; on pose alors $\delta_t^h = \int \nu(\{t\}\times dx)\, h(x)$;

(iii) $\int_0^t \int_{R^d} |h(x) - \delta_s^h|^2 \nu(ds\times dx) + \sum_{s\leq t} \{1 - \nu(\{s\}\times R^d)\}|\delta_s^h|^2 < \infty$

(iv) $\sum_{s\leq t} |\int h(x-\delta_s^h)\, \nu(\{s\}\times dx)| + \{1 - \nu(\{s\}\times R^d)\}|h(-\delta_s^h)| < \infty$

et vérifiant en outre:

1.17 $$\Delta B_t^h = \delta_t^h ,$$

tel que si $D_o = \{t>0: \nu(\{t\}\times R^d) = 0\}$ *on ait pour tous* $s<t$, $u \in R^d$:

1.18 $$E(\exp iu.(X_t - X_s)) = \prod_{s<r\leq t}\{\{ 1 + \int \nu(\{r\}\times dx)(e^{iu.x} - 1)\}\, e^{-iu.\Delta B_r^h}\} \times \exp\{iu.(B_t^h - B_s^h) - \tfrac{1}{2}u.(C_t - C_s).u + \int_s^t \int_{R^d} (e^{iu.x}-1-iu.h(x))1_{D_o}(r)\, \nu(dr\times dx)\}$$

De plus on a alors:

1.19 $$J(X) = \{t: \nu(\{t\}\times R^d) > 0\}$$

1.20 $$P(\Delta X_t \in A) = \nu(\{t\}\times A) \quad \text{pour tout borélien } A \text{ avec } 0 \notin A.$$

b) Inversement, si (B^h,C,ν) *vérifient 1.14, 1.15, 1.16, 1.17, alors le produit infini et la dernière intégrale figurant dans 1.18 sont absolument convergents; il existe un PAI* X *qui vérifie 1.1 et 1.18, et sa loi* $\mathcal{L}(X)$ *est entièrement déterminée par le triplet* (B^h,C,ν).

Exactement comme au §a, C et ν ne dépendent pas de h, mais B^h en dépend: si h' est une autre fonction de troncation, en utilisant 1.17 et l'unicité dans 1.18 on voit qu'on a encore la relation 1.11 (on utilisera toujours la notation 1.9; comme $h-h'$ est bornée et nulle sur un voisinage de 0, 1.16-(i) montre que $(h-h')*\nu$ est bien défini).

Avant de démontrer ce théorème, on va énoncer une série de lemmes techniques (et fastidieux!: les démonstrations ne sont pas à lire) dans le but, notamment, de prouver que la condition 1.16 ne dépend pas de la fonction de troncation h .

LEMME 1.21: *Soit 1.16 et 1.17.*

a) Si B^h *est à variation finie, on a:*

1.22 $$\sum_{s\leq t} \left|\int h(x)\ \nu(\{s\}\times dx)\right| \ < \ \infty \quad \forall t>0$$

b) Si on a 1.22, on a aussi:

1.23 $$(|x|^2\wedge 1)*\nu_t \ < \ \infty \qquad \forall t>0.$$

Preuve. a) est immédiat d'après 1.17 et la définition de δ^h. Supposons qu'on ait 1.22; il vient

$$|h(x)|^2*\nu_t \ \leq \ 2\int_0^t\int_{R^d} (|h(x) - \delta_s^h|^2 + |\delta_s^h|^2)\ \nu(ds\times dx)$$

$$\leq \ 2\int_0^t\int_{R^d} |h(x) - \delta_s^h|^2\ \nu(ds\times dx) \ + \ 2\sum_{s\leq t} |\delta_s^h|^2$$

Le premier terme ci-dessus est fini d'après 1.16-(iii), le second est fini car $\sum_{s\leq t} |\delta_s^h|<\infty$ par hypothèse. Donc $|h(x)|^2*\nu_t<\infty$. Etant donné 1.16-(i), on en déduit 1.23.∎

LEMME 1.24: *a) Si* ν *vérifie 1.16-(i),(ii), l'ensemble* $\{s:\ s\leq t,\ |\delta_s^h|>b\}$ *est fini pour tous* $t>0$, $b>0$.

b) Si ν *vérifie 1.16 pour* h , *alors* ν *vérifie 1.16 pour toute autre fonction de troncation* h'.

Preuve. Soit $a>0$ associé par 1.2 à h. Si $b\leq a/2$ on a $|\delta_s^h| \leq a\ \nu(\{s\}\times\{|x|>b\}) + b$. On déduit alors l'assertion (a) de 1.16-(i). Pour montrer (b), on pose d'abord:

1.25 $$\alpha_t^h \ = \ \int_0^t\int_{R^d} |h(x) - \delta_s^h|^2\ \nu(ds\times dx) \ + \ \sum_{s\leq t}\{1 - \nu(\{s\}\times R^d)\}|\delta_s^h|^2$$

1.26 $$\gamma_t^h \ = \ \int_{R^d} h(x-\delta_t^h)\ \nu(\{t\}\times dx) \ + \ \{1 - \nu(\{t\}\times R^d)\}\ h(-\delta_t^h)\ .$$

Comme h-h' est borné et nul sur un voisinage de 0, 1.6-(i) implique

1.27 $$\sum_{s\leq t} |\delta_s^h - \delta_s^{h'}| \ \leq \ |h - h'|*\nu_t \ < \ \infty$$

et a-fortiori

1.28 $$\sum_{s\leq t} |\delta_s^h - \delta_s^{h'}|^2 \ < \ \infty$$

On a aussi $|\delta_t^{h'}|^2 \leq 2|\delta_t^h|^2 + 2|\delta_t^h - \delta_t^{h'}|^2$ et

$$|h'(x) - \delta_t^{h'}|^2 \ \leq \ 3|h(x) - \delta_t^h|^2 + 3|\delta_t^h - \delta_t^{h'}|^2 + 3|h(x) - h'(x)|^2$$

$$\alpha_t^{h'} \ \leq \ 3\alpha_t^h + 3|h - h'|^2*\nu_t + 5\sum_{s\leq t}|\delta_s^h - \delta_s^{h'}|^2 \quad < \quad \infty$$

d'après 1.28 et l'hypothèse $\alpha_t^h<\infty$. Enfin, il existe $b>0$ tel que $h(x) = h'(x) = x$

si $|x|\leq b$; il existe une constante K telle que

$$|\gamma_t^h - \gamma_t^{h'}| \leq K\{1_{\{|\delta_t^h|>b/3\}} + 1_{\{|\delta_t^{h'}|>b/3\}} + \nu(\{t\}\times\{|x|>\tfrac{b}{3}\})\} + |\delta_t^h - \delta_t^{h'}|.$$

Donc d'après la partie (a), 1.16-(i) et 1.27, on a $\sum_{s\leq t}|\gamma_s^h-\gamma_s^{h'}|<\infty$. Comme $\sum_{s\leq t}|\gamma_s^h|<\infty$ on en déduit que $\sum_{s\leq t}|\gamma_s^{h'}|<\infty$, ce qui achève la démonstration. ∎

On suppose encore que ν vérifie 1.16-(i),(ii). La formule suivante définit (grâce à 1.24) une autre mesure $\bar{\nu}^h$ qui vérifie aussi 1.16-(i),(ii):

1.29 $$\bar{\nu}^h(A) = \int 1_A(s,x-\delta_s^h)\, 1_{\{x\neq\delta_s^h\}}\, \nu(ds\times dx) + \sum_s \{1-\nu(\{s\}\times R^d)\} 1_A(s,-\delta_s^h) 1_{\{\delta_s^h\neq 0\}}.$$

LEMME 1.30: *Supposons qu'on ait 1.16-(i),(ii). Pour que* ν *vérifie 1.16-(iii) (resp. 1.16-(iv)) il faut et il suffit que* $\bar{\nu}^h$ *vérifie 1.23 (resp. 1.22).*

Preuve. On utilise les notations 1.25 et 1.26; un calcul simple montre que $\gamma_t^h = \bar{\nu}^h(\{t\}\times h)$, d'où l'équivalence de 1.16-(iv) pour ν et de 1.22 pour $\bar{\nu}^h$. Si $a>0$ vérifie 1.2 on a $|\delta^h|\leq a$, donc

$$(|x|^2\wedge 4a^2)*\bar{\nu}_t^h = \alpha_t^h + \int_0^t\int_{R^d} \{|x-\delta_s^h|^2\wedge 4a^2 - |h(x)-\delta_s^h|^2\}\, \nu(ds\times dx)$$

$$|(|x|^2\wedge 4a^2)*\bar{\nu}_t^h - \alpha_t^h| \leq 8a^2\, \nu([0,t]\times\{|x|>\tfrac{a}{2}\}) < \infty$$

d'après 1.16-(i). Comme $\bar{\nu}^h$ vérifie aussi 1.16-(i), on voit que 1.23 pour $\bar{\nu}^h$ équivaut à $(|x|^2\wedge 4a^2)*\bar{\nu}_t^h<\infty$, donc à 1.16-(iii) pour ν d'après l'inégalité ci-dessus. ∎

LEMME 1.31: *Supposons que* (B^h,C,ν) *vérifie 1.14-1.17; alors le produit infini et la seconde intégrale dans 1.18 sont absolument convergents; de plus* (B^h,C,ν) *est le seul triplet vérifiant 1.14-1.17 et 1.18.*

Preuve. Soit $\bar{\nu}^h$ donné par 1.29; un calcul simple montre que

1.32 $$\{1 + \int\nu(\{t\}\times dx)(e^{iu.x} - 1)\}e^{-iu.\delta_t^h} = 1 + \int\bar{\nu}^h(\{t\}\times dx)(e^{iu.x} - 1).$$

Soit $g_u(x) = e^{iu.x} - 1 - iu.h(x)$. Il existe $c_u>0$ tel que $|g_u(x)|\leq c_u(|x|^2\wedge 1)$. Si

1.33 $$\nu^c(dt\times dx) = 1_{D_0}(t)\, \nu(dt\times dx) = 1_{D_0}(t)\, \bar{\nu}^h(dt\times dx),$$

on déduit de 1.30 que $|g_u|*\nu_t^c<\infty$ pour tout t: donc l'intégrale figurant dans 1.18 est absolument convergente. Ensuite, si $\eta_t(u) = \int\bar{\nu}^h(\{t\}\times dx)(e^{iu.x} - 1)$, on a:

$$|\eta_t(u)| \leq |u|\, |\bar{\nu}^h(\{t\}\times h)| + \bar{\nu}^h(\{t\}\times|g_u|)$$

donc $\sum_{s\leq t}|\eta_s(u)|<\infty$ d'après 1.30 encore. Etant donné 1.32 on en déduit que le produit infini de 1.18 converge absolument.

Supposons qu'on ait 1.18; en faisant $s\uparrow t$ dans cette formule, on obtient:

$$E(\exp iu.\Delta X_t) = 1 + \int\nu(\{t\}\times dx)(e^{iu.x} - 1),$$

donc les mesures $\nu(\{t\}\times .)$ sont déterminées de manière unique, donc aussi B_t^h. Par suite la partie "exp..." de 1.18 est aussi unique, ce qui détermine B^h, C, ν^c d'après l'unicité de la représentation de Lévy-Khintchine. ∎

Passons maintenant à la preuve de 1.13. Soit X un PAI vérifiant 1.1, ce qui implique qu'il est centré (rappelons que "centré" signifie: en chaque point, il y a p.s. une limite à gauche et une limite à droite le long des suites). D'après Doob [10, pp.416-417], pour tout t la série $\sum_{s\leq t, s\in J(X)} \Delta X_s$ "converge après centrage", indépendamment de l'ordre de sommation des $s\in J(X)\cap[0,t]$. Cela veut dire qu'il existe des constantes $\rho_s\in R^d$ telles que

1.34 $\begin{cases} \text{la série } \sum_{s\leq t, s\in J(X)} (\Delta X_s - \rho_s) \text{ converge p.s., indépendamment de l'ordre} \\ \text{de sommation} \end{cases}$

(cela ne veut pas dire qu'elle converge absolument p.s., mais que pour tout ordre de sommation elle converge p.s.). Il existe donc une version càdlàg du processus

1.35 $$Z_t = \sum_{s\leq t, s\in J(X)} (\Delta X_s - \rho_s)$$

et il est clair que Z et $X' = X - Z$ sont deux PAI indépendants, càdlàg, avec $J(Z)\subset J(X)$, $J(X')\subset J(X)$.

Soit $f: R_+ \to R^d$ la fonction caractérisée par

$$\forall t \geq 0, \forall j \leq d, \qquad E\{\mathrm{Arctg}(X_t'^i - f^i(t))\} = 0 .$$

Comme X' est càdlàg il est facile de vérifier que f est càdlàg, et continue en tout point de $D(X')$. Si $t\in J(X')$ on a $\Delta X_t' = \rho_t$, donc

$$E\{\mathrm{Arctg}(X_{t-}'^i - f^i(t-))\} = E\{\mathrm{Arctg}(X_t'^i - \rho^i - f^i(t-))\} = 0 .$$

Donc $\Delta f(t) = \rho_t$. Par suite si $Y_t = X_t' - f(t)$, on a $J(Y) = \emptyset$. Rassemblons ces résultats:

1.36 $\begin{cases} X_t = f(t) + Y_t + Z_t, \qquad Y \text{ et } Z \text{ sont des PAI indépendants;} \\ Z \text{ est donné par 1.35}, \quad Y \text{ est sans discontinuités fixes}, \quad \Delta f(t) = \rho_t 1_{J(X)}(t) \end{cases}$

D'après le théorème 1.4, il existe β^h vérifiant 1.5, C vérifiant 1.6 = 1.15, ν^c vérifiant 1.7, tels que:

<u>1.37</u> $E(\exp iu.(Y_t-Y_s)) = \exp\{iu.(\beta_t^h-\beta_s^h) - \frac{1}{2}u.(C_t-C_s).u + g_u*\nu_t^c - g_u*\nu_s^c\}$

Etudions ensuite Z. On note μ_t la loi de la variable aléatoire $\Delta Z_t = \Delta X_t - \rho_t$. D'après le théorème des trois séries de Kolmogorov, 1.34 entraine que:

<u>1.38</u> $\sum_{s\leq t, s\in J(X)} \mu_s(|x|>1) < \infty$

<u>1.39</u> $\sum_{s\leq t, s\in J(X)} \mu_s(x1_{\{|x|\leq 1\}})$ converge indépendamment de l'ordre de sommation, donc converge absolument;

<u>1.40</u> $\sum_{s\leq t, s\in J(X)} \{\mu_s(|x|^2 1_{\{|x|\leq 1\}}) - |\mu_s(x1_{\{|x|\leq 1\}})|^2\} < \infty$

Comme h vérifie 1.2, il est facile de déduire de ces trois propriétés que

<u>1.41</u> $$\begin{cases} \sum_{s\leq t} \mu_s(|x|^2 \wedge 1) < \infty, & \sum_{s\leq t} |\mu_s(h)| < \infty \\ \sum_{s\leq t} |\mu_s(x1_{\{|x|\leq b\}})| < \infty \quad \forall b > 0 \end{cases}$$

(si $s \notin J(X)$ on a $\mu_s = \varepsilon_0$, masse de Dirac à l'origine; donc ci-dessus les termes indicés par $s \notin J(X)$ sont tous nuls). Etant donné 1.2 on a aussi:

$$|\int\mu_t(dx)\{h(x+\Delta f_t) - \Delta f_t\} - \mu_t(h)| \leq (2a + |\Delta f_t|)1_{\{|\Delta f_t|>a/4\}} + 3a\, \mu_t(|x|>\tfrac{a}{4})$$

et comme f est càdlàg, l'ensemble $\{s: s\leq t, |\Delta f_s|>a/4\}$ est fini. On déduit donc de 1.41 que

<u>1.42</u> $$\sum_{s\leq t} |\int\mu_s(dx)\ \{h(x+\Delta f_s) - \Delta f_s\}| < \infty.$$

On pose alors

<u>1.43</u> $$\begin{cases} B_t^h = \beta_t^h + f(t) + \sum_{s\leq t} \int\mu_s(dx)\ \{h(x+\Delta f_s) - \Delta f_s\} \\ \nu(A) = \nu^c(A) + \sum_{s\leq t} \int\mu_s(dx)\ 1_A(s,x+\Delta f_s)\ 1_{\{x+\Delta f_s\neq 0\}}\ . \end{cases}$$

On remarque que B^h vérifie 1.14, et que ν vérifie 1.16-(i),(ii) d'après les propriétés de ν^c et d'après 1.41. Par ailleurs 1.17 est évident. On a aussi $\delta_t^h = \int\mu_t(dx)h(x+\Delta f_t)$, donc 1.42 implique:

<u>1.44</u> $$\sum_{s\leq t} |\delta_s^h - \Delta f_s| < \infty .$$

Avec les notations 1.25 et 1.26, on a:

<u>1.45</u> $$\alpha_t^h = |h|^2*\nu_t^c + \sum_{s\leq t} \int\mu_s(dx)\ |h(x+\Delta f_s) - \delta_s^h|^2$$

$$\gamma_t^h = \int\mu_t(dx)\ h(x+\Delta f_t - \delta_t^h)\ .$$

L'ensemble $K = \{s: |\delta_s^h| > a/8$ ou $|\Delta f_s|>a/8\}$ est localement fini (appliquer 1.24), et on a les majorations:

$$\alpha_t^h \leq |h|^2 * \nu_t^c + \sum_{s\leq t} \{4a^2\{1_K(s)+\mu_s(|x|>\tfrac{a}{4})\} + 2\mu_s(|x|^2 1_{\{|x|\leq\frac{a}{4}\}}) + 2|\Delta f_s-\delta_s^h|^2\}$$

$$|\gamma_t^h| \leq a\{1_K(t) + \mu_t(|x|>\tfrac{a}{8})\} + |\mu_t(x1_{\{|x|\leq a/8\}})| + |\Delta f_t - \delta_t^h| .$$

On déduit alors de 1.41 et 1.44 que $\alpha_t^h<\infty$ et $\sum_{s\leq t}|\gamma_s^h|<\infty$, donc ν vérifie 1.16-(iii),(iv).

Etant donné 1.30 on a aussi

$$E(e^{iu.(X_t-X_s)}) = E(e^{iu.(Y_t-Y_s)})\, e^{iu.(f(t)-f(s))} \prod_{s<r\leq t} \int\mu_r(dx)e^{iu.x} .$$

D'après 1.37 et 1.43, cette formule n'est autre que 1.18. Cela achève la preuve de la partie (a) de 1.13, car 1.19 et 1.20 découlent immédiatement de 1.18, tandis que l'unicité de (B^h,C,ν) a été prouvée en 1.31.

Démontrons maintenant la partie (b) de 1.13; la première assertion découle de 1.31. Soit ν^c définie par 1.33: il est évident que ν^c vérifie 1.7, donc d'après le théorème 1.4 il existe un PAI sans discontinuités fixes Y qui vérifie 1.37 avec $\beta^h = 0$. Ensuite, on définit $\overline{\nu}^h$ par 1.29, et on pose

$$\mu_t(dx) = \overline{\nu}^h(\{t\}\times dx) + \{1 - \overline{\nu}^h(\{t\}\times R^d)\}\varepsilon_0(dx) .$$

D'après 1.30 les probabilités μ_t vérifient 1.41, donc d'après le théorème des trois séries on peut construire un PAI Z qui vérifie 1.1, qui est indépendant de Y, et tel que

$$E(e^{iu.(Z_t-Z_s)}) = \prod_{s<r\leq t} \int\mu_r(dx)e^{iu.x}$$

(on construit des variables indépendantes $\tilde{Z}_s$ de loi μ_s , et on pose $Z_t = \sum_{s\leq t} \tilde{Z}_s$, qui converge p.s. indépendamment de l'ordre de sommation). Enfin, on pose $X = B^h + Y + Z$, qui est encore un PAI vérifiant 1.1, ainsi que 1.18 par construction (utiliser 1.32). Enfin, la dernière assertion de (b) est évidente.

§c - PAI ET MARTINGALES. Dans ce paragraphe nous allons étendre le théorème 1.12 aux PAI quelconques. Soit X un PAI, auquel on associe le triplet (B^h,C,ν) par 1.13. Les conditions 1.16-(iii) et 1.17 permettent de définir la fonction matricielle suivante $\tilde{C}^h = (\tilde{C}^{h,jk})_{j,k\leq d}$, qui vérifie 1.15 à l'exception de la continuité (elle est seulement càdlàg):

$$\text{1.46}\quad \left\{ \begin{aligned} \tilde{C}_t^{h,jk} = {} & C_t^{jk} + \int_0^t\int_{R^d} \{h^j(x)-\Delta B_s^{h,j}\}\{h^k(x)-\Delta B_s^{h,k}\}\nu(ds\times dx) \\ & + \sum_{s\leq t} \{1 - \nu(\{s\}\times R^d)\}\Delta B_s^{h,j}\, \Delta B_s^{h,k} \end{aligned} \right.$$

Remarquer que si X n'a pas de discontinuités fixes, on a $\Delta B^h = 0$ et on retrouve la formule 1.10; lorsque 1.22 est satisfaite, donc aussi 1.23, on a:

$$\text{1.47}\qquad \tilde{C}_t^{h,jk} = C_t^{jk} + (h^jh^k)*\nu_t - \sum_{s\leq t} \Delta B_s^{h,j}\, \Delta B_s^{h,k} .$$

Enfin, dans tous les cas on a:

1.48 $$\Delta\tilde{C}_t^{h,jk} = \nu(\{t\}\times h^j h^k) - \Delta B_t^{h,j}\,\Delta B_t^{h,k}.$$

THEOREME 1.49: *Soit* X *un PAI vérifiant 1.1, sur l'espace* $(\Omega,\underline{\underline{F}},(\underline{\underline{F}}_t),P)$. *Soit* (B^h,C,ν) *le triplet défini en 1.13, et* X^h *et* $\tilde{C}^h$ *définis par 1.3 et 1.46. Alors:*

(*i*) $\tilde{X}^h = X^h - B^h$ *est une martingale;*

(*ii*) *pour tous* $j,k\leq d$, $\tilde{X}^{h,j}\,\tilde{X}^{h,k} - \tilde{C}^{h,jk}$ *est une martingale;*

(*iii*) *pour toute fonction* g *borélienne bornée nulle sur un voisinage de* 0 , *le processus* $\sum_{s\leq t} g(\Delta X_s) - g*\nu_t$ *est une martingale.*

De plus, (B^h,C,ν) *est le seul triplet vérifiant 1.14-1.17 et ayant ces propriétés.*

Preuve. L'unicité se montre comme dans 1.12. On va reprendre intégralement les notations du §b, et notamment la décomposition 1.36; soit $Z' = f + Z$.

Les PAI Y et Z' n'ont pas de sauts communs donc si g est comme en (iii) on a $\sum_{s\leq t} g(\Delta X_s) = \sum_{s\leq t} g(\Delta Y_s) + \sum_{s\leq t} g(\Delta Z'_s)$. D'après la preuve de 1.12 on a:

$$E\{\sum_{s\leq t} g(\Delta Y_s)\} = g*\nu_t^c.$$

D'autre part $\Delta Z'_s = \Delta f_s + \Delta Z_s$ et μ_s est la loi de ΔZ_s , et Z' ne saute que sur l'ensemble dénombrable $J(X)$. Donc si $g\geq 0$ on a

$$E\{\sum_{s\leq t} g(\Delta X_s)\} = g*\nu_t^c + \sum_{s\leq t, s\in J(X)} E\{g(\Delta Z_s + \Delta f_s)\}$$
$$= g*\nu_t^c + \sum_{s\leq t, s\in J(X)} \int\mu_s(dx) g(x+\Delta f_s) = g*\nu_t$$

d'après 1.43. On en déduit alors (iii) comme dans 1.12.

A nouveau, le même argument que dans 1.12 montre que pour obtenir (i) et (ii) il suffit de prouver que si $\phi_t(u) = E(\exp iu.X_t^h)$ on a:

1.50 $$\partial\phi_t/\partial u^j(0) = i\,B_t^{h,j}, \qquad \partial^2\phi_t/\partial u^j\partial u^k(0) = -B_t^{h,j}B_t^{h,k} - \tilde{C}_t^{h,jk}.$$

Comme Y et Z' n'ont pas de sauts communs, $X^h = Y^h + Z'^h$, et Y^h et Z'^h sont indépendants. Comme les caractéristiques de Y sont (β^h,C,ν^c), d'après la preuve de 1.12 on a:

$$E(e^{iu.Y_t^h}) = \exp\{iu.\beta_t^h - \tfrac{1}{2}u.C_t.u + g_u*\nu_t^c\}.$$

Par ailleurs un calcul simple montre que $Z_t'^h = f(t) + \sum_{s\leq t}\{h(\Delta Z_s+\Delta f_s) - \Delta f_s\}$, la série du second membre convergeant p.s. indépendamment de l'ordre de sommation. Donc

$$E(e^{iu.Z_t'^h}) = e^{iu.f(t)} \prod_{s\leq t} \int\mu_s(dx)\, e^{iu.(h(x+\Delta f_s)-\Delta f_s)}.$$

Comme d'une part $X^h = Y^h + Z'^h$ avec Y^h et Z'^h indépendants, comme d'autre part

$B^h_t = \beta^h_t + f(t) + \sum_{s\leq t}(\delta^h_s - \Delta f_s)$ d'après 1.43, il vient:

$$\phi_t(u) = \{\prod_{s\leq t} \int \mu_s(dx) e^{iu.(h(x+\Delta f_s)-\delta^h_s)}\} \exp\{iu.B^h_t - \tfrac{1}{2}u.C_t.u + g_u * \nu^c_t\} .$$

Par ailleurs, $(|x|^2 \wedge 1)*\nu^c_t < \infty$, donc on peut dériver deux fois $g_u * \nu^c_t$ sous le signe somme; de plus si $\eta_s(u) = \int \mu_s(dx)\{\exp iu.(h(x+\Delta f_s)-\delta^h_s) - 1\}$ on a $|\eta_s(u)| \leq 1/2$ pour tout u assez petit (uniformément en s), donc on peut remplacer ci-dessus le produit infini par: $\exp \sum_{s\leq t} \mathrm{Log}(1+\eta_s(u))$. Mais on a aussi

$$\eta_s(u) = \int \mu_s(dx)\{e^{iu.(h(x+\Delta f_s)-\delta^h_s)} - 1 - iu.(h(x+\Delta f_s)-\delta^h_s)\}$$

(car $\delta^h_s = \int \mu_s(dx) h(x+\Delta f_s)$), et d'après 1.45,

$$\sum_{s\leq t} \int \mu_s(dx)\ |h(x+\Delta f_s) - \delta^h_s|^2 < \infty .$$

Donc dans $\exp \sum_{s\leq t} \mathrm{Log}(1+\eta_s(u))$ on peut dériver deux fois terme à terme. Cela donne:

$$\partial\phi_t(u)/\partial u^j = i\phi_t(u)\ \{\sum_{s\leq t} \{1+\eta_s(u)\}^{-1} \int \mu_s(dx)(e^{iu.(h(x+\Delta f_s)-\delta^h_s)} - 1)(h^j(x+\Delta f_s) - \delta^{h,j}_s)$$
$$+ B^{h,j}_t - \sum_{k\leq d} u^k C^{jk}_t + (e^{iu.h} - 1)h^j * \nu^c_t\} .$$

On en déduit facilement la première relation 1.50, ainsi que:

$$\partial^2\phi_t/\partial u^j \partial u^k(0) = -B^{h,j}_t B^{h,k}_t - \{\sum_{s\leq t} \int \mu_s(dx)\{h^j(x+\Delta f_s) - \delta^{h,j}_s\}\{h^k(x+\Delta f_s) - \delta^{h,k}_s\}$$
$$+ C^{jk}_t + (h^j h^k) * \nu^c_t\}$$

Il reste à utiliser 1.43 et $\delta^h = \Delta B^h$ pour identifier la relation ci-dessus avec la seconde relation 1.50.∎

REMARQUE 1.51: On verra dans la chapitre suivant une réciproque à ce théorème: si (B^h, C, ν) vérifient 1.14-1.17, et si X est càdlàg adapté nul en 0, les conditions (i)(ii)(iii) impliquent que X est un PAI.∎

Terminons par un résultat facile:

PROPOSITION 1.52: *Soit* X *un PAI de caractéristiques* (B^h, C, ν); *soit* g *une fonction bornée:* $R^d \to R_+$, *nulle sur un voisinage de* 0. *Alors* $X'_t = \sum_{s\leq t} g(\Delta X_s)$ *est un PAI, et*

$$E(\exp - \sum_{s\leq t} g(\Delta X_s)) = \exp\{-\int_0^t \int_{R^d} (1-e^{-g(x)}) 1_{D_0}(s)\nu(ds\times dx) + \sum_{s\leq t} \mathrm{Log}\{1-\nu(\{s\}\times(1-e^{-g}))\}\}.$$

Preuve. Il existe bien-sûr une démonstration directe de ce résultat, mais nous allons utiliser 1.49. D'abord, comme $0 \leq 1-e^{-g} < 1$ le Log ci-dessus est bien défini. Soit $b = \mathrm{Sup}|g|$. On peut choisir une fonction de troncation h telle que $a > 2b$, donc

$|\Delta X'| \leq a/2$ et $X'^h = X'$.

Il est clair que X' est un PAI, dont on note (B'^h, C', ν') les caractéristiques. D'après 1.18, si $C'_t \neq 0$ la variable X'_t est somme d'une gaussienne non dégénérée et d'une autre variable, indépendante de la première. Comme $X'_t \geq 0$ il faut donc que $C'_t = 0$. D'après 1.49-(iii) appliqué à X, $X' - g*\nu$ est une martingale, donc 1.49-(i) appliqué à X' montre que $B'^h = g*\nu$. Enfin $\sum_{s\leq t} f(\Delta X'_s) - (f\circ g)*\nu_t = \sum_{s\leq t} f\circ g(\Delta X_s) - (f\circ g)*\nu_t$ est une martingale pour toute fonction f bornée nulle autour de 0, donc $f*\nu' = (f\circ g)*\nu$. Finalement, on a:

<u>1.53</u> $$B'^h = g*\nu, \qquad C' = 0, \qquad \nu'(A) = \int 1_A(s, g(x))\, \nu(ds\times dx).$$

Par ailleurs, comme $X' \geq 0$ on peut utiliser la transformée de Laplace, et en particulier remplacer iu par -1 dans 1.18: compte tenu de 1.53, cela donne la formule de l'énoncé. ∎

2 - CONDITION NECESSAIRE ET SUFFISANTE DE CONVERGENCE VERS UN PAI SANS DISCONTINUITES FIXES

<u>§a - ENONCE DE LA CONDITION</u>. Nous considérons maintenant une suite (X^n) de PAI à valeurs dans R^d, qui tous vérifient 1.1. Nous allons énoncer une condition nécessaire et suffisante pour que $X^n \xrightarrow{\mathcal{L}} X$ (dans ce cas, X est aussi un PAI), lorsque le processus X n'a pas de discontinuités fixes (par contre, et c'est important pour les applications, les X^n peuvent avoir des discontinuités fixes).

On fixe une fonction de troncation h. On appelle $(B^{h,n}, C^n, \nu^n)$ les caractéristiques de X^n, et (B^h, C, ν) celles de X. on définit les fonctions $\tilde{C}^{h,n}$ et $\tilde{C}^h$ par la formule 1.46, à partir de $(B^{h,n}, C^n, \nu^n)$ et (B^h, C, ν) respectivement. Rappelons que X n'a pas de discontinuités fixes si et seulement si (B^h, C, ν) vérifie les conditions 1.5, 1.6, 1.7.

<u>THEOREME 2.1</u>: *On suppose la fonction de troncation* h *continue, et le PAI* X *sans discontinuités fixes. Pour que* $X^n \xrightarrow{\mathcal{L}} X$ *il faut et il suffit qu'on ait les trois conditions suivantes:*

[Sup-β] $B^{h,n} \to B^h$ uniformément sur les compacts;

[γ] $\tilde{C}^{h,n}_t \to \tilde{C}^h_t$ pour tout t dans une partie dense A de R_+

[δ] $f*\nu^n_t \to f*\nu_t$ pour tout t dans une partie dense A de R_+ et toute fonction f continue bornée: $R^d \to R_+$ nulle sur un voisinage de 0.

Dans ce cas on peut prendre $A = R_+$ *dans* $[\gamma]$ *et* $[\delta]$, *et on a aussi:*

[Sup-γ] $\tilde{C}^{h,n} \to \tilde{C}^h$ uniformément sur les compacts

[Sup-δ] $f * \nu^n \to f * \nu$ uniformément sur les compacts, pour toute fonction f continue bornée: $R^d \to R_+$ nulle sur un voisinage de 0 .

Faisons quelques commentaires. D'abord, dans $[\gamma]$ et $[\delta]$ les fonctions qu'on considère sont croissantes, et les limites $\tilde{C}^h$ et $f * \nu$ sont continues; l'assertion 1.21 du chapitre I montre alors que $[\gamma]$ = [Sup-γ] et $[\delta]$ = [Sup-δ], et on peut prendre $A = R_+$.

Ensuite, on peut affaiblir $[\delta]$ ainsi (c'est important, car la condition $[\delta]$ porte sur une infinité non dénombrable de fonctions f) .

LEMME 2.2: *Soit* $\{f_p\}$ *une suite de fonctions, dense pour la convergence uniforme dans l'ensemble des fonctions positives bornée sur* R^d , *nulles sur un voisinage de* 0 *et uniformément continues. Alors* $[\delta]$ *équivaut à:*

$[\delta']$ $f_d * \nu_t^n \to f_p * \nu_t$ pour tout $p \geq 1$ et tout t dans une partie dense A de R_+.

Preuve. Pour la même raison que ci-dessus, on peut supposer que $A = R_+$ dans $[\delta']$. Mais si $f_p * \nu_t^n \to f_p * \nu_t$ pour un t et pour tout p , un raisonnement classique sur la convergence étroite montre que $f * \nu_t^n \to f * \nu_t$ pour toute fonction continue bornée nulle sur un voisinage de 0 . ∎

Supposons de plus que chaque processus X^n soit sans discontinuités fixes. Alors

$$E(\exp iu.X_t^n) = \exp\{iu.B_t^{h,n} - \frac{1}{2}u.C_t^n.u + (e^{iu.x} - 1 - iu.h(x)) * \nu_t^n\}$$

et $\tilde{C}_t^{h,n} = C_t^n + (h \otimes h) * \nu_t^n$, et de même pour X. D'après les résultats classiques de convergence des lois indéfiniment divisibles (voir par exemple Gnedenko et Kolmogorov [15]) on a

2.3 $$X_t^n \xrightarrow{\mathcal{L}} X_t \iff \begin{cases} B_t^{h,n} \to B_t^h , \quad \tilde{C}_t^{h,n} \to \tilde{C}_t^h , \quad f * \nu_t^n \to f * \nu_t \text{ pour toute } f \\ \text{continue bornée nulle autour de } 0, \end{cases}$$

à condition que h soit continue: on ne peut donc pas espérer avoir 2.1 lorsque h n'est pas continue, en général (plus précisément on a 2.1 pour h discontinue, à condition que $\nu([0,t] \times dx)$ ne charge pas l'ensemble des points de discontinuité de h , pour aucune valeur de t) .

COROLLAIRE 2.4: *Supposons que les PAI* X^n *n'aient pas de discontinuités fixes, et que* $X_t^n \xrightarrow{\mathcal{L}} X_t$ *pour tout* t . *Pour que* $X^n \xrightarrow{\mathcal{L}} X$ *il faut et il suffit qu'on ait* [Sup-β].

En particulier si X^n et X sont des PAI homogènes, on a $B_t^{h,n} = b^n t$ et $B_t^h = bt$; $\tilde{C}_t^{h,n} = \tilde{c}^n t$ et $\tilde{C}_t^h = \tilde{c}t$; $\nu^n(dt\times dx) = dt\times F^n(dx)$ et $\nu(dt\times dx) = dt\times F(dx)$. On retrouve alors le résultat bien connu suivant:

COROLLAIRE 2.5: *Si les* X^n *et* X *sont des PAI homogènes, pour que* $X^n \xrightarrow{\mathcal{L}} X$ *il faut et il suffit que* $X_1^n \xrightarrow{\mathcal{L}} X_1$.

Pour terminer, signalons que le théorème 2.1 s'étend au cas où le processus X admet des discontinuités fixes: voir [28]. Voici l'énoncé dans le cas général:

THEOREME: *Suppons* h *continue. Pour que* $X^n \xrightarrow{\mathcal{L}} X$ *il faut et il suffit qu'on ait* [γ] *et*

[Sk-β] $\quad B^{h,n} \to B^h$ pour la topologie de Skorokhod

[Sk-δ] $\quad f*\nu^n \to f*\nu$ pour la topologie de Skorokhod, pour toute fonction f continue bornée: $R^d \to R_+$ nulle sur un voisinage de 0.

Dans ce cas, on a aussi:

[Sk-γ] $\quad \tilde{C}^{h,n} \to \tilde{C}^h$ pour la topologie de Skorokhod.

(Noter que si X n'a pas de discontinuités fixes, on a trivialement [Sk-β]=[Sup-β] et [Sk-δ]=[δ]).

§b - UN LEMME FONDAMENTAL POUR LA CONDITION NECESSAIRE. On se place dans le même cadre qu'au §a: les X^n et X sont des PAI, et X n'a pas de discontinuités fixes. Nous ne répèterons pas cette hypothèse. Le point clé pour la démonstration de la condition nécessaire est la

PROPOSITION 2.6: *Supposons que* $X^n \xrightarrow{\mathcal{L}} X$. *Supposons que pour chaque* $t>0$ *la suite* $\{\sup_{s\leq t} |X_s^n|\}_{n\geq 1}$ *de variables aléatoires soit uniformément intégrable. Si* $\alpha_n(t) = E(X_t^n)$ *et* $\alpha(t) = E(X_t)$, *alors* $\alpha_n \to \alpha$ *uniformément sur les compacts.*

Cette proposition fonctionne de la manière suivante, pour prouver la condition nécessaire; supposons par exemple qu'on veuille montrer [Sup-β]; si $X^n \xrightarrow{\mathcal{L}} X$ et si h est continue, il est facile de voir que $X^{h,n} \xrightarrow{\mathcal{L}} X^h$; comme $B_t^{h,n} = E(X_t^{h,n})$ et $B_t^h = E(X_t^h)$ d'après 1.49, on obtient [Sup-β] si on parvient à montrer l'uniforme intégrabilité de la suite $\{\sup_{s\leq t} |X_s^{h,n}|\}_{n\geq 1}$.

Signalons que le fait que chaque X^n soit un PAI est essentiel pour cette proposition.

Commençons par une série de lemmes.

LEMME 2.7: *Si* $X^n \xrightarrow{\mathcal{L}} X$ *on a* $\sup_n f*\nu_t^n<\infty$ *pour tout* t *et toute fonction* f *positive bornée, nulle sur un voisinage de* 0.

Preuve. Il suffit de montrer le résultat lorsque f est continue et vérifie $0\leq f\leq 1$. L'application $\alpha \rightsquigarrow \sum_{s\leq .} f(\Delta\alpha(s))$ étant alors continue de D^d dans D^1 pour la topologie de Skorokhod (cela découle de l'assertion I-1.19 appliquée avec un $u>0$ tel que $f(x) = 0$ pour $|x|\leq u$), et comme $D(X) = R_+$, on a

2.8
$$\sum_{s\leq t} f(\Delta X_s^n) \xrightarrow{\mathcal{L}} \sum_{s\leq t} f(\Delta X_s) .$$

Posons

$$b_n = \int_0^t\int_{R^d} 1_{D(X^n)}(s)(1 - e^{-f(x)})\nu^n(ds\times dx) - \sum_{s\leq t}\mathrm{Log}\{1 - \nu^n(\{s\}\times(1-e^{-f}))\}$$

et $b = (1-e^{-f})*\nu_t$. La proposition 1.52 et 2.8 entrainent alors que $b_n \to b$ (rappelons que $\nu(\{s\}\times R^d) = 0$ pour tout s).

Par ailleurs il existe un nombre $\gamma>1$ tel que

$$0 \leq x \leq 1 \Longrightarrow x \leq \gamma(1-e^{-x}), \qquad 0 \leq y \leq 1-\frac{1}{e} \Longrightarrow y \leq -\gamma\,\mathrm{Log}(1-y),$$

donc

$$\begin{aligned} f*\nu_t^n &\leq \gamma(1 - e^{-f})*\nu_t^n \\ &\leq \gamma\{\int_0^t\int_{R^d} 1_{D(X^n)}(s)(1 - e^{-f(x)})\nu^n(ds\times dx) - \gamma\sum_{s\leq t}\mathrm{Log}\{1 - \nu^n(\{s\}\times(1-e^{-f}))\}\} \\ &\leq \gamma^2 b_n . \end{aligned}$$

Comme $b_n \to b$, on a le résultat. ∎

LEMME 2.9: *Si* $X^n \xrightarrow{\mathcal{L}} X$ *on a* [δ].

Preuve. Il suffit de montrer que $f*\nu_t^n \to f*\nu_t$ pour f continue, nulle sur un voisinage de 0, et vérifiant $0\leq f\leq a/2$, où a vérifie 1.2. Soit

$$X_t'^n = \sum_{s\leq t} f(\Delta X_s^n) , \qquad X_t' = \sum_{s\leq t} f(\Delta X_s) .$$

D'après 1.53, les caractéristiques $(B'^{h,n},C'^n,\nu'^n)$ du PAI réel X'^n sont

$$B'^{h,n} = f*\nu^n , \quad C'^n = 0 , \quad \nu'^n(A) = \int 1_A(s,f(x))\, \nu^n(ds\times dx) .$$

En particulier ν'^n vérifie 1.22 et 1.23 et $\tilde{C}'^{h,n}$ est donné par 1.47, donc vérifie $\tilde{C}_t'^{h,n} \leq f^2*\nu_t^n$. Par suite $M^n = X'^n - f*\nu^n$ vérifie d'après 1.49:

$$E\{(M_t^n)^2\} = \tilde{C}_t'^{h,n} \leq f^2*\nu_t^n$$

D'après le lemme 2.7 on a $\mathrm{Sup}_n f^2*\nu_t^n<\infty$, donc l'inégalité précédente montre que la suite $(M_t^n)_{n\geq 1}$ est uniformément intégrable. Comme on a aussi $\sup_n f*\nu_t^n<\infty$, et comme $X'^n = M^n + f*\nu^n$, la suite $(X_t'^n)_{n\geq 1}$ est également uniformément intégrable. D'après 2.8 on a $X_t'^n \xrightarrow{\mathcal{L}} X_t'$, donc $f*\nu_t^n = E(X_t'^n) \to E(X_t') = f*\nu_t$. ∎

Preuve de la proposition 2.6. Comme $D(X) = R_+$ on a $X_t^n \xrightarrow{\mathcal{L}} X_t$ pour tout t, donc $\alpha_n(t) \to \alpha(t)$ pour tout t à cause de l'hypothèse d'uniforme intégrabilité. Il suffit donc de montrer que la suite (α_n) est relativement compacte pour la topologie de Skorokhod de D^d.

On utilise les modules de continuité w_N et w'_N du chapitre I. On va montrer:

2.10 $$\forall N \in \mathbb{N}^*, \qquad \lim_{\delta \downarrow 0} \limsup_n w_N(\alpha_n,\delta) = 0 .$$

Comme $\sup_{t \leq N} |\alpha_n(t)| \leq |\alpha_n(0)| + k\, w_N(\alpha_n, N/k)$ et comme $\alpha_n(0) = 0$, 2.10 implique que la suite (α_n) vérifie la condition I-1.16-(i). Comme $w'_N(\alpha_n,\delta) \leq w_N(\alpha_n, 2\delta)$, 2.10 implique aussi que la suite (α_n) vérifie la condition I-1.16-(ii), si bien qu'on aura le résultat d'après le théorème I-1.16.

Il reste à montrer 2.10; soit $N \in \mathbb{N}^*$ et $\varepsilon > 0$. Soit $M^n = \sup_{s \leq N} |X_s^n|$. D'après l'hypothèse, il existe $\theta > 0$ tel que

2.11 $$\sup_n E^n(M^n 1_{\{M^n > \theta\}}) \leq \varepsilon .$$

D'après I-2.7 il existe $\delta_o > 0$ et $n_o \in \mathbb{N}^*$ tels que

2.12 $$n > n_o \implies P^n(B^n) \leq \varepsilon/\theta , \quad \text{où } B^n = \{w'_N(X^n,\delta_o) > \varepsilon\}.$$

Soit g une fonction continue sur R^d, nulle autour de 0, vérifiant $0 \leq g \leq 1$ et $g(x) = 1$ si $|x| \geq \varepsilon$. D'après 2.9, $g*\nu^n \to g*\nu$ uniformément sur les compacts, et $g*\nu$ est continue, donc uniformément continue sur les compacts. Il existe donc $n_1 \geq n_o$ et $\delta_1 \in]0,\delta_o]$ tels que

2.13 $$n > n_1 \implies \sup_{s \leq N}(g*\nu^n_{s+\delta_1} - g*\nu^n_s) \leq \varepsilon/\theta .$$

Soit $C_s^n = \{\sup_{s<r\leq s+\delta_1} |\Delta X_r^n| > \varepsilon\}$. Il vient

$$P^n(C_s^n) \leq E^n\big(\textstyle\sum_{s<r\leq s+\delta_1} g(\Delta X_r^n)\big) \leq g*\nu^n_{s+\delta_1} - g*\nu^n_s ,$$

d'où d'après 2.13:

2.14 $$n > n_1 , \quad s \leq N \implies P^n(C_s^n) \leq \varepsilon/\theta .$$

Soit alors $s \leq t \leq s+\delta_1 \leq N$. Si $\omega \in (C_s^n \cup B^n)^c$ il est facile de vérifier que $|X_t^n - X_s^n| \leq 3\varepsilon$. Par suite

$$|X_t^n - X_s^n| \leq 3\varepsilon + 2M^n 1_{C_s^n \cup B^n} \leq 3\varepsilon + 2\theta(1_{C_s^n} + 1_{B^n}) + 2M^n 1_{\{M^n>\theta\}}$$

et 2.11, 2.12, 2.14 entrainent pour $n > n_1$:

$$|\alpha_n(t) - \alpha_n(s)| \leq 3\varepsilon + 2\theta(\tfrac{\varepsilon}{\theta} + \tfrac{\varepsilon}{\theta}) + 2\varepsilon = 9\varepsilon .$$

On en déduit que $w(\alpha_n,]s,s+\delta_1]) \leq 9\varepsilon$ si $n > n_1$ et $s+\delta_1 \leq N$; donc $w_N(\alpha_n,\delta_1) \leq 9\varepsilon$ si $n > n_1$, d'où finalement 2.10.∎

§c - DEMONSTRATION DE LA CONDITION NECESSAIRE. Commençons par un lemme plus ou moins classique sur les fonctions caractéristiques (voir Gnedenko et Kolmogorov [15] ou Petrov [45]).

LEMME 2.15: *Pour tous* $a>0$, $\theta>0$ *il existe une constante* $c(a,\theta)$ *ayant la propriété suivante: si* G *est une probabilité sur* R^d *vérifiant* $G(|x|>a) = 0$, *si* $\delta=\int xG(dx)$ *et si* ϕ_G *est la fonction caractéristique de* G, *on a*

$$\int G(dx)\ |x-\delta|^2 \leqq c(a,\theta) \int_{|u|\leqq\theta} \{1 - |\phi_G(u)|^2\}du$$

Preuve. Soit $\tilde{G}$ la symétrisée de G:

$$\int\tilde{G}(f) = \int\int G(dx)\ G(dy)\ f(x-y)\ .$$

D'après la définition de δ, on a $\int G(dx)|x-\delta|^2 \leqq \int G(dx)|x-y|^2$ pour tout $y\in R^d$. Donc

2.16 $$\int\tilde{G}(dx)\ |x|^2 = \int G(dy) \int G(dx)\ |x-y|^2 \geqq \int G(dx)\ |x-\delta|^2.$$

Par ailleurs $\phi_{\tilde{G}}(u) = \int\tilde{G}(dx)\ \cos(u.x) = |\phi_G(u)|^2$, donc

2.17 $$\int_{|u|\leqq\theta} \{1-|\phi_G(u)|^2\}du = \int_{|x|\leqq 2a} \tilde{G}(dx) \int_{|u|\leqq\theta} (1-\cos(u.x))du$$

car $\tilde{G}(|x|>2a) = 0$. Pour chaque $x\in R^d\setminus\{0\}$ on note $C(x,\theta)$ un hypercube de R^d inscrit dans la sphère $\{u: |u|\leqq\theta\}$ et dont l'un des cotés est parallèle au vecteur x. Les cotés de $C(x,\theta)$ ont pour longueur $b = 2\theta\sqrt{d}$, et si $x \neq 0$ on a

$$\int_{|u|\leqq\theta} (1-\cos(u.x))du \geqq \int_{C(x,\theta)} (1-\cos(u.x))du$$
$$\geqq b^{d-1} \int_{-b/2}^{b/2} (1-\cos s|x|)ds = b^d\left(1 - \frac{2}{b|x|}\sin\frac{b|x|}{2}\right).$$

Il existe $b'>0$ tel que

$$0 < |x| \leqq 2a \implies b^d\left(1-\frac{2}{b|x|}\sin\frac{b|x|}{2}\right) \geqq b'|x|^2.$$

Si on compare 2.16 et 2.17, on voit que la formule de l'énoncé est vraie avec $c(a,\theta) = 1/b'$. ∎

LEMME 2.18: *Si* $X^n \xrightarrow{\mathcal{L}} X$, *on a*

(*i*) $X^{h,n} \xrightarrow{\mathcal{L}} X^h$;

(*ii*) *pour tout* $t>0$ *et tout* $j\leqq d$, *on a* $\sup_n \tilde{C}_t^{h,n,jj} < \infty$.

Preuve. Comme h est continue et vérifie 1.2, une modification évidente de la preuve de I-1.19 montre que l'application: $\alpha \rightsquigarrow \alpha^h(t) = \alpha(t) - \sum_{s\leqq t}\{\Delta\alpha(s)-h(\Delta\alpha(s))\}$ est continue de D^d dans D^d pour la topologie de Skorokhod, d'où (i).

Posons $\nu^{nc}(ds\times dx) = \nu^n(ds\times dx)1_{D(X^n)}(s)$ et notons μ_s^n la loi de la variable ΔX_s^n. Etant donnés 1.19 et 1.20, la formule 1.18 s'écrit:

$$E^n(e^{iu.X_t^n}) = \left(\prod_{s\leqq t} e^{-iu.\Delta B_s^{h,n}} \int\mu_s^n(dx)e^{iu.x}\right)\exp\{iu.B_t^{h,n} - \tfrac{1}{2}u.C_t^n.u + g_u{*}\nu_t^{nc}\}$$

Soit $t>0$ fixé. Il existe $\theta>0$ tel que $\mathrm{Inf}_{|u|\leq\theta}|E(\exp iu.X_t)| \geq 3/4$. Comme $X_t^n \xrightarrow{\mathcal{L}} X_t$, il existe n_o tel que: $\mathrm{Inf}_{|u|\leq\theta, n>n_o} |E(\exp iu.X_t^n)| \geq 1/2$. Donc

2.19 $\quad n>n_o,\ |u|\leq\theta \Longrightarrow |\prod_{s\leq t}\int\mu_s^n(dx)e^{iu.x}| \quad \exp\{-\frac{1}{2}u.C_t^n.u - (1-\cos(u.x))*\nu_t^{nc}\} \geq \frac{1}{2}.$

En particulier, chacun des facteurs du second membre ci-dessus est minoré par 1/2.

Appliquons d'abord ceci à l'exponentielle dans 2.19:

$$n>n_o,\ |u|\leq\theta \Longrightarrow \frac{1}{2}u.C_t^n.u + (1-\cos(u.x))*\nu_t^{nc} \leq \mathrm{Log}\ 2.$$

Soit a le nombre figurant dans 1.2; soit $u\in R^d$ de composantes $u^j = \theta\wedge\frac{\pi}{a}$ et $u^k = 0$ pour $k\neq j$. On a $y^2 \leq (\pi^2/2)(1-\cos y)$ si $|y|\leq\pi$, donc si $\lambda = \theta\wedge\frac{\pi}{a}$ il vient:

$$\begin{aligned} 1-\cos(u.x) &\geq (1-\cos(u.x))1_{\{|x|\leq a\}} \geq \frac{2}{\pi^2}|u.x|^2\, 1_{\{|x|\leq a\}} \\ &= \frac{2\lambda^2}{\pi^2}|x^j|^2\, 1_{\{|x|\leq a\}} \geq \frac{2\lambda^2}{\pi^2}|h^j(x)|^2 \end{aligned}$$

et donc

2.20 $\quad n>n_o \Longrightarrow C_t^{n,jj} + |h^j|^2 * \nu_t^{nc} \leq \frac{\pi^2}{2\lambda^2}\mathrm{Log}\ 2 .$

Passons maintenant à l'étude du produit infini de 2.19. Pour tout $y>0$ on a $1-y^2 \leq -2\mathrm{Log}\, y$, donc 2.19 implique

2.21 $\quad n>n_o,\ |u|\leq\theta \Longrightarrow \sum_{s\leq t}\{1 - |\int\mu_s^n(dx)\ e^{iu.x}|^2\} \leq 2\,\mathrm{Log}\,2.$

Soit par ailleurs $\overline{\mu}_s^n$ la loi de la variable $h(\Delta X_s^n)$, donc $\overline{\mu}_s^n(f) = \mu_s^n(f\circ h)$ et

$$|\int\mu_s^n(dx)e^{iu.x} - \int\overline{\mu}_s^n(dx)e^{iu.x}| = |\int\mu_s^n(dx)(e^{iu.h(x)} - e^{iu.x})| \leq 2\mu_s^n(|x|>\tfrac{a}{2}).$$

Le lemme 2.7 appliqué à $f(x) = 1_{\{|x|>a/2\}}$ entraine que $K := \sup_n \sum_{s\leq t}\mu_s^n(|x|>\frac{a}{2})$ est fini (on rappelle que $\mu_s^n(A) = \nu^n(\{s\}\times A)$ si $0\notin A$), donc

$$\sum_{s\leq t}\left||\int\mu_s^n(dx)e^{iu.x}|^2 - |\int\overline{\mu}_s^n(dx)e^{iu.x}|^2\right| \leq 2\sum_{s\leq t}|\int\mu_s^n(dx)e^{iu.x} - \int\overline{\mu}_s^n(dx)e^{iu.x}| \leq 4K$$

Donc 2.21 implique:

$$n>n_o,\ |u|\leq\theta \Longrightarrow \sum_{s\leq t}\{1 - |\int\overline{\mu}_s^n(dx)\ e^{iu.x}|^2\} \leq 4K + 2\ \mathrm{Log}\ 2.$$

On applique alors le lemme 2.15 aux probabilités $\overline{\mu}_s^n$: on a $\overline{\mu}_s^n(|x|>a) = 0$ par construction, et $\Delta B_s^{h,n} = \int\overline{\mu}_s^n(dx)\,x$ d'après 1.17, donc si $b(\theta)$ désigne le volume de la sphère de R^d de rayon θ il vient:

2.22 $\quad n>n_o \Longrightarrow \sum_{s\leq t}\int\overline{\mu}_s^n(dx)|\ x - \Delta B_s^{h,n}|^2 \leq b(\theta)c(a,\theta)(4K + 2\,\mathrm{Log}\,2).$

En utilisant 1.46, un calcul simple montre que:

$$\tilde{C}_t^{n,h,jj} = C_t^{n,jj} + |h^j|^2 * \nu_t^{nc} + \sum_{s\leq t} \int \mu_s^n(dx)\ |h^j(x) - \Delta B_s^{h,n,j}|^2$$
$$= C_t^{n,jj} + |h^j|^2 * \nu_t^{nc} + \sum_{s\leq t} \int \overline{\mu}_s^n(dx)\ |x^j - \Delta B_s^{h,nj}|^2 .$$

Il suffit alors d'ajouter 2.20 et 2.22 pour obtenir que $\tilde{C}_t^{h,njj} \leq (\pi^2/2\lambda^2)\,\mathrm{Log}\,2 + b(\theta)c(a,\theta)(4K + 2\,\mathrm{Log}\,2)$ si $n>n_o$, d'où le résultat. ∎

Poursuivons par un lemme général sur les martingales. La "variation quadratique prévisible" $\langle M,M\rangle$ d'une martingale localement de carré intégrable M a été définie au §I-3-b.

<u>LEMME 2.23</u>: *Soit* M *une martingale localement de carré intégrable (réelle), vérifiant* $|\Delta M|\leq b$ *identiquement. Il existe deux constantes* γ_1 *et* γ_2 *telles que:*

$$E(\sup_{s\leq t} |M_s|^4) \leq b^2\,\gamma_1\,E(\langle M,M\rangle_t) + \gamma_2\,E(\langle M,M\rangle_t^2)$$

(γ_1 et γ_2 ne dépendent ni de M, ni de b).

<u>Preuve</u>. On note $[M,M]$ le processus "variation quadratique" de M. D'une part on sait que $N = [M,M] - \langle M,M\rangle$ est une martingale locale, qui vérifie $|\Delta N|\leq 2b^2$, d'autre part d'après les inégalités de Davis-Burkhölder-Gundy (voir par exemple [9]) il existe des constantes universelles α et β telles que pour toute martingale locale X on ait

<u>2.24</u> $$E(\sup_{s\leq t} |X_s|^2) \leq \alpha\,E([X,X]_t), \quad E(\sup_{s\leq t} |X_s|^4) \leq \beta E([X,X]_t^2).$$

La martingale locale N est à variation finie sur les compacts, et son processus variation est majoré par le processus croissant $[M,M] + \langle M,M\rangle$; donc $[N,N] \leq 2b^2([M,M] + \langle M,M\rangle)$ (car $|\Delta N|\leq 2b^2$ et $[N,N]_t = \sum_{s\leq t} \Delta N_s^2$). Par suite 2.24 entraine

$$E(\sup_{s\leq t} N_s^2) \leq \alpha E([N,N]_t) \leq 2b^2\alpha E([M,M]_t + \langle M,M\rangle_t) = 4b^2\alpha E(\langle M,M\rangle_t).$$

Par ailleurs $[M,M]^2 \leq 2N^2 + 2\langle M,M\rangle^2$. Une nouvelle application de 2.24 donne

$$E(\sup_{s\leq t} M_s^4) \leq \beta 8b^2\alpha E(\langle M,M\rangle_t) + 2\beta E(\langle M,M\rangle_t^2)\ . ∎$$

<u>Démonstration de la condition nécessaire de 2.1</u>. On suppose que $X^n \xrightarrow{\mathcal{L}} X$. D'après le lemme 2.9 on a $[\delta]$. D'après 1.49 on a

$$B_t^{h,n} = E(X_t^{h,n}), \qquad B_t^h = E(X_t^h)$$

et on sait que $X^{h,n} \xrightarrow{\mathcal{L}} X^h$ d'après 2.18, et les $X^{h,n}$ sont des PAI. La condition [Sup-β] découlera de 2.6 si on prouve que:

<u>2.25</u> la suite $\{(X^{h,n})_t^*\}_{n\geq 1}$ est uniformément intégrable, où $(X^{h,n})_t^* = \sup_{s\leq t} |X_s^{h,n}|$.

Soit $\tilde{X}^{h,n} = X^{h,n} - B^{h,n}$ et $\tilde{X}^h = X^h - B^h$. Soit $(\tilde{X}^{h,n})^*_t = \sup_{s\leq t}|\tilde{X}^{h,n}_s|$ et $(B^{h,n})^*_t = \sup_{s\leq t}|B^{h,n}_s|$. D'après 1.49, on a $<\tilde{X}^{h,n,j},\tilde{X}^{h,n,j}> = \tilde{C}^{h,n,jj}$. Par construction on a aussi $|\Delta\tilde{X}^{h,nj}| \leq 2a$. Donc 2.18 et 2.23 entrainent que

$$\sup_n E^n\{(\tilde{X}^{h,n})^{*4}_t\} < \infty.$$

Donc

2.26 la suite $\{(\tilde{X}^{h,n})^{*p}_t\}_{n\geq 1}$ est uniformément intégrable pour $p<4$.

Cette propriété entraine:

2.27 $$\lim_{b\uparrow\infty} \sup_n P^n\{(\tilde{X}^{h,n})^*_t>b\} = 0.$$

Comme $X^{h,n} \xrightarrow{\mathcal{L}} X^h$, les variables $(X^{h,n})^*_t$ vérifient aussi 2.27 d'après le théorème I-2.7. Comme $(B^{h,n})^*_t \leq (X^{h,n})^*_t + (\tilde{X}^{h,n})^*_t$, les $(B^{h,n})^*_t$ vérifient aussi 2.27; mais les "variables aléatoires" $(B^{h,n})^*_t$ sont déterministes, donc $\sup_n (B^{h,n})^*_t<\infty$. Finalement, comme $(X^{h,n})^*_t \leq (B^{h,n})^*_t + (\tilde{X}^{h,n})^*_t$, 2.25 découle de 2.26 et on a donc [Sup-β].

Enfin, on a $B^{h,n}_t \to B^h_t$ d'après [Sup-β], donc $\tilde{X}^{h,n}_t \xrightarrow{\mathcal{L}} \tilde{X}^h_t$; comme $\tilde{C}^{h,n,jk}_t = E(\tilde{X}^{h,n,j}_t\, \tilde{X}^{h,n,k}_t)$ on déduit [γ] de 2.26.

§d - DEMONSTRATION DE LA CONDITION SUFFISANTE DU THEOREME 2.1. On va d'abord démontrer que les conditions [Sup-β], [γ], [δ] = [Sup-δ] entrainent que la suite $\{\mathcal{L}(X^n)\}$ est tendue. Pour cela, on va utiliser le lemme I-2.17 et le théorème I-3.24.

Pour tout $b>0$ on définit h_b par $h_b(x) = bh(x/b)$: la fonction h_b est encore une fonction de troncation continue, avec a remplacé par ab. Pour chaque $q\in\mathbb{N}^*$ on pose $\tilde{X}^{h_q,n} = X^{h_q,n} - B^{h_q,n}$.

LEMME 2.28: *Soit* [γ] *et* [δ]. *Pour chaque* $q\in\mathbb{N}^*$, *la suite* $\{\mathcal{L}(\tilde{X}^{h_q,n})\}_{n\geq 1}$ *est tendue.*

Preuve. D'après 1.49, $\tilde{X}^{h_q,n}$ est une martingale localement de carré intégrable, et

$$\begin{aligned}<\tilde{X}^{h_q,n,j},\tilde{X}^{h_q,n,j}>_t &= \tilde{C}^{h_q,n,jj}_t \\ &= \tilde{C}^{h,n,jj}_t + \{(h^j_q)^2 - (h^j)^2\}*\nu^n_t + \sum_{s\leq t}\{\nu^n(\{s\}\times h^j)^2 - \nu^n(\{s\}\times h^j_q)^2\}\end{aligned}$$

d'après 1.46. Donc si $A^n = \sum_{j\leq d} <\tilde{X}^{h_q,n,j},\tilde{X}^{h_q,n,j}>$ on a, avec la notation $\prec$ signifiant la domination forte pour les processus croissants (cf. I-2.19):

$$\begin{aligned}A^n &\prec \sum_{j\leq d}\{\tilde{C}^{h,n,jj} + |(h^j_q)^2 - (h^j)^2|*\nu^n + \sum_{s\leq .}\nu^n(\{s\}\times|h^j_q + h^j|)\ \nu^n(\{s\}\times|h^j_q - h^j|)\} \\ &\prec G^{nq} := \sum_{j\leq d} \tilde{C}^{h,n,jj} + \hat{h}_q*\nu^n ,\end{aligned}$$

où

$$\hat{h}_q = \sum_{j\leq d} \{|(h_q^j)^2 - (h^j)^2| + a(1+q)|h_q^j - h^j|\}$$

car $|h|\leq a$ et $|h_q|\leq aq$. Comme $\hat{h}_q$ est une fonction continue bornée sur R^d, nulle sur un voisinage de 0, on voit d'après [γ] et [δ] que les fonctions croissantes G^{nq} convergent simplement (quand $n\uparrow\infty$), donc uniformément sur les compacts, vers la fonction croissante continue $G^q = \sum_{j\leq d} C^{h,jj} + \hat{h}_q * \nu$. Il suffit alors d'appliquer la proposition I-2.20 et le théorème I-3.24 pour obtenir le résultat. ∎

<u>LEMME 2.29</u>: *Soit* [Sup-β], [γ], [δ]. *La suite* $\{\mathcal{L}(X^n)\}$ *est alors tendue.*

<u>Preuve</u>. Pour chaque $q\in \mathbb{N}^*$ on pose

$$U^{nq} = \tilde{X}^{h_q,n} + (h_q - h_{1/q})*\nu^n, \quad V^{nq} = B^{h,n} + (h_{1/q} - h)*\nu^n, \quad W^{nq} = \sum_{s\leq .} \{\Delta X_s^n - h_q(\Delta X_s^n)\}$$

de sorte que d'après 1.11 et la définition de $\tilde{X}^{h_q,n}$, on a $X^n = U^{nq} + V^{nq} + W^{nq}$. Il reste donc à vérifier que ces processus vérifient les conditions du lemme I-2.17.

D'après [δ] = [Sup-δ] on a $(h_q - h_{1/q})*\nu^n \to (h_q - h_{1/q})*\nu$ uniformément sur les compacts, donc la suite $\{(h_q-h_{1/q})*\nu^n\}_{n\geq 1}$ de "processus" déterministes est C-tendue et la condition I-2.17-(i) découle alors du lemme 2.28 et du corollaire I-2.28.

De même, d'après [Sup-β] et [Sup-δ] on a $V^{nq} \to B^h + (h_{1/q} - h)*\nu$ uniformément sur les compacts; comme $|\Delta V^{nq}|\leq 1/q$ par construction, on a I-2.17-(ii).

Enfin, soit g_q une fonction continue sur R^d, vérifiant $0\leq g_q\leq 1$ et $g_q(x) = 1$ si $|x|>aq/2$, et $g_q(x) = 0$ si $|x|\leq aq/4$. Soit $N\in \mathbb{N}^*$, $\varepsilon>0$. Il existe $q\in\mathbb{N}^*$ tel que $g_q*\nu_N\leq\varepsilon$; il existe n_o tel que $g_q*\nu_N^n \leq 2\varepsilon$ si $n>n_o$. De plus,

$$\begin{aligned} P^n(\sup_{s\leq N} |W_s^{nq}|>0) &\leq P^n(\textstyle\sum_{s\leq N} g_q(\Delta X_s^n)>0) \\ &\leq E^n\{\textstyle\sum_{s\leq N} g_q(\Delta X_s^n)\} = g_q*\nu_N^n \leq 2\varepsilon \qquad \text{si } n>n_o, \end{aligned}$$

donc on a bien la condition I-2.17-(iii). ∎

<u>Démonstration de la condition suffisante</u>. On suppose qu'on a [Sup-β], [γ], [δ]. On vient de voir que la suite $\{\mathcal{L}(X^n)\}$ est tendue. Pour obtenir le résultat il suffit donc de montrer que si $\mathcal{L}(X')$ est une loi limite de la suite $\{\mathcal{L}(X^n)\}$, alors $\mathcal{L}(X') = \mathcal{L}(X)$. Quitte à prendre une sous-suite, on peut supposer que $X^n \xrightarrow{\mathcal{L}} X'$.

Il est évident que X' est un PAI. Soit t un temps de discontinuité fixe de X', et $\varepsilon>0$. Soit g une fonction continue sur R^d, vérifiant $0\leq g\leq 1$ et $g(x)=1$ si $|x|>\varepsilon$, et $g(x) = 0$ si $|x|<\varepsilon/2$. Il existe $s,s'\in D(X')$ avec $s<t<s'$ et $g*\nu_{s'} - g*\nu_s \leq \varepsilon$. D'après [δ] il existe donc n_o tel que $g*\nu_{s'}^n - g*\nu_s^n \leq 2\varepsilon$ si $n > n_o$, donc

<u>2.30</u> $$P^n(\sup_{s<r\leq s'}|\Delta X_r^n|\geq\varepsilon) \leq E^n\{\textstyle\sum_{s<r\leq s'} g(\Delta X_r^n)\} = g*\nu_{s'}^n - g*\nu_s^n \leq 2\varepsilon \quad \text{si } n>n_o.$$

Par ailleurs l'application: $\alpha \leadsto \sup_{s<r\leq s'} |\Delta\alpha(r)|$ est continue pour la topologie de Skorokhod aux points α tels que $\Delta\alpha(s) = \Delta\alpha(s') = 0$ d'après I-1.19; comme $X^n \xrightarrow{\mathcal{L}} X'$ et comme $s,s' \in D(X')$, on en déduit que: $\sup_{s<r\leq s'} |\Delta X^n_r| \xrightarrow{\mathcal{L}} \sup_{s<r\leq s'} |\Delta X'_r|$. D'après 2.30 il vient alors

$$P(|\Delta X'_t|\geq\varepsilon) \leq P(\sup_{s<r\leq s'} |\Delta X'_r|\geq\varepsilon) \leq \limsup_n P^n(\sup_{s<r\leq s'} |\Delta X^n_r|\geq\varepsilon) \leq 2\varepsilon.$$

Ceci étant vrai pour tout $\varepsilon>0$, on a $P(\Delta X'_t \neq 0) = 0$.

Autrement dit, X' est un PAI sans discontinuités fixes. Notons (B'^h,C',ν') ses caractéristiques. D'après la condition nécessaire, on a

$$\begin{cases} B^{h,n}_t \to B'^h_t \ , \quad \tilde{C}^{h,n}_t \to \tilde{C}'^h_t \ , \quad f*\nu^n_t \to f*\nu'_t \text{ pour } f \text{ continue bornée} \\ \text{nulle dans un voisinage de } 0. \end{cases}$$

On en déduit que $B'^h = B^h$, puis que $\nu' = \nu$, puis que $\tilde{C}'^h = \tilde{C}^h$, donc $C' = C$. L'unicité dans 1.4-(b) entraine alors que $\mathcal{L}(X') = \mathcal{L}(X)$, ce qui achève la démonstration.

__§e - AUTRES CONDITIONS SUFFISANTES.__ Les conditions du théorème 2.1 sont certes optimales, mais parfois difficiles à vérifier à cause de la présence de la fonction de troncation h. C'est pourquoi il peut être utile de rappeler d'autres conditions suffisantes, non nécessaires, mais plus faciles à vérifier.

Dans ce § on se place toujours sous les hypothèses du théorème 2.1: en particulier, h est __continue__ et X __n'a pas de discontinuités fixes__.

Le premier résultat est un corollaire immédiat de 2.1, compte tenu de la formule 1.47:

__PROPOSITION 2.31__: *On suppose que chaque* ν^n *vérifie 1.22* (et donc 1.23; noter que par hypothèse, ν vérifie toujours ces conditions). *Pour que* $X^n \xrightarrow{\mathcal{L}} X$ *il suffit qu'on ait* [Sup-β], [δ] *et les deux conditions:*

(i) $\sum_{s\leq t} |\Delta B^{h,n}_s|^2 \to 0 \quad \forall t > 0$;

(ii) $C^{n,jk}_t + (h^j h^k)*\nu^n_t \to C^{jk}_t + (h^j h^k)*\nu_t \qquad \forall t > 0$.

Pour le second résultat, on va supposer que:

__2.32__ $$|x|^2*\nu^n_t < \infty, \qquad |x|^2*\nu_t < \infty \qquad \forall t > 0 .$$

Cela entraine 1.22 et 1.23. De plus les fonctions $(x-h(x))*\nu^n$ et $(x-h(x))*\nu$ sont bien définies, et on peut poser:

__2.33__ $$B^n = B^{h,n} + (x-h(x))*\nu^n, \quad B = B^h + (x-h(x))*\nu.$$

Formellement, on a $B^n = B^{h',n}$ avec $h'(x) = x$: cela revient à dire que sous 2.32 il n'y a pas besoin de "tronquer" les sauts de X^n ou de X. Noter que

2.34 $$\Delta B^n_t = \int \nu^n(\{t\}\times dx)\ x\ , \qquad \Delta B_t = 0.$$

PROPOSITION 2.35: *On suppose que* ν *et que chaque* ν^n *vérifient 2.32. On suppose aussi que*

(*i*) $\lim_{b\uparrow\infty} \limsup_n \ |x|^2\, 1_{\{|x|>b\}}*\nu^n_t = 0 \quad \forall t>0.$

Alors, pour que $X^n \xrightarrow{\mathcal{L}} X$ *il faut et il suffit qu'on ait* [δ] *et*

[Sup-β'] $\quad B^n \to B$ uniformément sur les compacts;

[γ'] $\quad C^{n,jk}_t + (x^jx^k)*\nu^n_t - \sum_{s\leq t} \Delta B^{n,j}_s \Delta B^{n,k}_s \to C^{jk}_t + (x^jx^k)*\nu_t \qquad \forall t>0,\ \forall j,k\leq d.$

Preuve. Il suffit de montrer que, sous (i) et [δ], on a: [Sup-β] $\Longleftrightarrow$ [Sup-β'] et [γ] $\longleftrightarrow$ [γ']. On remarque que (i) et [δ] entrainent immédiatement:

[δ'] $\quad f*\nu^n \to f*\nu$ uniformément sur les compacts, pour toute fonction f continue, nulle autour de 0, telle que $f(x)/|x|^2$ soit bornée.

(En effet, pour tout $b>0$ il existe une fonction f' continue bornée, telle que $f'(x) = f(x)$ si $|x|\leq b$). Les composantes de la fonction $x-h(x)$ vérifient les conditions de [δ'], donc $(x-h(x))*\nu^n$ converge uniformément sur les compacts vers $(x-h(x))*\nu$. On déduit alors l'équivalence [Sup-β] $\Longleftrightarrow$ [Sup-β'] des relations 2.33. De même, la fonction $x^jx^k - h^j(x)h^k(x)$ vérifie les conditions de [δ'], donc

$$h^jh^k*\nu^n - x^jx^k*\nu^n \to h^jh^k*\nu - x^jx^k*\nu \qquad \text{uniformément sur les compacts.}$$

Etant donné 1.47, il nous reste donc à montrer que

2.36 $$\Big|\sum_{s\leq t}\{\Delta B^{h,n,j}_s\ \Delta B^{h,n,k}_s - \Delta B^{n,j}_s\ \Delta B^{n,k}_s\}\Big| \to 0\ .$$

Le premier membre de 2.36 est majoré par

$$\frac{1}{4}\sum_{s\leq t}\big|(\Delta B^{h,n,j}_s + \Delta B^{h,n,k}_s)^2 - (\Delta B^{h,n,j}_s - \Delta B^{h,n,k}_s)^2 - (\Delta B^{n,j}_s + \Delta B^{n,k}_s)^2 + (\Delta B^{n,j}_s - \Delta B^{n,k}_s)^2\big|$$

$$\leq \frac{1}{2}\{\sum_{s\leq t}\{|\Delta B^{h,n,j}_s - \Delta B^{n,j}_s| + |\Delta B^{h,n,k}_s - \Delta B^{n,k}_s|\}\}\ \sup_{s\leq t}\{|\Delta B^{h,n,j}_s| + |\Delta B^{n,j}_s| + |\Delta B^{h,n,k}_s| + |\Delta B^{n,k}_s|\}$$

$$\leq \frac{1}{2}\{\{|h^j(x)-x^j| + |h^k(x)-x^k|\}*\nu^n_t\}\quad \sup_{s\leq t}\{|\Delta B^{h,n,j}_s| + |\Delta B^{n,j}_s| + |\Delta B^{h,n,k}_s| + |\Delta B^{n,k}_s|\}\ .$$

Soit $\varepsilon>0$ et g une fonction continue telle que $0\leq g(x)\leq|x|$ et $g(x) = |x|$ si $|x|>\varepsilon$, et $g(x) = 0$ si $|x|<\varepsilon/2$. D'après [δ'] et le fait que $g*\nu$ est continue, on voit que:

$$\sup_{s\leq t}\{|\Delta B^{h,n,j}_s| + |\Delta B^{n,j}_s| + |\Delta B^{h,n,k}_s| + |\Delta B^{n,k}_s|\} \leq \sup_{s\leq t}\ \Delta(g*\nu^n)_s \to 0\ .$$

Par ailleurs, toujours d'après [δ'], on a

$$\{|h^j(x) - x^j| + |h^k(x) - x^k|\}*\nu_t^n \to \{|h^j(x)-x^j| + |h^k(x)-x^k|\}*\nu_t$$

et on en déduit qu'on a 2.36, d'où le résultat.∎

COROLLAIRE 2.37: *On suppose que chaque* ν^n *vérifie 2.32. On suppose que* X *est un PAI continu, de caractéristiques* $(B^h,C,0)$. *On suppose enfin qu'on a la condition de Lindeberg:*

(L) $\forall\varepsilon>0, \forall t>0, \qquad |x|^2\, 1_{\{|x|>\varepsilon\}}*\nu_t^n \to 0.$

Alors, pour que $X^n \xrightarrow{\mathcal{L}} X$ *il faut et il suffit qu'on ait:*

[Sup-β'] $B^n \to B = B^h$ uniformément sur les compacts;

[γ'] $C_t^{n,jk} + (x^jx^k)*\nu_t^n - \sum_{s\leq t} \Delta B_s^{n,j}\, \Delta B_s^{n,k} \to C_t^{jk}$.

(lorsque $B^h = 0$ et $C_t^{jk} = \delta_{jk}t$, X est un mouvement brownien d-dimensionnel standard).

Preuve. Il suffit de remarquer que (L) entraine [δ] et 2.35-(i).∎

3 - APPLICATION AUX SOMMES DE VARIABLES INDEPENDANTES

Historiquement, les premiers résultats de convergence en loi ont concerné les sommes - normalisées - de variables indépendantes. La situation naturelle consiste à considérer des tableaux triangulaires (on devrait plutôt dire "rectangulaires"!)

Considérons donc une double suite $(Y_m^n)_{n\geq 1, m\geq 1}$ de variables aléatoires à valeurs dans $\mathbb{R}^d$. On note ρ_m^n la loi de Y_m^n.

L'hypothèse fondamentale consiste à supposer que *dans chaque ligne* n, *les variables* $(Y_m^n)_{m\geq 1}$ *sont indépendantes*. Pour chaque n, on considère aussi une fonction $\gamma^n\colon \mathbb{R}_+ \to \mathbb{N}$ croissante, càdlàg, n'ayant que des sauts unité. Soit

3.1 $$X_t^n = \sum_{1\leq m\leq \gamma^n(t)} Y_m^n$$

Il est évident que X^n est un PAI. Ce processus est "de saut pur", constant entre les instants de saut de la fonction γ^n, et ces instants de saut sont précisément les temps de discontinuités fixes de X^n. Ainsi, les caractéristiques $(B^{h,n},C^n,\nu^n)$ sont (cela découle immédiatement de 1.18 et de 3.1):

$$\begin{cases} B_t^{h,n} = \sum_{1\leq m\leq \gamma^n(t)} \int \rho_m^n(dx)h(x), & C^n = 0 \\ \nu^n([0,t]\times A) = \sum_{1\leq m\leq \gamma^n(t)} \rho_m^n(A) & \text{si } 0\notin A \end{cases}$$

Le théorème 2.1 s'énonce alors ainsi:

THEOREME 3.2: *Soit* X^n *défini par 3.1. Soit* X *un PAI sans discontinuités fixes, de caractéristiques* (B^h, C, ν) . *Pour que* $X^n \xrightarrow{\mathcal{L}} X$ *il faut et il suffit qu'on ait les trois conditions suivantes:*

[Sup-β] $\quad \sup_{s\leq t} \left| \sum_{1\leq m\leq \gamma^n(s)} \int \rho_m^n(dx)h(x) - B_s^h \right| \to 0.$

[γ] $\quad \sum_{1\leq m\leq \gamma^n(t)} \{\int \rho_m^n(dx)h^j(x)h^k(x) - \int \rho_m^n(dx)h^j(x)\int \rho_m^n(dx)h^k(x)\} \to C_t^{jk} + h^j h^k * \nu_t$

[δ] $\quad \sum_{1\leq m\leq \gamma^n(t)} \int \rho_m^n(dx)f(x) \to f*\nu_t$ pour toute fonction continue bornée f nulle sur un voisinage de 0.

Un cas très important consiste à partir d'une seule suite de variables indépendantes $(Z_n)_{n\geq 1}$, de même loi ρ , et des fonctions $\gamma^n(t) = [nt]$ (= partie entière de nt). Soit alors

3.3 $$X_t^n = c_n \sum_{1\leq m\leq [nt]} Z_m$$

où les c_n sont des constantes de normalisation. Dans la terminologie précédente, cela revient à poser $Y_m^n = c_n Z_m$ et $\rho_m^n(f) = \int \rho(dx)f(c_n x)$.

Supposons par exemple que $d=1$ et que $\int \rho(dx)x = 0$ et $\int \rho(dx)x^2 = 1$. Les mesures ν^n vérifient 2.32 et, avec la notation 2.33 on a $B^n = 0$. On a aussi, pour $c_n = 1/\sqrt{n}$:

$$x^2 1_{\{|x|>\varepsilon\}} * \nu_t^n = \frac{[nt]}{n} \rho(|x| > \varepsilon\sqrt{n}) \to 0 \qquad \forall \varepsilon>0, \forall t>0$$

$$C_t^n + x^2 * \nu_t^n - \sum_{s\leq t} (\Delta B_s^n)^2 = \frac{[nt]}{n} \to t \qquad \forall t.$$

Par suite, on déduit de 2.37 le théorème de Donsker:

THEOREME 3.4: *Soit* (Z_m) *des variables indépendantes, de même loi, centrées et de variance* 1. *La suite de processus* $X_t^n = \frac{1}{\sqrt{n}} \sum_{1\leq m\leq [nt]} Z_m$ *converge en loi vers un mouvement brownien standard.*

Plus généralement, il n'est pas difficile de voir, en utilisant cette fois-ci le théorème 2.1, plus les conditions nécessaires et suffisantes de convergence de tableaux triangulaires indépendants par ligne et qui sont à termes asymptotiquement négligeables (voir le livre [15] de Gnedenko et Kolmogorov) que:

THEOREME 3.5: *Soit* (Z_m) *des variables indépendantes, de même loi appartenant au domaine d'attraction normale d'une loi stable* μ ; *soit* c_n *des constantes de normalisation telles que* $c_n \sum_{1\leq m\leq n} Z_m$ *converge en loi vers* μ . *Alors la suite de processus donnée par 3.3 converge en loi vers un PAI homogène caractérisé par* $\mathcal{L}(X_1) = \mu$.

III - CONVERGENCE DE SEMIMARTINGALES VERS UN PROCESSUS A ACCROISSEMENTS INDEPENDANTS

1 - SEMIMARTINGALES ET CARACTERISTIQUES LOCALES

Le paragraphe 1 est entièrement consacré à des rappels: beaucoup sont donnés sans démonstration. Pour la théorie générale des semimartingales, nous renvoyons à [9] ou [43], ou aussi aux deux livres récents [12] et [42]; pour les caractéristiques locales, nous renvoyons à [23]. Nous supposerons connues certaines choses de base, comme les notions de temps d'arrêt (prévisibles) et de tribu optionnelle et tribu prévisible.

§a - LES SEMIMARTINGALES. Soit $(\Omega,\underline{\underline{F}},(\underline{\underline{F}}_t),P)$ un espace probabilisé filtré, fixé jusqu'à la fin du §1. On suppose la filtration $(\underline{\underline{F}}_t)$ continue à droite.

Une semimartingale (réelle) est un processus càdlàg adapté X qui s'écrit comme $X = M + A$, où M est une martingale locale et A est un processus càdlàg à variation finie ("variation finie" signifie ici: variation finie sur les compacts). On note $Var(A)$ le processus variation de A. La décomposition $X = M + A$ n'est évidemment pas unique.

Une semimartingale vectorielle (d-dimensionnelle) est un processus $X = (X^i)_{i\leq d}$ à valeurs dans R^d, dont chaque composante X^i est une semimartingale.

L'espace des semimartingales possède de nombreuses propriétés attrayantes. C'est d'abord un espace vectoriel; il est stable pour toute une série de transformations: par exemple par arrêt (i.e.: si X est une semimartingale et T un temps d'arrêt, le processus arrêté $X^T_t = X_{T\wedge t}$ est encore une semimartingale), ou par changement équivalent de probabilité. Mais surtout, les semimartingales sont les processus les plus généraux par rapport auxquels on peut intégrer (intégrales stochastiques) tous les processus prévisibles bornés ou localement bornés: c'est le théorème de Bichteler-Dellacherie-Mokobodzki [9].

Voici quelques notions et résultats utiles:

1.1 La semimartingale X est dite spéciale si elle admet une décomposition $X = X_0 + M + A$ avec $M_0 = A_0 = 0$, M martingale locale, A processus à variation localement intégrable (i.e. il existe une suite (T_n) de temps d'arrêt croissant vers ∞, telle que $E\{Var(A)_{T_n}\} < \infty$ pour tout n).

Dans ce cas, X admet une décomposition $X = X_0 + M + A$ du type précédent avec A prévisible: cette décomposition est unique, et est appelée <u>décomposition canonique</u> de X.

<u>1.2</u> (i) Toute martingale locale est une semimartingale spéciale.

(ii) Toute semimartingale à sauts bornés est spéciale.

(iii) Tout processus prévisible càdlàg à variation finie est à variation localement intégrable, et est une semimartingale spéciale.

<u>1.3</u> Si A est un processus càdlàg adapté à variation intégrable, avec $A_0 = 0$, il s'écrit de manière unique, d'après 1.1, comme $A = M + B$ avec $M_0 = B_0 = 0$, M martingale locale, B prévisible à variation finie. Le processus B s'appelle la <u>projection prévisible duale</u> (ou compensateur) de A. De plus:

(i) si A est croissant, alors B est croissant,

(ii) si $|\Delta A| \leq a$ identiquement, alors $|\Delta B| \leq a$.

<u>1.4</u> Toute martingale locale M s'écrit de manière unique comme $M = M_0 + M^c + M^d$ où $M_0^c = M_0^d = 0$, M^c est une martingale locale <u>continue</u>, M^d est une martingale locale <u>somme compensée de sauts</u>, i.e. M^dN est encore une martingale locale pour toute martingale locale continue N.

<u>1.5</u> Soit X une semimartingale de décomposition $X = M + A$. La martingale locale continue M^c ne dépend pas de la décomposition choisie: on la note X^c et on l'appelle <u>partie martingale continue</u> de X .

Soit M une martingale locale, localement de carré intégrable (toute martingale locale à sauts bornés, a-fortiori si elle est continue, est localement de carré intégrable). On a déjà introduit au chapitre I sa <u>variation quadratique prévisible</u> $\langle M,M\rangle$, qui est un processus croissant. Noter que M^2 est une semimartingale spéciale, et $\langle M,M\rangle$ est la partie "prévisible à variation finie" de sa décomposition canonique. Si N est une autre martingale localement de carré intégrable, on définit par polarisation:

<u>1.6</u> $$\langle M,N\rangle = \frac{1}{4}\left(\langle M+N,M+N\rangle - \langle M-N,M-N\rangle\right)$$

et $\langle M,N\rangle$ est la partie prévisible à variation finie de la décomposition canonique de la semimartingale spéciale MN.

Si X est une semimartingale, sa <u>variation quadratique</u> est le processus càdlàg croissant suivant:

<u>1.7</u> $$[X,X]_t = \langle X^c,X^c\rangle_t + \sum_{s\leq t} (\Delta X_s)^2$$

Ce processus est p.s. fini (on verra plus loin une autre définition de la variation quadratique). Lorsque X est une martingale localement de carré intégrable, $\langle X,X\rangle$ est la projection prévisible duale de $[X,X]$.

Si X et Y sont deux semimartingales, on pose aussi

<u>1.8</u> $$[X,Y] = \frac{1}{4}([X+Y,X+Y] - [X-Y,X-Y])$$

et on a:

<u>1.9</u> $$[X,Y]_t = \langle X^c,Y^c\rangle_t + \sum_{s\leq t} \Delta X_s \Delta Y_s .$$

Soit X une semimartingale et H un processus prévisible localement borné: cela signifie qu'il existe une suite (T_n) de temps d'arrêt croissant vers $+\infty$, telle que $\sup_{s\leq T_n(\omega),\omega\in\Omega} |H_s(\omega)|$ est fini pour tout n (par exemple, si Y est un processus càdlàg réel adapté, le processus Y_- est localement borné). On sait qu'on peut définir <u>l'intégrale stochastique</u> de H par rapport à X; on utilisera indifféremment les trois notations suivantes:

$$H\bullet X_t \equiv \int_0^t H_s\, dX_s \equiv \int_{]0,t]} H_s\, dX_s .$$

Lorsque X est à variation finie, cette intégrale coïncide avec l'intégrale de Stieltjes, par trajectoires.

Le processus $H\bullet X$ est une semimartingale et vérifie

<u>1.10</u> $$[H\bullet X,H\bullet X] = H^2\bullet[X,X] \quad , \qquad (H\bullet X)^c = H\bullet X^c .$$

<u>1.11</u> <u>Formule d'Ito</u>. Soit $X = (X^i)_{i\leq d}$ une semimartingale d-dimensionnelle, et f une fonction deux fois différentiable sur $\mathbb{R}^d$, à valeurs dans $\mathbb{R}$ (resp. dans $\mathbb{C}$). Le processus $Y = f(X)$ est alors une semimartingale réelle (resp. complexe, ce qui signifie que partie réelle et partie imaginaire sont des semimartingales), et on a:

$$f(X_t) = f(X_0) + \sum_{i\leq d}\int_0^t \frac{\partial f}{\partial x^i}(X_{s-})dX_s^i + \frac{1}{2}\sum_{j,k\leq d}\int_0^t \frac{\partial^2 f}{\partial x^j\partial x^k}(X_{s-})d\langle X^{j,c},X^{k,c}\rangle_s$$
$$+ \sum_{s\leq t} \{f(X_s) - f(X_{s-}) - \sum_{i\leq d} \frac{\partial f}{\partial x^i}(X_{s-})\Delta X_s^i\}$$

En particulier, si X et Y sont des semimartingales réelles, la formule précédente appliquée à $f(x,y) = xy$ montre que

<u>1.12</u> $$XY = X_0Y_0 + X_-\bullet Y + Y_-\bullet X + [X,Y].$$

<u>1.13</u> <u>L'exponentielle de Doléans-Dade</u>. Soit X une semimartingale réelle. Il existe une semimartingale Y et une seule qui vérifie l'équation $Y = 1 + Y_-\bullet X$. Cette semimartingale Y est notée $\mathcal{E}(X)$ et appelée exponentielle de Doléans-Dade de X,

et elle admet l'expression explicite suivante:

$$\mathcal{E}(X)_t = \prod_{s\leq t}\{(1+\Delta X_s)e^{-\Delta X_s}\} \exp(X_t - X_0 - \frac{1}{2}\langle X^c,X^c\rangle_t),$$

le produit infini ci-dessus étant absolument convergent (ce dernier point découle facilement de ce que $\sum_{s\leq t}(\Delta X_s)^2<\infty$).

§b - DEFINITION DES CARACTERISTIQUES LOCALES. Dans le chapitre II nous avons défini les caractéristiques (B^h,C,ν) d'un PAI de deux manières différentes: par la formule II-1.18, ou par la caractérisation du théorème II-1.49. C'est cette dernière caractérisation qui se généralise aisément aux semimartingales. Nous verrons plus loin comment interprèter II-1.18.

Commençons par quelques notations concernant les mesures aléatoires. D'abord, on appelle mesure aléatoire (positive) sur $R_+\times R^d$ une collection $\nu = (\nu(\omega;dt\times dx):\omega\in\Omega)$ de mesures positives sur $R_+\times R^d$. Pour toute fonction W sur $\Omega\times R_+\times R^d$ on pose

1.14 $$W*\nu_t(\omega) = \int_0^t\int_{R^d} \nu(\omega;ds\times dx)\, W(\omega,s,x)$$

(et $W*\nu_t = +\infty$ si cette intégrale n'a pas de sens): on définit ainsi un processus $W*\nu$ (c'est exactement la même notation que II-1.9).

On note $\underline{\underline{P}}$ la tribu prévisible sur $\Omega\times R_+$. On dit que la mesure aléatoire ν est prévisible si le processus $W*\nu$ est prévisible pour toute fonction positive $\underline{\underline{P}}\otimes\underline{\underline{R}}^d$-mesurable W sur $\Omega\times R_+\times R^d$.

Soit $X = (X^j)_{j\leq d}$ une semimartingale d-dimensionnelle. Soit h une fonction de troncation (cf. II-1.2). Par analogie avec II-1.3 on pose

1.15 $$X^h_t = X_t - \sum_{s\leq t}\{\Delta X_s - h(\Delta X_s)\},$$

ce qui définit une nouvelle semimartingale $X^h = (X^{h,j})_{j\leq d}$, qui est à sauts bornés par a.

THEOREME 1.16: *Soit* X *une semimartingale* d-*dimensionnelle et* h *une fonction de troncation. Il existe un triplet et un seul* (B^h,C,ν) *constitué de:*

1.17 $B^h = (B^{h,j})_{j\leq d}$, un processus prévisible càdlàg à variation finie, $B^h_0 = 0$

1.18 $C = (C^{jk})_{j,k\leq d}$, un processus continu adapté avec $C_0 = 0$, tel que pour $s\leq t$ la matrice $C_t(\omega) - C_s(\omega)$ soit symétrique nonnégative.

1.19 ν, une mesure aléatoire positive sur $R_+\times R^d$, prévisible, vérifiant:

(i) $\nu(\omega;\{0\}\times R^d) = 0$, $\nu(\omega;R_+\times\{0\}) = 0$

(ii) $\nu(\omega;\{t\}\times R^d) \leq 1$

(iii) $\int_0^t\int_{R^d} (|x|^2\wedge 1)\ \nu(\omega;ds\times dx) < \infty$

(iv) $\sum_{s\leq t} |\int_{R^d} h(x)\ \nu(\omega;\{s\}\times dx)| < \infty$

et vérifiant en outre

1.20 $$\Delta B_t^h(\omega) = \int_{R^d} h(x)\ \nu(\omega;\{t\}\times dx)$$

tel qu'on ait les trois propriétés suivantes:

(i) $\tilde{X}^h = X^h - B^h$ *est une martingale locale*

(ii) pour tous $j,k\leq d$, $\tilde{X}^{h,j}\tilde{X}^{h,k} - \tilde{C}^{h,jk}$ *est une martingale locale, où*

1.21 $$\tilde{C}_t^{h,jk} = C_t^{jk} + (h^jh^k)*\nu_t - \sum_{s\leq t} \Delta B_s^{h,j}\ \Delta B_s^{h,k}$$

(iii) pour toute fonction borélienne bornée g *sur* R^d, *nulle sur un voisinage de* 0, *le processus* $\sum_{s\leq t} g(\Delta X_s) - g*\nu_t$ *est une martingale locale.*

De plus, on a (iii) pour toute fonction borélienne g *telle que* $g(x)/(|x|^2\wedge 1)$ *soit borné, et*

1.22 $$\nu(\{T\}\times A) = P(\Delta X_T\in A|\underline{\underline{F}}_{T-}) \quad \text{sur } \{T<\infty\} \text{ si } T \text{ est un temps prévisible et si } 0\notin A$$

1.23 $$C^{jk} = \langle\tilde{X}^{h,c,j},\tilde{X}^{h,c,k}\rangle$$

où $\tilde{X}^{h,c,j}$ *désigne la "partie martingale continue" de* $\tilde{X}^{h,j}$.

REMARQUES 1.24: 1) L'unicité s'entend ainsi: si (B'^h,C',ν') est un autre triplet vérifiant les mêmes conditions, il existe un ensemble négligeable N tel que pour $\omega\notin N$ on ait $B^h_{\cdot}(\omega) = B'^h_{\cdot}(\omega)$, $C_{\cdot}(\omega) = C'_{\cdot}(\omega)$ et $\nu(\omega;.) = \nu'(\omega;.)$.

2) D'après 1.19-(iii) et 1.17 le processus $\tilde{C}^h$ donné par 1.21 est bien défini; d'après 1.18 et 1.19-(ii) et 1.20, il vérifie 1.18 à l'exception de la continuité.∎

Preuve. a) D'après 1.1, un processus prévisible nul en 0, à variation finie, et qui est aussi une martingale locale, est identiquement nul (p.s.). On en déduit l'unicité de (B^h,C,ν) ainsi: d'abord, celle de B^h et de $\tilde{C}^h$, puis celle de $g*\nu$ pour chaque fonction g; puis, comme les mesures $\nu(\omega;[0,t]\times.)$ sont déterminées par leurs intégrales sur une suite bien choisie de fonctions boréliennes bornées g nulles autour de 0, l'unicité de ν ; enfin, d'après 1.21, on en déduit enfin l'unicité de C.

b) La semimartingale X^h est nulle en 0 et vérifie $|\Delta X_t^h| \leq a$, donc elle est spéciale; il existe donc B^h vérifiant 1.17 et (i).

c) On définit C par 1.23. Pour tout $u \in R^d$, $u.C.u = <N,N>$, où $N = \sum_{j\leq d} u^j \tilde{X}^{h,c,j}$; donc $u.C.u$ est croissant et continu. Il est alors facile de trouver une version de C qui vérifie 1.18.

d) Soit $\underline{\underline{G}}$ l'espace des fonctions boréliennes g telles que $g(x)/|x|^2 \wedge 1$ soit borné. Si $g \in \underline{\underline{G}}$, $g \geq 0$, soit $N_t^g = \sum_{s\leq t} g(\Delta X_s)$. Ce processus croissant est majoré par une constante multipliée par $\sum_{j\leq d} <X^j, X^j>$, dont il est à valeurs finies, et aussi à sauts bornés. D'après 1.3 il admet une projection prévisible duale A^g. De plus on a $A_t^g + A_t^{g'} = A_t^{g+g'}$ et $A_t^{\lambda g} = \lambda A_t^g$ p.s.: il n'est alors pas difficile de construire une mesure aléatoire positive prévisible ν vérifiant 1.19-(i), telle que $A_t^g = g*\nu_t$ p.s. (pour plus de détails, voir [23]), et on a (iii).

En appliquant ceci à $g(x) = |x|^2 \wedge 1$, on voit qu'on a 1.19-(iii). Rappelons le résultat classique suivant: si M est une martingale uniformément intégrable et si T est un temps prévisible, on a:

1.25 $$E(\Delta M_T | \underline{\underline{F}}_T) = 0 \quad \text{sur} \quad \{T<\infty\}$$

et ceci s'étend à toute martingale locale pour laquelle $\Delta M_T \in L^1$. En appliquant ceci à $g = 1_A$ où A est un borélien de R^d situé à une distance strictement positive de l'origine (donc $g \in \underline{\underline{G}}$) et à $M = N^g - A^g$, on voit qu'on a 1.22. Il est alors clair que cette relation s'étend à tout borélien A tel que $0 \notin A$. En particulier $\nu(\{T\}\times R^d) \leq 1$ (en utilisant 1.19-(i)). Comme l'ensemble $\{(\omega,t): \nu(\omega;\{t\}\times R^d)>1\}$ est prévisible, une application du théorème de section prévisible montre qu'on peut modifier ν sur un ensemble négligeable, de sorte qu'on ait 1.19-(ii) identiquement.

De même 1.25 appliqué à $\tilde{X}^h$ et 1.22 entrainent que

1.26 $$B_T^h = E\{h(\Delta X_T) | \underline{\underline{F}}_{T-}\} = \int \nu(\{T\}\times dx)\, h(x) \qquad \text{sur} \quad \{T<\infty\}$$

pour tout temps prévisible T. Là encore, le même raisonnement que ci-dessus montre qu'on peut modifier ν de sorte qu'on ait 1.20 identiquement. Enfin 1.19-(iv) découle de 1.17 et 1.20.

e) Il reste à montrer (ii), ce qui revient à montrer que $\tilde{C}^{h,jk} = <\tilde{X}^{h,j}, \tilde{X}^{h,k}>$. On a d'après 1.9 et la définition de $\tilde{X}^h$:

$$[\tilde{X}^{h,j}, \tilde{X}^{h,k}]_t = C_t^{jk} + \sum_{s\leq t} \{h^j(\Delta X_s) - \Delta B_s^{h,j}\}\{h^k(\Delta X_s) - \Delta B_s^{h,k}\}$$

1.27 $$= C_t^{jk} + \sum_{s\leq t} (h^j h^k)(\Delta X_s) + \sum_{s\leq t} \Delta B_s^{h,j} \Delta B_s^{h,k} - \sum_{s\leq t} \{h^j(\Delta X_s)\Delta B_s^{h,k} + h^k(\Delta X_s)\Delta B_s^{h,j}\}$$

De plus $<\tilde{X}^{h,j},\tilde{X}^{h,k}>$ est la projection prévisible duale du processus ci-dessus. C^{jk} et $\sum_{s\leq t}\Delta B_s^{h,j}\Delta B_s^{h,k}$ sont leurs propres projections prévisibles duales; comme $h^jh^k \in \underline{\underline{G}}$, celle de $\sum_{s\leq t}(h^jh^k)(\Delta X_s)$ est $(h^jh^k)*\nu$ d'après (d). Soit enfin F le dernier processus de 1.26. Comme les sauts de B^h sont prévisibles, il existe des temps d'arrêt prévisibles T_n à graphes deux-à-deux disjoints, tels que $F_t = \sum_n \Delta F_{T_n} 1_{\{T_n\leq t\}}$. D'après un résultat bien connu, la projection prévisible duale de F est alors:

$$\begin{aligned}\tilde{F}_t &= \sum_n 1_{\{T_n\leq t\}}\, E(\Delta F_{T_n}|\underline{\underline{F}}_{T_n-})\\ &= \sum_n 1_{\{T_n\leq t\}}\,\{\Delta B_{T_n}^{h,k}\, E\{h^j(\Delta X_{T_n})|\underline{\underline{F}}_{T_n-}\} + \Delta B_{T_n}^{h,j}\, E\{h^k(\Delta X_{T_n})|\underline{\underline{F}}_{T_n-}\}\}\\ &= 2\sum_n 1_{\{T_n\leq t\}}\,\Delta B_{T_n}^{h,j}\Delta B_{T_n}^{h,k} \quad = 2\sum_{s\leq t}\Delta B_s^{h,j}\,\Delta B_s^{h,k}\end{aligned}$$

(utiliser 1.26). En rassemblant ces résultats, on voit que $<\tilde{X}^{h,j},\tilde{X}^{h,k}> = \tilde{C}^{h,jk}$.∎

Le triplet (B^h,C,ν) s'appelle le triplet des <u>caractéristiques locales</u> (associé à la fonction de troncation h) de la semimartingale X. Soit h' une autre fonction de troncation. D'après (iii) la mesure ν n'est pas modifiée. On a

$$X_t^{h'} = X_t^h + \sum_{s\leq t}\{h'(\Delta X_s) - h(\Delta X_s)\}$$

de sorte que d'après (i) et (iii), il vient

<u>1.28</u> $$B^{h'} = B^h + (h'-h)*\nu.$$

Enfin $\tilde{X}^{h'} - \tilde{X}^h$ est à variation finie, donc $\tilde{X}^{h',c} = \tilde{X}^{h,c}$, et C, qui est donné par 1.23, ne dépend pas de la fonction de troncation.

En comparant au théorème II-1.49, on obtient le résultat suivant:

<u>THEOREME 1.29</u>: *Soit* X *un PAI sur* $(\Omega,\underline{\underline{F}},(\underline{\underline{F}}_t),P)$ *auquel on associe les caractéristiques* (déterministes) (B^h,C,ν) *par II-1.13. Pour que* X *soit une semimartingale, il faut et il suffit que la fonction* B^h *soit à variation finie sur les compacts, et dans ce cas* (B^h,C,ν) *est aussi le triplet des caractéristiques locales de* X.

(remarquer que d'après le lemme II-1.21, si ν et B^h vérifient II-(1.14,1.16, 1.17) et si B^h est à variation finie, alors ν vérifie aussi III-1.19).

<u>Preuve</u>. Soit X un PAI; le processus $X - X^h$ est à variation finie, et X^h est une martingale. Donc X est une semimartingale si et seulement si le processus (déterministe) B^h en est une, ce qui revient à dire (cf. [23] par exemple) que B^h est à variation finie sur les compacts. Enfin, la dernière assertion est évidente si on compare II-1.49 et 1.16.∎

§c - UNE DEFINITION EQUIVALENTE DES CARACTERISTIQUES LOCALES. Soit (B^h,C,ν) un triplet vérifiant 1.17-1.20. Pour tout $u\in R^d$ il existe une constante c_u telle que $|g_u(x)| \leq c_u(|x|^2\wedge 1)$, où $g_u(x) = e^{iu.x} - 1 - iu.h(x)$. On définit donc un processus prévisible à variation finie (à valeurs complexes) $A(u)$ en posant:

1.30 $$A(u) = iu.B^h - \frac{1}{2}u.C.u + g_u*\nu$$

(si h' est une autre fonction de troncation, et si $B^{h'}$ est donné par 1.28, on obtient évidemment le même processus $A(u)$ en utilisant h' et $(B^{h'},C,\nu)$).

THEOREME 1.31: *Soit* X *un processus d-dimensionnel càdlàg. Soit* (B^h,C,ν) *vérifiant 1.17-1.20, et* $A(u)$ *donné par 1.30. Il y a équivalence entre:*

a) X *est une semimartingale, admettant* (B^h,C,ν) *pour caractéristiques locales.*

b) Pour tout $u\in R^d$, *le processus* $e^{iu.X} - (e^{iu.X_-})\bullet A(u)$ *est une martingale locale.*

c) pour toute fonction bornée deux fois différentiable f *sur* R^d *le processus*

$$A_t^f = f(X_t) - f(X_0) - \sum_j \frac{\partial f}{\partial x^j}(X_-)\bullet B_t^{h,j} - \frac{1}{2}\sum_{j,k}\frac{\partial^2 f}{\partial x^j\partial x^k}(X_-)\bullet C_t^{jk}$$
$$- \left[f(X_-+x) - f(X_-) - \sum_j \frac{\partial f}{\partial x^j}(X_-)\,h^j(x)\right]*\nu_t$$

est une martingale locale.

Preuve. (a) $\Longrightarrow$ (c): Soit f bornée de classe C^2. On a

$$X_t = B_t^h + \tilde{X}_t^h + \sum_{s\leq t}\{\Delta X_s - h(\Delta X_s)\},$$

de sorte que la formule d'Ito appliquée à f donne, grâce à 1.23:

$$f(X_t) - f(X_0) = \sum_j \frac{\partial f}{\partial x^j}(X_-)\bullet\tilde{X}_t^{h,j} + \sum_j \frac{\partial f}{\partial x^j}(X_-)\bullet B_t^{h,j} + \sum_j\sum_{s\leq t}\frac{\partial f}{\partial x^j}(X_{s-})(\Delta X_s^j - h^j(\Delta X_s))$$
$$+ \frac{1}{2}\sum_{j,k}\frac{\partial^2 f}{\partial x^j\partial x^k}(X_-)\bullet C_t^{jk} + \sum_{s\leq t}\{f(X_{s-}+\Delta X_s) - f(X_{s-}) - \sum_j \frac{\partial f}{\partial x^j}(X_{s-})\Delta X_s^j\}$$

1.32 $$= \sum_j \frac{\partial f}{\partial x^j}(X_-)\bullet\tilde{X}_t^{h,j} + \sum_j \frac{\partial f}{\partial x^j}(X_-)\bullet B_t^{h,j} + \frac{1}{2}\sum_{j,k}\frac{\partial^2 f}{\partial x^j\partial x^k}(X_-)\bullet C_t^{jk} + \sum_{s\leq t}W(s,\Delta X_s)$$

où $W(\omega,t,x) = f(X_{t-}(\omega)+x) - f(X_{t-}(\omega)) - \sum_j \frac{\partial f}{\partial x^j}(X_{t-}(\omega))h^j(x)$.

Considérons 1.32; la première somme est une martingale locale. La seconde et la troisième sont des processus prévisibles à variation finie. La quatrième est un processus optionnel à variation finie, dont les sauts sont localement bornés: il est donc à variation localement intégrable. Il suffit donc de montrer que sa projection prévisible duale est $W*\nu$ pour obtenir (c). Mais W est $\underline{\underline{P}}\otimes\underline{\underline{R}}^d$-mesurable: étant données des propriétés classiques des mesures aléatoires [23], ce résultat découle de 1.16-(iii).

(c) $\Rightarrow$ (b): Il suffit de remarquer que si $f(x) = e^{iu.x}$, on a $A^f = e^{iu.X} - e^{iu.X_0} - (e^{iu.X_-})\bullet A(u)$.

(b) $\Rightarrow$ (a): Par hypothèse $e^{iu.X}$ est une semimartingale complexe pour tout $u \in R^d$. Donc $\sin(bX^j)$ et $\cos(bX^j)$ sont des semimartingales réelles pour tous $b \in R$, $j \leq d$. Il existe une fonction g de classe C^2 sur R^2, telle que $g(\sin x, \cos x) = x$ pour $|x| \leq 1/2$. Donc si $T_n = \inf(t: |X^j_t| \geq 2n)$, le processus X^j coincide avec la semimartingale $n\, g(\sin(X^j/n), \cos(X^j/n))$ sur l'intervalle $[0,T_n[$. Comme $T_n \uparrow \infty$ cela suffit à prouver que X^j est une semimartingale.

Soit alors (B'^h, C', ν') les caractéristiques locales de X, auxquelles on associe $A'(u)$ par 1.30. D'après les implications (a) $\Rightarrow$ (c) $\Rightarrow$ (b), le processus $e^{iu.X} - (e^{iu.X_-})\bullet A'(u)$ est une martingale locale, donc aussi le processus $B(u) = (e^{iu.X_-})\bullet A(u) - (e^{iu.X_-})\bullet A'(u)$, donc aussi le processus $A(u) - A'(u) = (e^{-iu.X_-})\bullet B(u)$. Mais $A(u) - A'(u)$ est également prévisible à variation finie et nul en 0, donc $A(u)_t = A'(u)_t$ p.s. Comme $A(u)_t$ et $A'(u)_t$ sont continus en u et càdlàg en t, on a $A(u)_t(\omega) = A'(u)_t(\omega)$ pour tous $u \in R^d, t>0$, si ω n'appartient pas à un ensemble négligeable N. L'unicité dans la formule de Lévy-Khintchine entraine alors que si $\omega \notin N$ on a $\dot{B}^h(\omega) = \dot{B}'^h(\omega)$, $\dot{C}(\omega) = \dot{C}'(\omega)$ et $\nu(\omega;.) = \nu'(\omega;.)$, d'où le résultat.∎

Soit maintenant le processus prévisible

1.33 $$G(u)_t = e^{A(u)_t} \prod_{s \leq t} \{(1 + \Delta A(u)_s)\, e^{-\Delta A(u)_s}\}.$$

Comme $A(u)_0 = 0$ et comme la partie martingale continue de $A(u)$ est nulle (car $A(u)$ est à variation finie), on voit que $G(u) = \mathcal{E}\{A(u)\}$ est l'exponentielle de Doléans-Dade de $A(u)$. Bien que ces processus soient complexes, et non réels, on vérifie aisément que $G(u)$ est l'unique solution de l'équation:

1.34 $$G(u) = 1 + G(u)_- \bullet A(u)$$

et $G(u)$ est à variation finie (cela peut se vérifier directement sur 1.33, bien-sûr).

THEOREME 1.35: *Soit* X *une semimartingale de caractéristiques locales* (B^h, C, ν); *soit* $A(u)$ *et* $G(u)$ *définis par 1.30 et 1.33. Soit* $T(u) = \inf(t: \Delta A(u)_t = -1)$.

a) $T(u)$ *est un temps d'arrêt prévisible, tel que* $T(u) = \inf(t: G(u)_t = 0)$. *On a* $G(u)_t = 0$ *si* $t \geq T(u)$ *et le processus* $(e^{iu.X}/G(u))\, 1_{[0,T(u)[}$ *est une martingale locale sur l'intervalle stochastique* $[0,T(u)[$.

b) $G(u)$ *est "l'unique" processus prévisible à variation finie ayant ces propriétés, au sens suivant: si* G' *est un processus prévisible à variation finie, avec*

$G'_0 = 1$, *tel que, si* $T' = \inf(t: G'_t = 0)$, *le processus* $(e^{iu.X}/G')1_{[0,T'[}$ *soit une martingale locale sur* $[0,T'[$, *alors* $T' \leq T(u)$ *et* $G' = G(u)$ *sur* $[0,T'[$.

Dans cet énoncé, "martingale locale sur $[0,T(u)[$" signifie la chose suivante: soit T un temps d'arrêt prévisible; on sait qu'il existe une suite (T_n) de temps d'arrêt croissant vers T, avec $T_n<T$ p.s. si $T>0$. Un processus M est appelé martingale locale sur $[0,T[$ si chaque processus arrêté M^{T_n} est une martingale locale. Il est facile de voir que cette notion ne dépend pas de la suite (T_n) annonçant T.

Preuve. Pour simplifier, on pose $A = A(u)$, $T = T(u)$, $G = G(u)$, $Y = e^{iu.X}$ et $Z = \frac{Y}{G} 1_{[0,T[}$.

a) Que T soit prévisible provient de la prévisibilité de A; que $T = \inf(t: G_t = 0)$ découle de 1.33, ainsi que la propriété $G_t = 0$ si $t \geq T$. De même, G étant prévisible, chaque temps d'arrêt $R_n = \inf(t: |G_t| \leq 1/n)$ est prévisible. Comme $R_n > 0$ pour $n \geq 2$, il existe un temps d'arrêt S_n tel que $S_n<R_n$ et $P(S_n<R_n-1/n) \leq 2^{-n}$. Si alors $T_n = \sup_{m\leq n} S_m$ on a $\lim_n \uparrow T_n = T$ p.s., et $T_n < T$, et $|G_t| \geq 1/n$ si $t \leq T_n$.

Il reste alors à prouver que chaque processus arrêté Z^{T_n} est une martingale locale. Comme à l'évidence A^{T_n} est associé à X^{T_n} comme A à X, et comme $G^{T_n} = \mathcal{E}(A^{T_n})$, en remplaçant X par X^{T_n} il reste à prouver que Z est une martingale locale, sachant que $|G| \geq 1/n$ identiquement. En particulier $Z = \frac{Y}{G}$.

Appliquons la formule d'Ito à une fonction f de classe C^2 sur R^4, qui vérifie $f(x,y,z,u) = \frac{x+iy}{z+iu}$ lorsque $|z+iu| \geq 1/n$. Il vient

$$Z = 1 + \frac{1}{G_-}\bullet Y - (\frac{Z}{G})_-\bullet G + \sum_{s\leq .}(\Delta Z_s - \frac{\Delta Y_s}{G_{s-}} + \frac{Z_{s-}}{G_{s-}} \Delta G_s).$$

D'après 1.31, $N = Y - Y_-\bullet A$ est une martingale locale. D'après 1.34, $G = 1+G_-\bullet A$. Un calcul simple montre alors que $\Delta Z -(\Delta Y/G_-) + Z_-(\Delta G/G_-) = - \frac{\Delta N \Delta A}{1+\Delta A}$, d'où

1.36 $$Z = 1 + \frac{1}{G_-}\bullet N - \frac{1}{1+\Delta A}\cdot(\sum_{s\leq .} \Delta N_s \Delta A_s)$$

Mais N est une martingale locale, et A est prévisible à variation finie, donc le processus $\sum_{s\leq .} \Delta N_s \Delta A_s$ est aussi une martingale locale (d'après le lemme de Yoeurp [9]). D'après 1.36, on en déduit que Z est une martingale locale.

b) Soit G' et T' vérifiant les propriétés de l'énoncé, et $Z' = \frac{Y}{G'} 1_{[0,T'[}$. Exactement comme en (a), on peut trouver une suite (T'_n) de temps d'arrêt croissant vers T', telle que $T'_n < T'$ et $|G'_t| \geq 1/n$ si $t \leq T'_n$. Soit $A'(n) = \frac{1}{G'_-}\bullet G'^{T'_n}$. Comme $G'_0 = 1$ on a par inversion: $G'^{T'_n} = 1 + (G'^{T'_n})_-\bullet A'(n)$, de sorte que $G'^{T'_n} = \mathcal{E}(A'(n))$.

On a aussi $Y^{T'_n} = Z'^{T'_n} G'^{T'_n}$ et $Z'^{T'_n}$ est une martingale locale par hypothèse, donc la formule d'Ito donne:

$$\begin{aligned} Y^{T'_n} &= (Z'^{T'_n})_- \bullet G'^{T'_n} + (G'^{T'_n})_- \bullet Z'^{T'_n} + \sum_{s\leq .} \Delta G'^{T'_n}_s \Delta Z'^{T'_n}_s \\ &= (Z'^{T'_n})_- \bullet G'^{T'_n} + (G'^{T'_n}) \bullet Z'^{T'_n} \\ &= Y_- \bullet A'(n) + (G'^{T'_n}) \bullet Z'^{T'_n} ; \end{aligned}$$

donc $Y^{T'_n} - Y_- \bullet A'(n)$ est une martingale locale. D'après 1.31, $Y^{T'_n} - Y_- \bullet A^{T'_n}$ est aussi une martingale locale, donc le processus $Y_- \bullet A'(n) - Y_- \bullet A^{T'_n}$ est une martingale locale prévisible à variation finie, nulle en 0, donc le processus $A'(n) - A^{T'_n}$ vérifie les mêmes propriétés: par suite il est p.s. nul. De $A'(n) = A^{T'_n}$ p.s. on déduit $G'^{T'_n} = G^{T'_n}$ p.s.: par suite $G' = G$ sur $[0,T'_n]$ pour chaque n, donc $G' = G$ sur $[0,T'[$. D'après la définition de T et T', on en déduit également que $T' \leq T$. ∎

Supposons que X soit un PAI de caractéristiques (B^h,C,ν) et que B^h soit à variation finie. Le processus $A(u)$ donné par 1.30 est alors déterministe, et si on compare à 1.33 et II-1.18, on obtient:

<u>1.37</u>
$$G(u)_t = E(e^{iu.X_t}).$$

La propriété d'accroissements indépendants implique par ailleurs immédiatement que $e^{iu.X}/G(u)$ soit une martingale sur $[0,T(u)[$ (ici, $T(u)$ est aussi déterministe). Ainsi, le théorème 1.35 est la version "naturelle" de la formule II-1.18 pour les semimartingales, du moins lorsque $s = 0$.

Plus précisément, remarquons que 1.35 ne dit rien sur ce qui se passe après le temps $T(u)$. Si on veut avoir une transposition complète de II-1.18, il faut utiliser le résultat suivant, qui se démontre exactement comme 1.35:

<u>1.38</u> Pour tout $s\geq 0$, soit $T(u,s) = \inf(t>s: \Delta A(u)_t = -1)$ et

$$G(u,s)_t = \begin{cases} 1 & \text{si } t<s \\ e^{A(u)_t - A(u)_s} \prod_{s<r\leq t} \{(1+\Delta A(u)_r) e^{-\Delta A(u)_r}\} & \text{si } t\geq s . \end{cases}$$

Alors $\{e^{iu.(X_t-X_s)}/G(u,s)_t\} 1_{\{t<T(u,s)\}}$ est une martingale locale (en t) sur $[0,T(u,s)[$.

<u>COROLLAIRE 1.39</u>: *Pour qu'une semimartingale* X *soit aussi un PAI* (relativement à la filtration $(\underline{\underline{F}}_t)$) *il faut et il suffit que ses caractéristiques locales soient déterministes.*

Preuve. La condition nécessaire a été montrée en 1.29. Inversement, supposons les caractéristiques locales (B^h,C,ν) déterministes. Utilisons les notations 1.38. Si $s<t<T(u,s)$ on a

$$E(e^{iu.(X_t-X_s)}|\underline{\underline{F}}_s) = G(u,s)_t .$$

Si $t = T(u,s)$, il vient d'après 1.22

$$E(e^{iu.(X_t-X_s)}|\underline{\underline{F}}_s) = E\{e^{iu.(X_{t-}-X_s)} E(e^{iu.\Delta X_t}|\underline{\underline{F}}_{t-})|\underline{\underline{F}}_s\} = G(u,s)_{t-}(\Delta A(u)_t+1) = 0.$$

Enfin si $T(u,s) < t$ il existe s',s'' avec $s\leq s'$, $s'' = T(u,s')$ et $s''\leq t<T(u,s'')$.

$$E(e^{iu.(X_t-X_s)}|\underline{\underline{F}}_s) = E\{e^{iu.(X_{s''}-X_s)} E(e^{iu.(X_t-X_{s''})}|\underline{\underline{F}}_{s''})|\underline{\underline{F}}_s\}$$

$$= G(u,s'')_t E\{e^{iu.(X_{s'}-X_s)} E(e^{iu.(X_{s''}-X_{s'})}|\underline{\underline{F}}_{s'})|\underline{\underline{F}}_s\} = 0.$$

Donc $E(e^{iu.(X_t-X_s)}|\underline{\underline{F}}_s) = G(u,s)_t$ dans tous les cas. On en déduit alors le résultat. ∎

§d - EXEMPLES.

1) Diffusions et diffusions avec sauts. La condition (c) du théorème 1.31 permet de voir immédiatement que de nombreux processus de Markov à valeurs dans R^d sont des semimartingales à valeurs dans R^d, dont les caractéristiques locales sont liées de manière évidente au generateur infinitésimal.

Supposons en effet qu'on ait un processus de Markov fort càdlàg $(\Omega,\underline{\underline{F}},\underline{\underline{F}}_t,X,P^x)$ à valeurs dans R^d, normal (i.e. $P^x(X_0=x) = 1$). Supposons que son générateur infinitésimal (faible) soit de la forme suivante: (A,D_A) avec

1.40
$$\begin{cases} \text{Si } f \text{ est bornée de classe } C^2 \text{ sur } R^d, \text{ on a } f\in D_A \text{ et} \\ Af(x) = \sum_j b^j(x)\frac{\partial f}{\partial x^j}(x) + \frac{1}{2}\sum_{j,k} c^{jk}(x)\frac{\partial^2 f}{\partial x^j\partial x^k}(x) \\ \qquad + \int_{R^d} N(x,dy)\{f(x+y) - f(y) - \sum_j \frac{\partial f}{\partial x^j}(x)\, h^j(y)\} \end{cases}$$

où $b = (b^j)_{j\leq d}$ est une fonction localement bornée: $R^d \to R^d$, $c = (c^{jk})_{j,k\leq d}$ est une fonction localement bornée sur R^d à valeurs dans l'espace des matrices $d\times d$ symétriques nonnégatives, et N est un noyau de R^d dans R^d tel que la fonction $\int N(.,dy)(|y|^2\wedge 1)$ soit aussi localement bornée. D'après la formule de Dynkin, le processus $f(X_t) - f(X_0) - \int_0^t Af(X_s)ds$ est alors une P^x-martingale locale pour tout x lorsque f est comme ci-dessus. On en déduit que:

1.41 Pour chaque propbabilité P^x, le processus X est une semimartingale de caractéristiques locales: $B_t^h = \int_0^t b(X_s)ds$, $C_t = \int_0^t c(X_s)ds$, $\nu(dt\times dx) = dt\times N(X_{t-},dx)$.

On dit aussi que P^x résoud le problème de martingales associé à X , aux caractéristiques locales (B^h,C,ν) définies en 1.41, et à la condition initiale $X_0 = x$. Remarquer qu'on retrouve les diffusions de Stroock et Varadhan ([53],[55]) lorsque $N = 0$, et les diffusions "avec sauts" de Stroock [54] si $N \neq 0$.

2) Processus ponctuels. On appelle processus ponctuel un processus de comptage N, c'est-à-dire un processus à valeurs dans $\mathbb{N}$, croissant, nul en 0, n'ayant que des sauts unité. Un tel processus est localement intégrable, et on note A sa projection prévisible duale. Si on choisit une fonction de troncation h qui vérifie $h(x) = x$ pour $|x| \leq 1$, les caractéristiques locales de N sont:

1.42 $$B^h = 0, \qquad C = 0, \qquad \nu(dt \times dx) = dA_t \times \varepsilon_1(dx).$$

3) Processus discrets. Soit $(V_n)_{n\geq 1}$ une suite de variables aléatoires à valeurs dans $\mathbb{R}^d$, définies sur un espace $(\Omega,\underline{\underline{F}},P)$. Soit $(\underline{\underline{G}}_n)_{n\geq 0}$ une suite croissante de sous-tribus de $\underline{\underline{F}}$, telle que chaque V_n soit $\underline{\underline{G}}_n$-mesurable.

1.43 On appelle changement de temps une suite $(\sigma_t)_{t\geq 0}$ de variables aléatoires telle que:

(i) $\sigma_0 = 0$; chaque σ_t est à valeurs dans $\mathbb{N}$ et est un $(\underline{\underline{G}}_n)$-temps d'arrêt;

(ii) chaque trajectoire $t \leadsto \sigma_t$ est croissante, càdlàg, à sauts unité.

On considère alors le processus

1.44 $$X_t = \sum_{1\leq n\leq \sigma_t} V_n \qquad (= 0 \text{ si } \sigma_t = 0), \text{ adapté à } \underline{\underline{F}}_t = \underline{\underline{G}}_{\sigma_t}$$

et les temps

$$\tau_k = \inf(t: \sigma_t = k) \qquad \text{pour } k \in \mathbb{N}.$$

PROPOSITION 1.45: *a) La filtration* $(\underline{\underline{F}}_t)$ *est continue à droite; les* τ_k *sont des temps prévisibles pour cette filtration; si* $k\geq 1$ *on a* $\underline{\underline{F}}_{\tau_k} \cap \{\tau_k<\infty\} = \underline{\underline{G}}_k \cap \{\tau_k<\infty\}$ *et* $\underline{\underline{F}}_{\tau_k-} \cap \{\tau_k<\infty\} = \underline{\underline{G}}_{k-1} \cap \{\tau_k<\infty\}$.

b) X *est une semimartingale relativement à* $(\underline{\underline{F}}_t)$, *de caractéristiques locales*

1.46 $$\begin{cases} B^h_t = \sum_{1\leq n\leq \sigma_t} E(h(V_n)|\underline{\underline{G}}_{n-1}) \\ C = 0 \\ \nu([0,t]\times A) = \sum_{1\leq n\leq \sigma_t} P(V_n \in A, V_n \neq 0|\underline{\underline{G}}_{n-1}) \end{cases}$$

Noter qu'on pourrait admettre que σ_t prenne la valeur $+\infty$: dans ce cas, bien-sûr, il faudrait ajouter une condition de façon à ce que la série donnée par 1.44 converge; mais sous cette condition supplémentaire, la proposition 1.45 resterait valide.

Preuve. a) $\underline{\underline{F}}_t$ est l'ensemble des $A\in\underline{\underline{F}}$ tels que $A\cap\{\sigma_t=n\}\in\underline{\underline{G}}_n$ pour tout n. Si $A\in\underline{\underline{F}}_{t+}$ on a $A\cap\{\sigma_s=n\}\in\underline{\underline{G}}_n$ pour tout $s>t$; d'après 1.43-(ii) on a $A\cap\{\sigma_t=n\} = \lim_{s\downarrow t,s>t} A\cap\{\sigma_s=n\}$ appartient à $\underline{\underline{G}}_n$, donc $A\in\underline{\underline{F}}_t$, donc $\underline{\underline{F}}_{t+} = \underline{\underline{F}}_t$.

Soit $k\geq 1$. Si $A\in\underline{\underline{G}}_k$ on a

$$A\cap\{\tau_k\leq t\}\cap\{\sigma_t=n\} = \begin{cases} \emptyset & \text{si } n<k \\ A\cap\{\sigma_t=n\} & \text{si } n\geq k, \end{cases}$$

et cet ensemble appartient à $\underline{\underline{G}}_n$. Par suite $A\cap\{\tau_k\leq t\}\in\underline{\underline{F}}_t$; en prenant $A=\Omega$ on en déduit que τ_k est un $(\underline{\underline{F}}_t)$-temps d'arrêt; on en déduit aussi que $\underline{\underline{G}}_k\subset\underline{\underline{F}}_{\tau_k}$.

Soit ensuite $A\in\underline{\underline{F}}_{\tau_k}$. Alors $A_t := A\cap\{\tau_k\leq t<\tau_{k+1}\}$ est dans $\underline{\underline{F}}_t$, donc $A_t\cap\{\sigma_t=k\} = A_t$ est dans $\underline{\underline{G}}_k$. Comme $A\cap\{\tau_k<\infty\} = \bigcup_{t\in\mathbb{Q}_+} A_t$ il s'ensuit que $A\cap\{\tau_k<\infty\}\in\underline{\underline{G}}_k$. D'après ce qui précède, il vient $\underline{\underline{F}}_{\tau_k}\cap\{\tau_k<\infty\} = \underline{\underline{G}}_k\cap\{\tau_k<\infty\}$.

On a $\{\tau_k>t\} = \{\sigma_t\leq k-1\}\in\underline{\underline{G}}_{k-1}\subset\underline{\underline{F}}_{\tau_{k-1}}$. Donc τ_k est $\underline{\underline{G}}_{k-1}$-mesurable et $\tau_k>\tau_{k-1}$ si $\tau_{k-1}<\infty$. On en déduit que τ_k est un temps d'arrêt prévisible pour $(\underline{\underline{F}}_t)$, car il est annoncé par les $(\underline{\underline{F}}_t)$-temps d'arrêt $\{\tau_{k-1} + (\tau_k - \tau_{k-1} - 1/n)^+\}\wedge n$. Si $A\in\underline{\underline{G}}_{k-1}$ on a $A\cap\{\tau_k<\infty\}\in\underline{\underline{G}}_{k-1}\subset\underline{\underline{F}}_{\tau_{k-1}}\subset\underline{\underline{F}}_{(\tau_k)-}$. Si $A\in\underline{\underline{F}}_t$, alors $A\cap\{t<\tau_k\} = A\cap\{\sigma_t\leq k-1\}\in\underline{\underline{G}}_{k-1}$. Comme $\underline{\underline{F}}_{(\tau_k)-}$ est engendré par $\underline{\underline{F}}_0 = \underline{\underline{G}}_0$ et par les ensembles $A\cap\{t<\tau_k\}$ pour $t>0$, $A\in\underline{\underline{F}}_t$, on en déduit que $\underline{\underline{F}}_{(\tau_k)-}\subset\underline{\underline{G}}_{k-1}$. On a donc terminé la preuve de (a).

b) X est un processus à variation finie, adapté, donc c'est une semimartingale dont la seconde caractéristique C est nulle d'après 1.23. Comme X s'écrit aussi $X = \sum_k \Delta X_{\tau_k} 1_{\{\tau_k\leq t\}}$ et comme les τ_k sont des temps prévisibles, on a:

$$X^h_t = \sum_k h(\Delta X_{\tau_k})1_{\{\tau_k\leq t\}}, \qquad \sum_{s\leq t} g(\Delta X_s) = \sum_k g(\Delta X_{\tau_k})1_{\{\tau_k\leq t\}}$$

et d'après 1.16 et un résultat classique sur les projections prévisibles duales de processus à variation finie purement discontinus et à sauts prévisibles cela implique que les caractéristiques B^h et ν vérifient:

$$B^h_t = \sum_k 1_{\{\tau_k\leq t\}} E\{h(\Delta X_{\tau_k})|\underline{\underline{F}}_{(\tau_k)-}\}, \qquad g*\nu_t = \sum_k 1_{\{\tau_k\leq t\}} E\{g(\Delta X_{\tau_k})|\underline{\underline{F}}_{(\tau_k)-}\}$$

si g est nul autour de 0 et borné. Comme $\Delta X_{\tau_k} = V_k$, il suffit d'utiliser (a) pour obtenir 1.46.∎

§e - SEMIMARTINGALES LOCALEMENT DE CARRE INTEGRABLE. Ce § a un intérêt secondaire, bien que la plupart des semimartingales qu'on rencontre soient du type suivant: on dit qu'une semimartingale X est <u>localement de carré intégrable</u> s'il existe une suite (T_n) de temps d'arrêt croissant vers l'infini, telle que pour chaque n:

1.47 $$E(\sup_{s\leq T_n} |X_t - X_0|^2) < \infty$$

PROPOSITION 1.48: *Soit* X *une semimartingale* d*-dimensionnelle de caractéristiques locales* (B^h,C,ν). *Pour qu'elle soit localement de carré intégrable, il faut et il suffit que*

1.49 $$|x|^2 * \nu_t < \infty \qquad \text{p.s.} \quad \forall t > 0$$

Dans ce cas, X *est une semimartingale spéciale de décomposition canonique* $X = X_0 + M + B$ *et*

(i) $B = B^h + (x - h(x)) * \nu$;

(ii) les crochets $\langle M^j, M^k\rangle$ *sont les processus*

1.50 $$\tilde{C}^{jk}_t = C^{jk}_t + (x^j x^k) * \nu_t - \sum_{s \leq t} \Delta B^j_s \, \Delta B^k_s$$

(iii) $\sum_{s\leq t} g(\Delta X_s) - g * \nu_t$ *est une martingale locale pour toute fonction borélienne* g *telle que* $g(x)/|x|^2$ *soit bornée.*

En d'autres termes, si X est localement de carré intégrable on peut prendre $h(x) = x$ pour "fonction de troncation". Remarquer que (i) et 1.20 entrainent:

1.51 $$\Delta B_t = \int \nu(\{t\} \times dx)\, x$$

Preuve. Supposons d'abord qu'on ait 1.49 . Soit g une fonction borélienne positive telle que $g(x)/|x|^2$ soit borné. Soit (f_p) une suite de fonctions positives bornées nulles autour de 0, nulles pour $|x|>p$, et croissant vers 1. D'après 1.16-(iii) on a pour tout temps d'arrêt T:

$$E\{\sum_{s\leq T} g(\Delta X_s) f_p(\Delta X_s)\} = E\{(gf_p) * \nu_T\}.$$

En passant à la limite en p, on en déduit que $E\{\sum_{s\leq T} g(\Delta X_s)\} = E(g * \nu_T)$. Comme le processus croissant $g * \nu$ est à valeurs finies et est prévisible, il est localement intégrable et on déduit facilement (iii) de la relation précédente (si g n'est pas positive, on l'écrit comme différence de deux fonctions positives ayant la même propriété de bornitude).

Soit $B = B^h + (x-h(x)) * \nu$, qui est bien défini à cause de 1.49 . D'après (iii), $N_t = \sum_{s\leq t} \{\Delta X_s - h(\Delta X_s)\} - (x-h(x)) * \nu_t$ est une martingale locale, donc $M = X^h + N - B^h$ également. On a $X = X_0 + M + B$, donc X est une semimartingale spéciale. La démonstration de (ii) se fait exactement comme celle de 1.16-(ii), en remplaçant la fonction h(x) par la fonction x . En particulier, comme $[M^j,M^j]$ est localement intégrable pour chaque j, la martingale locale M est localement de carré intégrable, donc vérifie 1.47. D'après 1.51 , on a aussi $\sum_{s\leq t} |\Delta B_s|^2 \leq |x|^2 * \nu_t$, donc B est à variation localement de carré intégrable, donc vérifie 1.47. On en déduit que X également vérifie 1.47.

Supposons inversement que 1.47 soit satisfait par X. Il existe une suite de temps d'arrêt croissant vers l'infini, avec

$$E(\sum_{s\leq T_n} |\Delta X_s|^2) \leq E(\sum_{j\leq d}[X^j,X^j]_{T_n} + 4 \sup_{s\leq T_n} |X_s - X_0|^4) < \infty.$$

En utilisant 1.51 pour $T = T_n$ et $g(x) = |x|^2$ et en passant à la limite en p, on voit que $E(|x|^2 * \nu_{T_n}) < \infty$, d'où 1.49.∎

2 - CONVERGENCE DE SEMIMARTINGALES VERS UN PAI

§a - ENONCE DU RESULTAT PRINCIPAL - PRINCIPE DE LA METHODE. Dans ce § nous considérons une suite de semimartingales d-dimensionnelles X^n, nulles en 0 ; chaque X^n est définie sur l'espace filtré $(\Omega^n, \underline{\underline{F}}^n, (\underline{\underline{F}}^n_t), P^n)$ et admet les caractéristiques locales $(B^{h,n}, C^n, \nu^n)$. Par ailleurs, soit X un PAI càdlàg d-dimensionnel sans discontinuités fixes, défini sur $(\Omega, \underline{\underline{F}}, (\underline{\underline{F}}_t), P)$, et admettant les caractéristiques (déterministes) (B^h, C, ν).

A chaque $(B^{h,n}, C^n, \nu^n)$ on associe le processus $\tilde{C}^{h,n}$ défini par 1.21; de même à (B^h, C, ν) on associe la fonction $\tilde{C}^h$ définie par II-1.46.

THEOREME 2.1: *On suppose la fonction de troncation* h *continue, et le PAI* X *sans discontinuités fixes. Pour que* $X^n \xrightarrow{\mathcal{L}} X$ *il suffit qu'on ait les trois conditions:*

[Sup-β] $\sup_{s\leq t} |B^{h,n}_s - B^h_s| \xrightarrow{\mathcal{L}} 0$ pour tout $t>0$;

[γ] $\tilde{C}^{h,n}_t \xrightarrow{\mathcal{L}} \tilde{C}^h_t$ pour tout t dans une partie dense A de R_+ ;

[δ] $f*\nu^n_t \xrightarrow{\mathcal{L}} f*\nu_t$ pour tout t dans une partie dense A de R_+ et toute fonction continue bornée $f: R^d \to R_+$, nulle sur un voisinage de 0.

Dans ce cas, on a [γ] *et* [δ] *avec* $A = R_+$ *et on a aussi:*

[Sup-γ] $\sup_{s\leq t} |\tilde{C}^{h,n}_s - \tilde{C}^h_s| \xrightarrow{\mathcal{L}} 0$ pour tout $t>0$;

[Sup-δ] $\sup_{s\leq t} |f*\nu^n_s - f*\nu_s| \xrightarrow{\mathcal{L}} 0$ pour tout $t>0$ et toute f comme en [δ].

Nous donnons à ces conditions le même nom que dans le théorème II-2.1, car elles sont rigoureusement identiques; ici, bien-sûr, $B^{h,n}$, $\tilde{C}^{h,n}$ et $f*\nu^n$ sont aléatoires (mais pas B^h, $\tilde{C}^h$, $f*\nu$); c'est pourquoi il y a lieu de faire intervenir la convergence en loi (ou de manière équivalente, la convergence en probabilité).

La différence, essentielle, avec le théorème II-2.1, est que ces conditions ne sont plus nécessaires pour que $X^n \xrightarrow{\mathcal{L}} X$.

Nous démontrerons ce théorème au §c. Cependant, indiquons tout de suite pourquoi on a les équivalences $[\gamma] \Longleftrightarrow [\text{Sup-}\gamma]$ et $[\delta] \Longleftrightarrow [\text{Sup-}\delta]$.

LEMME 2.2: *a) On a* $[\gamma] \Longleftrightarrow [\text{Sup-}\gamma]$ *et* $[\delta] \Longleftrightarrow [\text{Sup-}\delta]$.

b) Soit (f_p) *une suite de fonctions, dense pour la convergence uniforme dans l'ensemble des fonctions positives bornées sur* R^d *qui sont nulles sur un voisinage de* 0 *et qui sont uniformément continues. Alors* $[\delta]$ *équivaut à:*

$[\delta']$ $f_p * \nu_t^n \xrightarrow{\mathcal{L}} f_p * \nu_t$ pour tout $p \geq 1$ et tout t dans une partie dense $A \subset R_+$.

Preuve. Il est clair que $[\delta] \Longrightarrow [\delta']$. On va montrer que $[\delta'] \Longrightarrow [\text{Sup-}\delta]$. On montrerait de même l'équivalence $[\text{Sup-}\gamma] \Longleftrightarrow [\gamma]$ (c'est même un peu plus simple).

Supposons $[\delta']$. Quitte à prendre le produit de tous les espaces de probabilité, on peut supposer que tous les processus sont définis sur le même espace. Pour montrer $[\text{Sup-}\delta]$, il suffit de montrer que de toute sous-suite infinie (n_k) on peut extraire une sous-sous-suite (n_{k_q}) telle qu'en dehors d'un ensemble négligeable N on ait $\sup_{s \leq t} |f * \nu_s^{n_{k_q}}(\omega) - f * \nu_s| \to 0$ quand $q \uparrow \infty$. Mais par un procédé diagonal, on peut toujours extraire de (n_k) une sous-sous-suite (n_{k_q}) telle qu'en dehors d'un négligeable N on ait $f_p * \nu_t^{n_{k_q}}(\omega) \to f_p * \nu_t$ pour tout $p \geq 1$ et tout $t \in A$. Il suffit alors d'appliquer le lemme II-2.2 en chaque point $\omega \notin N$ pour obtenir le résultat.∎

Pour montrer que $X^n \xrightarrow{\mathcal{L}} X$, et en suivant les considérations du chapitre I, nous allons d'abord montrer que la suite $\{\mathcal{L}(X^n)\}$ est tendue, puis que la loi $\mathcal{L}(X)$ est la seule loi limite possible pour la suite $\{\mathcal{L}(X^n)\}$. A cet effet, nous verrons deux méthodes:

1) l'une, basée sur la caractérisation II-1.12 du PAI X en termes de martingales, sera expliquée au chapitre IV;

2) l'autre, expliquée ci-dessous utilise le fait que $X^n \xrightarrow{\mathcal{L}(R_+)} X$. Cette seconde méthode contrairement à la première, utilise explicitement le fait que la limite est un PAI.

§b - RELATIVE COMPACITE DE LA SUITE $\{\mathcal{L}(X^n)\}$. La démonstration est essentiellement la même qu'au chapitre II pour les PAI. Pour tout $b>0$ on définit h_b par $h_b(x) = bh(x/b)$; on pose $\tilde{X}^{h_q,n} = X^{h_q,n} - B^{h_q,n}$ pour $q \in \mathbb{N}^*$.

LEMME 2.3: *Soit* $[\gamma]$ *et* $[\delta]$. *Pour chaque* $q \in \mathbb{N}^*$, *la suite* $\{\mathcal{L}(\tilde{X}^{h_q,n})\}_{n \geq 1}$ *est tendue.*

Preuve. Il suffit de recopier la preuve de II-2.28. La seule différence est que A^n et G^{nq} sont aléatoires. D'après $[\text{Sup-}\gamma]$ et $[\text{Sup-}\delta]$, on a $\sup_{s \leq t} |G_s^{nq} - G_s^q| \xrightarrow{\mathcal{L}} 0$.

Ceci entraine à l'évidence que $G^{nq} \xrightarrow{\mathcal{L}} G^q$, donc la suite $\{\mathcal{L}(G^{nq})\}_{n\geq 1}$ est C-tendue, donc aussi la suite $\{\mathcal{L}(A^n)\}_{n\geq 1}$ d'après I-2.20 et on conclut par le théorème I-3.24.∎

LEMME 2.4: *Soit* [Sup-β], [γ], [δ]. *La suite* $\{\mathcal{L}(X^n)\}$ *est tendue.*

Preuve. Là encore, on recopie la preuve de II-2.29. Les seules différences sont, d'une part que $(h_q - h_{1/q})*\nu^n$ et V^{nq} sont des processus et non des fonctions (ce qui ne change pas les arguments), d'autre part que W^{nq} n'est pas traité tout-à-fait de la même manière. En effet, on a

$$P^n(\sup_{s\leq N} |W_s^{nq}|>0) \leq P^n\{\textstyle\sum_{s\leq N} g_q(\Delta X_s^n)>\frac{1}{2}\} .$$

Le processus $F_t^{nq} = \sum_{s\leq t} g_q(\Delta X_s^n)$ est dominé au sens de Lenglart (cf. I-3.16) par $g_q*\nu^n$, car $F^{nq} - g_q*\nu^n$ est une martingale locale. Donc d'après I-3.18 on a

$$P^n(\sup_{s\leq N} |W_s^{nq}|>0) \leq 2\varepsilon + P^n(g_q*\nu_N^n>2\varepsilon).$$

Comme dans II-2.29, il existe q tel que $g_q*\nu_N\leq\varepsilon$; d'après [δ] il existe n_o tel que $P^n(g_q*\nu_N^n>2\varepsilon) \leq \varepsilon$ si $n>n_o$, ce qui implique $P^n(\sup_{s\leq N} |W_s^{nq}|>0) \leq 3\varepsilon$. On a donc bien la condition I-2.17-(iii).∎

§c - CONVERGENCE FINI-DIMENSIONNELLE DES X^n. Pour chaque n on associe aux caractéristiques de X^n les processus prévisibles $A^n(u)$ et $G^n(u)$ par 1.30 et 1.33. De même, $A(u)$ et $G(u)$ sont associés à X. D'après 1.37, on a $G(u)_t = E(e^{iu.X_t})$.

PROPOSITION 2.5: *Supposons que* $G^n(u)_t \xrightarrow{\mathcal{L}} G(u)_t$ *pour tout* $t\in A$ *et tout* $u\in R^d$. *Alors* $X^n \xrightarrow{\mathcal{L}(A)} X$.

Nous verrons dans la preuve que la propriété de X de ne pas avoir de discontinuités fixes n'est pas pleinement utilisée; seul est utilisé le fait que la fonction $u \rightsquigarrow G(u)_t$ ne s'annule pour aucun $t\in A$ (c'est évidemment vrai lorsque X n'a pas de discontinuités fixes).

Lorsque les X^n sont eux-mêmes des PAI, le résultat est trivial car on a aussi $G^n(u)_t = E(\exp iu.X_t^n)$

Preuve. Soit $0 = t_o<\ldots<t_p$ avec $t_j\in A$ (on peut évidemment supposer que $0\in A$). On va montrer par récurrence sur p que $(X_{t_o}^n,\ldots,X_{t_p}^n) \xrightarrow{\mathcal{L}} (X_{t_o},\ldots,X_{t_p})$. On suppose cette assertion vraie pour $p-1$ (elle est évidente pour $p=0$ car $X_0^n = X_0 = 0$). Il faut donc montrer que pour tous u_j, $u\in R^d$ on a

$$E^n\{\exp i\{\textstyle\sum_{1\leq j\leq p-1} u_j.X_{t_j}^n + u.(X_{t_p}^n - X_{t_{p-1}}^n)\}\} \to E\{\exp i\{\sum_{1\leq j\leq p-1} u_j.X_{t_j} + u.(X_{t_p} - X_{t_{p-1}})\}\}$$

Soit $\zeta^n = \exp i \sum_{1\leq j\leq p-1} u_j . X^n_{t_j}$ et $\zeta = \exp i \sum_{1\leq j\leq p-1} u_j . X_{t_j}$. L'hypothèse de récurrence implique:

2.6 $$E^n(\zeta^n) \to E(\zeta) ,$$

et il faut montrer que

$$v_n := E^n\{\zeta^n \exp iu.(X^n_{t_p} - X^n_{t_{p-1}})\} \to v := E\{\zeta \exp iu.(X_{t_p} - X_{t_{p-1}})\} = E(\zeta)\frac{G(u)_{t_p}}{G(u)_{t_{p-1}}}.$$

(on a utilisé la propriété de PAI de X pour la dernière égalité).

Soit $T^n(u) = \inf(t: G^n(u)_t = 0)$. Soit $b = |G(u)_{t_p}|$. On a $b>0$ et $R^n = \inf(t: |G^n(u)_t| \leq b/2)$ est un temps prévisible (car $G^n(u)$ est prévisible). De plus, $|G^n(u)_t|$ est un processus décroissant en t (cela se voit immédiatement sur 1.33) et par hypothèse $|G^n(u)_{t_p}| \xrightarrow{\mathcal{L}} b$: donc $P^n(R^n \leq t_p) \to 0$.

R^n étant un temps prévisible, il existe un $(\underline{\underline{F}}^n_t)$-temps d'arrêt S^n tel que $S^n < R^n$ et $P^n(S^n < R^n - 1/n) \leq 1/n$. Par suite

2.7 $$P^n(S^n \leq t_p) \to 0.$$

Comme $S^n < T^n(u)$, le processus $M^n_t = \{\exp iu.X^n_{t\wedge S^n}\}/G^n(u)_{t\wedge S^n}$ est une martingale locale d'après le théorème 1.35. De plus $|G^n(u)_t| \geq b/2$ si $t \leq S^n$, donc $|M^n| \leq 2/b$ et ce processus M^n est même une martingale. Par suite

2.8 $$E^n(\beta^n|\underline{\underline{F}}^n_{t_{p-1}}) = 1 , \qquad \text{où} \quad \beta^n = M^n_{t_p} / M^n_{t_{p-1}} .$$

Soit aussi $\gamma^n = G^n(u)_{t_p}/G^n(u)_{t_{p-1}}$ (avec $a/0 = 0$ par convention) et $\gamma = G(u)_{t_p}/G(u)_{t_{p-1}}$. D'après 2.8, on a:

$$v_n = E^n\{\zeta^n 1_{\{S^n \leq t_p\}} \exp iu.(X^n_{t_p} - X^n_{t_{p-1}})\} + E^n\{\zeta^n \beta^n(\gamma^n 1_{\{S^n > t_p\}} - \gamma)\} + E^n(\zeta^n)\gamma ,$$

d'où

2.9 $$|v_n - v| \leq P^n(S^n \leq t_p) + E^n(|\beta^n| . |\gamma^n 1_{\{S^n > t_p\}} - \gamma|) + |\gamma| . |E^n(\zeta^n) - E(\zeta)|$$

D'après 2.6 et 2.7, les premier et troisième termes ci-dessus tendent vers 0. Par ailleurs $|\beta^n| \leq 2/b$, $|\gamma^n 1_{\{S^n > t_p\}}| \leq 2/b$, et l'hypothèse plus 2.7 entrainent:

$$\gamma^n 1_{\{S^n > t_p\}} \xrightarrow{P} \gamma$$

Donc le second terme du second membre de 2.9 tend également vers 0. Par suite on a $v_n \to v$, d'où le résultat.∎

Preuve du théorème 2.1. On suppose [Sup-β], [γ], [δ], donc aussi [Sup-γ] et [Sup-δ]. Etant donnés 2.4 et 2.5, il suffit de montrer que si $u \in R^d$, $t>0$, on a: $G^n(u)_t \xrightarrow{\mathcal{L}} G(u)_t$. Pour cela, il suffit que, (n_k) étant une suite infinie de $\mathbb{N}$, on puisse en extraire une sous-suite (n_{k_q}) telle que $G^{n_{k_q}}(u)_t \xrightarrow{\mathcal{L}} G(u)_t$.

Soit les fonctions f_p du lemme 2.2. Par un procédé diagonal, on peut extraire une sous-suite (n_{k_q}) de (n_k) telle qu'en dehors d'un ensemble négligeable N, on ait (rappelons que, quitte à prendre le produit de tous les espaces, on peut toujours supposer que tous les processus sont définis sur un même espace de probabilité):

$$B^{h,n_{k_q}}(\omega) \longrightarrow B^h \quad \text{uniformément sur les compacts;}$$

$$\tilde{C}^{h,n_{k_q}}(\omega) \longrightarrow \tilde{C}^h \quad \text{uniformément sur les compacts;}$$

$$f_p * \nu_t^{n_{k_q}}(\omega) \longrightarrow f_p * \nu_t \quad \text{pour tous } p \in \mathbb{N},\ t \in \mathbb{Q}_+.$$

D'après le théorème 2.1 et le lemme 2.2 du chapitre II, pour tout $\omega \notin N$ les lois des PAI admettant les caractéristiques $(B^{h,n_{k_q}}(\omega), C^{n_{k_q}}(\omega), \nu^{n_{k_q}}(\omega))$ convergent vers $\mathcal{L}(X)$. Comme $G^{n_{k_q}}(u)_t(\omega)$ est l'espérance de $\exp iu.Y_t$ lorsque Y est le PAI ci-dessus, on en déduit que:

$$\omega \notin N \Longrightarrow G^{n_{k_q}}(u)_t(\omega) \to G(u)_t \qquad \forall u \in R^d, \forall t>0,$$

d'où le résultat. ∎

La preuve ci-dessus est très courte, car elle s'appuie sur la condition suffisante du théorème II-2.1, elle-même basée sur la condition nécessaire du même théorème. Il existe bien-sûr une démonstration directe de la condition suffisante de II-2.1 et, partant, du théorème III-2.1.

Plus précisément, on peut montrer directement que [Sup-β]+[γ]+[δ] entrainent que $G^n(u)_t \xrightarrow{\mathcal{L}} G(u)_t$. De même, on peut montrer directement (nous ne le ferons pas ici: il suffit de suivre Gnedenko et Kolmogorov [15]) que si pour <u>une</u> valeur de t on a

$[\beta_t]$ $\quad B_t^{h,n} \xrightarrow{\mathcal{L}} B_t^h$

$[\gamma_t]$ $\quad \tilde{C}_t^{h,n} \xrightarrow{\mathcal{L}} \tilde{C}_t^h$

$[\delta_t]$ $\quad f * \nu_t^n \xrightarrow{\mathcal{L}} f * \nu_t$ pour toute f continue bornée positive nulle autour de 0

$[UP_t]$ $\quad \mathrm{Sup}_{s \leq t}\ \nu^n(\{s\} \times \{|x|>\varepsilon\}) \xrightarrow{\mathcal{L}} 0 \qquad \forall \varepsilon>0$

alors $G^n(u)_t \xrightarrow{\mathcal{L}} G(u)_t$ pour tout $u \in R^d$ (dans [15] ce résultat est montré lorsque $B^{h,n}, C^n, \nu^n$ sont déterministes, donc les X^n des PAI; on passe au cas aléatoire exactement comme ci-dessus). Etant donné 2.5, on en déduit:

<u>THEOREME 2.10</u>: *Sous* $[\beta_t]$, $[\gamma_t]$, $[\delta_t]$, $[UP_t]$, *on a* $X_t^n \xrightarrow{\mathcal{L}} X_t$.

<u>REMARQUES 2.11</u>: 1) Si on a [δ], il est facile de voir que $[UP_t]$ est satisfait pour tout t, car $\nu(\{t\} \times R^d) = 0$ par hypothèse.

2) Supposons qu'on ait $[\beta_t]$ pour tout t, et [γ] et [δ] (donc $[\gamma_t]$,

$[\delta_t]$, $[UP_t]$ pour tout t). D'après 2.5 on a aussi $X^n \xrightarrow{\mathcal{L}(R_+)} X$. Cependant, il n'y a pas nécessairement convergence en loi $X^n \xrightarrow{\mathcal{L}} X$ pour la topologie de Skorokhod (c'est la même situation qu'en II-2.4).

3) Le théorème 2.10 ne fait pas intervenir X en tant que processus; seules interviennent les caractéristiques de Lévy-Khintchine B_t^h, C_t, $\nu([0,t]\times .)$ de la loi (indéfiniment divisible) de X_t; par contre, on utilise pleinement les propriétés des processus X^n (jusqu'à l'instant t), et pas seulement les lois $\mathcal{L}(X_t^n)$.∎

§d - APPLICATION AUX SEMIMARTINGALES LOCALEMENT DE CARRE INTEGRABLE. Dans ce paragraphe on suppose que les X^n sont des semimartingales nulles en 0, qui sont localement de carré intégrable, ce qui d'après 1.48 équivaut à:

2.12 $$|x|^2 * \nu_t^n < \infty \qquad \forall t > 0.$$

On suppose aussi que

2.13 $$|x|^2 * \nu_t < \infty \qquad \forall t > 0,$$

et on pose

2.14 $$B^n = B^{h,n} + (x - h(x)) * \nu^n , \quad B = B^h + (x - h(x)) * \nu.$$

PROPOSITION 2.15: *On suppose 2.12, 2.13, et le PAI X sans discontinuités fixes. Pour que $X^n \xrightarrow{\mathcal{L}} X$ il suffit qu'on ait $[\delta]$ et*

(i) $\lim_{b\uparrow\infty} \limsup_n P^n(|x|^2 1_{\{|x|>b\}} * \nu_t^n > \varepsilon) = 0 \qquad \forall \varepsilon>0, \forall t>0;$

[Sup-β'] $\sup_{s\leq t} |B_s^n - B_s| \xrightarrow{\mathcal{L}} 0 \qquad \forall t>0;$

[γ'] $C_t^{n,jk} + (x^j x^k) * \nu_t^n - \sum_{s\leq t} \Delta B_s^{n,j} \Delta B_s^{n,k} \xrightarrow{\mathcal{L}} C_t^{jk} + (x^j x^k) * \nu_t \qquad \forall t>0, \forall j,k\leq d.$

Preuve. Comme pour les preuves du lemme 2.2 ou du théorème 2.1, on va appliquer le "principe des sous-suites". Soit (n_k) une suite infinie de $\mathbb{N}$. Par le lemme de Borel-Cantelli et en utilisant un procédé diagonal, il est facile d'en extraire une sous-suite (n_{k_q}) telle que si ω n'appartient pas à un ensemble négligeable N, les triplets "déterministes" $(B^{h,n_{k_q}}(\omega), C^{n_{k_q}}(\omega), \nu^{n_{k_q}}(\omega))$ vérifient [δ'], [Sup-β'] [γ'] et la condition (i) de II-2.35. D'après la proposition II-2.35, pour chaque $\omega \notin N$ les triplets déterministes ci-dessus vérifient [Sup-β], [γ], [δ] et on en déduit que les triplets "aléatoires" $(B^{h,n}, C^n, \nu^n)$ vérifient également ces trois conditions, d'où le résultat.∎

Exactement comme au §II-2-e on en déduit le:

COROLLAIRE 2.16: *On suppose 2.12; on suppose que* X *est un PAI continu, de caractéristiques* $(B^h,C,0)$. *Pour que* $X^n \xrightarrow{\mathcal{L}} X$ *il suffit que:*

[L] $\quad |x|^2 1_{\{|x|>\varepsilon\}}*\nu_t^n \xrightarrow{\mathcal{L}} 0 \qquad \forall t>0, \forall \varepsilon>0$

[Sup-β'] $\quad \mathrm{Sup}_{s\leq t} |B_s^n - B_s| \xrightarrow{\mathcal{L}} 0 \qquad \forall t>0$ (ici, $B = B^h$)

[γ'] $\quad C_t^{n,jk} + (x^j x^k)*\nu_t^n - \sum_{s\leq t} \Delta B_s^{n,j} \Delta B_s^{n,k} \xrightarrow{\mathcal{L}} C_t^{jk} \qquad \forall t>0, \forall j,k\leq d.$

COROLLAIRE 2.17: *On suppose que les* X^n *sont des martingales localement de carré intégrable réelles, et que* X *est un PAI continu de caractéristiques* (0,C,0) (i.e., X est une martingale continue gaussienne, et $C_t = E(X_t^2)$). *Pour que* $X^n \xrightarrow{\mathcal{L}} X$, *il suffit qu'on ait* [L] *et*

$$\langle X^n,X^n\rangle_t \xrightarrow{\mathcal{L}} C_t \qquad \forall t>0.$$

Preuve. Il suffit d'appliquer 2.16 en remarquant que $B^n = 0$ et que le premier membre de [γ'] égale $\langle X^n,X^n\rangle_t$.∎

Voici une application simple de ce corollaire. Soit $(M^n)_{n\geq 1}$ une suite de martingales indépendantes et de même loi, telles que

2.18 $$C_t = E\{(M_t^n)^2\} < \infty \qquad \forall t>0.$$

et qui vérifient $M_0^n = 0$. On suppose en outre que la fonction C est continue; alors:

PROPOSITION 2.19: *Sous les hypothèses précédentes, les processus* $X^n = \frac{1}{\sqrt{n}}(M^1+..+M^n)$ *convergent en loi vers un PAI de caractéristiques* (0,C,0) (martingale gaussienne continue).

Preuve. Les X^n sont des martingales de carré intégrable. Comme les M^n sont indépendantes, on a

$$\langle X^n,X^n\rangle = \frac{1}{n} \sum_{1\leq p\leq n} \langle M^p,M^p\rangle$$

et les variables $\langle M^p,M^p\rangle_t$ sont indépendantes, de même loi, de moyenne C_t . D'après la loi forte des grands nombres, on a donc $\langle X^n,X^n\rangle_t \to C_t$ p.s.

Par ailleurs, C étant continu, les martingales M^n n'ont pas de discontinuités fixes. Il s'ensuit que les M^n n'ont p.s. pas de sauts communs. Si ν'^p désigne la troisième caractéristique locale de M^p, et ν^n celle de X^n, on a donc:

$$f*\nu_t^n = \sum_{1\leq p\leq n} \int \nu'^p([0,t]\times dx)\, f(x/\sqrt{n})$$

D'où

$$x^2 1_{\{|x|>\varepsilon\}}*\nu_t^n = \frac{1}{n} \sum_{1\leq p\leq n} x^2 1_{\{|x|>\varepsilon\sqrt{n}\}}*\nu_t'^p ,$$

$$E(x^2 1_{\{|x|>\varepsilon\}} * \nu_t^n) = E(x^2 1_{\{|x|>\varepsilon\sqrt{n}\}} * \nu_t^{\prime P}),$$

qui tend vers 0 quand $n\uparrow\infty$, pour tout $\varepsilon>0$. On a donc [L], d'où le résultat.∎

§e - APPLICATION AUX TABLEAUX TRIANGULAIRES. Rappelons le cadre introduit au §II-3. Pour chaque n on considère un espace $(\Omega^n, \underline{\underline{F}}^n, P^n)$ muni d'une suite $(Y_m^n)_{m\geq 1}$ de variables à valeurs dans R^d, adaptés à une filtration discrète $(\underline{\underline{G}}_m^n)_{m\geq 0}$. On considère un "changement de temps" $(\sigma_t^n)_{t\geq 0}$ au sens de 1.43, et le processus

2.20 $$X_t^n = \sum_{1\leq m\leq \sigma_t^n} Y_m^n \qquad (= 0 \text{ si } \sigma_t^n = 0),$$

qui est adapté à la filtration $\underline{\underline{F}}_t^n = \underline{\underline{G}}_{\sigma_t^n}^n$.

THEOREME 2.21: *Soit* X *un PAI sans discontinuités fixes, de caractéristiques* (B^h, C, ν) *associées à une fonction de troncation* h *continue. Pour que* $X^n \xrightarrow{\mathcal{L}} X$ *il suffit qu'on ait:*

[Sup-β] $\sup_{s\leq t} |\sum_{1\leq m\leq \sigma_s^n} E^n\{h(Y_m^n)|\underline{\underline{G}}_{m-1}^n\} - B_s^h| \xrightarrow{\mathcal{L}} 0 \qquad \forall t>0;$

[γ] $\sum_{1\leq m\leq \sigma_t^n} \{E^n\{(h^j h^k)(Y_m^n)|\underline{\underline{G}}_{m-1}^n\} - E^n\{h^j(Y_m^n)|\underline{\underline{G}}_{m-1}^n\}\ E^n\{h^k(Y_m^n)|\underline{\underline{G}}_{m-1}^n\}\}$
$\xrightarrow{\mathcal{L}} C_t^{jk} + (h^j h^k)*\nu_t \qquad \forall t>0,\ \forall j,k\leq d;$

[δ] $\sum_{1\leq m\leq \sigma_t^n} E^n\{f(Y_m^n)|\underline{\underline{G}}_{m-1}^n\} \xrightarrow{\mathcal{L}} f*\nu_t$ pour tout t et toute fonction f continue bornée sur R^d, nulle sur un voisinage de l'origine.

Preuve. Il suffit d'appliquer le théorème 2.1 aux semimartingales X^n, en utilisant la forme 1.45 de leurs caractéristiques locales.∎

De même, l'application du corollaire 2.16 donne:

COROLLAIRE 2.22: *Soit* X *un PAI continu de caractéristiques* $(B^h = B, C, 0)$. *Pour que* $X^n \xrightarrow{\mathcal{L}} X$ *il suffit, dans le cas où* $Y_m^n \in L^2$ *pour tous* m,n, *que*

[L] $\sum_{1\leq m\leq \sigma_t^n} E^n\{|Y_m^n|^2\, 1_{\{|Y_m^n|>\varepsilon\}}|\underline{\underline{G}}_{m-1}^n\} \xrightarrow{\mathcal{L}} 0 \qquad \forall t>0,\ \forall \varepsilon>0$

[Sup-β'] $\sup_{s\leq t} |\sum_{1\leq m\leq \sigma_s^n} E^n(Y_m^n|\underline{\underline{G}}_{m-1}^n) - B_s| \xrightarrow{\mathcal{L}} 0 \qquad \forall t>0$

[γ'] $\sum_{1\leq m\leq \sigma_t^n} \{E^n(Y_m^{n,j} Y_m^{n,k}|\underline{\underline{G}}_{m-1}^n) - E^n(Y_m^{n,j}|\underline{\underline{G}}_{m-1}^n)\ E^n(Y_m^{n,k}|\underline{\underline{G}}_{m-1}^n)\} \xrightarrow{\mathcal{L}} C_t^{jk} \qquad \forall t>0.$

Un cas très important est la généralisation du théorème de Donsker (c'est le "théorème limite central fonctionnel" classique pour les martingales discrètes). On part d'une martingale discrète $(U_n)_{n\geq 0}$ nulle en 0 sur l'espace $(\Omega, \underline{\underline{F}}, (\underline{\underline{G}}_m), P)$ qui est supposée de carré intégrable (i.e. chaque U_n est dans L^2). Soit aussi

$$C_n = \sum_{1\leq p\leq n} E\{(U_p - U_{p-1})^2|\underline{\underline{G}}_{p-1}\}.$$

THEOREME 2.23. *Supposons que:*

(i) $\frac{1}{n}\sum_{1\leq m\leq [nt]} E\{(U_p - U_{p-1})^2 1_{\{|U_p-U_{p-1}|>\varepsilon\sqrt{n}\}}|\underline{\underline{G}}_{p-1}\} \xrightarrow{\mathcal{L}} 0 \qquad \forall t>0,\ \forall \varepsilon>0;$

(ii) $\frac{1}{n} C_{[nt]} \xrightarrow{\mathcal{L}} t \qquad \forall t>0.$

Alors les processus $X_t^n = \frac{1}{\sqrt{n}} U_{[nt]}$ *convergent en loi vers un mouvement brownien standard.*

Preuve. On applique le corollaire précédent aux variables $Y_m^n = \frac{1}{\sqrt{n}}(U_m - U_{m-1})$ et aux changements de temps $\sigma^n(t) = [nt]$. ∎

§f - COMMENTAIRES BIBLIOGRAPHIQUES. Les premiers théorèmes limite ont concerné, bien entendu, les tableaux triangulaires. En ce qui concerne le genre de méthodes utilisé ici, signalons les articles fondamentaux de B. Brown [5] et de B. Brown et Eagleson [6] sur la convergence (non fonctionnelle) d'accroissements de martingales. Les résultats de convergence fonctionnelle, dans des cas assez particuliers, sont plus anciens: voir par exemple Rosen [49], et Billingsley [3]. Ensuite, les résultats cités de B. Brown ont été généralisé au cadre fonctionnel par McLeish [40] qui a démontré le théorème 2.22, puis Durrett et Resnick [11] (pour des limites qui sont des PAI non continus) et [26].

Les résultats de convergence de processus continus indicés par R_+ sont également d'origine assez ancienne, notamment pour les processus de Markov, et sous des hypothèses assez restrictives; ces résultats sont habituellement basés sur la méthode des "problèmes de martingales" que nous exposerons dans le chapitre IV. L'étude de la convergence de processus discontinus, et encore plus la convergence vers un processus limite discontinu, sont des choses plus récentes: les premiers résultats généraux sont dûs à T. Brown ([7] pour les processus ponctuels, [8] pour les processus ponctuels multivariés) et à Rebolledo ([46],[48]: convergence de martingales vers un brownien). La méthode utilisée dans ce chapitre est basée sur l'article [29] de Kabanov, Liptcer et Shiryaev; des formulations plus générales ont ensuite été proposées par Liptcer et Shiryaev [35] et aussi dans [24] et [26].

3 - DEUX EXEMPLES

Le théorème 2.1 peut sembler séduisant au lecteur et, au vu du théorème II-2.1, optimal. Les deux exemples ci-dessous visent à tempérer cet enthousiasme! le premier montre que, même dans ùn cas simple, les conditions de ce théorème 2.1 peuvent se révéler très difficiles à vérifier. Le second montre qu'en outre elles ne sont pas nécessaires (on examinera plus à fond la nécessité de ces conditions au chapitre V).

§a-SOMMES NORMALISEES DE SEMIMARTINGALES INDEPENDANTES DE MEME LOI. On va généraliser ci-dessous la situation de la proposition 2.19, en considérant une suite de copies indépendantes de la même semimartingale, nulle en 0, uni-dimensionnelle pour simplifier: soit $Y(p)$ la $p^{\text{ième}}$ copie, définie sur l'espace $(\Omega(p),\underline{\underline{F}}(p),(\underline{\underline{F}}_t(p)),P(p))$ (noté aussi $\mathcal{B}(p)$ pour simplifier), et de caractéristiques locales $(B^h(p),C(p),\nu(p))$; on lui associe aussi le processus $A(p)(u)$ défini par 1.30.

Soit $(\Omega,\underline{\underline{F}},(\underline{\underline{F}}_t),P)$ le produit des espaces $\mathcal{B}(p)$; Soit β_n des constantes de normalisation. On considère les processus

3.1 $$X^n = \beta_n \sum_{1\leq p\leq n} Y(p).$$

Il est évident que X^n est une martingale, dont on note $(B^{h,n},C^n,\nu^n)$ les caractéristiques locales, et $A^n(u)$ le processus associé par 1.30.

LEMME 3.2: *Supposons que les* $Y(p)$ *n'aient pas de temps fixes de discontinuité. On a alors*

3.3 $$B^{h,n} = \sum_{1\leq p\leq n} \{\beta_n B^h(p) + \{h(\beta_n x) - \beta_n h(x)\}*\nu(p)\}$$

3.4 $$C^n = \sum_{1\leq p\leq n} \beta_n^2\, C(p)$$

3.5 $$g*\nu^n = \sum_{1\leq p\leq n} g(\beta_n x)*\nu(p)$$

3.6 $$A^n(u) = \sum_{1\leq p\leq n} A(p)(\beta_n u)$$

Preuve. On a $X^{n,c} = \sum_{1\leq p\leq n} \beta_n Y(p)^c$, et comme les $Y(p)$ sont indépendantes, on a $\langle Y(p)^c,Y(q)^c\rangle = 0$ si $p\neq q$. La formule 3.4 découle alors de 1.23. L'hypothèse entraine que les $Y(p)$ n'ont p.s. pas de sauts communs. On a donc

$$\sum_{s\leq t} g(\Delta X^n_s) = \sum_{1\leq p\leq n} \sum_{s\leq t} g(\beta_n \Delta Y(p)_s)$$

et 3.5 découle de la caractérisation 1.16-(iii). Toujours pour la même raison, on a:

$$X^{h,n}_t = X^n_t - \sum_{s\leq t} \{\Delta X^n_s - h(\Delta X^n_s)\}$$

$$= \sum_{1\leq p\leq n}\{\beta_n\{Y(p)^h_t + \sum_{s\leq t}\{\Delta Y(p)_s - h(\Delta Y(p)_s)\}\} - \sum_{s\leq t}\{\beta_n \Delta Y(p)_s - h(\beta_n \Delta Y(p)_s)\}\}$$

$$= \sum_{1\leq p\leq n}\{\beta_n Y(p)^h_t + \sum_{s\leq t}\{h(\beta_n \Delta Y(p)_s) - \beta_n h(\Delta Y(p)_s)\}\}.$$

Donc 3.3 découle de la caractérisation 1.16-(i). Enfin un calcul simple permet d'obtenir 3.6 à partir des trois formules précédentes.∎

D'après la forme de ν^n donnée par 3.5, il est clair que la vérification des conditions [Sup-β], [γ], [δ] risque de se révéler très difficile.

Afin toutefois d'écrire un résultat positif, nous allons particulariser la situation. Nous supposons que $Y(p)$ s'écrit $Y(p) = H(p)\bullet Z(p)$, intégrale stochastique d'un processus prévisible $H(p)$ sur $\mathcal{B}(p)$, qu'on suppose borné pour simplifier, par rapport à une semimartingale $Z(p)$ qui est un PAI sans discontinuités fixes. Bien entendu, les couples $(Z(p),H(p))$ sont des copies d'un même couple (Z,H).

On note $\hat{A}(u)$ la fonction associée aux caractéristiques du PAI Z par 1.30. Comme ce PAI n'a pas de discontinuités fixes, on a:

3.7 $$E(e^{iu.Z_t}) = \exp \hat{A}(u)_t\,, \qquad \text{et} \quad \hat{A}(u)_t = \int_0^t a_s(u)\, d\gamma_s$$

où γ est une fonction croissante continue, et pour chaque s la fonction $a_s(u)$ est encore du type de Lévy-Khintchine (i.e., donnée par une formule du type 1.30).

Nous allons faire les deux hypothèses suivantes:

3.8 Z est symétrique (i.e. Z et $-Z$ ont même loi). Cela revient à dire que $\hat{A}(u) = \hat{A}(-u)$, ou encore qu'on peut choisir a_s de sorte que $a_s(u)=a_s(-u)$.

3.9 Il existe $\alpha\in]0,2]$ tel que pour tout s on ait

$$n\, a_s(u/n^{1/\alpha}) \to -|u|^\alpha \qquad \forall u\in R$$

(si $a_s(u) = -|u|^\alpha$, ce qui revient à dire que Z est le processus stable homogène symétrique d'indice α, cette hypothèse est évidemment satisfaite).

Le théorème suivant est un cas particulier d'un résultat dû à Giné et Marcus [14].

THEOREME 3.10: *Sous les hypothèses 4.8 et 4.9, les processus*

$$X^n = \frac{1}{n^{1/\alpha}} \sum_{1\leq p\leq n} H(p)\bullet Z(p)$$

convergent en loi vers un PAI X *stable symétrique d'indice* α, *caractérisé par*

3.11 $$E(e^{iu.X_t}) = \exp -|u|^\alpha \int_0^t \delta(s)\, d\gamma_s,$$

où $\delta(s) = E(|H_s|^\alpha)$ $(= E(|H(p)_s|^\alpha)$ pour tout p).

Preuve. a) Nous allons d'abord calculer les termes $(B^h(p),C(p),\nu(p))$ et $A(p)(u)$ associés à $Y(p) = H(p)\bullet Z(p)$. Soit $(\hat{B}^h,\hat{C},\hat{\nu})$ les caractéristiques de Z. Comme $Y(p)^c = H(p)\bullet Z(p)^c$, on a

$$C(p) = H(p)^2\bullet\hat{C}.$$

On a $\Delta Y(p) = H(p)\Delta Z(p)$, donc $\sum_{s\leq t} g(\Delta Y(p)_s) = \sum_{s\leq t} g\{H(p)_s\Delta Z(p)_s\}$. D'après la propriété 1.16-(iii) généralisée aux fonctions "prévisibles" sur $\Omega\times R_+\times R$ (cf. la preuve de l'implication (a) $\Longrightarrow$ (c) dans 1.31), on en déduit que

$$g*\nu(p) = g\{H(p)x\}*\hat{\nu}.$$

Enfin, un calcul analogue à celui de la preuve de 3.2, reliant $Y(p)^h$ et $Z(p)^h$, permet d'obtenir

3.12 $$B^h(p) = H(p)\bullet\hat{B}^h + \{h(H(p)x) - H(p)h(x)\}*\hat{\nu}.$$

Etant donnée la forme 3.7 de $\hat{A}(u)$, un calcul élémentaire permet de conclure que

$$A(p)(u)_t = \int_0^t a_s(H(p)_s u)\, d\gamma_s$$

et la formule 3.6 appliquée avec $\beta_n = 1/n^{1/\alpha}$ donne

3.13 $$A^n(u)_t = \int_0^t \sum_{1\leq p\leq n} a_s(H(p)_s \frac{u}{n^{1/\alpha}})\, d\gamma_s.$$

b) Passons à la démonstration proprement dite. D'après 3.13 on a

$$A^n(u)_t = \int_0^t d\gamma_s \frac{1}{n}\sum_{1\leq p\leq n} \{n\, a_s(H(p)_s \frac{u}{n^{1/\alpha}}) + |H(p)_s u|^\alpha\} - |u|^\alpha \frac{1}{n}\sum_{1\leq p\leq n} \int_0^t |H(p)_s|^\alpha\, d\gamma_s.$$

Noter que la convergence dans 3.9 est uniforme en u sur les compacts; comme $H(p)$ est borné (uniformément en p) on en déduit que le premier terme du second membre ci-dessus converge vers 0 pour tout ω. Quant au second terme, d'après la loi des grands nombres, il converge vers $-|u|^\alpha\int_0^t \delta(s)\, d\gamma_s$ en dehors d'un ensemble négligeable N_t indépendant de u. Si alors (B^h,C,ν) sont les caractéristiques du PAI X décrit par 3.11, la fonction $A(u)$ associée à ces caractéristiques par 1.30 est précisément $A(u)_t = -|u|^\alpha \int_0^t \delta(s)d\gamma_s$. D'après les résultats classiques de convergence des lois indéfiniment divisibles, on en déduit que

$$\omega\notin N \Longrightarrow \begin{cases} B_t^{h,n}(\omega) \to B_t^h, \quad C_t^n(\omega) + h^2*\nu_t^n(\omega) \to C_t + h^2*\nu_t \\ f*\nu_t^n(\omega) \to f*\nu_t \quad \text{pour } f \text{ continue bornée nulle autour de } 0. \end{cases}$$

En particulier, la suite (X^n) vérifie, relativement au PAI X, les conditions [γ] et [δ]. Ce qui précède ne suffit pas à obtenir [Sup-β], et c'est là qu'on va utiliser l'hypothèse de symétrie 3.8: cette hypothèse implique que $\hat{\nu}$ est symétrique (i.e., $\hat{\nu}([0,t]\times.)$ est symétrique sur R), et que $\hat{B}^h = 0$ si on choisit une fonction de troncation h impaire. D'après 3.12 on a alors $B^h(p) = 0$, donc aussi $B^{h,n} = 0$; par ailleurs X est aussi un processus symétrique, donc on a $B^h = 0$ (toujours avec h impaire): on a donc automatiquement [Sup-β]. Le résultat découle alors du théorème 1.2.∎

Terminons par quelques commentaires sur le résultat obtenu par Giné et Marcus. Ce résultat est plus général que 3.10 sous trois aspects. En premier lieu, ils admettent des processus H(p) qui ne sont pas bornés, ce qui est une généralisation mineure. En second lieu, ils admettent des processus Z(p) avec discontinuités fixes: cela amène de légères complications dans les calculs, mais dans ce cours nous nous sommes restreints au cas où le PAI limite n'admet pas de discontinuités fixes, ce qui n'est possible ici que si les Z(p) n'ont pas non plus de discontinuités fixes.

En troisième lieu, ils utilisent une hypothèse notablement plus faible que 3.9. Plus précisément, ils supposent que le processus générique Z est dans le domaine d'attraction normale d'un PAI stable symétrique d'indice α , ce qui veut dire que les PAI $n^{-1/\alpha}\sum_{1\leq p\leq n} Z(p)$ convergent vers un PAI stable symétrique d'indice α . Sous l'hypothèse de symétrie 3.8 cela revient à dire que

3.14 $$n\, A_s(u\, n^{-1/\alpha}) \to -\gamma_s |u|^\alpha \qquad \forall u\in R,\ \forall s>0,$$

une condition évidemment plus faible que 3.9.

Lorsque le processus générique H est de la forme

3.15 $$H_s = \sum_{q\geq 0} V_q\, 1_{\{t_q<s\leq t_{q+1}\}}:\quad 0=t_0<t_1<\ldots<t_q<\ldots,\ \lim_q\uparrow t_q = \infty,$$

où les V_q sont $\underline{\underline{F}}_{t_q}$-mesurables et bornés, on peut reprendre la preuve précédente et obtenir le même résultat sous 3.14 au lieu de 3.9, sans aucune complication supplémentaire. Par contre si H est prévisible borné quelconque, il faut l'approcher en un sens convenable par des processus du type 3.15, ce qui implique la nécessité de compléter 3.14 par une hypothèse supplémentaire, à savoir

3.16 $$\forall t>0,\qquad \mathrm{Sup}_{K \text{ prévisible},\ |K|\leq 1}\ \mathrm{Sup}_{\lambda>0}\ \lambda^\alpha\, P(|K\bullet Z_t|>\lambda) < \infty$$

(on peut montrer que 3.9 entraine 3.16). On a alors le résultat 3.10, sous les hypothèses 3.8, 3.14 et 3.16; la démonstration nécessite des majorations délicates sur les intégrales stochastiques, qui sortent du cadre de ce cours.

§b - FONCTIONNELLES DE PROCESSUS DE MARKOV STATIONNAIRES. Nous avons vu en 2.23 un théorème central limite pour des variables U_p qui sont des accroissements de martingale; il existe aussi un théorème analogue lorsque les U_p forment une suite stationnaire mélangeante, ou sont des "fonctionnelles" d'une telle suite: voir par exemple le livre [3] de Billingsley. On en déduit des théorèmes limite pour les fonctionnelles de chaînes ou processus de Markov stationnaires (voir par exemple Maigret [39]).

A titre d'exemple, nous allons exposer ci-dessous un résultat récent de Touati [56], sans chercher le maximum de généralité.

Soit $(\Omega,\underline{\underline{F}},\underline{\underline{F}}_t,\theta_t,Y_t,P_x)$ un processus de Markov fort, continu à droite, à valeurs dans un espace topologique E. On fait l'hypothèse:

3.17 Ce processus de Markov admet une probabilité invariante μ, et la tribu des évènements invariants par le semi-groupe $(\theta_t)_{t\geq 0}$ est P_μ-triviale.

On note aussi (A,D_A) le générateur infinitésimal faible du processus, dans l'espace des fonctions boréliennes bornées sur E.

THEOREME 3.18: *Soit 3.17; soit* f *une fonction borélienne bornée qui s'écrit* $f = Ag$, *où* g *et* g^2 *appartiennent à* D_A. *Alors les processus*

3.19 $$X^n_t = \frac{1}{\sqrt{n}} \int_0^{nt} f(Y_s)\, ds \qquad , \text{ pour la loi } P_\mu$$

convergent en loi vers $\sqrt{\beta}W$, *où* W *est un mouvement brownien standard et où*

3.20 $$\beta = -2 \int g(x)\, Ag(x)\, \mu(dx).$$

Ce résultat est un contre-exemple à la nécessité des conditions [Sup-β], [γ], [δ] dans 2.1. En effet X^n, relativement à la filtration $\underline{\underline{F}}^n_t = \underline{\underline{F}}_{nt}$, est une semi-martingale continue à variation finie, donc ses caractéristiques locales sont

$$B^{h,n} = X^n, \qquad C^n = 0, \qquad \nu^n = 0.$$

Par ailleurs, les caractéristiques du PAI $\sqrt{\beta}W$ sont $(0,\beta t,0)$; On a donc [δ], mais [γ] et [Sup-β] ne sont pas vérifiées. Noter que β , défini par 3.20, est positif.

Preuve. On a déjà rappelé (cf. §1-d) que le processus

$$M_t = g(Y_t) - g(Y_0) - \int_0^t Ag(Y_s)\, ds$$

est une martingale locale pour toute loi initiale, donc en particulier pour P_μ. De plus il est bien connu (et facile à démontrer en utilisant la formule de Dynkin pour g^2 et la formule d'Ito) que, si $\Gamma(g,g) = Ag^2 - 2\,g\,Ag$, alors

$$\langle M,M\rangle_t = \int_0^t \Gamma(g,g)(Y_s)\, ds.$$

Soit alors $M^n_t = M_{nt}/\sqrt{n}$, qui est une martingale pour $\underline{\underline{F}}^n_t = \underline{\underline{F}}_{nt}$; pour cette filtration, le crochet de M^n est clairement

3.21 $$\langle M^n,M^n\rangle_t = \frac{1}{n}\int_0^{nt} \Gamma(g,g)(Y_s)\, ds.$$

On va alors appliquer le corolaire 2.17 aux martingales M^n, avec pour X le PAI $X = \sqrt{\beta}W$ de caractéristiques $(0,\beta t,0)$. Il existe une constante K qui majore $|g|$, donc $|\Delta M^n| \leq 2K/\sqrt{n}$ et la troisième caractéristique locale de M^n ne charge donc que l'ensemble $R_+\times\{x: |x|\leq 2K/\sqrt{n}\}$. Il est alors évident qu'on a la condition [L]. Il reste à montrer que sous P_μ on a

3.22 $$\langle M^n,M^n\rangle_t \xrightarrow{\mathcal{L}} \beta t.$$

Etant donné 3.17, on peut appliquer la version continue du théorème ergodique ponctuel, à savoir que pour toute variable bornée V sur $(\Omega,\underline{\underline{F}})$ on a

$$\frac{1}{t}\int_0^t (V\circ\theta_s)\, ds \to E_\mu(V) \quad P_\mu\text{-p.s.}$$

quand $t\uparrow\infty$. Etant donné 3.21, il vient

$$\langle M^n,M^n\rangle_t \to t\, E_\mu\{\Gamma(g,g)(Y_0)\} = t\int \mu(dx)\ \Gamma(g,g)(x) \qquad P_\mu\text{-p.s.}$$

Mais alors si β est défini par 3.20, on a bien 3.22, une fois remarqué que $\int\mu(dx)\ Ag^2(x) = 0$ puisque μ est une mesure invariante.

On a donc démontré que $M^n \xrightarrow{\mathcal{L}} \sqrt{\beta}W$. Pour conclure il suffit de remarquer que $X^n_t = M^n_t - \frac{1}{\sqrt{n}}\{g(Y_{nt}) - g(Y_0)\}$, tandis que g est bornée. ∎

IV - CONVERGENCE VERS UNE SEMIMARTINGALE

1 - UN THEOREME GENERAL DE CONVERGENCE

§a - ENONCE DES RESULTATS. Nous allons maintenant étudier la convergence d'une suite (X^n) de semimartingales vers une semimartingale X qui n'est pas nécessairement un PAI. Comme dans les chapitres précédents, on veut exprimer les conditions en fonctions des caractéristiques locales $(B^{h,n},C^n,\nu^n)$ et (B^h,C,ν).

Toutefois, dans la condition [Sup-β] par exemple, il faut effectuer la différence $B^{h,n} - B^h$, alors qu'ici les processus X^n et X sont a-priori définis sur des espaces différents (ce problème ne se pose évidemment pas lorsque B^h est déterministe). On tourne la difficulté en faisant l'hypothèse suivante sur X:

1.1 | X est le processus canonique sur l'espace de Skorokhod D^d: $X_t(\alpha) = \alpha(t)$, et P est une probabilité sur $(D^d,\underline{\underline{D}}^d)$ telle que:

(i) $P(X_0 = 0) = 1$;

(ii) pour P, et relativement à la filtration $(\underline{\underline{D}}^d_{t+})$ définie en I-1.20, le processus X est une semimartingale, dont on note (B^h,C,ν) les caractéristiques locales.

Ci-dessous, et dans tout le chapitre, h est une fonction de troncation fixée. On notera que 1.1 n'est pas une restriction sérieuse car, si Y est une semimartingale quelconque le processus canonique X sur D^d vérifie 1.1 pour $P = \mathcal{L}(Y)$ dès que $Y_0 = 0$ p.s.

On fera aussi l'hypothèse simplificatrice que X est quasi-continu à gauche sur $(D^d,\underline{\underline{D}}^d,(\underline{\underline{D}}^d_{t+}),P)$: voir la définition I-3.12; d'après III-1.22 cela équivaut à dire qu'on peut choisir une version de ν qui vérifie identiquement $\nu(\{t\}\times R^d)=0$, et dans ce cas, B^h est aussi continu. Ainsi, lorsque X est un PAI, la quasi-continuité à gauche équivaut à l'absence de discontinuités fixes, une hypothèse qu'on a toujours faite dans les chapitres précédents.

Par ailleurs, on suppose comme au chapitre III que:

1.2 | Pour chaque n, X^n est une semimartingale d-dimensionnelle sur $(\Omega^n,\underline{\underline{F}}^n,(\underline{\underline{F}}^n_t),P^n)$ vérifiant $X^n_0 = 0$ et de caractéristiques locales $(B^{h,n},C^n,\nu^n)$.

A ces triplets, on associe les processus $\tilde{C}^h$ et $\tilde{C}^{h,n}$ par III-1.21.

Chaque X^n est une application: $\Omega^n \to D^d$. Par composition avec X^n, on peut donc associer à toute variable (tout processus) sur D^d une variable (processus) sur Ω^n. Ainsi on a un triplet $(B^h \circ X^n, C \circ X^n, \nu \circ X^n)$ sur Ω^n, qui vérifie clairement les mêmes propriétés III-(1.17-1.20) que $(B^{h,n}, C^n, \nu^n)$. On peut donc comparer $B^{h,n}$ et B^h en calculant la différence $B^{h,n} - B^h \circ X^n$.

Introduisons maintenant la version adéquate des conditions [Sup-β], [γ], [δ].

[β] $B_t^{h,n} - B_t^h \circ X^n \xrightarrow{\mathcal{L}} 0$ pour tout t dans une partie dense $A \subset R_+$

[γ] $\tilde{C}_t^{h,n} - \tilde{C}_t^h \circ X^n \xrightarrow{\mathcal{L}} 0$ pour tout t dans une partie dense $A \subset R_+$

[δ] $f * \nu_t^n - (f * \nu_t) \circ X^n \xrightarrow{\mathcal{L}} 0$ pour tout t dans une partie dense $A \subset R_+$ et toute fonction f continue bornée: $R^d \to R_+$, nulle sur un voisinage de 0.

[Sup-β] $\sup_{s \leq t} |B_s^{h,n} - B_s^h \circ X^n| \xrightarrow{\mathcal{L}} 0$ pour tout $t>0$

[Sup-γ] $\sup_{s \leq t} |\tilde{C}_s^{h,n} - \tilde{C}_s^h \circ X^n| \xrightarrow{\mathcal{L}} 0$ pour tout $t>0$

[Sup-δ] $\sup_{s \leq t} |f * \nu_s^n - (f * \nu_s) \circ X^n| \xrightarrow{\mathcal{L}} 0$ pour tout $t>0$ et toute f comme dans [δ].

Ces conditions se réduisent évidemment aux conditions de même nom, du chapitre III, lorsque X est un PAI. On a évidemment [Sup-β] $\Longrightarrow$ [β], [Sup-γ] $\Longrightarrow$ [γ] et [Sup-δ] $\Longrightarrow$ [δ], avec $A = R_+$.

LEMME 1.3:

Soit (f_p) *une suite de fonctions, dense pour la convergence uniforme dans l'ensemble des fonctions positives bornées sur* R^d *qui sont nulles sur un voisinage de* 0 *et qui sont uniformément continues. Alors* [δ] *équivaut à:*

[δ'] $f_p * \nu_t^n - (f_p * \nu_t) \circ X^n \xrightarrow{\mathcal{L}} 0$ pour tout $p \in \mathbb{N}^*$ et tout t dans une partie dense $A \subset R_+$.

Preuve. Il suffit de reprendre mot pour mot la preuve du lemme III-2.2, en remplaçant partout $f_p * \nu_t$ par $(f_p * \nu_t) \circ X^n$ et en supprimant "$\sup_{s \leq t}$". ■

Voici maintenant trois autres conditions qui vont jouer un rôle essentiel.

1.4 Condition d'unicité. P est l'unique probabilité sur $(D^d, \underline{\underline{D}}^d)$ qui vérifie les conditions (i) et (ii) de 1.1. ■

1.5 Condition de majoration. Pour chaque $t \geq 0$ les fonctions $\alpha \rightsquigarrow C_t(\alpha)$ et $\alpha \rightsquigarrow (|x|^2 \wedge 1) * \nu_t(\alpha)$ sont bornées sur D^d (donc aussi $\alpha \rightsquigarrow \tilde{C}_t^h(\alpha)$). ■

1.6 Condition de continuité. Pour chaque $t>0$ et chaque fonction f sur R^d, continue bornée et nulle sur un voisinage de 0, les fonctions

$$\alpha \rightsquigarrow B_t^h(\alpha)\ , \qquad \alpha \rightsquigarrow \tilde{C}_t^h(\alpha)\ , \qquad \alpha \rightsquigarrow f*\nu_t(\alpha)$$

sont continues pour la topologie de Skorokhod sur D^d. ∎

Remarquer que si X est un PAI, ces trois conditions sont satisfaites: c'est évident pour 1.5 et 1.6; pour 1.4, cela découle de III-1.39 et de l'unicité dans II-1.4-(b).

La condition d'unicité 1.4 est la plus difficile à vérifier; elle est vraie pour les processus de diffusion, avec ou sans sauts, sous des conditions assez générales de continuité des coefficients: [54],[55]. On verra plus loin qu'on peut notablement affaiblir 1.5.

THEOREME 1.7: *On suppose la fonction de troncation* h *continue, et la semimartingale* X *quasi-continue à gauche; on suppose les condition 1.4, 1.5 et 1.6. Pour que* $X^n \xrightarrow{\mathcal{L}} X$ *il suffit alors que:*

(i) la suite $\{\mathcal{L}(X^n)\}$ *soit tendue;*

(ii) on ait $[\beta],[\gamma],[\delta]$.

Sous cette forme, ce théorème est dû à Grigelionis et Mikulevicius [17], et partiellement à Rebolledo [47]. Mais c'est une extension simple de résultats déjà anciens: voir par exemple le livre [55] de Stroock et Varadhan (et même l'article [53]), et aussi de résultats présentés sous une forme un peu différente: par exemple le théorème de Kurtz [30] que nous rappellerons plus loin.

Ce théorème n'est évidemment pas très satisfaisant, à cause de la condition (i) qui semble difficile à vérifier dans les applications. Voici cependant un critère assurant la validité de (i), et qui est une extension d'un résultat de Liptcer et Shiryaev [38].

1.8 Condition de majoration forte. a) Il existe une fonction croissante continue F sur R_+, nulle en 0, telle que pour tout $\alpha\in D^d$ et tout $j\leq d$ on ait

$$\mathrm{Var}\{B^h(\alpha)^j\} \prec F\ , \qquad C^{jj}(\alpha) \prec F\ , \quad (|x|^2\wedge 1)*\nu(\alpha) \prec F$$

(où $\prec$ désigne la domination forte des processus croissants: cf. I-2.19)

b) pour tout $t>0$ on a:

$$\lim_{b\uparrow\infty}\ \sup_{\alpha\in D^d}\ \nu(\alpha;[0,t]\times\{|x|>b\}) = 0.\ ∎$$

Bien entendu, on a $\lim_{b\uparrow\infty} \nu(\alpha;[0,t]\times\{|x|>b\}) = 0$ pour tout α , mais la condi-
ion 1.8-(b) implique une uniformité. Il est évident que 1.8 $\Longrightarrow$ 1.5; remarquer aussi ue sous 1.8 on a: $\mathrm{Var}\{C^{jk}(\alpha)\} \prec 4F$.

THEOREME 1.9: *On suppose la fonction de troncation* h *continue. Sous les conditions* .8, [Sup-β] , [γ], [δ] , *la suite* $\{\mathcal{L}(X^n)\}$ *est tendue.*

On obtient finalement le corollaire suivant, qui admet le théorème III-2.1 comme as particulier lorsque X est un PAI-semimartingale.

HEOREME 1.10: *On suppose la fonction de troncation* h *continue. On suppose qu'on les conditions 1.4, 1.6, et 1.8. Pour que* $X^n \xrightarrow{\mathcal{L}} X$, *il suffit qu'on ait* [Sup-β], γ], [δ].

b - DEMONSTRATION DU THEOREME DE COMPACITE 1.9. Commençons par un lemme: dans on énoncé, F est une fonction croissante continue sur R_+, nulle en 0 (celle e 1.8), et les G^n sont des processus càdlàg nuls en 0 (d'après notre conven-
ion, G^n est défini sur Ω^n).

EMME 1.11: *La suite* $\{\mathcal{L}(G^n)\}$ *est C-tendue dès qu'on a l'une des deux conditions uivantes:*

a) $G^n_t - G_t\circ X^n \xrightarrow{\mathcal{L}} 0$ $\forall t>0$, *où* G *est un processus croissant sur* D^d *qui érifie* $G(\alpha)\prec F$ *pour tout* $\alpha\in D^d$, *et chaque* G^n *est croissant.*

b) $\sup_{s\leq t}|G^n_s - G_s\circ X^n| \xrightarrow{\mathcal{L}} 0$ $\forall t>0$, *où* G *est un processus à variation inie sur* D^d *qui vérifie* $\mathrm{Var}(G(\alpha))\prec F$ *pour tout* $\alpha\in D^d$.

reuve. On va utiliser le module de continuité w_N du chapitre I. Plus précisément, n va montrer que si $N\in \mathbb{N}^*$, $\varepsilon>0$, $\eta>0$ sont fixés, il existe n_o et $\theta>0$ tels que

.12 $$n > n_o \quad\Longrightarrow\quad P^n(w_N(G^n,\theta)>\eta) \leq \varepsilon .$$

omme $G^n_0 = 0$, on a $\sup_{s\leq N}|G^n_s| \leq (N/\theta + 1)w_N(G^n,\theta)$, donc 1.12 et la proposition -2.11 permettent de conclure.

Comme F est continue, il existe une subdivision $0=t_o<..<t_p=N$ telle que $F_{t_{j+1}} - F_{t_j} \leq \eta/6$. Soit $\theta = \inf_j (t_{j+1}-t_j)$. Sous la condition (a) il existe n_o vec

.13 $$n > n_o \implies P^n(D^n) \geq 1 - \varepsilon \qquad \text{où } D^n = \{\sup_{j\leq p}|G^n_{t_j} - G_{t_j}\circ X^n| < \tfrac{\eta}{6}\}.$$

omme les G^n sont croissants, et comme $G\prec F$, on a:

$$w_N(G^n,\theta) \leq 2\sup_{j\leq p-1}(G^n_{t_{j+1}} - G^n_{t_j})$$
$$\leq 2\sup_{j\leq p-1}(G_{t_{j+1}}\circ X^n - G_{t_j}\circ X^n) + 4\sup_{j\leq p}|G^n_{t_j} - G_{t_j}\circ X^n|$$
$$\leq 2\sup_{j\leq p-1}(F_{t_{j+1}} - F_{t_j}) + 4\sup_{j\leq p}|G^n_{t_j} - G_{t_j}\circ X^n|$$

qui est $\leq\eta$ sur D^n. Par suite 1.12 découle de 1.13.

Sous la condition (b), il existe n_o tel que

<u>1.14</u> $\quad n > n_o \Longrightarrow P^n(D^n) \geq 1-\varepsilon$, où $D^n = \{\sup_{s\leq N}|G^n_s - G_s\circ X^n| < \frac{\eta}{4}\}$.

Comme $\mathrm{Var}(G)\prec F$, il vient

$$w_N(G^n,\theta) \leq w_N(G\circ X^n,\theta) + 2\sup_{s\leq N}|G^n_s - G_s\circ X^n|$$
$$\leq 2\sup_{j\leq p-1}\{\mathrm{Var}(G\circ X^n)_{t_{j+1}} - \mathrm{Var}(G\circ X^n)_{t_j}\} + 2\sup_{s\leq N}|G^n_s - G_s\circ X^n|$$
$$\leq 2\sup_{j\leq p-1}(F_{t_{j+1}} - F_{t_j}) + 2\sup_{s\leq N}|G^n_s - G_s\circ X^n|,$$

qui est $\leq\eta$ sur D^n. Par suite 1.12 découle de 1.14.∎

Pour obtenir le théorème 1.9, on recopie une seconde fois la preuve du §II-2-d. Pour tout b, soit $h_b(x) = bh(x/b)$, qui est une nouvelle fonction de troncation continue. Pour chaque $q\in\mathbb{N}^*$, soit $\tilde{X}^{h_q,n} = X^{h_q,n} - B^{h_q,n}$, qui est une martingale localement de carré intégrable, d-dimensionnelle. Avec les notations de la preuve de II-2.28, on a

$$A^n := \sum_{j\leq d}\langle\tilde{X}^{h_q,n,j},\tilde{X}^{h_q,n,j}\rangle \prec G^{nq} := \sum_{j\leq d}\tilde{C}^{h,n,jj} + \hat{h}_q * \nu^n ,$$

où $\hat{h}_q$ est une fonction continue bornée nulle autour de 0. Ainsi chaque G^{nq} est croissant, et d'après [γ] et [δ] on a $G^{nq}_t - G^q_t\circ X^n \xrightarrow{\mathcal{L}} 0$, où

$$G^q = \sum_{j\leq d} C^{jj} + \{\hat{h}_q + |h|^2\}*\nu.$$

Il existe donc d'après 1.8 une constante β telle que $G^q\prec\beta F$. Le lemme 1.11 entraine alors que la suite $\{\mathcal{L}(G^{nq})\}_{n\geq 1}$ est C-tendue, donc la suite $\{\mathcal{L}(A^n)\}$ également d'après I-2.20. Le théorème I-3.24 entraine alors:

<u>1.15</u> $\quad$ pour chaque $q\in\mathbb{N}^*$, la suite $\{\mathcal{L}(\tilde{X}^{h_q,n})\}_{n\geq 1}$ est tendue.

On pose alors

$$U^{nq} = \tilde{X}^{h_q,n} + (h_q - h_{1/q})*\nu^n ,\quad V^{nq} = B^{h,n} + (h_{1/q} - h)*\nu^n,\quad W^{nq} = \sum_{s\leq\cdot}\{\Delta X^n_s - h_q(\Delta X^n_s)\}$$

de sorte que $X^n = U^{nq} + V^{nq} + W^{nq}$.

D'après [δ], on a $\quad (h_q - h_{1/q})*\nu^n_t - (h_q - h_{1/q})*\nu\circ X^n_t \xrightarrow{\mathcal{L}} 0$ et il existe une constante β_q telle que $\mathrm{Var}\{(h_q-h_{1/q})*\nu\} \prec |h_q-h_{1/q}| * \nu \prec \beta_q F$. Donc d'après le lemme 1.11, la suite $\{\mathcal{L}((h_q-h_{1/q})*\nu^n)\}_{n\geq 1}$ est C-tendue. Mais alors 1.15 et I-2.18 entrainent que la suite $\{\mathcal{L}(U^{nq})\}_{n\geq 1}$ est tendue.

Le même argument montre que la suite $\{\mathcal{L}((h_{1/q}-h)*\nu^n)\}_{n\geq 1}$ est C-tendue. D'après [Sup-β] et 1.8, le lemme 1.11 entraine aussi que la suite $\{\mathcal{L}(B^{h,n})\}_{n\geq 1}$ est C-tendue, donc la suite $\{\mathcal{L}(V^{nq})\}_{n\geq 1}$ également d'après I-2.18. Par ailleurs, on a $|\Delta V^{nq}|\leq a/q$ par construction.

Soit enfin g_q une fonction continue sur R^d avec $0\leq g_q\leq 1$, $g_q(x) = 1$ si $|x|>aq/2$ et $g_q(x) = 0$ si $|x|<aq/4$. Soit $N\in\mathbb{N}^*$, $\varepsilon>0$. D'après 1.8,b il existe $q_o\in\mathbb{N}^*$ tel que $\sup_{q>q_o,\alpha\in D^d} g_q*\nu_N(\alpha) \leq \varepsilon$. D'après [Sup-δ] il existe $n_o(q)\in\mathbb{N}^*$ tel que

$$q > q_o,\quad n > n_o(q) \quad\Longrightarrow\quad P^n(g_q*\nu_N^n > 2\varepsilon) \leq \varepsilon.$$

Par ailleurs le processus $\sum_{s\leq .} g_q(\Delta X_s^n)$ est dominé au sens de Lenglart par $g_q*\nu^n$. Comme $\sup_{s\leq N}|W_s^{nq}| > 0$ implique que $\sum_{s\leq N} g_q(\Delta X_s^n) \geq 1$, I-3.16 implique

$$q>q_o,\quad n>n_o(q) \quad\Longrightarrow\quad P^n(\sup_{s\leq N} |W_s^{nq}|>0) \leq 2\varepsilon + P^n(g_q*\nu_N^n>2\varepsilon) \leq 3\varepsilon .$$

Ainsi, on a démontré que les décompositions $X^n = U^{nq} + V^{nq} + W^{nq}$ vérifient les conditions du lemme I-2.17, donc $\{\mathcal{L}(X^n)\}$ est tendue.

§c -DEMONSTRATION DU THEOREME DE CONVERGENCE 1.8. La démonstration est basée sur les lemmes suivants, où $\tilde{P}$ désigne une probabilité sur $(D^d,\underline{D}^d)$ et $\tilde{E}$ est l'espérance relative à $\tilde{P}$.

LEMME 1.16: *On suppose que* $\mathcal{L}(X^n) \longrightarrow \tilde{P}$. *Soit* $(Z_i)_{i\in I}$ *une famille de fonctions sur* D^d *qui sont* $\tilde{P}$-*p.s. continue pour la topologie de Skorokhod. Soit* $(Z_i^n)_{i\in I}$ *des variables aléatoires définies sur* Ω^n *et vérifiant:*

(*i*) *la famille* $(Z_i^n)_{i\in I,n\geq 1}$ *est uniformément intégrable;*

(*ii*) $Z_i^n - Z_i\circ X^n \xrightarrow{\mathcal{L}} 0$ *pour tout* $i\in I$.

Alors, la famille $(Z_i)_{i\in I}$ *est* $\tilde{P}$-*uniformément intégrable, et* $E^n(Z_i^n) \to \tilde{E}(Z_i)$.

Preuve. a) Soit d'abord des variables Z^n et Z telles que $|Z^n|\leq N$, $|Z|\leq N$ pour une constante N, telles que $Z^n - Z\circ X^n \xrightarrow{\mathcal{L}} 0$ et telles que Z soit $\tilde{P}$-p.s. continue. On a

$$|E^n(Z^n) - \tilde{E}(Z)| \leq E^n(|Z^n - Z\circ X^n|) + |E^n(Z\circ X^n) - \tilde{E}(Z)| .$$

Les hypothèses impliquent $E^n(Z\circ X^n) \to \tilde{E}(Z)$. On a aussi $E^n(|Z^n - Z\circ X^n|) \leq \varepsilon + 2NP^n(|Z^n - Z\circ X^n|>\varepsilon)$ pour tout $\varepsilon>0$, donc $E^n(|Z^n-Z\circ X^n|) \to 0$, et finalement on a $E^n(Z^n) \to \tilde{E}(Z)$.

b) Passons à la démonstration proprement dite. Les parties positives $(Z_i^{n,+}, Z_i^+)$ et négatives $(Z_i^{n,-}, Z_i^-)$ vérifiant encore les hypothèses, ce n'est pas une restriction que de supposer $Z_i^n \geq 0$, $Z_i \geq 0$. Si $N \in \mathbb{N}^*$, soit g_N la fonction continue:

$$g_N(x) = \begin{cases} x & \text{si } 0 \leq x \leq N \\ 2N - x & \text{si } N < x < 2N \\ 0 & \text{si } 2N \leq x. \end{cases}$$

D'après (a), on a $E^n(g_N(Z_i^n)) \to \tilde{E}(g_N(Z_i))$. Comme $\tilde{E}(Z_i) = \lim_N \uparrow \tilde{E}(g_N(Z_i))$ on a $\tilde{E}(Z_i) \leq \sup_{n\geq 1, N\geq 1} E^n(g_N(Z_i^n)) \leq \sup_{n\geq 1} E^n(Z_i^n) < \infty$ à cause de (i).

En fait, la condition (i) équivaut à: si $a_N = \sup_{i\in I, n\geq 1} E^n\{Z_i^n - g_N(Z_i^n)\}$, on a $a_N \to 0$ quand $N\uparrow\infty$. Soit alors $\varepsilon>0$; il existe N tel que $a_N \leq \varepsilon$ et que $\tilde{E}\{Z_i - g_N(Z_i)\} \leq \varepsilon$ (a-priori, N dépend de i); il existe n_o tel que pour $n>n_o$ on ait $|E^n(g_N(Z_i^n)) - \tilde{E}(g_N(Z_i))| \leq \varepsilon$: donc $|E^n(Z_i^n) - \tilde{E}(Z_i)| \leq 3\varepsilon$. Par suite on en déduit que $E^n(Z_i^n) \to \tilde{E}(Z_i)$.

Enfin, ce qui précède montre que $E^n(Z_i^n - g_N(Z_i^n)) \to \tilde{E}(Z_i - g_N(Z_i))$ pour tous $i\in I$, $N\geq 1$. Donc

$$\sup_{i\in I} \tilde{E}(Z_i - g_N(Z_i)) \leq a_N \to 0 \quad \text{si } N\uparrow\infty,$$

ce qui implique la $\tilde{P}$-uniforme intégrabilité de la famille $(Z_i)_{i\in I}$. ■

<u>LEMME 1.17</u>: *On suppose que* $\mathcal{L}(X^n) \longrightarrow \tilde{P}$. *Soit* M *un processus càdlàg nul en* 0 *sur* D^d, *tel que pour tout* t *appartenant à une partie dense* A *de* $\mathbb{R}_+$ *la fonction* $\alpha \rightsquigarrow M_t(\alpha)$ *soit* P-*p.s. continue. Pour chaque* $n\geq 1$, *soit* M^n *une martingale sur* $(\Omega^n, \underline{\underline{F}}^n, (\underline{\underline{F}}_t^n), P^n)$, *et supposons que*

(i) la famille $(M_t^n)_{n\geq 1, t\geq 0}$ *est uniformément intégrable,*

(ii) $M_t^n - M_t \circ X^n \xrightarrow{\mathcal{L}} 0$ *pour tout* $t\in A$.

Alors, si M *est adapté à* $(\underline{\underline{D}}_{t+}^d)$, *c'est une martingale (uniformément intégrable) pour* $\tilde{P}$.

<u>Preuve</u>. Soit $s,t\in A$ avec $s<t$; soit Z une fonction continue bornée sur D^d, qui soit $\underline{\underline{D}}_{s-}^d$-mesurable. 1.16 implique que $E^n(Z\circ X^n(M_t^n - M_s^n)) \to \tilde{E}(Z(M_t - M_s))$, et par ailleurs $Z\circ X^n$ est $\underline{\underline{F}}_{s-}^n$-mesurable, donc $E^n(Z\circ X^n(M_t^n - M_s^n)) = 0$. On en déduit que $\tilde{E}(Z(M_t - M_s)) = 0$, et d'après I-1.20 et un argument de classe monotone, cette égalité reste vraie pour toute fonction Z bornée et $\underline{\underline{D}}_{s-}^d$-mesurable. Par suite

<u>1.18</u> $$s<t,\ s,t\in A \implies \tilde{E}(M_t - M_s | \underline{\underline{D}}_{s-}^d) = 0 .$$

Soit alors $s<t$ dans $\mathbb{R}_+$. Il existe des suites (s_n) et (t_n) dans A, décroissant strictement vers s et t respectivement. 1.18 entraine que

$\tilde{E}(M_{t_n} - M_{s_n} | \underline{\underline{D}}^d_{s+}) = 0$. Par hypothèse $M_{t_n} - M_{s_n} \to M_t - M_s$, et d'après 1.16 encore les variables $(M_{t_n} - M_{s_n})$ sont $\tilde{P}$-uniformément intégrables. Donc $\tilde{E}(M_t - M_s | \underline{\underline{D}}^d_{s+}) = 0$ en passant à la limite sous l'espérance conditionnelle, et on a le résultat.∎

On va maintenant démontrer le théorème 1.7, dont on suppose satisfaites les hypothèses. Comme la suite $\{\mathcal{L}(X^n)\}$ est tendue, la seule chose à montrer est que P est l'unique point limite de cette suite. Soit donc $\tilde{P}$ un point limite de la suite $\{\mathcal{L}(X^n)\}$ (il en existe au moins un). Quitte à prendre une sous-suite, on peut supposer que $\mathcal{L}(X^n) \longrightarrow \tilde{P}$.

Considérons les processus suivants, avec les notations du chapitre III:

1.19
$$\begin{cases} \tilde{X}^h = X^h - B^h \\ Z = (Z^{jk})_{j,k\leq d} \quad \text{avec} \quad Z^{jk} = \tilde{X}^{h,j}\,\tilde{X}^{h,k} - \tilde{C}^{h,jk} \\ N^g_t = \sum_{s\leq t} g(\Delta X_s) - g*\nu_t\ , \quad \text{pour } g \text{ continue bornée positive nulle autour de } 0 \end{cases}$$

On va démontrer que ces processus sont des martingales sur $(D^d, \underline{\underline{D}}^d, (\underline{\underline{D}}^d_{t+}), \tilde{P})$. Comme $X - \tilde{X}^h = B^h + \sum_{s\leq \cdot} (\Delta X_s - h(\Delta X_s))$ est à variation finie, cela démontrera que pour $\tilde{P}$, le processus X est une semimartingale qui, d'après la caractérisation du théorème III-1.16, admet (B^h, C, ν) pour caractéristiques locales. Comme par ailleurs $X^n_0 = 0$ il est évident que $\tilde{P}(X_0 = 0) = 1$. La condition d'unicité 1.4 entrainera alors $\tilde{P} = P$, et le théorème sera démontré.

On a vu au chapitre II (cf. 2.8 et 2.18) que les fonctions

1.20
$$\alpha \rightsquigarrow X^h_t(\alpha)\ , \qquad \alpha \rightsquigarrow \sum_{s\leq t} g(\Delta X_s(\alpha)) \quad \text{pour } g \text{ comme en } 1.19$$

sont continues sur D^d en tout point α tel que $\Delta\alpha(t) = 0$. Etant donné 1.6, on en déduit:

1.21 Si $A = \{t: \tilde{P}(\Delta X_t \neq 0) = 0\}$, les fonctions $\alpha \rightsquigarrow \tilde{X}^h_t(\alpha)$, $\alpha \rightsquigarrow Z_t(\alpha)$ et $\alpha \rightsquigarrow N^g_t(\alpha)$ sont $\tilde{P}$-p.s. continues pour tout $t \in A$.

Soit alors $t \in A$ fixé. Il reste alors à trouver des martingales M^n sur $(\Omega^n, \underline{\underline{F}}^n, (\underline{\underline{F}}^n_t), P^n)$ telles qu'on ait les conditions (i) et (ii) de 1.17, pour M de la forme suivante:

$$M_s = \tilde{X}^h_{s\wedge t}\ , \qquad M_s = Z^{jk}_{s\wedge t}\ , \qquad M_s = N^g_{s\wedge t}.$$

a) Le cas de $M_s = N^g_{s\wedge t}$. Rappelons que g est continue, positive, nulle autour de 0, et bornée par une constante K. Soit $N^{g,n}_s = \sum_{r\leq s} g(\Delta X^n_r) - g*\nu^n_s$: c'est une martingale localement de carré intégrable, et un calcul analogue à celui de la partie (e) de la preuve de III-1.16 montre que

$$<N^{g,n},N^{g,n}>_s = g^2*\nu^n_s - \sum_{r\leq s}\nu^n(\{r\}\times g)^2 \leq g^2*\nu^n_s.$$

D'après 1.5 il existe une constante K' telle que $g^2*\nu_t(\alpha) \leq K'$ pour tout $\alpha\in D^d$. Soit alors le temps d'arrêt $T^n = \inf(s: g^2*\nu^n_s \geq 2K')$, et M^n le processus arrêté: $M^n_s = N^{g,n}_{s\wedge T^n\wedge t}$, qui est une martingale locale. D'après l'inégalité de Doob,

$$E^n(\sup_s |M^n_s|^2) \leq 4\ E^n(<M^n,M^n>_\infty) \leq 4\ E^n(g^2*\nu^n_{T^n}) \leq 4(2K' + K^2).$$

On en déduit d'abord que M^n est une martingale, ensuite que la condition 1.17-(i) est satisfaite, car $\sup_{n,s} E^n(|M^n_s|^2)<\infty$.

Par ailleurs $N^{g,n}_s - N^g_s\circ X^n = g*\nu^n_s - (g*\nu_s)\circ X^n$. Donc

$$P^n(|M^n_s - M_s\circ X^n|>\varepsilon) \leq P^n(|g*\nu^n_{s\wedge t} - (g*\nu_{s\wedge t})\circ X^n|>\varepsilon) + P^n(T^n < t).$$

D'après [δ], $g^2*\nu^n_t - (g^2*\nu_t)\circ X^n \xrightarrow{\mathcal{L}} 0$, tandis que $(g^2*\nu_t)\circ X^n \leq K'$: d'après la définition de T^n, on a donc $P^n(T^n < t) \to 0$. Une nouvelle application de [δ] montre qu'on a 1.17-(ii).

b) <u>Le cas de</u> $M_s = \tilde{X}^h_{s\wedge t}$. D'après 1.5 il existe une constante K telle que $\sum_{j\leq d} \tilde{C}^{h,jj}_t(\alpha) \leq K$. Soit $T^n = \inf(s: \sum_{j\leq d} \tilde{C}^{h,n,jj}_s \geq 2K)$ et $M^s_s = \tilde{X}^{h,n}_{s\wedge t\wedge T^n}$, qui est une martingale locale. Comme en (a), on a:

<u>1.22</u> $$E^n(\sup_s |M^n_s|^2) \leq 4 \sum_{j\leq d} E^n(\tilde{C}^{h,n,jj}_{T^n\wedge t}) \leq 4(2K + 4a^2)$$

(car $|\Delta\tilde{C}^{h,n}|\leq 4a^2$). Donc chaque M^n est une martingale, et on a 1.17-(i). Par ailleurs $\tilde{X}^{h,n}_s - \tilde{X}^h_s\circ X^n = B^{h,n}_s - B^h_s\circ X^n$, donc

$$P^n(|M^n_s - M_s\circ X^n|>\varepsilon) \leq P^n(|B^{h,n}_{s\wedge t} - B^h_{s\wedge t}\circ X^n|>\varepsilon) + P^n(T^n < t).$$

D'après [γ] on a $P^n(T^n < t) \to 0$, donc on obtient 1.17-(ii) grâce à [β].

c) <u>Le cas de</u> $M_s = Z^{jk}_{s\wedge t}$. Soit K et T^n comme en (b). Soit $M^n_s = \tilde{X}^{h,n,j}_{s\wedge t\wedge T^n}\ \tilde{X}^{h,n,k}_{s\wedge t\wedge T^n} - \tilde{C}^{h,n,jk}_{s\wedge t\wedge T^n}$, qui est une martingale locale. On a

$$P^n(|M^n_s - M_s\circ X^n|>\varepsilon) \leq P^n(|\tilde{X}^{h,n,j}_{s\wedge t}\ \tilde{X}^{h,n,k}_{s\wedge t} - (\tilde{X}^{h,j}_{s\wedge t}\ \tilde{X}^{h,k}_{s\wedge t})\circ X^n| > \tfrac{\varepsilon}{2})$$
$$+ P^n(|\tilde{C}^{h,n,jk}_{s\wedge t} - \tilde{C}^{h,jk}_{s\wedge t}\circ X^n|>\tfrac{\varepsilon}{2}) + P^n(T^n < t).$$

On a vu en (b) que $P^n(T^n < t) \to 0$, et que $\tilde{X}^{h,n}_{s\wedge t} - \tilde{X}^h_{s\wedge t}\circ X^n \xrightarrow{\mathcal{L}} 0$. En utilisant [γ], on voit donc que l'expression précédente tend vers 0, d'où 1.17-(ii).

Il reste à montrer que la famille $(M^n_s)_{s\geq 0,n\in\mathbb{N}^*}$ est uniformément intégrable. Comme $|\tilde{C}^{h,n,jk}_{s\wedge t\wedge T^n}| \leq 2(2K + 4a^2)$, il suffit de montrer que la famille $(|\tilde{X}^{h,n}_{s\wedge T^n}|^2)_{s,n}$ est uniformément intégrable. Soit $b > 4a^2$ et

$$R_b^n = \inf(s : |\tilde{X}^{h,n}_{s\wedge T^n}|^2 \geq b - 4a^2).$$

Comme $|\Delta\tilde{X}^{h,n}| \leq 2a$, on a

1.23 $$R_b^n < T^n \implies b - 4a^2 \leq |\tilde{X}^{h,n}_{R_b^n\wedge T^n}|^2 \leq b.$$

On déduit d'abord de 1.22 et 1.23 que

1.24 $$P^n(R_b^n < T^n) \leq \frac{1}{b-4a^2} E^n(|\tilde{X}^{h,n}_{R_b^n\wedge T^n}|^2) \leq \frac{4(2K+4a^2)}{b-4a^2}.$$

Ensuite si $|\tilde{X}^{h,n}_{s\wedge T^n}|^2 > b$ on a $R_b^n < T^n$, donc d'après 1.23 encore,

$$\begin{aligned} E^n\{(|\tilde{X}^{h,n}_{s\wedge T^n}|^2 - b)^+\} &\leq E^n(|\tilde{X}^{h,n}_{s\wedge T^n}|^2 - |\tilde{X}^{h,n}_{s\wedge T^n\wedge R_b^n}|^2) \\ &\leq E^n(\textstyle\sum_{j\leq d}(\tilde{C}^{h,n,jj}_{s\wedge T^n} - \tilde{C}^{h,n,jj}_{s\wedge T^n\wedge R_b^n})) \\ &\leq E^n(\textstyle\sum_{j\leq d}\tilde{C}^{h,n,jj}_{T^n}\, 1_{\{R_b^n<T^n\}}) \leq \dfrac{\{4(2K+4a^2)\}^2}{b-4a^2}, \end{aligned}$$

en utilisant 1.24 et la définition de T^n pour obtenir la dernière inégalité. Si maintenant $b\geq 4$, on a $|x|1_{\{|x|>b\}} \leq 2(|x|-\sqrt{b})^+$ pour tout x. Donc

$$\sup_{s\geq 0, n\in\mathbb{N}^*} E^n(|\tilde{X}^{h,n}_{s\wedge T^n}|^2\, 1_{\{|\tilde{X}^{h,n}_{s\wedge T^n}|^2>b\}}) \leq 2\,\frac{\{4(2K+4a^2)\}^2}{\sqrt{b}-4a^2},$$

qui tend vers 0 quand $b\uparrow\infty$. On a donc l'uniforme intégrabilité cherchée.

§d - APPLICATION AUX SEMIMARTINGALES LOCALEMENT DE CARRE INTEGRABLE. Donnons maintenant une version "simplifiée" des théorèmes 1.7 et 1.9, lorsque les semimartingales X^n sont localement de carré intégrable, ce qui équivaut à:

1.25 $$|x|^2 * \nu_t^n < \infty \qquad \forall t > 0,$$

et on suppose aussi que $|x|^2*\nu_t(\alpha) < \infty$ $\forall t>0, \forall\alpha\in D^d$, ce qui permet de poser:

1.26 $$B^n = B^{h,n} + (x - h(x))*\nu^n, \qquad B = B^h + (x-h(x))*\nu.$$

Il convient aussi de modifier les conditions 1.5 et 1.6:

1.27 Condition de majoration. Pour chaque $t>0$, les fonctions $\alpha \leadsto C_t(\alpha)$ et $\alpha \leadsto |x|^2*\nu_t(\alpha)$ sont bornées sur D^d.■

1.28 Condition de continuité. Pour chaque $t>0$ et chaque fonction continue bornée f sur R^d, nulle sur un voisinage de 0, les fonctions

$$\alpha \leadsto B_t(\alpha), \qquad \alpha \leadsto C_t^{jk}(\alpha) + (x^j x^k)*\nu_t(\alpha), \qquad \alpha \leadsto f*\nu_t(\alpha)$$

sont continues pour la topologie de Skorokhod sur R^d.

PROPOSITION 1.29: *Supposons 1.25, que* X *soit quasi-continu à gauche, et qu'on ait 1.4, 1.27 et 1.28. Pour que* $X^n \xrightarrow{\mathcal{L}} X$ *il suffit que la suite* $\{\mathcal{L}(X^n)\}$ *soit tendue, et qu'on ait les conditions:*

[β'] $B_t^n - B_t \circ X^n \xrightarrow{\mathcal{L}} 0$ pour tout t dans une partie dense $A \subset R_+$

[γ'] $C_t^{n,jk} + (x^j x^k) * \nu_t^n - \sum_{s \leq t} \Delta B_s^{n,j} \Delta B_s^{n,k} - (C_t^{jk} + (x^j x^k) * \nu_t) \circ X^n \xrightarrow{\mathcal{L}} 0$ pour tout t dans une partie dense $A \subset R_+$

[δ'] $f * \nu_t^n - (f * \nu_t) \circ X^n \xrightarrow{\mathcal{L}} 0$ pour tout t dans une partie dense $A \subset R_+$ et toute fonction f continue sur R^d, nulle sur un voisinage de 0, et telle que $f(x)/|x|^2$ soit bornée.

Preuve. Il suffit de montrer que les hypothèses de 1.7 sont satisfaites. On a 1.27 $\longrightarrow$ 1.5 et il n'est pas difficile de montrer que 1.27 et 1.28 entraînent 1.6.

Avec des notations évidentes, on a [δ'] $\longrightarrow$ [Sup-δ'] (cf. Lemme 1.3). On déduit aisément [β] de [β'] et de [Sup-δ']; on a [δ'] $\longrightarrow$ [δ]. Enfin, exactement comme en II-2.35, on déduit [γ] de [γ'] et de la propriété:

1.30 $$\left|\sum_{s \leq t} (\Delta B_s^{h,n,j} \Delta B_s^{h,n,k} - \Delta B_s^{n,j} \Delta B_s^{n,k}\right| \xrightarrow{\mathcal{L}} 0.$$

Mais en II-2.35 on a vu que le premier membre de 1.30 est majoré par $(f * \nu_t^n) \sup_{s \leq t} |\Delta(g * \nu^n)_s|$, où f et g sont des fonctions du type de [δ']. De la continuité de $g * \nu_.$ et de [Sup-δ'] on déduit que: $\sup_{s \leq t} |\Delta(g * \nu^n)_s| \xrightarrow{\mathcal{L}} 0$. On déduit alors 1.30 de [Sup-δ'].■

1.31 Condition de majoration forte. Il existe une fonction croissante continue F sur R_+, nulle en 0, telle que pour tous $\alpha \in D^d$, $j \leq d$, on ait

$$\mathrm{Var}(B(\alpha)^j) \prec F, \qquad C^{jj}(\alpha) \prec F, \qquad |x|^2 * \nu(\alpha) \prec F. ■$$

PROPOSITION 1.32: *Supposons 1.25. Pour que la suite* $\{\mathcal{L}(X^n)\}$ *soit tendue, il suffit qu'on ait 1.31,* [γ'], [δ'] *et*

[Sup-β'] $\sup_{s \leq t} |B_s^n - B_s \circ X^n| \xrightarrow{\mathcal{L}} 0 \qquad \forall t > 0$

Preuve. Il est évident que 1.31 $\Longrightarrow$ 1.8. D'après la preuve de 1.29 on a [γ], [δ], et aussi [Sup-δ'], donc clairement [Sup-β'] $\longrightarrow$ [Sup-β]. Il suffit alors d'appliquer 1.9.■

COROLLAIRE 1.33: *Supposons 1.25. Pour que* $X^n \xrightarrow{\mathcal{L}} X$, *il suffit qu'on ait 1.4, 1.28, 1.31,* [Sup-β'], [γ'], [δ'].

2 - THEOREME DE CONVERGENCE: UNE CONDITION PLUS FAIBLE

Les conditions de majoration 1.5 et 1.8 sont très fortes: dans le cas où X est une diffusion continue par exemple, elles reviennent à peu près à supposer les coefficients bornés; or, habituellement, on considère des diffusions à coefficients continus, donc localement bornés seulement. Nous allons donc donner ci-dessous une version du théorème 1.10 où les conditions "globales" de majoration ou de convergence sont remplacées par des conditions "locales", ceci au prix d'un léger renforcement de la condition d'unicité 1.4.

On suppose qu'on a 1.1, et pour $\rho>0$ on pose

$$S_\rho(\alpha) = \inf(t: |\alpha(t)| \geq \rho).$$

On rappelle que si Y est un processus et T un temps d'arrêt, on note Y^T le processus arrêté $Y^T_t = Y_{t\wedge T}$; de même ν^T est la mesure aléatoire "arrêtée": $\nu^T = 1_{[0,T]\times\mathbb{R}^d}\cdot\nu$ (ou encore; $f*\nu^T = (f*\nu)^T$).

2.1 Condition d'unicité. Si Q est une probabilité sur $(D^d,\underline{D}^d)$ vérifiant

(i) $Q(X_0 = 0) = 1$,

(ii) X^{S_ρ} est une semimartingale pour Q, de caractéristiques locales $((B^h)^{S_\rho},C^{S_\rho},\nu^{S_\rho})$,

alors les probabilités P et Q coincident sur la tribu $\underline{D}^d_{(S_\rho)-}$. ∎

Cette condition, plus forte que 1.4, est une sorte "d'unicité locale". Assez fréquemment, et en tous cas dans le cadre markovien examiné au §3, on a: 1.4 ⟹ 2.1 (voir un théorème général dans [23], §12-4-b).

2.2 Condition de majoration forte: a) Pour tout $\rho> 0$ il existe une fonction croissante continue $F(\rho)$ sur R_+, nulle en 0, telle qu'on ait identiquement:

$$\mathrm{Var}(B^h(\alpha)^j)^{S_\rho(\alpha)} \prec F(\rho), \qquad (C^{jj})^{S_\rho}(\alpha) \prec F(\rho), \qquad (|x|^2\wedge 1)*\nu^{S_\rho}(\alpha) \prec F(\rho).$$

b) pour tous $\rho>0$, $t>0$, on a

$$\lim_{b\uparrow\infty} \sup_{\alpha\in D^d} \nu(\alpha;[0,t\wedge S_\rho(\alpha)]\times\{|x|>b\}) = 0. \quad ∎$$

Si Y est un processus prévisible sur D^d, et si $\alpha(s) = \alpha'(s)$ pour tout $s<t$, alors $Y_t(\alpha) = Y_t(\alpha')$ (voir [9]); la condition 2.2 équivaut alors à: pour tout $\rho>0$ les conditions 1.8-(a),(b) sont satisfaites par tout $\alpha\in D^d$ qui vérifie

$\sup_t|\alpha(t)| \leq \rho$, avec $F(\rho)$ au lieu de F dans 1.8-(a).

Par ailleurs, on suppose 1.2, et on pose

$$S^n_\rho = \inf(t: |X^n_t| \geq \rho) = S_\rho \circ X^n,$$

et on remplace [Sup-β], [γ], [δ] par

[Sup-β,loc] $\sup_{s\leq t\wedge S^n_\rho} |B^{h,n}_s - B^h_s \circ X^n| \xrightarrow{\mathcal{L}} 0$ $\forall \rho>0, \forall t>0$;

[γ,loc] $\tilde{C}^{h,n}_{t\wedge S^n_\rho} - \tilde{C}^h_{t\wedge S_\rho} \circ X^n \xrightarrow{\mathcal{L}} 0$ $\forall \rho>0$, $\forall t$ dans un ensemble dense $A\subset R_+$;

[δ,loc] $f*\nu^n_{t\wedge S^n_\rho} - (f*\nu_{t\wedge S_\rho}) \circ X^n \xrightarrow{\mathcal{L}} 0$ $\forall \rho>0$, $\forall t$ dans une partie dense $A\subset R_+$, $\forall f$ continue bornée sur R^d, nulle sur un voisinage de 0.

De même qu'en 1.3, on montre que [γ,loc] et [δ,loc] équivalent respectivement à

[Sup-γ,loc] $\sup_{s\leq t\wedge S^n_\rho} |\tilde{C}^{h,n}_s - \tilde{C}^h_s \circ X^n| \xrightarrow{\mathcal{L}} 0$ $\forall \rho>0, \forall t>0$

[Sup-δ,loc] $\sup_{s\leq t\wedge S^n_\rho} |f*\nu^n_s - (f*\nu_s) \circ X^n| \xrightarrow{\mathcal{L}} 0$ $\forall \rho>0, \forall t>0$, $\forall f$ comme en [δ].

<u>THEOREME 2.3</u>: *On suppose la fonction de troncation* h *continue. On suppose qu'on a les conditions 1.6, 2.1, 2.2,* [Sup-β,loc], [γ,loc], [δ,loc]. *Alors* $X^n \xrightarrow{\mathcal{L}} X$.

A l'exception de 2.1, les conditions de ce théorème sont plus faibles que les conditions correspondantes du théorème 1.10.

<u>Preuve</u>. a) Pour simplifier l'écriture, on pose $B^h(\rho) = (B^h)^{S_\rho}$, $C(\rho) = C^{S_\rho}$, $\nu(\rho) = \nu^{S_\rho}$ et $\tilde{C}^h(\rho) = (\tilde{C}^h)^{S_\rho}$. Soit aussi $X^n(\rho) = (X^n)^{S^n_\rho}$, qui est une semimartingale de caractéristiques locales $B^{h,n}(\rho) = (B^{h,n})^{S^n_\rho}$, $C^n(\rho) = (C^n)^{S^n_\rho}$, $\nu^n(\rho) = (\nu^n)^{S^n_\rho}$. Soit enfin $\tilde{C}^{h,n}(\rho) = (\tilde{C}^{h,n})^{S^n_\rho}$.

Fixons $\rho>0$. Comme $B^h_t(\alpha) = B^h_t(\alpha')$ si $\alpha(s) = \alpha'(s)$ pour tout $s<t$, on a pour $t \geq S^n_\rho(\omega)$:

$$\{B^h(\rho)_t \circ X^n(\rho)\}(\omega) = \{B^h_{t\wedge S_\rho} \circ X^n(\rho)\}(\omega) = B^h_{t\wedge S^n_\rho(\omega)}\{X^n(\rho)(\omega)\} = B^h_{t\wedge S^n_\rho(\omega)}\{X^n(\omega)\},$$

d'où

$$\sup_{s\leq t} |B^{h,n}(\rho)_s - B^h(\rho)_s \circ X^n(\rho)| = \sup_{s\leq t\wedge S^n_\rho} |B^{h,n}_s - B^h_s \circ X^n| .$$

Ainsi, [Sup-β,loc] entraine que les processus $(X^n(\rho))_{n\geq 1}$ vérifient [Sup-β] relativement au triplet $(B^h(\rho), C(\rho), \nu(\rho))$. On montre de même qu'ils vérifient [Sup-γ] et [Sup-δ]. Par ailleurs, 2.2 entraine que ce triplet vérifie 1.8. D'après le théoème 1.9 on en déduit que la suite $\{\mathcal{L}(X^n(\rho))\}_{n\geq 1}$ est tendue.

b) Soit (n_k) une suite infinie de $\mathbb{N}$. Par un procédé diagonal on peut en extraire une sous-suite (n_{k_q}) telle que pour chaque $p\in\mathbb{N}^*$ on ait

.4 $$\mathcal{L}(X^{n_{k_q}}(p)) \xrightarrow[q\uparrow\infty]{} Q_p$$

ù Q_p est une probabilité sur $(D^d,\underline{D}^d)$. On va montrer que $\mathcal{L}(X^{n_{k_q}}) \to P$, ce qui 'après le principe des sous-suites entrainera le résultat. Par suite, sans restreinre la généralité, on peut remplacer 2.4 par:

.5 $$\mathcal{L}(X^n(p)) \xrightarrow[n\uparrow\infty]{} Q_p \quad \text{pour tout } p\in\mathbb{N}^*.$$

Pour tout $\rho>0$ on pose $S_{\rho+} = \lim_{\varepsilon\downarrow 0,\varepsilon>0} S_{\rho+\varepsilon}$ et $S_{\rho-} = \lim_{\varepsilon\downarrow 0,\varepsilon>0} S_{\rho-\varepsilon}$. omme $\rho \rightsquigarrow S_\rho(\alpha)$ est croissante, il existe clairement une partie dénombrable $\tilde{A}\subset R_+$ telle que

.6 $$\rho\notin\tilde{A} \Longrightarrow Q_p(S_{\rho-} = S_{\rho+}) = 1 \quad \forall p\in\mathbb{N}^*.$$

ar ailleurs il est facile de déduire de la caractérisation I-1.6 de la convergence u sens de Skorokhod que

.7 $$\alpha_n\to\alpha\ ,\ S_{\rho-}(\alpha) = S_{\rho+}(\alpha) \longrightarrow \begin{cases} S_\rho(\alpha_n)\to S_\rho(\alpha) \\ \phi_\rho(\alpha_n)\to\phi_\rho(\alpha) \text{ dans } D^d, \end{cases}$$

ù $\phi_\rho\colon D^d\to D^d$ est l'opérateur d'arrêt en S_ρ, défini par $\phi_\rho(\alpha)(t) = \alpha(t\wedge S_\rho(\alpha))$. 'après 2.2 les familles d'applications $(t \rightsquigarrow B^h_t(\alpha))_{\alpha\in D^d}$, $(t\rightsquigarrow \tilde{C}^h_t(\alpha))_{\alpha\in D^d}$ t $(t\rightsquigarrow g*\nu_t(\alpha))_{\alpha\in D^d}$ sont équicontinues en tout point $t\leq S_\rho(\alpha)$. On déduit lors immédiatement de 1.6 et de 2.7 que

.8 $$\begin{cases} \text{les applications: } \alpha\rightsquigarrow B^h(\rho)_t(\alpha),\ \alpha\rightsquigarrow\tilde{C}^h(\rho)_t(\alpha),\ \alpha\rightsquigarrow g*\nu(\rho)_t(\alpha) \\ \text{(pour } g \text{ continue bornée nulle sur une voisinage de 0) sont continues au} \\ \text{point } \alpha \text{ si } S_{\rho-}(\alpha) = S_{\rho+}(\alpha). \end{cases}$$

Soit maintenant p fixé dans $\mathbb{N}^*$. Soit $\rho\in]0,p[\cap\tilde{A}^c$. D'après 2.6 et 2.7, l'aplication ϕ_ρ est Q_p-p.s. continue. Comme $\rho\leq p$, on a $X^n(\rho) = \phi_\rho\circ X^n(p)$. Par suite i $Q'_\rho = Q_p\circ\phi_\rho^{-1}$ (= loi de X^{S_ρ} sous Q_p), on déduit de 2.5:

$$\mathcal{L}(X^n(\rho)) \to Q'_\rho .$$

n peut alors reprendre la preuve du théorème 1.7 en remplaçant $\tilde{P}$ par Q'_ρ, X^n ar $X^n(\rho)$, (B^h,C,ν) par $(B^h(\rho),C(\rho),\nu(\rho))$ et $(B^{h,n},C^{h,n},\nu^n)$ par $(B^{h,n}(\rho),C^n(\rho),\nu^n(\rho))$: on a vu que ces termes vérifient 1.5 (et même 1.8), [Sup-β], $[\gamma]$ et $[\delta]$; d'après 2.8, le triplet $(B^h(\rho),C(\rho),\nu(\rho))$ vérifie la condition 1.6 le continuité en Q_p-presque tout point α (utiliser 2.6), donc aussi en Q'_ρ-presque tout point α, car $B^h(\rho)(\alpha) = B^h(\rho)(\phi_\rho(\alpha))$, et de même pour C et ν). On en déduit que:

$$\begin{cases} Q'_\rho(X_0 = 0) = 1 \\ X \text{ est une } Q'_\rho\text{-semimartingale de caractéristiques locales } (B^h(\rho),C(\rho),\nu(\rho)). \end{cases}$$

Le dernier point ci-dessus entraine a-fortiori que $X = X^{S_\rho}$ Q'_ρ-p.s., et la condition d'unicité 2.1 implique alors que $Q'_\rho = P$ en restriction à $\underline{\underline{D}}^d_{(S_\rho)-}$. Comme $\rho \leq p$ on a aussi $Q'_\rho = Q_p$ sur $\underline{\underline{D}}^d_{(S_\rho)-}$, donc $Q_p = P$ sur $\underline{\underline{D}}^d_{(S_\rho)-}$. Ceci étant vrai pour tout $\rho \in]0,p[\bigcap \tilde{A}^c$, on en déduit:

<u>2.9</u> $$Q_p = P \quad \text{en restriction à } \underline{\underline{D}}^d_{(S_p)-} .$$

c) On va enfin utiliser 2.5 et 2.6 pour montrer que $\mathcal{L}(X^n) \to P$. Commençons par montrer que la suite $\{\mathcal{L}(X^n)\}$ est tendue. Pour cela on utilise le théorème I-2.7. Soit $N \in \mathbb{N}^*$, $\varepsilon>0$, $\eta>0$. Il existe $p \in \mathbb{N}^*$ tel que $P(S_{p-1} \leq N) \leq \varepsilon/3$. Comme S_{p-1} est $\underline{\underline{D}}^d_{(S_p)-}$-mesurable, 2.9 entraine que $Q_p(S_{p-1} \leq N) \leq \varepsilon/3$. Soit F la fermeture dans l'espace D^d de l'ensemble $\{\alpha: S_p(\alpha)<N\}$. Il est facile de vérifier que $F \subset \{S_{p-1} \leq N\}$, donc 2.5 entraine:

$$\limsup_n P^n(X^n(p) \in F) \leq Q_p(F) \leq Q_p(S_{p-1} \leq N) \leq \frac{\varepsilon}{3} .$$

Il existe donc n_o tel que

<u>2.10</u> $$n > n_o \implies P^n(S^n_p < N) \leq P^n(X^n(p) \in F) \leq \frac{\varepsilon}{2}$$

(car $S^n_p = S_p \circ X^n = S_p \circ X^n(p)$). La suite $\{\mathcal{L}(X^n(p))\}_{n \geq 1}$ étant tendue, il existe $\delta>0$ et $K>0$ tels que pour tout n on ait

<u>2.11</u> $$P^n(\sup_{s \leq N} |X^n(p)_s|>K) \leq \frac{\varepsilon}{2} , \qquad P^n(w'_N(X^n(p),\delta)>\eta) \leq \frac{\varepsilon}{2} .$$

Enfin si $S^n_p \geq N$ on a $X^n_s = X^n(p)_s$ pour tout $s \leq N$, donc 2.10 et 2.11 entrainent

$$n > n_o \implies P^n(\sup_{s \leq N} |X^n_s|>K) \leq \varepsilon, \qquad P^n(w'_N(X^n,\delta)>\eta) \leq \varepsilon .$$

Donc, d'après le théorème I-2.7, la suite $\{\mathcal{L}(X^n)\}$ est tendue.

Il reste à montrer que P est l'unique point limite de cette suite. Soit $t_1<\ldots<t_q$ et f une fonction continue sur $(\mathbb{R}^d)^q$, bornée par 1, et soit $\psi(\alpha) = f(\alpha(t_1),\ldots,\alpha(t_q))$. Soit $N \in \mathbb{N}^*$, $\varepsilon>0$, et $p \in \mathbb{N}^*$ comme ci-dessus. D'après 2.5 on a: $E^n\{\psi(X^n(p))\} \to E^{Q_p}\{\psi(X)\}$. D'après 2.10 on a:

$$n > n_o \implies |E^n\{\psi(X^n(p))\} - E^n\{\psi(X^n)\}| \leq \frac{\varepsilon}{2} .$$

On a aussi $|E^{Q_p}\{\psi(X)\} - E^P\{\psi(X)\}| \leq \varepsilon/3$, car $P(S_p \leq N) \leq \varepsilon/3$, et à cause de 2.9. Par suite

$$\limsup_n |E^n\{\psi(X^n)\} - E^P\{\psi(X)\}| \leq \varepsilon .$$

omme $\varepsilon>0$ est arbitraire, on a $E^n\{\psi(X^n)\} \to E^P\{\psi(X)\}$. Autrement dit, on a
$^n \xrightarrow{\mathcal{L}(R_+)} X$ (sous la loi P), et d'après I-2.6 on obtient $X^n \xrightarrow{\mathcal{L}} X$. ∎

Le corollaire suivant se montre comme 1.29 et 1.32, dont on utilise les notations.

OROLLAIRE 2.12: *Supposons 1.25. Pour que* $X^n \xrightarrow{\mathcal{L}} X$ *il suffit qu'on ait 2.1, 1.28* *t:*

.13 Pour tout $\rho>0$ il existe une fonction croissante continue $F(\rho)$ sur R_+, nulle en 0, telle qu'on ait identiquement:

$$\mathrm{Var}(B(\alpha)^j)^{S_\rho(\alpha)} \prec F(\rho), \quad (C^{jj})^{S_\rho(\alpha)} \prec F(\rho), \quad |x|^2 * \nu^{S_\rho(\alpha)} \prec F(\rho).$$

[Sup-β',loc] $\sup_{s\leq t\wedge S^n_\rho} |B^n_s - B_s \circ X^n| \xrightarrow{\mathcal{L}} 0 \qquad \forall t>0, \forall \rho>0$

[γ',loc] $C^{n,jk}_{t\wedge S^n_\rho} + (x^jx^k)*\nu^n_{t\wedge S^n_\rho} - \sum_{s\leq t\wedge S^n_\rho} \Delta B^{n,j}_s \Delta B^{n,k}_s - (C^{jk}_{t\wedge S_\rho} + (x^jx^k)*\nu_{t\wedge S_\rho})\circ X^n$
$\xrightarrow{\mathcal{L}} 0$, $\forall\rho>0$, $\forall t$ dans une partie dense $A\subset R_+$;

[δ',loc] $f*\nu^n_{t\wedge S^n_\rho} - (f*\nu_{t\wedge S_\rho})\circ X^n \xrightarrow{\mathcal{L}} 0$ $\forall\rho>0$, $\forall t$ dans une partie dense $A\subset R_+$, $\forall f$ continue sur R^d, nulle sur un voisinage de 0, avec $f(x)/|x|^2$ bornée.

3 - CONVERGENCE DE PROCESSUS DE MARKOV

a - RESULTATS GENERAUX. Les conditions [β], [γ], [δ] du §1 peuvent sembler un peu bizarres à première vue. En les appliquant aux processus de Markov, nous allons voir qu'au contraire elles sont très naturelles. Les résultats ci-dessous sont essentiellement de même nature que ceux du livre [55] de Stroock et Varadhan (mais dans [55] les processus limite sont continus). On comparera aussi à l'article [31] de Kurtz, qui donne des résultats intermédiaires entre le théorème 2.3 et les théorèmes ci-dessous (la limite X est markovienne, mais pas les processus X^n).

Pour chaque $n\in\mathbb{N}^*$ on considère un processus de Markov fort, normal, à valeurs dans R^d: $(\Omega^n, \underline{\underline{F}}^n, \underline{\underline{F}}^n_t, \theta^n_t, X^n_t, P^n_x)$, de générateur infinitésimal étendu (A^n, D_{A^n}) de la forme suivante:

3.1 $$\begin{cases} \text{si } f \text{ est bornée de classe } C^2, \text{on a } f\in D_{A_n} \text{ et} \\ A^n f(x) = \sum_j b_n^{h,j}(x)\frac{\partial f}{\partial x^j}(x) + \frac{1}{2}\sum_{j,k} c_n^{jk}(x)\frac{\partial^2 f}{\partial x^j \partial x^k}(x) \\ \qquad + \int_{R^d} N_n(x,dy)(f(x+y)-f(x)-\sum_j \frac{\partial f}{\partial x^j}(x)h^j(y)) \end{cases}$$

avec b_n^h, c_n, N_n vérifiant les conditions du §III-1-d. X^n est alors une semimartingale pour chaque P_x^n, de caractéristiques locales:

3.2 $$\begin{cases} B_t^{h,n} = \int_0^t b_n^h(X_s)\,ds \\ C_t^n = \int_0^t c_n(X_s)\,ds \\ f*\nu_t^n = \int_0^t N_n(X_s,f)\,ds. \end{cases}$$

Soit aussi un processus de Markov fort, normal, $(\Omega,\underline{\underline{F}},\underline{\underline{F}}_t,\theta_t,X_t,P_x)$ de générateur infinitésimal étendu (A,D_A) donné par 3.1 avec (b^h,c,N). On peut toujours supposer que $\Omega = D^d$, $\underline{\underline{F}} = \underline{\underline{D}}^d$; $\underline{\underline{F}}_t = \underline{\underline{D}}^d_{t+}$ et que X est le processus canonique sur D^d.

3.3 Condition d'unicité. Pour chaque $x\in R^d$, P_x est l'unique probabilité sur $(D^d,\underline{\underline{D}}^d)$ telle que:

(i) $P_x(X_0 = x) = 1$

(ii) X est une P_x-semimartingale de caractéristiques locales $B_t^h = \int_0^t b^h(X_s)ds$, $C_t = \int_0^t c(X_s)ds$ et ν donné par $f*\nu_t = \int_0^t N(X_s,f)ds$. ∎

On pose

3.4 $\tilde{c}_n^{h,jk}(x) = c_n^{jk}(x) + \int N_n(x,dy)h^j(y)h^k(y)$, $\tilde{c}^{h,jk}(x)=c^{jk}(x)+\int N(x,dy)h^j(y)h^k(y)$.

3.5 Condition de majoration. a) les fonctions b^h, c, $\int N(.,dy)(|y|^2\wedge 1)$ sont localement bornées sur R^d;

b) $\lim_{\gamma\uparrow\infty} \sup_{|x|<\delta} N(x,\{|y|>\gamma\}) = 0 \quad \forall\delta>0.$ ∎

3.6 Condition de continuité. Les fonctions b^h, $\tilde{c}^h$, $N(.,f)$ (pour f continue bornée nulle sur un voisinage de 0) sont continues sur R^d. ∎

Les conditions 3.5 et 3.6 entrainent "presque" l'unicité 3.3: d'après [55] elles l'entrainent si, de plus, la matrice $c(x)$ n'est dégénérée pour aucun $x\in R^d$. Noter que 3.5 entraine 3.4-(a).

THEOREME 3.7: *Supposons qu'on ait 3.3, 3.5, 3.6, et que la fonction de troncation* h *soit continue. Soit* $x\in R^d$. *Pour que* $\mathcal{L}(X^n/P_x^n) \to \mathcal{L}(X/P_x)$ *il suffit qu'on ait:*

$[\beta_1]$ $\quad b_n^h \to b^h$ uniformément sur les compacts;

[γ_1] $\tilde{c}_n^h \to \tilde{c}^h$ uniformément sur les compacts;

[δ_1] $N_n(.,f) \to N(.,f)$ uniformément sur les compacts, pour f continue bornée nulle sur un voisinage de 0.

Ainsi, dans le cas des processus de Markov, les conditions [β], [γ], [δ] se ramènent à la "convergence"-des générateurs (A^n, D_{A^n}) vers (A, D_A), au sens où les trois conditions [β_1], [γ_1], [δ_1] équivalent à:

3.8 $A^n f \to Af$ uniformément sur les compacts, pour f de classe C^3, bornée et à dérivées bornées.

Le théorème ci-dessus est donc une sorte de "théorème de Trotter-Kato" amélioré.

Preuve. On applique le théorème 2.3 aux semimartingales $X'^n = X^n - x$ et $X' = X - x$, qui ont mêmes caractéristiques locales, respectivement, que X^n et X (remarquer que si dans 3.5-(a) les fonctions sont bornées, et si on a 3.5-(b) avec $\delta = \infty$, il suffirait d'appliquer le théorème 1.10).

Dans notre cadre, on a 3.3 = 1.4, et cette condition implique 2.1: lorsque $N = 0$ (cas des diffusions continues) on peut se reporter à Stroock et Varadhan ([55], p. 283); dans le cas général, on peut appliquer le théorème (12.73) de [23] (en remarquant que dans ce théorème on prouve "l'unicité locale" pour les temps d'arrêt prévisibles, et aussi pour les temps d'arrêt par rapport à la filtration non continue à droite $(\underline{\underline{D}}_t^d)$, ce qui est le cas des temps S_ρ utilisés dans 2.1).

La condition 2.2 découle immédiatement de 3.5. Soit $\alpha_n \to \alpha$ dans D^d. On a $\alpha_n(s) \to \alpha(s)$, donc $b^h(\alpha_n(s)) \to b^h(\alpha(s))$ d'après 3.6, pour tout s tel que $\Delta\alpha(s) = 0$; de plus, $\sup_{n \geq 1, s \leq t} |\alpha_n(s)| < \infty$, donc les fonctions $b^h(\alpha_n(s))$ sont uniformément bornées sur $[0,t]$. On en déduit que: $B_t^h(\alpha_n) \to B_t^h(\alpha)$. On montre de la même manière que $\tilde{C}_t^h(.)$ et $f * \nu_t(.)$ sont continues, de sorte qu'on a 1.6.

Enfin $B_t^{h,n} - B_t^h \circ X^n = \int_0^t \{b_n^h(X_s^n) - b^h(X_s^n)\} ds$. Il est alors évident, compte tenu de 1.4, que [β_1] $\Longrightarrow$ [Sup-β,loc]. On montre de même les implications [γ_1] $\Longrightarrow$ [γ,loc] et [δ_1] $\Longrightarrow$ [δ,loc], d'où le résultat. ∎

Donnons aussi une version du corollaire 2.12 (ou 1.33) qui s'applique aux processus de Markov. On suppose que les noyaux N_n et N intègrent la fonction $|y|^2$, de sorte que (A^n, D_{A^n}) s'écrit:

3.9
$$A^n f(x) = \sum_j b_n^j(x) \frac{\partial f}{\partial x^j}(x) + \frac{1}{2} \sum_{j,k} c_n^{jk}(x) \frac{\partial^2 f}{\partial x^j \partial x^k}(x) + \int N_n(x,dy)\left(f(x+y) - f(x) - \sum_j \frac{\partial f}{\partial x^j}(x)\, y^j\right),$$

et de même pour (A, D_A). On a donc les relations:

<u>3.10</u> $b_n(x) = b_n^h(x) + \int N_n(x,dy)(y-h(y)), \quad b(x) = b^h(x) + \int N(x,dy)(y-h(y)),$

et on peut poser

<u>3.11</u> $\tilde{c}_n^{jk}(x) = c^{jk}(x) + \int N_n(x,dy)y^jy^k, \quad \tilde{c}^{jk}(x) = c^{jk}(x) + \int N(x,dy)y^jy^k.$

<u>PROPOSITION 3.12</u>: *Supposons qu'on ait 3.3 et que les noyaux* N_n *et* N *intègrent la fonction* $|y|^2$. *Pour que* $\mathcal{L}(X^n/P_x^n) \to \mathcal{L}(X/P_x)$ *il suffit qu'on ait les tions suivantes:*

<u>3.13</u> les fonctions b, $\tilde{c}$, $N(.,f)$ (pour f continue nulle autour de 0 et telle que $f(x)/|x|^2$ soit bornée) sont continues sur R^d (et donc localement bornées).

[β_1'] $b_n \to b$ uniformément sur les compacts;

[γ_1'] $\tilde{c}_n \to \tilde{c}$ uniformément sur les compacts;

[δ_1'] $N_n(.,f) \to N(.,f)$ uniformément sur les compacts, pour f comme dans 3.13.

<u>§b - APPROXIMATION DE DIFFUSIONS PAR DES PROCESSUS DE SAUT PUR</u>. Dans ce paragraphe, chaque processus X^n est un processus de Markov "de saut pur", ce qui signifie que X^n est constant par morceaux, càdlàg, et n'a qu'un nombre fini de sauts sur tout intervalle fini. On a alors

<u>3.14</u> $$A^n f(x) = \int N_n(x,dy)\,\{f(x+y) - f(x)\}$$

où N_n est un noyau positif intégrable. Pour simplifier, on supposera que N_n intègre la fonction $|y|^2$. On peut mettre 3.14 sous la forme 3.9, ce qui donne, avec les notations du paragraphe précédent:

<u>3.15</u> $$b_n(x) = \int N_n(x,dy)\,y \quad , \quad c_n(x) = 0, \quad \tilde{c}_n^{jk}(x) = \int N_n(x,dy)\,y^jy^k.$$

Soit par ailleurs X le processus de Markov introduit au §1, avec les caractéristiques b,c, et $N = 0$ (donc $\tilde{c} = c$): c'est donc une <u>diffusion</u> (continue).

<u>THEOREME 3.16</u>: *Outre les hypothèses précédentes, supposons qu'on ait 3.3 et que les fonctions* b *et* c *soient continues sur* R^d. *Pour que* $\mathcal{L}(X^n/P_x^n) \to \mathcal{L}(X/P_x)$ *pour tout* $x \in R^d$ *il suffit qu'on ait:*

(i) $b_n \to b$ *uniformément sur les compacts;*

(ii) $\tilde{c}_n \to c$ *uniformément sur les compacts;*

(iii) $\sup_{|x|\leq\delta} \int N_n(x,dy)\ |y|^2\ 1_{\{|y|>\varepsilon\}} \to 0$ *pour tous* $\varepsilon>0$ *et tous* $\delta>0$.

Preuve. Il suffit d'appliquer 3.12, en remarquant que (iii) $\Longrightarrow$ $[\delta_1']$ si $N = 0$.∎

Dans la suite, on suppose que:

3.17 $b_n \to b$ uniformément sur les compacts, où b est lipschitzienne

$\tilde{c}_n \to 0$ uniformément sur les compacts.

Dans ce cas, on a aussi 3.16-(iii) et X est solution de l'équation "de diffusion" déterministe $dX_t = b(X_t)dt$. Comme b est lipschitzienne, on a donc la condition 3.3, et le théorème précédent s'applique. Plus précisément, notons $x_t(x)$ l'unique solution de l'équation différentielle (d-dimensionnelle) ordinaire:

3.18 $$dx_t(x) = b(x_t(x))\,dt, \qquad x_0(x) = x.$$

Comme la convergence de Skorokhod et la convergence uniforme sur les compacts coïncident quand la limite est continue, on a donc:

3.19 $$\sup_{s\leq t} |X_s^n - x_s(x)| \xrightarrow{\mathcal{L}(P_x^n)} 0 \qquad \forall t>0,\ \forall x\in R^d.$$

Pour évaluer la vitesse de convergence dans 3.19, on dispose d'un théorème central limite, dû à Kurtz [30]:

THEOREME 3.20: *Soit 3.17; soit* $\{\alpha_n\}$ *une suite de réels croissant vers* ∞ , *telle que:*

(i) $\alpha_n^2\,\tilde{c}_n$ *converge uniformément sur les compacts vers une fonction continue* $\hat{c} = (\hat{c}^{jk})_{j,k\leq d}$

(ii) $\lim_n \sup_{|x|\leq\delta} \alpha_n^2 \int N_n(x,dy)\ |y|^2\ 1_{\{|y|>\varepsilon/\alpha_n\}} = 0 \qquad \forall\varepsilon>0,\ \forall\,\delta>0.$

Soit

$$Y_t^n = \alpha_n\Big(X_t^n - X_0^n - \int_0^t b_n(X_s^n)\,ds\Big)$$

Alors, pour tout $x\in R^d$ *les lois* $\mathcal{L}(Y^n/P_x^n)$ *convergent vers la loi d'un PAI continu de caractéristiques* $(0,C(x),0)$ (martingale gaussienne continue) *où* $C(x)_t = \int_0^t \hat{c}\{x_s(x)\}\,ds$.

Preuve. Notons $(B^{Y^n},C^{Y^n},\nu^{Y^n})$ les caractéristiques locales de la semimartingale localement de carré intégrable Y^n, associées à la "fonction de troncation" $h(x)=x$. Comme Y^n est en fait une martingale locale, on a $B^{Y^n} = 0$; comme Y^n est une somme compensée de sauts, on a $C^{Y^n} = 0$. Enfin $\Delta Y^n = \alpha_n \Delta X^n$, donc ν^{Y^n} égale:

$$f*\nu_t^{Y^n} = \int_0^t ds \int N_n(X_s^n,dy)\ f(\alpha_n y)\ .$$

On va alors appliquer le corollaire III-2.16 aux semimartingales Y^n, et au PAI Y de caractéristiques $(0,C(x),0)$ (pour un x fixé). On a [Sup-β'], et [L] vient de (ii). Il reste à montrer que si $\tilde{C}_t^{Y^n,jk} = \int_0^t \alpha_n^2 \tilde{c}_n^{jk}(X_s^n)\,ds$, on a $\tilde{C}_t^{Y^n} \xrightarrow{\mathcal{L}} C_t(x)$. Mais il vient

$$\tilde{C}_t^{Y^n} - C_t(x) = \int_0^t \{\alpha_n^2\, \tilde{c}_n(X_s^n) - \hat{c}(X_s^n)\}ds + \int_0^t \{\hat{c}(X_s^n) - \hat{c}(x_s(x))\}ds .$$

Le premier terme du second membre ci-dessus tend vers 0 en loi à cause de (i) et de 3.19; le second terme tend aussi vers 0 en loi à cause de 3.19 et de la continuité de $\hat{c}$: on a donc le résultat.∎

On a aussi $Y_t^n = \alpha_n(X_t^n - x_t(x)) + \int_0^t \{\alpha_n\{b(x_s(x)) - b_n(X_s^n)\}ds$ P_x^n-p.s.; donc si $\alpha_n(b_n - b) \to 0$ uniformément sur les compacts (ce qui est plus fort que dans 3.17), le même argument que ci-dessus montre que $\mathcal{L}(\alpha_n(X_.^n - x_.(x))/P_x^n)$ converge vers la même limite que $\mathcal{L}(Y^n/P_x^n)$, ce qui donne bien une vitesse de convergence dans 3.19.

REMARQUE 3.21: Nous n'avons donner ci-dessus qu'un seul exemple d'approximation de diffusion par des processus de saut pur. Il existe un très grand nombre d'autres exemples: voir la bibliographie de l'article [31] de Kurtz, notamment.

V - CONDITIONS NECESSAIRES DE CONVERGENCE

Nous avons introduit dans les chapitres précédents une série de conditions, notées [Sup-β], [γ], [δ], qui impliquent la convergence en loi $X^n \xrightarrow{\mathcal{L}} X$ pour des semimartingales, modulo quelques restrictions sur le processus limite X (par exemple les conditions 1.4, 1.6 et 1.8 du chapitre IV). Il est naturel de se demander dans quelle mesure ces conditions sont nécessaires.

A cet égard, les résultats du chapitre II (ces conditions sont nécessaires lorsque chaque X^n est un PAI) pouvaient sembler encourageantes, mais nous avons déjà donné un contre-exemple dans le §III-3-b. Voici un autre contre-exemple, qui fait mieux comprendre pourquoi ces conditions ne sont pas nécessaires: soit X un processus de Poisson standard sur $(\Omega,\underline{\underline{F}},(\underline{\underline{F}}_t),P)$; il s'écrit $X_t = \sum_{q\geq 1} 1_{\{S_q\leq t\}}$, où (S_q) est une suite de temps d'arrêt strictement croissante. Soit alors $(\Omega^n,\underline{\underline{F}}^n,(\underline{\underline{F}}^n_t),P^n) = (\Omega,\underline{\underline{F}},(\underline{\underline{F}}_t),P)$, et $X^n_t = \sum_{q\geq 1} 1_{\{S_q+1/n\leq t\}}$. Pour chaque ω, on a $X^n_\cdot(\omega) \to X_\cdot(\omega)$ pour la topologie de Skorokhod, donc a-fortiori $X^n \xrightarrow{\mathcal{L}} X$; de plus chaque X^n est un processus croissant càdlàg adapté, donc c'est une semimartingale. Cependant, aucune des conditions [Sup-β], [γ], [δ] n'est satisfaite.

Cela provient de ce que la convergence $X^n \xrightarrow{\mathcal{L}} X$ ne fait en aucune manière intervenir les filtrations; à l'extrême, le sens du temps n'a pas d'importance. Au contraire, les conditions [Sup-β], [γ], [δ] font intervenir de manière essentielle les propriétés "de type martingale", et donc les filtrations: dans l'exemple ci-dessus, les trajectoires de X^n et de X sont très proches (et leurs lois aussi, car X^n est un processus de Poisson standard, décalé de $1/n$ vers la droite); mais, du point de vue des filtrations, ces processus sont très différents: $X_{t+1/n} - X_t$ est indépendant de $\underline{\underline{F}}_t$, tandis que $X^n_{t+1/n} - X^n_t$ est $\underline{\underline{F}}^n_t$-mesurable.

Pour pallier cette difficulté, Aldous [2] et Helland [21,22] ont introduit un mode de convergence plus fort que la convergence en loi (mais de même type), pour lequel les conditions [Sup-β], [γ], [δ] sont essentiellement équivalentes à la convergence de X^n vers X (à condition bien-sûr d'avoir quelques conditions du genre IV-(1.4,1.6,1.8) satisfaites par X). Voir aussi [19].

Ci-dessous notre objectif est plus modeste. Pour l'essentiel, nous allons montrer que si X est une martingale locale <u>continue</u> et si les X^n ne sont pas très loin d'être des martingales locales, alors les conditions ci-dessus sont nécessaires.

1 - CONVERGENCE ET VARIATION QUADRATIQUE

§a - LES RESULTATS. Pour chaque entier n on considère une semimartingale d-dimensionnelle X^n sur $(\Omega^n, \underline{\underline{F}}^n, (\underline{\underline{F}}^n_t), P^n)$, nulle en 0 pour simplifier. Soit aussi X une semimartingale d-dimensionnelle nulle en 0 sur $(\Omega, \underline{\underline{F}}, (\underline{\underline{F}}_t), P)$. h étant une fonction de troncation, on note $(B^{h,n}, C^n, \nu^n)$ et (B^h, C, ν) leurs caractéristiques locales respectives.

On note aussi $[X^n, X^n]$ le processus à valeurs dans $R^d \otimes R^d$, dont les composantes sont $[X^n, X^n]^{jk} = [X^{n,j}, X^{n,k}]$ (voir §III-1-a), et on définit $[X,X]$ de la même manière. Voici alors le résultat principal:

THEOREME 1.1: *On considère les conditions:*

(*i*) $X^n \xrightarrow{\mathcal{L}} X$;

(*ii*-h) $\lim_{b\uparrow\infty} \sup_n P^n\{\mathrm{Var}(B^{h,n,j})_t > b\} = 0 \qquad \forall t>0, \forall j \leq d.$

Alors (a) *Sous* (*i*), *les conditions* (*ii*-h) *sont équivalentes entre elles, lorsque* h *parcoure l'ensemble des fonctions de troncation.*

(b) *Sous* (*i*) *et* (*ii*-h) *on a* $[X^n, X^n] \xrightarrow{\mathcal{L}} [X,X]$.

Ce résultat est basé sur la construction bien connue suivante de la variation quadratique ([9], [23]):

Soit $t>0$ et $\tau = \{0=t_0<\ldots<t_m=t\}$ une subdivision de $[0,t]$. Pour tout processus càdlàg Y à valeurs dans R^d on définit la variable $S_\tau(Y)$ à valeurs dans $R^d \otimes R^d$ en posant:

1.2 $$S_\tau(Y)^{jk} = \sum_{1\leq q\leq m} (Y^j_{t_q} - Y^j_{t_{q-1}})(Y^k_{t_q} - Y^k_{t_{q-1}}).$$

On rappelle alors que:

1.3 $\left\{\begin{array}{l}\text{Si } Y \text{ est une semimartingale, pour tout } t>0 \text{ on a } S_\tau(Y) \to [X,X]_t \text{ en pro-}\\ \text{babilité lorsque le pas } |\tau| \text{ de la subdivision } \tau \text{ de } [0,t] \text{ tend vers } 0.\end{array}\right.$

Le théorème 1.1 n'est donc pas surprenant. En effet si les points t_i de la subdivision τ ne sont pas des temps fixes de discontinuité de X, l'hypothèse $X^n \xrightarrow{\mathcal{L}} X$ implique que $S_\tau(X^n) \xrightarrow{\mathcal{L}} S_\tau(X)$. Toutefois la condition 1.1-(i) seule ne suffit pas à assurer la convergence $[X^n, X^n] \xrightarrow{\mathcal{L}} [X,X]$, comme le montre l'exemple suivant.

Exemple 1.4: il s'agit d'un exemple où les "processus" sont déterministes. Soit

$$X^n_t = \sum_{1\le k\le [n^2t]} (-1)^k \frac{1}{n}.$$

n a $|X^n| \le 1/n$, donc $X^n \xrightarrow{\mathcal{L}} X$ où $X = 0$. On a aussi

$$[X^n,X^n]_t = \sum_{1\le k\le [n^2t]} (\frac{1}{n})^2 = \frac{[n^2t]}{n^2},$$

ui converge vers t, alors que $[X,X] = 0$. La condition 1.1-(ii-h) n'est pas satis aite ici, car $\mathrm{Var}(B^{h,n})_t = [n^2t]/n$ pour tout n assez grand, et cette quantité end vers $+\infty$. ∎

OROLLAIRE 1.5: *Si les* X^n *sont des martingales locales, s'il existe une constante* *telle que* $|\Delta X^n_t(\omega)| \le c$ *identiquement, et si* $X^n \xrightarrow{\mathcal{L}} X$, *alors* $[X^n,X^n] \xrightarrow{\mathcal{L}} [X,X]$.

reuve. Il suffit de choisir la fonction de troncation h de sorte que $h(x) = x$ i $|x| \le c$: on a alors $B^{h,n} = 0$. ∎

EMARQUES 1.6: 1) On peut renforcer la conclusion de 1.1-b ainsi: on a $(X^n,[X^n,X^n]) \xrightarrow{\mathcal{L}} (X,[X,X])$, en tant que processus à valeurs dans $R^d\times(R^d\otimes R^d)$.

2) Le théorème 1.1 reste vrai lorsque X n'est pas une semimartin- ;ale (voir [25]). Il faut alors lire la conclusion ainsi: le processus limite X dmet une variation quadratique (au sens où il existe un processus càdlàg $[X,X]$ érifiant 1.3), et $[X^n,X^n] \xrightarrow{\mathcal{L}} [X,X]$. ∎

b - LES DEMONSTRATIONS. Pour simplifier l'écriture, on considère la condition sui- ante, qui s'applique à une suite (Z^n) de processus, chaque Z^n étant défini sur $\mathcal{B}^n$:

.7 $$\lim_{b\uparrow\infty} \sup_n P^n(\sup_{s\le t}|Z^n_s|>b) = 0, \quad \forall t>0.$$

insi, 1.1-(ii-h) se dit aussi: la suite $\{\mathrm{Var}(B^{h,n})\}$ vérifie 1.7, où $\mathrm{Var}(B^{h,n}) = \sum_{j\le d} \mathrm{Var}(B^{h,n,j})$.

EMME 1.8: *Considérons les conditions:*

(*i*) $\lim_{b\uparrow\infty} \sup_n P^n(\sup_{s\le t} |\Delta X^n_s|>b) = 0 \quad \forall t>0$ (i.e., la suite (ΔX^n) vérifie a condition 1.7).

(*ii*) $\lim_{b\uparrow\infty} \sup_n P^n(1_{\{|x|>b\}}*\nu^n_t>\varepsilon) = 0 \quad \forall t>0, \forall \varepsilon>0.$

lors: (a) On a l'équivalence: (i) $\Longleftrightarrow$ *(ii);*

(b) si $X^n \xrightarrow{\mathcal{L}} X$, *on a (i) et (ii).*

reuve. a) Les processus $\sum_{s\le t} 1_{\{|\Delta X^n_s|>b\}}$ et $1_{\{|x|>b\}}*\nu^n$ sont dominés l'un par l'autre au sens de Lenglart (cf. §I-3), et le dernier est prévisible. D'après I-3.16 on a donc

$$P^n(\sup_{s\leq t} |\Delta X^n_s|>b) \leq P^n(\sum_{s\leq t} 1_{\{|\Delta X^n_s|>b\}} \geq 1)$$
$$\leq \eta + P^n(1_{\{|x|>b\}}*\nu^n_t \geq \eta),$$

pour tout $\eta>0$: on en déduit l'implication (ii) $\Longrightarrow$ (i). D'après I-3.16-(b) on a aussi

$$P^n(1_{\{|x|>b\}}*\nu^n_t \geq \varepsilon) \leq \frac{\eta}{\varepsilon} + \frac{1}{\varepsilon} E^n(\sup_{s\leq t} 1_{\{|\Delta X^n_s|>b\}}) + P^n(\sum_{s\leq t} 1_{\{|\Delta X^n_s|>b\}} \geq \eta)$$
$$\leq \frac{\eta}{\varepsilon} + (\frac{1}{\varepsilon} + 1)\, P^n(\sup_{s\leq t} |\Delta X^n_s| > b)$$

pour tous $\varepsilon>0$, $\eta>0$: on en déduit l'implication (i) $\longrightarrow$ (ii).

b) Si $X^n \xrightarrow{\mathcal{L}} X$, le théorème I-2.7 entraine que la suite (X^n) vérifie 1.7; comme $|\Delta X^n_t| \leq 2 \sup_{s\leq t} |X^n_s|$ on en déduit qu'on a (i).∎

<u>LEMME 1.9</u>: *Si* $X^n \xrightarrow{\mathcal{L}} X$, *la condition 1.1-(ii-h) ne dépend pas de la fonction de troncation* h *choisie.*

<u>Preuve</u>. Soit (ii-h), et h' une autre fonction de troncation. On a vu que $B^{h',n} = B^{h,n} + (h'-h)*\nu^n$, donc $\mathrm{Var}(B^{h',n}) \leq \mathrm{Var}(B^{h,n}) + |h'-h|*\nu^n$. Il suffit donc de montrer que la suite de processus $\{|h'-h|*\nu^n\}$ vérifie 1.7.

Il existe une fonction continue à support compact $\hat{h}$ sur R^d, nulle autour de 0 et majorant $|h-h'|$. Soit $Y^n_t = \sum_{s\leq t} \hat{h}(\Delta X^n_s)$ et $Y_t = \sum_{s\leq t} \hat{h}(\Delta X_s)$. D'après l'hypothèse $X^n \xrightarrow{\mathcal{L}} X$ et I-1.19 on a $Y^n \xrightarrow{\mathcal{L}} Y$; donc 1.8 implique que la suite (Y^n) vérifie 1.7. Par ailleurs si K est la borne supérieure de $\hat{h}$, en utilisant le fait que Y^n domine au sens de Lenglart le processus $\hat{h}*\nu^n$, donc aussi le processus $|h-h'|*\nu^n$, il vient d'après I-3.16-(b):

$$P^n(|h-h'|*\nu^n_t \geq b) \leq \frac{\eta}{b} + \frac{K}{b} + P^n(Y^n_t \geq \eta) \qquad \forall b>0,\ \forall \eta>0 ,$$

et on en déduit facilement le résultat.∎

Jusqu'à la fin du paragraphe, on fixe une fonction de troncation h continue, vérifiant $h(x) = x$ si $|x| \leq 1/2$ et $h(x) = 0$ si $|x| \geq 1$. Pour $a>0$ soit $h_a(x) = a\,h(x/a)$, qui est aussi une fonction de troncation continue. On utilise les notations $X^{h_a,n}$ et $\tilde{X}^{h_a,n}$ du théorème III-1.16.

Si $\alpha \in D^d$ et si $u>0$, on définit $t^p(\alpha,u)$ comme en I-1.19:

$$t^o(\alpha,u) = 0\ , \ \dots\ ,\ t^{p+1}(\alpha,u) = \inf(t > t^p(\alpha,u):\ |\Delta\alpha(t)| > u)\ .$$

On note $\underline{S}(t)$ l'ensemble des subdivisions de $[0,t]$. Si $\tau = \{0=t_o<\dots<t_m=t\} \in \underline{S}(t)$, on note $|\tau|$ son pas, et si $\alpha \in D^d$ on note $S_\tau(\alpha)$ la matrice de composantes

$$S_\tau(\alpha)^{jk} = \sum_{1\leq p\leq m} \{\alpha^j(t_p) - \alpha^j(t_{p-1})\}\, \{\alpha^k(t_p) - \alpha^k(t_{p-1})\}$$

Si $\tau \in \underline{\underline{S}}(t)$, $u>0$, $\alpha \in D^d$ on note $\tau(\alpha,u)$ la subdivision de $[0,t]$ constituée:

.10
$$\begin{cases} \bullet \text{des points de } \tau \\ \bullet \text{des points } t^p(\alpha,u) \text{ qui vérifient } t^p(\alpha,u) \leq t. \end{cases}$$

On écrit aussi $S_{\tau(u)}(\alpha) = S_{\tau(\alpha,u)}(\alpha)$.

LEMME 1.11: *Soit* $t>0$, $\varepsilon>0$, $\eta>0$. *Sous les hypothèses de 1.1 il existe* $\rho>0$, $\delta>0$ *tels que pour tout* $u \in]0,\rho]$ *et toute subdivision* $\tau \in \underline{\underline{S}}(t)$ *vérifiant* $|\tau| \leq \delta$, *on ait*

.12
$$\sup_n P^n(|S_{\tau(u)}(X^n) - [X^n,X^n]_t| \geq \varepsilon) \leq \eta$$

(ci-dessus, $|.|$ est la norme euclidienne sur R^{d^2}).

Preuve. a) Si $\sup_{s\leq t} |\Delta X^n_s| \leq a/2$, on a $X^n = X^{h_a,n}$ sur $[0,t]$. Etant donné 1.8 il existe donc $a>0$ tel que

.13
$$\inf_n P^n(A^n) \geq 1 - \frac{\eta}{4}, \quad \text{où } A^n = \{X^n_s = X^{h_a,n}_s \text{ pour } s \leq t\}.$$

Dans la suite, ce nombre a est fixé. Soit F^n le processus croissant

$$F^n_s = \mathrm{Var}(B^{h_a,n})_s + \sup_{r\leq s} |\tilde{X}^{h_a,n}_r|.$$

D'après 1.9, la suite $\{\mathrm{Var}(B^{h_a,n})\}$ vérifie 1.7; comme h_a est continue, l'hypothèse $X^n \xrightarrow{\mathcal{L}} X$ entraine que $X^{h_a,n} \xrightarrow{\mathcal{L}} X^{h_a}$, donc d'après I-2.7 la suite $(X^{h_a,n})$ vérifie aussi 1.7, donc également la suite (F^n). Il existe donc $b>0$ avec

.14
$$\sup_n P^n(F^n_t > b) \leq \frac{\eta}{8}.$$

Soit aussi

.15
$$\rho = \frac{\theta}{3} \quad \text{avec } \theta = \frac{\varepsilon}{4d^2(b+3a)} \wedge \frac{\varepsilon\sqrt{\eta}}{\{8(b+2(b+3a)^2)\}^{1/2}}.$$

D'après I-2.7 encore, il existe $\delta>0$ et un entier $N \geq t$ tels que

.16
$$\sup_n P^n(w'_N(X^n,\delta) \geq \rho) \leq \frac{\eta}{8}.$$

b) Soit $\tau \in \underline{\underline{S}}(t)$ avec $|\tau| \leq \delta$, et $u \in]0,\rho]$. On va montrer qu'on a 1.12. On note $0=R^n_0<\ldots<R^n_{q_n}$ les points (aléatoires) de la subdivision $\tau(X^n,u)$; q_n est aussi une variable aléatoire, et on pose $R^n_j = t$ pour $j > q_n$. Ainsi, les R^n_p sont des temps d'arrêt. En appliquant la formule d'Ito au produit $X^{n,j}X^{n,k}$ entre les instants R^n_p et R^n_{p+1}, et en sommant sur p, on obtient:

.17
$$S_{\tau(u)}(X^n)^{jk} = [X^n,X^n]^{jk}_t + H^{n,j}\bullet X^{n,k}_t + H^{n,k}\bullet X^{n,j}_t,$$

où H^n est le processus d-dimensionnel, prévisible, continu à gauche, nul sur $]t,\infty[$, donné par

1.18 $$H_s^n = \sum_{p\geq 0} (X_{s-}^n - X_{R_p^n}^n)\, 1_{\{R_p^n<s\leq R_{p+1}^n\}}.$$

Posons aussi

$$\begin{cases} T^n = \inf(s: |H_s^n| > \theta \text{ ou } F_s^n > b) \\ G^{n,jk} = (H^{n,j}\, 1_{[0,T^n]})\cdot B^{h_a,n,k} + (H^{n,k}\, 1_{[0,T^n]})\cdot B^{h_a,n,j} \\ L^{n,jk} = (H^{n,j}\, 1_{[0,T^n]})\cdot \tilde{X}^{h_a,n,k} + (H^{n,k}\, 1_{[0,T^n]})\cdot \tilde{X}^{h_a,n,j}. \end{cases}$$

D'après 1.17 il vient

1.19 $$S_{\tau(u)}(X^n) - [X^n,X^n]_t = G_t^n + L_t^n \quad \text{sur} \quad A^n\cap\{T^n \geq t\}.$$

D'après 1.18, la définition des temps R_p^n, et la définition de w_N', il est facile de voir que $|H_s^n| \leq 2w_N'(X^n,|\tau|) + u$ si $s \leq t$; comme $u\leq\rho$ et $|\tau|\leq\delta$ et $\theta = \rho + 2\rho$, on déduit immédiatement de 1.14 et 1.16 que

1.20 $$\sup_n P^n(T^n < t) \leq \frac{\eta}{4}.$$

c) Rappelons que si Y est une martingale de carré intégrable réelle, nulle en 0, on a $E(Y_T^2) = E([Y,Y]_T)$ pour tout temps d'arrêt T; donc les processus croissants $\sup_{s\leq .} Y_s^2$ et $[Y,Y]$ sont mutuellement dominés l'un par l'autre au sens de Lenglart. Par localisation, cette dernière propriété reste vraie si Y est seulement localement de carré intégrable. Etant donné la définition de T^n, on en déduit que le processus $(L_s^n)^2 = \sum_{j,k} (L_s^{n,jk})^2$ est dominé au sens de Lenglart par le processus $2\theta^2 \sum_{j\leq d}[\tilde{X}^{h_a,n,j},\tilde{X}^{h_a,n,k}]_{s\wedge T^n}$, qui est lui-même dominé au sens de Lenglart par le processus $2\,\theta^2 (F_{s\wedge T^n}^n)^2$. Comme $\Delta F^n \leq 3a$, les sauts de $2\,\theta^2 (F_{s\wedge T^n}^n)^2$ sont majorés par $4\theta^2(b+3a)^2$ (toujours d'après la définition de T^n). D'après le lemme I-3.16-(b) il vient alors

$$P^n(\sup_{s\leq t}|L_s^n|^2 > \frac{\varepsilon^2}{4}) \leq \frac{4}{\varepsilon^2}\{4\theta^2(b+3a)^2 + 2\theta^2 b\} + P^n(2\theta^2(F_t^n)^2 > 2\theta^2 b)$$

1.21 $$\leq \frac{\eta}{4}$$

d'après 1.14 et 1.15.

Par ailleurs, en utilisant encore la définition de T^n, celle de F^n, et le fait que $F_{T^n}^n \leq b+3a$, on voit facilement que $|G^n| \leq 2d^2\theta(b+3a)$. D'après 1.15 on a donc $\sup_{s\leq t} |G_s^n| \leq \varepsilon/2$. En utilisant 1.13, 1.19, 1.20 et 1.21, il vient alors:

$$\begin{aligned} P^n(|S_{\tau(u)}(X^n) - [X^n,X^n]_t|\geq\varepsilon) &\leq P^n(T^n<t) + P^n((A^n)^c) + P^n(\sup_{s\leq t}|G_s^n|>\tfrac{\varepsilon}{2}) \\ &\quad + P^n(\sup_{s\leq t}|L_s^n|^2\geq \tfrac{\varepsilon^2}{4}) \\ &\leq \frac{\eta}{4} + \frac{\eta}{4} + 0 + \frac{\eta}{4} < \eta . \blacksquare \end{aligned}$$

Démonstration du théorème 1.1. On a déjà obtenu 1.1-(a) dans 1.9, et on va montrer la forme renforcée de 1.1-(b) (voir remarque 1.6-(a)), à savoir:

1.22 $$(X^n,[X^n,X^n]) \xrightarrow{\mathcal{L}} (X,[X,X]).$$

Pour simplifier, on écrit $A^n = [X^n,X^n]$ et $A = [X,X]$. Pour $\alpha \in D^d$, $u>0$, soit

$$h_t^{u,jk}(\alpha) = \sum_{0<s\leq t} \Delta\alpha^j(s)\Delta\alpha^k(s)\, 1_{\{|\Delta\alpha(s)|>u\}} = \sum_{p>0:\, t^p(\alpha,u)\leq t} \Delta\alpha^j(t^p(\alpha,u))\Delta\alpha^k(t^p(\alpha,u))$$

1.23 $$\begin{cases} \hat{A}^{n,u} = A^n - h^u(X^n) = A^n - \sum_{s\leq .} \Delta A_s^n\, 1_{\{|\Delta X_s^n|>u\}} \\ \hat{A}^u = A - h^u(X) = A - \sum_{s\leq .} \Delta A_s\, 1_{\{|\Delta X_s|>u\}} \end{cases}$$

(rappelons que $\Delta A^{jk} = \Delta X^j \Delta X^k$, et de même pour $\Delta A^{n,jk}$). Soit

$$D(X) = \{t>0:\ P(\Delta X_t = 0) = 1\}$$
$$U(X) = \{u>0:\ P(|\Delta X_t| \neq u \text{ pour tout } t>0) = 1\}.$$

Ces deux ensembles sont denses dans R_+ (et même à complémentaire dénombrable).

D'après l'hypothèse $X^n \xrightarrow{\mathcal{L}} X$ et l'assertion I-1.19, on voit que pour tous $t_j \in D(X)$, $u_j \in U(X)$, $u \in U(X)$, et toutes subdivisions τ_j de $[0,t_j]$ dont les points appartiennent à $D(X)$, on a:

$$(X^n_{t_j}, S_{\tau_j(u_j)}(X^n), h^u_{t_j}(X^n))_{j\leq m} \xrightarrow{\mathcal{L}} (X_{t_j}, S_{\tau_j(u_j)}(X), h^u_{t_j}(X))_{j\leq m}.$$

A cause de la densité de $D(X)$ et de $U(X)$ dans R_+, le lemme 1.11 permet d'en déduire que pour $t_j \in D(X)$, $u \in U(X)$,

1.24 $$(X^n_{t_j}, A^n_{t_j}, h^u_{t_j}(X^n))_{j\leq m} \xrightarrow{\mathcal{L}} (X_{t_j}, A_{t_j}, h^u_{t_j}(X))_{j\leq m}.$$

En particulier, (X^n,A^n) converge fini-dimensionnellement en loi le long de $D(X)$ vers (X,A). Pour obtenir 1.22, il reste donc à montrer que la suite $\{\mathcal{L}(X^n,A^n)\}$ est tendue.

Si $x \in R^d \otimes R^d$ est une matrice symétrique nonnégative, on a $|x| \leq \sum_j x^{jj}$; donc $|A^n| \leq \sum_j A^{n,jj}$. Comme chaque processus $A^{n,jj}$ est croissant, comme $A^{n,jj}_t \xrightarrow{\mathcal{L}} A^{jj}_t$ si $t \in D(X)$, et comme la suite $\{\mathcal{L}(X^n)\}$ est tendue, il est évident que la suite $\{\mathcal{L}(X^n,A^n)\}$ vérifie la condition I-2.7-(i).

D'après 1.23 et 1.24, on a

1.25 $$u \in U(X),\ t_j \in D(X) \quad \Longrightarrow \quad (\hat{A}^{n,u}_{t_j})_{j\leq m} \xrightarrow{\mathcal{L}} (\hat{A}^u_{t_j})_{j\leq m}$$

Soit $N \in \mathbb{N}^*$, $\varepsilon>0$, $\eta>0$. Soit $t \in D(X)$ avec $t\geq N$, et $u \in U(X)$ avec $u^2 \leq \varepsilon/10$. D'après 1.23 on a $\Delta\hat{A}^{u,jj} = (\Delta X^j)^2\, 1_{\{|\Delta X|\leq u\}}$, donc $\sum_j \Delta\hat{A}^{u,jj} \leq u^2 \leq \varepsilon/10$, donc il existe un nombre $\theta>0$ tel que

1.26 $$P(\sup_{s\leq t} \sum_j (\hat{A}^{u,jj}_{s+\theta} - \hat{A}^{u,jj}_s) \geq \frac{\varepsilon}{5}) \leq \frac{\eta}{4}.$$

Choisissons $\tau = \{t_0=0<t_1<..<t_m=t\}$ avec $t_j \in D(X)$ et $\theta/2 \leq |\tau| \leq \theta$. D'après 1.25 et 1.26 il existe n_o tel que

1.27 $$n > n_o \Longrightarrow P^n(B_n) \geq 1 - \frac{\eta}{2}\text{ , où } B_n = \{\sup_{1\leq p\leq m} \sum_j (\hat{A}^{n,u,jj}_{t_p} - \hat{A}^{n,u,jj}_{t_{p-1}}) < \frac{\varepsilon}{4}\}.$$

On a aussi: $\sup_{t_p<s\leq t_{p+1}} |\hat{A}^{n,u}_s - \hat{A}^{n,u}_{t_p}| \leq \sum_j (\hat{A}^{n,u,jj}_{t_{p+1}} - \hat{A}^{n,u,jj}_{t_p})$. Par suite

1.28 $$w_N(\hat{A}^{n,u}, \frac{\theta}{2}) \leq \frac{\varepsilon}{2} \quad \text{sur } B_n.$$

Enfin, la suite $\{\mathcal{L}(X^n)\}$ étant tendue, il existe $\delta>0$, $n_1 \geq n_o$ tels que

1.29 $$n > n_1 \longrightarrow P^n(C_n) \geq 1 - \frac{\eta}{2}\text{ , où } \quad C_n = \{w'_N(X^n,\delta) < u\wedge\frac{\varepsilon}{2}\}.$$

Soit maintenant les processus Y^n, $Y^{n,u}$, $\check{Y}^{n,u}$ à valeurs dans $R^d\times(R^d\otimes R^d)$, de composantes respectives (X^n,A^n), $(0,\hat{A}^{n,u})$ et $(X^n,A^n-\hat{A}^{n,u})$. On a $w_N(Y^{n,u},\frac{\theta}{2}) = w_N(\hat{A}^{n,u},\frac{\theta}{2})$. D'après 1.23, le processus $A^n - \hat{A}^{n,u}$ est constant sur les intervalles où $|\Delta X^n| \leq u$, donc d'après la définition de w'_N on a $w'_N(\check{Y}^{n,u},\delta) = w'_N(X^n,\delta)$ sur C_n. Enfin on a vu (cf. I-2.17) que

$$w'_N(\alpha+\beta,\rho) \leq w'_N(\alpha,\rho) + w_N(\beta,2\rho).$$

Comme $Y^n = Y^{n,u} + \check{Y}^{n,u}$, il vient sur $B_n\cap C_n$, d'après 1.28:

$$w'_N(Y^n,\delta\wedge\frac{\theta}{4}) \leq w'_N(\check{Y}^{n,u},\delta) + w_N(Y^{n,u},\frac{\theta}{2}) \leq \varepsilon .$$

En utilisant 1.27 et 1.29 on obtient alors

$$n > n_1 \Longrightarrow P^n(w'_N(Y^n,\delta\wedge\frac{\theta}{4}) > \varepsilon) \leq \eta,$$

ce qui montre que la suite $\{\mathcal{L}(X^n,A^n)\} = \{\mathcal{L}(Y^n)\}$ vérifie la condition I-2.7-(ii), d'où le résultat.∎

2 - CONDITIONS NECESSAIRES DE CONVERGENCE VERS UN PROCESSUS CONTINU

§a - LE CAS DES SUITES DE MARTINGALES LOCALES. Commençons par quelques lemmes, après avoir introduit une condition du même genre que 1.7. Cette condition s'applique aussi à une suite (Z^n) de processus, chaque Z^n étant défini sur Ω^n.

2.1 $$P^n(\sup_{s\leq t} |Z^n_s| > b) \to 0 \qquad \forall b>0,\ \forall t>0$$

LEMME 2.2: *Soit* (U^n) *une suite de processus croissants nuls en* 0 , *vérifiant* $\Delta U^n \leq K$ *pour une constante* K. *Soit* V^n *le compensateur prévisible de* U^n . *Alors*

a) La suite (U^n) *vérifie 2.1 si et seulement si la suite* (V^n) *vérifie 2.1.*

b) La suite (U^n) *vérifie 1.7 si et seulement si la suite* (V^n) *vérifie 1.7.*

c) Si la suite (ΔU^n) *vérifie 2.1, alors la suite* (ΔV^n) *vérifie 2.1.*

Preuve. Les processus U^n et V^n sont dominés l'un par l'autre au sens de Lenglart Donc d'après I-3.16 on a pour tous $\varepsilon>0$, $\eta>0$, $t>0$:

$$P^n(U_t^n \geq \varepsilon) \leq \frac{\eta}{\varepsilon} + P^n(V_t^n \geq \eta)$$
$$P^n(V_t^n \geq \varepsilon) \leq \frac{\eta + K}{\varepsilon} + P^n(U_t^n \geq \eta),$$

et il est facile d'en déduire (a) et (b).

Soit $b>0$ et $T^n = \inf(t: \Delta V_t^n > b)$. Alors T^n est une temps d'arrêt prévisible, donc

$$P^n(\sup_{s\leq t} \Delta V_s^n > b) = P^n(T^n \leq t) \leq \frac{1}{b} E^n(\Delta V_{T^n}^n 1_{\{T^n\leq t\}})$$
$$= \frac{1}{b} E^n(\Delta U_{T^n}^n 1_{\{T^n\leq t\}})$$
$$\leq \frac{1}{b} \{\eta + K\, P^n(\sup_{s\leq t} \Delta U_s^n > \eta)\}$$

pour tout $\eta>0$, et il est facile d'en déduire (c). ∎

COROLLAIRE 2.3: *Soit* X^n *des semimartingales.*

a) Si la suite $\{\mathcal{L}(X^n)\}$ *est C-tendue, la suite de processus* (ΔX^n) *vérifie 2.1.*

b) La suite (ΔX^n) *vérifie 2.1 si et seulement si la suite* (X^n) *vérifie la condition* [δ] *avec* $\nu = 0$ (ce qui revient à dire: $\nu^n([0,t]\times\{|x|>\varepsilon\}) \xrightarrow{\mathcal{L}} 0$).

Preuve. a) On a: $\sup_{s\leq N} |\Delta X_s^n| \leq w_N(X^n,\delta)$ pour tout $\delta>0$, donc le résultat découle de I-2.11.

b) Il suffit d'appliquer le lemme précédent (partie (a)) à $U_t^n = \sum_{s\leq t} 1_{\{|\Delta X_s^n|>b\}}$ et $V_t^n = 1_{\{|x|>b\}}*\nu_t^n$ pour tout $b>0$. ∎

PROPOSITION 2.4: *Soit* X^n *des martingales localement de carré intégrable, nulle en* 0, *d-dimensionnelles, vérifiant* $|\Delta X^n| \leq K$ *pour une constante* K . *On suppose que* $[X^n,X^n] \xrightarrow{\mathcal{L}} A$, *où* A *est un processus continu à valeurs dans* $R^d\otimes R^d$. *Alors*

a) la suite (ΔX^n) *vérifie 2.1;*

b) on a $\langle X^n,X^n\rangle \xrightarrow{\mathcal{L}} A$ *et* $[X^n,X^n] - \langle X^n,X^n\rangle \xrightarrow{\mathcal{L}} 0$.

($[X^n,X^n]$ a été défini au §1, et $\langle X^n,X^n\rangle$ désigne le processus de composantes $\langle X^{n,j},X^{n,k}\rangle$).

Preuve. D'après 2.3-(a), chaque suite $(\Delta[X^{n,j},X^{n,j}] = (\Delta X^{n,j})^2)$ vérifie 2.1, donc $(|\Delta X^n|^2)$ vérifie également 2.1, et on en déduit (a).

Soit $Y^n = [X^n,X^n] - \langle X^n,X^n\rangle$, qui est une martingale localement de carré intégrable, à valeurs dans $\mathbb{R}^{d^2} = \mathbb{R}^d \otimes \mathbb{R}^d$, de composantes $(Y^{n,jk})_{j,k\leq d}$, et qui vérifie $|\Delta Y^n| \leq 2K^2$. Nous allons montrer que Y^n tend en loi vers le processus nul, ce qui entrainera (b). Pour cela, nous allons appliquer le théorème III-2.1, en montrant que les caractéristiques locales $(B^{h,n},C^n,\nu^n)$ de Y^n vérifient les conditions [Sup-β], [γ], [δ] avec $B^h = 0$, $C = 0$, $\nu = 0$.

En premier lieu, on peut choisir h (fonction de troncation sur $\mathbb{R}^{d^2}$) telle que $h(x) = x$ pour $|x| \leq 2K^2$. Comme Y^n est une martingale locale, on a alors $B^{h,n} = 0$, d'où [Sup-β] avec $B^h = 0$.

En second lieu, on a vu que $(\Delta[X^n,X^n])_{n\geq 1}$ vérifie 2.1, donc chaque suite $(\Delta\langle X^{n,j},X^{nj}\rangle)_{n\geq 1}$ également d'après 2.2-(c); comme $|\Delta\langle X^n,X^n\rangle| \leq \sum_j \Delta\langle X^{n,j},X^{n,j}\rangle$ on en déduit que $(\Delta\langle X^n,X^n\rangle)_{n\geq 1}$, donc aussi $(\Delta Y^n)_{n\geq 1}$, vérifient 2.1. D'après 2.3 il en découle qu'on a [δ] avec $\nu = 0$.

En dernier lieu, $\tilde{C}^{h,n}$ est le compensateur prévisible de $[Y^n,Y^n]$ (à valeurs dans $\mathbb{R}^{d^2} \otimes \mathbb{R}^{d^2}$, de composantes $(\tilde{C}^{h,n,jkpq})_{j,k,p,q\leq d}$), et c'est un processus à valeurs matricielles $d^2 \times d^2$ symétriques nonnégatives; il reste à montrer que $\tilde{C}^{h,n}_t \xrightarrow{\mathcal{L}} 0$ pour tout $t>0$, et il suffit pour cela de montrer que $\tilde{C}^{h,n,jkjk}_t$ tend vers 0 en loi pour tout $t>0$ et tous $j,k\leq d$. D'après 2.2-(a) il suffit pour cela que

$$\text{2.5} \qquad [Y^{n,jk},Y^{n,jk}]_t = \sum_{s\leq t} |\Delta Y^{n,jk}_s|^2 \xrightarrow{\mathcal{L}} 0 \qquad \forall t>0, \ \forall j,k\leq d$$

(l'égalité ci-dessus provient de ce que Y^n est à variation finie, donc sa partie martingale continue est nulle). Soit $j,k\leq d$ fixés. Soit

$$\alpha^n_t = \sup_{s\leq t} |\Delta Y^{n,jk}_s|, \qquad \beta^n_t = \mathrm{Var}(Y^{n,jk})_t,$$

de sorte que

$$\text{2.6} \qquad [Y^{n,jk},Y^{n,jk}]_t \leq \alpha^n_t \, \beta^n_t$$

L'hypothèse $[X^n,X^n] \xrightarrow{\mathcal{L}} A$ implique clairement que les suites $([X^{n,j},X^{n,j}])_{n\geq 1}$ vérifient 1.7, donc aussi les suites $(\langle X^{n,j},X^{n,j}\rangle)_{n\geq 1}$ d'après 2.2-(b), donc aussi la suite (F^n), où $F^n = \sum_{j\leq d}([X^{n,j},X^{n,j}] + \langle X^{n,j},X^{n,j}\rangle)$. Par ailleurs, il est clair que $\beta^n \leq F^n$. Si alors $\varepsilon>0$, $\eta>0$ sont donnés, il existe $b>0$ avec:

$$\text{2.7} \qquad \sup_n P^n(\beta^n_t > b) \leq \frac{\eta}{2}$$

et comme (ΔY^n) vérifie 2.1 il existe n_0 tel que

$$\text{2.8} \qquad n > n_0 \Longrightarrow P^n(\alpha^n_t > \tfrac{\varepsilon}{b}) \leq \frac{\eta}{2}.$$

En combinant 2.6, 2.7 et 2.8, on arrive à

$$n > n_o \Longrightarrow P^n([Y^{n,jk},Y^{n,jk}]_t > \varepsilon) \leq \eta,$$

d'où 2.5.∎

Comme première conséquence, nous en déduisons le corollaire suivant, tiré de Rebolledo [48].

THEOREME 2.9: *Soit* X^n *des martingales locales* d-*dimensionnelles nulles en* 0 , *vérifiant* $|\Delta X^n| \leq K$ *pour une constante* K. *Soit* X *une martingale gaussienne continue nulle en* 0 *(PAI), de caractéristiques* (0,C,0) . *Il y a équivalence entre:*

a) $X^n \xrightarrow{\mathcal{L}} X$

b) $[X^n,X^n] \xrightarrow{\mathcal{L}} C$

c) $[X^{n,j},X^{n,k}]_t \xrightarrow{\mathcal{L}} C_t^{jk}$ $\forall t>0,\ \forall j,k\leq d$

d) $\langle X^{n,j},X^{n,k}\rangle_t \xrightarrow{\mathcal{L}} C_t^{jk}$ *pour tous* $t>0$, $j,k\leq d$; *et* $\sup_{s\leq t}|\Delta X_s^n| \xrightarrow{\mathcal{L}} 0$ *pour tout* $t>0$.

e) On a les conditions [γ] *et* [δ] *de III-2.1, ou de manière équivalente les conditions* [γ'] *et* [L] *de III-2.16* (noter que [Sup-β] et [Sup-β'] sont automatiquement satisfaites, car $B^n = 0$, et $B^{h,n} = 0$ dès que $h(x) = x$ pour $|x| < K$).

L'hypothèse $|\Delta X^n| \leq K$ est un peu forte: on pourrait faire mieux, à la manière de Rebolledo [48] ou de Liptcer et Shiryaev [37].

Preuve. D'après 2.3-(b), la condition $\sup_{s\leq t}|\Delta X_s^n| \xrightarrow{\mathcal{L}} 0$ équivaut à [δ] avec $\nu=0$. Comme $\nu^n([0,t]\times.)$ ne charge que la boule $\{x: |x|\leq K\}$, [δ] est elle-même équivalente à la condition de Lindeberg [L], et [γ] = [γ'] dès qu'on a choisit une fonction de troncation h vérifiant $h(x) = x$ pour $|x|<K$; enfin pour une telle fonction de troncation, on a $\tilde{C}^{h,n} = \langle X^n,X^n\rangle$. Les conditions (d) et (e) sont donc identiques, et elles entrainent (a) d'après III-2.1.

On a (a) ⟹ (b) d'après 1.5, et (b) ⟹ (c) est évident. L'implication (b) ⟹ (d) vient de la proposition 2.4. Il reste à montrer que (c) ⟹ (b). Comme $[X^n,X^n]_t - [X^n,X^n]_s$ est une matrice symétrique nonnégative pour $s\leq t$, cette implication se montre comme l'implication [γ] ⟹ [Sup-γ] dans III-2.1, par exemple.∎

2b - CONVERGENCE VERS UNE SEMIMARTINGALE CONTINUE. On va maintenant donner une réciproque tout-à-fait partielle au théorème IV-3.2. Les X^n sont des semimartingales d-dimensionnelles de caractéristiques locales $(B^{h,n},C^n,\nu^n)$. On suppose par ailleurs qu'on a l'hypothèse IV-1.1 avec

2.10 X est P-p.s. à trajectoires continues.

Les caractéristiques locales de X pour P sont $(B^h,C,0)$, et B^h ne dépend pas de la fonction de troncation h choisie.

On va supposer que $X^n \xrightarrow{\mathcal{L}} X$. Si $S^n_\rho = \inf(t: |X^n_t| \geq \rho)$ il en découle que $\lim_{\rho\uparrow\infty} \sup_n P^n(S^n_\rho < t) = 0$ pour tout t; par suite, avec les notations du chapitre IV, on a les équivalences:

2.11 $$[\text{Sup-}\beta] \Longleftrightarrow [\text{Sup-}\beta,\text{loc}], \quad [\gamma] \Longleftrightarrow [\gamma,\text{loc}], \quad [\delta] \Longleftrightarrow [\delta,\text{loc}]$$

et comme $\nu = 0$ on a d'après 2.3:

2.12 $$[\delta] \quad \Longleftrightarrow \quad \sup_{s\leq t} |\Delta X^n_s| \xrightarrow{\mathcal{L}} 0 \qquad \forall t>0.$$

THEOREME 2.13: *Soit 2.10. On suppose qu'on a les conditions IV-1.6 et IV-2.2. Si* $X^n \xrightarrow{\mathcal{L}} X$, *et si on a* $[\text{Sup-}\beta]$, *alors on a aussi* $[\gamma]$ *et* $[\delta]$.

Preuve. Etant donné 2.10, la suite $\{\mathcal{L}(X^n)\}$ est C-tendue, donc d'après 2.3 on a $[\delta]$ avec $\nu = 0$.

Soit (α_n) une suite de D^d convergeant vers α. D'après IV-1.6 on a $B^h_t(\alpha_n) \to B^h_t(\alpha)$ pour tout t. Si $N \in \mathbb{N}^*$ il existe $\rho>0$ tel que $S_\rho(\alpha_n) \geq N$ pour tout n; d'après IV-2.2 on a donc $w_N(B^h(\alpha_n),\delta) \leq w_N(F(\rho),\delta)$ pour tout n : on en déduit que la suite $B^h_\cdot(\alpha_n)$ est C-tendue, donc $B^h_\cdot(\alpha_n) \to B^h_\cdot(\alpha)$ uniformément sur les compacts. Autrement dit, l'application: $\alpha \rightsquigarrow B^h(\alpha)$ est continue de D^d dans D^d. On montre de la même manière que $\alpha \rightsquigarrow \tilde{C}^h(\alpha) = C(\alpha)$ est continue de D^d dans D^{d^2}, et on a déjà vu que $\alpha \rightsquigarrow X^h(\alpha)$ est continue de D^d dans D^d.

On déduit alors de l'hypothèse $X^n \xrightarrow{\mathcal{L}} X$ que
$$(X^{h,n},B^h\circ X^n,\tilde{C}^h\circ X^n) \xrightarrow{\mathcal{L}} (X^h,B^h,C)$$
et par suite

2.14 $$(X^{h,n} - B^h\circ X^n,\tilde{C}^h\circ X^n) \xrightarrow{\mathcal{L}} (X^h-B^h,C).$$

On a $\tilde{X}^{h,n} = X^{h,n} - B^h\circ X^n + (B^h\circ X^n - B^{h,n})$. Donc $[\text{Sup-}\beta]$ et 2.14 entrainent

2.15 $$(\tilde{X}^{h,n},\tilde{C}^h\circ X^n) \xrightarrow{\mathcal{L}} (\tilde{X}^h = X^h-B^h,C)) .$$

Les $\tilde{X}^{h,n}$ sont des martingales locales, à sauts bornés (uniformément en n). D'après le corollaire 1.5, renforcé par 1.6-(1), on déduit alors de 2.15 que

2.16 $$([\tilde{X}^{h,n},\tilde{X}^{h,n}],\tilde{C}^h\circ X^n) \xrightarrow{\mathcal{L}} ([\tilde{X}^h,\tilde{X}^h],C).$$

Enfin C est un processus continu, donc d'une part 2.9 entraine que

$\tilde{X}^{h,n},\tilde{X}^{h,n}] - \tilde{C}^{h,n}$ converge en loi (donc en probabilité, uniformément sur les som-
acts) vers 0; d'autre part 2.16 entraine que $[\tilde{X}^{h,n},\tilde{X}^{h,n}] - \tilde{C}^{h}\circ X^{n}$ converge en loi
ers $[\tilde{X}^{h},\tilde{X}^{h}] - C$, qui est nul, donc cette convergence est aussi en probabilité,
niforme sur les compacts. Par différence, on en déduit que $\tilde{C}^{h,n} - \tilde{C}^{h}\circ X^{n}$ converge
n probabilité vers 0, uniformément sur les compacts, ce qui n'est autre que la
ondition [Sup-γ]. ∎

Comme corollaire, on en déduit un analogue du théorème 2.9, lorsque les X^n sont
es martingales locales qui ne sont pas à sauts bornés; ce théorème est dû à Rootzen
50] et à Gänssler et Häusler [13] dans le cas des tableaux triangulaires, et à
iptcer et Shiryaev [36] dans le cas général.

HEOREME 2.17. *Soit* X^n *des martingales locales* d-*dimensionnelles nulles en* 0 ;
oit X *une martingale gaussienne continue nulle en* 0 (PAI) *de caractéristiques*
0,C,0). *Supposons que pour une constante réelle* K *on ait*

.18 $$\sup_{s\leq t} |\, x\, 1_{\{|x|>K\}} * \nu^n_s| \xrightarrow{\mathcal{L}} 0 \qquad \forall t>0.$$

l y a alors équivalence entre:

a) $X^n \xrightarrow{\mathcal{L}} X$;

b) les conditions [γ] *et* [δ] *de III-2.1 sont satisfaites.*

Noter que si $|\Delta X^n| \leq K$ on a automatiquement 2.18: on retrouve donc l'équivalence
a) $\Longleftrightarrow$(e) du théorème 2.9.

Preuve. Remarquons d'abord que la condition 2.18 a un sens: en effet, si X^n est
ne martingale locale, il est bien connu que $|x| 1_{\{|x|>K\}} * \nu^n_t < \infty$ pour tous t>0,
>0 (voir [23]; la preuve est analogue à celle de III-1.48). De plus, pour toute
onction de troncation h , on a $B^{h,n} = \{h(x) - x\} * \nu^n$ (même chose qu'en III-1.48
(i), avec B = 0).

Il est alors évident de vérifier que [δ] (avec ν = 0) et 2.18 pour un K>0 en-
rainent 2.18 pour tout K>0, et [Sup-β] pour toute fonction de troncation h avec
B^h = 0. L'implication (b) $\Longrightarrow$ (a) vient alors de IV-2.1.

Supposons inversement (a) et 2.18. On a [δ] avec ν = 0 d'après 2.3. Ce qui pré-
ède montre alors qu'on a [Sup-β], et le théorème 2.13 donne alors le résultat (on
IV-1.6 et IV-2.2, car C est déterministe). ∎

SUBORDINATORS :

EXAMPLES AND APPLICATIONS

JEAN BERTOIN

riginally published in: *Ecole d'Eté de Probabilités de Saint-Flour XXVII – 1997*, Lecture Notes in Mathematics, Vol. **1717**, 1–91, DOI: 10.1007/978-3-540-48115-7_1, © Springer-Verlag Berlin Heidelberg 1999, eprint by Springer-Verlag Berlin Heidelberg 2012

Table of Contents

Foreword

A subordinator is an increasing process that has independent and homogeneous increments. Subordinators thus form one of the simplest family of random processes in continuous time. The purpose of this course is two-fold: First to expose salient features of the theory and second to present a variety of examples and applications. The theory mostly concerns the statistical and sample path properties. The applications we have in mind essentially follow from the connection between subordinators and regenerative sets, that can be thought of as the set of times when a Markov process visits some fixed point of the state space. Typically, this enables us to translate certain problems on a given Markov process in terms of some subordinator, and then to use general known results on the latter.

Here is a sketch of the content. The first chapter introduces the basic notions and properties of subordinators, such as the Lévy-Khintchine formula, Itô's decomposition, renewal measures, ranges $\cdots$, and the second presents the correspondence relating subordinators, regenerative sets, and local times and excursions of Markov processes, which is essential to the future applications. More advanced material in that field is developed in chapters 3-5, which concern respectively the asymptotic behaviour of last-passage times in connection with the Dynkin-Lamperti theorem, the smoothness of the local times (law of the iterated logarithm, modulus of continuity) and some geometric properties of regenerative sets including fractal dimensions and the study of the intersection with a given set. Applications are presented in chapters 6-9. First, we describe the law of the solution of the inviscid Burgers equation with Brownian initial velocity in terms of a subordinator, which enables us to investigate its statistical properties. Next, we study the closed subset of $[0, \infty)$ that is left uncovered by open intervals sampled from a Poisson point process, following the ingenious approach of Fitzsimmons *et al.* Then, we turn our attention to two natural regenerative sets associated with a real-valued Lévy process: The set of passage times at a fixed state, and the set of times when a new maximum is achieved. Some applications of Bochner's subordination for Lévy processes are also given. Finally we investigate the class of subordinators that appears in connection with occupation times of a linear Brownian motion, or, equivalently, with the zero set of one-dimensional diffusions, by making use of M. G. Krein's spectral theory of vibrating strings. The choice of the examples discussed here is quite arbitrary; for instance, Marsalle [117] exposes further applications in the same vein, to increase times of stable processes, slow or fast points for local times, and the favorite site of a Brownian motion with drift.

Last but not least, it is my pleasure to thank Marc Yor for his very valuable comments on the first draft of this work.

Chapter 1

Elements on subordinators

The purpose of this chapter is to introduce basic notions on subordinators.

1.1 Definitions and first properties

Let $(\Omega, \mathbb{P})$ denote a probability space endowed with a right-continuous and complete filtration $(\mathcal{F}_t)_{t\geq 0}$. We consider right-continuous increasing adapted processes started from 0 and with values in the extended half-line $[0, \infty]$, where ∞ serves as a cemetery point (i.e. ∞ is an absorbing state). If $\sigma = (\sigma_t, t \geq 0)$ is such a process, we denote its lifetime by

$$\zeta = \inf\{t \geq 0 : \sigma_t = \infty\}$$

and call σ a *subordinator* if it has independent and homogeneous increments on $[0, \zeta)$. That is to say that for every $s, t \geq 0$, conditionally on $\{t < \zeta\}$, the increment $\sigma_{t+s} - \sigma_t$ is independent of $\mathcal{F}_t$ and has the same distribution as σ_s (under $\mathbb{P}$). When the lifetime is infinite a.s., we say that σ is a subordinator in the strict sense. The terminology has been introduced by Bochner [25]; see the forthcoming section 8.4.

Here is a standard example that will be further developed in Section 8.3. Consider a linear Brownian motion $B = (B_t : t \geq 0)$ started at 0, and the first passage times

$$\tau_t = \inf\{s \geq 0 : B_s > t\}, \qquad t \geq 0$$

(it is well-known that $\tau_t < \infty$ for all $t \geq 0$, a.s.). We write $\mathcal{F}_t$ for the complete sigma-field generated by the Brownian motion stopped at time τ_t, viz. $(B_{s\wedge\tau_t} : s \geq 0)$. According to the strong Markov property,

$$B'_s = B_{s+\tau_t} - t, \qquad s \geq 0$$

is independent of $\mathcal{F}_t$ and is again a Brownian motion. Moreover, it is clear that for every $s \geq 0$

$$\tau_{t+s} - \tau_t = \inf\{u \geq 0 : B'_u > s\}.$$

This shows that $\tau = (\tau_t : t \geq 0)$ is an increasing $(\mathcal{F}_t)$-adapted process with independent and homogeneous increments. Its paths are right-continuous and have an infinite lifetime a.s.; and hence τ is a strict subordinator.

We assume henceforth that σ is a subordinator. The independence and homogeneity of the increments immediately yield the (simple) Markov property: For every fixed $t \geq 0$, conditionally on $\{t < \zeta\}$, the process $\sigma' = (\sigma'_s = \sigma_{s+t} - \sigma_t, s \geq 0)$ is independent of $\mathcal{F}_t$ and has the same law as σ. The one-dimensional distributions of σ

$$p_t(dy) = \mathbb{P}(\sigma_t \in dy, t < \zeta), \qquad t \geq 0, y \in [0,\infty)$$

thus give rise to a convolution semigroup $(P_t, t \geq 0)$ by

$$P_t f(x) = \int_{[0,\infty)} f(x+y) p_t(dy) = \mathbb{E}(f(\sigma_t + x), t < \zeta)$$

where f stands for a generic nonnegative Borel function. It can be checked that this semigroup has the Feller property, cf. Proposition I.5 in [11] for details.

The simple Markov property can easily be reinforced, i.e. extended to stopping times:

Proposition 1.1 *If T is a stopping time, then, conditionally on $\{T < \zeta\}$, the process $\sigma' = (\sigma'_t = \sigma_{T+t} - \sigma_T, t \geq 0)$ is independent of $\mathcal{F}_T$ and has the same law as σ (under $\mathbb{P}$).*

Proof: For an elementary stopping time, the statement merely rephrases the simple Markov property. If T is a general stopping time, then there exists a sequence of elementary stopping times $(T_n)_{n \in \mathbb{N}}$ that decrease towards T, a.s. For each integer n, conditionally on $\{T_n < \zeta\}$, the shifted process $(\sigma_{T_n+t} - \sigma_{T_n}, t \geq 0)$ is independent of $\mathcal{F}_{T_n}$ (and thus of $\mathcal{F}_T$), and has the same law as σ. Letting $n \to \infty$ and using the right-continuity of the paths, this entails our assertion. ■

The law of a subordinator is specified by the Laplace transforms of its one-dimensional distributions. To this end, it is convenient to use the convention that $e^{-\lambda \times \infty} = 0$ for any $\lambda \geq 0$, so that

$$\mathbb{E}(\exp\{-\lambda \sigma_t\}, t < \zeta) = \mathbb{E}(\exp\{-\lambda \sigma_t\}), \qquad t, \lambda \geq 0.$$

The independence and homogeneity of the increments then yield the multiplicative property

$$\mathbb{E}(\exp\{-\lambda \sigma_{t+s}\}) = \mathbb{E}(\exp\{-\lambda \sigma_t\}) \mathbb{E}(\exp\{-\lambda \sigma_s\})$$

for every $s, t \geq 0$. We can therefore express these Laplace transforms in the form

$$\mathbb{E}(\exp\{-\lambda \sigma_t\}) = \exp\{-t\Phi(\lambda)\}, \qquad t, \lambda \geq 0 \tag{1.1}$$

where the function $\Phi : [0,\infty) \to [0,\infty)$ is called the *Laplace exponent* of σ.

Returning to the example of the first passage process τ of a linear Brownian motion, one can use the scaling property of Brownian motion and the reflexion principle to determine the distribution of τ_1. Specifically, for every $t > 0$

$$\begin{aligned} \mathbb{P}(\tau_1 < t) = \mathbb{P}\left(\sup_{0 \leq s \leq t} B_s > 1\right) = \mathbb{P}\left(\sup_{0 \leq s \leq 1} B_s > 1/\sqrt{t}\right) &= \mathbb{P}\left(|B_1| > 1/\sqrt{t}\right) \\ &= \sqrt{\frac{2}{\pi}} \int_0^t s^{-3/2} e^{-1/2s} ds. \end{aligned}$$

It is easy to deduce that the Laplace exponent of τ is

$$\Phi(\lambda) = -\log \mathbb{E}(\exp\{-\lambda\tau_1\}) = \sqrt{2\lambda}.$$

1.2 The Lévy-Khintchine formula

The next theorem gives a necessary and sufficient analytic condition for a function to be the Laplace exponent of a subordinator.

Theorem 1.2 (de Finetti, Lévy, Khintchine)(i) *If Φ is the Laplace exponent of a subordinator, then there exist a unique pair $(\mathbf{k}, \mathbf{d})$ of nonnegative real numbers and a unique measure Π on $(0,\infty)$ with $\int (1 \wedge x)\,\Pi(dx) < \infty$, such that for every $\lambda \geq 0$*

$$\Phi(\lambda) = \mathbf{k} + \mathbf{d}\lambda + \int_{(0,\infty)} \left(1 - \mathrm{e}^{-\lambda x}\right) \Pi(dx). \tag{1.2}$$

(ii) *Conversely, any function Φ that can be expressed in the form* (1.2) *is the Laplace exponent of a subordinator.*

Equation (1.2) will be referred to as the *Lévy-Khintchine formula*; one calls $\mathbf{k}$ the *killing rate*, $\mathbf{d}$ the *drift coefficient* and Π the *Lévy measure* of σ. It is sometimes convenient to perform an integration by parts and rewrite the Lévy-Khintchine formula as

$$\Phi(\lambda)/\lambda = \mathbf{d} + \int_0^\infty \mathrm{e}^{-\lambda x}\overline{\Pi}(x)dx\,, \qquad \text{with } \overline{\Pi}(x) = \mathbf{k} + \Pi\left((x,\infty)\right).$$

We call $\overline{\Pi}$ the *tail of the Lévy measure.* Note that the killing rate and the drift coefficient are given by

$$\mathbf{k} = \Phi(0) \quad , \quad \mathbf{d} = \lim_{\lambda\to\infty} \frac{\Phi(\lambda)}{\lambda}.$$

In particular, the lifetime ζ has an exponential distribution with parameter $\mathbf{k} \geq 0$ ($\zeta \equiv \infty$ for $\mathbf{k} = 0$).

Before we proceed to the proof of Theorem 1.2, we present some well-known examples of subordinators. The simplest is the Poisson process with intensity $c > 0$, which corresponds to the Laplace exponent

$$\Phi(\lambda) = c(1 - \mathrm{e}^{-\lambda}),$$

that is the killing rate $\mathbf{k}$ and the drift coefficient $\mathbf{d}$ are zero and the Lévy measure $c\delta_1$, where δ_1 stands for the Dirac point mass at 1. Then the so-called standard stable subordinator with index $\alpha \in (0,1)$ has a Laplace exponent given by

$$\Phi(\lambda) = \lambda^\alpha = \frac{\alpha}{\Gamma(1-\alpha)} \int_0^\infty (1 - \mathrm{e}^{-\lambda x})x^{-1-\alpha}dx\,.$$

The restriction on the range of the index is due to the requirement $\int (1 \wedge x)\,\Pi(dx) < \infty$. The boundary case $\alpha = 1$ is degenerate since it corresponds to the deterministic process $\sigma_t \equiv t$, and is usually implicitly excluded. A third family of examples is provided by the Gamma processes with parameters $a, b > 0$, for which the Laplace exponent is

$$\Phi(\lambda) = a\log(1+\lambda/b) = \int_0^\infty (1-e^{-\lambda x}) a x^{-1} e^{-bx} dx \, ,$$

where the second equality stems from the Frullani integral. We see that the Lévy measure is $\Pi^{(a,b)}(dx) = ax^{-1}e^{-bx}dx$ and the killing rate and the drift coefficient are zero.

Proof of Theorem 1.2: (i) Making use of the independence and homogeneity of the increments in the second equality below, we get from (1.1) that for every $\lambda \geq 0$

$$\begin{aligned} \Phi(\lambda) &= \lim_{n\to\infty} n\left(1-\exp\{-\Phi(\lambda)/n\}\right) &= \lim_{n\to\infty} n\mathbb{E}\left(1-\exp\{-\lambda\sigma_{1/n}\}\right) \\ & &= \lambda \lim_{n\to\infty}\int_0^\infty e^{-\lambda x} n\mathbb{P}\left(\sigma_{1/n}\geq x\right) dx \, . \end{aligned}$$

Write $\overline{\Pi}_n(x) = n\mathbb{P}\left(\sigma_{1/n} \geq x\right)$, so that

$$\frac{\Phi(\lambda)}{\lambda} = \lim_{n\to\infty}\int_0^\infty e^{-\lambda x}\overline{\Pi}_n(x)dx \, .$$

This shows that the sequence of absolutely continuous measures $\overline{\Pi}_n(x)dx$ converges vaguely as $n \to \infty$. As each function $\overline{\Pi}_n(\cdot)$ decreases, the limit has necessarily the form $\mathrm{d}\delta_0(dx) + \overline{\Pi}(x)dx$, where $\mathrm{d} \geq 0$, $\overline{\Pi} : (0,\infty) \to [0,\infty)$ is a non-increasing function, and δ_0 stands for the Dirac point mass at 0. Thus

$$\frac{\Phi(\lambda)}{\lambda} = \mathrm{d} + \int_0^\infty e^{-\lambda x}\overline{\Pi}(x)dx$$

and this yields (1.2) with $\mathbf{k} = \overline{\Pi}(\infty)$ and $\Pi(dx) = -d\overline{\Pi}(x)$ on $(0,\infty)$. It is plain that we must have $\int_{(0,1)} x\Pi(dx) < \infty$ since otherwise $\Phi(\lambda)$ would be infinite. Uniqueness is obvious.

(ii) Consider a Poisson point process $\Delta = (\Delta_t, t \geq 0)$ with values in $(0,\infty]$ and with characteristic measure $\Pi + \mathbf{k}\delta_\infty$. This means that for every Borel set $B \subseteq (0,\infty]$, the counting process $N^B_\cdot = \mathrm{Card}\{s \in [0,\cdot] : \Delta_s \in B\}$ is a Poisson process with intensity $\Pi(B) + \mathbf{k}\delta_\infty(B)$, and to disjoint Borel sets correspond independent Poisson processes. In particular, the instant of the first infinite point, $\tau_\infty = \inf\{t \geq 0 : \Delta_t = \infty\}$, has an exponential distribution with parameter $\mathbf{k}$ ($\tau_\infty \equiv \infty$ if $\mathbf{k} = 0$), and is independent of the Poisson point process restricted to $(0,\infty)$. Moreover, the latter is a Poisson point process with characteristic measure Π.

Introduce $\Sigma = (\Sigma_t, t \geq 0)$ by

$$\Sigma_t = \mathrm{d}t + \sum_{0\leq s\leq t}\Delta_s \, .$$

The condition $\int (1 \wedge x)\Pi(dx) < \infty$ ensures that $\Sigma_t < \infty$ whenever $t < \tau_\infty$, a.s. It is plain that Σ is a right-continuous increasing process started at 0, with lifetime τ_∞, and that its increments are stationary and independent on $[0,\tau_\infty)$. In other words, Σ is a subordinator. Finally, the exponential formula for a Poisson point process (e.g. Proposition XII.1.12 in [132]) gives for every $t, \lambda \geq 0$

$$\mathbb{E}\left(\exp\{-\lambda\Sigma_t\}\right) = \exp\left\{-t\left(\mathbf{k} + \mathrm{d}\lambda + \int_{(0,\infty)}(1-e^{-\lambda x})\Pi(dx)\right)\right\} ,$$

which shows that the Laplace exponent of Σ is given by (1.2). ■

More precisely, the proof of (ii) contains relevant information on the canonical decomposition of a subordinator as the sum of its continuous part and its jumps.

Proposition 1.3 (Itô [81]) *One has a.s., for every $t \geq 0$:*

$$\sigma_t = \mathrm{d}t + \sum_{0 \leq s \leq t} \Delta_s ,$$

where $\Delta = (\Delta_s, s \geq 0)$ is a Poisson point process with values in $(0, \infty]$ and characteristic measure $\Pi + \mathbf{k}\delta_\infty$, where δ_∞ stands for the Dirac point mass at ∞. The lifetime of σ is then given by $\zeta = \inf\{t \geq 0 : \Delta_t = \infty\}$.

As a consequence, we see that a subordinator is a step process if its drift coefficient is $\mathrm{d} = 0$ and its Lévy measure has a finite mass, $\Pi((0, \infty)) < \infty$ (this is also equivalent to the boundedness of the Laplace exponent). Otherwise σ is a strictly increasing process. In the first case, we say that σ is a *compound Poisson process.* A compound Poisson process can be identified as a random walk time-changed by an independent Poisson process; and in many aspects, it can be thought of as a process in discrete time. Because we are mostly concerned with 'truly' continuous time problems, it will be more convenient to concentrate on strictly increasing subordinators in the sequel. **Henceforth, the case when σ is a compound Poisson process is implicitly excluded.**[1]

1.3 The renewal measure

A subordinator is a transient Markov process; its potential measure $U(dx)$ is called the *renewal measure.* It is given by

$$\int_{[0,\infty)} f(x) U(dx) = \mathbb{E}\left(\int_0^\infty f(\sigma_t) dt\right) .$$

The distribution function of the renewal measure

$$U(x) = \mathbb{E}\left(\int_0^\infty \mathbf{1}_{\{\sigma_t \leq x\}} dt\right) , \qquad x \geq 0$$

is known as the *renewal function.* If we introduce the continuous inverse of the strictly increasing process σ:

$$L_x = \sup\{t \geq 0 : \sigma_t \leq x\} = \inf\{t > 0 : \sigma_t > x\} , \qquad x \geq 0 ,$$

we then see that

$$U(x) = \mathbb{E}(L_x) ;$$

[1]Nonetheless, many results presented in this text still hold in the general case.

in particular we obtain by an application of the theorem of dominated convergence that the renewal function is continuous. It is also immediate to deduce from the Markov property that the renewal function is subadditive, that is

$$U(x+y) \leq U(x) + U(y) \qquad \text{for all } x, y \geq 0.$$

Because the Laplace transform of the renewal measure is

$$\mathcal{L}U(\lambda) = \int_{[0,\infty)} e^{-\lambda x} U(dx) = \frac{1}{\Phi(\lambda)}, \qquad \lambda > 0$$

the renewal measure characterizes the law of the subordinator.

We next present useful estimations for the renewal measure in terms of the Laplace exponent and of the tail of the Lévy measure, which follow from the fact that the Laplace transforms of U and $\overline{\Pi}$ admit simple expressions in terms of Φ, and adequate Tauberian theorems. To this end, we first state a general result. When f and g are two nonnegative functions, we use the notation $f \asymp g$ to indicate that there are two positive constants, c and c', such that $cf \leq g \leq c'f$. Introduce the so-called *integrated tail*

$$I(t) = \int_0^t \overline{\Pi}(x)dx = \int_0^t (\mathrm{k} + \Pi((x,\infty)))\, dx\,.$$

Proposition 1.4 *We have*

$$U(x) \asymp 1/\Phi(1/x) \quad \textit{and} \quad \Phi(x)/x \asymp I(1/x) + \mathrm{d}\,.$$

Proof: Recall that $1/\Phi$ is the Laplace transform of the renewal measure. As Φ is concave and monotone increasing, the Tauberian theorem of de Haan and Stadtmüller (see [20] on page 118) applies and yields $U(x) \asymp 1/\Phi(1/x)$. The second estimate follows similarly, using the fact that the Laplace transform of the tail of the Lévy measure is $-\mathrm{d} + \Phi(\lambda)/\lambda$ (by the Lévy-Khintchine formula). ∎

Sharper estimates follow from Karamata's Tauberian theorem when one imposes that the Laplace exponent has regular variation. Recall that a measurable function $f : (0,\infty) \to [0,\infty)$ is *regularly varying* at $0+$ (respectively, at ∞) if for every $x > 0$, the ratio $f(\lambda x)/f(\lambda)$ converges as $\lambda \to 0+$ (respectively, $\lambda \to \infty$). The limit is then necessarily x^α for some real number α which is called the index. When $\alpha = 0$, we will simply say that f is slowly varying. We refer to Chapter XIII in Feller [53] for the basic theory, and to Bingham *et al.* [20] for the complete account. We stress that when the Laplace exponent Φ is regularly varying (at $0+$ or at ∞) then, due to the Lévy-Khintchine formula, the index necessarily lies between 0 and 1.

Proposition 1.5 *Suppose that Φ is regularly varying at $0+$ (respectively, at ∞) with index $\alpha \in [0,1]$. Then,*

$$\Gamma(1+\alpha)U(ax) \sim a^\alpha/\Phi(1/x) \quad \textit{as } x \to \infty \textit{ (respectively, as } x \to 0+),$$

uniformly as a varies on any fixed compact interval of $(0,\infty)$.

Moreover, if $\alpha < 1$, then

$$\Gamma(1-\alpha)\overline{\Pi}(ax) \sim a^{-\alpha}\Phi(1/x) \quad \textit{as } x \to \infty \textit{ (respectively, as } x \to 0+),$$

uniformly as a varies on any fixed compact interval of $(0,\infty)$

Proof: The first assertion follows from Karamata's Tauberian theorem and the uniform convergence theorem; cf. Theorems 1.7.1 and 1.5.2 in [20]. The second requires the monotone density theorem; see Theorem 1.7.2 in [20]. ■

Next, local estimates for the renewal measure in the neighbourhood of ∞ are given by the renewal theorem.

Proposition 1.6 (Renewal theorem) *Put* $\mathbb{E}(\sigma_1) = \mu \in (0, \infty]$. *Then for every* $h > 0$

$$\lim_{x \to \infty} (U(x+h) - U(x)) \;=\; h/\mu\,.$$

This renewal theorem is essentially a consequence of the standard renewal theorem in discrete time (i.e. for so-called renewal processes; see e.g. Feller [53]). Recall that the compound Poisson case has been ruled out, so σ is a 'non-lattice' process. Plainly, it is mostly useful in the finite mean case $\mu < \infty$; we refer to Doney [48] for recent progress in the (discrete) infinite mean case.

There is also an analogue of the renewal theorem in the neighbourhood of $0+$ when the drift coefficient is positive.

Proposition 1.7 (Neveu [122]) *Suppose that* $\mathrm{d} > 0$. *Then the renewal measure is absolutely continuous and has a continuous everywhere positive density* $u : [0, \infty) \to (0, \infty)$ *given by*

$$u(x) \;=\; \mathrm{d}^{-1}\mathbb{P}\left(\exists t \geq 0 : \sigma_t = x\right).$$

In particular, $u(0) = 1/\mathrm{d}$.

Proof: As $\mathrm{d} > 0$, the Laplace transform of the renewal measure has

$$\int_0^\infty \mathrm{e}^{-\lambda x} U(dx) \;=\; \frac{1}{\Phi(\lambda)} \sim \frac{1}{\mathrm{d}\lambda} \qquad \text{as } \lambda \to \infty\,.$$

By a Tauberian theorem, this entails

$$U(\varepsilon) \sim \varepsilon/\mathrm{d} \;=\; \varepsilon u(0) \qquad \text{as } \varepsilon \to 0+\,. \tag{1.3}$$

The Markov property applied at the stopping time $L(x) = \inf\{t \geq 0 : \sigma_t > x\}$ gives

$$\begin{aligned}
U(x+\varepsilon) - U(x) \;&=\; \mathbb{E}\left(\int_{L(x)}^\infty \mathbf{1}_{\{\sigma_t \in (x, x+\varepsilon]\}} dt\right) \\
&=\; \int_{[x,x+\varepsilon]} \mathbb{P}(\sigma_{L(x)} \in dy) U(x+\varepsilon-y) \\
&=\; \mathbb{P}\left(\sigma_{L(x)} = x\right) U(\varepsilon) + \int_{(x,x+\varepsilon]} \mathbb{P}(\sigma_{L(x)} \in dy) U(x+\varepsilon-y)\,.
\end{aligned}$$

The second term in the sum is bounded from above by $\mathbb{P}(\sigma_{L(x)} \in (x, x+\varepsilon])U(\varepsilon) = o(U(\varepsilon))$. We deduce from (1.3) that

$$\mathrm{d}^{-1}\mathbb{P}\left(\exists t : \sigma_t = x\right) \;=\; \mathrm{d}^{-1}\mathbb{P}(\sigma_{L(x)} = x) \;=\; \lim_{\varepsilon \to 0+} \frac{U(x+\varepsilon) - U(x)}{\varepsilon}$$

(the first equality stems from the fact that $L(x)$ depends continuously on x). In particular, the renewal measure is absolutely continuous; we henceforth denote by $u(x)$ the version of its density that is specified by the last displayed formula. Note that $u(x) \leq 1/\mathrm{d}$ and also, by an immediate application of the Markov property at $L(x)$, that for every $x, y \geq 0$

$$\mathrm{d}u(x+y) = \mathbb{P}(\exists t : \sigma_t = x+y) \geq \mathbb{P}(\exists t : \sigma_t = x)\,\mathbb{P}(\exists t : \sigma_t = y) = \mathrm{d}^2 u(x)u(y). \tag{1.4}$$

To prove the continuity of u at $x = 0$, fix $\eta > 0$ and consider the Borel set $B_\eta = \{x \geq 0 : 1/\mathrm{d} \leq u(x) + \eta\}$. As u is bounded from above by $1/\mathrm{d}$, we see from (1.3) that 0 is a point of density of B_η, in the sense that $m([0,\varepsilon] \cap B_\eta) \sim \varepsilon$ as $\varepsilon \to 0+$, where m stands for the Lebesgue measure. By a standard result of measure theory, this implies that for some $a > 0$ and every $0 < x < a$, we can find $y, y' \in B_\eta$ such that $x = y + y'$. Using (1.4), we deduce

$$u(x) \geq \mathrm{d}u(y)u(y') \geq \mathrm{d}\left(\frac{1}{\mathrm{d}} - \eta\right)^2,$$

so that $\lim_{x \to 0+} u(x) = 1/\mathrm{d} = u(0)$.

We next prove the continuity at some arbitrary $x > 0$. The same argument as above based on (1.4) yields

$$\limsup_{y \to x-} u(y) \leq u(x) \leq \liminf_{y \to x+} u(y).$$

On the one hand, the right-continuity of the paths shows that if y_n is a sequence that decreases towards x, then

$$\limsup \{\exists t : \sigma_t = y_n\} \subseteq \{\exists t : \sigma_t = x\},$$

so an application of Fatou's lemma gives

$$\limsup_{y \to x+} u(y) \leq u(x).$$

On the other hand, an application of the Markov property as in (1.4) yields that for every $\varepsilon > 0$

$$\mathbb{P}(\exists t : \sigma_t = x) \leq \mathbb{P}(\exists t : \sigma_t = \varepsilon)\,\mathbb{P}(\exists t : \sigma_t = x - \varepsilon) + \mathbb{P}(\forall t : \sigma_t \neq \varepsilon).$$

We know that the second term in the sum tends to 0 as $\varepsilon \to 0+$, so that

$$\liminf_{y \to x-} u(y) \geq u(x),$$

and the continuity of u is proven. Finally, we know that u is positive in some neighbourhood of 0, and it follows from (1.4) that u is positive everywhere. ■

To conclude this section, we mention that large deviations estimates for the one-dimensional distributions of σ have been obtained by Jain and Pruitt [87]; see also Fristedt and Pruitt [61] for some more elementary results in that field.

1.4 The range of a subordinator

The range of a subordinator σ is the random closed subset of $[0,\infty)$ defined by

$$\mathcal{R} = \overline{\{\sigma_t : 0 \leq t < \zeta\}}.$$

Note that $\mathcal{R}$ is a perfect (i.e. without isolated points) and $0 \in \mathcal{R}$. Because the paths of σ are càdlàg, the range can also be expressed as

$$\mathcal{R} = \{\sigma_t : 0 \leq t < \zeta\} \bigcup \{\sigma_{s-} : s \in \mathcal{J}\}$$

where $\mathcal{J} = \{0 \leq s \leq \zeta : \Delta_s > 0\}$ denotes the set of jump times of σ. To this end, observe that $\{\sigma_{s-} : s \in \mathcal{J}\}$ is precisely the set of points in $\mathcal{R}$ that are isolated on their right. Alternatively, the canonical decomposition of the open set $\mathcal{R}^c = [0,\infty) - \mathcal{R}$, is

$$\mathcal{R}^c = \bigcup_{s\in\mathcal{J}} (\sigma_{s-}, \sigma_s). \tag{1.5}$$

Recall that $L_\cdot = \inf\{t \geq 0 : \sigma_t > \cdot\}$ stands for the -continuous- inverse of σ; it should be plain that $\mathcal{R}$ also coincides with the support of the Stieltjes measure dL:

$$\mathcal{R} = \text{Supp}(dL),$$

which provides another useful representation of the range.

We next present basic properties of the range that will be useful in the sequel. First, an interesting problem that frequently arises about random sets, is the evaluation of their sizes. The simplest result in that field for the range of a subordinator concerns its Lebesgue measure. Sharper results involving Hausdorff and packing dimension will be presented in section 5.1.

Proposition 1.8 *We have*

$$m(\mathcal{R} \cap [0,t]) = m(\{\sigma_s : s \geq 0\} \cap [0,t]) = \mathrm{d}L_t \qquad a.s.\ for\ all\ t \geq 0,$$

where d *is the drift coefficient and* m *the Lebesgue measure on* $[0,\infty)$. *In particular* $\mathcal{R}$ *has zero Lebesgue measure a.s. if and only if* $\mathrm{d} = 0$, *and we then say that* $\mathcal{R}$ *is light. Otherwise we say that* $\mathcal{R}$ *is heavy.*

Proof: The first equality is obvious as $\mathcal{R}$ differs from $\{\sigma_s : s \geq 0\}$ by at most countably many points. Next note that it suffices to treat the case $\mathbf{k} = 0$ (i.e. $\zeta = \infty$ a.s.), because the case $\mathbf{k} > 0$ then will then follow by introducing a killing at some independent time.

Recall that the canonical decomposition of the complementary set $\mathcal{R}^c$ is given by (1.5). In particular, for every fixed $t \geq 0$, the Lebesgue measure of $\mathcal{R}^c \cap [0, \sigma_t]$ is $\sum_{s\leq t} \Delta_s$, and the latter quantity equals $\sigma_t - \mathrm{d}t$ by virtue of Proposition 1.3. This gives $m([0,\sigma_t] \cap \mathcal{R}) = \mathrm{d}t$ for all $t \geq 0$, a.s. Because the quantity on the right depends continuously on t, this entails by an argument of monotonicity that

$$m([0,\sigma_t] \cap \mathcal{R}) = m([0,\sigma_{t-}] \cap \mathcal{R}) = \mathrm{d}t.$$

Replacing t by L_t and recalling that $t \in [\sigma_{L_t-}, \sigma_{L_t}]$ completes the proof. ■

We then specify the probability that $x \in \mathcal{R}$ for any fixed $x > 0$.

Proposition 1.9 (i) (Kesten [96]) *If the drift is* $\mathrm{d} = 0$*, then* $\mathbb{P}(x \in \mathcal{R}) = 0$ *for every* $x > 0$.
(ii) (Neveu [122]) *If* $\mathrm{d} > 0$*, then the function* $u(x) = \mathrm{d}^{-1}\mathbb{P}(x \in \mathcal{R})$ *is the version of the renewal density* $dU(x)/dx$ *that is continuous and everywhere positive on* $[0, \infty)$.

Proof: (i) An application of Fubini's theorem gives

$$\int_0^\infty \mathbb{P}(x \in \mathcal{R})\, dx = \mathbb{E}(m(\mathcal{R})) ,$$

where $m(\mathcal{R})$ stands for the Lebesgue measure of $\mathcal{R}$. We know from Proposition 1.8 that the latter is zero as $\mathrm{d} = 0$. In other words, $\mathbb{P}(x \in \mathcal{R}) = 0$ for almost every $x \geq 0$. That we may drop "almost" in the last sentence is easily seen when the renewal measure is absolutely continuous. More precisely, let τ be an independent random time with an exponential distribution with parameter 1. For every fixed $q > 0$, we have for any Borel set A

$$\mathbb{P}\left(\sigma_{\tau/q} \in A\right) = q\int_0^\infty \mathrm{e}^{-qt}\mathbb{P}(\sigma_t \in A)dt \leq qU(A),$$

which implies by virtue of the Radon-Nikodym theorem that the distribution of $\sigma_{\tau/q}$ is also absolutely continuous. Applying the Markov property at time τ/q, we deduce that

$$\mathbb{P}\left(\sigma_{\tau/q+t} = x \text{ or } \sigma_{\tau/q+t-} = x \text{ for some } t > 0\right) = \int_0^\infty \mathbb{P}(\sigma_{\tau/q} \in dy)\mathbb{P}(x - y \in \mathcal{R}) ,$$

and the right-hand side equals zero as $\mathbb{P}(a \in \mathcal{R}) = 0$ for almost every $a > 0$. Letting q go to ∞, we deduce that $\mathbb{P}(x \in \mathcal{R}) = 0$ for every $x > 0$.

The same holds true even when the renewal measure is not absolutely continuous. This requires a more delicate analysis; we refer to the proof of Theorem III.4 in [11] for details.

(ii) By Proposition 1.7, all that is needed is to check that

$$\mathbb{P}(\exists t > 0 : \sigma_{t-} = x < \sigma_t) = 0 .$$

By the compensation formula for Poisson point processes, we have for every $\varepsilon > 0$

$$\begin{aligned}\mathbb{P}(\exists t > 0 : \sigma_{t-} = x < \sigma_t - \varepsilon) &= \mathbb{E}\left(\sum_{t \geq 0} \mathbf{1}_{\{\sigma_{t-} = x\}}\mathbf{1}_{\{\Delta_t > \varepsilon\}}\right) \\ &= \overline{\Pi}(\varepsilon)\mathbb{E}\left(\int_0^\infty \mathbf{1}_{\{\sigma_t = x\}}dt\right) ,\end{aligned}$$

and the ultimate quantity is zero as the renewal measure has no atom. As ε is arbitrary, this completes the proof. ■

We next turn our attention to the left and right extremities of $\mathcal{R}$ as viewed from a fixed point $t \geq 0$:

$$g_t = \sup\{s < t : s \in \mathcal{R}\} \quad \text{and} \quad D_t = \inf\{s > t : s \in \mathcal{R}\} .$$

We call $(D_t : t \geq 0)$ and $(g_t : t > 0)$ the processes of first-passage and last-passage in $\mathcal{R}$, respectively. The use of an upper-case letter (respectively, of a lower-case letter) refers to the right-continuity (respectively, the left-continuity) of the sample paths. We immediately check that these processes can be expressed in terms of σ and its inverse L as follows :

$$g_t = \sigma(L_t-) \quad \text{and} \quad D_t = \sigma(L_t) \qquad \text{for all } t \geq 0, \text{ a.s.} \tag{1.6}$$

We present an useful expression for the distribution of the pair (g_t, D_t) in terms of the renewal function and the tail of the Lévy measure.

Lemma 1.10 *For every real numbers a, b, t such that $0 \leq a < t \leq a+b$, we have*

$$\mathbb{P}(g_t \in da, D_t - g_t \in db) = \Pi(db)U(da) \quad , \quad \mathbb{P}(g_t \in da, D_t = \infty) = \mathbf{k}U(da).$$

In particular, we have for $a \in [0, t)$

$$\mathbb{P}(g_t \in da) = \overline{\Pi}(t-a)U(da).$$

Proof: Recall from (1.6) the identities $g_t = \sigma_{L_t-}$ and $D_t - g_t = \Delta_{L_t}$. Then observe that for any $u > 0$

$$\sigma_{L_t-} < a \text{ and } L_t = u \iff \sigma_{u-} < a \text{ and } \sigma_u \geq t.$$

Using the canonical expression of σ given in Proposition 1.3, we see that

$$\mathbb{P}(g_t < a, D_t - g_t \geq b) = \mathbb{E}\left(\sum \mathbf{1}_{\{\sigma_{u-}<a\}} \mathbf{1}_{\{\Delta_u \geq (t-\sigma_{u-}) \vee b\}}\right),$$

where the sum in the right-hand side is taken over all the instants when the point process Δ jumps. The process $u \to \sigma_{u-}$ is left continuous and hence predictable, so the compensation formula (see e.g. Proposition XII.1.10 in [132]) entails that the right-hand-side in the last displayed formula equals

$$\mathbb{E}\left(\int_0^\infty \mathbf{1}_{\{\sigma_u<a\}} \overline{\Pi}\left(((t-\sigma_u) \vee b)-\right) du\right) = \int_{[0,a)} \overline{\Pi}(((t-x) \vee b)-)\, U(dx).$$

This shows that for $0 \leq a < t < a+b$

$$\mathbb{P}(g_t \in da, D_t - g_t \in db) = \Pi(db)U(da).$$

Integrating this when b ranges over $[t-a, \infty]$ yields $\mathbb{P}(g_t \in da) = \overline{\Pi}((t-a)-)U(da)$. Since the renewal measure has no atom and the tail of the Lévy measure has at most countably many discontinuities, we may replace $\overline{\Pi}((t-a)-)$ by $\overline{\Pi}(t-a)$. ■

A possible drawback of Lemma 1.10 is that it is not expressed explicitly in terms of the Laplace exponent Φ. Considering a double Laplace transform easily yields the following formula.

Lemma 1.11 *For every $\lambda, q > 0$*

$$\int_0^\infty e^{-qt} \mathbb{E}\left(\exp\{-\lambda g_t\}\right) dt = \frac{\Phi(q)}{q\Phi(\lambda+q)}.$$

Proof: It is immediately seen from Lemma 1.10 that $\mathbb{P}(g_t < t = D_t) = 0$ for every $t > 0$; it follows that $\mathbb{P}(g_t = t) = \mathbb{P}(t \in \mathcal{R})$. Using Proposition 1.9 and the fact that the Laplace transform of the renewal measure is $1/\Phi$, we find

$$\int_0^\infty \mathrm{e}^{-qt}\mathbb{P}(g_t = t)dt = \frac{\mathrm{d}}{\Phi(q)}.$$

We then obtain from Lemma 1.10

$$\begin{aligned}
\int_0^\infty \mathrm{e}^{-qt}\mathbb{E}\left(\exp\{-\lambda g_t\}\right) dt &= \int_0^\infty \mathrm{e}^{-qt}\left(\mathrm{e}^{-t\lambda}\mathbb{P}(g_t = t) + \int_{[0,t)} \mathrm{e}^{-\lambda s}\overline{\Pi}(t-s)U(ds)\right) dt \\
&= \frac{\mathrm{d}}{\Phi(q+\lambda)} + \int_0^\infty dt \int_{[0,t)} U(ds)\,\mathrm{e}^{-q(t-s)}\overline{\Pi}(t-s)\mathrm{e}^{-(\lambda+q)s} \\
&= \frac{\mathrm{d}}{\Phi(q+\lambda)} + \mathcal{L}U(q+\lambda)\mathcal{L}\overline{\Pi}(q) \\
&= \frac{\mathrm{d}}{\Phi(q+\lambda)} + \frac{1}{\Phi(q+\lambda)}\left(\frac{\Phi(q)}{q} - \mathrm{d}\right).
\end{aligned}$$

This establishes our claim. ∎

One should note that Lemma 1.11 entails that the law of a subordinator is essentially characterized by that of g_τ, where τ is an independent exponential time. Specifically, if $\sigma^{(1)}$ and $\sigma^{(2)}$ are two subordinators such that, in the obvious notation, $g_\tau^{(1)}$ and $g_\tau^{(2)}$ have the same law, then there is a constant $c > 0$ such that $\Phi^{(1)} = c\Phi^{(2)}$. This observation will be quite useful in the sequel.

Chapter 2

Regenerative property

This chapter is mostly expository; its purpose is to stress the correspondence between a regenerative set, the range of a subordinator, and the set of times when a Markov process visits a fixed point. We refer to Blumenthal [21], Blumenthal and Getoor [23], Dellacherie *et al.* [44, 45], Kingman [100] and Sharpe [141] for background and much more on this topic.

2.1 Regenerative sets

The Markov property of a subordinator has a remarkable consequence on its range. First, note that for every $s \geq 0$, $L_s = \inf\{t \geq 0 : \sigma_t > s\}$ is an $(\mathcal{F}_t)$-stopping time, and the sigma-fields $(\mathcal{M}_s = \mathcal{F}_{L_s})_{s \geq 0}$ thus form a filtration. Because L is a continuous $(\mathcal{M}_s)$-adapted process that increases exactly on $\mathcal{R}$, the latter is an $(\mathcal{M}_s)$-progressive set. Then fix $s \geq 0$. An application of the Markov property at L_s shows that, conditionally on $\{L_s < \infty\}$, the shifted subordinator $\sigma' = \{\sigma_{L_s+t} - \sigma_{L_s}, t \geq 0\}$ is independent of $\mathcal{M}_s$ and has the same law as σ. Recall also from (1.6) that

$$\sigma(L_s) = D_s = \inf\{t > s : t \in \mathcal{R}\}$$

is the first-passage time in $\mathcal{R}$ after s. We thus see that conditionally on $\{D_s < \infty\}$, the shifted range

$$\mathcal{R} \circ \theta_{D_s} = \{v \geq 0 : v + D_s \in \mathcal{R}\} = \overline{\{\sigma'_t : t \geq 0\}}$$

is independent of $\mathcal{M}_s$ and is distributed as $\mathcal{R}$. This is usually referred to as the *regenerative property* of the range. We stress that the regenerative property of $\mathcal{R}$ does not merely hold at the first passage times D_s, but more generally at any $(\mathcal{M}_s)$-stopping time S which takes values in the subset of points in $\mathcal{R}$ which are not isolated on their right, a.s. on $\{S < \infty\}$. In that case, one can express S in the form $S = \sigma_T$, where $T = L_S$ is an $(\mathcal{F}_t)$-stopping time. Then conditionally on $\{L_S < \infty\}$, the shifted range $\mathcal{R} \circ \theta_S = \{v \geq 0 : v + S \in \mathcal{R}\}$ is independent of $\mathcal{M}_S = \mathcal{F}_T$ and is distributed as $\mathcal{R}$.

The regenerative property of the range of a subordinator motivates the definition of a regenerative set, that has been studied in particular by Krylov and Yushkevich,

Kingman, Hoffmann-Jørgensen and Maisonneuve. We refer to Fristedt [60] for a detailed survey including a connection with related concepts and a comprehensive list of references.

Consider a probability space endowed with a complete filtration $(\mathcal{M}_t)_{t\geq 0}$. Let $\mathcal{S}$ be a progressively measurable closed subset of $[0,\infty)$ which contains 0 and has no isolated point. We say that $\mathcal{S}$ is a perfect[1] *regenerative* set if for every $s \geq 0$, conditionally on $D_s := \inf\{t > s : t \in \mathcal{S}\} < \infty$, the right-hand portion $\mathcal{S} \circ \theta_{D_s}$ of $\mathcal{S}$ as viewed from D_s, is independent of $\mathcal{M}_{D_s}$ and has the same distribution $\mathcal{S}$.

We have seen above that the range of a subordinator is a regenerative set; here is the converse.

Theorem 2.1 (Hoffmann-Jørgensen [74], Maisonneuve [109]) *Let $\mathcal{S}$ be a regenerative set.*

(i) *There is a subordinator σ such that $\mathcal{S} = \mathcal{R} = \overline{\{\sigma_t : 0 \leq t < \zeta\}}$ a.s., and the inverse L of σ is an $(\mathcal{M}_t)$-adapted process.*

(ii) *If $\tilde{\sigma}$ is a second subordinator with range $\mathcal{S}$, then there is a real number $c > 0$ such that $\tilde{\sigma}_t = \sigma_{ct}$ for all $t \geq 0$, a.s.*

We refer to Maisonneuve [109] or Chapter XX in Dellacherie *et al.* [45] for the proof.

With regards to Theorem 2.1, it will be convenient to use henceforth the notation $\mathcal{R}$ instead of $\mathcal{S}$ to designate a regenerative set. Plainly, if $\tilde{\sigma}$ is as in Theorem 2.1(ii), then $\tilde{\Phi}(\lambda) = c\Phi(\lambda)$ in the obvious notation. Hence, among the one-parameter family of subordinators having the range $\mathcal{R}$, there is a unique one for which Laplace exponent satisfies the -arbitrary- normalizing condition

$$\Phi(1) = 1. \tag{2.1}$$

We refer to Φ as *the* Laplace exponent of $\mathcal{R}$

The inverse L of the subordinator σ is called the *local time* on $\mathcal{R}$, it can be constructed explicitly as a function of $\mathcal{R}$ as follows. Recall first from Proposition 1.8 that $\mathcal{R}$ is called heavy if it has a positive Lebesgue measure (or equivalently if the drift coefficient of σ is positive) and light otherwise. In the heavy case, one can express the local time as

$$L_t = \mathrm{d}^{-1} m([0,t] \cap \mathcal{R}), \qquad t \geq 0$$

where m stands for the Lebesgue measure. In the light case, Fristedt and Pruitt [61] have obtained a remarkable analogue of Proposition 1.8. Specifically, they have been able to exhibit a deterministic measure m_H on $[0,\infty)$ (which is the Hausdorff measure associated with some increasing function) such that

$$L_t = m_H([0,t] \cap \mathcal{R}), \qquad t \geq 0.$$

[1]The qualification 'perfect' refers to the absence of isolated points and will be frequently omitted in the sequel in the sense that, for us, a regenerative set has no isolated points. This squares with the fact that compound Poisson processes have been ruled out in this text. For completeness, we mention that a closed random set that has the regenerative property and possesses at least one isolated point with positive probability, is in fact discrete a.s. and can be identified as the range of a compound Poisson process.

We refer to Greenwood and Pitman [68] and Fristedt and Taylor [64] for alternative constructions of the local time on a regenerative set.

We also stress the *additive property* of the local time: If S is an $(\mathcal{M}_s)$-stopping time which takes values in points in $\mathcal{R}$ with are not isolated on their right, then on $\{S < \infty\}$, the local time L' on $\mathcal{R}' = \mathcal{R} \circ \theta_S$ is given by

$$L'_t = L_{S+t} - L_S \qquad \text{for all } t \geq 0, \ a.s.$$

2.2 Connection with Markov processes

Consider some Polish space E and write $\mathcal{D}$ for the space of càdlàg paths valued in E, endowed with Skorohod's topology. Let $X = (\Omega, \mathcal{M}, \mathcal{M}_t, X_t, \theta_t, \mathbf{P}^x)$ be a strong Markov process with sample paths in $\mathcal{D}$. As usual, $\mathbf{P}^x$ refers to its law started at x, θ_t for the shift operator and $(\mathcal{M}_t)_{t\geq 0}$ for the filtration.

A point r of the state space is *regular for itself* if

$$\mathbf{P}^r(T_r = 0) = 1,$$

where $T_r = \inf\{t > 0 : X_t = r\}$ is the first hitting time of r. In words, r is regular for itself if the Markov process started at r, returns to r at arbitrarily small times, a.s. Applying the Markov property at the first return-time to r after a fixed time s, we see that the closure of set of times when X visits r,

$$\mathcal{R} = \overline{\{t \geq 0 : X_t = r\}}$$

is regenerative for $(\Omega, \mathcal{M}, \mathcal{M}_t, \mathbf{P}^r)$. (Conversely, it can be proved that any -perfect- regenerative set can be viewed as the closed set of times when some Markov process visits a regular point, see Horowitz [76].)

According to Theorem 2.1, $\mathcal{R}$ can thus be viewed as the range of some subordinator σ. The inverse L of σ is a continuous increasing process which increases exactly when X passes at r, in the sense that $\text{Supp}(dL) = \mathcal{R}$, $\mathbf{P}^r$-a.s. One calls $L = (L_t, t \geq 0)$ the local time of X at r; its existence has been established originally by Blumenthal and Getoor [23], following the pioneering contribution of Lévy in the Brownian case.

The killing rate of the inverse local time has an obvious probabilistic interpretation in terms of the Markov process. One says that r is a *transient state* if $\mathcal{R}$ is bounded a.s., so that

$$r \text{ is a transient state} \iff \mathbf{k} > 0 \iff L_\infty < \infty \text{ a.s.} \tag{2.2}$$

More precisely, L_∞ has then an exponential distribution with parameter $\mathbf{k}$. In the opposite case, $\mathcal{R}$ is unbounded a.s., and we say that r is a *recurrent state.*

We next present a simple criterion to decide whether a point is regular for itself, and in that case, give an explicit expression for the Laplace exponent of the inverse local time. This requires some additional assumption of duality type on the Markov process. Typically, suppose that $X = (\Omega, \mathcal{M}, \mathcal{M}_t, X_t, \theta_t, \mathbf{P}^x)$ and $\widehat{X} = \left(\Omega, \widehat{\mathcal{M}}, \widehat{\mathcal{M}}_t, \widehat{X}_t, \hat{\theta}_t, \widehat{\mathbf{P}}^x\right)$

are two standard Markov processes with state space E. For every $\lambda > 0$, the λ-resolvent operators of X and $\widehat{X}$ are given by

$$V^\lambda f(x) = \mathbf{E}^x\left(\int_0^\infty f(X_t)e^{-\lambda t}dt\right) \quad , \quad \widehat{V}^\lambda f(x) = \widehat{\mathbf{E}}^x\left(\int_0^\infty f(\widehat{X}_t)e^{-\lambda t}dt\right), \quad x \in E,$$

where $f \geq 0$ is a generic measurable function on E. We recall that $f \geq 0$ is called λ-excessive with respect to $\{V^\alpha\}$ if $\alpha V^{\alpha+\lambda} f \leq f$ for every $\alpha > 0$ and $\lim_{\alpha\to\infty} \alpha V^\alpha f = f$ pointwise.

We suppose that X and $\widehat{X}$ are in duality with respect to some sigma-finite measure ξ. That is, the resolvent operators can be expressed in the form

$$V^\lambda f(x) = \int_E v^\lambda(x,y)f(y)\xi(dy) \quad , \quad \widehat{V}^\lambda f(x) = \int_E v^\lambda(y,x)f(y)\xi(dy).$$

Here, $v^\lambda : E \times E \to [0,\infty]$ stands for the version of the resolvent density such that, for every $x \in E$, the function $v^\lambda(\cdot,x)$ is λ-excessive with respect to the resolvent $\{V^\alpha\}$, and the function $v^\lambda(x,\cdot)$ is λ-excessive with respect to the resolvent $\{\widehat{V}^\alpha\}$. Under a rather mild hypothesis on the resolvent density, one has the following simple necessary and sufficient condition for a point to be regular for itself (see e.g. Proposition 7.3 in [24]).

Proposition 2.2 *Suppose that for every $\lambda > 0$ and $y \in E$, the function $x \to v^\lambda(x,y)$ is lower-semicontinuous. Then, for each fixed $r \in E$ and $\lambda > 0$, the following assertions are equivalent:*

(i) *r is regular for itself.*

(ii) *For every $x \in E$, $v^\lambda(x,r) \leq v^\lambda(r,r) < \infty$.*

(iii) *The function $x \to v^\lambda(x,r)$ is bounded and continuous at $x = r$.*

Finally, if these assertions hold, then the Laplace exponent Φ of the inverse local time at r is given by

$$\Phi(\lambda) = v^1(r,r)/v^\lambda(r,r), \qquad \lambda > 0.$$

In the case when the semigroup of X is absolutely continuous with respect to ξ, the resolvent density can be expressed in the form

$$v^\lambda(x,y) = \int_0^\infty e^{-\lambda t}p_t(x,y)dt.$$

As the Laplace transform of the renewal measure U of the inverse local time at r is $1/\Phi(\lambda)$, a quantity that is proportional to $v^\lambda(r,r)$ by Proposition 2.2, we see by Laplace inversion that U is absolutely continuous with respect to the Lebesgue measure, with density u given by

$$u(t) = cp_t(r,r), \qquad t > 0.$$

Observe also that in this framework, Proposition 1.9 entails that for each fixed $t > 0$, the probability that $t \in \mathcal{R}$, that is that $X_t = r$, is proportional to $p_t(r,r)$ in the heavy case, and is zero in the light case. Of course, this easy fact can be also checked directly.

Suppose for instance that X is a real-valued Brownian motion. The resolvent density (with respect to the Lebesgue measure) is

$$v^{\lambda}(x,y) = \int_0^{\infty} e^{-\lambda t}\frac{1}{\sqrt{2\pi t}}\exp\left(-\frac{(x-y)^2}{2t}\right) dt = \frac{1}{\sqrt{2\lambda}}\exp\left\{-\sqrt{2\lambda}|x-y|\right\}.$$

This quantity depends symmetrically on x and y, so the dual process is simply $\widehat{X} = X$. Proposition 2.2 applies and shows that any $r \in \mathbb{R}$ is a regular point for itself, and the Laplace exponent of the inverse local time is always $\Phi(\lambda) = \sqrt{\lambda}$. More generally, when X is a so-called Bessel process of dimension $d \in (0,2)$ (see chapter XI in Revuz and Yor [132]), then $r = 0$ is a regular point and the inverse local time at 0 is a stable subordinator with index $\alpha = 1 - d/2$. Making use of the results of chapter 5, we see for instance that the fractal dimension (both lower and upper) of the zero set of a d-dimensional Bessel process is $1 - d/2$. Alternatively, when X is a stable Lévy process with index $\beta \in (1,2]$, then any $r \in \mathbb{R}$ is a regular point for itself and the inverse local time is always a stable subordinator with index $\alpha = 1 - 1/\beta$ (see the forthcoming Proposition 8.1).

We next turn our attention to one of the most important applications of the notion of local time to Markov processes, namely Itô's theory of excursions. This is a vast topic and we shall merely recall the basic result of Itô and refer to the literature for developments (cf. in particular Blumenthal [21], chapter XII in Revuz and Yor [132], chapter 8 in Rogers and Williams [137] and also Rogers [136] for an elementary approach).

Call excursion intervals the maximal open time-intervals on which $X \neq r$. In other words, the excursion intervals are those that appear in the canonical decomposition of the open set $[0,\infty) - \mathcal{R}$. We have already pointed out that those open intervals are precisely of the type $(\sigma(t-), \sigma(t))$ for the t's such that $\Delta_t > 0$. Itô used this observation and defined the excursion process $(e_t, t \geq 0)$ of X away from r, which is a process valued in the path-space $\mathcal{D}$ given by

$$e_t(s) = \begin{cases} X_{\sigma(t-)+s} & \text{if } 0 \leq s < \sigma(t) - \sigma(t-) \\ r & \text{otherwise} \end{cases}$$

Recall that a point process $(\xi_t : t \geq 0)$ with values in some metric-complete separable space is called a Poisson point process with characteristic measure μ if for every Borel set B, the counting process $N_\cdot^B = \mathrm{Card}\,\{t \in [0,\cdot] : \xi_t \in B\}$ is a Poisson process with intensity $\mu(B)$, and to disjoint Borel sets correspond independent counting processes. We are now able to state Itô's description of the excursions of a Markov process away from a point r; we focus for the sake of simplicity on the case when r is a regular recurrent state.

Theorem 2.3 (Itô [82]) *When r is a regular recurrent state, the excursion process $(e_t, t \geq 0)$ is a Poisson point process under $\mathbf{P}^r$. Its characteristic measure n is called Itô's excursion measure of X away from r.*

We henceforth suppose that r is a regular recurrent point. The excursion measure yields a very useful expression for the (essentially unique) invariant measure of X, which is well-known in the context of Markov chains. Specifically, let $\epsilon \in \mathcal{D}$ be a generic path; write $\rho(\epsilon) = \inf\{t > 0 : \epsilon(t) = r\}$ for its first-return time to r. The sigma-finite measure μ related to the occupation measure under Itô's excursion measure n by

$$\int f d\mu = \mathrm{d} f(r) + n\left(\int_0^{\rho(\epsilon)} f(\epsilon(t))dt\right),$$

where d is the drift coefficient of the inverse local time σ and $f \geq 0$ any measurable function, is an invariant measure for X. We refer to Getoor [66] or to section XIX.46 in [45] for a proof, and to Maisonneuve [112] for some applications.

Recall that a recurrent Markov process is called *positive recurrent* if there is an invariant probability measure, and *null recurrent* otherwise. In our setting, we see that positive recurrence is equivalent to the integrability of the first-return time to r, ρ, under Itô's excursion measure. On the other hand, the very definition of the excursion process implies that $\rho(e_t) = \Delta_t$, i.e. the durations of the excursion process coincide with the lengths of the jumps of the inverse local time σ. In particular, the comparison between Theorem 2.3 and Proposition 1.3 shows that the distribution of ρ under n can be identified as the Lévy measure Π of σ:

$$n(\rho \in dt) = \Pi(dt).$$

In conclusion, we have the equivalence:

$$X \text{ is positive recurrent} \iff \mathbb{E}(\sigma_1) < \infty \iff \int_0^\infty \overline{\Pi}(x)\, dx < \infty. \qquad (2.3)$$

We now end this chapter by presenting a brief dictionary in which the main connections between subordinators, local times of Markov processes and regenerative sets are summarized.

Subordinator	$\sigma_t = L_t^{-1} = \inf\{s : L_s > t\}$
Local time	$L_t = \inf\{s : \sigma_s > t\}$
Lifetime	$\zeta = L_\infty$
Regenerative set	$\mathcal{R} = \overline{\{t \geq 0 : X_t = r\}} = \overline{\{\sigma_s : s \in [0,\zeta)\}} = \mathrm{Supp}(dL_t)$
First passage time	$D_t = \inf\{s > t : s \in \mathcal{R}\} = \sigma(L_t)$
Last passage time	$g_t = \sup\{s < t : s \in \mathcal{R}\} = \sigma(L_t-)$
Probability	$\mathbb{P} = \mathbf{P}^r$
Filtration	$\mathcal{F}_t = \mathcal{M}_{\sigma_t}$

Chapter 3

Asymptotic behaviour of last passage times

We are concerned with the process $(g_t : t > 0)$ of the last passage times in a regenerative set $\mathcal{R}$. When $\mathcal{R}$ is self-similar, $t^{-1}g_t$ always has a generalized arcsine law. In the general case, we consider the asymptotic behaviour of $t^{-1}g_t$ as t goes to ∞, first in distribution, and then pathwise. Special properties of the jump process of a subordinator play a key part in this study.

3.1 Asymptotic behaviour in distribution

3.1.1 The self-similar case

We say that a regenerative set $\mathcal{R}$ is *self-similar* if for every $k > 0$, it has the same distribution as $k\mathcal{R}$. If we think of $\mathcal{R}$ as the range of a subordinator σ, this is equivalent to the condition that the Laplace exponent of σ is proportional to that of $k\sigma$, i.e. $\Phi(\lambda) = c_k\Phi(k\lambda)$ for every $\lambda \geq 0$, where $c_k > 0$ is some constant that depends only on k. Due to the normalization $\Phi(1) = 1$, this holds if and only if $\Phi(\lambda) = \lambda^\alpha$ for some $\alpha \in [0,1]$, that is if σ is a standard stable subordinator of index α. The cases $\alpha = 0$ and $\alpha = 1$ are somewhat degenerate, as they corresponds to the situation where $\mathcal{R} = \{0\}$ and $\mathcal{R} = [0,\infty)$ a.s., respectively; we shall exclude them in the sequel.

Recall that $g_t = \sup\{s < t : s \in \mathcal{R}\}$ denotes the last passage time in $\mathcal{R}$ before time $t > 0$. When $\mathcal{R}$ is self-similar, the distribution of $t^{-1}g_t$ does not depend on $t > 0$ and can be given explicitly in terms of α.

Proposition 3.1 *Suppose that $\Phi(\lambda) = \lambda^\alpha$ for some $0 < \alpha < 1$. Then g_1 has the so-called generalized arcsine law, that is*

$$\mathbb{P}(g_1 \in ds) = \frac{s^{\alpha-1}(1-s)^{-\alpha}}{\Gamma(\alpha)\Gamma(1-\alpha)}ds = \frac{\sin \alpha\pi}{\pi}s^{\alpha-1}(1-s)^{-\alpha}\, ds \qquad (0 < s < 1).$$

For instance, when $\mathcal{R} = \{t : B_t = 0\}$ is the zero set of a one-dimensional Brownian motion B started at 0, we have $\Phi(\lambda) = \sqrt{\lambda}$ (the absence of the usual factor $\sqrt{2}$ is due to the normalization (2.1) of the local time) and one gets

$$\mathbb{P}(g_1 \leq t) = \frac{2}{\pi} \arcsin \sqrt{t} \qquad (t \in [0,1]).$$

This is the celebrated first arcsine theorem of Paul Lévy; see e.g. Exercise III.3.20 in [132] for a direct proof. Proposition 3.1 also applies to the particular cases when one replaces the Brownian motion B by a Bessel process of dimension $d \in (0,2)$ (then $\alpha = 1 - d/2$), or a stable Lévy process with index $\beta \in (1,2]$ (then $\alpha = 1 - 1/\beta$).

We now proceed to the proof of Proposition 3.1.

Proof: The Laplace transform of the renewal measure is given by

$$\int_0^\infty e^{-\lambda x} U(dx) = \lambda^{-\alpha} = \frac{1}{\Gamma(\alpha)} \int_0^\infty e^{-\lambda x} x^{\alpha-1}\, dx$$

and that of the tail of the Lévy measure by

$$\int_0^\infty e^{-\lambda x} \overline{\Pi}(x) dx = \lambda^{\alpha-1} = \frac{1}{\Gamma(1-\alpha)} \int_0^\infty e^{-\lambda x} x^{-\alpha}\, dx$$

We conclude by Laplace inversion and Lemma 1.10. ∎

The distribution of the first-passage time $D_t = \inf\{s > t : s \in \mathcal{R}\}$ readily follows from Proposition 3.1 (still in the case when $\Phi(\lambda) = \lambda^\alpha$). Specifically, for every $0 < s < t$, we have

$$g_t \leq s \iff \mathcal{R} \cap (s,t) = \emptyset \iff D_s \geq t.$$

An application of the scaling property then yields for $t > 1$

$$\mathbb{P}(D_1 \geq t) = \mathbb{P}(D_{1/t} \geq 1) = \mathbb{P}(g_1 \leq 1/t) = \frac{\sin \alpha\pi}{\pi} \int_0^{1/t} s^{\alpha-1}(1-s)^{-\alpha} ds,$$

and we deduce that the distribution of D_1 is given by

$$\mathbb{P}(D_1 \in dt) = \frac{\sin \alpha\pi}{\pi} t^{-1}(t-1)^{-\alpha} dt, \qquad t > 1.$$

Finally we refer to Pitman and Yor [126, 127, 129] and the references therein for further recent remarkable results about the interval partitions of $[0,\infty)$ induced by self-similar regenerative sets.

3.1.2 The Dynkin-Lamperti theorem

We next turn our attention to the asymptotic behaviour of the last passage time in the case when $\mathcal{R}$ is not necessarily self-similar. Informally, the rescaled set $t^{-1}\mathcal{R}$ is the range of the subordinator $t^{-1}\sigma$; its Laplace exponent is thus $\Phi_t(q) = \Phi(q/t)/\Phi(1/t)$, due to (2.1). This quantity converges as $t \to \infty$ if and only if Φ is regularly varying at 0+, and then the limit is q^α for some $\alpha \in [0,1]$, that is the Laplace exponent of a stable subordinator with index α. In view of Proposition 3.1, one naturally expects that $t^{-1} g_t$ should then converge in distribution towards the generalized arcsine law with parameter α. The Dynkin-Lamperti theorem not only provides a rigorous setting to this informal argument, but also states a converse.

Theorem 3.2 (Dynkin [50], Lamperti [106]) *The following assertions are equivalent:*
(i) $t^{-1}g_t$ *converges in law as* $t \to \infty$.
(ii) $\lim_{t\to\infty} t^{-1}\mathbb{E}(g_t) = \alpha \in [0,1]$.
(iii) $\lim_{q\to 0+} q\Phi'(q)/\Phi(q) = \alpha \in [0,1]$.
(iv) Φ *is regularly varying at* $0+$ *with index* $\alpha \in [0,1]$.
Moreover, when these assertions hold, then the limit distribution of $t^{-1}g_t$ *is the Dirac point mass at* 0 *(respectively, at* 1*) for* $\alpha = 0$ *(respectively,* $\alpha = 1$*); and for* $0 < \alpha < 1$, *the generalized arcsine law of parameter* α *that appears in Proposition 3.1.*

There is also a similar result for small times; more precisely a true statement is obtained after exchanging the rôles of $0+$ and ∞. We also mention that, more generally, the limit behaviour in distribution of the pair (g_t, D_t) can be studied, using essentially the same arguments as below.

Proof: (i) $\Longrightarrow$ (ii) is obvious as $g_t/t \le 1$.
(ii) $\Longrightarrow$ (iii) On the one hand, we know from Lemma 1.11 that

$$\int_0^\infty e^{-qt}\mathbb{E}(g_t)dt = \frac{\Phi'(q)}{q\Phi(q)}.$$

On the other hand, we see by an Abelian theorem that (ii) entails

$$\lim_{q\to 0+} q^2 \int_0^\infty e^{-qt}\mathbb{E}(g_t)dt = \alpha.$$

(iii) $\Longrightarrow$ (iv) When (iii) holds, the logarithmic derivative of $t \to t^{-\alpha}\Phi(t)$ can be expressed as $t \to \varepsilon(t)/t$, with $\lim_{t\to 0+}\varepsilon(t) = 0$. That is

$$t^{-\alpha}\Phi(t) = c \exp\left\{\int_t^1 \frac{\varepsilon(s)}{s} ds\right\}.$$

According to the representation theorem of slowly varying functions (see e.g. [20]), this shows that $t \to t^{-\alpha}\Phi(t)$ is slowly varying at $0+$, and hence Φ is regularly varying at $0+$ with index α.

(iv) $\Longrightarrow$ (i) Suppose first that (iv) holds with $0 < \alpha < 1$. According to Proposition 1.5, we have

$$\lim_{t\to\infty} U(tx)\Phi(1/t) = \frac{x^\alpha}{\Gamma(1+\alpha)} \qquad \text{uniformly for } x \in K, \tag{3.1}$$

and

$$\lim_{t\to\infty} \frac{\overline{\Pi}(tx)}{\Phi(1/t)} = \frac{x^{-\alpha}}{\Gamma(1-\alpha)} \qquad \text{uniformly for } x \in K, \tag{3.2}$$

where K stands for a generic compact subset on $(0,\infty)$.

Next, fix $0 < a < b < 1$. According to Lemma 1.10, we have

$$\mathbb{P}(at \le g_t < bt) = \int_{[at,bt)} \overline{\Pi}(t-s)dU(s) = \int_{[a,b)} \overline{\Pi}(t(1-u))dU(tu)$$
$$= \int_{[a,b)} \frac{\overline{\Pi}(t(1-u))}{\Phi(1/t)} d\left(U(tu)\Phi(1/t)\right).$$

Applying (3.1) and (3.2), we deduce that

$$\lim_{t\to\infty} \mathbb{P}(at \le g_t < bt) = \int_a^b \frac{(1-s)^{-\alpha}\, s^{\alpha-1}}{\Gamma(\alpha)\Gamma(1-\alpha)} ds.$$

In words, $t^{-1}g_t$ converges in distribution to the generalized arcsine law with parameter α.

An easy variation of this argument applies for $\alpha = 0$, but not for $\alpha = 1$ (the quantity $\Gamma(1-\alpha)$ in (3.2) is then infinite). So suppose that $\alpha = 1$, take any $a \in (0,1)$ and observe from Lemma 1.10 that

$$\mathbb{P}(t^{-1}g_t < a) = \int_{[0,ta)} \overline{\Pi}(t-u)U(du) \le \overline{\Pi}(t(1-a))U(ta).$$

A Tauberian theorem applied to the Lévy-Khintchine formula now gives

$$I(s) \sim s\Phi(1/s) \qquad \text{as } s \to \infty, \tag{3.3}$$

where I is the integrated tail of the Lévy measure. In particular I is slowly varying. The inequality

$$I(s) - I(s/2) = \int_{s/2}^{s} \overline{\Pi}(t)dt \ge s\overline{\Pi}(s)/2$$

and the fact that I is slowly varying entail that $\overline{\Pi}(s) = o(I(s)/s) = o(\Phi(1/s))$. Using Proposition 1.4 and (3.3) gives

$$\lim_{t\to\infty} \mathbb{P}(t^{-1}g_t < a) = 0,$$

and the proof of Theorem 3.2 is complete. ∎

Theorem 3.2 is essentially an application of the estimates of Proposition 1.4 for the tail of the Lévy measure and the renewal measure. In the same vein, the renewal theorem readily yields the following well-known limit theorem.

Proposition 3.3 *Suppose that* $\mathbb{E}(\sigma_1) = \mu < \infty$. *Then*

$$\lim_{t\to\infty} \mathbb{P}(t - g_t \in ds) = \frac{1}{\mu}\overline{\Pi}(s)ds, \qquad s > 0,$$

and

$$\lim_{t\to\infty} \mathbb{P}(t - g_t = 0) = \mathrm{d}/\mu.$$

Proof: This is an easy application of the renewal theorem (see Proposition 1.6) and Lemma 1.10. ∎

3.2 Asymptotic sample path behaviour

The purpose of this section is to investigate the almost-sure asymptotic behaviour of the last-passage-time process; here is the main result (see also [9]).

Theorem 3.4 *Let $f : (0,\infty) \to (0,\infty)$ be a continuous strictly increasing function with $\lim_{t\to\infty} f(t)/t = 0$ and $\liminf_{t\to\infty} f(t)/f(2t) > 0$. Then, with probability one,*

$$\liminf_{t\to\infty} g_t/f(t) = 0 \text{ or } \infty$$

according as the integral

$$\int_{[1,\infty)} U(f(t))\,\Pi(dt) \tag{3.4}$$

diverges or converges.

When we specialize Theorem 3.4 to the case when $\mathcal{R}$ is the zero set of a one-dimensional Brownian motion, we get $\liminf_{t\to\infty} g_t/f(t) = 0$ or ∞ a.s. according as the integral $\int^\infty \sqrt{f(t)t^{-3}}\,dt$ diverges or converges. In particular,

$$\liminf_{t\to\infty} \frac{g_t \log^2 t}{t} = 0 \quad \text{and} \quad \lim_{t\to\infty} \frac{g_t \log^{2+\varepsilon} t}{t} = \infty \quad a.s.$$

for any $\varepsilon > 0$. This result goes back to Chung and Erdős [36], see also Hobson [73] and Hu and Shi [79] for recent developments in the same vein.

Checking Theorem 3.4 when the killing rate $\mathbf{k}$ is positive, is straightforward. Indeed, $\mathcal{R}$ is then bounded, and so is g_t a.s. On the other hand, the renewal measure is also bounded and the integral (3.4) always converges. So with no loss of generality, we may assume henceforth that $\mathbf{k} = 0$. The proof of Theorem 3.4 relies on two simple properties of subordinators. Informally, we have to compare the relative size of a subordinator and its jumps. Our first lemma reduces this comparison to that of certain integrals. Recall Proposition 1.3.

Lemma 3.5 *For every Borel function $b : [0,\infty) \to [1,\infty)$, the events*

$$\{\Delta_t > b(\sigma_{t-}) \text{ infinitely often as } t \to \infty\}$$

and

$$\left\{\int_0^\infty \overline{\Pi} \circ b(\sigma_t)dt = \infty\right\}$$

coincide up to a set of probability zero.

Proof: This is a variant of the Lévy-Borel-Cantelli lemma. Specifically, the fact that the jump process Δ is a Poisson point process with characteristic measure Π entails that the compensated sum

$$\sum_{s\le t} \mathbf{1}_{\{\Delta_s > b(\sigma_{s-})\}} - \int_0^t \overline{\Pi} \circ b(\sigma_s)ds \qquad (t \ge 0)$$

is a martingale. On the event

$$\{\Delta_t > b(\sigma_{t-}) \text{ infinitely often as } t \to \infty\} \bigcap \left\{ \int_0^\infty \overline{\Pi} \circ b(\sigma_t) dt < \infty \right\},$$

this martingale converges to ∞; whereas on the event

$$\{\Delta_t \leq b(\sigma_{t-}) \text{ for all sufficiently large } t\} \bigcap \left\{ \int_0^\infty \overline{\Pi} \circ b(\sigma_t) dt = \infty \right\},$$

it converges to $-\infty$. As the jumps of this martingale are bounded by 1, both events have probability zero (see e.g. the corollary on page 484 in [144]). ■

Motivated by the preceding lemma, we then establish an easy result on the convergence of integrals of a subordinator.

Lemma 3.6 *Let $h : [0,\infty) \to [0,\infty)$ be a decreasing function. The following assertions are equivalent.*

(i)
$$\int_0^\infty h(x) U(dx) < \infty$$

(ii)
$$\mathbb{P}\left(\int_0^\infty h(\sigma_t) dt < \infty \right) = 1$$

(iii)
$$\mathbb{P}\left(\int_0^\infty h(\sigma_t) dt < \infty \right) > 0$$

Proof: The derivations (i)⇒(ii)⇒(iii) are obvious. Suppose that (iii) holds and pick $\varepsilon > 0$ and $k > 0$ such that

$$\mathbb{P}\left(\int_0^\infty h(\sigma_t) dt < k \right) > \varepsilon.$$

Next, consider for every integer $n > 0$ the stopping time

$$T_n = \inf \left\{ t : \int_0^t h(\sigma_s) ds \geq kn \right\},$$

and apply the Markov property (Proposition 1.1) at time T_n. We see that conditionally on $\{T_n < \infty\}$, the process $\sigma'_\cdot = \sigma_{T_n + \cdot} - \sigma_{T_n}$ is a subordinator distributed as σ. Then, using the hypothesis that h decreases, we get

$$\begin{aligned}
\mathbb{P}(T_{n+1} = \infty \mid T_n < \infty) &= \mathbb{P}\left(\int_{T_n}^\infty h(\sigma_t) dt < k \mid T_n < \infty \right) \\
&= \mathbb{P}\left(\int_0^\infty h(\sigma'_t + \sigma_{T_n}) dt < k \mid T_n < \infty \right) \\
&\geq \mathbb{P}\left(\int_0^\infty h(\sigma'_t) dt < k \mid T_n < \infty \right) \\
&= \mathbb{P}\left(\int_0^\infty h(\sigma_t) dt < k \right) > \varepsilon .
\end{aligned}$$

This shows that $k^{-1}\int_0^\infty h(\sigma_t)dt$ is bounded from above by a geometric variable. As a consequence, it has finite expectation and (i) follows. ∎

We point out that when one specializes Lemma 3.6 to the case when σ is a stable subordinator with index 1/2, one recovers a result of Donati-Martin, Rajeev and Yor (Theorem 6.2 in [46] and Theorem 1.3 in [131]) on the a.s. convergence of certain integrals involving the Brownian local time. Theorem 3.4 now follows readily from Lemmas 3.5 and 3.6.

Proof of Theorem 3.4: Write f^{-1} for the inverse function of f, so $f(\Delta_t) > \sigma_{t-}$ if and only if $\Delta_t > f^{-1}(\sigma_{t-})$. An immediate combination of Lemmas 3.6 and 3.5 shows that

$$\mathbb{P}\left(f(\Delta_t) > \sigma_{t-} \text{ infinitely often as } t \to \infty\right) = 0 \text{ or } 1$$

according as the integral $\int^\infty \overline{\Pi} \circ f^{-1}(x)dU(x)$ converges or diverges. By a change of variables and an integration by parts, the latter is equivalent to the integral (3.4) being finite or infinite. Next, recall that $g_t = \sigma(L_t-)$ for all $t \geq 0$ a.s. It follows that $f(\Delta_t) > \sigma_{t-}$ infinitely often as $t \to \infty$ if and only if $f(t - g_t) > g_t$ infinitely often. We deduce that a.s.,

$$\liminf_{t\to\infty} g_t/f(t-g_t) \geq 1 \text{ or } \leq 1$$

according as (3.4) converges or diverges.

First, assume that (3.4) diverges. By the subadditivity of the renewal function, the same holds when f is replaced by εf for an arbitrary $\varepsilon \in (0,1)$. It follows that $\liminf_{t\to\infty} g_t/f(t-g_t) = 0$ a.s., and because f increases, we conclude that $\liminf_{t\to\infty} g_t/f(t) = 0$ a.s.

Finally, assume that (3.4) converges. By the same argument based on the subadditivity of the renewal function as above, we have that $\lim_{t\to\infty} g_t/f(t-g_t) = \infty$ a.s. It is then straightforward to derive from the assumptions $\lim_{t\to\infty} f(t)/t = 0$ and $\liminf_{t\to\infty} f(t)/f(2t) > 0$ that $\lim_{t\to\infty} g_t/f(t) = \infty$ a.s. (simply distinguish the cases $g_t \leq t/2$ and $g_t > t/2$). ∎

We now conclude this chapter with an interesting application of the techniques developed so far to the case when the regenerative set is given in the form $\mathcal{R} = \{t \geq 0 : X_t = r\}$, where X is some Markov process started from a regular point r. Theorem 3.2 provides a necessary and sufficient condition for g_t/t to converge in probability; and it is natural to ask whether the convergence then holds almost surely. To this end, the equivalence

$$\lim_{t\to\infty} g_t/t = 0 \quad \text{a.s.} \quad \Longleftrightarrow \quad r \text{ is a transient state}$$

is obvious (if r is a recurrent state, then $g_t = t$ infinitely often). The problem of the convergence towards 1 is less obvious. Its solution is essentially a variation of a result of Kesten on the asymptotic behaviour of the largest step of increasing random walks.

Proposition 3.7 (Kesten [97]) *The following assertions are equivalent:*
(i) $\lim_{t\to\infty} g_t/t = 1$ *a.s.*
(ii) $\mathbb{P}(\liminf_{t\to\infty} g_t/t > 0) > 0$.
(iii) *The Markov process X is positive recurrent.*

Proof: (i) ⇔ (ii) It is immediate to see that (i) holds if and only if for every $\varepsilon > 0$, $\Delta_t \leq \varepsilon\sigma_{t-}$ for all sufficiently large t, a.s. By Lemmas 3.5 and 3.6, we deduce that

$$\text{(i)} \iff \int^{\infty} \overline{\Pi}(\varepsilon t)dU(t) < \infty \quad \text{for every } \varepsilon > 0 .$$

Similarly, (ii) holds if and only if the event $\{\Delta_t \leq k\sigma_{t-} \text{ for all sufficiently large } t\}$ has positive probability for some $k < \infty$. Again by Lemmas 3.5 and 3.6, we deduce that

$$\text{(ii)} \iff \int^{\infty} \overline{\Pi}(kt)dU(t) < \infty \quad \text{for some } k < \infty .$$

Because the renewal function is subadditive, an integration by parts now shows that (i) and (ii) are equivalent.

(i) ⇔ (iii) Let us exclude the degenerate case when σ is a pure drift, and recall from Proposition 1.4 that then $U(t) \asymp t/I(t)$ as $t \to \infty$ where I stands for the integrated tail of the Lévy measure. On the other hand, we know from the preceding argument that

$$\text{(i)} \iff \int^{\infty} \overline{\Pi}(t)dU(t) < \infty \iff \int^{\infty} \frac{t\Pi(dt)}{I(t)} < \infty ,$$

where the second equivalence follows from an integration by parts.

Recall from (2.3) that X is positive recurrent if and only if $\mathbb{E}(\sigma_1) < \infty$, that is if and only if $I(\infty) = \int_0^{\infty} \overline{\Pi}(t)dt = \int_{(0,\infty)} t\Pi(dt) < \infty$. Because I is an increasing function, it is plain that (i) holds in this case.

We next suppose that (i) holds. It is immediately checked that the mapping $t \to t/I(t)$ increases, and the convergence of the preceding integral thus forces $t\overline{\Pi}(t) = o(I(t))$. An integration by parts shows that

$$\int^{\infty} \overline{\Pi}(t)\left(\frac{1}{I(t)} - \frac{t\overline{\Pi}(t)}{I(t)^2}\right) dt < \infty ,$$

and hence we must have $\int^{\infty} \overline{\Pi}(t)I^{-1}(t)dt < \infty$. The latter is clearly equivalent to $I(\infty) < \infty$, that is to (iii). ∎

In the positive recurrent case, an application of Lemmas 3.5 and 3.6 and the renewal theorem (Proposition 1.6) shows that the sample path behaviour of the last passage time process is specified as follows: For every increasing function $f : (0,\infty) \to (0,\infty)$

$$\mathbb{P}(t - g_t > f(t) \text{ infinitely often as } t \to \infty) = 0 \text{ or } 1$$

according as the integral $\int^{\infty} \overline{\Pi} \circ f(t)dt$ converges or diverges.

Chapter 4

Rates of growth of local time

We present the remarkable law of the iterated logarithm for the local time due to Fristedt and Pruitt, and also investigate the modulus of continuity of the local time on a path. The independence and stationarity of the increments of a subordinator are the key to the proper application of the Borel-Cantelli lemma.

4.1 Law of the iterated logarithm

The main result of this section is the following version of the law of the iterated logarithm for local times.

Theorem 4.1 (Fristedt and Pruitt [61] [1]) *There exists a positive and finite constant c_Φ such that*

$$\limsup_{t\to 0+} \frac{L_t \Phi\left(t^{-1}\log\log\Phi(t^{-1})\right)}{\log\log\Phi(t^{-1})} = c_\Phi \qquad a.s.$$

The exact value of c_Φ does not seem to be known explicitly in general. When Φ is regularly varying with index $\alpha \in [0,1]$ at ∞, then $c_\Phi = c_\alpha$, where

$$c_\alpha = \alpha^{-\alpha}(1-\alpha)^{-(1-\alpha)}, \tag{4.1}$$

with the convention $0^{-0} = 1$; see Barlow, Perkins and Taylor [5], or [8]. The sharpest result related to Theorem 4.1 is in Pruitt [130].

There is also a version of Theorem 4.1 for large times, which follows from a simple variation of the arguments for small times. Specifically, suppose that the killing rate is $\mathrm{k} = 0$. Then there exists $c'_\Phi \in (0,\infty)$ such that

$$\limsup_{t\to\infty} \frac{L_t \Phi\left(t^{-1}\log|\log\Phi(t^{-1})|\right)}{\log|\log\Phi(t^{-1})|} = c'_\Phi \qquad \text{a.s.} \tag{4.2}$$

[1]Theorem 4.1 is slightly more explicit than the result stated in [61]. Specifically, the normalizing function there is the inverse function of $t \to \varphi\left(t^{-1}\log\log\varphi(t^{-1})\right)^{-1}\log\log\varphi(t^{-1})$, where φ denotes the inverse function of Φ. However, after some tedious calculation, one can check that the normalizing function in [61] and that in Theorem 4.1 are of the same order, and therefore the two statements agree.

When L is the local time at a regular point for some recurrent Markov process, the ergodic theorem asserts that if A is a positive additive functional associated with a measure μ with finite mass, then $A_t \sim \mu(E)L_t$ as $t \to \infty$, a.s. A law of the iterated logarithm for A thus follows from (4.2). Further developments in the direction of a second order law, were made recently by Csáki *et al.* [39], Marcus and Rosen [115, 116], Bertoin [8], Khoshnevisan [98]...

The proof of Theorem 4.1 relies on two technical lemmas. We write

$$f(t) = \frac{\log\log \Phi(t^{-1})}{\Phi\left(t^{-1}\log\log\Phi(t^{-1})\right)}, \qquad t \text{ small enough,}$$

and denote the inverse function of Φ by φ.

Lemma 4.2 *For every integer $n \geq 2$, put*

$$t_n = \frac{\log n}{\varphi(\mathrm{e}^n \log n)} \quad , \quad a_n = f(t_n).$$

(i) *The sequence $(t_n : n \geq 2)$ decreases, and we have $a_n \sim \mathrm{e}^{-n}$.*

(ii) *The series $\Sigma\mathbb{P}(L_{t_n} > 3a_n)$ converges*

Proof: (i) The first assertion follows readily from the fact that φ is convex and increasing. On the one hand, since Φ increases, we have for $n \geq 3$

$$\Phi(t_n^{-1}) = \Phi(\varphi(\mathrm{e}^n \log n)/\log n) \leq \Phi(\varphi(\mathrm{e}^n \log n)) = \mathrm{e}^n \log n .$$

On the other hand, since Φ is concave, we have for $n \geq 3$

$$\Phi(t_n^{-1}) = \Phi(\varphi(\mathrm{e}^n \log n)/\log n) \geq \Phi(\varphi(\mathrm{e}^n \log n))/\log n = \mathrm{e}^n .$$

This entails

$$\log\log\Phi(t_n^{-1}) \sim \log n \tag{4.3}$$

and then

$$t_n^{-1}\log\log\Phi(t_n^{-1}) \sim \varphi(\mathrm{e}^n \log n).$$

Note that if $\alpha_n \sim \beta_n$, then $\Phi(\alpha_n) \sim \Phi(\beta_n)$ (because Φ is concave and increasing). We deduce that

$$\Phi\left(t_n^{-1}\log\log\Phi(t_n^{-1})\right) \sim \mathrm{e}^n \log n , \tag{4.4}$$

and our assertion follows from (4.3).

(ii) The probability of the event $\{L_{t_n} > 3a_n\} = \{\sigma_{3a_n} < t_n\}$ is bounded from above by

$$\exp\{\lambda t_n\}\mathbb{E}(\exp\{-\lambda\sigma_{3a_n}\}) = \exp\{\lambda t_n - 3a_n\Phi(\lambda)\}$$

for every $\lambda \geq 0$. We choose $\lambda = \varphi(\mathrm{e}^n \log n)$; so $\Phi(\lambda) = \mathrm{e}^n \log n$ and $\lambda t_n = \log n$. Our statement follows now from (i). ■

Lemma 4.3 *For every integer $n \geq 2$, put*

$$s_n = \frac{2\log n}{\varphi(2\exp\{n^2\}\log n)} \quad , \quad b_n = f(s_n).$$

(i) *We have $b_n \sim \exp\{-n^2\}$.*

(ii) *The series $\Sigma\mathbb{P}(\sigma(b_n/3) < 2s_n/3)$ diverges*

Proof: (i) Just note that $s_n = t_{n^2}$ and apply Lemma 4.2(i).
(ii) For every b, s and $\lambda \geq 0$, we have

$$\mathbb{P}(\sigma_b \geq s) \leq \left(1 - e^{-\lambda s}\right)^{-1} \mathbb{E}(1 - \exp\{-\lambda\sigma_b\}) ,$$

which entails

$$\mathbb{P}(\sigma_b < s) \geq \frac{e^{-b\Phi(\lambda)} - e^{-\lambda s}}{1 - e^{-\lambda s}} . \tag{4.5}$$

Apply this to $b = b_n/3$, $s = 2s_n/3$ and $\lambda = \varphi(2\exp\{n^2\}\log n)$, and observe that then $\Phi(\lambda) = 2\exp\{n^2\}\log n$, $\lambda s = \frac{4}{3}\log n$ and $b\Phi(\lambda) \sim \frac{2}{3}\log n$ (by (i)). In particular $e^{-b\Phi(\lambda)} \geq n^{-3/4}$ for every sufficiently large n; we thus obtain

$$2\mathbb{P}\left(\sigma(b_n/3) < 2s_n/3\right) \geq \frac{n^{-3/4} - n^{-4/3}}{1 - n^{-4/3}} ,$$

and our claim follows. ∎

We are now able to establish the law of the iterated logarithm, using a standard method based on the Borel-Cantelli lemma.

Proof of Theorem 4.1: 1. To prove the upper-bound, we use the notation of Lemma 4.2. Take any $t \in [t_{n+1}, t_n]$, so, provided that n is large enough

$$f(t) \geq \frac{\log\log\Phi(t_n^{-1})}{\Phi(t_{n+1}^{-1}\log\log\Phi(t_{n+1}^{-1}))}$$

(because Φ increases). By (4.3), the numerator is equivalent to $\log n$, and, by (4.4), the denumerator to $e^{n+1}\log(n+1)$. By Lemma 4.2, we thus have

$$\limsup_{t\to 0+} f(t_n)/f(t) \leq e .$$

On the other hand, an application of the Borel-Cantelli to Lemma 4.2 shows that

$$\limsup_{n\to\infty} L_{t_n}/f(t_n) \leq 3 \qquad a.s.$$

and we deduce that

$$\limsup_{t\to 0+} \frac{L_t}{f(t)} \leq \left(\limsup_{n\to\infty} \frac{L_{t_n}}{f(t_n)}\right)\left(\limsup_{t\to 0+} \frac{f(t_n)}{f(t)}\right) \leq 3e \qquad a.s.$$

2. To prove the lower-bound, we use the notation of Lemma 4.3 and observe that the sequence $(b_n, n \geq 2)$ decreases ultimately (by Lemma 4.3(i)). First, by Lemma 4.3(ii), we have

$$\sum \mathbb{P}\left(\sigma(b_n/3) - \sigma(b_{n+1}/3) < 2s_n/3\right) \geq \sum \mathbb{P}\left(\sigma(b_n/3) < 2s_n/3\right) = \infty ;$$

so by the Borel-Cantelli lemma for independent events,

$$\liminf_{n\to\infty} \frac{\sigma(b_n/3) - \sigma(b_{n+1}/3)}{s_n} \leq \frac{2}{3} .$$

If we admit for a while that

$$\limsup_{n\to\infty} \frac{\sigma(b_{n+1}/3)}{s_n} \le \frac{1}{4}, \tag{4.6}$$

we can conclude that

$$\liminf_{n\to\infty} \frac{\sigma(b_n/3)}{s_n} < \frac{11}{12}.$$

This implies that the set $\{s : \sigma(f(s)/3) < s\}$ is unbounded a.s. Plainly, the same then holds for $\{s : L_s > f(s)/3\}$, and as a consequence:

$$\limsup_{t\to 0+} L_t/f(t) \ge 1/3 \qquad a.s. \tag{4.7}$$

Now we establish (4.6). The obvious inequality (which holds for any $\lambda > 0$)

$$\mathbb{P}(\sigma(b_{n+1}/3) > s_n/4) \le (1 - \exp\{-\lambda s_n/4\})^{-1}\,\mathbb{E}(1 - \exp\{-\lambda\sigma(b_{n+1}/3)\})$$

entails for the choice

$$\lambda = \varphi(2\exp\{n^2\}\log n) = \frac{2\log n}{s_n}$$

that

$$\mathbb{P}(\sigma(b_{n+1}/3) > s_n/4) \le \frac{2b_{n+1}\exp\{n^2\}\log n}{3\left(1 - \exp\{-\frac{1}{2}\log n\}\right)}.$$

By Lemma 4.3(i), the numerator is bounded from above for every sufficiently large n by

$$3\exp\{n^2 - (n+1)^2\}\log n \le e^{-n}$$

and the denumerator is bounded away from 0. We deduce that the series

$$\sum \mathbb{P}(\sigma(b_{n+1}/3) > s_n/4)$$

converges, and the Borel-Cantelli lemma entails (4.6). The proof of (4.7) is now complete.

3. The two preceding parts show that

$$\limsup_{t\to 0+} L_t/f(t) \in [1/3, 3e] \qquad a.s.$$

By the Blumenthal zero-one law, it must be a constant number c_Φ, a.s. ■

To conclude this section, we mention that the independence and homogeneity of the increments of the inverse local time are also very useful in investigating the class of lower functions for the local time. We now state without proof the main result in that field, which has been proven independently by Fristedt and Skorohod. See [57], [67], or Theorem III.9 in [11], where the result is given in terms of the rate of growth of the subordinator.

Proposition 4.4 (i) *When* $\mathrm{d} > 0$, *one has* $\lim_{t\to 0+} L_t/t = 1/\mathrm{d}$ *a.s.*

(ii) *When* $\mathrm{d} = 0$ *and* $f : [0,\infty) \to [0,\infty)$ *is an increasing function such that* $t \to f(t)/t$ *decreases, one has*

$$\liminf_{t\to 0+} L_t/f(t) = 0 \quad a.s. \quad \Longleftrightarrow \quad \int_{0+} f(x)\Pi(dx) = \infty.$$

Moreover, if these assertions fail, then $\lim_{t\to 0+} L_t/f(t) = \infty$ *a.s.*

4.2 Modulus of continuity

Once a law of the iterated logarithm has been established for a continuous process, it is natural to look for information on its modulus of continuity. Again we have a general result that holds for any local time of a Markov process.

Theorem 4.5 *For every $T > 0$, we have a.s.*

$$\limsup_{t\to 0+} \left\{ \sup_{0\le\tau\le T} \frac{(L_{\tau+t} - L_\tau)\,\Phi\left(t^{-1}\log\Phi(t^{-1})\right)}{\log\Phi(t^{-1})} \right\} \le 12$$

and

$$\liminf_{t\to 0+} \left\{ \sup_{0\le\tau\le T} \frac{(L_{\tau+t} - L_\tau)\,\Phi\left(t^{-1}\log\Phi(t^{-1})\right)}{\log\Phi(t^{-1})} \right\} \ge 1/6$$

Theorem 4.5 has been obtained in a less explicit form by Fristedt and Pruitt [62], following an earlier work of Hawkes [69] in the stable case. The bounds 1/6 and 12 are clearly not optimal, and a much more precise result is available under the condition that Φ is regularly varying with index $\alpha \in [0, 1]$ at ∞: In that case, one has a.s.

$$\lim_{t\to 0+} \left\{ \sup_{0\le\tau\le T} \frac{(L_{\tau+t} - L_\tau)\,\Phi\left(t^{-1}\log\Phi(t^{-1})\right)}{\log\Phi(t^{-1})} \right\} = c_\Phi\,,$$

where c_Φ is the constant that appears in Theorem 4.1; see e.g. [8]. Whether or not this identity holds in any case is an open problem.

To start with, we write

$$g(t) = \frac{\log\Phi(t^{-1})}{\Phi\left(t^{-1}\log\Phi(t^{-1})\right)}\,, \qquad t \text{ small enough},$$

and recall that φ stands for the inverse function of Φ. We then introduce for every integer $n \ge 2$:

$$t(n) = \frac{n}{\varphi(ne^n)}\quad, \quad a(n) = g(t(n))\,.$$

Lemma 4.6 (i) *The sequence $(t(n) : n \ge 2)$ decreases. Moreover we have:*

$$\log\Phi(t(n)^{-1}) \sim n \quad , \quad \Phi(t(n)^{-1}\log\Phi(t(n)^{-1})) \sim ne^n \quad , \quad a_n \sim e^{-n}\,.$$

(ii) *For n large enough and any $t \in [t(n+1), t(n)]$, we have*

$$a(n)/3 \le g(t) \le 3a(n+1)\,.$$

Proof: (i) follows from an argument similar to that in Lemma 4.2.

(ii) Since Φ increases, we have

$$g(t) \ge \frac{\log\Phi(t(n)^{-1})}{\Phi(t(n+1)^{-1}\log\Phi(t(n+1)^{-1}))}\,.$$

We know from (i) that the numerator is equivalent to n, and the denumerator to $(n+1)e^{n+1}$. Using (i) again, we deduce that for n large enough, $g(t) \ge a(n)/3$. The proof of the second inequality is similar. ■

Next, we establish the following upper bound.

Lemma 4.7 *We have for every $\rho > 0$*

$$\limsup_{t\to 0+}\left\{\sup_{0\le\tau\le\sigma_\rho}\left(L_{\tau+t}-L_\tau\right)/g(t)\right\}\le 12\,,\qquad a.s.$$

Proof: Consider for every $n \in \mathbb{N}$ and every integer $j = 0, 1, \cdots, [\rho/a(n)]$ the event

$$A_{jn} = \{\sigma_{(j+3)a(n)} - \sigma_{ja(n)} \le t(n)\}\,.$$

By the Markov property of σ, we have for every $\lambda > 0$

$$\begin{aligned}\mathbb{P}(A_{jn}) = \mathbb{P}\left(\sigma_{3a(n)} \le t(n)\right) &\le \exp\{\lambda t(n)\}\mathbb{E}\left(\exp\left\{-\lambda\sigma_{3a(n)}\right\}\right)\\ &= \exp\left\{\lambda t(n) - 3a(n)\Phi(\lambda)\right\}\,.\end{aligned}$$

The choice $\lambda = \varphi(ne^n)$ together with Lemma 4.6(i) yield

$$\mathbb{P}(A_{jn}) \le \exp\{n - 3ne^n a(n)\} = o(e^{-2n})\,;$$

so that (using again Lemma 4.6(i)) $\mathbb{P}\left(\bigcup_j A_{jn}\right) = o(e^{-n})$. Hence $\sum_n \mathbb{P}\left(\bigcup_j A_{jn}\right) < \infty$. We conclude that $\sigma_{(j+3)a(n)} - \sigma_{ja(n)} > t(n)$ for all large enough n and all integers $j \le [\rho/a(n)]$, a.s.

We now work on the event that

$$\limsup_{t\to 0+}\left\{\sup_{0\le\tau\le\sigma_\rho}\left(L_{\tau+t}-L_\tau\right)/g(t)\right\} > 12\,.$$

Then, for some arbitrarily large n, we can find $t \in [t(n+1), t(n)]$ and $\tau \in [0, \sigma_\rho]$ such that $L_{\tau+t} - L_\tau > 12g(t)$. On the other hand, we have $(j-1)a(n) \le L_\tau \le ja(n)$ for some integer $j \le [\rho/a(n)]$. By Lemma 4.6(ii), this implies

$$L_{\tau+t} > (j-1)a(n) + 12g(t) \ge (j-1)a(n) + 4a(n) = (j+3)a(n)\,;$$

and therefore we then have both

$$\sigma_{ja(n)} \ge \tau \quad \text{and} \quad \sigma_{(j+3)a(n)} < \tau + t\,.$$

In conclusion, we must have $\sigma_{(j+3)a(n)} - \sigma_{ja(n)} < t \le t(n)$; and we know that the probability of the latter event goes to zero as $n \to \infty$. ∎

The first part of Theorem 4.5 derives from Lemma 4.7 by an immediate argument of monotonicity. Similarly, the second part is a consequence of the following lemma.

Lemma 4.8 *We have for every $\eta > 0$:*

$$\liminf_{t\to 0+}\left\{\sup_{0\le\tau\le\sigma_\eta}\left(L_{\tau+t}-L_\tau\right)/g(t)\right\}\ge 1/2\,,\qquad a.s.$$

Proof: We keep the notation of Lemma 4.6. Consider for every $n \in \mathbb{N}$ and every integer $j = 0, 1, \cdots, [\eta/a(n)]$ the event

$$B_{jn} = \{\sigma_{(j+1)a(n)/2} - \sigma_{ja(n)/2} \geq t(n)\}.$$

By the independence and stationarity of the increments of σ, we have

$$\mathbb{P}\left(\bigcap_j B_{jn}\right) = \mathbb{P}(B_{0,n})^{[\eta/a(n)]} \leq \exp\left\{-\frac{\eta}{a(n)}(1 - \mathbb{P}(B_{0n}))\right\}.$$

To estimate the right-hand side, we apply (4.5) with $b = a(n)/2$, $s = t(n)$ and $\lambda = \varphi(ne^n)$, so $\Phi(\lambda) = ne^n$. Using Lemma 4.6(i), we get

$$1 - \mathbb{P}(B_{0n}) = \mathbb{P}(\sigma_{a(n)/2} < t(n)) \leq \frac{\exp\{-2n/3\} - \exp\{-n\}}{1 - \exp\{-n\}} \sim \exp\{-2n/3\}.$$

Applying Lemma 4.6(i) again, we deduce that

$$\mathbb{P}\left(\bigcap_j B_{jn}\right) = O\left(\exp\{-\eta \exp\{n/2\}\}\right).$$

and the right-hand side induces a summable series.

Applying the Borel-Cantelli lemma, this entails that a.s., for every sufficiently large integer n, we are able to pick an integer $j \in \{0, 1, \cdots, [\eta/a(n)]\}$ such that

$$\sigma_{(j+1)a(n)/2} - \sigma_{ja(n)/2} < t(n).$$

Writing $\tau(n) = \sigma_{ja(n)/2}$, we thus have $L_{\tau(n)} = ja(n)/2$ and $L_{\tau(n)+t(n)} > (j+1)a(n)/2$. This forces

$$L_{\tau(n)+t(n)} - L_{\tau(n)} > a(n)/2 = g(t(n))/2.$$

As a consequence, for every $t \in [t(n+1), t(n)]$, Lemma 4.6(ii) and an obvious argument of monotonicity yield

$$L_{\tau(n+1)+t} - L_{\tau(n+1)} > g(t(n+1))/2 \geq g(t)/6;$$

which establishes the lemma. ∎

The law of the iterated logarithm specifies the rate of growth of the local time at the origin of times. By the regenerative property and the additivity of the local time, we see that for any stopping time T which takes its values in the subset of points in $\mathcal{R}$ which are not isolated on their right, the rate of growth of L at time T is the same as at the origin. Theorem 4.5 can be combined with a condensation argument due to Orey and Taylor [124] to investigate the maximal rate of growth on a path. More precisely, it is immediate from the first part of Theorem 4.5 that

$$\limsup_{t \to 0+} \frac{(L_{\tau+t} - L_\tau)\,\Phi\left(t^{-1} \log \Phi(t^{-1})\right)}{\log \Phi(t^{-1})} < 12, \qquad \text{for all } \tau \geq 0,$$

and the second part, combined with the condensation argument (cf. [124] for details), yields that a.s.

$$\limsup_{t\to 0+} \frac{(L_{\tau+t}-L_\tau)\,\Phi\left(t^{-1}\log\Phi(t^{-1})\right)}{\log\Phi(t^{-1})} \geq 1/2\,, \qquad \text{for some } \tau \geq 0\,.$$

An instant τ for which the preceding lower bound holds, is referred to as a *rapid point* for the local time, in the terminology of Kahane [90]. Adapting arguments of Orey and Taylor [124] for Brownian motion, Laurence Marsalle [118] has obtained interesting results about the Hausdorff dimension of the set of fast points when Φ is regularly varying at ∞.

It is also natural to investigate the minimal rate of growth of the local time at instants $\tau \in \mathcal{R}$ which are not isolated on their right $\mathcal{R}$ (otherwise the rate of growth is plainly zero). To this end, Marsalle [118] (extending earlier results of Fristedt [59] in the stable case) has shown recently that under some rather mild conditions on the Laplace exponent Φ, the minimal rate of growth has the same order as $1/\Phi(1/t)$. Specifically, one has a.s.

$$\limsup_{t\to 0+} (L_{\tau+t}-L_\tau)\,\Phi(1/t) > 0 \qquad \text{for every } \tau \in \mathcal{R} \text{ not isolated on its right.}\,,$$

and

$$\limsup_{t\to 0+} (L_{\tau+t}-L_\tau)\,\Phi(1/t) < \infty \qquad \text{for some } \tau \geq 0\,.$$

An instant τ which fulfils the preceding conditions is referred to as a *slow point*.

Finally, we mention that functional (i.e. *à la* Strassen) laws of the iterated logarithm for certain local times have been obtained by Marcus and Rosen [115], Csáki *et al.* [40] and Gantert and Zeitouni [65].

Chapter 5

Geometric properties of regenerative sets

This chapter is concerned with two geometric aspects of regenerative sets. We first discuss fractal dimensions and then consider the intersection with a given Borel set. The intersection of two independent regenerative sets receives special attention.

5.1 Fractal dimensions

5.1.1 Box-counting dimension

The box-counting dimension is perhaps the simplest notion amongst the variety of fractal dimensions in use; see Falconer [52]. For every non-empty bounded subset $F \subseteq [0,\infty)$, let $N_\varepsilon(F)$ be the smallest number of intervals of length (at most) $\varepsilon > 0$ which can cover F. The *lower* and *upper box-counting dimensions* of F are defined as

$$\underline{\dim}_{\mathrm{B}}(F) = \liminf_{\varepsilon\to 0+} \frac{\log N_\varepsilon(F)}{\log 1/\varepsilon} \quad , \quad \overline{\dim}_{\mathrm{B}}(F) = \limsup_{\varepsilon\to 0+} \frac{\log N_\varepsilon(F)}{\log 1/\varepsilon} ,$$

respectively. When these two quantities are equal, their common value is referred to as the box dimension (or also the Minkowski dimension) of F.

Following Blumenthal and Getoor [22], we next introduce the so-called lower and upper indices of the Laplace exponent Φ

$$\begin{aligned}\underline{\mathrm{ind}}\,(\Phi) &= \sup\left\{\rho > 0 : \lim_{\lambda\to\infty} \Phi(\lambda)\lambda^{-\rho} = \infty\right\} = \liminf_{\lambda\to\infty} \frac{\log\Phi(\lambda)}{\log\lambda} ,\\ \overline{\mathrm{ind}}\,(\Phi) &= \inf\left\{\rho > 0 : \lim_{\lambda\to\infty} \Phi(\lambda)\lambda^{-\rho} = 0\right\} = \limsup_{\lambda\to\infty} \frac{\log\Phi(\lambda)}{\log\lambda} ,\end{aligned}$$

with the usual convention $\sup\emptyset = 0$. For instance, in the stable case $\Phi(\lambda) = \lambda^\alpha$, the lower and upper indices both equal α; and for a Gamma process, both the lower and upper indices are zero. Making use of Proposition 1.4, it is easy to exhibit a Laplace exponent such that $\underline{\mathrm{ind}}\,(\Phi) = a$ and $\overline{\mathrm{ind}}\,(\Phi) = b$ for arbitrary $0 \le a \le b \le 1$.

Theorem 5.1 *We have a.s. for every* $t > 0$

$$\underline{\dim}_{\mathrm{B}}(\mathcal{R} \cap [0,t]) = \underline{\mathrm{ind}}\,(\Phi) \quad \textit{and} \quad \overline{\dim}_{\mathrm{B}}(\mathcal{R} \cap [0,t]) = \overline{\mathrm{ind}}\,(\Phi).$$

Proof: The argument for the upper dimension is essentially a variation of that for the lower dimension, and we shall merely consider the latter. As we are concerned with a local path property of subordinators, there is no loss of generality in assuming that the killing rate is $\mathbf{k} = 0$. Fix $\varepsilon > 0$ and introduce by induction the following sequence of finite stopping times: $T(0,\varepsilon) = 0$ and

$$T(n+1,\varepsilon) = \inf\{t > T(n,\varepsilon) : \sigma_t - \sigma_{T(n,\varepsilon)} > \varepsilon\}, \qquad n = 0,1,\cdots$$

Because the points $\sigma_{T(0,\varepsilon)}, \sigma_{T(1,\varepsilon)}, \cdots$ are at distance at least ε from each others, we see that for every fixed $t > 0$, if $T(n,\varepsilon) \le t$, then the minimal number of intervals of length ε that is needed to cover $\mathcal{R} \cap [0,t]$ cannot be less than $n+1$. On the other hand, it is clear from the construction that the intervals $[\sigma_{T(n,\varepsilon)}, \sigma_{T(n,\varepsilon)} + \varepsilon]$ have length ε and do cover $\mathcal{R}$. We conclude that

$$N_\varepsilon(\mathcal{R} \cap [0,t]) = \mathrm{Card}\left\{n \in \mathbb{N} : \sigma_{T(n,\varepsilon)} \le t\right\}. \tag{5.1}$$

Next, introduce an independent exponential time τ with parameter 1. The Markov property of σ applied at time $T(n,\varepsilon)$ and the lack of memory of the exponential law entail that

$$\begin{aligned}\mathbb{P}\left(\sigma_{T(n+1,\varepsilon)} \le \tau \mid \sigma_{T(n,\varepsilon)} \le \tau\right) &= \mathbb{P}\left(\sigma_{T(n+1,\varepsilon)} - \sigma_{T(n,\varepsilon)} \le \tau - \sigma_{T(n,\varepsilon)} \mid \sigma_{T(n,\varepsilon)} \le \tau\right) \\ &= \mathbb{P}\left(\sigma_{T(1,\varepsilon)} \le \tau\right).\end{aligned}$$

In other words, the random variable in (5.1) has a geometric distribution with parameter $\mathbb{P}\left(\sigma_{T(1,\varepsilon)} \le \tau\right) = \mathbb{P}(g_\tau \ge \varepsilon)$, i.e.

$$\mathbb{P}(N_\varepsilon(\mathcal{R} \cap [0,\tau]) > n) = (1 - \mathbb{P}(g_\tau < \varepsilon))^n. \tag{5.2}$$

In order to estimate the left-hand side, recall from Lemma 1.11 that the Laplace transform of g_τ is $\Phi(1)/\Phi(1+\cdot)$. It follows from the same argument based on the Tauberian theorem of de Haan and Stadtmüller that we used in the proof of Proposition 1.4, that

$$\mathbb{P}(g_\tau < \varepsilon) \asymp 1/\Phi(1/\varepsilon), \qquad (\varepsilon \to 0+). \tag{5.3}$$

Pick first $\rho > \underline{\mathrm{ind}}\,(\Phi)$, so (by (5.3)) there is a sequence of positive real numbers $\varepsilon_n \downarrow 0$ with $\lim_{n\to\infty} \varepsilon_n^{-\rho}\mathbb{P}(g_\tau < \varepsilon_n) = \infty$. It now follows from (5.2) that

$$\lim_{n\to\infty} \mathbb{P}\left(N_{\varepsilon_n}(\mathcal{R} \cap [0,\tau]) > \varepsilon_n^{-\rho}\right) = 0,$$

and this forces (by Fatou's lemma)

$$\liminf_{\varepsilon\to 0+} \frac{\log N_\varepsilon(\mathcal{R} \cap [0,\tau])}{\log 1/\varepsilon} \le \rho \qquad \text{a.s.}$$

We have thus proven the upper bound $\underline{\dim}_{\mathrm{B}}(\mathcal{R} \cap [0,t]) \le \underline{\mathrm{ind}}\,(\Phi)$ a.s.

To establish the converse lower bound, we may suppose that $\underline{\mathrm{ind}}(\Phi) > 0$ since otherwise there is nothing to prove. Then pick $0 < \rho < \underline{\mathrm{ind}}(\Phi)$ and note that the series $\sum 2^{n\rho}/\Phi(2^n)$ converges. We deduce from (5.2) and (5.3) that

$$\sum_{n=0}^{\infty} \mathbb{P}(N_{2^{-n}}(\mathcal{R} \cap [0,\tau]) \leq 2^{n\rho}) < \infty$$

so by the Borel-Cantelli lemma and an immediate argument of monotonicity

$$\liminf_{\varepsilon \to 0+} \frac{\log N_\varepsilon(\mathcal{R} \cap [0,\tau])}{\log 1/\varepsilon} \geq \rho \qquad \text{a.s.}$$

This shows that $\underline{\dim}_{\mathrm{B}}(\mathcal{R} \cap [0,t]) \geq \underline{\mathrm{ind}}(\Phi)$ a.s. ∎

5.1.2 Hausdorff and packing dimensions

Lower and upper box-counting dimensions are attractively simple notions which are rather easy to work with in practice. However they are not always relevant in discussing fractal dimension, due to the following fact (see Proposition 3.4 in [52]): The closure $\overline{F}$ of a set F has the same lower and upper box-counting dimensions as F. In particular, a countable dense subset of $[0,1]$ has box-dimension 1, which is a rather disappointing feature.

This motivated the definition of *modified box-counting dimensions* (see Falconer [52], section 3.3):

$$\begin{aligned}
\underline{\dim}_{\mathrm{MB}}(F) &= \inf\left\{\sup_i \underline{\dim}_{\mathrm{B}}(F_i) : F \subseteq \bigcup_{i=1}^{\infty} F_i\right\}, \\
\overline{\dim}_{\mathrm{MB}}(F) &= \inf\left\{\sup_i \overline{\dim}_{\mathrm{B}}(F_i) : F \subseteq \bigcup_{i=1}^{\infty} F_i\right\}.
\end{aligned}$$

It is clear that in general

$$\underline{\dim}_{\mathrm{MB}}(F) \leq \underline{\dim}_{\mathrm{B}}(F) \quad \text{and} \quad \overline{\dim}_{\mathrm{MB}}(F) \leq \overline{\dim}_{\mathrm{B}}(F),$$

and these inequalities can be strict. Nonetheless, the box dimension and its modified version always agree for regenerative sets.

Lemma 5.2 *We have a.s. for every* $t > 0$

$$\underline{\dim}_{\mathrm{B}}(\mathcal{R} \cap [0,t]) = \underline{\dim}_{\mathrm{MB}}(\mathcal{R} \cap [0,t]) \quad \textit{and} \quad \overline{\dim}_{\mathrm{B}}(\mathcal{R} \cap [0,t]) = \overline{\dim}_{\mathrm{MB}}(\mathcal{R} \cap [0,t]).$$

Proof: The random set $\mathcal{R} \cap [0,t]$ is compact and an immediate application of the Markov property shows that

$$\underline{\dim}_{\mathrm{B}}(\mathcal{R} \cap [0,t] \cap V) = \underline{\dim}_{\mathrm{B}}(\mathcal{R} \cap [0,t]) \quad , \quad \overline{\dim}_{\mathrm{B}}(\mathcal{R} \cap [0,t] \cap V) = \overline{\dim}_{\mathrm{B}}(\mathcal{R} \cap [0,t])$$

for all open sets V that intersect $\mathcal{R} \cap [0,t]$. Our claim follows from Proposition 3.6 in Falconer [52]. ∎

Taylor and Tricot [148] introduced the so-called *packing* dimension $\dim_{\mathrm{P}}$, which in fact coincides with the upper modified box-counting dimension $\overline{\dim}_{\mathrm{MB}}$; see Proposition 3.8 in [52]. Combining Lemma 5.2 and Theorem 5.1 thus identifies the packing dimension of a regenerative set with the upper index of its Laplace exponent, which is a special case of a general result of Taylor [147] on the packing dimension of the image of a Lévy process. We refer to Fristedt and Taylor [63] for further results on the packing measure of the range of a subordinator.

We next turn our attention to the so-called Hausdorff dimension; let us first briefly introduce this notion and refer to Rogers [133] for a complete account. Fix $\rho > 0$. For every subset $F \subseteq [0, \infty)$ and every $\varepsilon > 0$, denote by $\mathcal{C}(\varepsilon)$ the set of all the coverings $C = \{I_i, i \in \mathcal{I}\}$ of E with intervals I_i of length $|I_i| < \varepsilon$ (here $\mathcal{I}$ stands for a generic at most countable set of indices). Then introduce

$$m^\rho_\varepsilon(F) = \inf_{C \in \mathcal{C}(\varepsilon)} \sum_{i \in I} |I_i|^\rho .$$

Plainly $m^\rho_\varepsilon(F)$ increases as ε decreases to $0+$, and the limit is denoted by

$$m^\rho(F) = \lim_{\varepsilon > 0} \inf_{C \in \mathcal{C}(\varepsilon)} \sum_{i \in I} |I_i|^\rho \in [0, \infty].$$

It can be shown that the mapping $F \to m^\rho(F)$ defines a measure on Borel sets, called the ρ-dimensional Hausdorff measure. It should be clear that when F is fixed, the mapping $\rho \to m^\rho(F)$ decreases. Moreover, it is easy to see that if $m^\rho(F) = 0$ then $m^{\rho'}(F) = 0$ for every $\rho' > \rho$; and if $m^\rho(F) > 0$ then $m^{\rho'}(F) = \infty$ for every $\rho' < \rho$. The critical value

$$\dim_{\mathrm{H}}(F) = \sup\{\rho > 0 : m^\rho(F) < \infty\} = \inf\{\rho > 0 : m^\rho(F) = 0\},$$

is called the Hausdorff dimension of F. We now identify the Hausdorff dimension of $\mathcal{R}$ with the lower index of its Laplace exponent.

Corollary 5.3 (Horowitz [73]) *We have for every $t > 0$ $\dim_{\mathrm{H}}(\mathcal{R} \cap [0, t]) = \underline{\mathrm{ind}}\,(\Phi)$ a.s.*

Proof: The upper bound follows from Theorem 5.1, Lemma 5.2 and the obvious fact that

$$\dim_{\mathrm{H}}(F) \leq \underline{\dim}_{\mathrm{B}}(F)$$

for all bounded sets.

To prove the lower bound, we may suppose that $\underline{\mathrm{ind}}\,(\Phi) > 0$ since otherwise there is nothing to prove. The argument is based on the fact that the local time is a.s. Hölder-continuous with exponent ρ on every compact time interval, for every $\rho < \underline{\mathrm{ind}}\,(\Phi)$. To establish the latter assertion, note first by an application of the Markov property of σ at L_t that for every $p > 0$ and $s, t \geq 0$:

$$\mathbb{E}\left((L_{t+s} - L_t)^p\right) \leq \mathbb{E}(L_s^p) .$$

It follows that

$$\mathbb{E}\left((L_{t+s} - L_t)^p\right) \leq p \int_0^\infty x^{p-1} \mathbb{P}(L_s > x) dx = p \int_0^\infty x^{p-1} \mathbb{P}(\sigma_x \leq s) dx.$$

Using the obvious inequality

$$\mathbb{P}(\sigma_x \leq s) \leq e\,\mathbb{E}(\exp\{-s^{-1}\sigma_x\}) = \exp\{1 - x\Phi(s^{-1})\},$$

we get

$$\mathbb{E}\left((L_{t+s} - L_t)^p\right) \leq e\Gamma(p+1)\Phi(s^{-1})^{-p}.$$

The Hölder-continuity now derives from Kolmogorov's criterion and the very definition of the lower index.

Next, consider a covering of $\mathcal{R} \cap [0,t]$ by finitely many intervals $[a_0, b_0], \cdots, [a_n, b_n]$, where $a_0 \leq b_0 \leq \cdots \leq a_n \leq b_n$ (there is no loss of generality in focussing on finite coverages, because $\mathcal{R} \cap [0,t]$ is compact). Observe that $L_{b_{i-1}} = L_{a_i}$ for $i = 1, \cdots, n$. Since L is a.s. Hölder continuous with exponent ρ on $[0,1]$, we deduce that

$$\sum_{i=0}^{n} (b_i - a_i)^\rho \geq K \sum_{i=0}^{n} (L_{b_i} - L_{a_i}) = K L_{b_n} \geq K L_t > 0 \quad \text{a.s.}$$

where $K > 0$ is a certain random variable. This shows that the ρ-Hausdorff measure of $\mathcal{R} \cap [0,t]$ is positive a.s., so its Hausdorff dimension is at least ρ. ■

To summarize the main results of this section, there are two natural fractal dimensions -which may coincide- associated with a regenerative set. The lower dimension agrees both with the Hausdorff dimension and the lower (modified) box-counting dimension; it is given by the lower index of the Laplace exponent. The upper dimension agrees both with the packing dimension and the upper (modified) box-counting dimension; it is given by the upper index of the Laplace exponent.

There exist many further results in the literature about Hausdorff dimension and subordinators; see section III.5 in [11] and [58] and references therein. To this end, we also recall that Fristedt and Pruitt [61] have been able to specify the exact Hausdorff measure of the range; which provides a remarkable refinement of the result of Horowitz. In a different direction, the multifractal structure of the occupation measure of a stable subordinator has been recently considered by Hu and Taylor [78].

5.2 Intersections with a regenerative set

5.2.1 Equilibrium measure and capacity

We are concerned with the probability that a regenerative set $\mathcal{R}$ intersects a given (deterministic) Borel set B. As $\mathcal{R}$ only differs from $\{\sigma_t : t > 0\}$, the set of points that are visited by the subordinator σ, by at most countably many points, it is readily seen that

$$\mathbb{P}(\mathcal{R} \cap B \neq \emptyset) = \mathbb{P}(\sigma_t \in B \text{ for some } t > 0)\,.$$

This connection enables us to investigate the left-hand-side using the classical potential theory for Markov processes; see Chapter VI in Blumenthal and Getoor [23], Berg and Forst [6], and the references therein. To this end, it will be convenient to use the notation $\mathbb{P}^x$ for the law of the subordinator started from $x \in \mathbb{R}$, viz. the distribution of $x + \sigma$ under $\mathbb{P} = \mathbb{P}^0$.

For the sake of simplicity, we will assume that the renewal measure is absolutely continuous and that there is a version of the renewal density that is continuous on $(0, \infty)$. As a matter of fact, the results of this section hold more generally under the sole assumption of absolute continuity for the renewal measure; the continuity hypothesis for the renewal density just enables us to circumvent some technical difficulties inherent to the general case. The probability that a bounded Borel set B is hit by σ can be expressed in terms of renewal densities and the so-called equilibrium measure of B as follows (cf. Theorem VI(2.8) in [23]).

Proposition 5.4 *Suppose that U is absolutely continuous with a continuous density on $(0,\infty)$, and write $u(t)$ for the version of $U(dt)/dt$ such that $u \equiv 0$ on $(-\infty, 0]$ and u is continuous on $(0,\infty)$. Let $B \subseteq (-\infty,\infty)$ be a bounded Borel set. There is a Radon measure μ_B, called the equilibrium measure of B, with* $\mathrm{Supp}\mu_B \subseteq \overline{B}$, *and such that for every $x \in (-\infty,\infty)$*

$$\mathbb{P}^x(\sigma_t \in B \text{ for some } t > 0) = \int_{(-\infty,\infty)} u(y-x)\mu_B(dy).$$

Proof: The argument is a variation of that of Chung (cf. Chapter 5 in [35]). Fix x and introduce the last-passage time in B,

$$\gamma = \sup\{t > 0 : \sigma_t \in B\},$$

and note that $\sigma_{\gamma-} \in \overline{B}$ whenever $0 < \gamma < \infty$. Then consider for every $\varepsilon > 0$ and every bounded continuous function $f : \mathbb{R} \to [0,\infty)$ the quantity

$$I(\varepsilon) = \varepsilon^{-1}\mathbb{E}^x\left(\int_0^\infty f(\sigma_t)\mathbf{1}_{\{\gamma\in(t,t+\varepsilon)\}}dt\right).$$

The continuity of f and the identity

$$I(\varepsilon) = \mathbb{E}^x\left(\varepsilon^{-1}\int_{(\gamma-\varepsilon)^+}^{\gamma} f(\sigma_t)dt\right)$$

make clear that

$$\lim_{\varepsilon\to0+} I(\varepsilon) = \mathbb{E}^x\left(f(\sigma_{\gamma-}), 0 < \gamma < \infty\right). \tag{5.4}$$

On the other hand, an application of the Markov property shows that

$$I(\varepsilon) = \mathbb{E}^x\left(\int_0^\infty f(\sigma_t)\varepsilon^{-1}\psi_\varepsilon(\sigma_t)dt\right) = \int_{-\infty}^\infty f(y)u(y-x)\varepsilon^{-1}\psi_\varepsilon(y)dy, \tag{5.5}$$

with $\psi_\varepsilon(y) = \mathbb{P}^y(0 < \gamma < \varepsilon)$.

It is readily seen from the resolvent equation (cf. [11] on page 23) that u is positive on $(0,\infty)$. First take the function f in the form

$$f(y) = \begin{cases} g(y)/u(y-x) & \text{if } y > x \\ 0 & \text{otherwise} \end{cases}$$

where g is a continuous function. As x is arbitrary, we see from (5.4) and (5.5) that the measure $\varepsilon^{-1}\psi_\varepsilon(y)dy$ converges weakly towards some Radon measure, say μ_B. We then deduce that

$$\mathbb{P}^x(\sigma_{\gamma-} \in dy, 0 < \gamma < \infty) = u(y-x)\mu_B(dy)$$

(recall that u is continuous except at 0 and that $u(0) = 0$). In particular μ_B has support in $\overline{B}$ and

$$\mathbb{P}^x(\sigma_t \in B \text{ for some } t > 0) = \mathbb{P}^x(0 < \gamma < \infty) = \int_{-\infty}^{\infty} u(y-x)\mu_B(dy),$$

which establishes our claim. ■

The total mass of the equilibrium measure is called the capacity of B, and is denoted by

$$\mathrm{Cap}(B) = \mu_B(\mathbb{R}) = \mu_B(\overline{B}).$$

The set B is called polar if it has zero capacity, i.e. its equilibrium measure is trivial. We see from Proposition 5.4 that B is polar if and only if for every starting point $x \in \mathbb{R}$, the subordinator σ never visits B at any positive instant. The capacity can also be expressed as

$$\mathrm{Cap}(B) = \sup\left\{\mu(\mathbb{R}) : \mu(\mathbb{R} - B) = 0 \text{ and } \int_{\mathbb{R}} u(x-y)\mu(dy) \le 1\right\},$$

see Blumenthal and Getoor [23] on page 286. As an immediate consequence, one obtains the following characterization of Borel sets $B \subseteq (0,\infty)$ that do not intersect a regenerative set $\mathcal{R}$:

$$\mathbb{P}(B \cap \mathcal{R} = \emptyset) = 1 \iff \sup_{x\in\mathbb{R}} U\mu(x) = \infty \quad \forall\mu \text{ probability measure with } \mu(B) = 1, \tag{5.6}$$

where $U\mu(x) = \int u(y-x)\mu(dy)$.

5.2.2 Dimension criteria

The preceding characterization of polar sets is not always easy to apply, as it requires precise information on the renewal density. Our purpose in this section is to present more handy criteria in terms of the Hausdorff dimension (recall section 2.3). We refer to Hawkes [70] for further results connecting the polarity of sets and Hausdorff measures.

In order to present a simple test for non-intersection, we need first to estimate the probability that $\mathcal{R}$ intersects a given interval.

Lemma 5.5 *The following bounds hold for every* $0 < a < b$

$$\frac{U(b)-U(a)}{U(b-a)} \le \mathbb{P}(\mathcal{R} \cap [a,b] \ne \emptyset) \le \frac{U(2b-a)-U(a)}{U(b-a)}.$$

Proof: Applying the Markov property at $D_a = \inf\{x > a : x \in \mathcal{R}\} = \sigma_{L_a}$, we get

$$\begin{aligned} U(b) - U(a) = \mathbb{E}\left(\int_{L_a}^{\infty} \mathbf{1}_{\{\sigma_t \in (a,b]\}} dt\right) &= \int_{[a,b]} \mathbb{P}(\sigma_{L_a} \in dx) \mathbb{E}\left(\int_0^{\infty} \mathbf{1}_{\{\sigma_t \in (a-x, b-x]\}} dt\right) \\ &= \int_{[a,b]} \mathbb{P}(D_a \in dx) U(b-x) \\ &\leq \mathbb{P}(D_a \leq b) U(b-a). \end{aligned}$$

Since the events $\{D_a \leq b\}$ and $\{\mathcal{R} \cap (a,b] \neq \emptyset\}$ coincide, the lower bound is proven.

A similar argument yields the upper-bound. More precisely

$$\begin{aligned} U(2b-a) - U(a) &= \int_{[a,2b-a]} \mathbb{P}(D_a \in dx) U(2b-a-x) \\ &\geq \int_{[a,b]} \mathbb{P}(D_a \in dx) U(2b-a-x) \geq \mathbb{P}(D_a \leq b) U(b-a). \end{aligned}$$

This entails

$$\mathbb{P}(\mathcal{R} \cap (a,b] \neq \emptyset) \leq \frac{U(2b-a) - U(a)}{U(b-a)},$$

and since the renewal function is continuous, our claim follows. ∎

Proposition 5.6 (Orey [123]) *Suppose that the renewal measure has a locally bounded density u on $(0,\infty)$. Let $B \subseteq (0,\infty)$ with $\dim_{\mathrm{H}}(B) < 1 - \overline{\mathrm{ind}}(\Phi)$. Then $\mathcal{R} \cap B = \emptyset$ a.s.*

Proof: As $\dim_{\mathrm{H}}(B) < 1 - \overline{\mathrm{ind}}(\Phi)$, there is $\rho < 1 - \overline{\mathrm{ind}}(\Phi)$ such that the ρ-dimensional Hausdorff measure of B is zero. This means that for every $\varepsilon > 0$, one can cover B with a family of intervals $([a_i, b_i] : i \in \mathcal{I})$ such that

$$\sum_{i \in I} |b_i - a_i|^{\rho} \leq \varepsilon. \tag{5.7}$$

We then invoke Lemma 5.5 to get

$$\mathbb{P}(\mathcal{R} \cap B \neq \emptyset) \leq \sum_{\mathcal{I}} \mathbb{P}(\mathcal{R} \cap [a_i, b_i] \neq \emptyset) \leq \sum_{\mathcal{I}} \frac{U(2b_i - a_i) - U(a_i)}{U(b_i - a_i)}.$$

With no loss of generality, we may (and will) suppose that for some $c > 1$, $1/c \leq a_i < b_i \leq c$ for every i. As U is Lipschitz-continuous on $[1/c, 2c]$, the right-hand side in the ultimate displayed equation is less than or equal to

$$M \sum_{\mathcal{I}} \frac{b_i - a_i}{U(b_i - a_i)}$$

for some finite constant number M.

By Proposition 1.4, we know that there is a constant number $k > 0$ such that $1/U(t) \leq k\Phi(1/t)$. The very definition of the upper index entails that $\Phi(1/t) = o(t^{\rho-1})$. We conclude that

$$\mathbb{P}(\mathcal{R} \cap B \neq \emptyset) \leq C \sum_{i \in I} |b_i - a_i|^{\rho},$$

and by (5.7), the right-hand side can be made as small as we wish. ∎

We then give a test for intersection with positive probability.

Proposition 5.7 (Hawkes [70]) *Suppose that the renewal measure has a decreasing density u on $(0,\infty)$ with respect to the Lebesgue measure. Let $B \subseteq (0,\infty)$ with* $\dim_{\mathrm{H}}(B) > 1 - \underline{\mathrm{ind}}(\Phi)$. *Then* $\mathbb{P}(\mathcal{R}\cap B \neq \emptyset) > 0$.

Proposition 5.7 follows from (5.6) and the following variation of Frostman's lemma.

Lemma 5.8 *Under the hypotheses of Proposition 5.7, there is a probability measure μ with compact support $K \subseteq B$ such that $\mu * u$ is a bounded function.*

Proof: Pick ρ strictly between $1 - \underline{\mathrm{ind}}(\Phi)$ and $\dim_{\mathrm{H}}(B)$. According to Frostman's lemma (see e.g. Theorem 4.13 in [52] and its proof), there is a probability measure μ with compact support $K \subseteq B$ such that

$$\sup_{x\geq 0}\int_{[0,\infty)} |y-x|^{-\rho}\mu(dy) < \infty .$$

Applying Proposition 1.4 and the hypothesis that the renewal density u decreases, we get

$$u(t) \leq \frac{U(t)}{t} \leq \frac{c}{t\Phi(1/t)} .$$

On the other hand, we know from the very definition of the lower index that $\Phi(1/t)$ is bounded from below by $t^{\rho-1}$ for all small enough $t > 0$. In conclusion $u(t) = O(t^{-\rho})$ and our claim follows. ∎

We point out that, since the Laplace transform of the renewal measure is $1/\Phi$, the renewal density exists and is decreasing if and only if $\lambda/\Phi(\lambda)$ is the Laplace exponent of some subordinator (this is seen by an integration by parts), and then Propositions 5.6 and 5.7 are relevant. For instance, recall that the zero set of a d-dimensional Bessel process ($0 < d < 2$) can be viewed as the range of a stable subordinator with index $1 - d/2$. We deduce that a d-dimensional Bessel process never vanishes a.s. on a time-set $B \subseteq (0,\infty)$ with Hausdorff dimension strictly less than $d/2$, whereas it vanishes with positive probability on a time-set with Hausdorff dimension strictly greater than $d/2$.

5.2.3 Intersection of independent regenerative sets

We finally consider the intersection of two independent regenerative sets, say $\mathcal{R}^{(1)}$ and $\mathcal{R}^{(2)}$. It should be clear that the closed random set $\mathcal{R} = \mathcal{R}^{(1)} \cap \mathcal{R}^{(2)}$ inherits the regenerative property, and our main concern is then to characterize its distribution.

The case when both $\mathcal{R}^{(1)}$ and $\mathcal{R}^{(2)}$ are heavy is straightforward. Specifically, write $\mathrm{d}^{(1)}$ and $\mathrm{d}^{(2)}$ for the positive drift coefficients of $\mathcal{R}^{(1)}$ and $\mathcal{R}^{(2)}$, respectively, and recall that the renewal densities $u^{(1)}$ and $u^{(2)}$ are continuous and positive on $[0,\infty)$ (cf. Proposition 1.9). Because $\mathcal{R}^{(1)}$ and $\mathcal{R}^{(2)}$ are independent, we have for every $x \geq 0$

$$\mathbb{P}(x \in \mathcal{R}) = \mathbb{P}\left(x \in \mathcal{R}^{(1)}\right)\mathbb{P}\left(x \in \mathcal{R}^{(2)}\right) = \mathrm{d}^{(1)}\mathrm{d}^{(2)}u^{(1)}(x)u^{(2)}(x).$$

The right-hand side is a continuous everywhere positive function of x; we conclude by an application of Proposition 1.9 that $\mathcal{R}$ is a heavy regenerative set whose renewal density is proportional to $u^{(1)}u^{(2)}$. We present below a more general result.

Proposition 5.9 (Hawkes [71]) *Let $\mathcal{R}^{(1)}$ and $\mathcal{R}^{(2)}$ be two independent regenerative sets and $\mathcal{R} = \mathcal{R}^{(1)} \cap \mathcal{R}^{(2)}$. Suppose that $\mathcal{R}^{(1)}$ and $\mathcal{R}^{(2)}$ both possess renewal densities $u^{(1)}$ and $u^{(2)}$ which are continuous and positive on $(0,\infty)$, and that $\mathcal{R}$ does not reduce to $\{0\}$ a.s. Then $\mathcal{R}$ has a renewal density given by $u = cu^{(1)}u^{(2)}$, where $c > 0$ the constant of normalization.*

Proof: The idea of the proof is the same as for Proposition 5.4. We assume first that $\mathcal{R}^{(1)}$ is bounded, and hence so is $\mathcal{R}$. Introduce the last passage times

$$\gamma^{(1)} = \sup\{t > 0 : \sigma_t^{(1)} \in \mathcal{R}^{(2)}\} \quad , \quad \gamma^{(2)} = \sup\{t > 0 : \sigma_t^{(2)} \in \mathcal{R}^{(1)}\}$$

which are positive and finite by assumption. Note also that the largest point of $\mathcal{R}$ can be expressed as the common value $g_\infty = \sigma^{(1)}\left(\gamma^{(1)}-\right) = \sigma^{(2)}\left(\gamma^{(2)}-\right)$. Take a bounded continuous function $f : [0,\infty) \times [0,\infty) \to [0,\infty)$, and consider for every $\varepsilon > 0$ the quantity

$$I(\varepsilon) = \mathbb{E}\left(\varepsilon^{-2}\int_0^\infty ds \int_0^\infty dt f\left(\sigma_s^{(1)},\sigma_t^{(2)}\right)\mathbf{1}_{\{\gamma^{(1)}\in(s,s+\varepsilon),\gamma^{(2)}\in(t,t+\varepsilon)\}}\right).$$

On the one hand, we can write $I(\varepsilon)$ as

$$\mathbb{E}\left(\varepsilon^{-2}\int_{\gamma^{(1)}-\varepsilon}^{\gamma^{(1)}} ds \int_{\gamma^{(2)}-\varepsilon}^{\gamma^{(2)}} dt f\left(\sigma_s^{(1)},\sigma_t^{(2)}\right)\right)$$

and then apply the theorem of dominated convergence to get

$$\lim_{\varepsilon\to 0+} I(\varepsilon) = \mathbb{E}\left(f(g_\infty, g_\infty)\right). \tag{5.8}$$

On the other hand, taking conditional expectation (i.e. an optional projection) yields

$$I(\varepsilon) = \mathbb{E}\left(\varepsilon^{-2}\int_0^\infty ds \int_0^\infty dt f\left(\sigma_s^{(1)},\sigma_t^{(2)}\right)Y_{s,t}\right),$$

with $Y_{s,t} = \mathbb{P}\left(\gamma^{(1)} \in (s,s+\varepsilon), \gamma^{(2)} \in (t,t+\varepsilon) \mid \mathcal{F}_s^{(1)} \otimes \mathcal{F}_t^{(2)}\right)$. An application of the Markov property shows that

$$Y_{s,t} = \psi_\varepsilon(\sigma_s^{(1)} - \sigma_t^{(2)})$$

where $\psi_\varepsilon(y)$ denotes the probability that the random sets

$$\left\{v > 0 : \sigma_v^{(1)} + y \in \mathcal{R}^{(2)}\right\} \quad \text{and} \quad \left\{v \geq 0 : \sigma_v^{(2)} - y \in \mathcal{R}^{(1)}\right\}$$

are both non-empty and contained into $(0,\varepsilon)$. We thus have

$$\begin{aligned} I(\varepsilon) &= \mathbb{E}\left(\varepsilon^{-2}\int_0^\infty ds \int_0^\infty dt f\left(\sigma_s^{(1)},\sigma_t^{(2)}\right)\psi_\varepsilon(\sigma_s^{(1)}-\sigma_t^{(2)})\right) \\ &= \int_0^\infty \int_0^\infty f(y,z)u^{(1)}(y)u^{(2)}(z)\varepsilon^{-2}\psi_\varepsilon(y-z)dydz\,. \end{aligned} \tag{5.9}$$

Next, take the function f in the form

$$f(y,z) = \frac{h(y-z)}{u^{(1)}(y)u^{(2)}(z)}\varphi(y)\varphi(z)$$

where $h:(-\infty,\infty)\to[0,\infty)$ is a continuous bounded function and φ a continuous function with compact support included into $(0,\infty)$. We deduce from (5.8) and (5.9) that the measure $\varepsilon^{-2}\psi_\varepsilon(x)dx$ converges weakly as $\varepsilon\to 0+$ towards $c\delta_0$ for some $c>0$. Finally take f in the form $f(y,z)=f(z)$ to get

$$\mathbb{P}(g_\infty\in dt) = cu^{(1)}(t)u^{(2)}(t)dt\,.$$

The comparison with Lemma 1.10 entails that the renewal measure $U(dt)$ of $\mathcal{R}$ is absolutely continuous with a density proportional to $u^{(1)}u^{(2)}$.

Proposition 5.9 is thus proven when $\mathcal{R}^{(1)}$ is bounded. The case when $\mathcal{R}^{(1)}$ is unbounded follows by approximation, introducing a small killing rate in $\sigma^{(1)}$. ■

To apply Proposition 5.9, it is crucial to know whether $\mathcal{R}^{(1)}\cap\mathcal{R}^{(2)} = \{0\}$ a.s. Because a renewal measure is a Radon measure on $[0,\infty)$, Proposition 5.9 entails that if $\mathcal{R}^{(1)}$ and $\mathcal{R}^{(2)}$ both possess renewal densities $u^{(1)}$ and $u^{(2)}$ which are continuous and positive on $(0,\infty)$, then

$$\int_{0+} u^{(1)}(x)u^{(2)}(x)dx = \infty \Longrightarrow \mathcal{R}^{(1)}\cap\mathcal{R}^{(2)} = \{0\} \quad \text{a.s.}$$

By a recent result in [16], the necessary and sufficient condition for $\mathcal{R}^{(1)}\cap\mathcal{R}^{(2)}=\{0\}$ a.s. is that the convolution $u^{(1)}\star u^{(2)}$ is unbounded. I know no examples in which $u^{(1)}\star u^{(2)}$ is unbounded and $\int_{0+}u^{(1)}(x)u^{(2)}(x)dx<\infty$. See also Evans [51], Rogers [135] and Fitzsimmons and Salisbury [56] for results in that direction.

The problem of characterizing the distribution of the intersection of two independent regenerative sets in the general case seems still open. We refer to [16] for the most recent results, and to Hawkes [71], Fitzsimmons *et al.* [54], Fristedt [60] and Molchanov [120] other works this topic. See also [14] for another geometric problem on regenerative sets involving the notion of embedding, which is connected to the preceding.

Chapter 6

Burgers equation with Brownian initial velocity

This chapter is adapted from [15]; its purpose is to point out an interesting connection between the inviscid Burgers equation with Brownian initial velocity and certain subordinators. Applications to statistical properties of the solution are discussed.

6.1 Burgers equation and the Hopf-Cole solution

Burgers equation with viscosity parameter $\varepsilon > 0$

$$\partial_t u + \partial_x \left(u^2/2\right) = \varepsilon \partial^2_{xx} u \tag{6.1}$$

has been introduced by Burgers as a model of hydrodynamic turbulence, where the solution $u_\varepsilon(x,t)$ is meant to describe the velocity of a fluid particle located at x at time t. Although it is now known that this is not a good model for turbulence, it still is widely used in physical problems as a simplified version of more elaborate models (e.g. the Navier-Stokes equation). A most important feature of (6.1) is that it is one of the very few non-linear equations that can be solved explicitly. Specifically, Hopf [75] and Cole [37] observed that applying the transformation $\gamma = 2\varepsilon \log g$ to the potential function γ given by $\partial_x \gamma = -u_\varepsilon$, yields the heat equation $\partial_t g = \varepsilon \partial^2_{xx} g$. This enables one to determine g and hence u_ε.

The asymptotic behaviour of the solution u_ε of (6.1) as ε tends to 0 is an interesting question. Roughly, u_ε converges to a certain function $u_0 = u$, which provides a (weak) solution of the inviscid limit equation

$$\partial_t u + \partial_x \left(u^2/2\right) = 0\,. \tag{6.2}$$

More precisely, u can be expressed implicitly in terms of the initial velocity $u(\cdot,0)$ as follows (cf. Hopf [75], and also [142] and [140] for a brief account). Under simple conditions such as $u(\cdot,0) = 0$ on $(-\infty,0)$ and $\liminf_{x\to\infty} u(x,0)/x \geq 0$, the function

$$s \to \int_0^s (tu(r,0) + r - x)dr \tag{6.3}$$

tends to ∞ as $s \to \infty$, for every $x \geq 0$ and $t > 0$. We then denote by $a(x,t)$ the largest location of the overall minimum of (6.3). The mapping $x \to a(x,t)$ is right-continuous increasing; it is known as the *inverse Lagrangian function.* The Hopf-Cole solution to (6.2) is given by

$$u(x,t) = \frac{x - a(x,t)}{t}. \qquad (6.4)$$

6.2 Brownian initial velocity

Sinai [140] and She *et al.* [142] have considered the inviscid Burgers equation when the initial velocity is given by a Brownian motion; see also Carraro-Duchon [33] where (6.2) is understood in some weak statistical sense. More precisely

$$u(\cdot,0) = 0 \text{ on } (-\infty,0], \text{ and } (u(x,0), x \geq 0) \quad \text{is a Brownian motion} \qquad (6.5)$$

is enforced from now on. Our main purpose is to point out that for each fixed $t > 0$, the inverse Lagrangian function is then a subordinator; here is the precise statement.

Theorem 6.1 *For each fixed $t > 0$, the process $(a(x,t) : x \geq 0)$ is a subordinator started from $a(0,t)$. Its Laplace exponent Φ is given by*

$$\Phi(q) = \frac{\sqrt{2t^2q+1} - 1}{t^2}.$$

In other words, $(a(x,t) - a(0,t) : x \geq 0)$ has the same distribution as the first passage process of a Brownian motion with variance t^2 and unit drift.

One can prove that the random variable $a(0,t)$ has a gamma distribution, which completes the description of the law of the inverse Lagrangian function. As this is not relevant to the applications we have in mind, we omit the proof and refer to [15] for an argument (see also Lachal [105] for the law of further variables related to $a(0,t)$).

Theorem 6.1 has several interesting consequences; we now briefly present a few, and refer to [18] for some further applications connected to the multifractal spectrum of the solution (see also Jaffard [86]).

The discontinuities of the Eulerian velocity u are a major object of interest. Call $x > 0$ an Eulerian regular point if u is continuous at x, and an Eulerian shock point otherwise. In the latter case the amplitude of the jump $u(x,t) - u(x-,t)$ is necessarily negative (see (6.4) and Theorem 6.1); from the viewpoint of hydrodynamic turbulence, it corresponds to the velocity of the fluid particle absorbed into the shock. For each fixed $t > 0$, let us write

$$\Delta(t) = (a(x,t) - a(x-,t), x \geq 0)$$

for the process of the jumps of the inverse Lagrangian function taken at time t, and recall from (6.4) that $u(x,t) - u(x-,t) = -\frac{1}{t}\Delta_x(t)$.

Proposition 1.3 and the Lévy-Khintchine formula

$$\sqrt{2q+1} - 1 = \frac{1}{\sqrt{2\pi}} \int_0^\infty \left(1 - e^{-qy}\right) y^{-3/2} \exp\{-y/2\}\, dy$$

yield the following statistical description of the shocks.

Corollary 6.2 *For each fixed $t > 0$, $\Delta(t)$ is a Poisson point process valued in $(0,\infty)$ with characteristic measure*

$$\frac{1}{t\sqrt{2\pi y^3}} \exp\left\{-\frac{y}{2t^2}\right\} dy \qquad (y > 0).$$

Next, we turn our attention to the fractal properties of the so-called *Lagrangian regular points*, that are the points $y \geq 0$ for which there exists some $x \geq 0$ such that the function (6.3) reaches its overall minimum at $y = a(x,t)$ and nowhere else. A moment of reflection shows that the set $\mathcal{R}_c$ of Lagrangian regular points can be viewed as the range of the inverse Lagrangian function on its continuity set, i.e.

$$\mathcal{R}_c = \{a(x,t) : x \geq 0 \text{ regular Eulerian point }\}.$$

As $\mathcal{R}_c$ only differs from the range of $a(\cdot,t)$ by at most countably many points, we thus obtain as an immediate application of section 5.1 the following.

Corollary 6.3 *The Hausdorff dimension and the packing dimension of $\mathcal{R}_c$ both equal $1/2$ a.s.*

That the Hausdorff dimension of $\mathcal{R}_c$ is $1/2$ was the main result of Sinai [140]; see also Aspandiiarov and Le Gall [1].

Finally, we mention that Theorems 4.1 and 4.5 respectively yield the law of the iterated logarithm and the modulus of continuity of the *Lagrangian function* $a \to x(a,t)$, that is the inverse of the function $x \to a(x,t)$; the precise statements are left to the reader. The relevance of the Lagrangian function in hydrodynamic turbulence stems from the fact that it can be viewed as the position at time t of the fluid particle started from the location a. This can be seen from the identity $\partial_t x(a,t) = u(x(a,t),t)$ that follows easily from (6.4) and (6.2).

6.3 Proof of the theorem

Let Ω denote the set of càdlàg paths $\omega : [0,\infty) \to \mathbb{R}\cup\{\infty\}$ such that $\lim_{s\to\infty} \omega(s) = \infty$; we write $X_s : \omega \to \omega(s)$ for the canonical projections. Consider also the shift operators $(\theta_s : s \geq 0)$ and the killing operators $(\mathbf{k}_s : s \geq 0)$

$$X_r \circ \theta_s = X_{r+s} \quad , \quad X_r \circ \mathbf{k}_s = \begin{cases} X_r & \text{if } r < s \\ \infty & \text{otherwise} \end{cases}$$

For every $x \in \mathbb{R}$, let $\mathbb{P}^x$ stand for the law of the Brownian motion with variance t^2 and unit drift started at x, which is viewed as a probability measure on Ω. We next introduce the indefinite integral of X

$$I_s = \int_0^s X_r dr\,, \qquad s \geq 0,$$

its past-minimum function

$$m_s = \min_{0\leq r\leq s} I_r\,, \qquad s \geq 0,$$

and the largest location of the overall minimum of I

$$a = \max\{s \geq 0 : I_s = m_\infty\}.$$

Plainly, a is not a stopping time. Nonetheless, there is a Markov type property at a which is a special case of the so-called the Markov property at last passage times, and this provides the key to the proof of Theorem 6.1.

Lemma 6.4 *For every $x \geq 0$, the processes $X \circ \mathbf{k}_a$ and $X \circ \theta_a$ are independent under $\mathbb{P}^{-x}$, and the law of $X \circ \theta_a$ does not depend on x.*

Proof: The proof is based on the fact that, loosely speaking, splitting the path of a Markov process at its last passage time at a given point produces two independent processes; and more precisely, the law of the part after the last passage time does not depend of the initial distribution of the Markov process. We refer to [44] on pages 299-300 and the related references quoted therein for a precise and much more general statement.

Consider the integral process reflected at its past minimum, $I - m$. The additive property of the integral $I_{s+r} = I_s + I_r \circ \theta_s$ and the strong Markov property of Brownian motion readily entail that the pair $(X, I - m)$ is a strong Markov process; see the proof of Proposition VI.1 in [11] for a closely related argument. On the other hand, it should be clear that for every $x \geq 0$, we have $a < \infty$ and $X_a = 0$, $\mathbb{P}^{-x}$-a.s. In particular a can be viewed as the last passage time of $(X, I - m)$ at $(0,0)$, and it now follows from the aforementioned Markov property at last-passage times that the processes $(X, I - m) \circ \mathbf{k}_a$ and $(X, I - m) \circ \theta_a$ are independent and that the law of the latter does not depend on x. This establishes our claim. ■

We are now able to prove Theorem 6.1.

Proof: Fix $x \geq 0$ and $t > 0$. We know from (6.5) that $(tu(s,0) + s - x : s \geq 0)$ is a Brownian motion with variance t^2 and unit drift started at $-x$; it has the law of $X = (X_s : s \geq 0)$ under $\mathbb{P}^{-x}$. In this framework, we can make the following identifications: The function (6.3) coincides with the integral $s \to I_s$, and the inverse Lagrangian function evaluated at x is simply $a(x,t) = a$. Moreover, it is readily seen that for every $0 \leq z \leq x$, $a(z,t)$ only depends on the killed path $X \circ \mathbf{k}_a$.

Write $X' = X \circ \theta_a$, $I'_s = \int_0^s X'_r dr$, and for $y \geq 0$, $a'(y,t)$ for the largest location of the overall minimum of $s \to I'_s - ys$. We then observe the identity

$$a(x+y,t) - a = a'(y,t). \tag{6.6}$$

More precisely, $a(x+y,t)$ is the largest location of the overall minimum of $s \to I_s - sy$. This location is bounded from below by $a(x,t) = a$, so that $a(x+y,t) - a$ is the largest location of the overall minimum of $s \to I_{a+s} - (a+s)y$. Because $I_{a+s} = I_a + I'_s$, (6.6) follows.

According to Lemma 6.4, X' and $X \circ \mathbf{k}_a$ are independent. We deduce from (6.6) that the increment $a(x+y,t) - a(x,t)$ is independent of $(a(z,t) : 0 \leq z \leq x)$. Because the law of X' does not depend on x, the same holds for $a'(y,t) = a(x+y,t) - a(x,t)$.

We have thus proven the independence and homogeneity of the increments of the inverse Lagrangian function.

Next, introduce $T = \min\{s \geq 0 : X_s = 0\}$, the first hitting time of 0 by X. By the strong Markov property, $\tilde{X} = X \circ \theta_T$ is independent of $X \circ \mathbf{k}_T$ and has the law $\mathbb{P}^0$. The very same argument as above shows that

$$a(x,t) = T + \tilde{a}(0,t) \tag{6.7}$$

where $\tilde{a}(0,t)$ stands for the largest location of the minimum of $s \to \tilde{I}_s = \int_0^s \tilde{X}_r dr$. Because $\tilde{a}(0,t)$ is independent of T and has the same law as $a(0,t)$, the decompositions $a(x,t) = (a(x,t) - a(0,t)) + a(0,t)$ and (6.7), and the independence of the increments property show that T and $a(x,t) - a(0,t)$ have the same law. In other words, the process $(a(x,t) - a(0,t) : x \geq 0)$ has the same one-dimensional distributions as the first passage process $(T_x : x \geq 0)$ of a Brownian motion with variance t^2 and unit drift started at zero. Because both have independent and homogeneous increments, we conclude that these two processes have the same law.

Finally, the assertion that the Laplace exponent of the first passage process of a Brownian motion with variance t^2 and unit drift is given by $\Phi(q) = t^{-2}\left(\sqrt{2t^2q+1} - 1\right)$ is well-known; see e.g. Formula 2.0.1 on page 223 in Borodin and Salmimen [26].

■

Chapter 7

Random covering

We consider the closed subset $\mathcal{R}$ of the nonnegative half-line left uncovered by a family of random open intervals formed from a Poisson point process. This set is regenerative; one can express its Laplace exponent in terms of the characteristic measure of the Poisson point process. This enables us to determine the cases when $\mathcal{R}$ is degenerate, or bounded, or light, and also to specify its fractal dimensions. The approach relies on the correspondence between regenerative sets and subordinators.

7.1 Setting

Consider a Poisson point process $\ell = (\ell_t, t \geq 0)$ taking values in the positive half-line $(0,\infty)$; let μ denote its characteristic measure. This means that if $(\mathcal{M}_t)_{t\geq 0}$ stands for the completed natural filtration generated by ℓ, then for every Borel set $B \subseteq [0,\infty)$, the counting process $\mathrm{Card}\{0 \leq s \leq t : \ell_s \in B\}$, $t \geq 0$, is an $(\mathcal{M}_t)$-Poisson process with intensity $\mu(B)$. Recall that this implies that to disjoint Borel sets correspond independent Poisson processes.

We associate to each $t \geq 0$ the open interval $I_t = (t, t+\ell_t)$ (of course, there are only a countable numbers of times when $\ell_t \in (0,\infty)$, so there are countably many non-empty intervals). We then consider the closed set of points in $[0,\infty)$ which are left uncovered by these random intervals:

$$\mathcal{R} = [0,\infty) - \bigcup_{t\geq 0} I_t .$$

For short, we will refer to $\mathcal{R}$ as the uncovered set in the sequel. If $\mu((\varepsilon,\infty)) = \infty$ for some $\varepsilon > 0$, then the set $\{t : \ell_t > \varepsilon\}$ is everywhere dense a.s., and it follows that $\mathcal{R} = \{0\}$ a.s. This trivial case is henceforth excluded, and we denote by $\overline{\mu}(x) = \mu((x,\infty))$, $x > 0$, the tail of μ.

The problem of finding a necessary and sufficient condition for $\mathcal{R}$ to reduce to $\{0\}$, was raised by Mandelbrot [113] and solved by Shepp [143]. Previously, Dvoretzky asked a closely related question on covering the circle with random arcs; see chapter 11 in Kahane [91] for further references on this topic. To tackle this question, we will follow a method due to Fitzsimmons, Fristedt and Shepp [55], which also enables us to settle many other natural questions about $\mathcal{R}$. The approach relies on the following intuitively obvious observation:

Lemma 7.1 *If 0 is not isolated in $\mathcal{R}$ a.s., then $\mathcal{R}$ is a perfect regenerative set.*

Proof: We first verify that the uncovered set is progressively measurable. Take any $0 < s < t$ and note that

$$[s,t] \subseteq \bigcup_{v\geq 0} I_v \iff [s,t] \subseteq \bigcup_{0\leq v\leq t,\, \ell_v > 1/n} I_v \quad \text{for some large enough } n\,.$$

Indeed, the interval I_v does not intersect $[s,t]$ for $v \geq t$; and from any cover of $[s,t]$ by a family of open intervals, we can extract a cover by a finite sub-family. Next, fix an integer n. The Poisson point process ℓ restricted to $(1/n, \infty)$ is discrete (since $\overline{\mu}(1/n) < \infty$); and it can be easily deduced that the event

$$\{[s,t] \text{ is covered by } (I_v : \ell_v > 1/n \text{ and } 0 \leq v \leq t)\}$$

is $\mathcal{M}_t$-measurable. Hence, the event $\{[s,t]$ is covered by $(I_v, v \geq 0)\}$ is also $\mathcal{M}_t$-measurable. Writing $G_t = g_{t+} = \sup\{u \leq t : u \in \mathcal{R}\}$, the equivalence

$$G_t < s \iff [s,t] \subseteq \bigcup_{v\geq 0} I_v$$

shows that the right-continuous process $(G_t : t \geq 0)$ is adapted, and thus optional. It follows that $\mathcal{R} = \{t : t - G_t = 0\}$ is progressively measurable.

We next check that $\mathcal{R}$ has no isolated points a.s. For any fixed $t > 0$, it is easily seen that $D_{t-} = \inf\{s \geq t : s \in \mathcal{R}\}$ is an announceable stopping time [1]. It is well known that a Poisson point process does not jump at an announceable stopping time, so the shifted point process $\ell' = \left(\ell_{D_{t-}+s}, s \geq 0\right)$ is again a Poisson point process with intensity μ. Since the collection of intervals $(I_v : 0 \leq v < D_{t-})$ do not cover D_{t-}, they do not cover any $s > D_{t-}$ either. In other words, $s > D_{t-}$ is covered by the intervals $(I_v : v \geq 0)$ if and only $s - D_{t-}$ is covered by $((v, v + \ell'_v) : v \geq 0)$. We know by assumption that 0 is not isolated in $\mathcal{R}$ a.s., and this implies that D_{t-} is not isolated in $\mathcal{R}$ either. Any positive instant in $\mathcal{R}$ which is isolated on its left can be expressed in the form D_{t-} for some rational number $t > 0$. We conclude that $\mathcal{R}$ has no isolated points a.s.

Finally, we establish the regenerative property. Let T be an arbitrary $(\mathcal{M}_t)$-stopping time, which is a right-accumulation point of $\mathcal{R}$ a.s. on $\{T < \infty\}$. Then T is not a jump time of ℓ, for if it were, then I_T would be a right-neighbourhood of T. As a consequence, conditionally on $\{T < \infty\}$, the shifted point process $\ell' = (\ell_{T+t}, t \geq 0)$ is independent of $\mathcal{M}_T$ and is again a Poisson point process with intensity μ. By the same argument as in the preceding paragraph, an instant $s > T$ is covered by the intervals $(I_t : t \geq 0)$, if and only $s - T$ is covered by $((t, t + \ell'_t) : t \geq 0)$. This shows that $\mathcal{R}$ is regenerative. ■

[1] Specifically, consider the process $X_u = \sup\{s + \ell_s - u, 0 \leq s < u\}$, $u \geq 0$; note that X is adapted with càdlàg paths and no negative jumps. In this setting D_{t-} coincides with the limit of the increasing sequence of stopping times $\inf\{s \geq q : X_s \leq 1/n\}$, $n = 1, 2, \cdots$.

7.2 The Laplace exponent of the uncovered set

Lemma 7.1 enables us to identify the uncovered set as the range of some subordinator σ, whenever 0 is not isolated in $\mathcal{R}$. This will allow us to derive information on $\mathcal{R}$ from known results of subordinators, if we are able to characterize σ in terms of the characteristic measure μ of the Poisson point process. This motivates the main result of this section, which provides an explicit formula for the Laplace exponent Φ of σ. Recall that $\overline{\mu}$ denotes the tail of μ.

Theorem 7.2 (Fitzsimmons, Fristedt and Shepp [55]) *If*

$$\int_0^1 \exp\left\{\int_t^1 \overline{\mu}(s)ds\right\} dt = \infty,$$

then $\mathcal{R} = \{0\}$ a.s. Otherwise, $\mathcal{R}$ is a perfect regenerative set, and the Laplace exponent of the corresponding subordinator is given by

$$\frac{1}{\Phi(\lambda)} = c\int_0^\infty e^{-\lambda t}\exp\left\{\int_t^1 \overline{\mu}(s)ds\right\} dt, \qquad \lambda > 0,$$

where $c > 0$ is the constant of normalization (recall that $\Phi(1) = 1$).

Using the fact that the Laplace transform of the renewal measure is $1/\Phi$, one can rephrase the statement as follows: When the uncovered set is not trivial, the renewal measure is absolutely continuous with density

$$u(t) = c\exp\left\{\int_t^1 \overline{\mu}(s)ds\right\}, \qquad t \geq 0. \tag{7.1}$$

For instance, when the tail of the characteristic measure is $\overline{\mu}(x) = \beta x^{-1}$ for some $\beta > 0$, then $\exp\left\{\int_t^1 \overline{\mu}(s)ds\right\} = t^{-\beta}$. We get from Theorem 7.2 that $\mathcal{R}$ reduces to $\{0\}$ a.s. if $\beta \geq 1$, and otherwise $\Phi(\lambda) = \lambda^{1-\beta}$, that is $\mathcal{R}$ is the range of a stable subordinator of index $1-\beta$.

Proof: We will prove the theorem first in the simple case when the Poisson point process is discrete, and then deduce the general case by approximation. So we first suppose that $\overline{\mu}(0+) < \infty$; in particular the integral in Theorem 7.2 converges. Then ℓ is a discrete Poisson point process and $\mathcal{R}$ plainly contains some right-neighbourhood of the origin. *A fortiori* 0 is not isolated in $\mathcal{R}$ a.s., and by Lemma 7.1, $\mathcal{R}$ is a heavy regenerative set.

A fixed time $t > 0$ is uncovered if and only if $\ell_s \leq t - s$ for every $s < t$; which entails that

$$\mathbb{P}(t \in \mathcal{R}) = \exp\left\{-\int_0^t \overline{\mu}(t-s)ds\right\} > 0.$$

It then follows from Proposition 1.9(ii) that the renewal density of $\mathcal{R}$ at t is proportional to $\exp\{-\int_0^t \overline{\mu}(t-s)ds\}$, which is the same as (7.1), and this proves the theorem in the discrete case.

We then deduce the general case when $\overline{\mu}(0+) = \infty$ by approximation. For every integer $n > 0$, let $\ell^{(n)} = (\ell_t : t \geq 0 \text{ and } \ell_t > 1/n)$ denote the discrete Poisson point process restricted to $(1/n, \infty)$, and $\mathcal{R}^{(n)}$ the corresponding uncovered set. We know that the Laplace exponent associated with $\mathcal{R}^{(n)}$ is given by

$$\frac{1}{\Phi^{(n)}(\lambda)} = c_n \int_0^\infty e^{-\lambda t} \exp\left\{\int_t^1 \overline{\mu}(s \vee n^{-1}) ds\right\} dt .$$

For every $s > 0$, $\overline{\mu}(s \vee n^{-1})$ increases to $\overline{\mu}(s)$ as $n \to \infty$. It follows that the probability measure on $[0, \infty)$,

$$c_n e^{-t} \exp\left\{\int_t^1 \overline{\mu}(s \vee n^{-1}) ds\right\} dt$$

converges in the weak sense towards

$$c_\infty e^{-t} \exp\left\{\int_t^1 \overline{\mu}(s) ds\right\} dt$$

(where c_∞ is the normalizing constant) if $\int_0^1 \exp\left\{\int_t^1 \overline{\mu}(s)ds\right\} dt < \infty$, and towards the Dirac point mass at 0 otherwise. Considering Laplace transforms, we deduce that for every $\lambda > 0$, $\lim_{n\to\infty} \Phi^{(n)}(\lambda) = \Phi^{(\infty)}(\lambda)$, where

$$\frac{1}{\Phi^{(\infty)}(\lambda)} = \begin{cases} 1 & \text{if } \int_0^1 \exp\left\{\int_t^1 \overline{\mu}(s)ds\right\} dt = \infty , \\ c_\infty \int_0^\infty e^{-\lambda t} \exp\left\{\int_t^1 \overline{\mu}(s)ds\right\} dt & \text{otherwise.} \end{cases} \tag{7.2}$$

On the other hand, $\left(\mathcal{R}^{(n)} : n \in \mathbb{N}\right)$ is a decreasing sequence of random closed sets and $\mathcal{R} = \bigcap \mathcal{R}^{(n)}$. As a consequence, we have

$$G_t^{(n)} = \sup\{s \le t : s \in \mathcal{R}^{(n)}\} \longrightarrow \sup\{s \le t : s \in \mathcal{R}\} = G_t \qquad (\text{as } n \to \infty).$$

We deduce from Lemma 1.11 that for every $\lambda > 0$

$$\int_0^\infty e^{-t} \mathbb{E}\left(\exp\{-\lambda G_t\}\right) dt = \frac{1}{\Phi^{(\infty)}(\lambda + 1)} . \tag{7.3}$$

Suppose first that $\int_0^1 \exp\left\{\int_t^1 \overline{\mu}(s)ds\right\} dt < \infty$. We see from (7.2) that $\Phi^{(\infty)}(\lambda)$ goes to ∞ as $\lambda \to \infty$. Together with (7.3), this forces $\mathbb{P}(G_t = 0) = 0$ for almost every $t \ge 0$; which means that 0 is not isolated in $\mathcal{R}$. We then know from Lemma 7.1 that $\mathcal{R}$ is regenerative; comparing (7.3) and Lemma 1.11 shows that its Laplace exponent must be $\Phi = \Phi^{(\infty)}$.

Finally, suppose that $\int_0^1 \exp\left\{\int_t^1 \overline{\mu}(s)ds\right\} dt = \infty$, so $\lim_{n\to\infty} \Phi^{(n)}(\lambda) = 1$ for every $\lambda > 0$. We deduce from (7.3) that $\mathbb{P}(G_t = 0) = 1$ for almost every $t \ge 0$, that is $\mathcal{R} = \{0\}$ a.s. ■

7.3 Some properties of the uncovered set

We suppose throughout this subsection that

$$\int_0^1 \exp\left\{\int_t^1 \overline{\mu}(s)ds\right\} dt < \infty ,$$

that is that $\mathcal{R}$ is not degenerate to the single point $\{0\}$, a.s. We immediately get the following features.

Corollary 7.3 *$\mathcal{R}$ is heavy or light according as the integral $\int_0^1 \overline{\mu}(t)dt$ converges or diverges.*

Proof: We know from Proposition 1.8 that a regenerative set is heavy or light according as the drift coefficient d is zero or positive. On the other hand, recall that

$$\mathrm{d} = \lim_{\lambda\to\infty} \lambda^{-1}\Phi(\lambda)\,.$$

According to Theorem 7.2, we have by an integration by parts

$$\frac{\lambda}{\Phi(\lambda)} = c\int_0^\infty \left(1-\mathrm{e}^{-\lambda t}\right)\overline{\mu}(t)\exp\left\{\int_t^1 \overline{\mu}(s)ds\right\}dt\,, \qquad \lambda > 0\,;$$

and we deduce by monotone convergence that

$$\frac{1}{\mathrm{d}} = c\int_0^\infty \overline{\mu}(t)\exp\left\{\int_t^1 \overline{\mu}(s)ds\right\}dt = c\exp\left\{\int_0^1 \overline{\mu}(s)ds\right\} - c\exp\left\{-\int_1^\infty \overline{\mu}(s)ds\right\}.$$

We conclude that $\mathrm{d} = 0$ iff $\int_0^1 \overline{\mu}(s)ds = \infty$.

Alternatively, one may also deduce the result from Proposition 1.9 and the easy fact that the probability that the point 1 is left uncovered equals $\exp\left\{-\int_0^1 \overline{\mu}(s)ds\right\}$. ■

Corollary 7.4 *If $\int_1^\infty \exp\left\{-\int_1^t \overline{\mu}(s)ds\right\}dt = \infty$, then $\mathcal{R}$ is unbounded a.s. Otherwise, $\mathcal{R}$ is bounded a.s. and the distribution of the largest uncovered point*

$$g_\infty = \sup\{s \geq 0 : s \in \mathcal{R}\}$$

is given by

$$\mathbb{P}(g_\infty \in dt) = k^{-1}\exp\left\{\int_t^1 \overline{\mu}(s)ds\right\}dt\,, \quad \textit{with } k = \int_0^\infty \exp\left\{\int_t^1 \overline{\mu}(s)ds\right\}dt\,.$$

Proof: According to (2.2), the probability that $\mathcal{R}$ is bounded equals 0 or 1 according as the killing rate $\mathbf{k} = \Phi(0)$ is zero or positive. It follows immediately from Theorem 7.2 that

$$\mathbf{k} = 0 \iff \int_1^\infty \exp\left\{-\int_1^t \overline{\mu}(s)ds\right\} = \infty\,.$$

When $\mathcal{R} \neq \{0\}$ is bounded a.s., the formula for the distribution of g_∞ follows from Lemma 1.11 and the expression (7.1) for the density of the renewal measure. ■

Motivated by the limit theorem 3.2 for the process of the last passage times in $\mathcal{R}$, we next investigate the asymptotic behaviour of the Laplace exponent Φ.

Corollary 7.5 *For every $\alpha \in (0,1]$, the following assertions are equivalent:*
(i) $\overline{\mu}(s) \sim (1-\alpha)s^{-1}$ *as $s \to \infty$ (for $\alpha = 1$, this means that $\overline{\mu}(s) = o(s^{-1})$).*
(ii) *Φ is regularly varying at $0+$ with index α.*

Proof: Recall from Proposition 1.5 that Φ is regularly varying at 0+ with index α if and only if the renewal function U is regularly varying at ∞ with index α. We know from (7.1) that U has a decreasing derivative u, so the monotone density theorem applies and (ii) holds if and only if u is regularly varying at ∞ with index $\alpha - 1$ (cf. [20] on page 39).

Using again (7.1), we have

$$t^{1-\alpha}u(t) = c\exp\left\{\int_1^t \left((1-\alpha)s^{-1} - \overline{\mu}(s)\right) ds\right\},$$

and it is then plain from the theorem of representation of slowly varying functions (cf. [20] on page 12) that (i) implies that u is regularly varying at ∞ with index $\alpha - 1$. Conversely, suppose that u is regularly varying at ∞ with index $\alpha - 1$, so that by the theorem of representation of slowly varying functions

$$\int_1^t \left((1-\alpha)s^{-1} - \overline{\mu}(s)\right) ds = c(t) + \int_1^t \varepsilon(s)s^{-1}ds,$$

where $\lim_{t\to\infty} c(t) \in \mathbb{R}$ and $\lim_{t\to\infty} \varepsilon(t) = 0$. It then follows readily from the monotonicity of $\overline{\mu}$ that this representation is possible only if (i) holds. ■

We next turn our attention to the fractal dimensions of the uncovered set, which are given by the lower and upper indices of the Laplace exponent, see Theorem 5.1.

Corollary 7.6 *The lower and upper indices are given by*

$$\underline{\text{ind}}(\Phi) = \sup\left\{\rho : \lim_{t\to0+} t^{1-\rho}\exp\left\{\int_t^1 \overline{\mu}(s)ds\right\} = 0\right\} = 1 - \limsup_{t\to0+}\left(\frac{\int_t^1 \overline{\mu}(s)ds}{\log 1/t}\right),$$

$$\overline{\text{ind}}(\Phi) = \inf\left\{\rho : \lim_{t\to0+} t^{1-\rho}\exp\left\{\int_t^1 \overline{\mu}(s)ds\right\} = \infty\right\} = 1 - \liminf_{t\to0+}\left(\frac{\int_t^1 \overline{\mu}(s)ds}{\log 1/t}\right).$$

Proof: For the sake of conciseness, we focus on the lower index. We get from the formula for Φ in Theorem 7.2

$$\begin{aligned}\underline{\text{ind}}(\Phi) &= \sup\left\{\rho : \lim_{\lambda\to\infty} \lambda^{\rho}\int_0^\infty e^{-\lambda t}\exp\left\{\int_t^1 \overline{\mu}(s)ds\right\}dt = 0\right\}\\ &= \sup\left\{\rho : \lim_{\lambda\to\infty} \lambda^{\rho-1}\int_0^\infty e^{-t}\exp\left\{\int_{t/\lambda}^1 \overline{\mu}(s)ds\right\}dt = 0\right\}.\end{aligned}$$

Using the immediate inequality

$$\int_0^\infty e^{-t}\exp\left\{\int_{t/\lambda}^1 \overline{\mu}(s)ds\right\}dt \geq e^{-1}\exp\left\{\int_{1/\lambda}^1 \overline{\mu}(s)ds\right\},$$

we deduce

$$\underline{\text{ind}}(\Phi) \leq \sup\left\{\rho : \lim_{t\to0+} t^{1-\rho}\exp\left\{\int_t^1 \overline{\mu}(s)ds\right\} = 0\right\}.$$

To prove the converse inequality, we may suppose that there is $\rho > 0$ such that

$$\lim_{t\to0+} t^{1-\rho}\exp\left\{\int_t^1 \overline{\mu}(s)ds\right\} = 0$$

(otherwise there is nothing to prove). Recall that the renewal measure has density u given by (7.1), so that $u(t) = o(t^{\rho-1})$ and then $U(t) = o(t^{\rho})$ as $t \to 0+$, for every $\varepsilon > 0$. Applying Proposition 1.4, this entails $\lim_{\lambda\to\infty} \lambda^{-\rho}\Phi(\lambda) = \infty$, and thus $\underline{\mathrm{ind}}\,(\Phi) \geq \rho$. ■

The identification of the uncovered set in terms of a subordinator σ enables us to invoke results of section 3.2 to decide whether a given Borel set $B \subseteq (0, \infty)$ is completely covered by the random intervals. Typically, recall Propositions 5.6 and 5.7 which are relevant as the renewal density u is a decreasing function (by (7.1)). If the Hausdorff dimension of B is greater that $1 - \underline{\mathrm{ind}}\,(\Phi)$, then the probability that B is not completely covered is positive. On the other hand, if the Hausdorff dimension of B is less that $1 - \overline{\mathrm{ind}}\,(\Phi)$, then B is completely covered a.s. Of course, (5.6) provides a complete (but not quite explicit) characterization of sets which are completely covered by the random intervals.

Finally, let us mention an interesting problem raised by Pat Fitzsimmons (private communication). It is easily seen that the uncovered set $\mathcal{R}$ is an infinitely divisible regenerative set, in the sense that for every integer n, $\mathcal{R}$ can be expressed as the intersection of n-independent regenerative sets with the same distribution. Conversely, can any (perfect) infinitely divisible regenerative set be viewed of as a set left uncovered by random intervals sampled from a Poisson point process? Kendall [93] gave a positive answer in the heavy case. The light case seems to be still open.

Chapter 8

Lévy processes

Real-valued Lévy processes give rise to two interesting families of regenerative sets: the set of times when a fixed point is visited, and the set of times when a new supremum is reached. Some applications are given in the special case when the Lévy process has no positive jumps. Some applications of Bochner's subordination to Lévy processes are also discussed.

8.1 Local time at a fixed point

Throughout this chapter, $(X_t : t \geq 0)$ will denote a real-valued Lévy process, i.e. X has independent and homogeneous increments and càdlàg paths. For instance the difference of two independent strict subordinators is a Lévy process. For every $x \in \mathbb{R}$, write $\mathbf{P}^x$ for the distribution of the process $X + x$; it is well-known that $X = (\Omega, \mathcal{M}, \mathcal{M}_t, X_t, \theta_t, \mathbf{P}^x)$ is a Feller process (see e.g. [11], Chapter I). The purpose of this section is to study the regularity of a fixed point r, and then to determine the distribution of its local time. To this end, we need information on the resolvent operator V^q.

To start with, recall that the characteristic function of X_t can be expressed in the form

$$\mathbf{E}^0\left(e^{i\lambda X_t}\right) = e^{-t\Psi(\lambda)}, \qquad \lambda \in \mathbb{R}, t \geq 0,$$

where $\Psi : \mathbb{R} \to \mathbb{C}$. One calls Ψ the characteristic exponent of X; it can be expressed via the Lévy-Khintchine's formula (which is more general than that which we discussed in Section 1.2 in the special case of subordinator):

$$\Psi(\lambda) = ia\lambda + \frac{1}{2}b\lambda^2 + \int_{\mathbb{R}}(1 - e^{i\lambda x} + i\lambda x \mathbf{1}_{\{|x|<1\}})\Lambda(dx), \tag{8.1}$$

where $a \in \mathbb{R}$, $b \geq 0$ is called the Gaussian coefficient, and Λ a measure on $\mathbb{R} - \{0\}$ with $\int(1 \wedge |x|^2)\Lambda(dx) < \infty$ called the Lévy measure. It follows that for every Lebesgue-integrable function f and $q > 0$, we have

$$\begin{aligned}\int_{-\infty}^{\infty} e^{i\lambda x} V^q f(x)dx &= \int_{-\infty}^{\infty} e^{i\lambda x}\left(\int_0^{\infty} \mathbf{E}^x\left(f(X_t)\right)e^{-qt}dt\right)dx \\ &= \int_0^{\infty} e^{-qt}\left(\int_{-\infty}^{\infty} e^{i\lambda x}\mathbf{E}^0\left(f(X_t+x)\right)dx\right)dt \\ &= \int_0^{\infty} e^{-qt}\left(\int_{-\infty}^{\infty} e^{i\lambda y}f(y)\mathbf{E}^0\left(e^{-i\lambda X_t}\right)dy\right)dt \\ &= \left(\int_0^{\infty} e^{-qt}\exp\{-t\Psi(-\lambda)\}dt\right)\left(\int_{-\infty}^{\infty} e^{i\lambda y}f(y)dy\right) \\ &= \frac{1}{q+\Psi(-\lambda)}\left(\int_{-\infty}^{\infty} e^{i\lambda y}f(y)dy\right).\end{aligned}$$

In other words, if $\mathcal{F}(g)$ stands for the Fourier transform of an integrable function g, then

$$\mathcal{F}\left(V^q f\right)(\lambda) = \frac{\mathcal{F}(f)(\lambda)}{q+\Psi(-\lambda)}. \tag{8.2}$$

We are now able to prove the following basic result which goes back to Orey [123].

Proposition 8.1 [1] *Suppose that the characteristic exponent Ψ satisfies*

$$\int_{-\infty}^{\infty} |q+\Psi(\lambda)|^{-1}d\lambda < \infty$$

for some (and then all) $q>0$. Then every point $r\in\mathbb{R}$ is regular for itself and the Laplace exponent Φ of the inverse local time is given by

$$\frac{1}{\Phi(q)} = c\int_{-\infty}^{\infty}\frac{d\lambda}{q+\Psi(\lambda)}, \qquad q>0,$$

where $c>0$ is the constant of normalization.

Proof: The function

$$v^q(x) = \frac{1}{2\pi}\int_{-\infty}^{\infty}\frac{e^{-ix\lambda}}{q+\Psi(\lambda)}d\lambda, \qquad x\in\mathbb{R},$$

is continuous and its Fourier transform is $\lambda\to 1/\left(q+\Psi(\lambda)\right)$. By Fourier inversion, we deduce from (8.2) that

$$V^q f(x) = \int_{-\infty}^{\infty} f(y)v^q(y-x)dy.$$

[1] We mention for completeness that Bretagnolle [30] has established a sharper and much more difficult result: a necessary and sufficient condition for 0 to be regular for itself is

$$\int_{-\infty}^{\infty}\Re\left(\frac{1}{1+\Psi(\lambda)}\right)d\lambda<\infty \quad \text{and} \quad X \text{ has unbounded variation.}$$

In other words, the q-resolvent operator of X has a continuous density kernel $v^q(x,y) = v^q(y-x)$ with respect to the Lebesgue measure. Plainly $\widehat{X} = -X$ is also a Lévy process and the very same calculations show that its q-resolvent operator is given by

$$\hat{V}^q f(x) = \int_{-\infty}^{\infty} f(y) v^q(x-y) dy\,.$$

Hence, X and $\widehat{X}$ are in duality with respect to the Lebesgue measure, and the condition (iii) of Proposition 2.2 is fulfilled. This yields our statement. ■

It is easily seen that when local times exist, they can be expressed as occupation densities, in the sense that the local time at level $r \in \mathbb{R}$ is given by $L(r,\cdot) = \lim_{\varepsilon\to 0+}(2\varepsilon)^{-1}\int_0^{\cdot} \mathbf{1}_{\{|X_t - r| \le \varepsilon\}} dt$. See section V.1 in [11] for details. A major problem in this field is to decide whether the mapping $(r,t) \to L(r,t)$ has a continuous version. This has been solved in a remarkable paper by Barlow [4], see also [3] and Marcus and Rosen [114] in the symmetric case.

Proposition 8.1 provides a simple expression for the Laplace exponent Φ of the inverse local time, which is explicit in terms of the characteristic exponent Ψ. This enables one to directly apply the general results proven in the preceding chapters; here is an example. Suppose for simplicity that X is symmetric and that the condition of Proposition 8.1 is fulfilled. We should like to express the condition

$$\Phi \text{ is regularly varying with index } \rho \in (0,1) \qquad (\text{at } 0+, \text{ resp. at } \infty) \tag{8.3}$$

in terms of Ψ. This question is motivated for instance by the Dynkin-Lamperti theorem 3.2. Alternatively, (8.3) has an important rôle in the law of the iterated logarithm for local times (which has been considered in particular by Marcus and Rosen [115, 116]). The assumption of symmetry ensures that the characteristic exponent Ψ is an even real-valued function. We write $\Psi^{\uparrow}$ for the so-called increasing rearrangement of Ψ, viz.

$$\Psi^{\uparrow}(x) = m(\lambda \in \mathbb{R} : \Psi(\lambda) \le x) \qquad (x \ge 0)$$

where m refers to the Lebesgue measure. By Proposition 8.1, we have

$$\begin{aligned}\frac{1}{c\Phi(q)} = \int_{[0,\infty)} \frac{1}{q+x} d\Psi^{\uparrow}(x) &= \int_{[0,\infty)} \left(\int_0^{\infty} e^{-(q+x)t} dt\right) d\Psi^{\uparrow}(x)\\ &= \int_0^{\infty} e^{-qt} \mathcal{L}\Psi^{\uparrow}(t) dt\end{aligned}$$

where $\mathcal{L}\Psi^{\uparrow}(t) = \int_{[0,\infty)} e^{-tx} d\Psi^{\uparrow}(x)$ is the Laplace transform of the measure with distribution function $\Psi^{\uparrow}$. Because Φ is regularly varying with index ρ if and only if $1/\Phi$ is regularly varying with index $-\rho$, we deduce from a tauberian theorem that (8.3) holds if and only if the indefinite integral of $\mathcal{L}\Psi^{\uparrow}$, $\int_0^{\cdot} \mathcal{L}\Psi^{\uparrow}(t)dt$, is regularly varying with index ρ (at ∞, resp. at $0+$). Plainly, the indefinite integral of $\mathcal{L}\Psi^{\uparrow}$ has a decreasing derivative, so by the monotone density theorem, the latter is equivalent to $\mathcal{L}\Psi^{\uparrow}$ varying regularly with index $\rho - 1$ (at ∞, resp. at $0+$). We then again invoke a tauberian theorem to conclude that

$$(8.3) \iff \Psi^{\uparrow} \text{ varies regularly with index } 1-\rho. \qquad (\text{at } 0+, \text{ resp. at } \infty).$$

More precisely, the preceding argument shows that when (8.3) holds, then

$$\Phi(q) \sim c'q/\Psi^{\dagger}(q) \qquad \text{(at 0+, resp. at } \infty)$$

for some positive finite constant number c' which can be expressed explicitly in terms of our data.

8.2 Local time at the supremum

We next turn our attention the supremum process $S_{\cdot} = \sup\{X_s : 0 \le s \le \cdot\}$. It is easy to check that the so-called reflected process $S - X$ is a Feller process; see Proposition VI.1 in [11]. The closed zero set of the reflected process

$$\mathcal{R} = \overline{\{t \ge 0 : X_t = S_t\}}$$

coincides with the set of times when the Lévy process reaches a new supremum. It is known as the ladder time set. There is a simple criterion due to Rogozin [133] to decide whether 0 is regular for itself with respect to the reflected process:

$$\mathcal{R} \text{ is perfect} \quad \Longleftrightarrow \quad \int_{0+} t^{-1}\mathbf{P}^0(X_t \ge 0)dt = \infty .$$

See also [13] for an equivalent condition in terms of the Lévy measure of X.

We henceforth suppose that $\mathcal{R}$ is perfect; the Laplace exponent of the ladder time set can be expressed as follows:

$$\Phi(q) = \exp\left\{\int_0^{\infty}\left(e^{-t} - e^{-qt}\right)t^{-1}\mathbf{P}^0(X_t \ge 0)dt\right\}, \quad q \ge 0 . \tag{8.4}$$

Formula (8.4) is a special case of a result of Fristedt (see e.g. Corollary VI.10 in [11] and the comments thereafter), and goes back to Spitzer in discrete time. The main drawback of (8.4) is that it involves the probabilities $\mathbf{P}^0(X_t \ge 0)$ which are usually not known explicitly. For instance, Bingham [19] has raised the question of determining the class of Laplace exponents which can arise in connection with ladder time sets. This interesting problem seems to be still open. [2]

As an example of an application of (8.4) motivated by Chapter 4, we consider the question of whether the Laplace exponent of a ladder time set has the asymptotic behaviour that is required in the Dynkin-Lamperti Theorem 3.2.

Proposition 8.2 *For each fixed $\alpha \in [0,1]$, Φ is regularly varying with index α at 0+ (respectively, at ∞) if and only if*

$$\lim \frac{1}{t}\int_0^t \mathbf{P}^0(X_s \ge 0)ds = \alpha \qquad \textit{as } t \to \infty \textit{ (respectively, as } t \to 0+). \tag{8.5}$$

[2] By an application of the Frullani integral to (8.4), one sees that the function $q \to q/\Phi(q)$ must be the Laplace exponent of a subordinator; cf. the proof of Theorem 8.3 below. In particular ladder time processes form a strict sub-class of subordinators.

Proof: We know from Theorem 3.2 that Φ is regularly varying with index α at $0+$ (respectively, at ∞) if and only if $\lim q\Phi'(q)/\Phi(q) = \alpha$ as $q \to 0+$ (respectively, as $q \to \infty$). According to (8.4), the logarithmic derivative of Φ is given by

$$\frac{\Phi'(q)}{\Phi(q)} = \int_0^\infty e^{-qt}\mathbf{P}^0(X_t \geq 0)dt\,.$$

By a Tauberian theorem, the right-hand side is equivalent to α/q if and only if (8.5) holds. ∎

One refers to (8.5) as Spitzer's condition; it has a crucial rôle in developing fluctuation theory for Lévy processes, in particular in connection with estimates for the distribution of first passage times and for the asymptotic behaviour of the time spent by the Lévy process in the positive semi-axis. See Chapter VI in [11]. It is natural to compare (8.5) with the apparently stronger condition

$$\lim \mathbf{P}^0(X_t \geq 0) = \alpha \qquad \text{as } t \to \infty \text{ (respectively, as } t \to 0+)\,. \tag{8.6}$$

We will refer to (8.6) as Doney's condition, for Doney [47] has recently proven that the discrete time versions of (8.5) and (8.6) are equivalent, settling a question that has puzzled probabilists for a long time. We present here the analogous result in continuous time.

Theorem 8.3 *The conditions of Spitzer and Doney are equivalent.*

Proof: We shall only prove the theorem for $0 < \alpha < 1$ and $t \to 0+$, and we refer to [17] for the complete argument. The implication (8.6) $\Rightarrow$ (8.5) is obvious, so we assume that (8.5) holds. Notice that the case when X is a compound Poisson process with a possible drift is then ruled out; this ensures that $\mathbf{P}^0(X_t = 0) = 0$ for all $t > 0$, and as a consequence, the mapping $t \to \mathbf{P}^0(X_t \geq 0)$ is continuous on $(0, \infty)$.

Introduce the Laplace exponent $\widehat{\Phi}$ of the dual ladder time set which corresponds to the Lévy process $\widehat{X} = -X$. This means

$$\begin{aligned}
\widehat{\Phi}(q) &= \exp\left\{\int_0^\infty \left(e^{-t} - e^{-qt}\right) t^{-1}\mathbf{P}^0(X_t < 0)dt\right\} \\
&= \exp\left\{\int_0^\infty \left(e^{-t} - e^{-qt}\right) t^{-1}\left(1 - \mathbf{P}^0(X_t \geq 0)\right) dt\right\} \\
&= q/\Phi(q)\,,
\end{aligned}$$

where the last equality follows from the Frullani integral. As a consequence, (8.4) yields

$$\int_0^\infty e^{-qt}\mathbf{P}^0(X_t \geq 0)dt = \Phi'(q)/\Phi(q) = \Phi'(q)\widehat{\Phi}(q)/q\,. \tag{8.7}$$

We know from Proposition 8.2 that Φ is regularly varying at ∞ with index α, and also that $\widehat{\Phi}$ is regularly varying at ∞ with index $1 - \alpha$. Because Φ and $\widehat{\Phi}$ are Laplace exponents of subordinators with zero drift, we obtain from the Lévy-Khintchine formula that

$$\Phi'(q) = \int_{(0,\infty)} e^{-qx} x d\left(-\overline{\Pi}(x)\right) \quad , \quad \widehat{\Phi}(q)/q = \int_0^\infty e^{-qx}\overline{\widehat{\Pi}}(x)dx\,,$$

where $\overline{\Pi}$ (respectively, $\overline{\widehat{\Pi}}$) is the tail of the Lévy measure of the ladder time process of X (respectively, of $\widehat{X}$). We now get from (8.7)

$$\mathbf{P}^0(X_t \geq 0) = \int_{(0,t)} \overline{\widehat{\Pi}}(t-s)sd\left(-\overline{\Pi}(s)\right) \qquad \text{for a.e. } t > 0. \tag{8.8}$$

By a change of variables, the right-hand side can be re-written as

$$t\int_{(0,1)} \overline{\widehat{\Pi}}(t(1-u))ud\left(-\overline{\Pi}(tu)\right) = \int_{(0,1)} \frac{\overline{\widehat{\Pi}}(t(1-u))}{\widehat{\Phi}(1/t)}ud\left(-\frac{\overline{\Pi}(tu)}{\Phi(1/t)}\right).$$

Now, apply the second part of Proposition 1.5. For every fixed $\varepsilon \in (0,1)$, we have uniformly on $u \in [\varepsilon, 1-\varepsilon]$ as $t \to 0+$:

$$\frac{\overline{\Pi}(tu)}{\Phi(1/t)} \to \frac{u^{-\alpha}}{\Gamma(1-\alpha)}, \qquad \frac{\overline{\widehat{\Pi}}(t(1-u))}{\widehat{\Phi}(1/t)} \to \frac{(1-u)^{\alpha-1}}{\Gamma(\alpha)}.$$

Recall $\mathbf{P}^0(X_t \geq 0)$ depends continuously on $t > 0$. We deduce from (8.8) that

$$\liminf_{t\to 0+} \mathbf{P}^0(X_t \geq 0) \geq \frac{\alpha}{\Gamma(\alpha)\Gamma(1-\alpha)} \int_\varepsilon^{1-\varepsilon} (1-u)^{\alpha-1}u^{-\alpha}du,$$

and as ε can be picked arbitrarily small, $\liminf_{t\to 0+} \mathbf{P}^0(X_t \geq 0) \geq \alpha$. The same argument for the dual process gives $\liminf_{t\to 0+} \mathbf{P}^0(X_t < 0) \geq 1-\alpha$, which establishes (8.5). ■

If, as usual, we denote by σ the inverse local time at 0 of the reflected process $S-X$, then it is easy to check from the stationarity and independence of the increments of X that the time-changed process $H = X \circ \sigma = S \circ \sigma$ is again a subordinator. One calls H the ladder height process; it has several interesting applications in fluctuation theory for Lévy processes. We refer to sections 4 and 5 of chapter VI in [11] for more on this topic.

8.3 The spectrally negative case

Throughout this section, we suppose that the real-valued Lévy process X has no positive jumps, one sometimes says that X is spectrally negative. The degenerate case when either X is the negative of a subordinator or a deterministic drift has no interest and will be implicitly excluded in the sequel. We refer to Chapter VII in [11] for a detailed account of the theory of such processes.

The absence of positive jumps enables to use the same argument as that in section 1.1 to show that the first passage process of X

$$\sigma_t = \inf\{s \geq 0 : X_s > t\} \qquad (t \geq 0)$$

is a subordinator. The inverse of σ coincides with the (continuous) supremum process S of X, so S serves as a local time on the set of times when X reaches a new supremum, that when $S = X$. In other words, S is proportional to the local time at 0 of the reflected process $S - X$.

As usual, we denote the Laplace exponent of σ by Φ. Note that if T stands for an independent exponential time, say with parameter $q > 0$, then

$$\mathbf{P}^0(S_T > x) = \mathbf{P}^0(\sigma_x < T) = \mathbf{E}^0(\exp\{-q\sigma_x\}) = e^{-x\Phi(q)}$$

for every $x > 0$, so that S_T has an exponential distribution with parameter $\Phi(q)$. By taking q sufficiently large, we see that for every fixed $t > 0$, S_t has a finite exponential moment of any order. As a consequence, though X may take values of both signs, its exponential moments are finite. This enables us to study X using the Laplace transform instead of the Fourier transform. More precisely, the characteristic exponent can be continued analytically on the lower half-plane $\{z \in \mathbb{C} : \Im(z) < 0\}$. We then put $\psi(\lambda) = \Psi(-i\lambda)$ for $\lambda > 0$, so that

$$\mathbf{E}^0(\exp\{\lambda X_t\}) = \exp\{t\psi(\lambda)\}, \qquad \lambda \geq 0.$$

Invoking Hölder's inequality, we see that the mapping $\psi : [0,\infty) \to (-\infty,\infty)$ is strictly convex. On the other hand, we also deduce from the monotone convergence theorem that $\lim_{\lambda\to\infty} \psi(\lambda) = \infty$.

We are now able to specify the Laplace exponent Φ.

Proposition 8.4 *We have $\Phi \circ \psi(\lambda) = \lambda$ for every $\lambda \geq 0$ such that $\psi(\lambda) > 0$.*

Proof: It follows from the independence and stationarity of the increments that the process

$$\exp\{\lambda X_s - \psi(\lambda)s\}, \qquad s \geq 0$$

is a nonnegative martingale. As X cannot jump above the level t, we must have $X_{\sigma_t} = t$ on $\{\sigma_t < \infty\}$. On the other hand, the assumption that $\psi(\lambda) > 0$ ensures that the martingale converges a.s. to 0 as $s \to \infty$ on the event $\{\sigma_t = \infty\}$. An application of the optional sampling theorem at the stopping time σ_t yields

$$\mathbf{E}^0(\exp\{\lambda t - \psi(\lambda)\sigma_t\}, \sigma_t < \infty) = 1.$$

Recall the convention $e^{-\infty} = 0$; the preceding identity can be re-written as

$$\exp\{-\lambda t\} = \mathbf{E}^0(\exp\{-\psi(\lambda)\sigma_t\}) = \exp\{-t\Phi(\psi(\lambda))\},$$

which establishes our claim. ∎

In comparison with (8.4), Proposition 8.4 provides an explicit expression for the Laplace exponent Φ directly in terms of our data (namely, ψ) which is much easier to deal with. For instance, it is immediately seen that Φ is regularly varying with index $\rho \in [0,1]$ if and only if ψ is regularly varying with index $1/\rho$ (which forces in fact ρ to be greater than or equal to $1/2$). In the same vein, the lower and upper indices of Φ are given by

$$\begin{aligned}\underline{\text{ind}}(\Phi) &= \sup\left\{\rho > 0 : \lim_{\lambda\to\infty} \psi(\lambda)\lambda^{-1/\rho} = 0\right\}\\ \overline{\text{ind}}(\Phi) &= \inf\left\{\rho > 0 : \lim_{\lambda\to\infty} \psi(\lambda)\lambda^{-1/\rho} = \infty\right\}.\end{aligned}$$

As another example of application, we derive the following extension of Khintchine's law of the iterated logarithm (see also [10] for further results in the same vein).

Corollary 8.5 *There is a positive constant c such that*

$$\limsup_{t\to 0+} \frac{X_t\Phi(t^{-1}\log|\log t|)}{\log|\log t|} = c \qquad a.s.$$

Proof: Consider the functions

$$f(t) = \frac{\Phi\left(t^{-1}\log\log\Phi(t^{-1})\right)}{\log\log\Phi(t^{-1})} \quad \text{and} \quad \tilde{f}(t) = \frac{\Phi\left(t^{-1}\log\log\Phi(t^{-1})\right)}{\log\log\Phi(t^{-1}\log\log\Phi(t^{-1}))}.$$

The function $s \to s/\log\log s$ is monotone increasing on some neighbourhood of ∞ and the function $t \to \Phi(t^{-1}\log\log\Phi(t^{-1}))$ decreases. We deduce that the compound function $\tilde{f}$ decreases on some neighbourhood of 0. Moreover, it is easily seen that

$$\log\log\Phi(t^{-1}\log\log\Phi(t^{-1})) \sim \log\log\Phi(t^{-1})$$

(cf. the proof of Lemma 4.2), so that $f(t) \sim \tilde{f}(t)$ as $t \to 0+$.

Because the supremum process S is proportional to the local time at 0 of $S-X$, we deduce from Theorem 4.1 that $\limsup_{t\to 0+} S_t\tilde{f}(t) = c$ a.s. for some positive constant c. By an obvious argument of monotonicity, we may replace S by X in the preceding identity. So all that we need now is to check that

$$\tilde{f}(t) \sim \frac{\Phi(t^{-1}\log|\log t|)}{\log|\log t|} \quad (t\to 0+).$$

On the one hand, it is easily seen from the Lévy-Khintchine formula for ψ that $\limsup_{\lambda\to\infty}\lambda^{-2}\psi(\lambda) < \infty$, which in turn implies that $\liminf_{\lambda\to\infty}\lambda^{-1/2}\Phi(\lambda) > 0$. On the other hand, recall that Φ is concave, so that $\limsup_{\lambda\to\infty}\lambda^{-1}\Phi(\lambda) < \infty$. We deduce that

$$\log\log\Phi(t^{-1}) \sim \log|\log t| \qquad \text{as } t\to 0+,$$

and then, since Φ is concave and increasing, that

$$\Phi\left(t^{-1}\log\log\Phi(t^{-1})\right) \sim \Phi(t^{-1}\log|\log t|) \qquad \text{as } t\to 0+.$$

Our claim follows. ■

We refer to Jaffard [86] and the references therein for further results on the regularity of the paths of Levy processes, in particular precise information on their multifractal structure.

8.4 Bochner's subordination for Lévy processes

Bochner [25] introduced the concept of subordination (after which subordinators were named) of Markov processes as follows. Let $M = (\Omega, \mathcal{M}, \mathcal{M}_t, M_t, \theta_t, \mathbf{P}^x)$ be some time-homogeneous Markov process and $\sigma = (\sigma_t : t \geq 0)$ a subordinator that is independent of M. The process $\tilde{M} = \left(\tilde{M}_t = M_{\sigma_t} : t \geq 0\right)$ obtained from M by time-substitution based on σ (with the convention that $M_\infty = \Upsilon$ where Υ is a cemetery point for M) is referred to as the subordinate process of M with directing process σ. It is easily seen that the homogeneous Markov property is preserved by this time-substitution, in the sense that the process $\tilde{M} = \left(\Omega, \mathcal{M}, \tilde{\mathcal{M}}_t, \tilde{M}_t, \tilde{\theta}_t, \mathbf{P}^x\right)$ is again Markovian, where $\tilde{\mathcal{M}}_t = \mathcal{M}_{\sigma_t}$ and $\tilde{\theta}_t = \theta_{\sigma_t}$. More precisely, the semigroup $\left(\tilde{Q}_t : t \geq 0\right)$ of $\tilde{M}$ is given in terms of the semigroup $(Q_t : t \geq 0)$ of M and the distribution of σ by

$$\tilde{Q}_t(x, dy) = \int_{[0,\infty)} Q_s(x, dy) \mathbb{P}(\sigma_s \in dt) . \tag{8.9}$$

We refer to Feller [53], Bouleau [27] and Hirsch [72] for more on this topic. See also Bakry [2], Jacob and Schilling [84, 85], Meyer [119] and the references therein for applications in analysis (in particular to the Riesz transform and the Paley-Wiener theory); and Bouleau and Lépingle [28] for applications to simulation methods.

We now consider the special case when the Markov process is a Lévy process, i.e. $M = X$. In order to avoid problems related to killing, we will also suppose that σ is a strict subordinator. From an analytic viewpoint, this means that the semigroup $(Q_t : t \geq 0)$ is a Markovian convolution semigroup, namely

$$Q_t f(x) = \int_{\mathbb{R}} f(x+y) \mathbf{P}^0(X_t \in dy)$$

for every Borel bounded function f. It follows from (8.9) that $\left(\tilde{Q}_t : t \geq 0\right)$ is also a Markovian convolution semigroup, i.e. the subordinate process $\tilde{X}$ is again a Lévy process.

Because the law of a Lévy process is specified by the characteristic exponent Ψ, it is natural to search for an expression of the characteristic exponent $\tilde{\Psi}$ of the subordinate Lévy process $\tilde{X}$. To this end, observe first that Ψ maps $\mathbb{R}$ into $\mathbb{C}_+ = \{z \in \mathbb{C} : \Re z \geq 0\}$, and second (from the Lévy-Khintchine formula) that the Laplace exponent Φ of a subordinator can be continued analytically on $\mathbb{C}_+$; we will still denote by Φ this extension. It should be clear that

$$\mathbb{E}\left(e^{-z\sigma_t}\right) = e^{-t\Phi(z)} \qquad \text{for any } z \in \mathbb{C}_+ .$$

As X and σ are independent, we then get

$$\mathbf{E}^0\left(\exp\{i\lambda X_{\sigma_t}\}\right) = \mathbb{E}\left(\exp\{-\Psi(\lambda)\sigma_t\}\right) = \exp\{-t\Phi(\Psi(\lambda))\} ,$$

which proves the following statement:

Proposition 8.6 (Bochner [25]) *Let X be a Lévy process with characteristic exponent Ψ and σ an independent subordinator with Laplace exponent Φ. Then the subordinate process $\tilde{X} = X \circ \sigma$ is a Lévy process with characteristic exponent*

$$\tilde{\Psi} = \Phi \circ \Psi .$$

We refer to the second chapter of Chateau [34] for a study of the so-called subordination process, in which the subordinator σ is viewed as a parameter.

We now quote without proof a result of Huff [80], who has been able to make explicit the Lévy-Khintchine formula (8.1) for the subordinate process $\tilde{X}$. In the obvious notation, we have

$$\tilde{a} = \mathrm{d}a + \int_{(0,\infty)} \mathbf{E}^0(X_t, |X_t| < 1)\,\Pi(dt) \quad , \quad \tilde{b} = \mathrm{d}b,$$

$$\tilde{\Lambda}(dx) = \mathrm{d}\Lambda(dx) + \int_{(0,\infty)} \mathbf{P}^0(X_t \in dx)\,\Pi(dt).$$

Here is a classical example of Proposition 8.6 due to Spitzer [145]. Suppose that (X, Y) is a planar Brownian motion and let σ be the first-passage process of Y (see Section 1.1). Thus, the characteristic exponent of X is $\Psi(\lambda) = \frac{1}{2}\lambda^2$ for $\lambda \in \mathbb{R}$ and the Laplace exponent of σ is $\Phi(q) = \sqrt{2q}$ for $q \geq 0$. The characteristic exponent of the subordinate process $\tilde{X} = X \circ \sigma$ is thus $\tilde{\Psi}(\lambda) = |\lambda|$, i.e. $\tilde{X}$ is a standard symmetric Cauchy process. In the more general case when σ is a stable subordinator of index $\alpha \in (0,1)$ independent of X, then $\tilde{X}$ is a symmetric stable process with index 2α. See Molchanov and Ostrovski [121] and also Le Gall [107, 108] for connections with the so-called cone points of planar Brownian motion.

We now end this chapter with an application of the subordination technique to the so-called iterated Brownian motion. Consider $B^+ = (B^+(t), t \geq 0)$, $B^- = (B^-(t), t \geq 0)$ and $B = (B_t, t \geq 0)$ three independent linear Brownian motions started from 0. The process $Y = (Y_t, t \geq 0)$ given by

$$Y_t = \begin{cases} B^+(B_t) & \text{if } B_t \geq 0 \\ B^-(-B_t) & \text{if } B_t < 0 \end{cases}$$

is called an iterated Brownian motion. Its study has been motivated by certain limit theorems and a connection with partial differential equations involving the square of the Laplacian, and has been undertaken by numerous authors (cf. Khoshnevisan and Lewis [99] for a list of references). Our purpose here is to investigate the supremum process of Y,

$$\overline{Y}_t = \sup\{Y_s : 0 \leq s \leq t\} \qquad (t \geq 0)$$

via Bochner's subordination. To this end, we consider the supremum processes S^+, S^-, S and I, of B^+, B^-, B and $-B$, respectively. Observing that

$$S^+(S_t) = \sup\{Y_s : 0 \leq s \leq t \text{ and } B_t \geq 0\},$$

and a similar relation for $S^-(I_t)$, we see that the study of $\overline{Y}$ reduces to that of the compound processes $S^+ \circ S$ and $S^- \circ I$, via the identity

$$\overline{Y} = \left(S^+ \circ S\right) \vee \left(S^- \circ I\right). \tag{8.10}$$

Next, we introduce the right-continuous inverse of S, $\sigma_\cdot = \inf\{s : S_s > \cdot\}$, and recall that σ is a stable subordinator with index $1/2$, more precisely with Laplace exponent $\Phi(\lambda) = \sqrt{2\lambda}$. The inverse σ^+ of S^+ has the same law as σ and is independent of σ. By an immediate variation of Proposition 8.6 (involving Laplace transform instead of Fourier transform), $\tilde{\sigma} = \sigma \circ \sigma^+$ is a subordinator with Laplace exponent $\tilde{\Phi}(\lambda) = (8\lambda)^{1/4}$. Plainly $\sigma \circ \sigma^+$ is the right-continuous inverse of $S^+ \circ S$ and we conclude that the right-continuous inverse of the supremum of an iterated Brownian motion can be expressed as

$$\inf\{t : \overline{Y}_t > \cdot\} = \sigma^{(1)} \wedge \sigma^{(2)}$$

where $\sigma^{(1)}$ and $\sigma^{(2)}$ are both subordinators with Laplace exponent $\tilde{\Phi}$.

An application of the law of the iterated logarithm for the inverse of a stable subordinator (see Theorem 4.1) now gives

$$\limsup \frac{S^+ \circ S_t}{t^{1/4}(\log|\log t|)^{3/4}} = 2^{5/4}3^{-3/4} \qquad a.s. \tag{8.11}$$

both as $t \to 0+$ and $t \to \infty$. Using (8.10), one can replace $S^+ \circ S_t$ by $\overline{Y}_t$ (or even by Y_t) in (8.11), which establishes the law of the iterated logarithm for the iterated Brownian motion proven previously by Csáki *et al.* [38] and Deheuvels and Mason [41] for large times, and by Burdzy [31] for small times. We refer to [12] for further applications of this technique.

Chapter 9

Occupation times of a linear Brownian motion

We consider the occupation time process $A_. = \int_0^. f(B_s)ds$ where B is a linear Brownian motion and $f \geq 0$ a locally integrable function. The time-substitution based on the inverse of the local time of B at 0 turns A into a subordinator. This enables us to derive several interesting properties for the occupation time process and for linear diffusions.

9.1 Occupation times and subordinators

Let $B = (B_t, t \geq 0)$ be a one-dimensional Brownian motion started from 0. To agree with the usual normalization, we call the process

$$\ell_t = \lim_{\varepsilon \to 0+} \frac{1}{2\varepsilon} \int_0^t \mathbf{1}_{\{|B_s|<\varepsilon\}} ds, \qquad t \geq 0$$

Lévy's local time[1] of B at 0. Consider a locally integrable function $f : \mathbb{R} \to [0, \infty)$ and the corresponding occupation time process of B

$$A_t = \int_0^t f(B_s)ds, \qquad t \geq 0.$$

(More generally, we might have considered the additive functional associated with some Radon measure μ, see e.g. section X.2 in Revuz and Yor [132], but for the sake of simplicity, we will stick to the case when $\mu(dx) = f(x)dx$ is absolutely continuous.)

Let $\tau(t) = \inf\{s : \ell_s > t\}$ be the right-continuous inverse of ℓ. A routine argument based on the additivity, the fact that ℓ only increases on the zero-set of B and the strong Markov property, shows that the time-changed process

$$\sigma_t = A_{\tau(t)} = \int_0^{\tau(t)} f(B_s)ds, \qquad t \geq 0$$

is a subordinator.

[1]This means that the local time at 0 in the sense of section 2.2 is $L_t = 2^{-1/2}\ell_t$, in order to agree with (2.1).

Results on subordinators can be very useful in investigating occupation times. To this end we need information on the Laplace exponent Φ and the Lévy measure Π of σ; and this motivates the next section.

9.2 Lévy measure and Laplace exponent

9.2.1 Lévy measure via excursion theory

Our first purpose is to express the Lévy measure of σ in terms of Itô's excursion measure. The obvious hint for this is that, since the occupation time A is a continuous process, the jumps of the subordinator $\sigma = A \circ \tau$ correspond to the increments of A on the intervals of times when B has an excursion away from 0.

Recall the setting of section 3.2 and specialize it to the Brownian case. Let n be the measure of the excursions of B away from 0, that is the characteristic measure of the Poisson point process

$$e_t(s) = \begin{cases} B_{\tau(t-)+s} & \text{if } 0 \leq s < \tau(t) - \tau(t-) \\ 0 & \text{otherwise} \end{cases}$$

We denote the generic excursion by $\epsilon = (\epsilon(s) : s \geq 0)$ and its first return time to 0 by $\rho(\epsilon) = \inf\{s > 0 : \epsilon(s) = 0\}$.

Proposition 9.1 *The drift coefficient and the killing rate of σ are $\mathrm{d} = 0$ and $\mathrm{k} = 0$, respectively. The Lévy measure of σ coincides with the distribution of $\int_0^{\rho(\epsilon)} f(\epsilon(s))ds$ under n, i.e.*

$$\Pi(dx) = n\left(\int_0^{\rho(\epsilon)} f(\epsilon(s))ds \in dx\right).$$

Proof: We split the time interval $[0, \tau(1)]$ into excursion intervals. Since Brownian motion spends zero time at 0, we have

$$\begin{aligned}\int_0^{\tau(1)} f(B_s)ds = \sum_{0\leq t\leq 1} \int_{\tau(t-)}^{\tau(t)} f(B_s)ds &= \sum_{0\leq t\leq 1} \int_0^{\tau(t)-\tau(t-)} f(B_{\tau(t-)+s})ds \\ &= \sum_{0\leq t\leq 1} \int_0^{\rho(e_t)} f(e_t(s))ds,\end{aligned}$$

where $e = (e_t : t \geq 0)$ is the excursion process (see above). Applying the exponential formula for Poisson point processes (see e.g. Proposition 12 in section XII.1 in [132]), we get

$$\begin{aligned} & \mathbf{E}^0\left(\exp\left\{-\lambda \sum_{0\leq t\leq 1} \int_0^{\rho(e_t)} f(e_t(s))ds\right\}\right) \\ = \; & \exp\left\{-n\left(1 - \exp\left\{-\lambda \int_0^{\rho(\epsilon)} f(\epsilon(s))ds\right\}\right)\right\} \\ = \; & \exp\left\{-\int_{(0,\infty)} (1 - \mathrm{e}^{-\lambda x})\, n\left(\int_0^{\rho(\epsilon)} f(\epsilon(s))ds \in dx\right)\right\}.\end{aligned}$$

Comparison with the Lévy-Khintchine formula establishes the claim. ■

Another useful observation which stems from excursion theory is the following independence property.

Corollary 9.2 *Let $f_+, f_- : \mathbb{R} \to [0,\infty)$ be two locally integrable functions with* $\mathrm{Supp}(f_+) \subseteq [0,\infty)$ *and* $\mathrm{Supp}(f_-) \subseteq (-\infty, 0]$, *respectively. Then the subordinators*

$$\sigma_t^+ = \int_0^{\tau(t)} f_+(B_s)ds \quad \text{and} \quad \sigma_t^+ = \int_0^{\tau(t)} f_-(B_s)ds$$

are independent. If moreover $f_-(x) = f_+(-x)$, then σ^+ and σ^- have the same law.

Proof: We know from the foregoing that σ^+ and σ^- are two subordinators in the same filtration, both with zero drift and zero killing rate. They are determined by their jump processes. Since jumps correspond to increments of the occupation times on an interval of excursion of B away from 0, σ^+ jumps only when the excursion process e takes values in the space of nonnegative paths, whereas σ^- jumps only when e takes values in the space of non-positive paths. In particular, σ^+ and σ^- never jump simultaneously. By a well-known property of Poisson point processes, their respective jump processes are independent. Because σ^+ and σ^- are both characterized by their jumps, they are independent.

Finally, the excursion measure is symmetric, that is n is invariant by the mapping $\epsilon \to -\epsilon$. It follows that σ^+ and σ^- have the same Lévy measure, and hence the same law, whenever $f_-(x) = f_+(-x)$. ■

9.2.2 Laplace exponent via the Sturm-Liouville equation

The main result of this subsection characterizes the Laplace exponent Φ in terms of the solution of a Sturm-Liouville equation.

Proposition 9.3 *For every $\lambda > 0$, there exists a unique function $y_\lambda : \mathbb{R} \to [0,1]$ such that:*

- *y_λ is a convex increasing function on $(-\infty, 0)$, and a convex decreasing function on $(0,\infty)$.*
- *y_λ solves the Sturm-Liouville equation $y'' = 2\lambda y f$ on both $(-\infty,0)$ and $(0,\infty)$, and $y_\lambda(0) = 1$.*

The Laplace exponent of σ is then given by

$$\Phi(\lambda) = \frac{1}{2}\left(y'_\lambda(0-) - y'_\lambda(0+)\right).$$

Proof: We present a proof due to Jeulin and Yor [89], which is based on stochastic calculus. One can also establish the result by analytic arguments that rely on the Feynman-Kac formula and Proposition 2.2; see e.g. Itô and McKean [83], Jeanblanc *et al.* [88] and Pitman and Yor [128].

The existence and uniqueness of y_λ is a well-known result on the Sturm-Liouville equation; see for instance Dym and McKean [49]. By stochastic calculus (more precisely, by an application of the Itô-Tanaka formula), the process

$$M_t = y_\lambda(B_t)\exp\left\{\frac{1}{2}\left(y'_\lambda(0-) - y'_\lambda(0+)\right)\ell_t - \lambda\int_0^t f(B_s)ds\right\}, \qquad t \geq 0,$$

is a local martingale. Because $M_s \leq \exp\left\{\frac{1}{2}\left(y'_\lambda(0-) - y'_\lambda(0+)\right)t\right\}$ for every $s \leq \tau(t)$, we can apply Doob's optional sampling theorem for M at time $\tau(t)$. Since $\ell_{\tau(t)} = t$ and $B_{\tau(t)} = 0$, we get

$$\mathbf{E}^0\left(\exp\left\{\frac{1}{2}\left(y'_\lambda(0-) - y'_\lambda(0+)\right)t - \lambda\int_0^{\tau(t)} f(B_s)ds\right\}\right) = 1,$$

that is

$$\exp\{-t\Phi(\lambda)\} = \mathbf{E}^0\left(\exp\left\{-\lambda\int_0^{\tau(t)} f(B_s)ds\right\}\right) = \exp\left\{-\frac{1}{2}\left(y'_\lambda(0-) - y'_\lambda(0+)\right)t\right\}.$$

This completes the proof. ■

The solutions of Sturm-Liouville equations are not explicitly known in general (see however the hand-book by Borodin and Salminen [26] for a number of explicit formulas in some important special cases). Nonetheless one can deduce handy bounds for the Laplace exponent Φ in terms of the function f that will be quite useful in the sequel.

Corollary 9.4 *Put $F(x) = \int_0^x f(t)dt$ ($x \in \mathbb{R}$) and*

$$G(t) = 2\int_0^t (F(x) - F(-x))\,dx, \quad t \geq 0,$$

so G in a convex increasing function on $[0,\infty)$. We write $H(s) = \inf\{t \geq 0 : G(t) > s\}$, $s \geq 0$, for its inverse. Then we have

(i) $$\Phi(\lambda) \asymp \frac{1}{H(1/\lambda)}.$$

As a consequence, if U stands for the renewal measure of σ and I for the integrated tail of its Lévy measure (c.f. Lemma 1.4), then

(ii) $$U(x) \asymp H(x) \quad \text{and} \quad I(x) \asymp \frac{x}{H(x)}$$

Proof: (i) We first suppose that f vanishes on $(-\infty, 0)$ and start with the integral Sturm-Liouville equation:

$$y_\lambda(x) = 1 + xy'_\lambda(0+) + 2\lambda\int_0^x\left(\int_0^t y_\lambda(s)f(s)ds\right)dt, \qquad x \geq 0, \lambda > 0. \tag{9.1}$$

Using the fact that $0 \leq y_\lambda \leq 1$, we deduce the inequality

$$-xy'_\lambda(0+) \leq 1 + 2\lambda\int_0^x\left(\int_0^t f(s)ds\right)dt = 1 + \lambda G(x).$$

Using this with $x = H(1/\lambda)$ gives $-y'_\lambda(0+)H(1/\lambda) \leq 2$.

To establish an lowerbound, we use the fact that y_λ decreases on $[0,\infty)$ in (9.1) to get

$$y_\lambda(x) - xy'_\lambda(0+) \geq 1 + 2\lambda \int_0^x \left(\int_0^t y_\lambda(x) f(s)ds\right) dt \;=\; 1 + \lambda y_\lambda(x)G(x).$$

Specifying this for $x = H(1/\lambda)$ gives $-y'_\lambda(0+)H(1/\lambda) \geq 1$.

We have thus established that

$$1 \leq -y'_\lambda(0+)H(1/\lambda) \leq 2, \qquad \lambda > 0$$

in the special case when f vanishes on $(-\infty, 0)$. By a symmetry argument, the bounds

$$1 \leq y'_\lambda(0-)H(1/\lambda) \leq 2, \qquad \lambda > 0$$

hold when f vanishes on $(0,\infty)$. It is immediate to deduce that

$$\frac{1}{H(1/\lambda)} \asymp y'_\lambda(0-) - y'_\lambda(0+)$$

in the general case; and our statement then derives from Proposition 9.3.

(ii) The estimate for the renewal measure now follows from Lemma 1.4. Since we know that the drift of σ is zero, the second estimate also follows from Lemma 1.4. ■

A sharper estimate for Φ has been obtained in the form of a Tauberian type theorem by Kasahara[2], under the condition that the indefinite integral F of f is regularly varying. We quote the result for completeness and refer to Kotani and Watanabe [102] on page 240 for details of the proof. Thanks to Corollary 9.2, we may restrict our attention to the case when f vanishes on $(-\infty, 0)$.

Proposition 9.5 *Suppose that $f \equiv 0$ on $(-\infty,0)$. Then Φ is regularly varying at $0+$ (respectively, at ∞) with index $\alpha \in (0,1)$ if and only if F is regularly varying at ∞ (respectively, at $0+$) with index $(1/\alpha) - 1$. In that case,*

$$\Phi(\lambda) \sim (\alpha(1-\alpha))^\alpha \frac{\Gamma(1-\alpha)}{\Gamma(1+\alpha)} \lambda^\alpha l(1/\lambda) \qquad (\lambda \to 0+),$$

where l is a slowly varying function at ∞ (respectively, at $0+$) such that an asymptotic inverse of $x \to xF(x)$ is $x \to x^\alpha l(x)$.

9.2.3 Spectral representation of the Laplace exponent

The so-called spectral theory of vibrating strings, which has been chiefly developed by M. G. Krein and his followers, is a most powerful tool for investigating the Sturm-Liouville boundary value problem that appears in Proposition 9.3. In this subsection, we will merely state the -tiny- portion of the theory that will be useful for the applications we have in mind; and refer to Dym and McKean [49] for a complete exposition.

[2]There is a typographical error in the definition of the constant D_α on p. 70 of [92]; see Kotani-Watanabe [102].

Proposition 9.6 (Krein) *Let y_λ be the function which appears in Proposition 9.3.*
(i) *There exists a unique measure ν on $[0,\infty)$ with $\int_{[0,\infty)}(1+\xi)^{-1}\nu(d\xi) < \infty$, such that for every $\lambda > 0$:*

$$\frac{2}{y'_\lambda(0-) - y'_\lambda(0+)} = \int_{[0,\infty)} \frac{\nu(d\xi)}{\lambda+\xi}.$$

(ii) *There exists a unique measure $\hat{\nu}$ on $[0,\infty)$ with $\int_{[0,\infty)}(1+\xi)^{-1}\hat{\nu}(d\xi) < \infty$, such that for every $\lambda > 0$:*

$$\frac{y'_\lambda(0-) - y'_\lambda(0+)}{2\lambda} = \int_{[0,\infty)} \frac{\hat{\nu}(d\xi)}{\lambda+\xi}.$$

When f vanishes on $(-\infty, 0)$, the measure $f(x)dx$ is sometimes called a *string* (in fact Krein's theory deals with a completely general family of measures). The measure $\frac{1}{2}\nu$ in Proposition 9.6(i) is then known as the *spectral measure* of the string, and the measure $2\hat{\nu}$ in (ii) coincides with the spectral measure of the so-called *dual* string $d\hat{F}(x)$, where $\hat{F}$ is the right continuous inverse of the distribution function $F(x) = \int_0^x f(x)dx$.

Krein's theory yields the following remarkable formulas for the Laplace exponent Φ of σ and the tail of its Lévy measure $\overline{\Pi}$, which seem to have been first observed by Knight [101] (see also Kotani and Watanabe [102] and Küchler [103]).

Corollary 9.7 *Suppose that $f \equiv 0$ on $(-\infty, 0)$. We have*
(i) *There exists a unique measure ν on $[0,\infty)$ with $\int_{[0,\infty)}(1+\xi)^{-1}\nu(d\xi) < \infty$ such that*

$$\frac{1}{\Phi(\lambda)} = \int_{[0,\infty)} \frac{\nu(d\xi)}{\lambda+\xi}, \qquad \lambda > 0.$$

As a consequence, the renewal measure $U(dx)$ of σ is absolutely continuous with density u given by

$$u(x) = \int_{[0,\infty)} e^{-x\xi}\nu(d\xi), \qquad x > 0.$$

(ii) *There exists a unique measure $\hat{\nu}$ on $[0,\infty)$ with $\int_{[0,\infty)}(1+\xi)^{-1}\hat{\nu}(d\xi) < \infty$ such that*

$$\overline{\Pi}(x) = \int_{[0,\infty)} e^{-x\xi}\hat{\nu}(d\xi), \qquad x > 0$$

Proof: (i) The first assertion follows immediately from Propositions 9.3 and 9.6. To get the second, just recall that the Laplace transform of the renewal measure is $1/\Phi$, so that by Fubini's theorem

$$\int_{[0,\infty)} e^{-\lambda x}U(dx) = \int_{[0,\infty)} \frac{\nu(d\xi)}{\lambda+\xi} = \int_0^\infty e^{-\lambda x}\left(\int_{[0,\infty)} e^{-x\xi}\nu(d\xi)\right)dx.$$

(ii) Recall that σ has zero drift. By an integration by parts in the Lévy-Khintchine formula, we get

$$\begin{aligned}\int_0^\infty e^{-\lambda x}\overline{\Pi}(x)dx = \frac{\Phi(\lambda)}{\lambda} &= \frac{y'_\lambda(0-) - y'_\lambda(0+)}{2\lambda} \qquad \text{(by Proposition 9.3)}\\ &= \int_{[0,\infty)} \frac{\hat{\nu}(d\xi)}{\lambda+\xi} \qquad \text{(by Proposition 9.6 (ii))}\\ &= \int_0^\infty e^{-\lambda x}\left(\int_{[0,\infty)} e^{-\xi x}\hat{\nu}(d\xi)\right)dx \qquad \text{(by Fubini)}.\end{aligned}$$

As the tail of the Lévy measure is decreasing and the Laplace transform of the spectral measure continuous, this establishes our claim. ∎

In particular, the renewal measure and the Lévy measure both have completely monotone densities (Hawkes [71] observed that these two properties are equivalent for any subordinator). It seems there is no purely probabilistic proof for this remarkable feature.

It is immediately checked that $x \to \log u(x)$ is a decreasing convex function on $(0,\infty)$. In particular, the renewal density can also be expressed in the form

$$u(x) = c\exp\left\{\int_x^1 \overline{\mu}(t)dt\right\}$$

for some decreasing locally integrable function $\overline{\mu} : (0,\infty) \to \mathbb{R}$. In other words, $\overline{\mu}$ is the tail of some measure on $(0,\infty)$, and the comparison with Theorem 7.2 shows that the range of σ can be thought of as the set left uncovered by certain random intervals issued from a Poisson point process with characteristic measure μ. It would be quite interesting to have probabilistic evidence of this fact.

9.3 The zero set of a one-dimensional diffusion

The material developed in the preceding section can be applied to the study of the zero set of a regular linear diffusion in natural scale[3], using Feller's construction that we now recall.

For the sake of simplicity, we focus on the case when the speed measure is absolutely continuous, though this restriction is in fact superfluous. So let $f \geq 0$ be a locally integrable function such that the support of f is an interval which contains the origin. The occupation time process $A_t = \int_0^t f(B_s)ds$ increases exactly when the Brownian motion B visits $\mathrm{Supp}(f)$ and the time-changed process

$$X_t = B_{\alpha(t)}, \quad t \geq 0, \qquad \text{where } \alpha(t) = \inf\{s : A_s > t\},$$

is a continuous Markov process. One calls $X = (X_t, t \geq 0)$ the diffusion in $\mathrm{Supp}(f)$ with natural scale and speed measure $f(x)dx$. Its infinitesimal generator is $\mathcal{G}g = \frac{1}{2}g''/f$ with the Neumann reflecting condition at the boundary.

When one time-changes Lévy's local time ℓ of the Brownian motion by α, one obtains a continuous increasing process which increases exactly on the zero set of X. Using the approximation

$$\ell_{\alpha(t)} = \lim_{\varepsilon\to 0+} \frac{1}{2\varepsilon}\int_0^{\alpha(t)} \mathbf{1}_{\{|B_s|<\varepsilon\}}ds = \lim_{\varepsilon\to 0+} \frac{1}{2\varepsilon}\int_0^t \mathbf{1}_{\{|X_s|<\varepsilon\}}\frac{1}{f(X_s)}ds,$$

we see that $\ell_{\alpha(\cdot)}$ is an additive functional of the diffusion. Hence, the local time L of X at 0 must be $L_{\cdot} = c\ell_{\alpha(\cdot)}$ for some normalizing constant $c > 0$. We thus have

$$L^{-1}(t) = \inf\{s \geq 0 : L_s > t\} = \inf\{s \geq 0 : \ell_{\alpha(s)} > t/c\} = A_{\tau(t/c)}.$$

[3]Since we are only concerned with the zero set of the diffusion, this induces no loss of generality.

In other words, the inverse local time of the diffusion coincides with the subordinator σ up to a linear time-substitution.

As a first example of application, we present an explicit formula for the fractal dimensions of the zero set of the diffusion X in terms of its speed measure. Recall from Theorem 5.1 that the fractal dimensions are given by the lower and upper indices of the Laplace exponent.

Corollary 9.8 *The Hausdorff and packing dimensions of $\mathcal{R} = \{t \geq 0 : X_t = 0\}$ are given by*

$$\begin{aligned} \dim_{\mathrm{H}}(\mathcal{R}) &= \sup\left\{\rho \leq 1 : \lim_{x\to 0+} x^{1-1/\rho}\left(F(x) - F(-x)\right) = \infty\right\} \\ \dim_{\mathrm{P}}(\mathcal{R}) &= \inf\left\{\rho \leq 1 : \lim_{x\to 0+} x^{1-1/\rho}\left(F(x) - F(-x)\right) = 0\right\} \end{aligned}$$

where $F(x) = \int_0^x f(t)dt$.

Proof: For the sake of conciseness, we shall only consider the Hausdorff dimension which coincides with the lower index

$$\underline{\mathrm{ind}}\,(\Phi) = \sup\left\{\rho \leq 1 : \lim_{\lambda\to\infty} \Phi(\lambda)\lambda^{-\rho} = \infty\right\}$$

(cf. chapter 3). We know from Corollary 9.4 that $\Phi(\lambda) \asymp 1/H(1/\lambda)$, where H is the inverse function of the indefinite integral $G(x) = 2\int_0^x (F(t) - F(-t))\,dt$. It follows immediately that

$$\underline{\mathrm{ind}}\,(\Phi) = \sup\left\{\rho \leq 1 : \lim_{x\to 0+} G(x)x^{1/\rho} = \infty\right\}.$$

Finally, the obvious bound

$$x\left(F(x/2) - F(-x/2)\right) \leq G(x) \leq 2x\left(F(x) - F(-x)\right)$$

completes the proof. ∎

As a second illustration, we will use features on random covering to derive a result originally due to Tomisaki [149], which provides an explicit test to decide whether two independent diffusion processes ever visit a given point simultaneously. We first introduce some notation.

Let $X = (X_t : t \geq 0)$ and $Y = (Y_t : t \geq 0)$ be two independent regular diffusions in natural scale; for the sake of simplicity, we shall assume that both X and Y start from 0. Their speed measures are denoted by dF_X and dF_Y, respectively; we also write for $t \geq 0$

$$G_X(t) = 2\int_0^t (F_X(x) - F_X(-x))\,dx \quad , \quad G_Y(t) = 2\int_0^t (F_Y(x) - F_Y(-x))\,dx$$

and H_X and H_Y for the inverse functions of G_X and G_Y. Recall that H_X and H_Y are concave and increasing.

Corollary 9.9 (Tomisaki [149]) (i) *The probability of that $X_t = Y_t =$ for some $t > 0$ equals one if*

$$\int_0^1 H'_X(t)H'_Y(t)dt < \infty$$

and 0 otherwise.

(ii) *The probability of the event $\{X_t = Y_t = 0$ infinitely often as $t \to \infty\}$ equals one if*

$$\int_0^1 H'_X(t)H'_Y(t)dt < \infty \quad \text{and} \quad \int_1^\infty H'_X(t)H'_Y(t)dt = \infty$$

and 0 otherwise.

Proof: Let $\mathcal{R}_X$ and $\mathcal{R}_Y$ be the zero sets of X and Y, respectively. Denote by σ_X the inverse local times of X at 0. According to the observation made at the end of subsection 8.2.3, the range $\mathcal{R}_X$ of σ_X can be viewed as the set left uncovered by random intervals issued from a Poisson point process with characteristic measure μ_X. Idem for $\mathcal{R}_Y$ with a characteristic measure μ_Y. Because X and Y are independent, the intersection of their zero sets can thus be thought of as the closed subset of $[0, \infty)$ left uncovered by random intervals issued from a Poisson point process with characteristic measure $\mu_X + \mu_Y$.

(i) We apply Theorem 7.2. The probability that $\mathcal{R}_X \cap \mathcal{R}_Y$ reduces to $\{0\}$ is one if

$$\int_0^1 \exp\left\{\int_t^1 (\overline{\mu}_X(s) + \overline{\mu}_Y(s))\, ds\right\} dt = \infty \tag{9.2}$$

and zero otherwise. Writing u_X and u_Y for the renewal density of $\mathcal{R}_X$ and $\mathcal{R}_Y$ and applying (7.1), we see that (9.2) is equivalent to

$$\int_0^1 u_X(t)u_Y(t)dt = \infty .$$

Recall from Corollary 9.7 that u_X decreases, so the latter is also equivalent (in the obvious notation) to

$$\int_0^1 U_X(t)d(-u_Y(t)) = \infty .$$

Using then the estimate of Corollary 9.4(ii), we deduce that

$$(9.2) \iff \int_0^1 H_X(t)d(-u_Y(t)) = \infty .$$

Finally, integrate by parts and apply again Corollary 9.4(ii) to derive

$$(9.2) \iff \int_0^1 H'_X(t)H'_Y(t)\, dt = \infty .$$

(ii) The proof rests upon similar arguments and Corollary 7.4. ■

In the literature, there exist many other examples of applications of the spectral representation of the Laplace exponent Φ. See in particular Bertoin [7], Kasahara [92], Kent [94, 95], Knight [101], Kotani and Watanabe [102], Küchler [103], Küchler and Salminen [104], Tomisaki [149], Watanabe [150, 151] and references therein.

References

[1] S. Aspandiiarov and J. F. Le Gall (1995). Some new classes of exceptional times of linear Brownian motion. *Ann. Probab.* **23**, 1605-1626.

[2] D. Bakry (1984). Etude probabiliste des transformées de Riesz et de l'espace H^1 sur les sphères. In: *Séminaire de Probabilités* XVIII, Lecture Notes in Maths. 1059 pp. 197-218. Springer, Berlin.

[3] M. T. Barlow (1985). Continuity of local times for Lévy processes. *Z. Wahrscheinlichkeitstheorie verw. Gebiete* **69**, 23-35.

[4] M. T. Barlow (1988). Necessary and sufficient conditions for the continuity of local time of Lévy processes. *Ann. Probab.* **16**, 1389-1427.

[5] M. T. Barlow, E. A. Perkins and S. J. Taylor (1986). Two uniform intrinsic constructions for the local time of a class of Lévy processes. *Illinois J. Math.* **30**, 19-65.

[6] C. Berg and G. Forst (1975). *Potential theory on locally compact Abelian groups.* Springer, Berlin.

[7] J. Bertoin (1989). Applications de la théorie spectrale des cordes vibrantes aux fonctionnelles additives principales d'un mouvement brownien réfléchi. *Ann. Inst. Henri Poincaré* **25**, 307-323.

[8] J. Bertoin (1995). Some applications of subordinators to local times of Markov processes. *Forum Math.* **7**, 629-644.

[9] J. Bertoin (1995). Sample path behaviour in connection with generalized arcsine laws. *Probab. Theory Relat. Fields* **103**, 317-327.

[10] J. Bertoin (1995). On the local rate of growth of Lévy processes with no positive jumps. *Stochastic Process. Appl.* **55**, 91-100.

[11] J. Bertoin (1996). *Lévy processes.* Cambridge University Press, Cambridge.

[12] J. Bertoin (1996). Iterated Brownian motion and stable($\frac{1}{4}$) subordinator. *Stat. Prob. Letters* **27**, 111-114.

[13] J. Bertoin (1997). Regularity of the half-line for Lévy processes. *Bull. Sci. Math.* **121**, 345-354.

[14] J. Bertoin (1997). Regenerative embedding of Markov sets. *Probab. Theory Relat. Fields* **108**, 559-571.

[15] J. Bertoin (1998). The inviscid Burgers equation with Brownian initial velocity. *Comm. Math. Phys.* **193**, 397-406.

[16] J. Bertoin (1999). Intersection of independent regenerative sets. To appear in *Probab. Theory Relat. Fields.*

[17] J. Bertoin and R. A. Doney (1997). Spitzer's condition for random walks and Lévy processes. *Ann. Inst. Henri Poincaré* **33**, 167-178.

[18] J. Bertoin and S. Jaffard (1997). Solutions multifractales de l'équation de Burgers. *Matapli* **52**, 19-28.

[19] N. H. Bingham (1975). Fluctuation theory in continuous time. *Adv. Appl. Prob.* **7**, 705-766.

[20] N. H. Bingham, C. M. Goldie and J. L. Teugels (1987). *Regular variation.* Cambridge University Press, Cambridge.

[21] R. M. Blumenthal (1992). *Excursions of Markov processes.* Birkhäuser, Boston.

[22] R. M. Blumenthal and R. K. Getoor (1961). Sample functions of stochastic processes with independent increments. *J. Math. Mech.* 10, 493-516.

[23] R. M. Blumenthal and R. K. Getoor (1968). *Markov processes and potential theory.* Academic Press, New-York.

[24] R. M. Blumenthal and R. K. Getoor (1970). Dual processes and potential theory. *Proc. 12th Biennal Seminar, Canad. Math. Congress*, 137-156.

[25] S. Bochner (1955). *Harmonic analysis and the theory of probability.* University of California Press, Berkeley.

[26] A. N. Borodin and P. Salminen (1996). *Handbook of Brownian motion - Facts and formulae.* Birkhäuser, Basel.

[27] N. Bouleau (1984). Quelques résultats sur la subordination au sens de Bochner. In: *Séminaire de Théorie du Potentiel* 7, Lecture Notes in Maths. 1061 pp. 54-81. Springer, Berlin.

[28] N. Bouleau and D. Lépingle (1994). *Numerical methods for stochastic processes.* Wiley, New York.

[29] L. Breiman (1968). A delicate law of the iterated logarithm for non-decreasing stable processes. *Ann. Math. Stat.* **39**, 1818-1824. [Correction id (1970). **41**, 1126.]

[30] J. Bretagnolle (1971). Résultats de Kesten sur les processus à accroissements indépendants. In: *Séminaire de Probabilités* V, Lecture Notes in Maths. 191 pp. 21-36. Springer, Berlin.

[31] K. Burdzy (1993). Some path properties of iterated Brownian motion. In: *Seminar on stochastic processes 1992*, pp. 67-87. Birkhäuser, Boston.

[32] J. M. Burgers (1974). *The nonlinear diffusion equation.* Dordrecht, Reidel.

[33] L. Carraro and J. Duchon (1998). Equation de Burgers avec conditions initiales à accroissements indépendants et homogènes. *Ann. Inst. Henri Poincaré: analyse non-linéaire* **15**, 431-458.

[34] O. Chateau (1990). Quelques remarques sur les processus à accroissements indépendants et stationnaires, et la subordination au sens de Bochner. Thèse d'Université. Laboratoire de Probabilités de l'Université Pierre et Marie Curie.

[35] K. L. Chung (1982). *Lectures from Markov processes to Brownian motion.* Springer, Berlin.

[36] K. L. Chung and P. Erdős (1952). On the application of the Borel-Cantelli lemma. *Trans. Amer. Math. Soc.* **72**, 179-186.

[37] J. D. Cole (1951). On a quasi-linear parabolic equation occuring in aerodynamics. *Quart. Appl. Math.* **9**, 225-236.

[38] E. Csáki, M. Csörgő, A. Földes and P. Révész (1989). Brownian local time approximated by a Wiener sheet. *Ann. Probab.* **17**, 516-537.

[39] E. Csáki, M. Csörgő, A. Földes and P. Révész (1992). Strong approximation of additive functionals. *J. Theoretic. Prob.* **5**, 679-706.

[40] E. Csáki, P. Révész and J. Rosen (1997). Functional laws of the iterated logarithm for local times of recurrent random walks on $\mathbb{Z}^2$. Preprint.

[41] P. Deheuvels and D. M. Mason (1992) A functional LIL approach to pointwise Bahadur-Kiefer theorems. In: *Probability in Banach spaces 8* (eds R.M. Dudley, M.G. Hahn and J. Kuelbs) pp. 255-266. Birkhäuser, Boston.

[42] C. Dellacherie and P. A. Meyer (1975). *Probabilités et potentiel*, vol. I. Hermann, Paris.

[43] C. Dellacherie and P. A. Meyer (1980). *Probabilités et potentiel*, vol. II. Théorie des martingales. Hermann, Paris.

[44] C. Dellacherie and P. A. Meyer (1987). *Probabilités et potentiel*, vol. IV. Théorie du potentiel, processus de Markov. Hermann, Paris.

[45] C. Dellacherie, B. Maisonneuve and P. A. Meyer (1992). *Probabilités et potentiel*, vol. V. Processus de Markov, compléments de calcul stochastique. Hermann, Paris.

[46] C. Donati-Martin (1991). Transformation de Fourier et temps d'occupation browniens. *Probab. Theory Relat. Fields* **88**, 137-166.

[47] R. A. Doney (1995). Spitzer's condition and ladder variables in random walk. *Probab. Theory Relat. Fields* **101**, 577-580.

[48] R. A. Doney (1997). One-sided local large deviation and renewal theorems in the case of infinite mean. *Probab. Theory Relat. Fields* **107**, 451-465.

[49] H. Dym and H. P. McKean (1976). *Gaussian processes, function theory and the inverse spectral problem.* Academic Press.

[50] E. B. Dynkin (1961). Some limit theorems for sums of independent random variables with infinite mathematical expectation. In: *Selected Translations Math. Stat. Prob.* vol. 1, pp. 171-189. Inst. Math. Statistics Amer. Math. Soc.

[51] S. N. Evans (1987). Multiple points in the sample path of a Lévy process. *Probab. Theory Relat. Fields* **76**, 359-367.

[52] K. Falconer (1990). *Fractal Geometry. Mathematical foundations and applications.* Wiley, Chichester.

[53] W. E. Feller (1971). *An introduction to probability theory and its applications*, 2nd edn, vol. 2. Wiley, New-York.

[54] P. J. Fitzsimmons, B. E. Fristedt and B. Maisonneuve (1985). Intersections and limits of regenerative sets. *Z. Wahrscheinlichkeitstheorie verw. Gebiete* **70**, 157-173.

[55] P. J. Fitzsimmons, B. E. Fristedt and L. A. Shepp (1985). The set of real numbers left uncovered by random covering intervals. *Z. Wahrscheinlichkeitstheorie verw. Gebiete* **70**, 175-189.

[56] P. J. Fitzsimmons and T.S. Salisbury (1989). Capacity and energy for multiparameter Markov processes. *Ann. Inst. Henri Poincaré* **25**, 325-350.

[57] B. E. Fristedt (1967). Sample function behaviour of increasing processes with stationary independent increments. *Pac. J. Math.* **21**, 21-33.

[58] B. E. Fristedt (1974). Sample functions of stochastic processes with stationary, independent increments. In: *Advances in Probability 3*, pp. 241-396. Dekker, New-York.

[59] B. E. Fristedt (1979). Uniform local behavior of stable subordinators. *Ann. Probab.* **7**, 1003-1013.

[60] B. E. Fristedt (1996). Intersections and limits of regenerative sets. In: *Random Discrete Structures* (eds. D. Aldous and R. Pemantle) pp. 121-151. Springer, Berlin.

[61] B. E. Fristedt and W. E. Pruitt (1971). Lower functions for increasing random walks and subordinators. *Z. Wahrscheinlichkeitstheorie verw. Gebiete* **18**, 167-182.

[62] B. E. Fristedt and W. E. Pruitt (1972). Uniform lower functions for subordinators. *Z. Wahrscheinlichkeitstheorie verw. Gebiete* **24**, 63-70.

[63] B. E. Fristedt and S. J. Taylor (1983). Construction of local time for a Markov process. *Z. Wahrscheinlichkeitstheorie verw. Gebiete* **62**, 73-112.

[64] B. E. Fristedt and S. J. Taylor (1992). The packing measure of a general subordinator. *Probab. Theory Relat. Fields* **92**, 493-510.

[65] N. Gantert and O. Zeitouni (1998). Large and moderate deviations for the local time of a recurrent random walk on $\mathbb{Z}^2$. *Ann. Inst. Henri Poincaré* **34**, 687-704

[66] R. K. Getoor (1979). Excursions of a Markov process. *Ann. Probab.* **7**, 244-266.

[67] I. I. Gihman and A. V. Skorohod (1975). *The theory of stochastic processes II.* Springer, Berlin.

[68] P. E. Greenwood and J. W. Pitman (1980). Construction of local time and Poisson point processes from nested arrays. *J. London Math. Soc.* **22**, 182-192.

[69] J. Hawkes (1971). A lower Lipschitz condition for the stable subordinator. *Z. Wahrscheinlichkeitstheorie verw. Gebiete* **17**, 23-32.

[70] J. Hawkes (1975). On the potential theory of subordinators. *Z. Wahrscheinlichkeitstheorie verw. Gebiete* **33**, 113-132.

[71] J. Hawkes (1977). Intersection of Markov random sets. *Z. Wahrscheinlichkeitstheorie verw. Gebiete* **37**, 243-251.

[72] F. Hirsch (1984). Générateurs étendus et subordination au sens de Bochner In: *Séminaire de Théorie du Potentiel* 7, Lecture Notes in Maths. 1061 pp. 134-156. Springer, Berlin.

[73] D. G. Hobson (1994). Asymptotics for an arcsine type result. *Ann. Inst. Henri Poincaré* **30**, 235-243.

[74] J. Hoffmann-Jørgensen (1969). Markov sets. *Math. Scand.* 24, 145-166.

[75] E. Hopf (1950). The partial differential equation $u_t + uu_x = \mu u_{xx}$. *Comm. Pure Appl. Math.* **3**, 201-230.

[76] J. Horowitz (1968). The Hausdorff dimension of the sample path of a subordinator. *Israel J. Math.* **6**, 176-182.

[77] J. Horowitz (1972). Semilinear Markov processes, subordinators and renewal theory. *Z. Wahrscheinlichkeitstheorie verw. Gebiete* **24**, 167-193.

[78] X. Hu and S. J. Taylor (1997). The multifractal structure of stable occupation measure. *Stochastic Process. Appl.* **66**, 283-299.

[79] Y. Hu and Z. Shi (1997). Extreme lengths in Brownian and Bessel excursions. *Bernoulli* **3**, 387-402.

[80] B. Huff (1969). The strict subordination of a differential process. *Sankhya Sera.* **A 31**, 403-412.

[81] K. Itô (1942). On stochastic processes. I. (Infinitely divisible laws of probability). *Japan J. Math.* **18**, 261-301.

[82] K. Itô (1970). Poisson point processes attached to Markov processes. In: *Proc. 6th Berkeley Symp. Math. Stat. Prob.* **III**, 225-239.

[83] K. Itô and H. P. McKean (1965). *Diffusion processes and their sample paths.* Springer, Berlin.

[84] N. Jacob and R. L. Schilling (1996). Subordination in the sense of S. Bochner - An approach through pseudo differential operators. *Math. Nachr.* **178**, 199-231.

[85] N. Jacob and R. L. Schilling (1997). Some Dirichlet spaces obtained by subordinate reflected diffusions. Preprint.

[86] S. Jaffard: The multifractal nature of Lévy processes. Preprint.

[87] N. C. Jain and W. E. Pruitt (1987). Lower tail probabilities estimates for subordinators and nondecreasing random walks. *Ann. Probab.* **15**, 75-102.

[88] M. Jeanblanc, J. Pitman and M. Yor (1997). The Feynman-Kac formula and decomposition of Brownian paths. *Computat. Appl. Math.* **6.1**, 27-52.

[89] T. Jeulin and M. Yor (1981). Sur les distributions de certaines fonctionnelles du mouvement brownien. In: *Séminaire de Probabilités XV*, Lecture Notes in Math. 850, pp. 210-226. Springer, Berlin.

[90] J. P. Kahane (1985). *Some random series of functions.* 2nd edn. Cambridge University Press, Cambridge.

[91] J. P. Kahane (1990). Recouvrements aléatoires et théorie du potentiel. *Colloquium Mathematicum* LX/LXI, 387-411.

[92] Y. Kasahara (1975). Spectral theory of generalized second order differential operators and its applications to Markov processes. *Japan J. Math.* **1**, 67-84.

[93] D. G. Kendall (1968). Delphic semigroups, infinitely divisible regenerative phenomena, and the arithmetic of p-functions. *Z. Wahrscheinlichkeitstheorie verw. Gebiete* **9**, 163-195.

[94] J. T. Kent (1980). Eigenvalues expansions for diffusions hitting times. *Z. Wahrscheinlichkeitstheorie verw. Gebiete* **52**, 309-319.

[95] J. T. Kent (1982). The spectral decomposition of a diffusion hitting time. *Ann. Probab.* **10**, 207-219.

[96] H. Kesten (1969). Hitting probabilities of single points for processes with stationary independent increments. *Memoirs Amer. Math. Soc.* **93**.

[97] H. Kesten (1970). The limit points of random walk. *Ann. Math. Stat.* **41**, 1173-1205.

[98] D. Khoshnevisan (1997). The rate of convergence in the ratio ergodic theorem for Markov processes. Preprint.

[99] D. Khoshnevisan and T. M. Lewis (1997). Stochastic calculus for Brownian motion on a Brownian fracture. Preprint.

[100] J. F. C. Kingman (1972). *Regenerative phenomena.* Wiley, London.

[101] F. B. Knight (1981). Characterization of the Lévy measure of inverse local times of gap diffusions. In: *Seminar on Stochastic Processes 1981*, pp. 53-78, Birkhäuser.

[102] S. Kotani and S. Watanabe (1981). Krein's spectral theory of strings and general diffusion processes. In: *Functional Analysis in Markov Processes* (ed M. Fukushima), Proceeding Katata and Kyoto 1981, Lecture Notes in Math. 923 pp. 235-259, Springer.

[103] U. Küchler (1986). On sojourn times, excursions and spectral measures connected with quasi diffusions. *J. Math. Kyoto Univ.* **26**, 403-421.

[104] U. Küchler and P. Salminen (1989). On spectral measures of strings and excursions of quasi diffusions. In: *Séminaire de Probabilités XXIII*, Lecture Notes in Math. 1372 pp. 490-502, Springer.

[105] A. Lachal: Sur la distribution de certaines fonctionnelles de l'intégrale du mouvement brownien avec dérive parabolique et cubique. *Comm. Pure Appl. Math.* **XLIX-12**, 1299-1338.

[106] J. Lamperti (1962). An invariance principle in renewal theory. *Ann. Math. Stat.* **33**, 685-696.

[107] J. F. Le Gall (1987). Mouvement brownien, cônes et processus stables. *Probab. Theory Relat. Fields* **76**, 587-627.

[108] J. F. Le Gall (1992). Some properties of planar Brownian motion. In: *Ecole d'été de Probabilités de St-Flour XX*, Lecture Notes in Maths. 1527, pp. 111-235. Springer, Berlin.

[109] B. Maisonneuve (1971). Ensembles régénératifs, temps locaux et subordinateurs. In: *Séminaire de Probabilités V*, Lecture Notes in Math. 191, pp. 147-169. Springer, Berlin

[110] B. Maisonneuve (1974). Systèmes régénératifs. *Astérisque* **15**, Société Mathématique de France.

[111] B. Maisonneuve (1983). Ensembles régénératifs de la droite. *Z. Wahrscheinlichkeitstheorie verw. Gebiete* **63**, 501-510.

[112] B. Maisonneuve (1993). Processus de Markov: Naissance, retournement, régénération. In: *Ecole d'été de Probabilités de Saint-Flour XXI-1991.* Lecture Notes in Maths. 1541, Springer.

[113] B. B. Mandelbrot (1972). Renewal sets and random cutouts. *Z. Wahrscheinlichkeitstheorie verw. Gebiete* **22**, 145-157.

[114] M. B. Marcus and J. Rosen (1992). Sample path properties of the local times of strongly symmetric Markov processes via Gaussian processes. *Ann. Probab.* **20**, 1603-1684.

[115] M. B. Marcus and J. Rosen (1994). Laws of the iterated logarithm for the local times of symmetric Lévy processes and recurrent random walks. *Ann. Probab.* **22**, 626-658.

[116] M. B. Marcus and J. Rosen (1994). Laws of the iterated logarithm for the local times of recurrent random walks on Z^2 and of Lévy processes and recurrent random walks in the domain of attraction of Cauchy random variables. *Ann. Inst. Henri Poincaré* **30**, 467-499.

[117] L. Marsalle (1997). Applications des subordinateurs à l'étude de trois familles de temps exceptionnels. Thèse d'Université. Laboratoire de Probabilités de l'Université Pierre et Marie Curie.

[118] L. Marsalle (1999). Slow points and fast points of local times. To appear in *Ann. Probab.*

[119] P. A. Meyer (1984). Transformation de Riesz pour les lois gaussiennes. In: *Séminaire de Probabilités* XVIII, Lecture Notes in Maths. 1059 pp. 179-193. Springer, Berlin.

[120] I. S. Molchanov (1993). Intersection and shift functions of strong Markov random closed sets. *Prob. Math. Stats.* **14-2**, 265-279.

[121] I. S. Molchanov and E. Ostrovski (1969). Symmetric stable processes as traces of degenerate diffusion processes. *Th. Prob. Appl.* **14**, 128-131.

[122] J. Neveu (1961). Une généralisation des processus à accroissements positifs indépendants. *Abh. Math. Sem. Univ. Hamburg* **25**, 36-61.

[123] S. Orey (1967). Polar sets for processes with stationary independent increments. In: *Markov processes and potential theory*, pp. 117-126. Wiley, New-York.

[124] S. Orey and S. J. Taylor (1974). How often on a Brownian path does the law of the iterated logarithm fail? *Proc. London Math. Soc.* **28**, 174-192.

[125] J. W. Pitman (1986). Stationary excursions. *Séminaire de Probabilités XXI*, Lecture Notes in Maths. 1247 pp. 289-302. Springer, Berlin.

[126] J. W. Pitman and M. Yor (1992). Arc sine laws and interval partitions derived from a stable subordinator. *Proc. London Math. Soc.* **65**, 326-356.

[127] J. W. Pitman and M. Yor (1997). The two-parameter Poisson-Dirichlet distribution derived from a stable subordinator. *Ann. Probab.* **25**, 855-900.

[128] J. W. Pitman and M. Yor (1997). On the lengths of excursions of some Markov processes. *Séminaire de Probabilités XXXI*, Lecture Notes in Maths. 1655 pp. 272-286. Springer, Berlin.

[129] J. W. Pitman and M. Yor (1997). On the relative lengths of excursions derived from a stable subordinator. *Séminaire de Probabilités XXXI* Lecture Notes in Maths. 1655 pp. 287-305. Springer, Berlin.

[130] W. E. Pruitt (1991). An integral test for subordinators. In: *Random Walks, Brownian Motion and Iteracting Particle Systems: A Festschrift in honor of Frank Spitzer*, pp. 389-398. Birkhäuser, Boston.

[131] B. Rajeev and M. Yor (1995). Local times and almost sure convergence of semi-martingales. *Ann. Inst. Henri Poincaré* **31** 653-667.

[132] D. Revuz and M. Yor (1994). *Continuous martingales and Brownian motion*, 2nd edn. Springer, Berlin.

[133] C. A. Rogers (1970). *Hausdorff measure.* Cambridge University Press, Cambridge.

[134] L. C. G. Rogers (1983). Wiener-Hopf factorization of diffusions and Lévy processes. *Proc. London Math. Soc.* **47**, 177-191.

[135] L. C. G. Rogers (1989). Multiple points of Markov processes in a complete metric space. In: *Séminaire de Probabilités XXIII.* Lecture Note in Maths. 1372 pp. 186-197. Springer, Berlin.

[136] L. C. G. Rogers (1989). A guided tour through excursions. *Bull. London Math. Soc.* **21**, 305-341.

[137] L. C. G. Rogers and D. Williams (1987). *Diffusions, Markov processes, and martingales* vol. 2: Itô calculus. Wiley, New-York.

[138] L. C. G. Rogers and D. Williams (1994). *Diffusions, Markov processes, and martingales* vol. I: Foundations. (First edition by D. Williams, 1979) Wiley, New-York.

[139] B. A. Rogozin (1966). On the distribution of functionals related to boundary problems for processes with independent increments. *Th. Prob. Appl.* **11**, 580-591.

[140] Ya. Sinai (1992). Statistics of shocks in solution of inviscid Burgers equation. *Commun. Math. Phys.* **148**, 601-621.

[141] M. J. Sharpe (1989). *General theory of Markov processes.* Academic Press, New-York.

[142] Z. S. She, E. Aurell and U. Frisch (1992). The inviscid Burgers equation with initial data of Brownian type. *Commun. Math. Phys.* **148**, 623-641.

[143] L. A. Shepp (1972). Covering the line with random intervals. *Z. Wahrscheinlichkeitstheorie verw. Gebiete* **23**, 163-170.

[144] A. N. Shiryaev (1984).*Probability.* Springer-Verlag, New York.

[145] F. Spitzer (1958). Some theorems concerning two-dimensional Brownian motion. *Trans. Amer. Math. Soc.* **87**, 187-197.

[146] S. J. Taylor (1973). Sample path properties of processes with stationary independent increments. In: *Stochastic Analysis*, pp. 387-414. Wiley, London.

[147] S. J. Taylor (1986). The use of packing measure in the analysis of random sets. In: *Stochastic Processes and their Applications* (eds K. Itô and T. Hida), Proceedings Nagoya 1985, Lecture Notes in Maths 1203, pp. 214-222. Springer, Berlin.

[148] S. J. Taylor and C. Tricot (1985). Packing measure and its evaluation for a Brownian path. *Trans. Amer. Math. Soc.* **288**, 679-699.

[149] M. Tomisaki (1977). On the asymptotic behaviors of transition probability densities of one-dimensional diffusion processes. *Publ. RIMS Kyoto Univ.* **12**, 819-837.

[150] S. Watanabe (1975). On time-inversion of one-dimensional diffusion processes. *Z. Wahrscheinlichkeitstheorie verw. Gebiete* **31**, 115-124.

[151] S. Watanabe (1995). Generalized arcsine laws for one-dimensional diffusion processes and random walks. In: *Stochastic Analysis* (eds M. Cranston and M. Pinsky), Proceeding of Symposia in Pure Math. **57**, pp. 157-172. American Mathematical Society.

[152] M. Yor (1995). *Local times and excursions for Brownian motion: a concise introduction.* Lecciones en Matemáticas **1**. Facultad de Ciencias, Universidad Central de Venezuela.

[153] M. Yor (1997). *Some aspects of Brownian motion. Part II: Some recent martingale problems.* Birkhäuser, Basel.

Ronald A. Doney

Fluctuation Theory for Lévy Processes

Ecole d'Eté de Probabilités de Saint-Flour XXXV - 2005

Editor: Jean Picard

Springer

riginally published in: *Ecole d'Eté de Probabilités de Saint-Flour XXXV – 2005*, Lecture Notes in athematics, Vol. **1897**, III–IX, DOI: 10.1007/978-3-540-48511-7, © Springer-Verlag Berlin Heidelberg 2007, eprint by Springer-Verlag Berlin Heidelberg 2012

Foreword

The Saint-Flour Probability Summer School was founded in 1971. It is supported by CNRS, the "Ministère de la Recherche", and the "Université Blaise Pascal".

Three series of lectures were given at the 35th School (July 6–23, 2005) by the Professors Doney, Evans and Villani. These courses will be published separately, and this volume contains the course of Professor Doney. We cordially thank the author for the stimulating lectures he gave at the school, and for the redaction of these notes.

53 participants have attended this school. 36 of them have given a short lecture. The lists of participants and of short lectures are enclosed at the end of the volume.

Here are the references of Springer volumes which have been published prior to this one. All numbers refer to the *Lecture Notes in Mathematics* series, except S-50 which refers to volume 50 of the *Lecture Notes in Statistics* series.

1971: vol 307	1980: vol 929	1990: vol 1527	1998: vol 1738
1973: vol 390	1981: vol 976	1991: vol 1541	1999: vol 1781
1974: vol 480	1982: vol 1097	1992: vol 1581	2000: vol 1816
1975: vol 539	1983: vol 1117	1993: vol 1608	2001: vol 1837 & 1851
1976: vol 598	1984: vol 1180	1994: vol 1648	2002: vol 1840 & 1875
1977: vol 678	1985/86/87: vol 1362 & S-50	1995: vol 1690	2003: vol 1869 & 1896
1978: vol 774	1988: vol 1427	1996: vol 1665	2004: vol 1878 & 1879
1979: vol 876	1989: vol 1464	1997: vol 1717	2005: vol 1897

Further details can be found on the summer school web site
`http://math.univ-bpclermont.fr/stflour/`

Jean Picard
Clermont-Ferrand, April 2006

Contents

1

Introduction to Lévy Processes

Lévy processes, i.e. processes in continuous time with stationary and independent increments, are named after Paul Lévy: he made the connection with infinitely divisible distributions (Lévy–Khintchine formula) and described their structure (Lévy–Itô decomposition).

I believe that their study is of particular interest today for the following reasons

- They form a subclass of general Markov processes which is large enough to include many familiar processes such as Brownian motion, the Poisson process, Stable processes, etc, but small enough that a particular member can be specified by a few quantities (the *characteristics* of a Lévy process).
- In a sense, they stand in the same relation to Brownian motion as general random walks do to the simple symmetric random walk, and their study draws on techniques from both these areas.
- Their *sample path behaviour* poses a variety of difficult and fascinating questions, some of which are not relevant for Brownian motion.
- They form a flexible class of models, which have been applied to the study of storage processes, insurance risk, queues, turbulence, laser cooling,... and of course finance, where the feature that they include examples having "heavy tails" is particularly important.

This course will cover only a part of the theory of Lévy processes, and will not discuss applications. Even within the area of fluctuation theory, there are many recent interesting developments that I won't have time to discuss.

Almost all the material in Chapters 1–4 can be found in Bertoin [12]. For related background material, see Bingham [19], Satô [90], and Satô [91].

1.1 Notation

We will use the canonical notation, and denote by $X = (X_t, t \geq 0)$ the co-ordinate process, i.e. $X_t = X_t(\omega) = \omega(t)$, where $\omega \in \Omega$, the space of real-valued cadlag paths, augmented by a cemetery point ϑ, and endowed with

riginally published in: *Ecole d'Eté de Probabilités de Saint-Flour XXXV – 2005*, Lecture Notes in
lathematics, Vol. **1897**, 1–8, DOI: 10.1007/978-3-540-48511-7_1, © Springer-Verlag Berlin Heidelberg 2007,
eprint by Springer-Verlag Berlin Heidelberg 2012

the Skorohod topology. The Borel σ-field of Ω will be denoted by $\mathcal{F}$ and the lifetime by $\zeta = \zeta(\omega) = \inf\{t \geq 0 : \omega(t) = \vartheta\}$.

Definition 1. *Let $\mathbb{P}$ be a probability measure on $(\Omega, \mathcal{F})$ with $\mathbb{P}(\zeta = \infty) = 1$. We say that X is a (real-valued) Lévy process for $(\Omega, \mathcal{F}, \mathbb{P})$ if for every $t \geq s \geq 0$, the increment $X_{t+s} - X_t$ is independent of $(X_u, 0 \leq u \leq t)$ and has the same distribution as X_s.*

Note that this forces $\mathbb{P}(X_0 = 0) = 1$; we will later write $\mathbb{P}_x$ for the measure corresponding to $(x + X_t, t \geq 0)$ under $\mathbb{P}$.

(Incidentally the name Lévy process has only been the accepted terminology for approximately 20 years; prior to that the name "process with stationary and independent increments" was generally used.)

From the decomposition

$$X_1 = X_{\frac{1}{n}} + \left(X_{\frac{2}{n}} - X_{\frac{1}{n}}\right) + \cdots + \left(X_{\frac{n}{n}} - X_{\frac{n-1}{n}}\right)$$

it is apparent that X_1 has an *infinitely divisible* distribution under $\mathbb{P}$. The form of a general infinitely divisible distribution is given by the well-known Lévy–Khintchine formula, and from it we deduce easily the following result.

Theorem 1. *Let X be a Lévy process on $(\Omega, \mathcal{F}, \mathbb{P})$; then*

$$\mathbb{E}(\exp i\lambda X_t) = e^{-t\Psi(\lambda)}, \ t \geq 0, \lambda \in \mathbb{R},$$

where, for some real γ, σ and measure Π on $\mathbb{R} - \{0\}$ which satisfies

$$\int_{-\infty}^{\infty} \{x^2 \wedge 1\} \Pi(dx) < \infty, \tag{1.1.1}$$

$$\Psi(\lambda) = -i\gamma\lambda + \frac{\sigma^2}{2}\lambda^2 + \int_{-\infty}^{\infty} \left\{1 - e^{i\lambda x} + i\lambda x \mathbf{1}_{(|x|<1)}\right\} \Pi(dx). \tag{1.1.2}$$

Ψ is called the **Lévy exponent** of X, and we will call the quantities γ the linear cefficient, σ the Brownian coefficient, and Π the Lévy measure of X : together they constitute the **characteristics** of X. There is an existence theorem: given real γ, any $\sigma \geq 0$ and measure Π satisfying (1.1.1) there is a measure under which X is a Lévy process with characteristics γ, σ and Π. There is also a uniqueness result, as any alteration in one or more of the characteristics results in a Lévy process with a different distribution.

Examples

- The characteristics of standard Brownian motion are $\gamma = 0, \sigma = 1, \Pi \equiv 0$, and $\Psi(\lambda) = \frac{\lambda^2}{2}$.
- The characteristics of a compound Poisson process with jump rate c and step distribution F are

$$\gamma = c\int_{\{|x|<1\}} xF(dx), \sigma = 0, \Pi(dx) = cF(dx),$$

and $\Psi(\lambda) = c(1 - \phi(\lambda))$, where $\phi(\theta) = \int_{-\infty}^{\infty} e^{i\lambda x} dF(x)$.

- The characteristics of a Gamma process are

$$\gamma = c(1-e^{-1}), \sigma = 0, \Pi(dx) = cx^{-1}e^{-x}\mathbf{1}_{\{x>0\}}dx,$$

and $\Psi(\lambda) = c\log(1-i\lambda)$.
- The characteristics of a strictly stable process of index $\alpha \in (0,1)_\cup(1,2)$ are

$$\gamma \text{ arbitrary}, \sigma = 0, \Pi(dx) = \begin{matrix} c_+x^{-\alpha-1}dx & \text{if } x>0, \\ c_-|x|^{-\alpha-1}dx & \text{if } x<0. \end{matrix}$$

If $\alpha \neq 1$, $c_+ \geq 0$ and $c_- \geq 0$ are arbitrary, and

$$\Psi(\lambda) = c|\lambda|^\alpha \{1 - i\beta sgn(\lambda)\tan(\pi\alpha/2)\} - i\gamma\lambda.$$

If $\alpha = 1$, $c_+ = c_- > 0$, and $\Psi(\lambda) = c|\lambda| - i\gamma\lambda$; this is a Cauchy process with drift.

Note that there is a fairly obvious generalisation of Theorem 1 to $\mathbb{R}^d$, but we will stick, almost exclusively, to the 1-dimensional case.

The first step to getting a probabilistic interpretation of Theorem 1 is to realise that the process of jumps,

$$\Delta = (\Delta_t, t \geq 0) \text{ where } \Delta_t = X_t - X_{t-},$$

is a Poisson point process, but first we need some background material.

1.2 Poisson Point Processes

A random measure ϕ on a Polish space E (this means it is metric-complete and separable) is called a Poisson measure with intensity ν if

1. ν is a σ-finite measure on E;
2. for every Borel subset B of E with $0 < \nu(B) < \infty$, $\phi(B)$ has a Poisson distribution with parameter $\nu(B)$; in particular $\phi(B)$ has mean $\nu(B)$;
3. for disjoint Borel subsets $B_1, \cdots B_n$ of E, the random variables $\phi(B_1), \cdots$, $\phi(B_n)$ are independent.

In the case that $c := \nu(E) < \infty$, it is clear that we can represent ϕ as a sum of Dirac point masses as follows. Let $y_1, y_2, \cdots$ be a sequence of independent and identically distributed E-valued random variables with distribution $c^{-1}\nu$, and N an independent Poisson-distributed random variable with parameter c; then we can represent ϕ as

$$\phi = \sum_1^N \delta_{y_j},$$

where δ_y denotes the Dirac point mass at $y \in E$. If $\nu(E) = \infty$, there is a decomposition of E into disjoint Borel sets $E_1, E_2, \cdots$, each having $\nu(E_j)$

finite, and we can represent ϕ as the sum of independent Poisson measures ϕ_j having intensities $\nu \mathbf{1}_{E_j}$, each having the above representation, so again ϕ can be represented as the sum of Dirac point masses.

To set up a Poisson point process we consider the product space $E \times [0, \infty)$, the measure $\mu = \nu \times dx$, and a Poisson measure ϕ on $E \times [0, \infty)$ with intensity μ. It is easy to check that a.s. $\phi(E \times \{t\}) = 1$ or 0 for all $t \geq 0$, so we can introduce a process $(e(t), t \geq 0)$ by letting $(e(t), t)$ denote the position of the point mass on $E \times \{t\}$ in the first case, and in the second case put $e(t) = \xi$, where ξ is an additional isolated point. Then we can write

$$\phi = \sum_{t \geq 0} \delta_{(e(t),t)}.$$

The process $e = (e(t), t \geq 0)$ is called a Poisson point process with characteristic measure ν.

The basic properties of a Poisson point process are stated in the next result.

Proposition 1. *Let B be a Borel set with $\nu(B) < \infty$, and define its counting process by*

$$N_t^B = \#\{s \leq t : e(s) \in B\} = \phi(B \times [0, t]), \ \ t \geq 0,$$

and its entrance time by

$$T_B = \inf\{t \geq 0 : e(t) \in B\}.$$

Then

(i) N^B is a Poisson process of parameter $\nu(B)$, which is adapted to the filtration $\mathcal{G}$ of e.
(ii) T_B is a $(\mathcal{G}_t)$-stopping time which has an exponential distribution with parameter $\nu(B)$.
(iii) $e(T_B)$ and T_B are independent, and for any Borel set A

$$\mathbb{P}(e(T_B) \in A) = \frac{\nu(A \cap B)}{\nu(B)}.$$

(iv) The process e' defined by $e'(t) = \xi$ if $e(t) \in B$ and $e'(t) = e(t)$ otherwise is a Poisson point process with characteristic measure $\nu \mathbf{1}_{B^c}$, and it is independent of $(T_B, e(T_B))$.

The process $(e(t), 0 \leq t \leq T_B)$ is called the process **stopped** at the first point in B; its law is characterized by Proposition 1.

If we define a deterministic function on $E \times [0, \infty)$ by $H_t(y) = \mathbf{1}_{B \times (t_1, t_2]}(y, t)$ it is clear that

$$\mathbb{E}\left(\sum_{0 \leq t < \infty} H_t(e(t)) \right) = (t_2 - t_1)\nu(B);$$

this is the building block on which the following important result is based.

Proposition 2. *(**The compensation formula**) Let $H = (H_t, t \geq 0)$ be a predictable process taking values in the space of nonnegative measurable functions on $E_{\cup}\{\xi\}$ and having $H_t(\xi) \equiv 0$. Then*

$$\mathbb{E}\left(\sum_{0\leq t<\infty} H_t(e(t))\right) = \mathbb{E}\left(\int_0^{\infty} dt \int_E H_t(y)\nu(dy)\right).$$

A second important result is called **the exponential formula**;

Proposition 3. *Let f be a complex-valued Borel function on $E_{\cup}\{\xi\}$ with $f(\xi) = 0$ and*

$$\int_E |1 - e^{f(y)}|\nu(dy) < \infty.$$

Then for any $t \geq 0$

$$\mathbb{E}\left(\exp\left\{\sum_{0\leq s\leq t} f(e(s))\right\}\right) = \exp\left\{-t\int_E (1 - e^{f(y)})\nu(dy)\right\}.$$

1.3 The Lévy–Itô Decomposition

It is important to get a probabilistic interpretation of the Lévy–Khintchine formula, and this is what this decomposition does. Fundamentally, it describes the way that the measure Π determines the structure of the jumps in the process. Specifically it states that X can be written in the form

$$X_t = \gamma t + \sigma B_t + Y_t,$$

where B is a standard Brownian motion, and Y is a Lévy process which is independent of B, and is "determined by its jumps", in the following sense. Let $\Delta = \{\Delta_t, t \geq 0\}$ be a Poisson point process on $\mathbb{R} \times [0, \infty)$ with characteristic measure Π, and note that since $\Pi\{x : |x| \geq 1\} < \infty$, then $\sum_{s\leq t} 1_{\{|\Delta_s|\geq 1\}}|\Delta_s| < \infty$ a.s. Moreover if we define

$$Y_t^{(2)} = \sum_{s\leq t} 1_{\{|\Delta_s|\geq 1\}}\Delta_s, \ t \geq 0$$

then it is easy to see that, provided $c = \Pi\{x : |x| \geq 1\} > 0$, $(Y_t^{(2)}, t \geq 0)$ is a compound Poisson process with jump rate c, step distribution $F(dx) = c^{-1}\Pi(dx)\mathbf{1}_{\{|x|\geq 1\}}$ and, by the exponential formula, Lévy exponent

$$\Psi^{(2)}(\lambda) = \int_{|x|\geq 1} \{1 - e^{i\lambda x}\}\Pi(dx).$$

If

$$I = \int (1 \wedge |x|)\Pi(dx) < \infty, \tag{1.3.1}$$

then, by considering the limit of $\sum_{s\le t} 1_{\{\varepsilon<|\Delta_s|<1\}} |\Delta_s|$ as $\varepsilon \downarrow 0$, we see that

$$\sum_{s\le t} 1_{\{|\Delta_s|<1\}} |\Delta_s| < \infty \text{ a.s. for each } t < \infty,$$

and in this case we set $Y_t = Y_t^{(1)} + Y_t^{(2)}$, where

$$Y_t^{(1)} = \sum_{s\le t} \Delta_s 1_{\{|\Delta_s|<1\}},\ t \ge 0,$$

is independent of $Y^{(2)}$. Clearly, in this case Y has bounded variation (on each finite time interval), and it's exponent is

$$\Psi^{(1)}(\lambda) = \int_{|x|<1} \{1 - e^{i\lambda x}\} \Pi(dx).$$

In this case we can rewrite the Lévy–Khintchine formula as

$$\Psi(\lambda) = -i\delta\lambda + \frac{\sigma^2}{2}\lambda^2 + \Psi^{(1)}(\lambda) + \Psi^{(2)}(\lambda),$$

where $\delta = \gamma - \int_{|x|<1} x\Pi(dx)$ is finite, and the Lévy–Itô decomposition takes the form

$$X_t = \delta t + \sigma B_t + Y_t^{(1)} + Y_t^{(2)},\ t \ge 0, \tag{1.3.2}$$

where the processes $B, Y^{(1)}$ and $Y^{(2)}$ are independent. The constant δ is called the **drift coefficient** of X.

However, if $I = \infty$ then a.s. $\sum_{s\le t} |\Delta_s| = \infty$ for each $t > 0$, and in this case we need to define $Y^{(1)}$ differently: in fact as the a.s. limit as $\varepsilon \downarrow 0$ of the compensated partial sums,

$$Y_{\varepsilon,t}^{(1)} = \sum_{s\le t} 1_{\{\varepsilon<|\Delta_s|\le 1\}} \Delta_s - t\int_{\varepsilon<|x|\le 1} x\Pi(dx).$$

It is clear that $\{Y_{\varepsilon,t}^{(1)}, t \ge 0\}$ is a Lévy process, in fact a compensated compound Poisson process with exponent

$$\Psi_\varepsilon^{(1)}(\lambda) = \int_{-\infty}^{\infty} \{1 - e^{i\lambda x} + i\lambda x\} \mathbf{1}_{(\varepsilon<|x|<1)} \Pi(dx),$$

and hence a martingale. The key point, (see e.g. [12] p14), is that the basic assumption that $\int (1 \wedge x^2)\Pi(dx) < \infty$ allows us to use a version of Doob's maximal inequality for martingales to show that the limit as $\varepsilon \downarrow 0$ exists, has stationary and independent increments, and is a Lévy process with exponent

$$\Psi^{(1)}(\lambda) = \int_{-\infty}^{\infty} \{1 - e^{i\lambda x} + i\lambda x\} \mathbf{1}_{(|x|<1)} \Pi(dx).$$

In this case the Lévy–Itô decomposition takes the form

$$X_t = \gamma t + \sigma B_t + Y_t^{(1)} + Y_t^{(2)}, \ t \geq 0, \tag{1.3.3}$$

where again the processes $B, Y^{(1)}$ and $Y^{(2)}$ are independent.

Since $Y^{(2)}$ has unbounded variation we see that X has bounded variation $\iff \sigma = 0$ and $I < \infty$. All the examples we have discussed have bounded variation, except for Brownian motion and stable processes with index $\in (1, 2)$.

To conclude this section, we record some information about the asymptotic behaviour of the Lévy exponent.

Proposition 4. *(i) In all cases we have*

$$\lim_{|\lambda|\to\infty} \frac{\Psi(\lambda)}{\lambda^2} = \frac{\sigma^2}{2}.$$

(ii) If X has bounded variation and drift coefficient δ,

$$\lim_{|\lambda|\to\infty} \frac{\Psi(\lambda)}{\lambda} = -i\delta.$$

(iii) X is a compound Poisson process if and only if Ψ is bounded.

(Note that we reserve the name compound Poisson process for a Lévy process with a finite Lévy measure, no Brownian component and drift coefficient zero.)

1.4 Lévy Processes as Markov Processes

It is clear that any Lévy process has the simple Markov property in the stronger, spatially homogeneous form that, given $X_t = x$, the process $\{X_{t+s}, s \geq 0\}$ is independent of $\{X_u, u < t\}$ and has the law of $\{x + X_s, s \geq 0\}$. In fact

- a similar form of the strong Markov property also holds. In particular this means that the above is valid if the fixed time t is replaced by a *first passage time*
$$T_B = \inf\{t \geq 0 : X_t \in B\}$$
whenever B is either open or closed.
- It is also the case that the semi-group of X has the Feller property and it turns out that the strong Feller property holds in the important special case that the law of X_t is absolutely continuous with respect to Lebesgue measure.
- In these, and some other circumstances, the resolvent kernel is absolutely continuous, i.e. there exists a non-negative measurable function $u^{(q)}$ such that

$$U^{(q)}f(x) := \int_0^\infty e^{-qt}P_tf(x)dt = \int_{-\infty}^{\infty} f(x+y)u^{(q)}(y)dy,$$

where

$$P_tf(x) = \mathbb{E}_x(f(X_t)).$$

- The associated potential theory requires no additional hypotheses; in particular if we write $X^* = -X$ for the dual of X we have the following duality relations. Let f and g be non-negative; then

$$\int_{\mathbb{R}} P_tf(x)g(x)dx = \int_{\mathbb{R}} f(x)P_t^*g(x)dx, \ t > 0,$$

and

$$\int_{\mathbb{R}} U^{(q)}f(x)g(x)dx = \int_{\mathbb{R}} f(x)U^{*(q)}g(x)dx, \ t > 0,$$

- The relation between X and X^* via time-reversal is also simple; *for each fixed* $t > 0$, the reversed process $\{X_{(t-s)-} - X_t, 0 \le s \le t\}$ and the dual process $\{X_s^*, 0 \le s \le t\}$ have the same law under $\mathbb{P}$.

In summary; X is a "nice" Markov process, and many of technical problems which appear in the general theory are simplified for Lévy processes.

2

Subordinators

2.1 Introduction

It is not difficult to see, by considering what happens near time 0, that a Lévy process which starts at 0 and only takes values in $[0,\infty)$ must have $\sigma = \Pi\{(-\infty,0)\} = 0$, bounded variation and drift coefficient $\delta \geq 0$. Clearly such a process has monotone, non-decreasing paths. These processes, which are the continuous analogues of renewal processes, are called **subordinators**. (The name comes from the fact that whenever X is a Lévy process and T is an independent subordinator, the *subordinated* process defined by $Y_t = X_{T_t}$ is also a Lévy process.) Apart from the interest in subordinators as a sub-class of Lévy processes, we will see that they play a crucial rôle in fluctuation theory of general Lévy processes, just as renewal processes do in random-walk theory.

2.2 Basics

For subordinators it is possible, and convenient, to work with Laplace transforms rather than Fourier transforms. Since

$$\int_0^\infty (1 \wedge x)\Pi(dx) < \infty, \tag{2.2.1}$$

we can write the Lévy exponent in the form

$$\Psi(\lambda) = -i\delta\lambda + \int_0^\infty \{1 - e^{i\lambda x}\}\Pi(dx),$$

and it is clear from (2.2.1) that the integral converges on the upper half of the complex λ plane. So we can define the *Laplace exponent* by

$$\Phi(\lambda) = -\log \mathbb{E}\{e^{-\lambda X_1}\} = \Psi(i\lambda) = \delta\lambda + \int_0^\infty (1 - e^{-\lambda x})\Pi(dx), \tag{2.2.2}$$

riginally published in: *Ecole d'Eté de Probabilités de Saint-Flour XXXV – 2005*, Lecture Notes in athematics, Vol. **1897**, 9–17, DOI: 10.1007/978-3-540-48511-7_2, © Springer-Verlag Berlin Heidelberg 2007, eprint by Springer-Verlag Berlin Heidelberg 2012

and have

$$\mathbb{E}(e^{-\lambda X_t}) = \exp\{-t\Phi(\lambda)\}, \ \lambda \geq 0.$$

It is also useful to observe that, by integration by parts, we can rewrite (2.2.2) in terms of the Lévy tail, $\overline{\Pi}(x) = \Pi\{(x,\infty)\}$, as

$$\frac{\Phi(\lambda)}{\lambda} = \delta + \int_0^\infty \overline{\Pi}(x) e^{-\lambda x} dx. \tag{2.2.3}$$

A further integration by parts gives

$$\frac{\Phi(\lambda)}{\lambda^2} = \int_0^\infty e^{-\lambda x} \{\delta + I(x)\} \, dx, \tag{2.2.4}$$

where $I(x) = \int_0^x \overline{\Pi}(y)dy$ denotes the integrated tail of the Lévy measure.

One reason why subordinators are interesting is that they often turn up whilst studying other processes: for example, the first passage process in Brownian motion is a subordinator with $\delta = 0$ and $\Pi(dx) = cx^{-\frac{3}{2}} \mathbf{1}_{\{x>0\}} dx$, $\Phi(\lambda) = c'\lambda^{\frac{1}{2}}$. This is a stable subordinator of index 1/2. For $\alpha \in (0,1)$ **a stable subordinator of index** α has Laplace exponent

$$\Phi(\lambda) = c\lambda^\alpha = \frac{c\alpha}{\Gamma(1-\alpha)} \int_0^\infty (1 - e^{-\lambda x}) x^{-1-\alpha} dx.$$

The c here is just a scale factor, and the restriction on α comes from condition (2.2.1). Poisson processes are also subordinators, and the Gamma process we met earlier is a representative of the class of **Gamma subordinators**. These have

$$\Phi(\lambda) = a \log(1 + b^{-1}\lambda) = \int_0^\infty (1 - e^{-\lambda x}) a x^{-1} e^{-bx} dx;$$

where $a, b > 0$ are parameters. (The second equality here is an example of the **Frullani integral**: see [20], Section 1.6.4.) This family is noteworthy because we also have an explicit expression for the distribution of X_t, viz

$$\mathbb{P}(X_t \in dx) = \frac{b^{at}}{\Gamma(at)} x^{at-1} e^{-bx} dx.$$

2.3 The Renewal Measure

Just as in the discrete case, an important object in the study of a subordinator is the associated renewal measure. Because X is transient, its potential measure

$$U(dx) = \mathbb{E}\left(\int_0^\infty \mathbf{1}_{\{X_t \in dx\}} dt \right) = \int_0^\infty \mathbb{P}(X_t \in dx) dt$$

is a Radon measure, and its distribution function, which we denote by $U(x)$, is called the renewal function of X. If $T_x = T_{(x,\infty)}$ we can also write

$$U(x) = U([0,x]) = \mathbb{E}T_x. \tag{2.3.1}$$

Let us first point out why the name is appropriate.

Lemma 1. *Let $Y = X_{\mathbf{e}}$, where $\mathbf{e}$ is an independent, Exp(1) random variable, and with $Y_1, Y_2 \cdots$ independent and identically distributed copies of Y, put $S_0 = 0$ and $S_n = \sum_1^n Y_j$ for $n \geq 1$. Write V for the renewal function of the renewal process S, viz $V(x) = \sum_0^\infty P(S_n \leq x)$. Then*

$$V(x) = 1 + U(x), \ x \geq 0.$$

Proof. Since

$$\begin{aligned} E(e^{-\lambda Y}) &= \int_0^\infty \int_0^\infty e^{-\lambda x} e^{-t} \mathbb{P}(X_t \in dx)dt \\ &= \int_0^\infty e^{-t} e^{-t\Phi(\lambda)} dt = \frac{1}{1+\Phi(\lambda)} \end{aligned}$$

we see that

$$\int_0^\infty e^{-\lambda x} V(dx) = (1 - E(e^{-\lambda Y}))^{-1} = 1 + \frac{1}{\Phi(\lambda)}.$$

But

$$\begin{aligned} \int_0^\infty e^{-\lambda x} U(dx) &= \int_0^\infty e^{-\lambda x} \int_0^\infty \mathbb{P}(X_t \in dx)dt \\ &= \int_0^\infty e^{-t\phi(\lambda)} dt = \frac{1}{\Phi(\lambda)}. \end{aligned}$$

■

This tells us that asymptotic results such as the Renewal Theorem have analogues for subordinators: note in this context that Y has the same mean as X_1. Also, it is easy to see that, in essence, we don't need to worry about the difference between the lattice and non-lattice cases: the only time the support of U is contained in a lattice is when X is a compound Poisson process whose step distribution is supported by a lattice. If X is not compound Poisson, then the measure U is diffuse, and $U(x)$ is continuous; this is also true in the case of a compound Poisson process whose step distribution is diffuse, except that there is a Dirac mass at zero.

Another property which goes over to the continuous case is that of subadditivity, since the useful inequality

$$U(x+y) \leq U(x) + U(y), \ x, y \geq 0,$$

can be seen directly from (2.3.1). The behaviour of U for both large and small x is of interest, and in this the following lemma, which is slightly more general than we need, is useful.

Lemma 2. *Suppose that for* $\lambda > 0$

$$f(\lambda) = \lambda \int_0^\infty e^{-\lambda y} W(y)dy = \int_0^\infty e^{-y} W(y/\lambda)dy, \tag{2.3.2}$$

where W *is non-negative, non-decreasing, and such that there is a positive constant* c *with*

$$W(2x) \le cW(x) \text{ for all } x > 0. \tag{2.3.3}$$

Then

$$W(x) \approx f(1/x), \tag{2.3.4}$$

where $\approx$ *means that the ratio of the two sides is bounded above and below by positive constants for all* $x > 0$.

Proof. It is immediate from (2.3.2) that for any $k > 0, \lambda > 0$,

$$W(k/\lambda) = e^k W(k/\lambda) \int_k^\infty e^{-y} dy \le e^k \int_k^\infty e^{-y} W(y/\lambda)dy \le e^k f(\lambda), \tag{2.3.5}$$

and with $k = 1$ this is one of the required bounds. Next, condition (2.3.3) gives

$$f(\lambda/2) = \int_0^\infty e^{-y} W(2y/\lambda)dy \le c \int_0^\infty e^{-y} W(y/\lambda)dy = cf(\lambda).$$

Using this and rewriting (2.3.5) as

$$W(y/\lambda) = W((y/2)/(\lambda/2)) \le e^{y/2} f(\lambda/2)$$

gives, for any $x > 0$,

$$\begin{aligned} f(\lambda) &\le W(x/\lambda) \int_0^x e^{-y} dy + f(\lambda/2) \int_x^\infty e^{y/2} e^{-y} dy \\ &= (1 - e^{-x}) W(x/\lambda) + 2f(\lambda/2) e^{-x/2} \\ &\le (1 - e^{-x}) W(x/\lambda) + 2cf(\lambda) e^{-x/2}. \end{aligned}$$

Assuming, with no loss of generality, that $c > 1/4$, and choosing $x = x_0 := 2\log 4c$ and an integer n_0 with $2^{n_0} \ge x_0$ we deduce, using (2.3.3) again, that

$$f(\lambda) \le 2\left(1 - \frac{1}{16c^2}\right) W(x_0/\lambda) \le 2c^{n_0}\left(1 - \frac{1}{16c^2}\right) W(1/\lambda),$$

and this is the other bound. ∎

For some applications, it is important that the constants in the upper and lower bounds only depend on W through the constant c in (2.3.3). For example, when $c = 2$, as it does in the special case that W is subadditive, we can take them to be $8/63$ and e.

Corollary 1. *Let X be any subordinator, and write $I(x) = \int_0^x \overline{\Pi}(y)dy$. Then*

$$U(x) \approx \frac{1}{\Phi(1/x)} \quad \textit{and} \quad \frac{\Phi(x)}{x} \approx I(1/x) + \delta.$$

Proof. Recall (2.2.4) and the fact that $\int_0^\infty e^{-\lambda x} U(x)dx = \lambda/\phi(\lambda)$ and check that the conditions of the previous lemma are satisfied. ■

These estimates can of course be refined if we assume more. If either of U or Φ is in $RV(\alpha)$ (i.e. is regularly varying with index α; see [20] for details) with $\alpha \in [0,1]$ at $0+$ or ∞, then the other is in $RV(\alpha)$ at ∞, respectively $0+$; in fact

$$\Gamma(1+\alpha)U(x) \sim \frac{1}{\Phi(1/x)}.$$

Similarly we have

$$\Gamma(2-\alpha)\{I(x)+\delta\} \sim x\Phi(1/x),$$

and moreover when this happens with $\alpha < 1$, the monotone density theorem applies and

$$\Gamma(1-\alpha)\overline{\Pi}(x) \sim \frac{1}{\Phi(1/x)}.$$

2.4 Passage Across a Level

We will be interested in the undershoot and overshoot when the subordinator crosses a positive level x, but in continuous time we have to consider the possibility of continuous passage, i.e. that T_x is not a time at which X jumps. We start with our first example of the use of the compensation formula.

Theorem 2. *If X is a subordinator we have*

(i) for $0 \le y \le x$ and $z > x$

$$\mathbb{P}(X_{T_x-} \in dy, X_{T_x} \in dz) = U(dy)\Pi(dz-y):$$

(ii) for every $x > 0$,

$$\mathbb{P}(X_{T_x-} < x = X_{T_x}) = 0.$$

Proof. (i) Recall that the process of jumps Δ is a Poisson point process on $\mathbb{R}\times[0,\infty)$ with characteristic measure Π, so

$$\mathbb{P}(X_{T_x-} \in dy, X_{T_x} \in dz) = \mathbb{E}\left(\sum_{t\ge 0} \mathbf{1}_{(X_{t-}\in dy, X_t \in dz)}\right)$$

$$= \mathbb{E}\left(\sum_{t\ge 0} \mathbf{1}_{(X_{t-}\in dy, \Delta_t \in dz-y)}\right)$$

$$= \int_0^\infty dt\mathbb{E}\left(\mathbf{1}_{(X_{t-}\in dy)}\int_{-\infty}^\infty \Pi(ds)\mathbf{1}_{(s\in dz-y)}\right)$$

$$= \int_0^\infty dt\mathbb{P}(X_t \in dy)\Pi(dz-y) = U(dy)\Pi(dz-y).$$

(ii) The statement is clearly true if X is a compound Poisson process, since then the values of X form a discrete set, and otherwise we know that U is diffuse. In this case the above argument gives

$$\mathbb{P}(X_{T_x-} < x = X_{T_x}) = \int_{[0,x)} U(dy)\Pi(\{x-y\}) = 0,$$

since $\Pi(\{z\}) = 0$ off a countable set. ■

Observe that a similar argument gives the following extension of (i):

$$\mathbb{P}(X_{T_x-} \in dy, X_{T_x} \in dz, T_x \le t) = \int_0^t \mathbb{P}(X_s \in dy)ds\Pi(dz-y).$$

From this we deduce the following equality of measures:

$$\mathbb{P}(X_{T_x-} \in dy, X_{T_x} \in dz, T_x \in dt) = \mathbb{P}(X_t \in dy)\Pi(dz-y)dt$$
$$\text{for } 0 \le y \le x, z > x \text{ and } t > 0.$$

Part (ii) says that if a subordinator crosses a level by a jump, then a.s. that jump takes it over the level.

It turns out that the question of continuous passage (or "creeping") of a subordinator is quite subtle, and was only resolved in [58], and we refer to that paper, [22] or [12], Section III.2 for a proof of the following.

Theorem 3. *If X is a subordinator with drift δ,*

(i) if $\delta = 0$ then $\mathbb{P}(X_{T_x} = x) = 0$ for **all** $x > 0$,
(ii) if $\delta > 0$ then U has a strictly positive and continuous density u on $(0,\infty)$,

$$\mathbb{P}(X_{T_x} = x) = \delta u(x) \text{ for } \textbf{all } x > 0, \tag{2.4.1}$$

and $\lim_{x\downarrow 0} u(x) = 1/\delta$.

Parts of this are easy; for example, by applying the strong Markov property at time T_x we get

$$U(dw) = \int_{[x,w]} U(dw-z)\mathbb{P}(X_{T_x} \in dz), \ w \ge x,$$

and taking Laplace transforms gives

$$\int_{[x,\infty)} e^{-\lambda w}U(dw) = \int_{[0,\infty)} e^{-\lambda w}U(dw)\int_{[x,\infty)} e^{-\lambda z}\mathbb{P}(X_{T_x} \in dz)$$
$$= \frac{\mathbb{E}(e^{-\lambda X_{T_x}})}{\Phi(\lambda)}.$$

This leads quickly to

$$\int_0^\infty e^{-qx}\mathbb{E}\left(e^{-\lambda(X_{T_x}-x)}\right)dx = \frac{\Phi(\lambda)-\Phi(q)}{(\lambda-q)\Phi(q)}, \tag{2.4.2}$$

and since, by Proposition 4, Chapter 1, $\lambda^{-1}\Phi(\lambda) \to \delta$ as $\lambda \to \infty$, we arrive at the conclusion that

$$\int_0^\infty e^{-qx}\mathbb{P}(X_{T_x}=x)dx = \frac{\delta}{\Phi(q)} = \delta\int_0^\infty e^{-qx}U(dx).$$

If $\delta = 0$ this tells us that $\mathbb{P}(X_{T_x}=x)=0$ for a.e. Lebesgue x. Also, if $\delta > 0$, then a simple Fourier-analytic estimate shows that U is absolutely continuous, and hence statement (2.4.1) holds a.e. The proof of the remaining statements in [12], Section III.2 is based on clever use of the inequalities:

$$\mathbb{P}(X_{T_{x+y}} = x+y) \geq \mathbb{P}(X_{T_x}=x)\mathbb{P}(X_{T_y}=y)$$
$$\mathbb{P}(X_{T_{x+y}} = x+y) \leq \mathbb{P}(X_{T_x}=x)\mathbb{P}(X_{T_y}=y) + 1 - \mathbb{P}(X_{T_x}=x).$$

Further results involving creeping of a general Lévy process will be discussed in Chapter 6.

2.5 Arc-Sine Laws for Subordinators

Our interest here is in the analogue of the "arc-sine theorem for renewal processes", see e.g. [20], Section 8.6. Apart from the interest in the results for subordinators per se, we will see that, just as in the case of random walks, it enables us to derive arc-sine theorems for general Lévy processes.

Note that the the random variable $x - X_{T_x-}$, which we have referred to as the undershoot, is the analogue of the quantity referred to in Renewal theory as, "unexpired lifetime" or "backward recurrence time", but we will phrase our results in terms of X_{T_x-}. First we use an argument similar to that leading to (2.4.2) to see that

$$\int_0^\infty e^{-qx}\mathbb{E}\left(e^{-\lambda X_{T_x-}}\right)dx = \frac{\Phi(q)}{q\Phi(q+\lambda)},$$

and hence, writing $A_t(x) = x^{-1}X(T_{tx}-)$

$$\int_0^\infty e^{-qt}\mathbb{E}\left(e^{-\lambda A_t(x)}\right)dt = \frac{\Phi(q/x)}{q\Phi((q+\lambda)/x)}.$$

Now if X is a stable subordinator with index $0 < \alpha < 1$, we see that the right-hand side does not depend on x, and equals $q^{\alpha-1}(q+\lambda)^{-\alpha}$. By checking that

$$\int_0^\infty e^{-qt}\int_0^t e^{-\lambda s}\frac{s^{\alpha-1}(t-s)^{-\alpha}}{\Gamma(\alpha)\Gamma(1-\alpha)}ds = q^{\alpha-1}(q+\lambda)^{-\alpha}$$

we see that for each $t, x > 0$, $A_t(x) \stackrel{D}{=} A_t(1) \stackrel{D}{=} A_1(1)$, and this last has the generalised arc-sine law with parameter α. As a general subordinator X is in the domain of attraction of a standard stable subordinator of index α (i.e. $\exists$ a norming function $b(t)$ such that the process $\{X_{ts}/b(t), s \geq 0\}$ converges weakly to it), as $t \to \infty$ or $t \to 0+$, if and only if its exponent $\Phi \in RV(\alpha)$ (at 0 or ∞, respectively), the following should not be a surprise. For a proof we again refer to [12], Section III.3.

Theorem 4. *The following statements are equivalent.*

(i) The random variables $x^{-1}X(T_x-)$ converge in distribution as $x \to \infty$ (respectively as $x \to 0+$).
(ii) $\lim x^{-1}\mathbb{E}(X(T_x-)) = \alpha \in [0,1]$ *as $x \to \infty$ (respectively as $x \to 0+$).*
(iii) The Laplace exponent $\Phi \in RV(\alpha)$ (at 0 or ∞, respectively) with $\alpha \in [0,1]$.

When this happens the limit distribution is the arc-sine law with parameter α if $0 < \alpha < 1$, and is degenerate at 0 or 1 if $\alpha = 0$ or 1.

2.6 Rates of Growth

The following fundamental result shows that strong laws of large numbers hold, both at infinity and zero.

Proposition 5. *For any subordinator X*

$$\lim_{t\to\infty} \frac{X_t}{t} \stackrel{a.s.}{=} \mathbb{E}X_1 = \delta + \int_0^\infty \overline{\Pi}(x)dx \leq \infty, \qquad \lim_{t\to 0+} \frac{X_t}{t} \stackrel{a.s.}{=} \delta \geq 0.$$

Proof. The first result follows easily by random-walk approximation, and the second follows because we know from $\lim_{t\to 0+} t\Phi(\lambda/t) = \delta\lambda$ that we have convergence in distribution, and ([12], Section III.4) we can also show that $(t^{-1}X_t, t > 0)$ is a reversed martingale. ∎

There are many results known about rates of growth of subordinators, both for large and small times. Just to give you an indication of their scope I will quote a couple of results from [12], Section III.4.

Theorem 5. *Assume that $\delta = 0$ and $h : [0,\infty) \to [0,\infty)$ is a non-decreasing function such that $t^{-1}h(t)$ is also non-decreasing. Then*

$$\limsup_{t\to 0+} \frac{X_t}{h(t)} = \infty \ a.s.$$

if and only if

$$\int_0^1 \overline{\Pi}(h(x))dx < \infty,$$

and if these fail,

$$\lim_{t \to 0+} \frac{X_t}{h(t)} = 0 \ a.s.$$

Notice that in the situation of this result, the lim sup has to be either 0 or ∞; this contrasts with the behaviour of the lim inf, as we see from the following.

Theorem 6. *Suppose that $\Phi \in RV(\alpha)$ at ∞, and Φ has inverse ϕ. Define*

$$f(t) = \frac{\log|\log t|}{\phi(t^{-1}\log|\log t|)}, \quad 0 < t < 1/e.$$

Then

$$\liminf \frac{X_t}{f(t)} = \alpha(1-\alpha)^{(1-\alpha)/\alpha} \ a.s. \ .$$

There are exactly analogous statements for large t.

2.7 Killed Subordinators

It is important, particularly in connection with the ladder processes, to treat subordinators with a possibly finite lifetime. In order for the Markov property to hold, the lifetime has to be exponentially distributed, say with parameter k. It is also easy to see that if $\tilde{X}$ is such a subordinator, then it can be considered as a subordinator X with infinite lifetime killed at an independent exponential time, and that the corresponding exponents are related by

$$\tilde{\Phi}(\lambda) = k + \Phi(\lambda), \ \lambda \geq 0.$$

So the **characteristics** of a (possibly killed) subordinator are its Lévy measure Π, its drift coefficient δ, and its killing rate $k \geq 0$.

3

Local Times and Excursions

3.1 Introduction

A key idea in the study of Lévy processes is that of "excursions away from the maximum", which we can also describe as excursions away from zero of the reflected process

$$R = S - X, \text{ where } S_t = \sup\{0 \vee X_s; 0 \leq s \leq t\}.$$

Now it can be shown that R is a strong Markov process, (see [12], p. 156), so the natural way to study its zero set is through a local time. So here we briefly review these concepts for a general Markov process M. It is easy to think of examples where such a process, starting from 0,

(i) does not return to 0 at arbitrarily small times;
(ii) remains at 0 for a positive time; or
(iii) leaves 0 instantaneously but returns to 0 at arbitrarily small times.

We have to treat these three cases separately, but the third case is the most interesting one.

3.2 Local Time of a Markov Process

Let $(\Omega', \mathcal{G}, \mathbf{P})$ be a probability space satisfying the usual conditions and $M = (M_t, t \geq 0)$ a process taking values in $\mathbb{R}$ with cadlag paths such that $\mathbf{P}(M_0 = 0) = 1$. Suppose further there is a family $(\mathbf{P}_x, x \in \mathbb{R})$ of probability measures which correspond to the law of M starting from x, for which the following version of the strong Markov property holds:

For every stopping time $T < \infty$, under the conditional law $\mathbf{P}(\cdot | M_T = x)$, the shifted process $(M_{T+t}, t \geq 0)$ is independent of $\mathcal{G}_T$ and has the law $\mathbf{P}_x$.

·iginally published in: *Ecole d'Eté de Probabilités de Saint-Flour XXXV – 2005*, Lecture Notes in athematics, Vol. **1897**, 19–24, DOI: 10.1007/978-3-540-48511-7_3 © Springer-Verlag Berlin Heidelberg 2007, :print by Springer-Verlag Berlin Heidelberg 2012

This entails the Blumenthal zero–one law, so the σ-field $\mathcal{G}_0$ is trivial, and we can formalise the trichotomy referred to above as follows. We know that $r_T := \inf\{t > T : M_t = 0\}$ is also a stopping time when T is, in particular the first return time r_0 is a $\mathcal{G}_0$-measurable stopping time, so $\mathbf{P}(r_0 = 0)$ is 1 or 0. We say that 0 is **regular** or **irregular** (for 0) according as it is 1 or 0. In the regular case we introduce the first exit time $s_1 = \inf\{t \geq 0 : M_t \neq 0\}$, which is also a $\mathcal{G}_0$-measurable stopping time, and we say that 0 is a **holding point** if $\mathbf{P}(s_1 = 0) = 0$, and an **instantaneous point** if $\mathbf{P}(s_1 = 0) = 1$.

3.3 The Regular, Instantaneous Case

There are several different approaches to the construction of local time; here I outline the direct approach based on approximations involving the numbers of excursion intervals of certain types given in [12], Section IV.2.

The zero set of M, $\mathcal{Z} = \{t : M_t = 0\}$ and its closure $\overline{\mathcal{Z}}$ play central rôles. $\mathcal{Z}$ is an example of a regenerative set; informally this means that if we take a typical point of $\mathcal{Z}$ as a new origin the part of it to the right has the same probabilistic structure as $\mathcal{Z}$, and is independent of the part to the left.

An open interval (g, d) with $M_t \neq 0$ for all $g < t < d$, $g \in \overline{\mathcal{Z}}$ and $d \in \overline{\mathcal{Z}}_\cup\{\infty\}$ is called an **excursion interval**; these intervals are also those that arise in the canonical decomposition of the open set $[0, \infty) - \overline{\mathcal{Z}}$.

Let $l_n(a), g_n(a)$ and $d_n(a)$ denote the length, left-hand end-point and right-hand endpoint of the nth excursion interval whose length exceeds a, and introduce a non-increasing and right-continuous function $\overline{\mu}$ to describe the distribution of lengths of excursions by

$$\overline{\mu}(a) = \begin{cases} 1/\mathbf{P}(l_1(a) > c) & \text{if } a \leq c, \\ \mathbf{P}(l_1(c) > a) & \text{if } a > c. \end{cases}$$

Here c has been chosen so that $\mathbf{P}(l_1(a) > c) > 0$ for all $a \leq c$, which is always possible. Let

$$N_a(t) = \sup\{n : g_n(a) < t\},$$

which is the number of excursions with length exceeding a which start before t. Then the main result is

Theorem 7. *The following statements hold a.s.*

(i) For all $t \geq 0$, $N_a(t)/\overline{\mu}(a)$ converges as $a \to 0+$; denote its limit by $L(t)$.
(ii) The mapping $t \to L(t)$ is increasing and continuous.
(iii) The support of the Stieltjes measure dL is $\overline{\mathcal{Z}}$.
Also
(iv) L is adapted to the filtration $\mathcal{G}$.
(v) For every a.s. finite stopping time T with $M_T = 0$ a.s., the shifted process $\{(M_{T+t}, L(T+t) - L(T)), t \geq 0\}$ is independent of $\mathcal{G}_T$ and has the same law as (M, L) under $\mathbf{P}$.

(vi) *If L' is any other continuous increasing process such that the support of the Stieltjes measure dL' is contained in $\overline{\mathcal{Z}}$, and which has properties (iv) and (v), then for some constant $k \geq 0$ we have $L' \equiv kL$.*

The proof actually works by looking at the convergence of the ratio $N_a(d_1(u))/\overline{\mu}(a)$, and a byproduct of the proof is that

$$L(d_1(u)) \text{ is } \mathrm{Exp}(\overline{\mu}(u)) \text{distributed and independent of } l_1(u). \qquad (3.3.1)$$

If the set $\overline{\mathcal{Z}}_\cap[0,t]$ has positive Lebesgue measure, then the Lebesgue measure of this set would satisfy conditions (iv) and (v) of Theorem 7, and this is consistent with:

Corollary 2. *There exists a constant $\delta \geq 0$ such that, a.s.*

$$\int_0^t \mathbf{1}_{\{M_s=0\}} ds = \int_0^t \mathbf{1}_{\{s\in\overline{\mathcal{Z}}\}} ds = \delta L(t) \text{ for all } t \geq 0. \qquad (3.3.2)$$

Next we see the relevance of subordinators in this setting. We study L via its right continuous inverse

$$L^{-1}(t) = \inf\{s \geq 0 : L(s) > t\};$$

note that

$$L^{-1}(t-) := \lim_{s\uparrow t} L^{-1}(s) = \inf\{s \geq 0 : L(s) \geq t\}.$$

It can be shown that these are both stopping times, that the process L^{-1} is adapted to the filtration $\{\mathcal{G}_{L^{-1}(t)}; t \geq 0\}$, and that

$$L^{-1}(L(t)) = \inf\{s > t : M_s = 0\},$$
$$L^{-1}(L(t)-) = \sup\{s < t : M_s = 0\}$$

coincide with the left and right-hand end-points of the excursion interval containing t.

Since we have constructed the process by approximation, and in the discrete case the analogue of L is the process which counts the number of returns to 0 by time t, the inverse of which is a renewal process, the following result is very natural.

Theorem 8. *The inverse local time process $L^{-1} = (L^{-1}(t), t \geq 0)$ is a (possibly killed) subordinator with Lévy measure μ, drift coefficient δ, and killing rate $\overline{\mu}(\infty)$. Its exponent is given by*

$$\Phi(\lambda) = \overline{\mu}(\infty) + \lambda\left(\delta + \int_0^\infty e^{-\lambda x}\overline{\mu}(x)dx\right),$$

where $\overline{\mu}(x) = \mu\{(x,\infty)\}$.

The main steps in the proof of this when $\overline{\mu}(\infty) = 0$ are

- The shifted process $\widetilde{M} = \{M_{L^{-1}(t)+s}, s \geq 0\}$ has local time given by $\widetilde{L}(s) = L(L^{-1}(t) + s\} - t$, and hence

$$\widetilde{L}^{-1}(s) = L^{-1}(t+s) - L^{-1}(t).$$

This implies that L^{-1} is a subordinator.
- We can identify the Lévy measure of this subordinator with μ by using (3.3.1).
- The jumps in L^{-1} correspond to the lengths of the excursion intervals, so $L^{-1}(t)$ is the sum of the lengths of the excursions completed by local time t plus the time spent at 0, so by (3.3.2),

$$\begin{aligned} L^{-1}(t) &= \int_0^{L^{-1}(t)} \mathbf{1}_{\{s \in \overline{\mathcal{Z}}\}} ds + \sum_{s \leq t} \Delta L^{-1}(s) \\ &= \delta L(L^{-1}(t)) + \sum_{s \leq t} \Delta L^{-1}(s) \\ &= \delta t + \sum_{s \leq t} \Delta L^{-1}(s). \end{aligned}$$

This identifies the drift as δ.

It is not difficult to see that the case of a killed subordinator, when $\overline{\mu}(\infty) > 0$, corresponds exactly to the case that 0 is transient, so there exists an excursion of infinite length, and the case $\overline{\mu}(\infty) = 0$ corresponds exactly to the case that 0 is recurrent.

Finally it should be remarked that subordinators, inverse local times for Markov processes, and regenerative sets are inextricably connected; for example every subordinator is the inverse local time for some Markov process.

3.4 The Excursion Process

How can we describe the excursions away from zero of M, that is the pieces of path of the form $\{M_{g+t}, 0 \leq t < d-g\}$? These take values in excursion space $\mathcal{E} = \cup_{a>0}\mathcal{E}^{(a)}$, where

$$\mathcal{E}^{(a)} = \{\omega \in \Omega : \zeta > a \text{ and } \omega(t) \neq 0 \text{ for all } 0 < t < \zeta\},$$

and ζ is the lifetime of an excursion, which corresponds to $d-g$. The excursions whose lifetimes exceed $a > 0$ clearly form an independent and identically distributed sequence, and we can define a σ-finite measure on $\mathcal{E}$ by putting

$$n(\cdot|\zeta > a) = \mathbf{P}\{(M_{g_1(a)+t}, 0 \leq t < l_1(a)) \in \cdot).$$

One can check that $n(\zeta > a) = \overline{\mu}(a)$, so for general Λ

$$n(\Lambda) = \lim_{a \downarrow 0} \overline{\mu}(a) n(\Lambda | \zeta > a).$$

We can see that under n, conditionally on $\{\omega(a) = x, a < \zeta\}$, the shifted process $\{\omega(a+t), 0 \leq t < \zeta - a\}$ is independent of $\{\omega(t), 0 \leq t < a\}$, and is distributed as $\{M_t, 0 \leq t < r_0\}$ under $\mathbf{P}_x$. In particular the **excursion measure** n has the simple Markov property.

Now we introduce the **excursion process** $e = (e(t), t \geq 0)$, where we put $l(t) = L^{-1}(t) - L^{-1}(t-)$ and

$$e(t) = \begin{cases} \{M_{L^{-1}(t-)+s}, 0 \leq s < l(t)\} & \text{if } l(t) > 0, \\ \xi & \text{if } l(t) = 0, \end{cases}$$

and ξ is an additional isolated point. The following result is essentially due to Itô [56].

Theorem 9. *(i) If 0 is recurrent, then e is a Poisson point process with characteristic measure n.*
(ii) If 0 is transient, then $\{e(t), 0 \leq t \leq L(\infty)\}$ is a Poisson point process with characteristic measure n, stopped at the first point in $\mathcal{E}^{(\infty)}$, the set of excursions of infinite length.

This allows us to use the techniques of Poisson point processes to carry out explicit calculations; in particular we can rewrite the compensation formula as follows. For every left-hand end-point $g < \infty$ of an excursion interval, denote by $\varepsilon_g = \{M_{g+t}, 0 \leq t < d - g\}$ the excursion starting at time g. Consider a measurable function $F : \mathbb{R}_+ \times \Omega' \times \mathcal{E} \to [0, \infty)$ which is such that for every $\varepsilon \in \mathcal{E}$, the process $t \to F_t(\varepsilon) = F(t, \omega', \varepsilon)$ is left- continuous and adapted. Then

$$\sum_g F_g(\varepsilon_g) = \sum_t F_{L^{-1}(t)}(e_t) \mathbf{1}_{\{t \leq L(\infty)\}}$$

and we deduce that

$$\mathbf{E}\left(\sum_g F_g(\varepsilon_g)\right) = \mathbf{E}\left(\int_0^\infty dL(s) \left[\int_{\mathcal{E}} F_s(\varepsilon) n(d\varepsilon)\right]\right). \tag{3.4.1}$$

For some examples of applying this result, see [12], p. 120.

3.5 The Case of Holding and Irregular Points

In the case of 0 being a holding point, things are much simpler, as there is a sequence of exit/entrance times, $0 = r_0 < s_1 < r_1 \cdots$, where $r_n = \inf\{t > s_n : M_t = 0\}$, $s_n = \inf\{t > r_n : M_t \neq 0\}$. We have $M_{s_1} \neq 0$ a.s., and s_1 has an exponential distribution and is independent of the first excursion

$\{M_{s_1+t}, 0 \le t < r_1 - s_1\}$. On the event $\{r_1 < \infty\}$ we have $M_{r_1} = 0$ a.s., and we can repeat the argument to see that the zero set can be expressed as

$$\mathcal{Z} = [r_0, s_1) \cup [r_1, s_2) \cup \cdots .$$

In this case we can take $L(t)$ to be proportional to the occupation process,

$$L(t) = \delta \int_0^t \mathbf{1}_{\{M_s = 0\}} ds,$$

where $\delta > 0$, and n to be a finite measure proportional to the law of the first excursion of M, viz $\{M_{s_1+t}, 0 \le t < r_1 - s_1\}$. Then again L^{-1} is a subordinator (possibly killed) with drift coefficient δ, and the excursion process is a Poisson point process with finite characteristic measure n.

In the case that 0 is irregular it is clear the successive return times to 0 form a sequence $r = \{r_n, n \ge 0\}$ which is in fact an increasing random walk, i.e. a renewal process. Again the process of excursions is an independent and identically distributed sequence, and again we can take n to be a finite measure proportional to the law of the first excursion of M. The natural definition of L is as the process that counts the number of returns to 0, and then its inverse would be r, which is a discrete time process. The solution to this problem is to transform r by an independent Poisson process of unit rate, which leads to the definition of L by

$$L(t) = \sum_0^{n(t)} \mathbf{e}_j, \text{ where } n(t) = \max(n : r_n \le t),$$

and $\mathbf{e}_1, \mathbf{e}_2, \cdots$ are independent unit rate Exponential random variables, independent of M. Of course L is only right-continuous, and we have to augment the filtration $\mathcal{G}$ to make L adapted, but with this definition L^{-1} is again a subordinator and the excursion process is again a Poisson point process.

4

Ladder Processes and the Wiener–Hopf Factorisation

4.1 Introduction

It was shown by Spitzer, Baxter, Feller and others that the ladder processes are absolutely central to the study of fluctuation theory in discrete time, and we will see that the same is true in continuous time. However a first difficulty in setting up the corresponding theory is that the times at which a Lévy process X attains a new maximum do not, typically, form a discrete set. This means that a basic technique in random-walk theory which consists of splitting a path at the first time it takes a positive value, is not applicable. Also Feller showed that Wiener–Hopf results for random walks are fundamentally combinatorial results about the paths, and it doesn't seem possible to apply such methods to paths of Lévy processes.

In the early days the only way round these difficulties was to use very analytic methods and/or random-walk approximation. But now, as far as possible, we prefer to use sample-path arguments, excursion theory and local time techniques: but it is impossible to avoid analytical methods altogether.

We will start with a short review of Wiener–Hopf factorisation for random walks: more details can be found in Chapter XII of [47], or Section 8.9 of [20].

Most of the material in the rest of this Chapter is in Chapter VI of [12].

4.2 The Random Walk Case

Let $Y_1, Y_2, \cdots$ be independent and identically distributed real-valued random variables with distribution F. The process $S = (S_n, n \geq 0)$ where $S_0 \equiv 0$ and $S_n = \sum_1^n Y_r$ for $n \geq 1$ is called a random walk with step distribution F. In the special case that $F((-\infty, 0)) = 0$, S is called a renewal process. For convenience, we will assume that F has no atoms, so that $P\{S_n = x \text{ for some } n \geq 1\} = 0$ for all x : this means we don't have to distinguish between strong and weak ladder variables in the following.

riginally published in: *Ecole d'Eté de Probabilités de Saint-Flour XXXV – 2005*, Lecture Notes in athematics, Vol. **1897**, 25–40, DOI: 10.1007/978-3-540-48511-7_4, © Springer-Verlag Berlin Heidelberg 2007, print by Springer-Verlag Berlin Heidelberg 2012

Define $T^{\pm} = (T_n^{\pm}, n \geq 0)$ and $H^{\pm} = (H_n^{\pm}, n \geq 0)$, where $H_n^{\pm} = |S_{T_n^{\pm}}|$ and

$$T_0^{\pm} \equiv 0,\ T_{n+1}^{\pm} = \min(r : \pm S_r > H_n^{\pm}),\ n \geq 0.$$

Each of these processes are renewal processes: the *increasing and decreasing ladder time and ladder height processes.*

The connection between the distributions of these processes and F is given analytically by the following identity, which is due to Baxter. It is the discrete version of Fristedt's formula: see Theorem 10 in the next section.

$$1 - E(r^{T_1^+} e^{itH_1^+}) = \exp - \sum_1^{\infty} \frac{r^n}{n} E(e^{itS_n} : S_n > 0). \tag{4.2.1}$$

From this, and the analogous result for the decreasing ladder variables, the discrete version of the Wiener–Hopf factorisation follows:

$$1 - rE(e^{itY_1}) = \left[1 - rE(r^{T_1^+} e^{itH_1^+})\right]\left[1 - rE(r^{T_1^-} e^{-itH_1^-})\right]. \tag{4.2.2}$$

These results have several immediate corollaries, some of which we list below.

- The Wiener–Hopf factorisation of the characteristic function is got by putting $r = 1$ in (4.2.2):

$$1 - E(e^{itY_1}) = \left[1 - E(e^{itH_1^+})\right]\left[1 - E(e^{-itH_1^-})\right]. \tag{4.2.3}$$

- Spitzer's formula

$$1 - E(r^{T_1^+}) = \exp - \sum_1^{\infty} \frac{r^n}{n} P(S_n > 0)$$

  is the special case $t = 0$ of (4.2.1).
- $S_n \overset{a.s.}{\to} -\infty \iff P(T_1^+ = \infty) > 0 \iff \sum_1^{\infty} \frac{1}{n} P(S_n > 0) < \infty$, $S_n \overset{a.s.}{\to} \infty \iff P(T_1^- = \infty) > 0 \iff \sum_1^{\infty} \frac{1}{n} P(S_n < 0) < \infty$;
  S oscillates$\iff$ both T_1^+ and T_1^- are proper$\iff$ both series diverge.
- In the case of oscillation, $ET_1^+ = T_1^- = \infty$; if $S_n \overset{a.s.}{\to} \infty$ then $ET_1^+ < \infty$, and $EH_1^+ = ET_1^+ EY_1$ if $E|Y_1| < \infty$.

Remark 1. *A simple proof of these results can be based on Feller's lemma, which is a purely combinatorial result. It says that if* $(0, s_1, s_2, \cdots s_n)$ *is a deterministic path based on steps* $y_r = s_r - s_{r-1}$, $r = 1, 2, \cdots n$, *then provided* $s_n > 0$, *in the set of* n *paths we get by cycically permuting the* y'*s, there is always at least one in which* n *is an increasing ladder time; moreover if there are* k *such paths, then in each of them there are exactly* k *increasing ladder times. From this we can deduce the identity*

$$\frac{P(S_n \in dx)}{n} = \sum_1^{\infty} \frac{1}{k} P(T_k^+ = n, H_k^+ \in dx),\ n \geq 1, x > 0, \tag{4.2.4}$$

and this is fully equivalent to (4.2.1). (See Proposition 8 in Chapter 5 for the Lévy process version of (4.2.4).)

Finally, in this setting time reversal gives the following useful result, which is often referred to as the duality lemma: let $U^{\pm}(dx) = \sum_1^{\infty} P(H_k^{\pm} \in dx)$ be the renewal measures of $H^{\pm}$, then

$$U^+(dx) = \sum_1^{\infty} P(S_k \in dx, T_1^- > k). \tag{4.2.5}$$

An immediate consequence of this is the relation

$$P(H_1^+ \in dx) = \int_{-\infty}^{0} F(y + dx) U^-(dy); \tag{4.2.6}$$

the Lévy process version of this has only been established recently: see Theorem 16 in Chapter 5.

4.3 The Reflected and Ladder Processes

The crucial idea is to think of the set of "increasing ladder times" of X as the zero set of the reflected process

$$R = S - X, \text{ where } S_t = \sup\{0 \vee X_s; 0 \le s \le t\}.$$

We have already mentioned that R is a strong Markov process, and that the natural way to study its zero set is through a local time. So, whenever 0 is regular for R, (i.e. X almost surely has a new maximum before time ε, for any $\varepsilon > 0$) we write $L = \{L_t, t \ge 0\}$, for a Markov local time for R at 0, $\tau = L^{-1}$ for the corresponding inverse local time, and $H = X(\tau) = S(\tau)$. Then τ and H are both subordinators, and we call them the (upwards) ladder time and ladder height processes of X. In fact the pair (τ, H) is a bivariate subordinator, as is (τ^*, H^*), the downwards ladder process, which we get by replacing X by $X^* = -X$ in the above. (We are using subordinator here in the extended sense; clearly if 0 is transient for R then τ and H are killed subordinators.) So the law of the ladder processes is characterized by

$$\mathbb{E}\left(e^{-(\alpha\tau_t + \beta H_t)}\right) = e^{-t\kappa(\alpha,\beta)}, \quad \alpha, \beta \ge 0,$$

where, by an obvious extension of the real-valued case, κ has the form

$$\kappa(\alpha, \beta) = k + \eta\alpha + \delta\beta + \int_0^{\infty}\int_0^{\infty} \left\{1 - e^{-(\alpha x_1 + \beta x_2)}\right\} \mu(dx_1 dx_2)$$

with $k, \eta, \delta \ge 0$ and

$$\int_0^{\infty}\int_0^{\infty} (x_1 \wedge 1)(x_2 \wedge 1) \mu(dx_1 dx_2) < \infty.$$

One of our aims is to get more information about this Laplace exponent.

The connection between the distribution of the ladder processes and that of X can be formulated in various ways. All of these relate the distribution of a real-valued process to that of two processes taking non-negative values, and so can be thought of as versions of the Wiener–Hopf factorisation for X. The first of these is due to Pecherskii and Rogozin [79], who derived it by random-walk approximation. Let $G_t = \sup\{s \le t : S_s = X_s\}$. Then the identity is

$$\frac{q}{q+\lambda+\Psi(\theta)} = \Psi_q(\theta,\lambda)\Psi_q^*(-\theta,\lambda), \tag{4.3.1}$$

where

$$\Psi_q(\theta,\lambda) = \int_0^\infty qe^{-qt}\mathbb{E}\{e^{i\theta S_t-\lambda G_t}\}$$
$$= \exp\left(\int_0^\infty dt\int_0^\infty e^{-qt}(e^{-\lambda t+i\theta x}-1)t^{-1}\mathbb{P}\{X_t\in dx\}\right), \tag{4.3.2}$$

and Ψ_q^* denotes the analogous quantity for X^*.

In a seminal paper Greenwood and Pitman [50] (see also [51]) reformulated the analytic identity (4.3.1) probabilistically and gave a proof of (4.3.2) using excursion theory. With $\boldsymbol{e} = \boldsymbol{e}_q$ being a random variable with an Exp(q) distribution which is independent of X, they wrote it in the form

$$(\boldsymbol{e}, X_{\boldsymbol{e}}) \overset{(d)}{=} (G_{\boldsymbol{e}}, S_{\boldsymbol{e}}) + (G_{\boldsymbol{e}}^*, -S_{\boldsymbol{e}}^*), \tag{4.3.3}$$

where the terms on the right are independent. This identity can be understood as follows. Duality, in other words time-reversal, shows that

$$(\boldsymbol{e} - G_{\boldsymbol{e}}, X_{\boldsymbol{e}} - S_{\boldsymbol{e}}) \overset{(d)}{=} (G_{\boldsymbol{e}}^*, -S_{\boldsymbol{e}}^*),$$

and since $(\boldsymbol{e} - G_{\boldsymbol{e}}, X_{\boldsymbol{e}} - S_{\boldsymbol{e}})$ is determined by the excursion away from 0 of R which straddles the exponentially distributed time $\boldsymbol{e}$, excursion theory makes the independence clear.

In Section VI.2 of [12] these results are established in a different way. The key points in that proof are:

- a proof of the independence referred to above by a direct argument;
- the fact that $(\boldsymbol{e}, X_{\boldsymbol{e}})$ has a bivariate infinitely divisible law with Lévy measure $t^{-1}e^{-qt}\mathbb{P}(X_t \in dx)dt$, $t > 0$, $x \in \mathbb{R}$;
- the fact that each of $(G_{\boldsymbol{e}}, S_{\boldsymbol{e}}), (\boldsymbol{e} - G_{\boldsymbol{e}}, X_{\boldsymbol{e}} - S_{\boldsymbol{e}})$ has a bivariate infinitely divisible law; write μ, μ^* for their Lévy measures;
- the conclusion that

$$\mu(dt,dx) = t^{-1}e^{-qt}\mathbb{P}(X_t\in dx)dt,\ t>0,\ x>0,$$
$$\mu^*(dt,dx) = t^{-1}e^{-qt}\mathbb{P}(X_t\in dx)dt,\ t>0,\ x<0.$$

Then formula (4.3.2) follows from the Lévy–Khintchine formula, and (4.3.1) follows by using (4.3.2), the analogous result for $-X$, and the Frullani integral.

One of the few examples where the factorisation (4.3.1) is completely explicit is when X is Brownian motion; then it reduces to

$$\frac{q}{q+\lambda+\frac{1}{2}\theta^2} = \frac{\sqrt{2q}}{\sqrt{2(q+\lambda)}-i\theta} \cdot \frac{\sqrt{2q}}{\sqrt{2(q+\lambda)}+i\theta}.$$

Other cases where semi-explicit versions are available include the spectrally one-sided case, which we will discuss in detail in Chapter 9, and certain stable processes: see Doney [30].

If we remove the dependence on time by setting $\lambda = 0$, we get the "spatial Wiener–Hopf factorisation":

$$\mathbb{E}\left(e^{i\theta X_e}\right) = \frac{q}{q+\Psi(\theta)} = \Psi_q(\theta,0)\Psi_q^*(-\theta,0) = \mathbb{E}\left(e^{i\theta S_e}\right)\mathbb{E}\left(e^{i\theta(X_e-S_e)}\right), \tag{4.3.4}$$

and the corresponding temporal result is

$$\mathbb{E}\left(e^{-\lambda e}\right) = \frac{q}{q+\lambda} = \Psi_q(0,\lambda)\Psi_q^*(0,\lambda) = \mathbb{E}\left(e^{-\lambda G_e}\right)\mathbb{E}\left(e^{-\lambda(e-G_e)}\right). \tag{4.3.5}$$

However most applications of Wiener–Hopf factorisation are based on the following consequence of (4.3.2), which is due to Fristedt [48].

Theorem 10. *(Fristedt's formula) The exponent of the bivariate increasing ladder process is given for $\alpha, \beta \geq 0$, by*

$$\kappa(\alpha,\beta) = c\exp\left(\int_0^\infty \int_0^\infty \left(e^{-t} - e^{-\alpha t-\beta x}\right) t^{-1}\mathbb{P}\left\{X_t \in dx\right\} dt\right), \tag{4.3.6}$$

where c is a positive constant whose value depends on the normalization of the local time L.

Proof. (From [12], Section VI.2.) The crucial point is that we can show that

$$\mathbb{E}\left\{e^{-(\alpha G_e+\beta S_e)}\right\} = \Psi_q(i\beta,\alpha) = \frac{\kappa(q,0)}{\kappa(q+\alpha,\beta)}, \tag{4.3.7}$$

and then (4.3.6) follows by comparing with the case $q = 1$ of (4.3.2). An outline of the proof of (4.3.7) in the case that 0 is regular for R follows. Because of this regularity X cannot make a positive jump at time G_e so we have $S_e = S_{G_e-}$ a.s. and

$$\mathbb{E}\{e^{-(\alpha G_e+\beta S_{G_e-})}\} = q\mathbb{E}\left[\int_0^\infty e^{-qt}e^{-(\alpha G_t+\beta S_{G_t-})}dt\right]$$

$$= q\mathbb{E}\left[\int_0^\infty e^{-qt}\mathbf{1}_{\{R_t=0\}}e^{-(\alpha t+\beta S_{t-})}dt\right] + \mathbb{E}\left[\sum_g e^{-(\alpha g+\beta S_{g-})}\int_g^d qe^{-qt}dt\right],$$

where $\sum_g$ means summation over all the excursion intervals (g,d) of R. The first term above is 0 unless the inverse local time τ has a positive drift η, in which case, making the change of variable $t = \tau_u$, we see that it equals

$$q\eta\mathbb{E}\left[\int_0^\infty e^{-qt}e^{-\{\alpha t+\beta S_t\}}dL(t)\right]$$
$$= q\eta\mathbb{E}\left[\int_0^\infty e^{-\{(\alpha+q)\tau_u+\beta H_u\}}du\right] = \frac{q\eta}{\kappa(q+\alpha,\beta)}.$$

Noting that

$$\int_g^d qe^{-qt}dt = e^{-qg}\int_0^{d-g} qe^{-qt}dt = e^{-qg}(1-e^{-q\zeta}),$$

we can use the compensation formula to write the second term as

$$\mathbb{E}\left[\int_0^\infty e^{-(q+\alpha)t-\beta S_t}dL(t)\right]n(1-e^{-q\zeta}) = \frac{n(1-e^{-q\zeta})}{\kappa(q+\alpha,\beta)},$$

where n is the excursion measure of R and $\zeta = d-g$ the lifetime of the generic excursion. (Note we are using the standard abbreviation $n(f)$ for $\int_{\mathcal{E}} f(\varepsilon)n(d\varepsilon)$.) Since we know that the Laplace exponent of τ is given by $\kappa(q,0) = \eta q + n(1-e^{-q\zeta})$, (4.3.7) follows, and hence the result. ■

4.4 Applications

We now discuss some straight-forward applications of the various Wiener–Hopf identities.

Corollary 3. *For some constant $c' > 0$ and all $\lambda > 0$,*
(i) the Laplace exponents of τ and τ^* satisfy

$$\kappa(\lambda,0)\kappa^*(\lambda,0) = c'\lambda; \tag{4.4.1}$$

(ii) the Laplace exponents of H and H^* satisfy

$$\kappa(0,-i\lambda)\kappa^*(0,i\lambda) = c'\Psi(\lambda). \tag{4.4.2}$$

Proof. (i) Applying Fristedt's formula to $-X$ we get a similar expession for $\kappa^*(\alpha,\beta)$, the exponent of the downgoing ladder process, which yields

$$\kappa(\lambda,0)\kappa^*(\lambda,0) = c\hat{c}\exp\left(\int_0^\infty (e^{-t}-e^{-\lambda t})t^{-1}\mathbb{P}\{X_t>0\}dt\right)$$
$$\times\exp\left(\int_0^\infty (e^{-t}-e^{-\lambda t})t^{-1}\mathbb{P}\{X_t<0\}dt\right)$$
$$= c'\exp\left(\int_0^\infty (e^{-t}-e^{-\lambda t})t^{-1}dt\right) = c'\lambda,$$

where we have again used the Frullani integral.

(ii) Comparing (4.3.4) with (4.3.7) we see that the Wiener–Hopf factors satisfy

$$\Psi_q(\lambda, 0) = \frac{\kappa(q,0)}{\kappa(q,-i\lambda)}, \ \Psi_q^*(\lambda, 0) = \frac{\kappa^*(q,0)}{\kappa^*(q,i\lambda)}.$$

Using (4.4.1) and (4.3.4) gives

$$\begin{aligned} \frac{1}{\Psi(\lambda)} &= \lim_{q\downarrow 0} \frac{1}{q+\Psi(\lambda)} = \lim_{q\downarrow 0} \frac{1}{q} \frac{\kappa(q,0)\kappa^*(q,0)}{\kappa(q,-i\lambda)\kappa^*(q,i\lambda)} \\ &= \frac{c'}{\kappa(0,-i\lambda)\kappa^*(0,i\lambda)}. \end{aligned}$$

■

The relation (4.4.2) is often referred to as the Wiener–Hopf factorisation of the Lévy exponent, and corresponds to the Wiener–Hopf factorisation of the characteristic function in random-walk theory, (4.2.3). It has some important consequences, the first of which follow.

Corollary 4. *(i) The drifts δ and δ^* of H and H^* satisfy*

$$2\delta\delta^* = \sigma^2;$$

(ii) If $\mathbb{E}|X_1| < \infty$ and $\mathbb{E}X_1 = 0$ the means $m = \mathbb{E}H_1$ and $m^* = \mathbb{E}H_1^*$ satisfy

$$2mm^* = VarX_1 = \sigma^2 + \int_{-\infty}^{\infty} x^2 \Pi(dx) \leq \infty.$$

(iii) At most one of $H, H^*(\tau, \tau^*)$ has a finite lifetime, and $H(\tau)$ has a finite lifetime if and only if $\int_1^\infty t^{-1}\mathbb{P}(X_t \geq 0)dt < \infty$. This happens if and only if $X_t \to -\infty$ a.s. as $t \to \infty$.

(iv) If $X_t \to \infty$ a.s. as $t \to \infty$ then

$$\mathbb{E}(X_1) = \kappa^*(0,0)\mathbb{E}(H_1) = k^*\mathbb{E}(H_1) \leq \infty.$$

(v) If X is not a compound Poisson process then at most one of H, $H^*(\tau, \tau^*)$ is a compound Poisson process and $H(\tau)$ is a compound Poisson process if and only if $\int_0^1 t^{-1}\mathbb{P}(X_t \geq 0)dt < \infty$. This happens if and only if τ^* has a positive drift.

Proof. (i) This follows by dividing (4.4.2) by λ^2 and letting $\lambda \to \infty$, and (ii) is the same, but letting $\lambda \downarrow 0$. For (iii) observe that Fristedt's formula gives

$$\begin{aligned} \lim_{\beta\downarrow 0} \kappa(0,\beta) &> 0 \Leftrightarrow \lim_{\alpha\downarrow 0} \kappa(\alpha, 0) > 0 \\ &\Longleftrightarrow \int_0^\infty t^{-1}\left(1-e^{-t}\right)\mathbb{P}(X_t > 0)dt < \infty \\ &\Longleftrightarrow \int_1^\infty t^{-1}\mathbb{P}\left(X_t > 0\right)dt < \infty, \end{aligned}$$

and of course $\int_1^\infty t^{-1}\mathbb{P}(X_t > 0)dt + \int_1^\infty t^{-1}\mathbb{P}(X_t < 0)dt = \infty$. (iv) follows by dividing (4.4.2) by λ and letting $\lambda \to 0$. For (v) note that

$$\begin{aligned}\lim_{\beta\to\infty} \kappa(0,\beta) &< \infty \Leftrightarrow \lim_{\alpha\to\infty} \kappa(\alpha,0) < \infty \\ &\Longleftrightarrow \int_0^\infty t^{-1}e^{-t}\mathbb{P}(X_t > 0) < \infty \\ &\Longleftrightarrow \int_0^1 t^{-1}\mathbb{P}(X_t > 0) < \infty.\end{aligned}$$

The final statement then follows by letting $\lambda \to \infty$ in (4.4.1). ■

It is clear that H is a compound Poisson process if and only if $(0,\infty)$ is irregular for X, so this result implies that either both half-lines are regular, or exactly one is. Similarly either exactly one of the ladder processes has infinite lifetime or both have; this corresponds to the trichotomy, familiar from random walks, of oscillation, drift to ∞, or drift to $-\infty$. The integral tests given above are originally due to Rogozin [88]; note they are not expressed directly in terms of the characteristics of X.

Specialising Fristedt's formula gives an expression for the exponent $\kappa(\lambda, 0)$ of τ which is usually ascribed to Spitzer; with $\rho(t) = P(X_t > 0)$ it is

$$\kappa(\lambda,0) = c\exp\left(\int_0^\infty (e^{-t} - e^{-\lambda t})t^{-1}\rho(t)dt\right), \quad \lambda \geq 0. \tag{4.4.3}$$

Since $\kappa(\lambda, 0)$ determines the distribution of the ladder time process τ, we see that the quantity $\rho(t)$ is just as important in the study of Lévy processes as the corresponding quantity is for random walks. For example, the continuous-time version of Spitzer's condition,

$$\frac{1}{t}\int_0^t \rho(s)ds \to \rho \in (0,1) \text{ as } t \to \infty, \text{ (respectively } t \downarrow 0), \tag{4.4.4}$$

is equivalent to $\kappa(\lambda, 0) \in RV(\rho)$ as $\lambda \downarrow 0$, (respectively $\lambda \to \infty$), and this happens if and only if τ belongs to the domain of attraction of a ρ-stable process as $t \to \infty$, (respectively $t \downarrow 0$). Since G_t coincides with $\tau(T_t-)$, where T is the first passage process of τ, it is not surprising that (4.4.4) is also the necessary and sufficient condition for $t^{-1}G_t \xrightarrow{D}$ generalised arc-sine law of parameter ρ as $t \to \infty$, (respectively $t \downarrow 0$). This also extends to the cases $\rho = 0, 1$, the corresponding limit being a unit mass at 0 or 1. For details see Theorem 14, p. 169 of [12].

The more familiar form of the arc-sine theorem involves not G_t, but rather the quantity $A_t = \int_0^t 1_{\{X_s>0\}}ds$. However, just as for random walks, the "Sparre Andersen Identity",

$$A_t \stackrel{(d)}{=} G_t, \tag{4.4.5}$$

holds for each $t > 0$, so the same assertion holds with G_t replaced by A_t. Note that whereas the random-walk version of (4.4.5) can be established by a combinatorial argument due to Feller, this doesn't seem possible in the Lévy process case.

Next we introduce the renewal function U associated with H, which is given by

$$U(x) = \int_0^\infty \mathbb{P}(H_t \le x)dt = \mathbb{E}\left(\int_0^\infty \mathbf{1}_{(S_t \le x)} dL(t)\right), \quad 0 \le x < \infty, \qquad (4.4.6)$$

so that

$$\lambda \int_0^\infty e^{-\lambda x} U(x)dx = \frac{1}{\kappa(0,\lambda)}, \quad \lambda > 0.$$

This quantity is closely related to $T_x = T_{(x,\infty)}$, as the following shows.

Proposition 6. *(i) If X drifts to $-\infty$, then for some $c > 0$ and all $x \ge 0$*

$$U(x) = c\mathbb{P}(S_\infty \le x) = c\mathbb{P}(T_x = \infty).$$

(ii) If X drifts to ∞, then for some $c > 0$ and all $x \ge 0$

$$U(x) = c\mathbb{E}(T_x) < \infty.$$

(iii) If X oscillates, then $\mathbb{P}(S_\infty < \infty) = 0$ and for each $x > 0$

$$\mathbb{E}(T_x) = \infty.$$

(iv) Spitzer's condition (4.4.4) holds with $0 < \rho < 1$ if and only if for some, and then all, $x > 0$, $\mathbb{P}(T_x > \cdot) \in RV(-\rho)$ at ∞, and when this happens

$$\lim_{t\to\infty} \frac{\mathbb{P}(T_x > t)}{\mathbb{P}(T_y > t)} = \frac{U(x)}{U(y)} \text{ for every } x, y > 0.$$

Proof. We will just indicate the proof of (iv). Specializing (4.3.7) we see that

$$\begin{aligned}\frac{\kappa(q,0)}{\kappa(q,\lambda)} &= \mathbb{E}\left(e^{-\lambda S_{\mathbf{e}_q}}\right) = \int_0^\infty e^{-\lambda x}\mathbb{P}(S_{\mathbf{e}_q} \in dx) \\ &= \lambda \int_0^\infty e^{-\lambda x}\mathbb{P}(S_{\mathbf{e}_q} \le x)dx = \lambda \int_0^\infty e^{-\lambda x}\mathbb{P}\left(T_x > \mathbf{e}_q\right)dx,\end{aligned}$$

which we can invert to get

$$1 - \mathbb{E}\left(e^{-qT_x}\right) = q\int_0^\infty e^{-qt}\mathbb{P}(T_x > t)dt = \kappa(q,0)U^{(q)}(x), \qquad (4.4.7)$$

where

$$U^{(q)}(x) = \int_0^\infty \mathbb{E}(e^{-q\tau_t}; H_t \le x)dt = \mathbb{E}\left(\int_0^\infty e^{-qu}\mathbf{1}_{(S_u \le x)} dL(u)\right)$$

satisfies

$$\lambda \int_0^\infty e^{-\lambda x} U^{(q)}(x)dx = \frac{1}{\kappa(q,\lambda)}, \ \lambda > 0. \tag{4.4.8}$$

Since clearly $U^{(q)}(x) \uparrow U(x)$ as $q \to 0$ for each $x > 0$, the result follows from (4.4.7) by standard Tauberian arguments. ■

We will finish this section with another result from [12] involving the passage time T_x. It is the Lévy process version of a result that was proved for random walks by Spitzer; see P3, p. 209 in [94]. It is interesting to see how we need a fair amount of machinery to extend this simple result to the continuous time setting.

Theorem 11. *(Bertoin). Assume X is not a compound Poisson process. Then for $x, u > 0$,*

$$\mathbb{P}(X_{T_x} \in x + du) = c' \int_{y=0}^{x} \int_{v \ge x-y} U(dy)U^*(dv + y - x)\Pi(v + du); \tag{4.4.9}$$

Proof. It is enough to prove that, for a.e. $v \ge 0$,

$$\int_{t=0}^\infty \mathbb{P}(X_t \in x - dv, t < T_x)dt = c' \int_{(x-v)^+}^{x} U(dy)U^*(dv + y - x),$$

since (4.4.9) then follows by the compensation formula. To do this we use (4.3.4), which we can restate as $X_{\mathbf{e}_q} \overset{(d)}{=} S_{\mathbf{e}_q} - \widetilde{S}^*_{\mathbf{e}_q}$, where $\widetilde{S}^*_{\mathbf{e}_q}$ is an independent copy of $S^*_{\mathbf{e}_q}$. Note that

$$\begin{aligned}
\int_{t=0}^\infty \mathbb{P}(X_t \in dw, t < T_x)dt &= \lim_{q\to 0} \int_{t=0}^\infty e^{-qt}\mathbb{P}(X_t \in dw, t < T_x)dt \\
&= \lim_{q\to 0} q^{-1}\mathbb{P}\left(X_{\mathbf{e}_q} \in dw, \mathbf{e}_q < T_x\right) \\
&= \lim_{q\to 0} q^{-1}\mathbb{P}\left(S_{\mathbf{e}_q} \le x, S_{\mathbf{e}_q} - \widetilde{S}^*_{\mathbf{e}_q} \in dw\right) \\
&= \lim_{q\to 0} q^{-1} \int_{w^+}^{x} \mathbb{P}(S_{\mathbf{e}_q} \in dy)\mathbb{P}(S^*_{\mathbf{e}_q} \in y - dw) \\
&= c' \lim_{q\to 0} \int_{w^+}^{x} \frac{\mathbb{P}(S_{\mathbf{e}_q} \in dy)}{\kappa(q,0)} \frac{\mathbb{P}(S^*_{\mathbf{e}_q} \in y - dw)}{\kappa^*(q,0)},
\end{aligned}$$

where we have used (4.4.1) in the last step. But using (4.3.7) we see that as $q \to 0$,

$$\frac{\mathbb{E}(e^{-\lambda S_{\mathbf{e}_q}})}{\kappa(q,0)} = \frac{1}{\kappa(q,\lambda)} \to \frac{1}{\kappa(0,\lambda)} = \int_0^\infty e^{-\lambda x}U(dx),$$

which gives the weak convergence of the first term in the integral to $U(dy)$, and since the same argument applies to the second part, the result follows. ■

The following important complement to this result deals with the possibility that the process passes continuously over the level x. The result is very natural once we observe that $\mathbb{P}(X_{T_x} = x)$ is the same as the probability that H creeps over the level x, but we omit the details of the proof, which is due to Millar in [76].

Theorem 12. *Assume X is not a compound Poisson process. Then for $x > 0$, $\mathbb{P}(X_{T_x} = x) \equiv 0$ unless the ladder height process has a drift $\delta_+ > 0$. In this case $U(dx)$ is absolutely continuous and there is a version u of its density which is bounded, continuous and positive on $(0, \infty)$ and has $\lim_{x \downarrow 0} u(x) = u(0+) > 0$; moreover*

$$\mathbb{P}(X_{T_x} = x) = \frac{u(x)}{u(0+)}.$$

4.5 A Stochastic Bound

In this section we show how the independence between S_{e_q} and $X_{e_q} - S_{e_q}$ leads to a useful stochastic bound for the sample paths of X in terms of random walks.

We would frequently like to be able to assert that some aspect of the behaviour of X as $t \to \infty$ can be seen to be true "by analogy with known results for random walks". An obvious way to try to justify such a claim is via the random walk $S^{(\delta)} := (X(n\delta), n \geq 0)$, for fixed $\delta > 0$. (This process is often called the δ-skeleton of X.) However it can be difficult to control the deviation of X from $S^{(\delta)}$. A further problem stems from the fact that the distribution of $S_1^{(\delta)} = X(\delta)$ is determined via the Lévy–Khintchine formula and not directly in terms of the characteristics of X.

An alternative approach is to use the random walk which results from observing X at the times at which its "large jumps" occur. Specifically we assume that $\Pi(\mathbb{R}) > 0$, and take a fixed interval $I = [-\eta, \eta]$ which contains zero and has $\Delta := \Pi(I^c) > 0$, put $\tau_0 = 0$, and for $n \geq 1$ write τ_n for the time at which J_n, the nth jump in X whose value lies in I^c, occurs. The random walk is then defined by

$$\hat{S} := (\hat{S}_n, n \geq 0), \text{ where } \hat{S}_n = X(\tau_n). \tag{4.5.1}$$

Of course $(\tau_n, n \geq 1)$ is the sequence of arrival times in a Poisson process of rate Δ which is independent of $(J_n, n \geq 1)$, and this latter is a sequence of independent, identically distributed random variables having the distribution $\Delta^{-1}\mathbf{1}_{I^c}\Pi(dx)$. We will write $\hat{Y}_1, \hat{Y}_2 \cdots$ for the steps in $\hat{S}$, so that with $e_r := \tau_r - \tau_{r-1}$, $\tau_0 = 0$, and $r \geq 1$

$$\hat{Y}_r = X(\tau_r) - X(\tau_{r-1}) = J_r + \widetilde{X}(\tau_r) - \widetilde{X}(\tau_{r-1}) \stackrel{D}{=} J_r + \widetilde{X}(e_r), \tag{4.5.2}$$

where $\widetilde{X}$ is "X with the jumps $J_1, J_2, \cdots$ removed". This is also a Lévy process whose Lévy measure is the restriction of Π to I. Furthermore $\widetilde{X}$ is independent of $\{(J_n, \tau_n), n \geq 1\}$, and since it has no large jumps, it follows that $E\{e^{\lambda \widetilde{X}_t}\}$

is finite for all real λ. Thus the contribution of $\sum_1^n \widetilde{X}(e_r)$ to $\hat{S}_n$ can be easily estimated, and for many purposes $\hat{Y}_r$ can be replaced by $J_r + \widetilde{\mu}$, where $\widetilde{\mu} = E\widetilde{X}(\tau_1)$. In order to control the deviation of X from $\hat{S}$ it is natural to use the stochastic bounds

$$I_n \le X_t \le M_n \text{ for } \tau_n \le t < \tau_{n+1}, \tag{4.5.3}$$

where

$$I_n := \inf_{\tau_n \le t < \tau_{n+1}} X_t, \; M_n := \sup_{\tau_n \le t < \tau_{n+1}} X_t, \tag{4.5.4}$$

and write

$$M_n = \hat{S}_n + \widetilde{m}_n, \text{ and } I_n = \hat{S}_n + \widetilde{\imath}_n. \tag{4.5.5}$$

Here

$$\widetilde{m}_n = \sup_{0 \le s < e_{n+1}} \left\{ \widetilde{X}(\tau_n + s) - \widetilde{X}(\tau_n) \right\}, \; n \geqslant 0, \tag{4.5.6}$$

$$\widetilde{\imath}_n = \inf_{0 \le s < e_{n+1}} \left\{ \widetilde{X}(\tau_n + s) - \widetilde{X}(\tau_n) \right\}, \; n \geqslant 0, \tag{4.5.7}$$

are each independent identically distributed sequences, and both $\widetilde{m}_n$ and $\widetilde{\imath}_n$ are independent of $\hat{S}_n$. This method also leads to some technical complications; see for example the proofs of Theorems 3.3 and 3.4 in [40].

But there is a different way to represent the random variables M_n and I_n in (4.5.4).

Theorem 13. *Using the above notation we have, for any fixed $\eta > 0$ with $\Delta = \Pi(I^c) > 0$,*

$$M_n = S_n^{(+)} + \widetilde{m}_0, \; I_n = S_n^{(-)} + \widetilde{\imath}_0, \; n \ge 0, \tag{4.5.8}$$

where each of the processes $S^{(+)} = (S_n^{(+)}, n \ge 0)$ and $S^{(-)} = (S_n^{(-)}, n \ge 0)$ are random walks with the same distribution as $\hat{S}$. Moreover $S^{(+)}$ and $\widetilde{m}_0$ are independent, as are $S^{(-)}$ and $\widetilde{\imath}_0$.

Comparing the representations (4.5.5) and (4.5.8), note that for each fixed n the pairs $(\hat{S}_n, \widetilde{m}_n)$ and $(S_n^{(+)}, \widetilde{m}_0)$ have the same joint law; however the latter representation has the great advantage that the term $\widetilde{m}_0$ does not depend on n.

Proof of Theorem 13. The Wiener–Hopf factorisation (4.3.4) for $\widetilde{X}$ asserts that the random variables $\widetilde{m}_0 = \sup_{0 \le t < e_1} \widetilde{X}_t$ and $\widetilde{X}_{e_1} - \widetilde{m}_0$ are independent, and that the latter has the same distribution as $\widetilde{\imath}_0 = \inf_{0 \le t < e_1} \widetilde{X}_t$. (Recall that $\widetilde{X}$ and e_1 are independent and e_1 has an $Exp(\Delta)$ distribution.) Since

$$\begin{aligned} M_1 &= \sup_{e_1 \le t < e_1 + e_2} X_t = \widetilde{X}(e_1) + J_1 + \sup_{0 \le t < e_2} \left\{ \widetilde{X}(e_1 + t) - \widetilde{X}(e_1) \right\} \\ &= \widetilde{m}_0 + \left\{ \widetilde{X}(e_1) - \widetilde{m}_0 \right\} + J_1 + \widetilde{m}_1 \\ &:= \widetilde{m}_0 + Y_1^{(+)}, \end{aligned}$$

where all four random variables in the second line are independent, we see that $Y_1^{(+)}$ is independent of $\widetilde{m}_0$ and has the same distribution as $J_1 + \widetilde{X}(e_1)$, and hence as $X(e_1)$. A similar calculation applied to M_n gives the required conclusions for $S^{(+)}$, and since $S^{(-)}$ is $S^{(+)}$ evaluated for $-X$, the proof is finished. ■

A straightforward consequence of Theorem 13 is

Proposition 7. *Suppose that $b \in RV(\alpha)$, and $\alpha > 0$. Then for any fixed $\eta > 0$ with $\Delta = \Pi(I^c) > 0$, and any $c \in [-\infty, \infty]$*

$$\frac{\hat{S}_n}{b(n)} \overset{a.s.}{\to} c \text{ as } n \to \infty \Longleftrightarrow \frac{X_t}{b(t)} \overset{a.s.}{\to} c\Delta^\alpha \text{ as } t \to \infty. \tag{4.5.9}$$

(Here $RV(\alpha)$ denotes the class of positive functions which are regularly varying with index α at ∞.)

Proof of Proposition 7. With $N_t = \max\{n : \tau_n \le t\}$ we have, from (4.5.3) and (4.5.8),

$$\frac{\widetilde{\iota}_0}{b(t)} + \frac{S_{N_t}^{(-)}}{b(N_t)} \cdot \frac{b(N_t)}{b(t)} \le \frac{X_t}{b(t)} \le \frac{S_{N_t}^{(+)}}{b(N_t)} \cdot \frac{b(N_t)}{b(t)} + \frac{\widetilde{m}_0}{b(t)}. \tag{4.5.10}$$

Clearly the extreme terms converge a.s. to zero as $t \to \infty$, and by the strong law $b(N_t)/b(t) \overset{a.s.}{\to} \Delta^\alpha$. So if $\frac{\hat{S}_n}{b(n)} \overset{a.s.}{\to} c$ as $n \to \infty$, then $\frac{S_n^{(+)}}{b(n)} \overset{a.s.}{\to} c$ and $\frac{S_n^{(-)}}{b(n)} \overset{a.s.}{\to} c$, and hence $\frac{X_t}{b(t)} \overset{a.s.}{\to} c\Delta^\alpha$ as $t \to \infty$. On the other hand, if this last is true we can use (4.5.10) with $t = \tau_n$ to reverse the argument. ■

From this, and the analogous statements which hold for limsup and liminf, known results about Lévy processes such as strong laws and laws of the iterated logarithm can easily be deduced. But there is a vast literature on the asymptotic behaviour of random walks, and by no means all the results it contains have been extended to the setting of Lévy processes. Using Theorem 13 we can show, for example, that the classical results of Kesten in [59] about strong limit points of random walks, and results about the limsup behaviour of S_n/n^α and $|S_n|/n^\alpha$ and hence about first passage times outside power-law type boundaries in [63], all carry over easily: see [43]. In [36] this method was used to extend to the Lévy-process setting the extensive results by Kesten and Maller in [60], [62], and [64], about various aspects of the asymptotic behaviour of random walks which converge to $+\infty$ in probability. Results about existence of moments for first and last passage times in the transient case from [57] and [61] were similarly extended in [42]. Here we will illustrate the method by giving a new proof of an old result for random walks due to Erickson [46], and then giving the Lévy-process version.

Suppose that $(S_n, n \ge 0)$ is a random walk with $S_0 = 0$ and $S_n = \sum_1^n Y_r$ for $n \ge 1$, where the Y_r are independent and identically distributed copies of a random variable Y which has

$$EY^+ = EY^- = \infty. \tag{4.5.11}$$

Lemma 3. *Write* $\overline{S}_n = \max_{r \le n} S_r$, *and assume (4.5.11) and* $S_n \overset{a.s.}{\to} \infty$. *Then*

$$\frac{S_n}{\overline{S}_n} \overset{a.s.}{\to} 1. \tag{4.5.12}$$

Proof. As in Section 2 we write T_n and H_n for the time and position of the nth strict increasing ladder event, with $T_0 = H_0 \equiv 0$, and for $k \ge 1$ let

$$D_k = \max_{T_{k-1} \le j \le T_k} \{H_{k-1} - S_j\} \tag{4.5.13}$$

denote the depth of the kth excursion below the maximum. Note that the D_k are independent and identically distributed and

$$1 - \frac{S_n}{\overline{S}_n} = \frac{\overline{S}_n - S_n}{\overline{S}_n} \le \frac{D_{N_n+1}}{H_{N_n}}, \tag{4.5.14}$$

where $N_n = \max\{k : T_k \le n\}$ is the number of such excursions completed by time n. Since $N_n \overset{a.s.}{\to} \infty$ it is clear that (4.5.12) will follow if we can show

$$\frac{D_{n+1}}{H_n} \overset{a.s.}{\to} 0, \tag{4.5.15}$$

and this in turn will follow if we can show that for every $\varepsilon > 0$

$$\sum_{n=0}^{\infty} P\{D_{n+1} > \varepsilon H_n\} < \infty. \tag{4.5.16}$$

However, since D_{n+1} is independent of H_n, this in turn will follow from $EV(\varepsilon^{-1} D_1) < \infty$, where $V(y)$ is the renewal function $\sum_0^\infty P(H_k \le y)$. Now as V is subadditive it is easy to see that this sum either converges for all $\varepsilon > 0$ or diverges for all $\varepsilon > 0$. But since $D_{n+1} > H_n$ occurs if and only if the random walk visits $(-\infty, 0)$ during the nth excursion below the maximum, when $\varepsilon = 1$ the sum of the series in (4.5.16) is $E_0 N$, where N is the total number of excursions with this property. A moment's thought shows that

$$E_0 N = p(1 + E(E_M N)) \le p(1 + E_0 N),$$

where $p := P(N > 0) < 1$, and M denotes the position of the random walk at the end of the first excursion that visits $(-\infty, 0)$, so the result follows. ∎

Corollary 5. *Whenever* $S_n \overset{a.s.}{\to} \infty$ *and (4.5.11) holds we have* $n^{-1} S_n \overset{a.s.}{\to} \infty$.

Proof. By Lemma 3 we need only prove that $n^{-1} \overline{S}_n \overset{a.s.}{\to} \infty$. But a consequence of drift to ∞ is that $ET_1 < \infty$, and, because $P(H_1 > x) \ge P(Y_1 > x)$, a consequence of (4.5.11) is that $EH_1 = \infty$. Writing

$$\frac{\overline{S}_n}{n} = \frac{\sum_1^{N_n} \{H_r - H_{r-1}\}}{N_n} \cdot \frac{N_n}{n},$$

we see that the result follows by the strong law, as on the right-hand side the first term $\overset{a.s.}{\to} \infty$ and the second term $\overset{a.s.}{\to} 1/ET_1$. ∎

The result we are aiming at follows.

Theorem 14. *(Erickson) Assume (4.5.11) holds and write*

$$B^{\pm}(x) = \frac{x}{A^{\pm}(x)} \text{ where } A^{\pm}(x) = \int_0^x P(Y^{\pm} > y)dy.$$

Then one of the following alternatives must hold;

(i) $S_n \stackrel{a.s.}{\to} \infty, n^{-1}S_n \stackrel{a.s.}{\to} \infty$, *and* $EB^+(Y^-) < \infty$;
(ii) $S_n \stackrel{a.s.}{\to} -\infty, n^{-1}S_n \stackrel{a.s.}{\to} -\infty$, *and* $EB^-(Y^+) < \infty$;
(iii) S_n *oscillates,* $\liminf n^{-1}S_n \stackrel{a.s.}{=} -\infty$, $\limsup n^{-1}S_n \stackrel{a.s.}{=} \infty$, *and* $EB^+(Y^-) = EB^-(Y^+) = \infty$.

Proof. First we remark that Corollary 5 implies that for any fixed $K > 0$, $n^{-1}\{S_n - Kn\} \stackrel{a.s.}{\to} \infty$ if $S_n \stackrel{a.s.}{\to} \infty$, and $n^{-1}\{S_n + Kn\} \stackrel{a.s.}{\to} -\infty$ if $S_n \stackrel{a.s.}{\to} -\infty$. This then implies that if S_n oscillates, both of the walks $S_n \pm Kn$ also oscillate, and hence

$$\limsup n^{-1}S_n = \limsup n^{-1}\{S_n - nK\} + K \stackrel{a.s.}{\geq} K,$$
$$\liminf n^{-1}S_n = \liminf n^{-1}\{S_n + nK\} - K \stackrel{a.s.}{\leq} -K.$$

Since K is arbitrary, this means that $\liminf n^{-1}S_n \stackrel{a.s.}{=} -\infty$, and $\limsup n^{-1}S_n \stackrel{a.s.}{=} \infty$. The same argument shows that if $\{\widetilde{S}_n, n \geq 0\}$ is any random walk with the property that, for some finite K and all $n \geq 1$,

$$|\widetilde{S}_n - S_n| \leq nK,$$

then either both walks drift to ∞, both drift to $-\infty$, or both oscillate.

Suppose now that S_n either drifts to $-\infty$ or oscillates, so that the first weak downgoing ladder height H_1^- is proper. Then, integrating (4.2.6) applied to $-S$, gives

$$1 = P\left(H_1^- \in (-\infty, 0]\right) = \int_0^\infty P\left(Y^- \geq y\right) dV(y) \tag{4.5.17}$$
$$= \int_0^\infty V(y) P\left(Y^- \in dy\right) = E\left(V(Y^-)\right).$$

In view of the inequality $P(H_1 > y) \geq P(Y_1 > y)$ and the well-known "Erickson bound", valid for any renewal function,

$$1 \leq \frac{V(x)}{B^*(x)} \leq 2, \tag{4.5.18}$$

where $B^*(x) = x/A^*(x)$, and $A^*(x) = \int_0^x P(H > y)dy$ (see Lemma 1 of [46]), we see that $V(x) \leq 2B^*(x) \leq 2B^+(x)$, and hence, from (4.5.17),

$$EB^+(Y^-) \geq 1/2.$$

However this inequality is also valid for the random walk defined by $\widetilde{S}_n = S_n - \sum_1^n Y_r \mathbf{1}_{\{Y_r \in (-K,0]\}}$, which has $\widetilde{B}^+ = B^+$, so that

$$EB^+(Y^-; Y^- \geq K) \geq 1/2.$$

Since K is arbitrary we conclude that $EB^+(Y^-) = \infty$. We then see that always at least one of $EB^+(Y^-)$ and $EB^-(Y^+)$ is infinite and when S_n oscillates both are. Also the argument following (4.5.16) shows that when S_n drifts to ∞ we have $EV(D_1) < \infty$, which again by the Erickson bound means that $EB^*(D_1) < \infty$. Since $P(D_1 > x) > P(Y^- > x)$ it follows that $EB^*(Y^-) < \infty$. Finally we see that

$$\begin{aligned} P(H_1 > x) &= \sum P(T_1 > n, S_n + Y_{n+1} > x) \\ &\leq P(Y > x) \sum P(T_1 > n) = ET_1 P(Y > x), \end{aligned}$$

so that $B^*(x) \geq cB^+(x)$, and hence $EB^+(Y^-) < \infty$. ■

The Lévy process version of this is:

Theorem 15. *Let X be any Lévy process with $\mathbb{E}X_1^+ = \mathbb{E}X_1^- = \infty$. Write Π^* for the Lévy measure of $-X$ and*

$$I^+ = \int_1^\infty \frac{x\Pi^*(dx)}{A(x)}, \; I^- = \int_1^\infty \frac{x\Pi(dx)}{A^*(x)}, \text{ where}$$
$$A(x) = \int_0^x \overline{\Pi}(y)dy, \text{ and } A^*(x) = \int_0^x \overline{\Pi^*}(y)dy, .$$

Then one of the following alternatives must hold;

(i) $X_t \overset{a.s.}{\to} \infty, t^{-1}X_t \overset{a.s.}{\to} \infty$ as $t \to \infty$, and $I^+ < \infty$;
(ii) $X_t \overset{a.s.}{\to} -\infty, t^{-1}X_t \overset{a.s.}{\to} -\infty$ as $t \to \infty$, and $I^- < \infty$;
(iii) X oscillates, $\liminf t^{-1}X_t \overset{a.s.}{=} -\infty$, $\limsup t^{-1}X_t \overset{a.s.}{=} \infty$, and $I^+ = I^- = \infty$.

Proof. Take any $\eta > 0$ with $\Delta = \Pi(I^c) > 0$ and note that $\hat{S}$ satisfies (4.5.11), and furthermore that I^+ (respectively I^-) is finite if and only if $E\hat{B}^+(\hat{Y}^-) < \infty$ (respectively $E\hat{B}^-(\hat{Y}^+) < \infty$). As previously mentioned, Proposition 7 is valid with lim replaced by lim inf or lim sup. The results then follow from Theorem 14. ■

5

Further Wiener–Hopf Developments

5.1 Introduction

In the last ten years or so there have been several new developments in connection with the Wiener–Hopf equations for Lévy processes, and in this chapter I will describe some of them, and try to indicate how each of them is tailored to specific applications.

5.2 Extensions of a Result due to Baxter

We start by giving the Lévy process version of (4.2.3) from Chapter 4, which constitutes a direct connection between the law of the bivariate ladder process and the law of X, without intervention of transforms. We can deduce this from Fristedt's formula, but it is not difficult to see that this result also implies Fristedt's formula.

Proposition 8. *We have the following identity between measures on* $(0, \infty) \times (0, \infty)$*:*

$$\frac{1}{t}\mathbb{P}\{X_t \in dx\}dt = \int_0^\infty \mathbb{P}\{\tau(u) \in dt, H(u) \in dx\}\frac{du}{u}. \tag{5.2.1}$$

The proof in [18] works by showing that both sides have the same bivariate Laplace transform. We omit the details, as (5.2.1) is a special case of the next result.

We will see this result used in Chapter 7, and it has also been applied by Vigon in [101].

Note that integrating (5.2.1) gives the following:

$$\int_0^\infty \mathbb{P}\{X_t \in dx\}\frac{dt}{t} = \int_0^\infty \mathbb{P}\{H(u) \in dx\}\frac{du}{u}. \tag{5.2.2}$$

iginally published in: *Ecole d'Eté de Probabilités de Saint-Flour XXXV – 2005*, Lecture Notes in athematics, Vol. **1897**, 41–50, DOI: 10.1007/978-3-540-48511-7_5, © Springer-Verlag Berlin Heidelberg 2007, print by Springer-Verlag Berlin Heidelberg 2012

This states that the so-called "harmonic renewal measure" of X agrees with that of H on $(0,\infty)$. These objects have been studied in the random walk context in [49] and [38], and for Lévy processes in [84].

Is it possible to give a useful "disintegration" of (5.2.1)? This question was answered affirmatively for random walks in [4], and for Lévy processes in [1] and [2]. (See also [75] and [3] for further developments of these ideas.) Note that, in the standard notation, $T_x = \tau(H^{-1}(x))$, so that if we put $\sigma_x := L(T_x), x \geq 0$, then σ is the right-continuous inverse of H.

Proposition 9. *We have the following identity between measures on* $(0,\infty)^3$*:*

$$\frac{\mathbb{P}\{X_t \in dx, \sigma_x \in du\}dt}{t} = \frac{\mathbb{P}\{\tau(u) \in dt, H(u) \in dx\}du}{u}. \tag{5.2.3}$$

Proof. Note first that it suffices to prove that

$$\begin{aligned} I(dt,dx) &:= \int_0^v \mathbb{P}\{\tau(u) \in dt, H(u) \in dx\} \frac{du}{u} \\ &= \frac{\mathbb{P}\{X_t \in dx, \sigma_x \leq v\} dt}{t} \\ &= \frac{\mathbb{P}\{X_t \in dx, H_v \geq x\} dt}{t} \\ &= \frac{\mathbb{P}\{X_t \in dx\} dt}{t} - \frac{\mathbb{P}\{X_t \in dx, H_v < x\}dt}{t}. \end{aligned} \tag{5.2.4}$$

On the one hand

$$\begin{aligned} \frac{d}{d\lambda}\int_0^\infty \int_0^\infty e^{-(\lambda t+\mu x)} I(dt,dx) &= \frac{d}{d\lambda}\int_0^v e^{-u\kappa(\lambda,\mu)}\frac{du}{u} \\ &= \frac{-\frac{d}{d\lambda}\kappa(\lambda,\mu)}{\kappa(\lambda,\mu)}\left(1-e^{-v\kappa(\lambda,\mu)}\right). \end{aligned}$$

On the other hand

$$\begin{aligned} &-\lambda\frac{d}{d\lambda}\int_0^\infty \int_0^\infty e^{-(\lambda t+\mu x)}\frac{\mathbb{P}\{X_t \in dx, H_v < x\} dt}{t} \\ &= \lambda \int_0^\infty \int_0^\infty e^{-(\lambda t+\mu x)}\mathbb{P}\{X_t \in dx, H_v < x\} dt \\ &= \mathbb{E}\left\{e^{-\mu X_{\mathbf{e}_\lambda}}; H_v < X_{\mathbf{e}_\lambda}\right\} = \mathbb{E}\left\{e^{-\mu X_{\mathbf{e}_\lambda}}; H_v < X_{\mathbf{e}_\lambda}, \tau_v \leq \mathbf{e}_\lambda\right\} \\ &= \mathbb{E}\left\{e^{-\mu(H_v+\widetilde{X}_{\tilde{\mathbf{e}}_\lambda})}; \widetilde{X}_{\tilde{\mathbf{e}}_\lambda} > 0, \tau_v \leq \mathbf{e}_\lambda\right\} \\ &= \mathbb{E}\left\{e^{-\mu H_v}; \tau_v \leq \mathbf{e}_\lambda\right\}\mathbb{E}\left\{e^{-\mu X_{\mathbf{e}_\lambda}}; X_{\mathbf{e}_\lambda} > 0\right\} \\ &= \mathbb{E}\left\{e^{-(\mu H_v+\lambda\tau_v)}\right\}\frac{\lambda\frac{d}{d\lambda}\kappa(\lambda,\mu)}{\kappa(\lambda,\mu)} = \frac{\lambda\frac{d}{d\lambda}\kappa(\lambda,\mu)}{\kappa(\lambda,\mu)}e^{-v\kappa(\lambda,\mu)}. \end{aligned}$$

Here the ~ sign refers to independent copies of the objects, we have used the strong Markov property, and the penultimate equality comes from differentiating Fristedt's formula. Letting $v \to 0$ in the last result confirms that

$$\frac{d}{d\lambda}\int_0^\infty\int_0^\infty e^{-(\lambda t+\mu x)}\frac{\mathbb{P}\{X_t\in dx\}dt}{t}=\frac{-\frac{d}{d\lambda}\kappa(\lambda,\mu)}{\kappa(\lambda,\mu)},$$

so (5.2.4) follows, and hence the result. ■

The discrete version of this identity has been applied in a study of the bivariate renewal function of the ladder process in connection with the Martin boundary of the process killed on leaving the positive half-line ([5]). For Lévy processes, amongst other things Alili and Chaumont deduce in [2] the following identity, which relates the bivariate renewal measure for the increasing ladder processes, $U(dt,dx)$, to the entrance law $\underline{n}$ of the excursions away from 0 of the reflected process $R^*=X-I$:

$$\underline{n}(\varepsilon_t\in dx)dt=ct^{-1}\mathbb{E}(\sigma_x;X_t\in dx)dt=c'U(dt,dx),\ x,t>0. \tag{5.2.5}$$

Observe that the equality between the first and last terms is a kind of analogue of an important duality relation for random walks:

$$\begin{aligned}&P(S_r>0,1\le r\le n,S_n\in dx)\\&\qquad=P(n\text{ is an increasing ladder epoch, }S_n\in dx),\end{aligned}$$

which is a "disintegrated" version of (4.2.3) in Chapter 4. Note also that in the case of a spectrally negative Lévy process (see Chapter 9) the middle term in (5.2.5) reduces to $ct^{-1}x\mathbb{P}(X_t\in dx)dt$.

5.3 Les Équations Amicales of Vigon

In his thesis ([100]; see also [99]) Vincent Vigon established a set of equations which essentially invert the Wiener–Hopf factorisation of the exponent

$$\kappa(0,-i\theta)\kappa^*(0,i\theta)=\Psi(\theta),\ \theta\in\mathbb{R}. \tag{5.3.1}$$

(We will assume a choice of normalisation of local time that makes the constant which appears on the right-hand side of (5.3.1) in Chapter 4 equal to 1.) Implicit in this equation are relationships between the characteristics of X, H_+, and H_-, which we will denote by $\{\gamma,\sigma^2,\Pi\}$, $\{\delta_+,k_+,\mu_+\}$ and $\{\delta_-,k_-,\mu_-\}$. (n.b. we prefer the notation H_+, and H_-, etc to our standard H and H^* in this section.) We will also write $\phi_\pm$ for the Laplace exponents of $H_\pm$, so that

$$\phi_\pm(\lambda)=k_\pm+\delta_\pm\lambda+\int_0^\infty\left(1-e^{-\lambda x}\right)\mu_\pm(dx),\mathrm{Re}(\lambda)\ge 0,$$

and (5.3.1) is

$$\phi_+(-i\theta)\phi_-(i\theta)=\Psi(\theta),\ \theta\in\mathbb{R}. \tag{5.3.2}$$

We will also write Π_+ and Π_- for the restrictions of $\Pi(dx)$ and $\Pi(-dx)$ to $(0,\infty)$, and for any measure Γ on $(0,\infty)$ define tail and integrated tail functions, when they exist, by

$$\overline{\Gamma}(x) = \Gamma\{(x,\infty)\}, \overline{\overline{\Gamma}}(x) = \int_x^\infty \overline{\Gamma}(y)dy, \ x > 0.$$

Theorem 16. *(Vigon) (i) For any Lévy process the following holds:*

$$\overline{\Pi}(x) = \int_0^\infty \mu_+(x+du)\overline{\mu}_-(u) + \delta_- n_+(x) + k_-\overline{\mu}_+(x), \ x > 0, \qquad (5.3.3)$$

where, if $\delta_- > 0$, n_+ denotes a cadlag version of the density of μ_+. (It is part of the Theorem that this exists.) Also

$$\overline{\mu}_+(x) = \int_0^\infty U_-(dy)\overline{\Pi}_+(y+x), \ x > 0. \qquad (5.3.4)$$

where U_- is the renewal measure corresponding to H_-.

(ii) For any Lévy process with $\mathbb{E}|X_1| < \infty$ the following holds:

$$\overline{\overline{\Pi}}_+(x) = \int_0^\infty \overline{\mu}_+(x+u)\overline{\mu}_-(u)du + \delta_-\overline{\mu}_+(x) + k_-\overline{\overline{\mu}}_+(x), \ x > 0. \qquad (5.3.5)$$

Several comments are in order. Firstly these equations were named by Vigon as the équation amicale, équation amicale inversée, and équation amicale intégrée, respectively. (5.3.4) is equivalent to its differentiated version, and when $\mathbb{E}|X_1| < \infty$ an integrated version holds, but a differentiated version of (5.3.3) only holds in special cases. It should be noted that if we express these equations in terms of H_+ and $-H_-$ as Vigon does, each of the integrals appearing above is in fact a convolution. A version of (5.3.5) can be found in [85], but otherwise these equations don't seem to have appeared in print prior to [99].

From Vigon's standpoint (5.3.3) is just the Fourier inversion of (5.3.2), and (5.3.4) is just the Fourier inversion of the equation

$$\phi_+(-i\theta) = \Psi(\theta) \cdot \frac{1}{\phi_-(i\theta)}, \ \theta \in \mathbb{R}.$$

To make sense of this one needs to use the theory of generalised distributions, but here I give a less technical approach.

Proof. First we aim to establish (5.3.5), and we start by computing the (ordinary) Fourier transform of $f(x) := \overline{\overline{\Pi}}_+(x)\mathbf{1}_{(x>0)} + \overline{\overline{\Pi}}_-(-x)\mathbf{1}_{(x<0)}$. Two integrations by parts give

$$\int_0^\infty \overline{\overline{\Pi}}_+(x)e^{i\theta x}dx = \frac{1}{(i\theta)^2}\int_0^\infty \left(e^{i\theta y} - 1 - i\theta y\right)\Pi(dy),$$

and a similar calculation confirms that

$$\int_{-\infty}^0 \overline{\overline{\Pi}}_-(-x)e^{i\theta x}dx = \frac{1}{(i\theta)^2}\int_{-\infty}^0 \left(e^{i\theta y} - 1 - i\theta y\right)\Pi(dy).$$

Hence the exponent of X satisfies

$$\begin{aligned}\Psi(\theta) &= -i\gamma\theta + \frac{1}{2}\sigma^2\theta^2 + \int_{-\infty}^{\infty} \left(1 - e^{i\theta y} + i\theta y \mathbf{1}_{\{|y|<1\}}\right) \Pi(dy) \\ &= -im\theta + \frac{1}{2}\sigma^2\theta^2 + \int_{-\infty}^{\infty} \left(1 - e^{i\theta y} + i\theta y\right) \Pi(dy) \\ &= -im\theta + \frac{1}{2}\sigma^2\theta^2 + \theta^2 \hat{f}(\theta), \end{aligned} \tag{5.3.6}$$

where $\hat{f}$ is the Fourier transform of f and

$$m = \gamma + \int_{|y|\geq 1} y\Pi(dy) = \mathbb{E}X_1$$

is finite by assumption. Next note that with

$$g_+(\theta) = \int_0^{\infty} \overline{\mu}_+(x) e^{i\theta x} dx, \; g_-(\theta) = \int_{-\infty}^{0} \overline{\mu}_-(-x) e^{i\theta x} dx,$$

we have

$$\phi_+(-i\theta) = k_+ - i\theta \left\{\delta_+ + g_+(\theta)\right\}, \; \phi_-(i\theta) = k_- + i\theta \left\{\delta_- + g_-(\theta)\right\}.$$

So, recalling that at most one of $k_\pm$ is non-zero and that $2\delta_+\delta_- = \sigma^2$, it follows from (5.3.2) that

$$\begin{aligned}\Psi(\theta) = \theta^2 &\left\{\sigma^2/2 + g_+(\theta)g_-(\theta) + \delta_+ g_-(\theta) + \delta_- g_+(\theta)\right\} \\ &+ i\theta k_+ \left\{\delta_- + g_-(\theta)\right\} - i\theta k_- \left\{\delta_+ + g_+(\theta)\right\}.\end{aligned} \tag{5.3.7}$$

Substituting this into (5.3.6) we see that for $\theta \neq 0$

$$\begin{aligned}\theta \hat{f}(\theta) - im = \theta &\{g_+(\theta)g_-(\theta) + \delta_+ g_-(\theta) + \delta_- g_+(\theta)\} \\ &+ ik_+\{\delta_- + g_-(\theta)\} - ik_-\{\delta_+ + g_+(\theta)\}.\end{aligned} \tag{5.3.8}$$

Further, if $m = \mathbb{E}X_1 = 0$ then X oscillates and $k_+ = k_- = 0$, whence

$$\hat{f}(\theta) = g_+(\theta)g_-(\theta) + \delta_+ g_-(\theta) + \delta_- g_+(\theta) \text{ for } \theta \neq 0.$$

Next, assume that $m > 0$, so that X drifts to $+\infty$, $k_+ = 0$, and $k_- > 0$; as we have seen (Chapter 4, Corollary 4) the Wiener–Hopf factorisation gives $m = k_- m_+$, where

$$m_+ := EH_+(1) = \delta_+ + \overline{\overline{\mu}}_+(0+) \in (0, \infty).$$

Thus we then have

$$\overline{\overline{\mu}}_+(0+) - g_+(\theta) = \int_0^{\infty} \overline{\mu}_+(x)\{1 - e^{i\theta x}\} dx = -i\theta \int_0^{\infty} \overline{\overline{\mu}}_+(x) e^{i\theta x} dx,$$

so that again the constants in (5.3.8) cancel to give

$$\hat{f}(\theta) = g_+(\theta)g_-(\theta) + \delta_+ g_-(\theta) + \delta_- g_+(\theta) + k_- \int_0^\infty \overline{\overline{\mu}}_+(x)e^{i\theta x}dx. \quad (5.3.9)$$

Finally a similar argument applies when $m < 0$, and we conclude that in all cases

$$\hat{f}(\theta) = g_+(\theta)g_-(\theta) + \delta_+ g_-(\theta) + \delta_- g_+(\theta) + k_- \int_0^\infty \overline{\overline{\mu}}_+(x)e^{i\theta x}dx + k_+ \int_{-\infty}^0 \overline{\overline{\mu}}_-(-x)e^{i\theta x}dx. \quad (5.3.10)$$

We now observe that $g_+(\theta)g_-(\theta) = \int_{-\infty}^\infty e^{i\theta x} g(x)dx$, where

$$\begin{aligned} g(x) &= \int_{-\infty}^\infty \overline{\mu}_+(x-y)\mathbf{1}_{\{y<x\}}\overline{\mu}_-(-y)dy \\ &= \mathbf{1}_{\{x>0\}} \int_{-\infty}^0 \overline{\mu}_+(x-y)\overline{\mu}_-(-y)dy + \mathbf{1}_{\{x<0\}} \int_{-\infty}^x \overline{\mu}_+(x-y)\overline{\mu}_-(-y)dy \\ &= \mathbf{1}_{\{x>0\}} \int_0^\infty \overline{\mu}_+(x+y)\overline{\mu}_-(y)dy + \mathbf{1}_{\{x<0\}} \int_0^\infty \overline{\mu}_+(y)\overline{\mu}_-(y-x)dy. \end{aligned}$$

Putting this into (5.3.10), and using the uniqueness of Fourier transforms we see that (5.3.5) and its analogue for the negative half-line must hold.

Notice that the left-hand side and the final term on the right-hand side in (5.3.5) are differentiable. Assume, for the moment, the validity of (5.3.4) and assume $\delta_- > 0$; then, according to Theorem 11 of Chapter 4, U_- admits a density u_- which is bounded and continuous on $(0, \infty)$ and has $u_-(0+) > 0$. So we can write (5.3.4) as

$$\overline{\mu}_+(x) = \int_x^\infty u_-(y-x)\overline{\Pi}_+(y)dy, \ x > 0, \quad (5.3.11)$$

and I claim this implies that $\overline{\mu}_+$ is differentiable on $(0, \infty)$. To see this take $x > 0$ fixed and write

$$\begin{aligned} &\frac{1}{h}\{\overline{\mu}_+(x) - \overline{\mu}_+(x+h)\} \\ &= \frac{1}{h}\left(\int_x^\infty u_-(y-x)\overline{\Pi}_+(y)dy - \int_{x+h}^\infty u_-(y-x-h)\overline{\Pi}_+(y)dy\right) \\ &= \frac{1}{h}\int_x^{x+h} u_-(y-x)\overline{\Pi}_+(y)dy \\ &\quad -\frac{1}{h}\int_{x+h}^\infty (u_-(y-x) - u_-(y-x-h))\,\overline{\Pi}_+(y)dy. \end{aligned}$$

Clearly the first term here converges to $u_-(0+)\overline{\Pi}_+(x)$ as $h \downarrow 0$, and the following shows that the second term also converges.

$$\begin{aligned}
&\frac{1}{h}\int_{x+h}^{\infty}(u_-(y-x)-u_-(y-x-h))\overline{\Pi}_+(y)dy \\
&=\frac{1}{h}\int_{x+h}^{\infty}\Pi(dz)\int_{x+h}^{z}(u_-(y-x)-u_-(y-x-h))\,dy \\
&=\int_{x+h}^{\infty}\Pi(dz)\frac{(U_-(z-x)-U_-(z-x-h)-U_-(h))}{h} \\
&\to\int_{x}^{\infty}\Pi(dz)\,(u_-(z-x)-u_-(0+)) \\
&=\int_{x}^{\infty}\Pi(dz)u_-(z-x)-u_-(0+)\overline{\Pi}_+(x).
\end{aligned}$$

Here we have used dominated convergence and the bound

$$|U_-(z-x)-U_-(z-x-h)-U_-(h)|\le 2ch,$$

where c is an upper bound for u_-. A similar argument applies to the left-hand derivative, and we conclude that the second term on the right in (5.3.5) is differentiable, i.e. μ_+ has a density given by

$$n_+(x)=\int_x^{\infty}u_-(z-x)\Pi(dz).$$

So the first term must also be differentiable, and, still assuming that $\mathbb{E}|X_1|<\infty$, we deduce that (5.3.3) holds.

However when $\mathbb{E}|X_1|=\infty$ we can consider a sequence $X^{(n)}$ of Lévy processes which have the same characteristics as X except that $X^{(n)}$ has Lévy measure $\Pi^{(n)}(dx)=\Pi(dx)\mathbf{1}_{\{|x|\le n\}}$. Each of them satisfies (5.3.3), and it follows easily that (5.3.3) holds in general. Moreover since the other terms in this are cadlag, when $\delta_->0$ it follows that n_+ can be taken to be cadlag.

So it remains only to prove (5.3.4). To do this we compare two expressions for the overshoot O_y over $y>0$, both of which we have seen before; see Theorem 2, Chapter 2 and Theorem 11, Chapter 4. They are

$$\mathbb{P}(O_y>x)=\int_0^y\overline{\mu}_+(y-z+x)U_+(dz),$$

and

$$\mathbb{P}(O_y>x)=\int_{-\infty}^y\overline{\Pi}(y-z+x)V^{(y)}(dz),$$

where in the second we have

$$V^{(y)}(dz)=\int_0^{\infty}\mathbb{P}\{X_t\in dz,\overline{X_t}\le y\}=\int_{z\vee 0}^y U_+(dw)U_-(w-dz).$$

Substituting this in and making a change of variable gives

$$\begin{aligned}\int_0^y \overline{\mu}(y-z+x)U_+(dz) &= \int_{-\infty}^y \int_{z\vee 0}^y U_+(dw)U_-(w-dz)\overline{\Pi}(y-z+x)\\ &= \int_0^y \int_{-\infty}^w U_+(dw)U_-(w-dz)\overline{\Pi}(y-z+x)\\ &= \int_{w=0}^y \int_{u=0}^\infty U_+(dw)U_-(du)\overline{\Pi}(y+x+u-w).\end{aligned}$$

For fixed x, the left-hand side here is the convolution of $\overline{\mu}(x+\cdot)$ with U_+ and the right-hand side is the convolution of $h(x+\cdot)$ with U_+, where

$$h(v) = \int_0^\infty U_-(du)\overline{\Pi}(u+v).$$

Using Laplace transforms, we deduce immediately that $\overline{\mu}(x+v) \equiv h(v)$, and this is (5.3.4). ■

These results, particularly (5.3.4), have already found several applications, some of which I will discuss later. Here I will show how (5.3.5) leads to a nice proof of a famous result due to Rogozin (see [88]); this argument is also taken from [100].

Theorem 17. *If X has infinite variation, then*

$$-\infty = \liminf_{t\downarrow 0} \frac{X_t}{t} < \limsup_{t\downarrow 0} \frac{X_t}{t} = +\infty \text{ a.s.} \tag{5.3.12}$$

Proof. We will first establish the weaker claim that any infinite-variation process visits both half-lines immediately. We will also assume without loss of generality that Π is supported by $[-1,1]$, because the compound Poisson process component doesn't affect the behaviour of X immediately after time zero. The argument proceeds by contradiction; so assume X doesn't visit $(0,\infty)$ immediately. This tell us that H_+ is a compound Poisson process, so $\sigma = 0$ and $\delta_+ = 0$. Since both μ_+ and μ_- are supported by $[0,1]$, (5.3.5) for X and $-X$ take the forms

$$\overline{\overline{\Pi}}_+(x) = \int_0^1 \overline{\mu}_+(x+u)\overline{\mu}_-(u)du + \delta_-\overline{\mu}_+(x) + k_-\overline{\overline{\mu}}_+(x),\ x>0,$$

and

$$\overline{\overline{\Pi}}_-(x) = \int_0^1 \overline{\mu}_-(x+u)\overline{\mu}_+(u)du + k_+\overline{\overline{\mu}}_-(x),\ x>0.$$

Since $\overline{\overline{\mu}}_\pm(0+)$ are automatically finite and $\overline{\mu}_+(0+)$ is finite because H_+ is a compound Poisson process, we see immediately that

$$\int_0^1 |x|\Pi(dx) = \overline{\overline{\Pi}}_+(0+) + \overline{\overline{\Pi}}_-(0+) < \infty.$$

This, together with $\sigma = 0$, means that X has bounded variation, and this contradiction establishes the claim. And then (5.3.12) is immediate, because it is equivalent to the fact that for any a, $X_t + at$ visits both half-lines immediately, and of course $X_t + at$ is also an infinite variation Lévy process. ■

5.4 A First Passage Quintuple Identity

We revisit the argument used in Chapter 4 to establish Bertoin's identity for the process killed at time T_x, which played a rôle in our proof of (5.3.4). The corresponding result for random walks is easily established, but again the proof for Lévy process is more complicated.

Recall the notation

$$G_t = \sup\{s \le t : X_s = S_s\},$$

put $\gamma_x = G(T_x-)$ for the time at which the last maximum prior to first passage over x occurs, and denote the overshoot and undershoot of X and undershoot of H_+ by

$$O_x = X(T_x) - x, \ D_x = x - X(T_x-), \text{ and } D_x^{(H)} = x - S(T_x-).$$

Theorem 18. *Suppose that X is not a compound Poisson process. Then for a suitable choice of normalising constant of the local time at the maximum, for each $x > 0$ we have on $u > 0$, $v \ge y$, $y \in [0, x]$, $s, t > 0$,*

$$\begin{aligned}\mathbb{P}(\gamma_x \in ds, T_x - \gamma_x \in dt, O_x \in du, D_x \in dv, D_x^{(H)} \in dy)\\ = U_+(ds, x - dy)U_-(dt, dv - y)\Pi(du + v),\end{aligned}$$

where $U_\pm$ denote the renewal measures of the bivariate ladder processes.

Proof. (A slightly different proof is given in Doney and Kyprianou, [39].) If we can show the following identity of measures on $(0, \infty)^3$:

$$\begin{aligned}\int_0^\infty qe^{-qt}\mathbb{P}(G_{t-} \in ds, \ S_{t-} \in dw, \ X_{t-} \in w - dz)dt \qquad (5.4.1)\\ = \int_0^\infty qe^{-qt}U_+(ds, dw)U_-(dt - s, dz),\end{aligned}$$

then the result will follow by applying the compensation formula and the uniqueness of Laplace transforms. We establish (5.4.1) by our now standard method: we show their triple Laplace transforms agree. Starting with the left-hand side, we see that it is the same as

$$\begin{aligned}\mathbb{P}(G_{e_q} \in ds, \ S_{e_q} \in dw, \ X_{e_q} \in w - dz)\\ = \mathbb{P}(G_{e_q} \in ds, \ S_{e_q} \in dw)\mathbb{P}((S - X)_{e_q} \in dz),\end{aligned}$$

and its triple Lapace transform is

$$\mathbb{E}(e^{-\alpha G_{e_q}-\beta S_{e_q}})\mathbb{E}(e^{\gamma I_{e_q}}) = \frac{\kappa(q,0)}{\kappa(q+\alpha,\beta)} \cdot \frac{\kappa^*(q,0)}{\kappa^*(q,\gamma)} = \frac{q}{\kappa(q+\alpha,\beta)\kappa^*(q,\gamma)}.$$

On the other hand,

$$\int_{s,w,z\geq 0}\int_{t\geq s} qe^{-(qt+\alpha s+\beta w+\gamma z)}U_+(ds,dw)U_-(dt-s,dz)$$
$$= \int_{s,w,z\geq 0}\int_{u\geq 0} qe^{-(qu+(\alpha+q)s+\beta w+\gamma z)}U_+(ds,dw)U_-(du,dz)$$
$$= q\int_{s,w\geq 0} e^{-((\alpha+q)s+\beta w)}U_+(ds,dw)\int_{u,z\geq 0} e^{-(qu+\gamma z)}U_-(du,dz)$$
$$= \frac{q}{\kappa(q+\alpha,\beta)\kappa^*(q,\gamma)},$$

and (5.4.1) follows. ■

One interesting consequence of this is the following obvious extension of (5.3.4); here $\boldsymbol{\mu}_+$ is the bivariate Lévy measure of $\{\tau_+, H_+\}$.

Corollary 6. *For all $t, h > 0$ we have*

$$\boldsymbol{\mu}_+(dt,dh) = \int_{[0,\infty)} U_-(dt,d\theta)\Pi(dh+\theta).$$

A second is a new explicit result for stable processes, whose proof relies on the well-known fact that in this case the subordinators H_+, H_- are stable with parameters $\alpha\rho, \alpha(1-\rho)$, respectively.

Corollary 7. *Let X be a stable process of index $\alpha \in (0,2)$ and positivity parameter $\rho \in (0,1)$. Then*

$$\mathbb{P}(O_x \in du, D_x \in dv, D_x^{(H)} \in dy) = \frac{\Gamma(\alpha+1)\sin\alpha\rho\pi}{\pi\Gamma(\alpha\rho))\,\Gamma(\alpha(1-\rho))} \cdot \frac{(x-y)^{\alpha\rho-1}(v-y)^{\alpha(1-\rho)-1}du\,dv\,dy}{(v+u)^{1+\alpha}}.$$

A further application, indeed the main motivation in [39], is a study of the asymptotic overshoot over a high level, conditional upon this level being crossed, for a class of processes which drift to $-\infty$ and whose Lévy measures have exponentially small righthand tails. It was already known from [66] that there is a limiting distribution for this overshoot, which has two components. Using Theorem 18 we were able to show that these components are the consequence of two different types of asymptotic overshoot: namely first passage occurring as a result of

- an arbitrarily large jump from a finite position after a finite time, or
- a finite jump from a finite distance relative to the barrier after an arbitrarily large time.

6

Creeping and Related Questions

6.1 Introduction

We have seen that a subordinator creeps over positive levels if and only if it has non-zero drift. Since the overshoot over a positive level of a Lévy process X coincides with the overshoot of its increasing ladder height subordinator, it is clear that X creeps over positive levels if and only if the drift δ_+ of H_+ is positive. This immediately raises the question as to how one can tell, **from the characteristics of** X, when this happens. This question was first addressed in Millar [77], where the concept of creep was introduced, although actually Millar called it continuous upward passage. Some partial answers were given in Rogers [85], where the name "creeping" was first introduced, but the complete solution is due to Vigon [99], [100]. Another reason why the condition $\delta_+ > 0$ is important is that we will see in Chapter 10 that it is also a necessary and sufficient condition for

$$\frac{O_r^{(X)}}{r} = \frac{O_r^{(H_+)}}{r} \overset{a.s.}{\to} 0$$

as $r \downarrow 0$. (Here $O_r^{(X)} = X_{T(r,\infty)} - r$, and similarly for H_+.) Of course a necessary and sufficient condition for this to hold as $r \to \infty$ is that

$$m_+ = \mathbb{E}H_+(1) = \delta_+ + \int_0^\infty \overline{\mu}_+(x)dx < \infty,$$

and similarly one can ask how we can recognise when this happens from the characteristics of X. For random walks, this 'mean ladder height problem' has been around for a long time; after contributions by Lai [71], Doney [29], and Chow and Lai [27], it was finally solved in Chow [26]. This last paper passed almost unnoticed, which is a pity because on the basis of Chow's result it is easy to see what the result for Lévy process has to be at ∞, and not difficult to guess also what the result should be at 0. In [40] we used Chow's result

iginally published in: *Ecole d'Eté de Probabilités de Saint-Flour XXXV – 2005*, Lecture Notes in athematics, Vol. **1897**, 51–64, DOI: 10.1007/978-3-540-48511-7_6, © Springer-Verlag Berlin Heidelberg 2007, print by Springer-Verlag Berlin Heidelberg 2012

to give the necessary and sufficient condition for $m_+ < \infty$, but somehow we managed to make a wrong conjecture for $\delta_+ > 0$!

Here I will give a proof of both results, using a method that leans heavily on results from Vigon [100], but is somewhat different from the proof therein. We will also see that the same techniques enable us to give a different proof of an important result in Bertoin [14], which solves the problem of regularity of the half-line.

6.2 Notation and Preliminary Results

As usual X will be a Lévy process with Lévy measure Π, and having canonical decomposition

$$X_t = \gamma t + \sigma B_t + Y_t^{(1)} + Y_t^{(2)}. \tag{6.2.1}$$

We write $\mu_\pm, \delta_\pm$, and $k_\pm$ for the Lévy measures, drifts and killing rates for $H_\pm$, the ladder height processes of X and $-X$. We will also need $U_\pm$, the potential measures of $H_\pm$. The basis for our whole approach is Vigon's "équation amicale inversée", which we recall from Chapter 5 is

$$\overline{\mu}_+(x) = \int_0^\infty U_-(dy)\overline{\Pi}_+(x+y),\ x > 0. \tag{6.2.2}$$

The second result we need is a slight extension of one we've seen before, in Chapter 2; here and throughout, we write $a(x) \approx b(x)$ to signify that $\exists$ absolute constants $0 < C_1 < C_2 < \infty$ with $C_1 \leq a(x)/b(x) \leq C_2$ for all $x \in (0,\infty)$ and write C for a generic positive absolute constant.

Lemma 4. *If U is the renewal function of any subordinator having killing rate k, drift δ, and Lévy measure μ, and*

$$A(x) = \delta + \int_0^x \overline{\mu}(y)dy,$$

then

$$U(x) \approx \frac{x}{A(x) + kx}. \tag{6.2.3}$$

This result first appeared in Erickson [45] in the context of renewal processes, and we used it in Chapter 4; see (4.5.18) therein. For subordinators it appears as Proposition 1, p. 33, of [12]. In both these references k is taken to be zero, but the extension to the case $k \neq 0$, which is given in [26] for renewal processes and [100] for subordinators, is straightforward.

Lemma 5. *Writing $A_+(x) = \delta_+ + \int_0^x \overline{\mu}_+(y)dy$ and Π^* for the Lévy measure of $-X$, we have*

$$A_+(x) \approx \delta_+ + \int_0^\infty \frac{t(t_\wedge x)\Pi(dt)}{\delta_- + k_- t + \int_0^\infty \frac{z(z_\wedge t)\Pi^*(dz)}{k_+ z + A_+(z)}}. \tag{6.2.4}$$

Proof. We can rewrite (6.2.2) as

$$\overline{\mu}_+(x) = \int_0^\infty U_-(dy)\int_{z>x+y}\Pi(dz) = \int_x^\infty \Pi(dz)\int_{y<z-x}U_-(dy)$$
$$= \int_x^\infty U_-(z-x)\Pi(dz), \tag{6.2.5}$$

and putting this into the definition of A_+ we get

$$A_+(x) = \delta_+ + \int_0^x du\int_u^\infty U_-(z-u)\Pi(dz)$$
$$= \delta_+ + \int_0^\infty \Pi(dz)\int_0^{z\wedge x} U_-(z-u)du.$$

Using (6.2.3) we have the bounds

$$\int_0^{z\wedge x} U_-(z-u)du \le (z\wedge x)U_-(z) \le C\frac{z(z\wedge x)}{k_-z + A_-(z)}$$

and

$$\int_0^{z\wedge x} U_-(z-u)du = \int_{z-z\wedge x}^{z} U_-(v)dv \ge C\int_{z-z\wedge x}^{z}\frac{v}{k_-v+A_-(v)}dv$$
$$\ge \frac{C}{k_-z+A_-(z)}\int_{z-z\wedge x}^{z} vdv \ge C\frac{z(z\wedge x)}{k_-z+A_-(z)}.$$

These yield

$$A_+(x) \approx \delta_+ + \int_0^\infty \frac{t(t\wedge x)\Pi(dt)}{k_-t+A_-(t)}. \tag{6.2.6}$$

Now we feed back into this the same result for A_-, and we get (6.2.4). (This device is due to Chow [26].) ■

6.3 The Mean Ladder Height Problem

We are only interested in the case when H_+ has infinite lifetime, so in this section we will have $k_+ = 0$. Note first that $A_\pm$ are truncated means, in the sense that

$$\lim_{x\to\infty} A_\pm(x) = m_\pm \le \infty.$$

Also $A_\pm(x)$ are $o(x)$ as $x \to \infty$, so if $k_- > 0$, which happens if and only if X drifts to $+\infty$, letting $x \to \infty$ in (6.2.6) we see that $m_+ < \infty$ if and only if $\int_1^\infty t\Pi(dt) < \infty$, i.e. $\mathbb{E}X_1 < \infty$. Thus we can take $k_- = 0$, so that X oscillates. The same argument shows that $\mathbb{E}X_1 = \infty$ implies $m_+ = \infty$, so we can take $\mathbb{E}|X_1| < \infty$ and $\mathbb{E}X_1 = 0$. In this case it is convenient to introduce

$$G_+(x) = \int_x^\infty y\Pi(dy),\ G_-(x) = \int_x^\infty y\Pi^*(dy), \tag{6.3.1}$$

and note that

$$\int_0^\infty z.(z_\wedge t)\Pi^*(dz) = \int_0^\infty z\Pi^*(dz)\int_0^{z_\wedge t} dy = \int_0^t G_-(y)dy. \tag{6.3.2}$$

Theorem 19. *Let X be any Lévy process having $\mathbb{E}|X_1| < \infty$ and $\mathbb{E}X_1 = 0$: then m_+ is finite if and only if*

$$I = \int_1^\infty \frac{t^2\Pi(dt)}{\int_0^\infty z.(z_\wedge t)\Pi^*(dz)} = \int_1^\infty \frac{-tdG_+(t)}{\int_0^t G_-(z)dz} < \infty. \tag{6.3.3}$$

Proof. First recall that in Chapter 4, Corollary 4 we showed that in these circumstances we have $2m_+m_- = \mathbb{E}X^2 \leq \infty$, and note that $\mathbb{E}X^2 < \infty \Longrightarrow I < \infty$. So from now on assume $\mathbb{E}X^2 = \infty$, in which case at most one of m_+ and m_- is finite. Suppose next that $m_+ = A_+(\infty) < \infty$; then $m_- = \infty$, and so for any $x_0 \in (0,\infty)$

$$\begin{aligned} A_-(x) &\sim \int_0^x \overline{\mu}_-(y)dy \sim \int_0^{x+x_0} \overline{\mu}_-(y)dy \\ &\sim \int_0^x \overline{\mu}_-(y+x_0)dy \text{ as } x \to \infty. \end{aligned}$$

Now choose x_0 such $c := \overline{\mu}_+(x_0) > 0$ and use Vigon's équation amicale intégrée (5.3.5) for $-X$ to get

$$\begin{aligned} \overline{\overline{\Pi^*}}(x) &= \int_0^\infty \overline{\mu}_-(y+x)\overline{\mu}_+(y)dy + \delta_+\overline{\mu}_-(x) \\ &\geq c\int_0^{x_0} \overline{\mu}_-(y+x)dy \geq cx_0\overline{\mu}_-(x+x_0), \end{aligned}$$

so that

$$A_-(x) \sim \int_0^x \overline{\mu}_-(y+x_0)dy \leq (cx_0)^{-1}\int_0^x \overline{\overline{\Pi^*}}(y)dy.$$

Hence, letting $x \to \infty$ in (6.2.6) gives

$$\int_0^\infty \frac{t^2\Pi(dt)}{\int_0^t \overline{\overline{\Pi^*}}(y)dy} < \infty,$$

and since $\overline{\overline{\Pi^*}}(y) \leq G_-(y)$ this implies $I < \infty$. To argue the other way we assume $I < \infty$ and $m_+ = \infty$, and establish a contradiction by showing that $I_b \not\to 0$ as $b \to \infty$, where

$$I_b = \int_b^\infty \frac{t^2\Pi(dt)}{\int_0^\infty z.(z_\wedge t)\Pi^*(dz)}. \tag{6.3.4}$$

Let $X^{(\varepsilon)}$ denote a Lévy process with the same characteristics as X except that

$$\Pi^{(\varepsilon)}(dx) = \Pi(dx) + \varepsilon\delta_1(dx),$$

where $\varepsilon > 0$ and $\delta_1(dx)$ denotes a unit mass at 1. Clearly $X^{(\varepsilon)}$ drifts to $+\infty$, so $k_-^{(\varepsilon)} > 0 = k_+^{(\varepsilon)}$, and $m_+^{(\varepsilon)} < \infty$, because $\mathbb{E}|X_1^{(\varepsilon)}| < \infty$. Also $\delta_\pm^{(\varepsilon)} = \delta_\pm$, and $k_-^{(\varepsilon)} \to k_- = 0$, $m_+^{(\varepsilon)} \to m_+ = \infty$ as $\varepsilon \downarrow 0$. Now take $b > 1$ fixed, apply (6.2.4) to $X^{(\varepsilon)}$ and let $x \to \infty$ to get

$$m_+^{(\varepsilon)} = A_+^{(\varepsilon)}(\infty) \le C\{\delta_+ + I_\varepsilon^{(1)} + I_\varepsilon^{(2)}\}$$

with

$$\begin{aligned} \delta_+ + I_\varepsilon^{(1)} &= \delta_+ + \int_0^b \frac{t^2 \Pi^{(\varepsilon)}(dt)}{\delta_- + k_-^{(\varepsilon)} t + \int_0^\infty \frac{z(z_\wedge t)\Pi^*(dz)}{A_+^{(\varepsilon)}(z)}} \\ &\le \delta_+ + \int_0^\infty \frac{t(t_\wedge b)\Pi^{(\varepsilon)}(dt)}{\delta_- + k_-^{(\varepsilon)} t + \int_0^\infty \frac{z(z_\wedge t)\Pi^*(dz)}{A_+^{(\varepsilon)}(z)}} \le C A_+^{(\varepsilon)}(b), \end{aligned}$$

where we have used (6.2.4) again. Also, using $A_+^{(\varepsilon)}(z) \le A_+^{(\varepsilon)}(\infty) = m_+^{(\varepsilon)}$ we have

$$I_\varepsilon^{(2)} \le m_+^{(\varepsilon)} \int_b^\infty \frac{t^2 \Pi(dt)}{\int_0^\infty z.(z_\wedge t)\Pi^*(dz)} = m_+^{(\varepsilon)} I_b,$$

so we have shown that

$$m_+^{(\varepsilon)} \le C\{A_+^{(\varepsilon)}(b) + m_+^{(\varepsilon)} I_b\}.$$

Since $m_+^{(\varepsilon)} \to \infty$ and $A_+^{(\varepsilon)}(b) \to A_+(b) < \infty$ as $\varepsilon \downarrow 0$, we conclude that $I_b \ge 1/C$ for all $b > 1$, and the result follows. ■

This proof is actually simpler than that for the random-walk case in [26]: moreover by considering the special case of a compound Poisson process, Theorem 19 implies Chow's result.

There is an obvious, but puzzling, connection between the integral test in Theorem 19 and the Erickson result, Theorem 15 in Chapter 4. Specifically, if X is a Lévy process satisfying

$$\mathbb{E}|X_1| < \infty,\ \mathbb{E}X_1 = 0,\ \int_0^\infty x^2 \Pi^*(dx) = \int_0^\infty x^2 \Pi(dx) = \infty, \qquad (6.3.5)$$

we can define another Lévy process $\tilde{X}$ with $\tilde{\Pi}(dx) = |x|\Pi(dx)$ which has $\mathbb{E}\tilde{X}_1^+ = \mathbb{E}\tilde{X}_1^- = \infty$, and this process satisfies $t^{-1}\tilde{X}_t \to \infty$ a.s. as $t \to \infty$ if and only if $m_+ = \infty$.

6.4 Creeping

Let us first dispose of some easy cases. As we have seen (Corollary 4, Chapter 4) $\sigma^2 = 2\delta_+\delta_-$, so we will take $\sigma^2 = 0$; then at least one of these drifts has to be 0. If X has bounded variation, it has true drift

$$\tilde{\gamma} = \gamma - \int_{\{|x| \leq 1\}} x\Pi(dx),$$

(i.e. $t^{-1}X_t \to \tilde{\gamma}$ as $t \downarrow 0$), and this is similar to the subordinator case: $\delta_+ > 0$ if and only if $\tilde{\gamma} > 0$. Also, in the decomposition (6.2.1), the compound Poisson term $Y^{(2)}$ has no effect on whether X creeps, since it is zero until the time at which the first 'large jump' occurs. So we can assume that Π is concentrated on $[-1, 1]$ with $\int_{-1}^{1} |x|\Pi(dx) = \infty$, and further, by altering the mass at ± 1, that $\mathbb{E}X_1 = 0$. Thus X oscillates, $k_+ = k_- = 0$, and (6.3.1) reduces to

$$G_+(x) = \int_x^1 y\Pi(dy), \; G_-(x) = \int_x^1 y\Pi^*(dy).$$

Theorem 20. *(Vigon) Assume that X has infinite variation; then $\delta_+ > 0$ if and only if*

$$J = \int_0^1 \frac{t^2\Pi(dt)}{\int_0^1 z.(z_\wedge t)\Pi^*(dz)} = \int_0^1 \frac{-tdG_+(t)}{\int_0^t G_-(z)dz} < \infty.$$

Proof. As remarked above we can assume that the support of Π is contained in $[-1, 1]$ and $\mathbb{E}X_1 = 0$. Note first that $\delta_+ > 0 \Longrightarrow \delta_- = 0$ and $A_+(z) \geq \delta_+$; putting this into (6.2.4) with $x = 1$ yields

$$A_+(1) \geq c \int_0^1 \frac{t^2\Pi(dt)}{\frac{1}{\delta_+}\int_0^1 z.(z_\wedge t)\Pi^*(dz)} = c\delta_+ J,$$

so that $\delta_+ > 0 \Longrightarrow J < \infty$. To argue the other way, we consider first the case that $G_+(0+) < \infty$. Here we claim that we always have $J < \infty$ and $\delta_+ > 0$. The first follows because $G_-(0+) = \infty$ (otherwise we would be in the bounded variation case), so that

$$\frac{t}{\int_0^t G_-(z)dz} = o(1) \text{ as } t \downarrow 0.$$

For the second observe that, in the notation of Chapter 5, we have $\overline{\overline{\Pi}}_+(0+) < \infty = \overline{\overline{\Pi}}_-(0+)$. We can therefore let $x \downarrow 0$ in (5.3.5) to see that

$$\int_0^1 \overline{\mu}_+(u)\overline{\mu}_-(u)du = \lim_{x \downarrow 0} \int_0^1 \overline{\mu}_+(x+u)\overline{\mu}_-(u)du < \infty.$$

But if we had $\delta_+ = 0$ it would follow from (5.3.5) for $-X$ and monotone convergence that

$$\overline{\overline{\Pi}}_-(0+) = \lim_{x\downarrow 0}\int_0^1 \overline{\mu}_-(x+u)\overline{\mu}_+(u)du < \infty.$$

This contradiction shows that $\delta_+ > 0$. (This argument is taken from Rogers [85], although the original result is in Millar [77].) Now assume that $G_+(0+) = \infty$ and $\delta_+ = 0$: then we have, for $z \leq 1$,

$$A_+(z) \leq A_+(1) = \int_0^1 \overline{\mu}_+(y)dy < \infty.$$

Putting this into (6.2.4) again with $x = 1$ yields

$$A_+(1) \leq C\int_0^1 \frac{t^2\Pi(dt)}{\frac{1}{A_+(1)}\int_0^1 z.(z_\wedge t)\Pi^*(dz)} = CA_+(1)J,$$

so that

$$J \geq c = \frac{1}{C}. \tag{6.4.1}$$

It is important to note that (6.4.1) holds for all X satisfying our assumptions, and that c can be taken as an absolute constant. To show that actually $J = \infty$ we consider another Lévy process $\tilde{X}^{(\varepsilon)}$ with the same characteristics as X except that Π is replaced by

$$\tilde{\Pi}^{(\varepsilon)}(dx) = \mathbf{1}_{[-1,\varepsilon]}\Pi(dx) + \varepsilon^{-1}G_+(\varepsilon)\delta_\varepsilon(dx),$$

where δ_ε denotes a unit mass at ε. Note first that

$$\mathbb{E}X_1 = \int_{-1}^{\varepsilon} x\Pi(dx) + G_+(\varepsilon) = \int_{-1}^{1} x\Pi(dx) = 0,$$

so that $\tilde{X}^{(\varepsilon)}$ oscillates, and clearly it has infinite variation. Since Π and $\tilde{\Pi}^{(\varepsilon)}$ agree on $[-1, \varepsilon/2]$, and X does not creep upwards, neither does $\tilde{X}^{(\varepsilon)}$, so if J_ε denotes J evaluated for $\tilde{X}^{(\varepsilon)}$, we have

$$J_\varepsilon = \int_0^\varepsilon \frac{-tdG_+(t)}{\int_0^t G_-(z)dz} + \frac{\varepsilon G_+(\varepsilon)}{\int_0^\varepsilon G_-(z)dz} \geq c. \tag{6.4.2}$$

Suppose now that J is finite; then the first term in (6.4.2) $\to 0$ as $\varepsilon \downarrow 0$. It follows then that $\exists \varepsilon_0 > 0$ such that

$$\int_0^\varepsilon G_-(z)dz \leq \frac{2}{c}\varepsilon G_+(\varepsilon) \text{ for all } \varepsilon \in (0, \varepsilon_0].$$

But then

$$\int_0^{\varepsilon_0} \frac{-tdG_+(t)}{\int_0^t G_-(z)dz} \geq \frac{c}{2} \lim_{\varepsilon \downarrow 0} \int_\varepsilon^{\varepsilon_0} \frac{-tdG_+(t)}{tG_+(t)} = \frac{c}{2} \lim_{\varepsilon \downarrow 0} \log \frac{G_+(\varepsilon)}{G_+(\varepsilon_0)} = \infty,$$

because $G_+(0+) = \infty$. This contradiction proves that $J = \infty$. ■

There are several other integrals whose convergence is equivalent to that of J in Theorem 20, and similar remarks apply to I in Theorem 19. To see this, note that

$$\overline{\overline{\Pi^*}}(x) = \int_x^1 \overline{\Pi^*}(z)dz = G_-(x) - x\overline{\Pi^*}(x),$$

so that

$$\int_0^x G_-(t)dt \geq \int_0^x \overline{\overline{\Pi^*}}(z)dz.$$

On the other hand

$$\int_0^x G_-(t)dt = \int_0^x \overline{\overline{\Pi^*}}(z)dz + \int_0^x -zd\overline{\overline{\Pi^*}}(z)$$
$$= 2\int_0^x \overline{\overline{\Pi^*}}(z)dz - x\overline{\overline{\Pi^*}}(x) \leq 2\int_0^x \overline{\overline{\Pi^*}}(z)dz, \tag{6.4.3}$$

so we can replace $\int_0^x G_-(t)dt$ by $\int_0^x \overline{\overline{\Pi^*}}(z)dz$ in J. By a further integration by parts

$$\tilde{J} := \int_0^1 \frac{x\overline{\Pi}(x)dx}{\int_0^x \overline{\overline{\Pi^*}}(z)dz} = \frac{1}{2}\int_0^1 x^2 \frac{\Pi(dx)}{\int_0^x \overline{\overline{\Pi^*}}(z)dz} + \frac{1}{2}\int_0^1 x^2 \frac{\overline{\Pi}(x)\overline{\overline{\Pi^*}}(x)dx}{\left(\int_0^x \overline{\overline{\Pi^*}}(z)dz\right)^2}$$
$$\leq J + \frac{1}{2}\tilde{J},$$

so we see that we can replace J by $\tilde{J}$ in Theorem 20. This is the form given in Vigon [99].

This result has several interesting consequences, all of which are taken from Vigon [100]. First, it implies the following result from Rogers [85]:

Corollary 8. *Suppose X is a Lévy process with infinite variation and no Brownian component satisfying*

$$\liminf_{x \downarrow 0} \frac{\int_x^1 \overline{\Pi}(z)dz}{\int_x^1 \overline{\Pi^*}(z)dz} > 0.$$

Then $\delta_+ = 0$.

Another application is:

Corollary 9. *Suppose X is any Lévy process with infinite variation, and $\hat{X}$ denotes the Lévy process defined by*

$$\hat{X}_t = X_t + \gamma t,$$

where γ is any real constant. Then X creeps upwards if and only if $\hat{X}$ creeps upwards.

This result seems almost obvious, but sample-path arguments do not seem to work. Although this result is from Vigon [100], there an analytic proof is given, and what for us is a corollary of Theorem 20 in his approach is a key lemma in the proof of that Theorem. In a sense the device of considering $\tilde{X}^{(\varepsilon)}$, which is similar to what we did to prove Theorem 19 (which in turn was inspired by Chow [26]), replaces Vigon's proof of this corollary.

Just as we mentioned in connection with Theorem 19, there is a formal similarity between the result in Theorem 20 and another integral test, this time that of Bertoin [14]; see Theorem 22 later in this chapter. Given any Lévy process X which has no Brownian component, we write it as $Y^+ - Y^-$, where $Y^\pm$ are independent, spectrally positive Lévy processes, having Lévy measures $\mathbf{1}_{\{x>0\}}\Pi(dx)$ and $\mathbf{1}_{\{x>0\}}\Pi^*(dx)$ respectively. Denote by $H^\pm$ the increasing ladder processes of $Y^\pm$; (n.b. these are different from $H_\pm$, which are the increasing ladder processes of X and $-X$). Then the decreasing ladder processes for $Y^\pm$ are pure drifts, possibly killed at an exponential time. Using this fact in (6.2.2), we see that the Lévy measures of $Y^\pm$ satisfy

$$\overline{\mu^+}(x) \sim \overline{\overline{\Pi}}(x), \; \overline{\mu^-}(x) \sim \overline{\overline{\Pi^*}}(x) \text{ as } x \downarrow 0.$$

We deduce that

$$\int_0^1 \frac{x\mu^+(dx)}{\int_0^x \overline{\mu^-}(z)dz} < \infty$$

if and only if $\tilde{J} < \infty$. Note that H^+ and H^- both have zero drift, so Bertoin's criterion applies, and we see that X creeps upwards if and only if

$$\lim_{t\downarrow 0} \frac{H_t^+}{H_t^-} = 0.$$

6.5 Limit Points of the Supremum Process

In this section we will write S_t for $\sup_{s\leq t} X_s$, and will be interested in two different behaviours that the paths of S can have: either the (monotone, cadlag) paths have a finite number of jumps in each finite time interval (we will refer to this as Type I behaviour), or the jump times have limit points; we will refer to this as Type II behaviour. Clearly Type I behaviour occurs if and only if the Lévy measure μ_+ of H_+ is a finite measure, so that H_+ is a compound Poisson process with a possible drift δ_+; when this happens it is obvious that $\delta_+ > 0$ occurs if and only if X visits $(0, \infty)$ immediately. If the restriction of Π to $(0, \infty)$ is a finite measure, we will get Type I behaviour, but it is not clear whether this can happen in other cases. The following result, taken from Vigon [100], shows how we can determine which of the two cases occurs.

Theorem 21. *Type I behaviour occurs if and only if one of the following holds:*

1. $\sigma^2 > 0$, *and* $\int_0^1 x\Pi(dx) < \infty$.
2. *X has infinite variation,* $\sigma^2 = 0$, *and*
$$\int_0^1 \frac{x\Pi(dx)}{\int_0^x \overline{\overline{\Pi^*}}(y)dy} < \infty. \tag{6.5.1}$$
3. *X has bounded variation with drift* $\delta > 0$ *and*
$$\int_0^1 \Pi(dx) < \infty.$$
4. *X has bounded variation with drift* $\delta = 0$ *and X does not visit* $(0, \infty)$ *immediately, i.e.*
$$\int_0^1 \frac{x\Pi(dx)}{\int_0^x \overline{\Pi^*}(y)dy} < \infty. \tag{6.5.2}$$
5. *X has bounded variation with drift* $\delta < 0$.

Proof. First note that, letting $x \downarrow 0$ in (6.2.5) and then using (6.2.3), we always have

$$\overline{\mu_+}(0+) < \infty \text{ if and only if } \int_0^\infty \frac{x\Pi(dx)}{\delta_- + k_- x + \int_0^x \overline{\mu}_-(dz)} < \infty. \tag{6.5.3}$$

However, since Type I behaviour is determined by the behaviour of X immediately after time zero, we can alter Π away from 0 without affecting this behaviour, so we can assume that Π is supported on $[-1, 1]$ and $\mathbb{E}X_1 = 0$, and have $k_- = k_+ = 0$. When $\sigma^2 > 0$, $\delta_- > 0$, and the result follows immediately from (6.5.3). If $\sigma^2 = 0$ and X has infinite variation, X visits $(0, \infty)$ immediately, so Type I behaviour implies that $\overline{\mu_+}(0+) < \infty$ and $\delta_+ > 0$, and hence $\delta_- = 0$. Since $U_+(x) \sim x/\delta_+$ as $x \downarrow 0$, an easy consequence of (6.2.5) applied to $-X$ is that

$$\delta_+ \overline{\mu_-}(x) \sim \overline{\overline{\Pi^*}}(x) \text{ as } x \downarrow 0, \tag{6.5.4}$$

so the convergence of the integral in (6.5.1) follows from (6.5.3). On the other hand, from (6.4.3), we clearly have

$$\int_0^1 \frac{x\Pi(dx)}{\int_0^x \overline{\overline{\Pi^*}}(y)dy} \geq \int_0^1 \frac{x^2\Pi(dx)}{\int_0^x \overline{\overline{\Pi^*}}(y)dy} \geq J/3,$$

so if the integral in (6.5.1) converges, X creeps upwards, (6.5.4) again applies, and since $\delta_- = 0$, (6.5.3) shows that $\overline{\mu_+}(0+) < \infty$. In case 3 the assumption that X has bounded variation and $\delta > 0$ implies that $\delta_+ > 0$, (6.5.4) again applies, and since $\delta_- = 0$, the result follows from (6.5.3). Next, if $\delta \le 0$ and X does not visit $(0, \infty)$ immediately (this is automatic if $\delta < 0$), then H_+ is a compound Poisson process and we have Type I behaviour. On the other hand if $\delta = 0$ and X does visit $(0,\infty)$ immediately, we have $\delta_+ = 0$, and so H_+ is not a compound Poisson process and we do not have Type I behaviour. Finally the integral criterion in (6.5.2) comes from Bertoin [14]; we will prove this in the next section. ∎

Corollary 10. *If $\int_0^1 x\Pi(dx) = \infty$ then S has Type II behaviour.*

Example 1. *If Y is a bounded variation Lévy process and W is an independent Brownian motion then the supremum and infimum processes of $X = Y + W$ both have Type I behaviour. (Somehow the Brownian motion oscillations hide all but a few of the jumps in Y.)*

Example 2. *Suppose $X = Y^+ - Y^-$, where $Y^\pm$ are independent, spectrally positive stable processes with parameters $\alpha^\pm$, respectively. Then we can check that X creeps upwards if and only if $\alpha^+ < \alpha^-$, but S has Type I behaviour if and only if $1 + \alpha^+ < \alpha^- \in [1, 2)$. This shows that the converse to Corollary 10 is false.*

6.6 Regularity of the Half-Line

The criterion of Rogozin for regularity of the positive half-line which appeared in Corollary 4, Chapter 4, is not expressed in terms of the characteristics of X. This problem remained open for the case of bounded variation processes till it was solved in Bertoin [14]. His proof is very interesting, but here we show how it can be achieved by the methods of this chapter.

Theorem 22. *(Bertoin) Suppose that X has bounded variation: then 0 is regular for $(0, \infty)$ if and only if $\delta > 0$, or*

$$\delta = 0 \text{ and } I = \int_0^1 \frac{x\Pi(dx)}{\int_0^x \overline{\Pi^*}(y)dy} = \infty. \tag{6.6.1}$$

Note that the result is formally a small-time version of Erickson's theorem. The similarity in the results is more obvious if we note that irregularity of $(0, \infty)$ means that X is a.s. negative in a neighbourhood of 0, and drift to $-\infty$ means that X is a.s. negative in a neighbourhood of ∞. Note also that a proof similar to that which follows can be given for Erickson's theorem.

Proof of Theorem 22. The result when $\delta > 0$ is immediate from the strong law at zero, so assume that $\delta = 0$. Since changing Π outside $(-1, 1)$ does not affect the finiteness of I, nor regularity, without loss of generality we can assume that Π is supported by $[-1,1]$, that $\Pi([-1,1]) = \infty$, and $\mathbb{E}X_1 = 0$. In one direction the proof is immediate, because from the équation amicale inversée for $-X$ we see that for any $\eta \in (0,1)$,

$$\begin{aligned}\overline{\mu}_-(x) &= \int_0^{1-x} \overline{\Pi}_-(x+y)U_+(dy) \\ &\le c_1\overline{\Pi}_-(x) \text{ for all } x \in (0,\eta].\end{aligned}$$

(Here $c_1 = U_+([0,1))$.) We know $\delta_\pm = k_\pm = 0$, so using Lemma 4 we see that

$$\begin{aligned}\int_0^\eta \frac{y\Pi(dy)}{\int_0^y \overline{\Pi}_-(z)dz} &\le c_2 \int_0^\eta \frac{y\Pi(dy)}{\int_0^y \overline{\mu}_-(z)dz} \\ &\le c_3 \int_0^\eta U_-(y)\Pi(dy) = c_3 \int_0^\eta U_-(dy)\overline{\Pi}(y).\end{aligned}$$

Now 0 being irregular for $(0,\infty)$ is equivalent to H_+ being a compound Poisson process, i.e. $\overline{\mu}_+(0+) < \infty$. From the équation amicale inversée we see this is equivalent to

$$\int_0^\eta U_-(dy)\overline{\Pi}(y) = \lim_{x\downarrow 0}\int_0^\eta U_-(x+dy)\overline{\Pi}(y) < \infty,$$

so irregularity of the half-line implies $I < \infty$. To argue the other way we suppose $\overline{\mu}_+(0+) = \infty$ and $I < \infty$, and establish a contradiction. Note first that whenever Π is concentrated on $[-1,1]$ and $\mathbb{E}X_1 = 0$ we can use the argument in Lemma 5 to get

$$\begin{aligned}\overline{\mu}_+(x) &= \int_0^{1-x} U_-(z)\Pi(x+dz) \approx \int_0^{1-x} \frac{z\Pi(x+dz)}{A_-(z)} \\ &\approx \int_0^{1-x} \frac{z\Pi(x+dz)}{\int_0^1 \frac{t(t_\wedge z)\Pi^*(dt)}{A_+(t)}} = \int_x^1 \frac{(z-x)\Pi(dz)}{\int_0^1 \frac{t(t_\wedge (z-x))\Pi^*(dt)}{A_+(t)}}.\end{aligned}$$

We will apply this to $X^{(\varepsilon)} = \{X_t - \varepsilon t + \varepsilon Y_t, t \ge 0\}$, where X is as in the first part of the proof and Y is an independent unit rate Poisson process, so that $\mathbb{E}X_1^{(\varepsilon)} = 0$. Note that $\delta_-^{(\varepsilon)} > 0$, and $\delta_+^{(\varepsilon)} = 0$, so $(0,\infty)$ is irregular for $X^{(\varepsilon)}$, and $\overline{\mu}_+^{(\varepsilon)}(0+) < \infty$. So the above estimate applies to $X^{(\varepsilon)}$ and gives

$$\overline{\mu}_+^{(\varepsilon)}(x) \approx \int_x^1 \frac{(z-x)\Pi(dz)}{\int_0^1 \frac{t(t_\wedge (z-x))\Pi^*(dt)}{A_+^{(\varepsilon)}(t)}},$$

and

$$\overline{\mu}_+^{(\varepsilon)}(0+) \approx \int_0^1 \frac{z\Pi(dz)}{\int_0^1 \frac{t(t_\wedge z)\Pi^*(dt)}{A_+^{(\varepsilon)}(t)}}.$$

Now take any $0 < b < 1/2$ and note that

$$\int_{2b}^{1} \frac{z\Pi(dz)}{\int_0^1 \frac{t(t\wedge z)\Pi^*(dt)}{A_+^{(\varepsilon)}(t)}} \leq \int_{2b}^{1} \frac{z\Pi(dz)}{\int_0^1 \frac{t(t\wedge(z-b)\Pi^*(dt)}{A_+^{(\varepsilon)}(t)}}$$
$$\leq \int_{b}^{1} \frac{2(z-b)\Pi(dz)}{\int_0^1 \frac{t(t\wedge(z-b)\Pi^*(dt)}{A_+^{(\varepsilon)}(t)}} \approx \overline{\mu}_+^{(\varepsilon)}(b).$$

Using $A_+^{(\varepsilon)}(t) \leq t\overline{\mu}_+^{(\varepsilon)}(0+)$ gives

$$\int_0^{2b} \frac{z\Pi(dz)}{\int_0^1 \frac{t(t\wedge z)\Pi^*(dt)}{A_+^{(\varepsilon)}(t)}} \leq \overline{\mu}_+^{(\varepsilon)}(0+) \int_0^{2b} \frac{z\Pi(dz)}{\int_0^1 (t\wedge z)\Pi^*(dt)}$$
$$= \overline{\mu}_+^{(\varepsilon)}(0+)I(2b), \text{ where } I(x) = \int_0^x \frac{z\Pi(dz)}{\int_0^z \overline{\Pi}_-(t)dt}.$$

Consequently

$$\overline{\mu}_+^{(\varepsilon)}(0+) \leq C\{\overline{\mu}_+^{(\varepsilon)}(b) + \overline{\mu}_+^{(\varepsilon)}(0+)I(2b)\},$$

where C does not depend on ε. As $\varepsilon \downarrow 0$ we have $\overline{\mu}_+^{(\varepsilon)}(b) \to \overline{\mu}_+(b) < \infty$ and $\overline{\mu}_+^{(\varepsilon)}(0+) \to \overline{\mu}_+(0+) = \infty$, and we conclude that $I(2b) \geq 1/C > 0$ for all b, which contradicts $I < \infty$, and the result follows. ■

We mention that we can deduce an apparently stronger statement, viz

Corollary 11. *Whenever $X^{(\pm)}$ are independent driftless subordinators, with Lévy measures Π and Π^*, we have*

$$\limsup_{t\downarrow 0} \frac{X_t^{(+)}}{X_t^{(-)}} = 0 \text{ or } \infty \text{ a.s.}$$

according as I is finite or infinite.

This follows by applying Theorem 22 to $X_t^{(+)} - aX_t^{(-)}$. It should also be noted that when the limsup is ∞, it is actually the case that

$$\limsup_{t\downarrow 0} \frac{\Delta_t^{(+)}}{X_t^{(-)}} = \infty \text{ a.s.},$$

where $\Delta^{(+)}$ denotes the jump process of $X^{(+)}$. Finally Vigon [102] shows that I being finite is sufficient for the limsup to be 0, even when the subordinators are dependent; by specialising to the case where they are the ladder time and ladder height processes of some Lévy process Y, he deduces a necessary and sufficient condition for

$$\liminf \frac{\sup_{s\leq t} Y_s}{f(t)} = 0 \text{ or } \infty \text{ a.s.;}$$

where f is a positive subadditive function.

6.7 Summary: Four Integral Tests

(i) Erickson's test says that a NASC for $X_t \stackrel{a.s.}{\to} -\infty$ as $t \to \infty$ is

$$\mathbb{E}X_1^+ < \infty, \mathbb{E}X_1 < 0, \text{ or}$$
$$\mathbb{E}X_1^+ = \mathbb{E}X_1^- = \infty, \text{ and } \int_1^\infty \frac{x\Pi(dx)}{\int_0^x \overline{\Pi^*}(y)dy} < \infty.$$

Note that $X_t \stackrel{a.s.}{\to} -\infty$ as $t \to \infty$ is equivalent to the existence of $t_0(\omega) < \infty$ such that $X_t < 0$ for all $t > t_0(\omega)$.

(ii) Bertoin's test says that a NASC for 0 to be irregular for $(0, \infty)$ is

$$X \text{ has bounded variation and either its drift } \delta < 0 \text{ or}$$
$$\delta = 0 \text{ and } \int_0^1 \frac{x\Pi(dx)}{\int_0^x \overline{\Pi^*}(y)dy} < \infty.$$

Note that 0 being irregular for $(0, \infty)$ is equivalent to the existence of $t_0(\omega) > 0$ such that $X_t < 0$ for all $0 < t < t_0(\omega)$.

(iii) Chow's test says that a NASC for the mean of the ladder height process, $\mathbb{E}H_1^+$, to be finite is

$$\mathbb{E}|X_1| < \infty \text{ and either } \mathbb{E}X_1 \in (0, \infty), \text{ or } \mathbb{E}X_1 = 0 \text{ and}$$
$$\int_1^\infty \frac{x\overline{\Pi}(x)dx}{\int_0^x \overline{\overline{\Pi^*}}(y)dy} < \infty.$$

Note that $\mathbb{E}H_1^+ < \infty$ is equivalent to $x^{-1}O_x \stackrel{a.s.}{\to} 0$ as $x \to \infty$, where $O_x = X(T_x) - x$ is the overshoot over level x.

(iv) Vigon's test says that a NASC for δ_+, the drift of the ladder height process H_+, to be positive, is

$$\sigma^2 > 0, \text{ or } \sigma^2 = 0 \text{ and either}$$
$$X \text{ has bounded variation with } \delta > 0, \text{ or}$$
$$X \text{ has infinite variation and } \int_0^1 \frac{x\overline{\Pi}_1(x)dx}{\int_0^x \overline{\overline{\Pi^*}}_1(y)dy} < \infty.$$

(Here $\overline{\Pi}_1(x) = \Pi((x, 1))$ etc.) Note that $\delta^+ > 0$ is equivalent to $x^{-1}O_x \stackrel{a.s.}{\to} 0$ as $x \downarrow 0$, and also to X creeping upwards.

7

Spitzer's Condition

7.1 Introduction

We have seen that Spitzer's condition

$$\frac{1}{t}\int_0^t \mathbb{P}\{X_s > 0\}ds \to \rho \in (0,1) \text{ as } t \to \infty \textbf{ or } \text{as } t \to 0+ \tag{7.1.1}$$

is important, essentially because it is equivalent to the ladder time subordinators being asymptotically stable, and hence to the Arc-sine laws holding. Obviously (7.1.1) is implied by

$$\mathbb{P}\{X_t > 0\} \to \rho, \tag{7.1.2}$$

and in 40 years no-one was able to give an example of (7.1.1) holding and (7.1.2) failing, either in the Lévy process or random walk context. What we will see is that they are in fact equivalent, and this equivalence also extends to the degenerate cases $\rho = 0, 1$.

Theorem 23. *For any Lévy process X and for any $0 \le \rho \le 1$, the statements (7.1.1) and (7.1.2) are equivalent (as $t \to \infty$, or as $t \to 0+$).*

Since the case $t \to \infty$ can be deduced from the random walk results in Doney [33], we will deal here with the case $t \to 0+$. Following Bertoin and Doney [18], we treat the case $\rho = 0, 1$, first, and then give two different proofs for $0 < \rho < 1$. The first is the simplest; it is based on a duality identity for the ladder time processes and does not use any local limit theorem. The second is essentially an adaptation of my method for random walks; in particular it requires a version of the local limit theorem for small times, and a Wiener–Hopf result from Chapter 5.

7.2 Proofs

The purpose of this section is to prove Theorem 23 when $t \to 0+$. The case when the Lévy process $X = (X_t, t \ge 0)$ is a compound Poisson process with

iginally published in: *Ecole d'Eté de Probabilités de Saint-Flour XXXV – 2005*, Lecture Notes in athematics, Vol. **1897**, 65–80, DOI: 10.1007/978-3-540-48511-7_7, © Springer-Verlag Berlin Heidelberg 2007, print by Springer-Verlag Berlin Heidelberg 2012

drift is of no interest, since in this case $\rho(t) \to 0$ or 1 according as the drift is positive or non-positive, so we will exclude this case. It then follows that $\mathbb{P}\{X_t = 0\} = 0$ for all $t > 0$, and that the mapping $t \to \rho(t) = \mathbb{P}\{X_t > 0\}$ is continuous on $(0, \infty)$ (because X is continuous in probability).

7.2.1 The Case $\rho = 0, 1$

The argument relies on a simple measure-theoretic fact.

Lemma 6. *Let $B \subset [0, \infty)$ be measurable set such that*

$$\lim_{t \to 0+} t^{-1} m(B \cap [0, t]) = 1,$$

where m denotes Lebesgue measure. Then $B + B \supset (0, \varepsilon)$ for some $\varepsilon > 0$.

Proof. Pick $c > 0$ such that $t^{-1} m(B \cap [0, t]) > 3/4$ for all $t \le c$. Then

$$m(B \cap [t, 2t]) \ge \frac{1}{2} t \quad \text{for all} \quad t < \frac{1}{2} c. \tag{7.2.1}$$

Suppose now that there exists $t < \frac{1}{2} c$ such that $2t \notin B + B$. Then for every $s \in [0, t] \cap B$, $2t - s \in B^c \cap [t, 2t]$ and therefore

$$\begin{aligned} m(B \cap [t, 2t]) &= t - m(B^c \cap [t, 2t]) \\ &\le t - m(2t - B \cap [0, t]) \\ &\le t - m(B \cap [0, t]) < \frac{1}{4} t, \end{aligned}$$

and this contradicts (7.2.1). ∎

We are now able to complete the proof of Theorem 23 (as $t \to 0+$) for $\rho = 0, 1$. Obviously it suffices to consider the case $\rho = 1$, so assume $t^{-1} \int_0^t \rho(s) ds \to 1$, and for $\delta \in (0, 1)$ consider $B = \{t : \rho(t) \ge \delta\}$. Then B satisfies the hypothesis of Lemma 6 and we have that $B + B \supset (0, \varepsilon)$ for some $\varepsilon > 0$. For any $t \in (0, \varepsilon)$ choose $s \in (0, t) \cap B$ with $t - s \in B$, so that $\rho(s) \ge \delta$ and $\rho(t - s) \ge \delta$. Then by the Markov property

$$\rho(t) = \mathbb{P}\{X_t > 0\} \ge \mathbb{P}\{X_s > 0\} \mathbb{P}\{X_{t-s} > 0\} \ge \delta^2.$$

Since δ can be chosen arbitrarily close to 1, we conclude that $\lim_{t \to 0+} \rho(t) = 1$.

7.2.2 A First Proof for the Case $0 < \rho < 1$

Recall that the ladder time subordinator $\tau = L^{-1}$ is the inverse local time at the supremum, and has Laplace exponent

$$\Phi(q) = \exp\left\{ \int_0^\infty \left(e^{-t} - e^{-qt}\right) t^{-1} \rho(t) dt \right\}, \qquad q \ge 0. \tag{7.2.2}$$

Also from Corollary 3 in Chapter 4 we know that, with an appropriate choice of the normalisation of local time, the Laplace exponent Φ^* corresponding to the dual Lévy process $X^* = -X$ satisfies

$$\Phi(q)\Phi^*(q) = q.$$

So differentiating (7.2.2) we see that

$$\int_0^\infty e^{-qt}\rho(t)dt = \Phi'(q)/\Phi(q) = \Phi'(q)\Phi^*(q)/q. \qquad (7.2.3)$$

Suppose now that (7.1.1) holds as $t \to 0+$. By results discussed in Chapter 2, this implies that Φ is regularly varying at ∞ with index ρ, and hence also that Φ^* is regularly varying at ∞ with index $1-\rho$. Because Φ and Φ^* are Laplace exponents of subordinators with zero drift, we obtain from the Lévy–Khintchine formula that

$$\Phi'(q) = \int_0^\infty e^{-qx}xd(-T(x)), \quad \Phi^*(q)/q = \int_0^\infty e^{-qx}T^*(x)dx,$$

where T (respectively, T^*) is the tail of the Lévy measure of the ladder time process of X (respectively, of X^*). We now get from (7.2.3)

$$\rho(t) = \int_{(0,t)} T^*(t-s)sd(-T(s)) \qquad \text{for a.e. } t > 0. \qquad (7.2.4)$$

By a change of variables, the right-hand-side can be re-written as

$$t\int_{(0,1)} T^*(t(1-u))ud(-T(tu)) = \int_{(0,1)} \frac{T^*(t(1-u))}{\Phi^*(1/t)}ud\left(-\frac{T(tu)}{\Phi(1/t)}\right).$$

Now, apply a Tauberian theorem, the monotone density theorem and the uniform convergence theorem (see Theorems 1.7.1, 1.7.2 and 1.5.2 in [20]). For every fixed $\varepsilon \in (0,1)$, we have, uniformly on $u \in [\varepsilon, 1-\varepsilon]$ as $t \to 0+$,

$$\frac{T(tu)}{\Phi(1/t)} \to \frac{u^{-\rho}}{\Gamma(1-\rho)}, \quad \frac{T^*(t(1-u))}{\Phi^*(1/t)} \to \frac{(1-u)^{(1-\rho)}}{\Gamma(\rho)}.$$

Recall $\rho(t)$ depends continuously on $t > 0$. We deduce from (7.2.4) that

$$\liminf_{t\to 0+} \rho(t) \geq \frac{\rho}{\Gamma(\rho)\Gamma(1-\rho)} \int_\varepsilon^{1-\varepsilon} (1-u)^{\rho-1}u^{-\rho}du,$$

and as ε can be picked arbitrarily small, $\liminf_{t\to 0+} \rho(t) \geq \rho$. The same argument for the dual process gives $\liminf_{t\to 0+} \mathbb{P}\{X_t < 0\} \geq 1-\rho$, and this completes the proof.

7.2.3 A Second Proof for the Case $0 < \rho < 1$

Here we will use one of the Wiener–Hopf results we discussed in Chapter 5, specifically

Lemma 7. *We have the following identity between measures on* $(0, \infty) \times (0, \infty)$*:*

$$\mathbb{P}\{X_t \in dx\}dt = t \int_0^\infty \mathbb{P}\{L^{-1}(u) \in dt, H(u) \in dx\}u^{-1}du.$$

We next give a local limit theorem which is more general than we need.

Proposition 10. *Suppose that* $Y = (Y_t, t \geq 0)$ *is a real-valued Lévy process and there exists a measurable function* $r : (0, \infty) \to (0, \infty)$ *such that* $Y_t/r(t)$ *converges in distribution to some law which is not degenerate at a point as* $t \to 0+$*. Then*

(i) r *is regularly varying of index* $1/\alpha, 0 < \alpha \leq 2$*, and the limit distribution is strictly stable of index* α*;*
(ii) *for each* $t > 0$*,* Y_t *has an absolutely continuous distribution with continuous density function* $p_t(\cdot)$*;*
(iii) *uniformly for* $x \in \mathbb{R}$*,* $\lim_{t\to 0+} r(t)p_t(xr(t)) = p^{(\alpha)}(x)$*, where* $p^{(\alpha)}(\cdot)$ *is the continuous density of the limiting stable law.*

Proof. (i) This is proved in exactly the same way as the corresponding result for $t \to \infty$. (ii) If $\Psi(\lambda)$ denotes the characteristic exponent of Y, so that

$$\mathbb{E}(\exp\{i\lambda Y_t\}) = \exp\{-t\Psi(\lambda)\}, \qquad t \geq 0, \lambda \in \mathbb{R},$$

then we have $t\Psi(\lambda/r(t)) \to \Psi^{(\alpha)}(\lambda)$ as $t \to 0+$, where $\Psi^{(\alpha)}$ is the characteristic exponent of a strictly stable law of index α. Because we have excluded the degenerate case, $\mathrm{Re}(\Psi(\lambda))$, the real part of the characteristic exponent (which is an even function of λ), is regularly varying of index α at $+\infty$. It follows that for each $t > 0$, $\exp -t\Psi(\cdot)$ is integrable over $\mathbb{R}$. Consequently (ii) follows by Fourier inversion, which also gives

$$r(t)p_t(xr(t)) = \frac{1}{2\pi} \int_{-\infty}^{\infty} \exp -\{i\lambda x + t\Psi(\lambda/r(t))\}d\lambda$$

and

$$p^{(\alpha)}(x) = \frac{1}{2\pi} \int_{-\infty}^{\infty} \exp -\{i\lambda x + \Psi^{(\alpha)}(\lambda)\}d\lambda.$$

(iii) In view of the above formulae, it suffices to show that

$$|\exp -t\Psi(\lambda/r(t))| = \exp -tRe\Psi(\lambda/r(t))$$

is dominated by an integrable function on $|\lambda| \geq K$ for some $K < \infty$ and all small enough λ. But this follows easily from Potter's bounds for regularly varying functions. (See [20], Theorem 1.5.6.) ■

We assume from now on that (7.1.1) holds as $t \to 0+$, so that $\Phi(\lambda)$, the Laplace exponent of the subordinator τ, is regularly varying at ∞ with index ρ. It follows that if we denote by a the inverse function of $1/\Phi(1/\cdot)$, then a is regularly varying with index $1/\rho$ and $\tau(t)/a(t)$ converges in distribution to a non-negative stable law of index ρ as $t \to 0+$. In view of Proposition 10, τ_t has a continuous density which we denote by $g_t(\cdot)$, and $a(t)g_t(a(t)\cdot)$ converges uniformly to the continuous stable density, which we denote by $g^{(\rho)}(\cdot)$. Applying Lemma 7, we obtain the following expression for $\rho(t)$ that should be compared with (7.2.4):

$$\rho(t) = t \int_0^\infty g_u(t)u^{-1}du \qquad \text{for a.e. } t > 0\,. \tag{7.2.5}$$

We are now able to give an alternative proof of Theorem 23 for $0 < \rho < 1$ and $t \to 0+$. By a change of variable,

$$t \int_0^\infty g_u(t)u^{-1}du \;=\; t \int_0^\infty g_{su}(t)u^{-1}du,$$

for any $s > 0$. We now choose $s = 1/\Phi(1/t)$, so that $a(s) = t$, and note that

$$tg_{su}(t) = \frac{a(s)}{a(su)} \cdot a(su)g_{su}\left(a(su) \cdot \frac{a(s)}{a(su)}\right).$$

When $t \to 0+$, $s \to 0+$ and since a is regularly varying with index $1/\rho$, $a(s)/a(su)$ converges pointwise to $u^{-1/\rho}$. It then follows from Proposition 10 that

$$\lim_{t\to 0+} tg_{su}(t) = u^{-1/\rho}g^{(\rho)}(u^{-1/\rho}).$$

Recall that $\rho(t)$ depends continuously on $t > 0$, so that (7.2.5) and Fatou's lemma give

$$\liminf_{t\to 0+} \rho(t) \geq \int_0^\infty g^{(\rho)}(u^{-\frac{1}{\rho}})u^{-\frac{1}{\rho}-1}du = \rho \int_0^\infty g^{(\rho)}(v)dv = \rho.$$

Replacing X by $-X$ gives $\limsup_{t\to 0+}\mathbb{P}\{X_t \geq 0\} \leq \rho$, and the result follows.

7.3 Further Results

The ultimate objective is to find a necessary and sufficient condition, in terms of the characteristics of X, for Spitzer's condition to hold. Current knowledge can be summarised as follows.

(i) If X is symmetric it holds with $\rho = 1/2$, both at 0 and ∞.
(ii) If $\sigma \neq 0$ it holds with $\rho = 1/2$ at 0.

(iii) If X is in the domain of attraction of a strictly stable process with positivity parameter ρ either as $t \to \infty$ or as $t \downarrow 0$ it holds correspondingly at ∞ or at 0.
(iv) It holds with $\rho = 1/2$ at ∞ in some situations where X has an almost symmetric distribution, but is not in the domain of attraction of any symmetric stable process: see Doney [28] for the random-walk case.
(v) It holds if Y is strictly stable with positivity parameter ρ and $X = Y(\tau)$ is a subordinated process, τ being an arbitrary independent subordinator; the point here is that τ can be chosen so that X is not in any domain of attraction. (This observation is due to J. Bertoin.)

The only obvious examples where it doesn't hold is in the spectrally one-sided case; this was pointed out in the random-walk case more than 40 years ago by Spitzer! See [94], p. 227.

Again for random walks the only situation where a necessary and sufficient condition is known is the special case $\rho = 1$. This can be extended to the Lévy process case at ∞, the most efficient way of doing this being to use the stochastic bounds from Chapter 4; see Doney [36]. The result there suggests:

Proposition 11. *For any Lévy process X we have $\rho_t = \mathbb{P}(X_t > 0) \to 1$ as $t \to 0$ if and only if $\pi_x := \mathbb{P}(X$ exits $[-x, x]$ at the top$) \to 1$ as $x \to 0$.*

We now have two possible lines of attack: we could try to find the necessary and sufficient condition for $\rho_t \to 1$ directly, and then Proposition 11 says we have also solved the corresponding exit problem; this progamme is carried out in Doney [37]. But instead we will tackle the exit problem, using material from Andrew [6]. We need some notation; we use the functions (all on $x > 0$)

$$N(x) = \Pi((x, \infty)), \quad M(x) = \Pi((-\infty, -x)),$$

$$L(x) = N(x) + M(x), \quad D(x) = N(x) - M(x),$$

$$A(x) = \gamma + D(1) - \int_x^1 D(y)dy = \gamma + \int_{(x,1]} ydD(y) + xD(x),$$

and

$$U(x) = \sigma^2 + 2\int_0^x yL(y)dy.$$

(It might help to observe that $A(x)$ and $U(x)$ are respectively the mean and variance of $\tilde{X}_1^x$, where $\tilde{X}^x$ is the Lévy process we get by replacing each jump in X which is bigger than x, (respectively less than $-x$) by a jump equal to x, (respectively $-x$).)

Note that always $\lim_{x\to 0} U(x) = \sigma^2$ and $\lim_{x\to 0} xA(x) = 0$, and if X is of bounded variation, $\lim_{x\to 0} A(x) = \delta$, the true drift of X. Also we always have $\lim_{x\to\infty} U(x) = VarX_1 \leq \infty$ and $\lim_{x\to\infty} x^{-1}A(x) = 0$, and if $\mathbb{E}|X_1| < \infty$, $\lim_{x\to\infty} A(x) = \mathbb{E}X_1$.

In any study of exits from 2-sided intervals the following quantity is of crucial importance:

$$k(x) = x^{-1}|A(x)|+x^{-2}U(x),\ x > 0.$$

For Lévy processes, its importance stems from the following bounds, which are due to Pruitt [83], although he uses a function which is slightly different from k.

Let

$$\overline{\overline{X}}(t) = \sup_{0 \le s \le t} |X(s)|$$

and write

$$T_r = \inf(t : \overline{\overline{X}}(t) > r\}.$$

Lemma 8. *There are positive constants c_1, c_2, c_3, c_4 such that, for all Lévy processes and all $r > 0$, $t > 0$,*

$$\mathbb{P}\{\overline{\overline{X}}(t) \ge r\} \le c_1 t k(r),\ \ \mathbb{P}\{\overline{\overline{X}}(t) \le r\} \le \frac{c_2}{tk(r)}, \tag{7.3.1}$$

and

$$\frac{c_3}{k(r)} \le \mathbb{E}(T(r)) \le \frac{c_4}{k(r)}. \tag{7.3.2}$$

Moreover

$$\frac{1}{\lambda^3} \le \frac{k(\lambda x)}{k(x)} \le 3 \text{ for all } x > 0 \text{ and } \lambda > 1. \tag{7.3.3}$$

Proof of Proposition 11. We start by assuming $\rho_t = \mathbb{P}(X_t > 0) \to 1$ as $t \to 0$, and suppose that $t = l/k(r)$, where $l \in \mathbb{N}$. (Note that with this choice, the bounds in (7.3.1) are $O(1)$.) Take $\tau_0^r = 0$ and for $j = 0, 1, \cdots$ define

$$\tau_{j+1}^r = \inf\{s > \tau_j : |X_s - X_{\tau_j}| > r\}.$$

Suppose now that the event A_j^r occurs for each $0 \le j < l^2$, where

$$A_j^r = \left(\frac{1}{lk(r)} \le \tau_{j+1}^r - \tau_j^r \le \frac{l}{k(r)} \text{ and } X_{\tau_{j+1}^r} \le X_{\tau_j^r} - r\right);$$

then $X_s \le 0$ for $s \in [\tau_1^r, \tau_{l^2}^r]$. Moreover $t = l/k(r) \in [\tau_1^r, \tau_{l^2}^r]$ and

$$\begin{aligned}
\mathbb{P}(X_t \le 0) \ge \mathbb{P}\left(\bigcap_{j=1}^{l^2} A_j^r\right) &= (\mathbb{P}A_1^r)^{l^2} \\
&\ge \left(\left[\mathbb{P}\{X_{\tau_1^r} < 0\} - \mathbb{P}\left\{\tau_1^r > \frac{l}{k(r)}\right\} - \mathbb{P}\left\{\tau_1^r < \frac{1}{lk(r)}\right\}\right]^+\right)^{l^2} \\
&= \left(\left[\mathbb{P}\{X_{T_r} < 0\} - \mathbb{P}\left\{\overline{\overline{X}}\left(\frac{l}{k(r)}\right) \le r\right\} - \mathbb{P}\left\{\overline{\overline{X}}\left(\frac{1}{lk(r)}\right) \ge r\right\}\right]^+\right)^{l^2}.
\end{aligned}$$

Using Lemma 8, we conclude that:

$$\text{when } t = \frac{l}{k(r)}, \ \mathbb{P}(X_t \le 0) \ge \left(\left[\mathbb{P}\{X_{T_r} < 0\} - \frac{c}{l} \right]^+ \right)^{l^2}. \tag{7.3.4}$$

It is easy to check that $k(r) \to \infty$ as $r \to 0$, unless $X_t \equiv 0$, a case we implicitly exclude. Therefore if we fix l and let $r \downarrow 0$ then $t(r) = l/k(r) \downarrow 0$, so (7.3.4) gives

$$\limsup_{r \downarrow 0} \mathbb{P}\{X_{T_r} < 0\} \le \frac{c}{l},$$

and the result follows since l is arbitrary. A somewhat similar argument establishes

$$\text{when } t = \frac{l}{k(r)}, \ \mathbb{P}(X_t \ge 0) \ge [\mathbb{P}\{X_{T_r} > 0\}]^{l^2} - \frac{c}{l},$$

which leads quickly to the converse implication, but we omit the details. ∎

We will use Lemma 8 in conjunction with the following straight-forward consequence of the compensation formula: let

$$U_r(dy) = \int_0^\infty \mathbb{P}\left\{ \sup_{0 \le r < t} |X(u)| \le r, X(t) \in dy \right\} dt$$

$$= \int_0^\infty \mathbb{P}\{T_r > t, X(t) \in dy\} dt.$$

Then:

Lemma 9. *For* $0 \le |y| \le r < |z|$ *we have*

$$\mathbb{P}\{X(T(r)-) \in dy, X(T(r)) \in dz\} = U_r(dy)\Pi(dz - y). \tag{7.3.5}$$

In what follows, it is convenient to focus on the situation where $\pi_x \to 0$; of course the results for $\pi_x \to 1$ follow by considering $-X$. It is not difficult to guess that any necessary and sufficient condition for $\pi_x \to 0$ must involve some control over the sizes of the **positive** jumps which occur before T_r, so let us write $\Delta(T_r) = X_{T_r} - X_{T_r-}$ for the jump which takes X out of $[-r, r]$, and

$$\overline{\Delta}(T_r) = \sup\{(\Delta_t)^+ : t \le T_r\}$$

for the size of the largest positive jump before T_r. Then since

$$\mathbb{E}T_r = \int_{-r}^r U_r(dy),$$

an immediate consequence of Lemma 9 is that for all $r > 0, \delta > 0$

$$N((\delta + 2)r)\mathbb{E}T_r \le \mathbb{P}\{\Delta_{T_r} > \delta r\} \le N(\delta r)\mathbb{E}T_r. \tag{7.3.6}$$

Thus, by Lemma 8,

$$\frac{c_3 N((\delta+2)r)}{k(r)} \le \mathbb{P}\{\Delta_{T_r} > \delta r\} \le \frac{c_4 N(\delta r)}{k(r)},$$

and using (7.3.3) we conclude that

$$\frac{(\Delta_{T_r})^+}{r} \xrightarrow{P} 0 \text{ as } r \to 0 \text{ if and only if } \frac{N(r)}{k(r)} \to 0 \text{ as } r \to 0.$$

By another application of the compensation formula we see that

$$\begin{aligned}\mathbb{P}\{\overline{\Delta}_{T_r} > \delta r\} &= \mathbb{P}\left\{\sum_{0\le t\le T_r} \mathbf{1}_{\{\Delta X_t > \delta r\}} \ge 1\right\} \le \mathbb{E}\left\{\sum_{0\le t\le T_r} \mathbf{1}_{\{\Delta X_t > \delta r\}}\right\} \\ &= N(\delta r)\mathbb{E}T_r \le \frac{c_4 N(\delta r)}{k(r)},\end{aligned}$$

and of course $\mathbb{P}\{\overline{\Delta}_{T_r} > \delta r\} \ge \mathbb{P}\{\Delta_{T_r} > \delta r\}$. Finally we see that if $r^{-1}(\Delta_{T_r})^+ \overset{P}{\nrightarrow} 0$, there exists $\delta, \varepsilon > 0$, $r_n \downarrow 0$ with

$$\mathbb{P}\{X(T_{r_n}) > 0\} \ge \mathbb{P}\{\Delta(T_{r_n}) > \varepsilon r_n\} \ge \delta,$$

and since $r + \Delta(T_r) \ge X_{T_r} \ge r$ on $\{X_{T_r} > 0\}$ we see that

$$\mathbb{P}\{\Delta(T_{r_n}) > \frac{\varepsilon}{1+\varepsilon} X(T_{r_n}) > 0\} \ge \mathbb{P}\{\Delta(T_{r_n}) > \varepsilon r_n\} \ge \delta,$$

so that $\overline{\Delta}_{T_r}/X_{T_r} \overset{P}{\nrightarrow} 0$. Since $|X_{T_r}| \ge r$, the reverse implication is obvious, and we have shown the following:

Proposition 12. *The following are equivalent as $r \downarrow 0$:*

$$(i)\ \frac{N(r)}{k(r)} \to 0;\quad (ii)\ \frac{(\Delta_{T_r})^+}{r} \xrightarrow{P} 0;\quad (iii)\ \frac{\overline{\Delta}_{T_r}}{r} \xrightarrow{P} 0;\quad (iv)\ \frac{\overline{\Delta}_{T_r}}{X_{T_r}} \xrightarrow{P} 0.$$

Before formulating the final conclusion, we need an intermediate result.

Proposition 13. *A necessary and sufficient condition for $\pi_x \to 0$ as $x \to 0$ is*

$$\lim_{r\to 0} \frac{N(r)}{k(r)} = 0 \text{ and } \limsup_{r\to 0} \frac{A(r)}{rk(r)} < 0. \qquad (7.3.7)$$

Remark 2. *In the spectrally negative case we have N identically zero, so the first part of (7.3.7) is automatic. It is not difficult to show the second part is actually equivalent to*

$$\sigma = 0 \text{ and } A(r) \le 0 \text{ for all small enough } r. \qquad (7.3.8)$$

In particular, in this case $A(r) = \gamma - M(1) + \int_r^1 M(y)dy$. *So when (7.3.8) holds,* $\int_0^1 M(y)dy$ *is finite, and* X *is of bounded variation with drift* $\delta = \gamma - M(1) + \int_0^1 M(y)dy \le 0$. *Thus* $-X$ *is a subordinator, and hence* $\pi_x \equiv 0$. *(In fact, in analogy with later results in Chapter 9, the only possible limits for* π_x *in the case that* X *is spectrally negative and* $-X$ *is not a subordinator lie in* $[1/2, 1]$.)

Proof of Proposition 13. We will write $\tilde{\mathbb{P}}^x$ for the measure under which X has the distribution of the truncated process $\tilde{X}^x$ under $\mathbb{P}$, and note that the corresponding Lévy tails are given by

$$\begin{aligned} \tilde{M}(y) &= M(y), \ \tilde{N}(y) = N(y) \text{ for } y < x, \\ \tilde{M}(y) &= \tilde{N}(y) = 0, \ \text{ for } y \ge x. \end{aligned}$$

As previously observed, $\tilde{\mathbb{E}}^x X_1 = A(x)$, so $X_t - tA(x)$ is a $\tilde{\mathbb{P}}^x$−martingale, and optional stopping gives

$$\tilde{\mathbb{E}}^x X_{T_r} = A(x)\tilde{\mathbb{E}}^x T_r$$

We will work with $x = \lambda r$, and note, from the fact that under $\tilde{\mathbb{P}}^{\lambda r}$ no jumps exceed λr in absolute value, that

$$\begin{aligned} \tilde{\mathbb{E}}^{\lambda r} X_{T_r} &\ge r\tilde{\mathbb{P}}^{\lambda r}\{X_{T_r} > 0\} - (\lambda + 1)r\tilde{\mathbb{P}}^{\lambda r}\{X_{T_r} < 0\} \\ &= r - (\lambda + 2)r\tilde{\mathbb{P}}^{\lambda r}\{X_{T_r} < 0\}, \end{aligned}$$

and

$$\begin{aligned} \tilde{\mathbb{E}}^{\lambda r} X_{T_r} &\le (\lambda + 1)r\tilde{\mathbb{P}}^{\lambda r}\{X_{T_r} > 0\} - r\tilde{\mathbb{P}}^{\lambda r}\{X_{T_r} < 0\} \\ &= (\lambda + 1)r - (\lambda + 2)r\tilde{\mathbb{P}}^{\lambda r}\{X_{T_r} < 0\}. \end{aligned}$$

Thus

$$\frac{1 - r^{-1}A(\lambda r)\tilde{\mathbb{E}}^{\lambda r} X_{T_r}}{(\lambda + 2)} \le \tilde{\mathbb{P}}^{\lambda r}\{X_{T_r} < 0\} \le \frac{(\lambda + 1) - r^{-1}A(\lambda r)\tilde{\mathbb{E}}^{\lambda r} X_{T_r}}{(\lambda + 2)}. \tag{7.3.9}$$

If we now choose $\lambda = 2$ we will have X and $\tilde{X}^{2r}$ agreeing up to time $\tilde{T}_r = T_r$, so this gives

$$\mathbb{P}\{X_{T_r} < 0\} = \tilde{\mathbb{P}}^{2r}\{X_{T_r} < 0\} \le \frac{3}{4} - \frac{r^{-1}A(2r)\mathbb{E}X_{T_r}}{4},$$

and hence, using Lemma 8 again

$$\frac{cA(2r)}{rk(r)} \le \frac{3}{4} - \mathbb{P}\{X_{T_r} < 0\}.$$

Thus

$$\pi_r \to 0 \Longrightarrow \limsup_{r\to 0} \frac{A(r)}{rk(r)} \le -\frac{1}{4}.$$

But also $\pi_r \to 0$ implies $r^{-1}(\Delta_{T_r})^+ \xrightarrow{P} 0$, and by Proposition 12 this implies $\lim_{r\to 0} N(r)/k(r) = 0$. To reverse the argument, we will assume that (7.3.7) holds and prove

$$\lim_{\lambda\to 0} \liminf_{r\to 0} \tilde{\mathbb{P}}^{\lambda r}\{X_{T_r} < 0\} = 1; \tag{7.3.10}$$

then the result follows from

$$\begin{aligned}\lim_{\lambda\to 0} \liminf_{r\to 0} \tilde{\mathbb{P}}^{\lambda r}\{X_{T_r} < 0\} &\le \lim_{\lambda\to 0} \liminf_{r\to 0} \left(\mathbb{P}\{X_{T_r} < 0\} - \mathbb{P}\{\overline{\Delta}_{T_r} \ge \lambda r\}\right)\\ &\le \liminf_{r\to 0} \mathbb{P}\{X_{T_r} < 0\},\end{aligned}$$

where we have used Proposition 12. We do this in two stages; the first step is to deduce from (7.3.9) that $\exists c > 0$ such that

$$\lim_{\lambda\to 0} \liminf_{r\to 0} \tilde{\mathbb{P}}^{\lambda r}\{X_{T_r} < 0\} \ge \frac{1+c}{2}. \tag{7.3.11}$$

By considering the sequence defined by

$$\tau_0 = 0, \tau_{j+1} = \inf\{t > \tau_j : |X_t - X_{\tau_j}| > \lambda r\},$$

it is not difficult to show that for any $r > 0$ and $0 < \lambda < 1/2$

$$\mathbb{E}T_{\lambda r} \le 3\lambda \tilde{\mathbb{E}}^{\lambda r} T_r.$$

Using the left-hand side of (7.3.9) and Lemma 8 gives

$$\tilde{\mathbb{P}}^{\lambda r}\{X_{T_r} < 0\} \ge \frac{1 - \frac{cA(\lambda r)}{\lambda r k(\lambda r)}}{\lambda + 2},$$

and letting $r \to 0$ then $\lambda \to 0$ we get (7.3.11).

Now define $p = (2-c)/4$, where c is the constant in (7.3.11), and denote by $\{S_n, n \ge 0\}$ a simple random walk with $P(S_1 = 1) = p, P(S_1 = -1) = q = 1 - p$. Put $\sigma_N = \min\{n : |S_n| > N\}, N \in \mathbb{N}$, so that, since $p < 1/2$, we have $P(S_{\sigma_N} < 0) \to 1$ as $N \to \infty$. Thus given $\varepsilon > 0$ we can choose N, K with $P(S_{\sigma_N} < 0, \sigma_N \le K) \ge 1 - \varepsilon$. Take r and λ sufficiently small so that

$$\tilde{q} := \tilde{\mathbb{P}}^{\lambda r}\{X(T_{r/2N} < 0\} \ge q;$$

then, in the obvious notation

$$\begin{aligned}&\tilde{\mathbb{P}}^{\lambda r}\{X \text{ leaves } [-r/2 + \lambda r K, r/2 + \lambda r K] \text{ downwards}\}\\ &\ge \tilde{P}(S_{\sigma_N} < 0, \sigma_N \le K) \ge P(S_{\sigma_N} < 0, \sigma_N \le K) \ge 1 - \varepsilon.\end{aligned}$$

It follows that

$$\lim_{\lambda\to 0}\liminf_{r\to 0}\tilde{\mathbb{P}}^{\lambda r}\{X \text{ leaves } [-r/3, 2r/3] \text{ downwards}\} \geq 1-\varepsilon,$$

and hence

$$\lim_{\lambda\to 0}\liminf_{r\to 0}\tilde{\mathbb{P}}^{\lambda r}\{X_{T_r} < 0\} \geq (1-\varepsilon)^3.$$

Since ε is arbitrary, (7.3.10) follows. ■

Remark 3. *This proof shows that it is impossible for*

$$-\frac{1}{4} < \limsup_{r\to 0}\frac{A(r)}{rk(r)} < 0$$

to occur; this phenomenom was first observed in the random-walk case in Griffin and McConnell [53].

We can now state our main result.

Theorem 24. *Assume X is not a compound Poisson process: then (i) if $N(0+) > 0$ the following are equivalent;*

$$\pi_x \to 0 \text{ as } x \to 0; \tag{7.3.12}$$

$$\rho_t \to 0 \text{ as } t \to 0; \tag{7.3.13}$$

$$\frac{X_{T_r}}{\overline{\Delta}_{T_r}} \xrightarrow{P} -\infty \text{ as } r \to 0; \tag{7.3.14}$$

$$\frac{X_t}{\overline{\Delta}_t} \xrightarrow{P} -\infty \text{ as } t \to 0; \tag{7.3.15}$$

$$\sigma = 0, \ \frac{A(x)}{xN(x)} \to -\infty \text{ as } x \to 0; \tag{7.3.16}$$

(ii) if $N(0+) = 0$ then (7.3.12)$\Longleftrightarrow$(7.3.13)$\Longleftrightarrow$

$$A(x) \leq 0 \text{ for all small enough } x. \tag{7.3.17}$$

Proof. (i) First we need the fact that (7.3.16) is equivalent to (7.3.7) from Proposition 13, which we recall is

$$\lim_{x\to 0}\frac{N(x)}{k(x)} = 0 \text{ and } \limsup_{x\to 0}\frac{A(x)}{xk(x)} < 0. \tag{7.3.18}$$

If this holds, clearly

$$\lim_{x\to 0}\frac{A(x)}{xN(x)} = \lim_{x\to 0}\frac{A(x)}{xk(x)}\frac{k(x)}{N(x)} = -\infty,$$

and if $\sigma^2 > 0$ we would have $k(x) \geq \sigma^2/x^2$ and hence

$$\limsup_{x\to 0} \frac{|A(x)|}{xk(x)} \leq \limsup_{x\to 0} x|A(x)| = 0;$$

thus $\sigma = 0$ and (7.3.16) holds. So assume (7.3.16) and note first that

$$\frac{k(x)}{N(x)} = \frac{|A(x)|}{xN(x)} + \frac{U(x)}{x^2N(x)} \geq \frac{|A(x)|}{xN(x)},$$

so $N(x)/k(x) \to 0$. Also

$$\frac{xk(x)}{|A(x)|} = 1 + \frac{U(x)}{x^2k(x)},$$

so since (7.3.16) implies that $A(x) < 0$ for all small x, we see by writing

$$\frac{U(x)}{xA(x)} = \frac{U(x)}{x^2k(x)}\frac{xk(x)}{A(x)}$$

that

$$\limsup_{x\to 0} \frac{A(x)}{xk(x)} < 0 \text{ if and only if } \liminf_{x\to 0} \frac{U(x)}{xA(x)} > -\infty.$$

Now given $\varepsilon > 0$ we have $yN(y) \leq -\varepsilon A(y)$ for all $y \leq x_0$. Also integration by parts gives

$$\int_0^x A(y)dy = xA(x) - \int_0^x yN(y)dy + \int_0^x yM(y)dy.$$

So for $x \leq x_0$

$$\int_0^x yN(y)dy \leq -\varepsilon xA(x) + \varepsilon \int_0^x yN(y)dy - \varepsilon \int_0^x yM(y)dy. \tag{7.3.19}$$

This implies that

$$(1-\varepsilon)\int_0^x yN(y)dy \leq -\varepsilon xA(x),$$

and also, putting $\varepsilon = 1$ in (7.3.19), that $\int_0^x yM(y)dy \leq -xA(x)$. Thus

$$U(x) = 2\int_0^x y(N(y)+M(y))dy \leq -xA(x)\frac{2\varepsilon}{1-\varepsilon},$$

for all $x \le x_0$, and the result (7.3.18) follows. The equivalence of (7.3.12), (7.3.13), (7.3.14) and (7.3.16) now follows from Propositions 11, 12, and 13, bearing in mind that

$$\pi_x \to 0 \text{ and } \frac{\Delta_{T_r}}{X_{T_r}} \xrightarrow{P} 0 \Longrightarrow \frac{X_{T_r}}{\Delta_{T_r}} \xrightarrow{P} -\infty.$$

Since (7.3.15) obviously implies (7.3.13), we are left to prove that

$$\mathbb{P}\{X_t < 0\} \to 1 \Longrightarrow \frac{X_t}{\overline{\Delta}_t} \xrightarrow{P} -\infty \text{ as } t \to 0.$$

The argument here proceeds by contradiction; so assume $\exists\, t_j \downarrow 0$ with $\mathbb{P}C_j \ge 8\varepsilon > 0$ for all j, where $C_j = \{X_{t_j} > -2k\overline{\Delta}_{t_j}\}$ and k is a fixed integer. Then for each j we can choose c_j such that

$$\mathbb{P}\{(\overline{\Delta}_{t_j} \le c_j) \cap C_j\} \ge 2\varepsilon \text{ and } \mathbb{P}\{(\overline{\Delta}_{t_j} \ge c_j) \cap C_j\} \ge 6\varepsilon. \tag{7.3.20}$$

It follows that for each j at least one of the following must hold:

$$\mathbb{P}\{(\overline{\Delta}_{t_j} > 2c_j) \cap C_j\} \ge 2\varepsilon \tag{7.3.21}$$

or

$$\mathbb{P}\{(c_j \le \overline{\Delta}_{t_j} \le 2c_j) \cap C_j\} \ge 4\varepsilon. \tag{7.3.22}$$

Suppose (7.3.21) holds for infinitely many j. Then write N_t^j for the number of jumps exceeding $2c_j$ which occur by time t, Z_t^j for the sum of these jumps, and $Y_t^j = X_t - Z_t^j$. Of course $N_{t_j}^j$ has a Poisson distribution, and we denote its parameter by p_j. Note that we have

$$\mathbb{P}\{N_{t_j}^j = 0\} \ge \mathbb{P}\{(\overline{\Delta}_{t_j} \le c_j) \cap C_j\} \ge 2\varepsilon \text{ and}$$

$$\mathbb{P}\{N_{t_j}^j > 0\} \ge \mathbb{P}\{(\overline{\Delta}_{t_j} > 2c_j) \cap C_j\} \ge 2\varepsilon,$$

so p_j is bounded uniformly away from 0 and ∞. It follows that $\exists \nu > 0$ with

$$\mathbb{P}\{N_{t_j}^j \ge k\} > e^{-p_j}\frac{p_j^k}{k!} > \nu \text{ for all } j.$$

Also

$$\mathbb{P}\{Z_{t_j}^j = 0, Y_{t_j}^j \in (-2kc_j, 0)\} \ge \mathbb{P}\{C_j \cap (X_{t_j} < 0) \cap (\overline{\Delta}_{t_j} \le c_j)\} \ge \varepsilon$$

for all large j, by (7.3.20) and the fact that $\mathbb{P}(X_{t_j} < 0) \to 1$. So, as Y and Z are independent, the contradiction follows from

$$\liminf_{j\to\infty} \mathbb{P}(X_{t_j} > 0) \ge \liminf_{j\to\infty} \mathbb{P}\{N_{t_j}^j \ge k, Y_{t_j}^j \in (-2kc_j, 0)\} \ge \nu\varepsilon.$$

The second case, when (7.3.22) holds for infinitely many j, can be dealt with in a similar way; see [6] for the details.

(ii) This follows from Propositions 11 and 13, and Remark 2. ■

Some comments on this result are in order.

- The condition (7.3.16) can be shown to be equivalent to

$$\frac{A(x)}{\sqrt{U(x)N(x)}} \to -\infty. \tag{7.3.23}$$

- There are other conditions we can add to the equivalences in Theorem 24. In particular,

$$\exists \text{ a slowly varying } l \text{ such that } \frac{X_t}{tl(t)} \xrightarrow{P} -\infty. \tag{7.3.24}$$

  (This is demonstrated in [37].) Note that this implies $t^{-\alpha}X_t \xrightarrow{P} -\infty$ for any $\alpha > 1$.

- At the cost of considerable extra work, it is possible to give analogous results for sequential limits; see Andrew [6] for the Lévy-process case and Kesten and Maller [62] for the random-walk case.
- Remarkably, the equivalences stated in Theorem 24, and their equivalence to (7.3.23) and (7.3.24), remain valid if limits at zero are replaced by limits at infinity throughout, with only one exception: the large time version of (7.3.16) places no restriction on σ, since the Brownian component is irrelevant for large t. One further difference is that one can add one further equivalence in the $t \to \infty$ case, which is

$$X_t \xrightarrow{P} -\infty \text{ as } t \to \infty.$$

- Suppose X is spectrally positive, so that

$$\frac{A(x)}{xN(x)} = \frac{\gamma + N(1) - \int_x^1 N(y)dy}{xN(x)}.$$

  If X is of bounded variation, i.e. $\int_0^1 N(y)dy < \infty$, then $xN(x) \to 0$ and (7.3.16) is equivalent to $d = \gamma + N(1) - \int_0^1 N(y)dy < 0$. Otherwise, it is equivalent to

$$\frac{\int_x^1 N(y)dy}{xN(x)} \to \infty,$$

  and this happens if and only if $\int_x^1 N(y)dy$ is slowly varying, so that X is "almost" of bounded variation. Note also that a variation of the above shows that in all cases $\int_x^1 N(y)dy$ being slowly varying is **necessary** in order that (7.3.16) holds; of course this includes the case $\int_0^1 N(y)dy < \infty$.

7.4 Tailpiece

None of this helps in finding the necessary and sufficient condition for Spitzer's condition when $0 < \rho < 1$; if anything it suggests how difficult this problem is. This is reinforced by the following results, taken from Andrew [7].

(i) Given any $0 < \alpha \leq \beta < 1$ there are Lévy processes with

$$\alpha = \liminf \pi_x, \ \beta = \limsup \pi_x,$$

and other Lévy processes with

$$\alpha = \liminf \rho_t, \ \beta = \limsup \rho_t.$$

(ii) For any $0 < \alpha < 1$ there is a Lévy process with

$$\alpha = \lim \pi_x = \lim \rho_t.$$

(Non-symmetric stable processes are examples where the two limits exist, but differ.)

(iii) For any $0 < \alpha < \beta < 1$ there is a Lévy process with $\alpha = \lim \rho_t$ and such that π_x fluctuates between α and β for small x.
In conclusion; **every** type of limit behaviour seems to be **possible**.

8

Lévy Processes Conditioned to Stay Positive

8.1 Introduction

In the theory of real-valued diffusions, the concept of "conditioning to stay positive" has proved quite fruitful, in particular in the Brownian case. The basic idea is to find an appropriate function which is invariant (i.e. harmonic) for the process killed on leaving the positive half-line, and then use Doob's h-transform technique. In this chapter we investigate how these ideas can be applied to Lévy processes. It should be mentioned that the first investigations of this question were devoted to the special case where the Lévy process is spectrally one-sided, (see Bertoin, [10] and Chapter VII of [12]), but we will deal with the general case, basically following Chaumont [24] and Chaumont and Doney [25].

8.2 Notation and Preliminaries

Note that the state 0 is regular for $(-\infty, 0)$ under $\mathbb{P}$ if and only if it is regular for $\{0\}$ for the reflected process. In this case, we will simply say that 0 is regular downwards and if 0 is regular for $(0, \infty)$ under $\mathbb{P}$, we will say that 0 is regular upwards. **We will assume that 0 is regular downwards throughout this chapter**. (But see remark 4; also note this precludes the possibility that X is compound Poisson.)

We write T_A for the entrance time into a Borel set A, and m for the time at which the absolute infimum is attained:

$$T_A = \inf\{s > 0 : X_s \in A\}, \tag{8.2.1}$$

$$m = \sup\{s < \zeta : X_s \wedge X_{s-} = \underline{X}_s\}, \tag{8.2.2}$$

where $\underline{X}_s = \inf_{u \le s} X_u$. Let $\underline{L}$ be the local time of the reflected process $X - \underline{X}$ at 0 and let $\underline{n}$ be the characteristic measure of its excursions away from 0. Because of our assumption, $\underline{L}$ is continuous.

iginally published in: *Ecole d'Eté de Probabilités de Saint-Flour XXXV – 2005*, Lecture Notes in athematics, Vol. **1897**, 81–93, DOI: 10.1007/978-3-540-48511-7_8, © Springer-Verlag Berlin Heidelberg 2007, print by Springer-Verlag Berlin Heidelberg 2012

Let us first consider the function h defined for all $x \geq 0$ by:

$$h(x) := \mathbb{E}\left(\int_{[0,\infty)} \mathbb{I}_{\{\underline{X}_t \geq -x\}} \, d\underline{L}_t\right) . \tag{8.2.3}$$

Making the obvious change of variable we see that

$$h(x) := \mathbb{E}\left(\int_{[0,\infty)} \mathbb{I}_{\{H^*_s \leq x\}} \, ds\right)$$

is also the renewal function in the downgoing ladder height process H^*.

It follows from (8.2.3) (or (8.2.5) below) and general properties of Lévy processes that h is *finite, continuous, increasing, and subadditive* on $[0, \infty)$, and that $h(0) = 0$ (because 0 is regular downwards).

Let $\mathbf{e}_\varepsilon$ be an exponential time with parameter ε, which is independent of $(X, \mathbb{P})$. The following identity can be seen by specialising the argument used to prove Theorem 10 in Chapter 4, or alternatively by appealing to Maisonneuve's exit formula of excursion theory. (See [74].) Let $\eta \geq 0$ denote the drift in the downgoing ladder time process: then for all $\varepsilon > 0$,

$$\begin{aligned}\mathbb{P}_x(T_{(-\infty,0)} > \mathbf{e}_\varepsilon) &= \mathbb{P}(\underline{X}_{\mathbf{e}_\varepsilon} \geq -x) \\ &= \mathbb{E}\left(\int_{[0,\infty)} e^{-\varepsilon t} \mathbb{I}_{\{\underline{X}_t \geq -x\}} \, d\underline{L}_t\right) [\eta\varepsilon + \underline{n}(\mathbf{e}_\varepsilon < \zeta)] , \end{aligned} \tag{8.2.4}$$

so that, by monotone convergence, for all $x \geq 0$:

$$h(x) = \lim_{\varepsilon \to 0} \frac{\mathbb{P}_x(T_{(-\infty,0)} > \mathbf{e}_\varepsilon)}{\eta\varepsilon + \underline{n}(\mathbf{e}_\varepsilon < \zeta)} . \tag{8.2.5}$$

In the next lemma we show that, for $x > 0$, h is excessive or invariant for the process $(X, \mathbb{P}_x)$ killed at time $\tau_{(-\infty,0)}$. This result has been proved in the context of potential theory by Silverstein [92] Th. 2, where it is assumed that the semigroup is absolutely continuous, 0 is regular for $(-\infty, 0)$, and $(X, \mathbb{P})$ does not drift to $-\infty$; see also Tanaka [98] Th. 2 and Th. 3. Here, we give a simple proof from [25] based on the representation of h given in (8.2.5). (We point out that in [25] the possibility that $\eta > 0$ was overlooked.) For $x > 0$ we denote by $\mathbb{Q}_x$ the law of the killed process, i.e. for $\Lambda \in \mathcal{F}_t$:

$$\mathbb{Q}_x(\Lambda, t < \zeta) = \mathbb{P}_x(\Lambda, t < T_{(-\infty,0)}) ,$$

and by (q_t) its semigroup.

Lemma 10. *If $(X, \mathbb{P})$ drifts towards $-\infty$ then h is excessive for (q_t), i.e. for all $x \geq 0$ and $t \geq 0$, $\mathbb{E}^{\mathbb{Q}}_x(h(X_t)\mathbb{I}_{\{t<\zeta\}}) \leq h(x)$. If $(X, \mathbb{P})$ does not drift to $-\infty$, then h is invariant for (q_t), i.e. for all $x \geq 0$ and $t \geq 0$, $\mathbb{E}^{\mathbb{Q}}_x(h(X_t)\mathbb{I}_{\{t<\zeta\}}) = h(x)$.*

Proof. From (8.2.5), monotone convergence and the Markov property, we have

$$\begin{aligned}
&\mathbb{E}_x^{\mathbb{Q}}(h(X_t)\mathbb{I}_{\{t<\zeta\}}) \\
&= \lim_{\varepsilon\to 0} \mathbb{E}_x\left(\frac{\mathbb{P}_{X_t}(T_{(-\infty,0)} > \mathbf{e}_\varepsilon)\mathbb{I}_{\{t\le T_{(-\infty,0)}\}}}{\eta\varepsilon + \underline{n}(\mathbf{e}_\varepsilon < \zeta)}\right) \\
&= \lim_{\varepsilon\to 0} \mathbb{E}_x\left(\frac{\mathbb{I}_{\{T_{(-\infty,0)} > t+\mathbf{e}_\varepsilon\}}}{\eta\varepsilon + \underline{n}(\mathbf{e}_\varepsilon < \zeta)}\right) \\
&= \lim_{\varepsilon\to 0} e^{\varepsilon t}\left(\frac{\mathbb{P}_x(T_{(-\infty,0)} > \mathbf{e}_\varepsilon)}{\eta\varepsilon + \underline{n}(\mathbf{e}_\varepsilon < \zeta)} - \int_0^t \varepsilon e^{-\varepsilon u}\frac{\mathbb{P}_x(T_{(-\infty,0)} > u)}{\eta\varepsilon + \underline{n}(\mathbf{e}_\varepsilon < \zeta)}\, du\right) \\
&= h(x) - \frac{1}{\eta + \underline{n}(\zeta)}\int_0^t \mathbb{P}_x(T_{(-\infty,0)} > u)\, du\,, \qquad (8.2.6)
\end{aligned}$$

where $\underline{n}(\zeta) := \int_0^\infty \underline{n}(\zeta > t)\, dt$. From Proposition 6, Chapter 4, we know that for $x > 0$, $\mathbb{E}_x(T_{(-\infty,0)}) < \infty$ if and only if X drifts towards $-\infty$. Hence, since moreover $0 < h(x) < +\infty$ for $x > 0$, then (8.2.5) shows that $\underline{n}(\zeta) < +\infty$ if and only if X drifts towards $-\infty$. Consequently, from (8.2.6), if X drifts towards $-\infty$, then $\mathbb{E}_x^{\mathbb{Q}}(h(X_t)\mathbb{I}_{\{t<\zeta\}}) \le h(x)$, for all $t \ge 0$ and $x \ge 0$, whereas if $(X, \mathbb{P})$ does not drift to $-\infty$, then $\underline{n}(\zeta) = +\infty$ and (8.2.6) shows that $\mathbb{E}_x^{\mathbb{Q}}(h(X_t)\mathbb{I}_{\{t<\zeta\}}) = h(x)$, for all $t \ge 0$ and $x \ge 0$. ■

8.3 Definition and Path Decomposition

We now define the Lévy process $(X, \mathbb{P}_x)$ conditioned to stay positive. This notion now has a long history; see Bertoin [11], Chaumont [23] and [24], Duquesne [44], Tanaka [98], and the references contained in those papers.

Write $(p_t, t \ge 0)$ for the semigroup of $(X, \mathbb{P})$ and recall that $(q_t, t \ge 0)$ is the semigroup of the process $(X, \mathbb{Q}_x)$. Then we introduce the new semigroup

$$p_t^\uparrow(x, dy) := \frac{h(y)}{h(x)} q_t(x, dy), \;\; x > 0, y > 0, \;\; t \ge 0\,. \qquad (8.3.1)$$

From Lemma 10, $(p_t^\uparrow)$ is sub-Markov when $(X, \mathbb{P})$ drifts towards $-\infty$ and it is Markov in the other cases. For $x > 0$ we denote by $\mathbb{P}_x^\uparrow$ the law of the strong Markov process started at x and whose semigroup in $(0, \infty)$ is $(p_t^\uparrow)$. When $(p_t^\uparrow)$ is sub-Markov, $(X, \mathbb{P}_x^\uparrow)$ has state space $(0, \infty) \cup \{\delta\}$ and this process has finite lifetime. In all cases, for $\Lambda \in \mathcal{F}_t$, we have

$$\mathbb{P}_x^\uparrow(\Lambda, t < \zeta) = \frac{1}{h(x)}\mathbb{E}_x^{\mathbb{Q}}(h(X_t)\mathbb{I}_\Lambda \mathbb{I}_{\{t<\zeta\}})\,. \qquad (8.3.2)$$

We show in the next proposition that $\mathbb{P}_x^\uparrow$ is the limit as $\varepsilon \downarrow 0$ of the law of the process under $\mathbb{P}_x$ conditioned to stay positive up to an independent exponential time with parameter ε, so we will refer to $(X, \mathbb{P}_x^\uparrow)$ as the process "conditioned to stay positive". Note that the following result has been proved in Th. 1 of [24] under the same assumptions that Silverstein [92] required for his Th. 2, but here we only assume that 0 is regular downwards.

Proposition 14. *Let $\mathbf{e}_\varepsilon$ be an exponential time with parameter ε which is independent of $(X, \mathbb{P})$.*

For any $x > 0$, and any $(\mathcal{F}_t)$ stopping time T and for all $\Lambda \in \mathcal{F}_T$,

$$\lim_{\varepsilon \to 0} \mathbb{P}_x(\Lambda, T < \mathbf{e}_\varepsilon \,|\, X_s > 0,\, 0 \le s \le \mathbf{e}_\varepsilon) = \mathbb{P}_x^{\uparrow}(\Lambda, T < \zeta)\,.$$

Proof. According to the Markov property and the lack-of-memory property of the exponential law, we have

$$\mathbb{P}_x(\Lambda,\, T < \mathbf{e}_\varepsilon \,|\, X_s > 0,\, 0 \le s \le \mathbf{e}_\varepsilon) =$$
$$\mathbb{E}_x\left(\mathbb{I}_\Lambda \mathbb{I}_{\{T < \mathbf{e}_\varepsilon \wedge T_{(-\infty,0)}\}} \frac{\mathbb{P}_{X_T}(T_{(-\infty,0)} \ge \mathbf{e}_\varepsilon)}{\mathbb{P}_x(T_{(-\infty,0)} \ge \mathbf{e}_\varepsilon)}\right). \tag{8.3.3}$$

Let $\varepsilon_0 > 0$. From (8.2.3) and (8.2.4), for all $\varepsilon \in (0, \varepsilon_0)$,

$$\mathbb{I}_{\{T < \mathbf{e}_\varepsilon \wedge T_{(-\infty,0)}\}} \frac{\mathbb{P}_{X_T}(T_{(-\infty,0)} \ge \mathbf{e}_\varepsilon)}{\mathbb{P}_x(T_{(-\infty,0)} \ge \mathbf{e}_\varepsilon)} \le$$
$$\mathbb{I}_{\{T < T_{(-\infty,0)}\}} \mathbb{E}\left(\int_{[0,\infty)} e^{-\varepsilon_0 t} \mathbb{I}_{\{\underline{X}_t \ge -x\}}\, d\underline{L}_t\right)^{-1} h(X_T)\,, \quad \text{a.s.} \tag{8.3.4}$$

Recall that h is excessive for the semigroup (q_t), hence the inequality of Lemma 10 also holds at any stopping time, i.e. $\mathbb{E}_x^{\mathbb{Q}}(h(X_T)\mathbb{I}_{\{T<\zeta\}}) \le h(x)$. Since h is finite, the expectation of the right-hand side of (8.3.4) is finite, so that we may apply Lebesgue's theorem of dominated convergence in the right-hand side of (8.3.3) when ε goes to 0. We conclude by using the representation of h in (8.2.5) and the definition of $\mathbb{P}_x^{\uparrow}$ in (8.3.2). ∎

Since 0 is regular downwards, definition (8.3.1) does not make sense for $x = 0$, but in [11] it was shown that in all cases, the law of the process

$$((X - \underline{X})_{g_t + s},\ s \le t - g_t), \quad \text{where} \quad g_t = sup\{s \le t : (X - \underline{X})_s = 0\},$$

converges as $t \to \infty$ to a Markovian law under which X starts at 0 and has semigroup $p_t^{\uparrow}$. (See also Tanaka [98], Th. 7 for a related result.) We will denote this limit law by $\mathbb{P}^{\uparrow}$, and defer for the moment the obvious question: is $\lim_{x \downarrow 0} \mathbb{P}_x^{\uparrow} = \mathbb{P}^{\uparrow}$?

The next theorem describes the decomposition of the process $(X, \mathbb{P}_x^{\uparrow})$ at the time of its minimum; it reduces to a famous result due to Williams [103] in the Brownian case. It has been proved under additional hypotheses in [24] Th. 5, in [44] Prop. 4.7, Cor. 4.8, and under the sole assumption that X is not a compound Poisson process in [25].

Theorem 25. *Define the pre-minimum and post-minimum processes respectively as follows:* $(X_t\,,\,0\le t<m)$ *and* $(X_{t+m}-U\,,\,0\le t<\zeta-m)$, *where* $U:=X_m\wedge X_{m-}$.

1. *Under* $\mathbb{P}^{\uparrow}_x$, $x>0$, *the pre-minimum and post-minimum processes are independent. The process* $(X,\mathbb{P}^{\uparrow}_x)$ *reaches its absolute minimum* U *once only and its law is given by:*

$$\mathbb{P}^{\uparrow}_x(U\ge y)=\frac{h(x-y)}{h(x)}1_{\{y\le x\}}\,. \tag{8.3.5}$$

2. *Under* $\mathbb{P}^{\uparrow}_x$, *the law of the post-minimum process is* $\mathbb{P}^{\uparrow}$. *In particular, it is strongly Markov and does not depend on* x. *The semigroup of* $(X,\mathbb{P}^{\uparrow})$ *in* $(0,\infty)$ *is* $(p^{\uparrow}_t)$. *Moreover,* $X_0=0$, $\mathbb{P}^{\uparrow}$*-a.s. if and only if* 0 *is regular upwards.*

Proof. Denote by $\mathbb{P}^{\mathbf{e}_\varepsilon}_x$ the law of the process $(X,\mathbb{P}_x)$ killed at time $\mathbf{e}_\varepsilon$. Since $(X,\mathbb{P})$ is not a compound Poisson process, it almost surely reaches its minimum at a unique time on the interval $[0,\mathbf{e}_\varepsilon]$. Recall that by a result in [76], pre-minimum and post-minimum processes are independent under $\mathbb{P}^{\mathbf{e}_\varepsilon}_x$ for all $\varepsilon>0$. According to Proposition 14, the same properties hold under $\mathbb{P}^{\uparrow}_x$. Let $0\le y\le x$. From Proposition 14 and (8.2.5):

$$\begin{aligned}\mathbb{P}^{\uparrow}_x(U<y)&=\mathbb{P}^{\uparrow}_x(T_{[0,y)}<\zeta)=\lim_{\varepsilon\to0}\mathbb{P}_x(T_{[0,y)}<\mathbf{e}_\varepsilon\,|\,T_{(-\infty,0)}>\mathbf{e}_\varepsilon)\\&=\lim_{\varepsilon\to0}\left(1-\frac{\mathbb{P}_x(T_{[0,y)}\ge\mathbf{e}_\varepsilon,\,T_{(-\infty,0)}>\mathbf{e}_\varepsilon)}{\mathbb{P}_x(T_{(-\infty,0)}>\mathbf{e}_\varepsilon)}\right)\\&=1-\lim_{\varepsilon\to0}\frac{\mathbb{P}_{x-y}(T_{(-\infty,0)}\ge\mathbf{e}_\varepsilon)}{\mathbb{P}_x(T_{(-\infty,0)}>\mathbf{e}_\varepsilon)}=1-\frac{h(x-y)}{h(x)}\,,\end{aligned}$$

and the first part of the theorem is proved.

From the independence mentioned above, the law of the post-minimum process under $\mathbb{P}^{\mathbf{e}_\varepsilon}_x(\,\cdot\,|\,U>0)$ is the same as the law of the post-minimum process under $\mathbb{P}^{\mathbf{e}_\varepsilon}_x$. Then, from Proposition 14 or from Bertoin, [11], Corollary 3.2, the law of the post-minimum processes under $\mathbb{P}^{\uparrow}_x$ is the limit of the law of the post-minimum process under $\mathbb{P}^{\mathbf{e}_\varepsilon}_x$, as $\varepsilon\to0$. But [11], Corollary 3.2, also proved that this limit law is that of a strong Markov process with semigroup $(p^{\uparrow}_t)$. Moreover, from Millar [77], the process $(X,\mathbb{P}^{\mathbf{e}_\varepsilon}_x)$ leaves its pre-minimum continuously, (that is $\mathbb{P}^{\mathbf{e}_\varepsilon}_x(X_m>X_{m-})=0$) if and only if 0 is regular upwards. Then we conclude the proof of the second statement by using Proposition 14. ■

Williams' result also contains a description of the pre-minimum process, and Chaumont [24] was able to extend this, under the additional assumption that X has an absolutely continuous semigroup. In this case h has a continuous derivative which satisfies $0<h'(x)<\infty$ for $0<x<\infty$, and h' is also excessive for (q_t). Then, under $\mathbb{P}^{\uparrow}_x$, the law of the pre-minimum process, conditionally on $X_m = a$, is that of $X + a$ under $\mathbb{P}^{\searrow}_{x-a}$, where $\mathbb{P}^{\searrow}_y$, for $y > 0$, denotes the h' h-transform of $\mathbb{Q}_y$, viz

$$\mathbb{P}^{\searrow}_x(\Lambda, t < \zeta) = \frac{1}{h'(x)} \mathbb{E}^{\mathbb{Q}}_x(h'(X_t) \mathbb{I}_\Lambda \mathbb{I}_{\{t<\zeta\}}) .$$

Note that in the spectrally positive case, which includes that of Brownian motion, we have $h(x) = x$, so $\mathbb{P}^{\searrow}_y$ is just $\mathbb{Q}_y$. In other cases we can think of $(X, \mathbb{P}^{\searrow}_y)$ as 'X conditioned to die at 0 from above'; see [24], Section 4 for details.

When $(X, \mathbb{P})$ has no negative jumps and 0 is not regular upwards, the initial law of $(X, \mathbb{P}^{\uparrow})$ has been computed in Chaumont [23]. It is given by:

$$\mathbb{P}^{\uparrow}(X_0 \in dx) = \frac{x\,\pi(dx)}{\int_0^\infty u\,\pi(du)}, \quad x \geq 0 , \tag{8.3.6}$$

where π is the Lévy measure of $(X, \mathbb{P})$. It seems difficult to obtain an explicit formula which only involves π in the general case.

8.4 The Convergence Result

For Brownian motion it is easy to demonstrate the weak convergence of $\mathbb{P}^{\uparrow}_x$ to $\mathbb{P}^{\uparrow}$; for a general Lévy process, in view of Theorem 25, this essentially amounts to showing that the pre-minimum process vanishes in probability as $x \downarrow 0$. Such a result has been verified in the case of spectrally negative processes in Bertoin [9], and for stable processes and for processes which creep downwards in Chaumont [24]. For some time this was an open question for other Lévy processes, but in Chaumont and Doney [25] we gave a simple proof of this result for a general Lévy process. This proof does not use the description of the law of the pre-minimum process in Theorem 25 but depends only on knowledge of the distribution of the all-time minimum under $\mathbb{P}^{\uparrow}_x$. In the following, θ_ε is the forward shift operator.

Theorem 26. *Assume that* 0 *is regular upwards. Then the family* $(\mathbb{P}^{\uparrow}_x, x > 0)$ *converges on the Skorokhod space to* $\mathbb{P}^{\uparrow}$. *Moreover the semigroup* $(p^{\uparrow}_t, t \geq 0)$ *satisfies the Feller property on the space* $\mathcal{C}_0([0,\infty))$ *of continuous functions vanishing at infinity.*

If 0 *is not regular upwards, then for any* $\varepsilon > 0$, *the process* $(X \circ \theta_\varepsilon, \mathbb{P}^{\uparrow}_x)$ *converges weakly towards* $(X \circ \theta_\varepsilon, \mathbb{P}^{\uparrow})$, *as* x *tends to* 0.

Proof. Let $(\Omega, \mathcal{F}, P)$ be a probability space on which we can define a family of processes $(Y^{(x)})_{x>0}$ such that each process $Y^{(x)}$ has law $\mathbb{P}^{\uparrow}_x$. Let also Z be a process with law $\mathbb{P}^{\uparrow}$ which is independent of the family $(Y^{(x)})$. Let m_x be the unique hitting time of the minimum of $Y^{(x)}$ and define, for all $x > 0$, the process $Z^{(x)}$ by:

$$Z_t^{(x)} = \begin{cases} Y_t^{(x)} & t < m_x \\ Z_{t-m_x} + Y_{m_x}^{(x)} & t \geq m_x . \end{cases}$$

By Theorem 25, under P, $Z^{(x)}$ has law $\mathbb{P}_x^{\uparrow}$.

Now first assume that 0 is regular upwards, so that $\lim_{t\downarrow 0} Z_t = 0$, almost surely. We are going to show that the family of processes $Z^{(x)}$ converges in probability towards the process Z as $x \downarrow 0$ for the norm of the J_1-Skorohod topology on the space $\mathcal{D}([0,1])$. Let (x_n) be a decreasing sequence of real numbers which tends to 0. For $\omega \in \mathcal{D}([0,1])$, we easily see that the path $Z^{(x_n)}(\omega)$ tends to $Z(\omega)$ as n goes to ∞ in the Skohorod topology, if both $m_{x_n}(\omega)$ and $\overline{Z}^{(x_n)}_{m_{x_n}}(\omega)$ tend to 0. Hence, it suffices to prove that both m_x and $\overline{Z}^{(x)}_{m_x}$ converge in probability to 0 as $x \to 0$. In the canonical notation (i.e. with $(m, \mathbb{P}_x^{\uparrow}) = (m_x, P)$, where m is defined in (10.3.20) and $(X, \mathbb{P}_x^{\uparrow}) = (Z^{(x)}, P)$), we have to show that for any fixed $\varepsilon > 0, \eta > 0$,

$$\lim_{x\downarrow 0} \mathbb{P}_x^{\uparrow}(m > \varepsilon) = 0 \quad \text{and} \quad \lim_{x\downarrow 0} \mathbb{P}_x^{\uparrow}(\overline{X}_m > \eta) = 0. \tag{8.4.1}$$

First, applying the Markov property at time ε gives

$$\begin{aligned} \mathbb{P}_x^{\uparrow}(m > \varepsilon) &= \int_{0<y\leq x} \int_{z>y} \mathbb{P}_x^{\uparrow}(X_\varepsilon \in dz, \underline{X}_\varepsilon \in dy, \varepsilon < \zeta) \mathbb{P}_z^{\uparrow}(U < y) \\ &= \int_{0<y\leq x} \int_{z>y} \mathbb{Q}_x(X_\varepsilon \in dz, \underline{X}_\varepsilon \in dy, \varepsilon < \zeta) \frac{h(z)}{h(x)} \mathbb{P}_z^{\uparrow}(U < y) \\ &= \int_{0<y\leq x} \int_{z>y} \mathbb{P}_x(X_\varepsilon \in dz, \underline{X}_\varepsilon \in dy) \frac{h(z) - h(z-y)}{h(x)}, \end{aligned}$$

where we have used the result of Theorem 25 and the fact that $\mathbb{Q}_x$ and $\mathbb{P}_x$ agree on $\mathcal{F}_\varepsilon \cap (\underline{X}_\varepsilon > 0)$. Since h is increasing and subadditive, we have $h(z) - h(z-y) \leq h(y)$, and so

$$\begin{aligned} \mathbb{P}_x^{\uparrow}(m > \varepsilon) &\leq \frac{1}{h(x)} \int_{0<y\leq x} \int_{z>y} \mathbb{P}_x(X_\varepsilon \in dz, \underline{X}_\varepsilon \in dy) h(y) \\ &= \frac{1}{h(x)} \int_{0<y\leq x} \mathbb{P}_x(\underline{X}_\varepsilon \in dy) h(y) \leq \mathbb{P}_x(\underline{X}_\varepsilon > 0) . \end{aligned}$$

Since 0 is regular downwards, we clearly have $\mathbb{P}_x(\underline{X}_\varepsilon > 0) \to 0$ as $x \to 0$, so the result is true.

For the second claim in (8.4.1), we apply the strong Markov property at time $T := T_{(\eta,\infty)}$, with $x < \eta$, to get

$$\begin{aligned} \mathbb{P}_x^{\uparrow}(\overline{X}_m > \eta) &= \int_{z\geq\eta} \int_{0<y\leq x} \mathbb{P}_x^{\uparrow}(X_T \in dz, \underline{X}_T \in dy, T < \zeta) \mathbb{P}_z^{\uparrow}(U < y) \\ &= \int_{z\geq\eta} \int_{0<y\leq x} \mathbb{P}_x^{\uparrow}(X_T \in dz, \underline{X}_T \in dy, T < \zeta) \frac{h(z) - h(z-y)}{h(z)}. \end{aligned}$$

We now apply the simple bound

$$\frac{h(z)-h(z-y)}{h(z)} \le \frac{h(y)}{h(z)} \le \frac{h(x)}{h(\eta)} \text{ for } 0 < y \le x \text{ and } z \ge \eta$$

to deduce that

$$\mathbb{P}_x^{\uparrow}(\overline{X}_m > \eta) \le \frac{h(x)}{h(\eta)} \to 0 \text{ as } x \downarrow 0\,.$$

Then, the weak convergence of $(\mathbb{P}_x^{\uparrow})$ towards $\mathbb{P}^{\uparrow}$ is proved. When 0 is regular upwards, the Feller property of the semigroup $(p_t^{\uparrow}, t \ge 0)$ on the space $\mathcal{C}_0([0,\infty))$ follows from its definition in (8.3.1), the properties of Lévy processes and the weak convergence at 0 of $(\mathbb{P}_x^{\uparrow})$.

Finally when 0 is not regular upwards, (8.4.1) still holds but we can check that, at time $t = 0$, the family of processes $Z^{(x)}$ does not converge in probability towards 0. However, following the above arguments we can still prove that, for any $\varepsilon > 0$, $(Z^{(x)} \circ \theta_\varepsilon)$ converges in probability towards $Z \circ \theta_\varepsilon$ as $x \downarrow 0$. ■

The following absolute continuity relation between the measure $\underline{n}$ of the process of the excursions away from 0 of $X - \underline{X}$ and $\mathbb{P}^{\uparrow}$ has been established in [24], Th. 3: for $t > 0$ and $A \in \mathcal{F}_t$

$$\underline{n}(A, t < \zeta) = k\mathbb{E}^{\uparrow}(h(X_t)^{-1}A), \tag{8.4.2}$$

where $k > 0$ is a constant which depends only on the normalization of the local time $\underline{L}$. Relation (8.4.2) was proved in [24] under the additional hypotheses mentioned before Theorem 25 above, but we can easily check that it still holds under the sole assumption that X is not a compound Poisson process. Then a consequence of Theorem 26 is:

Corollary 12. *Assume that 0 is regular upwards. For any $t > 0$ and for any $\mathcal{F}_t$ -measurable, continuous and bounded functional F,*

$$\underline{n}(F, t < \zeta) = k \lim_{x\to 0} \mathbb{E}_x^{\uparrow}(h(X_t)^{-1}F).$$

Another application of Theorem 26 is to the asymptotic behavior of the semigroup $q_t(x, dy)$, $t > 0$, $y > 0$, when x goes towards 0. Let us denote by $\jmath_t(dx)$, $t \ge 0$, $x \ge 0$ the the entrance law of the excursion measure $\underline{n}$, that is the Borel function which is defined for any $t \ge 0$ as follows:

$$\underline{n}(f(X_t), t < \zeta) = \int_0^\infty f(x)\jmath_t(dx)\,,$$

where f is any positive or bounded Borel function f.

Corollary 13. *The asymptotic behavior of $q_t(x, dy)$ is given by:*

$$\int_0^\infty f(y)q_t(x,dy) \sim_{x\to 0} h(x)\int_0^\infty f(y)\jmath_t(dy)\,,$$

for $t > 0$ and for every continuous and bounded function f.

Remark 4. *In the case that 0 is not regular downwards but X is not compound Poisson most of the results presented so far hold. In this case the set $\{t : (X - \underline{X})_t = 0\}$ is discrete and we define the local time $\underline{L}$ as the counting process of this set, i.e. $\underline{L}$ is a jump process whose jumps have size 1 and occur at each zero of $X - \underline{X}$. Then, the measure $\underline{n}$ is the probability law of the process X under the law $\mathbb{P}$, killed at its first passage time in the negative halfline, i.e. $\tau_{(-\infty,0)}$. We can still define h in the same way, it is still subadditive, but it is no longer continuous and $h(0) = 1$. Lemma 10 remains valid, as do definitions (8.3.1) and (8.3.2), and Proposition 14, which now also make sense for $x = 0$. The decomposition result Theorem 25 also remains valid, as does the convergence result Theorem 26, though its proof requires minor changes.*

8.5 Pathwise Constructions of $(X, \mathbb{P}^{\uparrow})$

In this section we describe two different path constructions of $(X, \mathbb{P}^{\uparrow})$. The first is an extension of a discrete-time result from Tanaka [97], (see also Doney [31]), and the second is contained in Bertoin [11]. These two constructions are quite different from each other but coincide in the Brownian case. Roughly speaking, we could say that the first construction is based on a rearrangement of the excursions away from 0 of the Lévy process reflected at its minimum, whereas Bertoin's construction consists in sticking together the positive excursions away from 0 of the Lévy process itself. In both cases the random-walk analogue is easier to visualise.

8.5.1 Tanaka's Construction

If S is any random walk which starts at zero, has $S_n = \sum_1^n Y_r, n \geq 1$, and does not drift to $-\infty$, we write $S^{\uparrow}$ for the harmonic transform of S killed at time $\sigma := \min(n \geq 1 : S_n \leq 0)$ which corresponds to "conditioning S to stay positive". Thus for $x > 0, y > 0$, and $x = 0$ when $n = 0$

$$
\begin{aligned}
P(S_{n+1}^{\uparrow} \in dy | S_n^{\uparrow} = x) &= \frac{V^*(y)}{V^*(x)} P(S_{n+1} \in dy | S_n = x) \\
&= \frac{V^*(y)}{V^*(x)} P(S_1 \in dy - x),
\end{aligned}
$$

where V^* is the renewal function in the weak increasing ladder process of $-S$. In [97] it was shown that a process R got by time-reversing one by one the excursions below the maximum of S has the same distribution as $S^{\uparrow}$; specifically, if $\{(T_k, H_k), k \geq 0\}$ denotes the strict increasing ladder process of S (with $T_0 = H_0 \equiv 0$), then R is defined by

$$
R_0 = 0, \; R_n = H_k + \sum_{i=T_{k+1}+T_k+1-n}^{T_{k+1}} Y_i, \; T_k < n \leq T_{k+1}, \; k \geq 0. \qquad (8.5.1)
$$

Thus we can represent R as $[\hat{\delta}_1,\hat{\delta}_2,\cdots]$, where $\hat{\delta}_1,\hat{\delta}_2\cdots$ are the time reversals of the completed excursions below below the maximum of S and $[\cdots]$ denotes concatenation.

To see this, introduce an independent Geometrically distributed random time G_ρ with parameter ρ and put $J_\rho=\max\{n\le G_\rho: S_n=\min_{r\le n}S_r\}$. Then it is not difficult to show that $S^\uparrow$ is the limit, in the sense of convergence of finite-dimensional distributions, of $\tilde{S}_\rho:=(S_n,0\le n\le G_\rho|\sigma>G_\rho)$ as $\rho\downarrow 0$. (See Bertoin and Doney [17] for a similar result.) On the other hand, it is also easy to verify that $\tilde{S}_\rho$ has the same distribution as the post-minimum process

$$\overrightarrow{S}_\rho:=(S_{J_\rho+n}-S_{J_\rho},0\le n\le G_\rho-J_\rho).$$

By time-reversal we see, in the obvious notation, that if K_ρ is the index of the current excursion below the maximum at time G_ρ,

$$\begin{aligned}\overrightarrow{S}_\rho &\stackrel{D}{=}[\hat{\delta}_{K_\rho}(\rho),\cdots\hat{\delta}_1(\rho)] \\ &\stackrel{D}{=}[\hat{\delta}_1(\rho),\cdots\hat{\delta}_{K_\rho}(\rho)],\end{aligned}\tag{8.5.2}$$

the second equality following because $\hat{\delta}_1(\rho),\cdots\hat{\delta}_{K_\rho}(\rho)$ are independent and identically distributed and independent of K_ρ. Noting that $\hat{\delta}_1(\rho)\stackrel{D}{\to}\hat{\delta}_1$ and $K_\rho\stackrel{a.s.}{\to}\infty$ as $\rho\downarrow 0$, we conclude that $S^\uparrow\stackrel{D}{=}[\hat{\delta}_1,\hat{\delta}_2,\cdots]\stackrel{D}{=}R$, which is the required result.

Turning to the Lévy process case, we find a similar description can be deduced from results in the literature. We first note that with $\overline{S}$ denoting the maximum process of the random walk (8.5.1) can be written in the alternative form

$$R_n=\bar{S}_{T_{k+1}}+(\bar{S}-S)_{T_k+T_{k+1}-n},\ T_k<n\le T_{k+1}.$$

Using the usual notation

$$g(t)=\sup(s<t:X_s=\bar{X}_s),\ d(t)=\inf(s>t:X_s=\bar{X}_s),$$

for the left and right endpoints of the excursion of $\bar{X}-X$ away from 0 which contains t, in the Lévy process case we mimic this definition by setting $R_t=\bar{X}_{d(t)}+\tilde{R}_t$, where

$$\tilde{R}_t=\begin{cases}(\bar{X}-X)_{(d(t)+g(t)-t)-} & \text{if } d(t)>g(t),\\ 0 & \text{if } d(t)=g(t).\end{cases}$$

Let $\boldsymbol{e}_\varepsilon$ be an independent $\mathrm{Exp}(\varepsilon)$ random variable and introduce the future infimum process for X killed at time $\boldsymbol{e}_\varepsilon$ by

$$I_t^{(\varepsilon)}=\inf\{X_s:t\le s\le\boldsymbol{e}_\varepsilon\},\ 0\le t\le\boldsymbol{e}_\varepsilon,$$

and write $I_0^{(\varepsilon)} = X_{J_\varepsilon}$, so that $J_\varepsilon = g(\boldsymbol{e}_\varepsilon)$ is the time at which the infimum of X over $[0, \boldsymbol{e}_\varepsilon)$ is attained. The following result is established in the proof of Lemme 4 in Bertoin [9]; note that, despite the title of that paper, this result is valid for any Lévy process.

Theorem 27. *(Bertoin) Assume that X does not drift to $-\infty$ under $\mathbb{P}$. Then under $\mathbb{P}_0$ the law of $\{(\tilde{R}_t, \bar{X}_{d(t)}), 0 \le t < J_\varepsilon\}$ coincides with that of*

$$\{((X - I^{(\varepsilon)})_{J_\varepsilon + t}, I^{(\varepsilon)}_{J_\varepsilon + t} - I_0^{(\varepsilon)}), 0 \le t < \boldsymbol{e}_\varepsilon - J_\varepsilon\}.$$

Of course, an immediate consequence of this is the equality in law of

$$\{R_t, 0 \le t < J_\varepsilon\} \text{ and } \{X_{J_\varepsilon + t} - I_0^{(\varepsilon)}, 0 \le t < \boldsymbol{e}_\varepsilon - J_\varepsilon\}.$$

As previously mentioned, as $\varepsilon \downarrow 0$ the distribution of the right-hand side converges to that of $\mathbb{P}^{\uparrow}$ and we conclude that

Theorem 28. *Under $\mathbb{P}_0$ the law of $\{R_t, t \ge 0\}$ is $\mathbb{P}^{\uparrow}$.*

Since the excursions of Brownian motion are invariant under time-reversal, it is easy to deduce, using Pitman's representation (see [82]), that R is Bess(3) in this case.

8.5.2 Bertoin's Construction

For random walks, Bertoin's construction is easy to describe: just remove every step of the walk which takes the walk to a non-positive value. Because we are assuming that S does not drift to $-\infty$, this leaves an infinite number of steps, and the corresponding partial sum process has the law of $S^{\uparrow}$. Notice that this has the effect of juxtaposing the "positive excursions of S away from 0", where we include the initial positive jump but exclude the final negative jump.

Why is this true? The underlying reason is that if we apply this procedure to $S^{(G)} := (S_n, 0 \le n \le G)$, where G is constant (or random and independent of S), the resulting process has the same law as the post-minimum process of $S^{(G)}$. This is essentially a combinatorial fact which is implicit in Feller's Lemma; see Lemma 3, Section XII.8 of [47]. Applying this with G as in the previous sub-section and letting $\rho \downarrow 0$ leads to our claim.

For a Lévy process X, a similar prescription works, provided it has no Brownian component; we juxtapose the excursions in $(0, \infty)$ of X away from 0, including the possible initial positive jump across 0 and excluding the possible ultimate negative jump across 0.

Specifically, we introduce the "clocks"

$$A_t^+ = \int_0^t \mathbf{1}_{\{X_s > 0\}} ds, \quad A_t^- = \int_0^t \mathbf{1}_{\{X_s \le 0\}} ds,$$

and their right-continuous inverses $\alpha^{\pm}$, so that time substitution by α^+ consists of erasing the non-positive excursions and closing up the gaps. To get the correct behaviour at the endpoints of the excursion intervals, we define $X_t^{\uparrow} = Y^{\uparrow}(\alpha_t^+)$, where

$$Y_t^{\uparrow} = X_t + \sum_{0<s\le t} \{\mathbf{1}_{\{X_s\le 0\}} X_{s-}^+ + \mathbf{1}_{\{X_s>0\}} X_{s-}^-\}. \tag{8.5.3}$$

However if and only if $\sigma \ne 0$, X has a non-trivial semimartingale local time l at 0, which appears in the Meyer–Tanaka formula

$$X_t^+ = \int_0^t \mathbf{1}_{\{X_{s-}>0\}} dX_s + \sum_{0<s\le t} \{\mathbf{1}_{\{X_{s-}\le 0\}} X_s^+ + \mathbf{1}_{\{X_{s-}>0\}} X_s^-\} + \frac{1}{2} l_t;$$

note the left and right limits in the sum are inverted with respect to (8.5.3). In this case (8.5.3) has to be modified by adding the factor $\frac{1}{2} l_t$, which takes account of the local time spent at 0. Although technically more complicated, the proof that $X^{\uparrow}$ has measure $\mathbb{P}^{\uparrow}$ follows the same lines as for the random-walk case, the crucial fact being the identity in law between the post-minimum process and $X^{\uparrow}$ when evaluated for a killed version of X.

If X oscillates, a similar procedure can be applied simultaneously to the negative excursions, to produce a version of $X^{\downarrow}$, i.e. X conditioned to stay negative; furthermore $X^{\uparrow}$ and $X^{\downarrow}$ are independent.

In the Brownian case, the Meyer–Tanaka formula reduces to

$$\begin{aligned} B_{\alpha_t^+} = B_{\alpha_t^+}^+ &= \int_0^{\alpha_t^+} \mathbf{1}_{\{B_{s-}>0\}} dB_s + \frac{1}{2} l_{\alpha_t^+} \\ &= B_t^{(1)} - \inf_{s\le t}\{B_s^{(1)}\}, \end{aligned}$$

where $B^{(1)}$ is a new Brownian motion, and we have used the reflection principle. So we have established the distributional identity

$$\left\{(B_{\alpha_t^+}, \frac{1}{2} l_{\alpha_t^+}), t \ge 0\right\} \stackrel{D}{=} \{(B_t - \underline{B}_t, -\underline{B}_t), t \ge 0\},$$

and in this case the construction reduces to

$$B_t^{\uparrow} = B_{\alpha_t^+} + \frac{1}{2} l_{\alpha_t^+} = B_t^{(1)} - 2 \inf_{s\le t}\{B_s^{(1)}\},$$

which is of course the classic decomposition of Bess(3) in Pitman [82].

It is interesting to note that if X is any oscillatory Lévy process the processes $X^{(1)}$, $X^{(2)}$ defined by

$$X_t^{(1)} = \int_0^{\alpha_t^+} \mathbf{1}_{\{X_{s-}>0\}} dX_s, \quad X_t^{(2)} = \int_0^{\alpha_t^-} \mathbf{1}_{\{X_{s-}\le 0\}} dX_s$$

are independent copies of X. See Doney [32]. In the case that X is spectrally negative, Bertoin [11] used this observation in establishing a nice extension of Pitman's decomposition. Using similar arguments to those above, he showed the identity

$$\left\{ (X_{\alpha_t^+}, \frac{1}{2} l_{\alpha_t^+}, \sum_{0 < s \leq \alpha_t^+} \mathbf{1}_{\{X_s > 0\}} X_{s-}^-), t \geq 0 \right\} \overset{D}{=}$$
$$\left\{ (X_t - \underline{X}_t^{(c)}, -\underline{X}_t^{(c)}, \underline{X}_t^{(c)} - \underline{X}_t), t \geq 0 \right\},$$

where $\underline{X}^{(c)}$ denotes the continuous part of the decreasing process $\underline{X}$. As a consequence he was able to establish that if we set

$$\underline{J}_t = \sum_{s \leq t} \Delta X_s \mathbf{1}_{\{X_s < \underline{X}_s\}},$$

which is the sum of the jumps across the previous minimum by time t, then the process $X - 2\underline{X}^{(c)} - \underline{J}$ has law $\mathbb{P}^{\uparrow}$.

9

Spectrally Negative Lévy Processes

9.1 Introduction

Spectrally negative Lévy processes form a subclass of Lévy processes for which we can establish many explicit and semi-explicit results, fundamentally because they can only move upwards in a continuous way. Because of this the Wiener–Hopf factors are much more manageable, we can solve the 2-sided exit problem, and the process conditioned to stay positive has some nice properties. It should also be mentioned that an arbitrary Lévy process can be written as the difference of two independent spectrally negative Lévy process, which gives the possibility of establishing general results by studying this subclass of processes.

The main aim of this chapter is to explain some recent developments involving the "generalised scale function", but we start by recalling some basic facts that can be found in Chapter VII of [12].

9.2 Basics

Throughout this Chapter X will be a spectrally negative Lévy process, that is its Lévy measure is supported by $(-\infty, 0)$, so that it has no positive jumps. We will exclude the degenerate cases when X is either a pure drift or the negative of a subordinator, but note our definition includes Brownian motion.

A first consequence of the absence of positive jumps is that the right-hand tail of the distribution of X_t is small; in fact it is not difficult to show that

$$\mathbb{E}(e^{\lambda X_t}) < \infty \text{ for all } \lambda \geq 0. \tag{9.2.1}$$

Thus we are able to work with the Laplace exponent $\psi(\lambda) = -\Psi(-i\lambda)$, which satisfies

$$\mathbb{E}(e^{\lambda X_t}) = \exp\{t\psi(\lambda)\} \text{ for } \mathrm{Re}(\lambda) \geq 0, \tag{9.2.2}$$

iginally published in: *Ecole d'Eté de Probabilités de Saint-Flour XXXV – 2005*, Lecture Notes in athematics, Vol. **1897**, 95–113, DOI: 10.1007/978-3-540-48511-7_9, © Springer-Verlag Berlin Heidelberg 2007, print by Springer-Verlag Berlin Heidelberg 2012

and the Lévy–Khintchine formula now takes the form

$$\psi(\lambda) = \gamma\lambda + \frac{1}{2}\sigma^2\lambda^2 + \int_{(-\infty,0)} \left(e^{\lambda x} - 1 - \lambda x \mathbf{1}_{\{x>-1\}}\right) \Pi(dx). \tag{9.2.3}$$

Another consequence of the absence of positive jumps is that for $a \geq 0$ the first-passage time $T[a,\infty)$ satisfies

$$X_{T[a,\infty)} \overset{\text{a.s.}}{=} a \text{ on } \{T[a,\infty) < \infty\}. \tag{9.2.4}$$

From this we deduce that $S_{e(q)}$ has an exponential distribution, with parameter $\Phi(q)$ say, where as usual $e(q)$ denotes an independent random variable with an Exp(q) distribution, and S is the supremum process. Exploiting (9.2.4), we see that

$$\psi(\Phi(\lambda)) \equiv \lambda, \ \lambda > 0,$$

and since ψ is continuous, eventually increasing and convex, Φ is a bijection: $[0,\infty) \to [\Phi(0),\infty)$. Here $\Phi(0) = 0$ when 0 is the only root of $\psi(\lambda) = 0$, and otherwise it is the larger of the two roots. This leads to the following fundamental result:

Theorem 29. *The point 0 is regular for $(0,\infty)$ and the continuous increasing process S is a local time at 0 for the reflected process $S-X$. Its right-continuous inverse*

$$T_x = \inf\{s \geq 0 : X_s > x\}, \ x \geq 0,$$

is a subordinator, killed at an exponential time if X drifts to $-\infty$, and its Laplace exponent is Φ.

Of course the killing rate is $\Phi(0)$, and it is clear from a picture that

$$\Phi(0) > 0 \iff \psi'(0+) < 0 \iff \mathbb{E}X_1 < 0 \iff X \text{ drifts to } -\infty,$$

which squares with the fact that

$$\psi'(0+) = 0 \iff \mathbb{E}X_1 = 0 \iff X \text{ oscillates},$$

$$\psi'(0+) > 0 \iff \mathbb{E}X_1 > 0 \iff X \text{ drifts to } \infty.$$

The Wiener–Hopf factorisation now takes the form

$$\frac{q}{q-\psi(\lambda)} = \mathbb{E}(e^{\lambda X_{e(q)}}) = \mathbb{E}(e^{\lambda I_{e(q)}})\mathbb{E}(e^{\lambda S_{e(q)}}), \tag{9.2.5a}$$

with $I_t = \inf_{s \leq t} X_s$, and since we know $\mathbb{E}(e^{\lambda S_{e(q)}}) = \Phi(q)/(\Phi(q) - \lambda)$ we see that the other factor is given by

$$\mathbb{E}(e^{\lambda I_{e(q)}}) = \frac{q(\Phi(q)-\lambda)}{\Phi(q)(q-\psi(\lambda))}, \ \lambda > 0. \tag{9.2.6}$$

A first consequence of this is that when $\mathbb{E}X_1 > 0$ we can let $q \downarrow 0$ to get

$$\mathbb{E}(e^{\lambda I_\infty}) = \frac{\lambda}{\psi(\lambda)\Phi'(0+)} = \frac{\lambda\psi'(0+)}{\psi(\lambda)}, \ \lambda > 0. \tag{9.2.7}$$

Secondly, letting $\lambda \to \infty$ in (9.2.6) we see that $\mathbb{P}(I_{e(q)} = 0) > 0$ if and only if $\lim_{\lambda\to\infty} \lambda^{-1}\psi(\lambda) < \infty$. From the Lévy–Khintchine formula (9.2.3) we see that this happens if and only if $\sigma = 0$ and $\int_0^1 \overline{\Pi^*}(x)dx < \infty$, and this leads to

Proposition 15. *The following are equivalent:*

(i) 0 is irregular for $\{0\}$:

(ii) 0 is irregular for $(-\infty, 0)$:

(iii) $\lim_{\lambda\to\infty} \lambda^{-1}\psi(\lambda) < \infty$:

(vi) X has bounded variation.

A further consequence of the fact that $S_{e(q)}$ has an $\text{Exp}(\Phi(q))$ distribution comes via the Frullani integral, which gives

$$\begin{aligned}\mathbb{E}(e^{-\lambda S_{e(q)}}) = \frac{\Phi(q)}{\Phi(q)+\lambda} &= \exp\left(\int_0^\infty (e^{-\lambda x} - 1)x^{-1}e^{-\Phi(q)x}dx\right)\\ &= \exp\left(\int_0^\infty\int_0^\infty (e^{-\lambda x} - 1)x^{-1}e^{-qt}\mathbb{P}(T_x \in dt)dx\right).\end{aligned}$$

On the other hand Fristedt's formula gives

$$\mathbb{E}(e^{-\lambda S_{e(q)}}) = \exp\left(\int_0^\infty\int_0^\infty (e^{-\lambda x} - 1)t^{-1}e^{-qt}\mathbb{P}(X_t \in dx)dt\right)$$

and we deduce

Proposition 16. *The measures $t\mathbb{P}(T_x \in dt)dx$ and $x\mathbb{P}(X_t \in dx)dt$ agree on* $[0,\infty) \times [0,\infty)$.

Another consequence of the absence of positive jumps is that the increasing ladder process H has $H(t) = S(T_t) = t$ on $\{T_t < \infty\}$. It follows that H is a pure drift, killed at rate $\Phi(0)$ if X drifts to $-\infty$. One consequence of this is that we can recognise the previous result as a special case of Proposition 8 in Chapter 5. Another is that, since the increasing ladder time process coincides with $\{T_x, x \geq 0\}$, the bivariate Laplace exponent of the increasing ladder process is given by

$$\kappa(\alpha, \beta) = \Phi(\alpha) + \beta. \tag{9.2.8}$$

This in turn implies that the exponent of the decreasing ladder exponent is given by

$$\kappa^*(\alpha,\beta) = c\frac{\alpha - \psi(\beta)}{\Phi(\alpha) - \beta}, \tag{9.2.9}$$

and in particular the exponent of H^* is $\frac{c\psi(\beta)}{\beta-\Phi(0)}$.

We finish this section by introducing the **exponential family** associated with X. It is obvious that for any c such that $\psi(c)$ is finite we can define a measure under which X is again a spectrally negative Lévy process and has exponent $\psi(\lambda + c) - \psi(c)$. We are particularly interested in the case $c \geq \Phi(0)$ and here a reparameterisation is useful.

For $q \geq 0$ we will denote by $\mathbb{P}^{(q)}$ the measure under which X is a spectrally negative Lévy process with exponent

$$\psi^{(q)}(\lambda) = \psi(\lambda + \Phi(q)) - q,$$

which satisfies, for every $A \in \mathcal{F}_t$,

$$\mathbb{P}^{(q)}\{A \cap (X_t \in dx)\} = e^{-qt}e^{x\Phi(q)}\mathbb{P}\{A \cap (X_t \in dx)\}. \tag{9.2.10}$$

This measure has the following important property:

Lemma 11. *For every $x > 0$ and $q > 0$ the law of $(X_t, 0 \leq t < T_x)$ is the same under $\mathbb{P}^{(q)}$ as under $\mathbb{P}(\,\cdot\,|T_x < \mathbf{e}_q)$.*

Proof. Simply compute, for $y < x$ and $A \in \mathcal{F}_t$,

$$\begin{aligned}
&\mathbb{P}\{A \cap (X_t \in dy) \cap (t < T_x)|T_x < \mathbf{e}_q) \\
&\quad = e^{-qt}\mathbb{P}\{A \cap (X_t \in dy) \cap (t < T_x)\}\mathbb{P}_y(T_x < \mathbf{e}_q)/\mathbb{P}(T_x < \mathbf{e}_q) \\
&\quad = e^{-qt}\mathbb{P}\{A \cap (X_t \in dy) \cap (t < T_x)\}e^{y\Phi(q)} \\
&\quad = \mathbb{P}^{(q)}\{A \cap (X_t \in dy) \cap (t < T_x)\},
\end{aligned}$$

where we have used (9.2.10). ■

Notice that $\mathbb{E}^{(q)}X_1 = \psi'(\Phi(q)) > 0$ when $q > 0$ or $q = 0$ and $\Phi(0) > 0$, and $\mathbb{P}^{(q)}$ agrees with $\mathbb{P}$ for $q = 0$ if $\Phi(0) = 0$. In the case $q = 0$ and $\Phi(0) > 0$ we will denote $\mathbb{P}^{(q)}$ by $\mathbb{P}^{\#}$, and call it the **associated** Lévy measure, with exponent

$$\psi^{\#}(\lambda) := \psi(\Phi(0) + \lambda).$$

Under $\mathbb{P}^{\#}$, X drifts to ∞, and is in fact a version of the original process conditioned to drift to ∞, in the sense that

$$\lim_{x\to\infty} \mathbb{P}(A|S_\infty > x) = \mathbb{P}^{\#}(A), \text{ for all } A \in \mathcal{F}_t, \text{ any } t > 0.$$

As such it constitutes a device which allows us to deduce results for spectrally negative Lévy process which drift to $-\infty$ from results for spectrally negative

Lévy process which drift to ∞, and sometimes vice versa. Note also that if $\Phi(0) > 0$, the $q = 0$ analogue of Lemma 11 is correct, viz for every $x > 0$ the law of $(X_t, 0 \leq t < T_x)$ is the same under $\mathbb{P}^{\#}$ as under $\mathbb{P}(\,\cdot\,|T_x < \infty)$.

9.3 The Random Walk Case

The discrete analogue of a spectrally negative Lévy process is a upwards skip-free random walk. This is a random walk whose step-distribution is concentrated on the integers, and it is "discretely upwards continuous", in the sense that it has to visit $1, 2, \cdots, n-1$, before visiting $n \geq 1$. With $p_n = F(\{n\})$ it is clear that $E(e^{\lambda S_n}) = \pi(\lambda)^n$for $\lambda \geq 0$, where

$$\pi(\lambda) = E(e^{\lambda Y_1}) = \sum_{-\infty}^{1} p_n e^{n\lambda} < \infty.$$

Since the only possible value of H_1^+, the first strict inceasing ladder height, is 1, the spatial Wiener–Hopf factorisation (4.2.3) in Chapter 4 can be written as

$$1 - \pi(\lambda) = (1 - he^{\lambda})(1 - E(e^{-\lambda H_1^-})), \tag{9.3.1}$$

where $h = P(H_1^+ = 1)$.

As in Chapter 5, Section 5, let $D_1, D_2, \cdots$ denote the depths of the excursions below the maximum. Then for integers $y > x > 0$,

$$\begin{aligned} &P_x(S \text{ hits } \{y\} \text{ before } \{\cdots, -2, -1, 0\}) \\ &\quad= P(D_1 < x, D_2 < x+1, \cdots D_{y-x} < y-1) \\ &\quad= \prod_1^{y-x} P(D_1 < x - 1 + r) = \frac{\prod_1^{y-1} P(D_1 < r)}{\prod_1^{x-1} P(D_1 < r)} \\ &\quad= \frac{\omega(x)}{\omega(y)}, \text{ where } \omega(x) = \frac{1}{\prod_1^{x-1} P(D_1 < r)}. \end{aligned}$$

This solves the two-sided exit problem, and should be compared to the upcoming (9.4.2) and (9.4.5). ω is the discrete version of the scale function, and in this situation we can see analogues of several results which figure in the following sections.

- When $S \stackrel{a.s.}{\to} \infty$ we can write

$$\omega(x) = \frac{\prod_x^{\infty} P(D_1 < r)}{\prod_1^{\infty} P(D_1 < r)} = \frac{P(I_\infty \geq -x)}{P(I_\infty = 0)}, \tag{9.3.2}$$

and using (9.3.1) (note that $h = 1$) we can check that

$$\int_0^\infty e^{-\lambda x}\omega(x)dx = \frac{e^\lambda - 1}{\lambda(\pi(\lambda) - 1)}. \tag{9.3.3}$$

(Compare the upcoming (9.4.3) and (9.4.1).)

- Let D_1^* denote the height of the first excursion above the minimum: then

$$\begin{aligned} P(D_1^* \geq y) &= P_0(S \text{ hits } \{y\} \text{ before } \{\cdots, -2, -1, 0, \}) \\ &= p_1\ P_1(S \text{ hits } \{y\} \text{ before } \{\cdots, -2, -1, 0, \}) \\ &= \frac{p_1 \omega(1)}{\omega(y)}, \end{aligned}$$

so that we have the alternate expression

$$\omega(y) = \frac{c}{P(D_1^* \geq y)};$$

compare Corollary 14, part (ii).

9.4 The Scale Function

In what follows W will denote the scale function, which we will see is the unique absolutely continuous increasing function with Laplace transform

$$\int_0^\infty e^{-\lambda x} W(x)dx = \frac{1}{\psi(\lambda)}, \ \lambda > \Phi(0). \tag{9.4.1}$$

The following result is contained in Takács [96]: the proof there relies on random-walk approximation. The first Lévy process proof is due to Emery in [45], where complicated complex variable techniques are used. Later proofs are in Rogers, [86] and [87], and Bertoin [12], Section VII.2. Define for $a \geq 0$ the passage times

$$T_a = \inf(t \geq 0 : X_t > a), \ T_a^* = \inf(t \geq 0 : -X_t > a).$$

Theorem 30. *For every $0 < x < a$, the probability that X, starting from x, makes its first exit from $[0, a]$ at a is*

$$\mathbb{P}_x(T_a < T_0^*) = \frac{W(x)}{W(a)}. \tag{9.4.2}$$

Example 3. *If X is a standard spectrally negative stable process then $\psi(\lambda) = \lambda^\alpha$, where $1 < \alpha \leq 2$, and $W(x) = \frac{x^{\alpha-1}}{\Gamma(\alpha)}$.*

Proof. The following observation is used in [86]; see also Kyprianou and Palmowski [70] and Kyprianou [69], Chapter 8. Suppose first that $\mathbb{E}X_1 > 0$; we will show that the function defined by

$$W(x) = \frac{\mathbb{P}(I_\infty \geq -x)}{\psi'(\Phi(0))} = \frac{\mathbb{P}(I_\infty \geq -x)}{\psi'(0)} \tag{9.4.3}$$

satisfies both (9.4.1) and (9.4.2). An integration by parts and (9.2.7) give

$$\int_0^\infty e^{-\lambda x} W(x)dx = \frac{1}{\lambda \psi'(\Phi(0))} \int_0^\infty e^{-\lambda x} \mathbb{P}(-I_\infty \in dx) = \frac{1}{\psi(\lambda)}.$$

Also

$$\mathbb{P}(T_{a-x} < T_x^*) = \mathbb{P}(I(T_{a-x}) \geq -x).$$

However, by the strong Markov property applied at time T_{a-x}, which is a.s. finite because $\mathbb{E}X_1 > 0$,

$$\mathbb{P}(I_\infty \geq -x) = \mathbb{P}(I(T_{a-x}) \geq -x)\mathbb{P}(I_\infty \geq -a),$$

so we see that (9.4.2) holds. Next, if X drifts to $-\infty$, we claim that

$$W(x) = e^{\Phi(0)x} W^{\#}(x), \tag{9.4.4}$$

where $W^{\#}$ denotes W evaluated under the associated measure $\mathbb{P}^{\#}$ introduced at the end of the previous section. We have

$$\begin{aligned}\int_0^\infty e^{-\lambda x} W(x)dx &= \int_0^\infty e^{-(\lambda - \Phi(0))x} W^{\#}(x)dx \\ &= \frac{1}{\psi^{\#}(\lambda - \Phi(0))} = \frac{1}{\psi(\lambda)},\end{aligned}$$

and, by the final remark in the previous section

$$\begin{aligned}\mathbb{P}(T_{a-x} < T_x^*) &= e^{-(a-x)\Phi(0)} \mathbb{P}(T_{a-x} < T_x^* | T_{a-x} < \infty) \\ &= e^{-(a-x)\Phi(0)} \mathbb{P}^{\#}(T_{a-x} < T_x^*) = \frac{e^{x\Phi(0)} W^{\#}(x)}{e^{a\Phi(0)} W^{\#}(a)} = \frac{W(x)}{W(a)}.\end{aligned}$$

When X oscillates, some kind of limiting argument is necessary, and the most satisfactory seems to be the following, which is taken from [45]. Let $\tilde{\mathbb{P}}^{(\varepsilon)}$ be the measure corresponding to the process $X_t + \varepsilon t$, where $\varepsilon > 0$, and note that, in the obvious notation, $\tilde{\psi}^{(\varepsilon)}(\lambda) \to \psi(\lambda)$ as $\varepsilon \downarrow 0$. So, using the continuity theorem for Laplace transforms, we deduce from (9.4.1) that $W(x) = \lim_{\varepsilon \downarrow 0} \tilde{W}^{(\varepsilon)}(x)$ exists. To show that (9.4.2) holds with this W, note that

$$\mathbb{P}(T_{a-x} < T_x^*) \leq \tilde{\mathbb{P}}^{(\varepsilon)}(T_{a-x} < T_x^*) = \frac{\tilde{W}^{(\varepsilon)}(x)}{\tilde{W}^{(\varepsilon)}(a)}.$$

On the other hand, for fixed $0 < t < x/\varepsilon$,

$$\mathbb{P}(T_x^* < t, T_x^* < T_{a-x}) \le \tilde{\mathbb{P}}^{(\varepsilon)}(T_{x-\varepsilon t}^* < T_{a-x}) = 1 - \frac{\tilde{W}^{(\varepsilon)}(x)}{\tilde{W}^{(\varepsilon)}(a-\varepsilon t)},$$

and the conclusion follows by letting $\varepsilon \downarrow 0$ and then $t \to \infty$. ∎

In [12], Section VII.2, an excursion argument is used to show that if X drifts to ∞ we have the representation

$$W(x) = c\exp\{-\int_x^\infty \overline{n}(t < h(\varepsilon) < \infty)dt\}, \tag{9.4.5}$$

where $\overline{n}$ denotes the characteristic measure of the Poisson point process of the excursions of $S - X$ away from 0 and $h(\varepsilon)$ denotes the height of a typical excursion ε. It is also claimed that (9.4.5) also holds in the oscillatory case. But actually $\int_x^\infty \overline{n}(t < h(\varepsilon) < \infty)dt = \infty$ when X oscillates; for example for Brownian motion we have $\overline{n}(t < h(\varepsilon) < \infty) = 1/t$. (See e.g. (ii) in Corollary 14 below.)

The proof in Rogers [86] claims that in the oscillatory case

$$W(x) = \lim_{y\to\infty} \mathbb{P}(I_{T_y} \ge -x | T_y < \infty);$$

of course, in this case the conditioning is redundant, and $I_\infty = -\infty$ a.s., so the right-hand side is actually zero.

By comparing Laplace transforms, we also see that

$$W(x) = \begin{cases} cU^*(x) & \text{if } \Phi(0) = 0, \\ ce^{\Phi(0)x}U^{\#*}(x) & \text{if } \Phi(0) > 0, \end{cases}, \tag{9.4.6}$$

where U^*, $U^{\#*}$ are the potential functions for the ladder process H^* under $\mathbb{P}$ and $\mathbb{P}^{\#}$.

Since H is a pure drift, with killing if $\Phi(0) > 0$, we have $U(dx) = e^{-\Phi(0)x}dx$, so the équation amicale inversée (5.3.4) takes the simple form

$$\begin{aligned} \overline{\mu^*}(x) &= \int_0^\infty e^{-\Phi(0)y}\overline{\Pi}^*(x+y)dy \\ &= \int_x^\infty \overline{\Pi}^*(y)dy \quad \text{if } X \text{ does not } \to -\infty. \end{aligned} \tag{9.4.7}$$

Another couple of useful facts are contained in the following:

Corollary 14. *(i) For each $x > 0$ the process*

$$W(X_t)\mathbf{1}_{\{T_0^* > t\}}$$

is a $\mathbb{P}_x$-martingale.

(ii) If $\underline{n}$ denotes the characteristic measure of the Poisson point process of the excursions of $X - I$ away from 0 we have, for some $c > 0$ and all $x > 0$,

$$\underline{n}(x < h(\varepsilon) < \infty) = \frac{c}{W(x)}.$$

Proof. (i) When X doesn't drift to $-\infty$ the observation (9.4.6) shows that this is a special case of Lemma 10, Chapter 8, and when X does drift to $-\infty$ we can verify it by using the device of the associated process.

(ii) Once we recognise that for fixed $y > 0$

$$\underline{n}(\cdot|y < h(\varepsilon) < \infty) = \frac{\underline{n}(\cdot \cap (y < h(\varepsilon) < \infty))}{\underline{n}(y < h(\varepsilon) < \infty)}$$

is a probability measure which, by the Markov property, coincides with $\mathbb{P}_y$, this follows from Theorem 30. ■

Although Theorem 30 apparently solves completely the 2-sided exit problem, it is not necessarily easy to exploit it.

Example 4. *Exit from a symmetric interval. It would seem that it should be easy to ascertain the limiting probability that a spectrally negative Lévy process exits a symmetric interval at the top. Specifically the question is when does $\pi(x) \to \rho \in [0,1]$ as $x \to \infty$, where by Theorem 30*

$$\pi(x) := \mathbb{P}_0(T_x < T_x^*) = \frac{W(x)}{W(2x)}.$$

Clearly $\pi(x) \to 1$, (respectively 0), if X drifts to ∞ (respectively $-\infty$), so assume X oscillates, i.e. $\mathbb{E}X_1 = 0$. Then W is a multiple of the potential function U^* of H^*, and therefore is subadditive. Thus $W(2x) \leq 2W(x)$, so always $\pi(x) \geq 1/2$. If $W \in RV(\kappa)$ at ∞ then $\pi(x) \to 2^{-\kappa}$ and from the defining relation (9.4.1) we have

$$\int_0^\infty e^{-\lambda x} W(dx) = \frac{\lambda}{\psi(\lambda)},$$

so this happens if and only if $\psi \in RV(1+\kappa)$ at 0, which is possible for any $0 \leq \kappa \leq 1$. On the other hand, if we could deduce from

$$\pi(x) = \frac{W(x)}{W(2x)} \to \rho = \frac{1}{2^\kappa} \tag{9.4.8}$$

that $W \in RV(\kappa)$, we would be able to reverse the argument, thus getting a necessary and sufficient condition for (9.4.8) to hold. However, in general we need to have $W(x)/W(cx) \to c^{-\kappa}$ for two values of c which are such that the ratio of their logarithms is irrational (see [21]) to draw this conclusion, and I know no way of establishing this. So we do NOT KNOW if $\pi(x) \to \rho \in [1/2, 1)$ and ψ not regularly varying can occur. When $\rho = 1$ we can argue that for any $1 < c \leq 2$

$$1 \geq \frac{W(x)}{W(cx)} \geq \frac{W(x)}{W(2x)},$$

so $W(x)/W(2x) \to 1$ if and only if $W(x)$ is slowly varying as $x \to \infty$, or equivalently $\psi \in RV(1)$, but this is clearly an easier case.

We can write $\pi(x) = \mathbb{P}(X(\gamma_x) > 0)$, where γ_x denotes the exit time from $[-x, x]$, so there might be some relation between the convergence of $\pi(x)$ and the convergence of $\mathbb{P}(X_t > 0)$. However we know that this last is equivalent to Spitzer's condition, and this in turn is equivalent to the regular variation of Φ. Since this Φ is the inverse of ψ, we can conclude (see Proposition 6, p. 192 of [12]) that for $1/2 \leq \rho < 1$

$$\begin{aligned}\psi &\in RV(1/\rho) \Longleftrightarrow \mathbb{P}(X_t > 0) \to \rho \text{ as } t \to \infty \\ &\Longrightarrow \pi(x) \to 2^{1-\frac{1}{\rho}} \text{ as } x \to \infty,\end{aligned}$$

and for $\rho = 1$,

$$\begin{aligned}\psi &\in RV(1) \Longleftrightarrow \mathbb{P}(X_t > 0) \to 1 \text{ as } t \to \infty \\ &\Longleftrightarrow \pi(x) \to 1 \text{ as } x \to \infty\end{aligned}$$

It is also possible to express the condition $\psi \in RV(1/\rho)$ in terms of the Lévy measure of X; for example, when $\rho = 1$, it is equivalent to $\int_x^\infty \overline{\Pi^*}(y)dy$ being slowly varying as $x \to \infty$.

9.5 Further Developments

Another interesting object connected to the 2-sided exit problem is the overshoot, and the results in the previous section give no information about this, other than the value of its mean. It seems that to obtain more information, it is necessary to study also the exit time $\sigma_a = T_a \wedge T_0^*$.

In Bertoin [15] the author exploited the fact that the q-scale function $W^{(q)}$, which informally is the scale function of the process got by killing X at an independent Exp(q) time, determines also the distribution of this exit time. Specifically $W^{(q)}$ denotes the unique absolutely continuous increasing function with Laplace transform

$$\int_0^\infty e^{-\lambda x} W^{(q)}(x)dx = \frac{1}{\psi(\lambda) - q}, \quad \lambda > \Phi(q), q \geq 0, \tag{9.5.1}$$

and for convenience we set $W^{(q)}(x) = 0$ for $x \in (-\infty, 0)$. We also need the function defined by $Z^{(q)}(x) = 1$ for $x \leq 0$ and

$$Z^{(q)}(x) = 1 + q\overline{W}^{(q)}(x) \text{ for } x > 0, \text{ where } \overline{W}^{(q)}(x) = \int_0^x W^{(q)}(y)dy. \tag{9.5.2}$$

Extending previous results due to Takács [96], Emery [45], Suprun [95], Koryluk et al [67], and Rogers [86], Bertoin [15] gave the full solution to the 2-sided exit problem in the following form:

Theorem 31. *For $0 \le x \le a$ and $q \ge 0$ we have*

$$\mathbb{E}_x(e^{-qT_a}; T_a < T_0^*) = \frac{W^{(q)}(x)}{W^{(q)}(a)}, \tag{9.5.3}$$

and

$$\mathbb{E}_x(e^{-qT_0^*}; T_0^* < T_a) = Z^{(q)}(x) - \frac{W^{(q)}(x)Z^{(q)}(a)}{W^{(q)}(a)}. \tag{9.5.4}$$

Furthermore let $U^{(q)}$ denote the resolvent measure of X killed at time σ_a. Then $U^{(q)}$ has a density which is given by

$$u^{(q)}(x,y) = \frac{W^{(q)}(x)}{W^{(q)}(a)} W^{(q)}(a-y) - W^{(q)}(x-y), \; x,y \in [0,a). \tag{9.5.5}$$

Remark 5. *(i) From (9.5.5) we can immediately write down the joint distribution of the exit time and overshoot, since the compensation formula gives, for $x, y \in (0,a)$ and $z \le 0$,*

$$\mathbb{E}_x(e^{-q\sigma_a}; X(\sigma_a-) \in dy, X(\sigma_a) \in dz) = u^{(q)}(x,y)dy\Pi(dz-y).$$

Note that this holds even for $q = 0$.

(ii) It seems obvious that by letting $a \to \infty$ we should be able to get the distribution of the downward passage time T_0^* under $\mathbb{P}_x, x > 0$. As we will see below, it is in fact true that

$$\mathbb{E}_x(e^{-qT_0^*}; T_0^* < \infty) = Z^{(q)}(x) - \frac{qW^{(q)}(x)}{\Phi(q)}. \tag{9.5.6}$$

However to deduce this directly from (9.5.4) we need to know that $\frac{Z^{(q)}(a)}{W^{(q)}(a)} \to \frac{q}{\Phi(q)}$ as $a \to \infty$, which requires some work.

Proof. Take $q > 0$. Using Lemma 11, we see that

$$\begin{aligned}\mathbb{E}_x(e^{-qT_a}; T_a < T_0^*) &= \mathbb{P}(T_{a-x} < \mathbf{e}_q; T_{a-x} < T_x^*) \\ &= e^{-(a-x)\Phi(q)}\mathbb{P}(I(T_{a-x}) \ge -x | T_{a-x} < \mathbf{e}_q) \\ &= e^{-(a-x)\Phi(q)}\mathbb{P}^{(q)}(I(T_{a-x}) \ge -x).\end{aligned}$$

However, X drifts to ∞ under $\mathbb{P}^{(q)}$, so if we define

$$W^{(q)}(x) = c(q)e^{x\Phi(q)}\mathbb{P}^{(q)}(I_\infty \ge -x) \tag{9.5.7}$$

we see from Theorem 30 that (9.5.3) holds. Moreover taking $\lambda > \Phi(q)$ and writing $\tilde{\lambda} = \lambda - \Phi(q)$, it follows from (9.2.7) that

$$\int_0^\infty e^{-\lambda x} W^{(q)}(x)dx = c(q) \int_0^\infty e^{-\tilde{\lambda} x} \mathbb{P}^{(q)}(I_\infty \geq -x)dx$$
$$= \frac{c(q)}{\tilde{\lambda}} \mathbb{E}^{(q)}(e^{\tilde{\lambda} I_\infty}) = \frac{c(q)\psi'(\Phi(q))}{\psi^{(q)}(\tilde{\lambda})}$$
$$= \frac{c(q)\psi'(\Phi(q))}{(\psi(\lambda) - q)}.$$

So if we choose $c(q) = 1/\psi'(\Phi(q))$ we have (9.5.1) for $q > 0$. Still keeping $q > 0$ we can use (9.5.3) in (9.2.6) to deduce that

$$\mathbb{P}(-I_{\mathbf{e}(q)} \in dx) = \frac{q}{\Phi(q)} W^{(q)}(dx) - qW^{(q)}(x)dx.$$

(Note that (9.5.6) follows quickly from this.) Also, by the Wiener–Hopf factorisation, $I_{\mathbf{e}(q)}$ and $X_{\mathbf{e}(q)} - I_{\mathbf{e}(q)}$ are independent, and the latter has the distribution of $S_{\mathbf{e}(q)}$, which is $\mathrm{Exp}(\Phi(q))$. This allows us to compute that, for $x, y > 0$,

$$\mathbb{P}_x(X_{\mathbf{e}(q)} \in dy, I_{\mathbf{e}(q)} > 0) = q\left(e^{-\Phi(q)y} W^{(q)}(x) - W^{(q)}(x-y)\right) dy, \quad (9.5.8)$$

where we recall that $W^{(q)}(x) = 0$ for $x < 0$. Then applying the strong Markov property at time σ_a gives

$$qu^{(q)}(x,y) = \mathbb{P}_x(X_{\mathbf{e}(q)} \in dy, \mathbf{e}(q) < \sigma_a) = \mathbb{P}_x(X_{\mathbf{e}(q)} \in dy, I_{\mathbf{e}(q)} > 0)$$
$$- \mathbb{P}_x(X_{\sigma_a} = a, \sigma_a < \mathbf{e}(q))\mathbb{P}_a(X_{\mathbf{e}(q)} \in dy, I_{\mathbf{e}(q)} > 0),$$

and (9.5.5) follows from (9.5.3) and (9.5.8). Integrating (9.5.5) over $(0, a)$ gives $\mathbb{P}_x(\mathbf{e}(q) < \sigma_a)$, and subtracting (9.5.3) from $1 - \mathbb{P}_x(\mathbf{e}(q) < \sigma_a)$ gives (9.5.4). We can then let $q \downarrow 0$ to see that (9.5.4) and (9.5.5) also hold for $q = 0$. ■

A simple, but crucial remark, is that

$$\frac{1}{\psi(\lambda) - q} = \sum_{k=0}^{\infty} q^k \psi(\lambda)^{-k-1}, \ \lambda > \Phi(q),$$

and by Laplace inversion we have the following representation for $W^{(q)}$:

$$W^{(q)}(x) = \sum_{k=0}^{\infty} q^k W^{*(k+1)}(x), \quad (9.5.9)$$

where $W^{*(n)}$ denotes the nth convolution power of the scale function W. (Note that the bound

$$W^{*(k+1)}(x) \leq \frac{x^k W(x)^{k+1}}{k!} \quad (9.5.10)$$

justifies this argument.)

In the stable case we can check that

$$W^{*(n)}(x) = \frac{x^{n\alpha-1}}{\Gamma(n\alpha)}, \text{ so that}$$
$$W^{(q)}(x) = \sum_{k=0}^{\infty} \frac{q^k x^{(k+1)\alpha-1}}{\Gamma((k+1)\,\alpha)} = \alpha x^{\alpha-1} E'_\alpha(qx^\alpha), \qquad (9.5.11)$$

where E'_α is the derivative of the Mittag-Leffler function of parameter α,

$$E_\alpha(y) = \sum_{k=0}^{\infty} \frac{y^k}{\Gamma(k\alpha+1)}, \ y \in \mathbb{R}.$$

In particular, for $\alpha = 2$, $X/\sqrt{2}$ is a standard Brownian motion,

$$E'_2(x) = \frac{\sinh\sqrt{x}}{2\sqrt{x}}, \text{ and } W^{(q)}(x) = \frac{\sinh x\sqrt{q}}{\sqrt{q}}. \qquad (9.5.12)$$

As well as giving the above derivation (an earlier proof, in [95], was heavily analytic and published in Russian), Bertoin [15] showed how these results can be exploited to yield important information about the exit time σ_a, whose distribution is specified by

$$\mathbb{E}_x\{\exp(-q\sigma_a)\} = 1 + q\left\{\overline{W}^{(q)}(x) - \frac{W^{(q)}(x)\overline{W}^{(q)}(a)}{W^{(q)}(a)}\right\}. \qquad (9.5.13)$$

In fact he showed that, modulo some minor regularity conditions, in **all cases the tail has an exact exponential decay.**

The key to this is to study $W^{(q)}(x)$ as a function of q on the negative half-line; in the special case of Brownian motion, one easily verifies that for each $x > 0$ we can extend $W^{(q)}(x)$ analytically to the negative q-axis, (in fact $W^{(-q)}(x) = (\sin\sqrt{q}x)/\sqrt{q}$ for $q > 0$), that $W^{(-q)}(x)$ has a simple zero at $q = \rho(x) = (\pi/x)^2$ and is positive on $[0, \rho(x))$. One can then conclude from (9.5.10) that, with $\rho = \rho(a)$,

$$1 - \mathbb{E}_x\{\exp(-(q-\rho)\sigma_a)\} \sim \frac{c}{q} \text{ as } q \downarrow 0.$$

This statement is compatible with the desired conclusion that

$$\lim_{t\to\infty} e^{\rho t}\mathbb{P}_x(\sigma_a > t) \text{ is finite}, \qquad (9.5.14)$$

but it doesn't seem possible to establish this implication by means of a Tauberian theorem. Indeed I don't think (9.5.14) was known even in the Brownian case. In Bertoin [13] a weaker version of (9.5.14) was obtained in the stable case; here an interesting feature is the way that ρ depends on α, taking its minimum value when $\alpha \simeq 1.26$.

However, returning to the problem in [15], Bertoin showed that (9.5.14) is in fact true in general. Interestingly, this was accomplished not by analytic arguments, but by showing that the process killed at time σ_a is a ρ-positive recurrent strong Markov process.

Theorem 32. *Assume the absolute continuity condition*

$$\mathbb{P}_0(X_t \in dx) << dx \text{ for any } t > 0,$$

and write

$$P^t(x, A) = \mathbb{P}_x(X_t \in A, \sigma_a > t).$$

Define

$$\rho = \inf\{q \geq 0 : W^{(-q)}(a) = 0\}.$$

Then ρ is finite and positive and $W^{(-q)}(x) > 0$ for any $q < \rho$ and $x \in (0, a)$. Furthermore

(i) ρ is a simple root of the entire function $W^{(-q)}(a)$;
(ii) P^t is ρ-positive recurrent;
(iii) the function $W^{(-\rho)}(\cdot)$ is positive on $(0, a)$ and ρ-invariant for P^t,

$$P^t W^{(-\rho)}(x) = e^{-\rho t} W^{(-\rho)}(x);$$

(iv) the measure $\mu(dx) = W^{(-\rho)}(a - x)dx$ on $(0, a)$ is ρ-invariant for P^t,

$$\mu P^t(dx) = e^{-\rho t}\mu(dx);$$

(v) there is a constant $c > 0$ such that for any $x \in (0, a)$

$$\lim_{t\to\infty} e^{\rho t} P^t(x, \cdot) = \frac{1}{c} W^{(-\rho)}(x)\mu(\cdot)$$

in the sense of weak convergence.

Suppose we define

$$D_t = e^{\rho t}\mathbf{1}_{\{\sigma_a > t\}}\frac{W^{(-\rho)}(X_t)}{W^{(-\rho)}(x)}, \quad 0 < x < a.$$

Then using (iii) above we can check that

$$\begin{aligned}
\mathbb{E}_x(D_{t+s}|\mathcal{F}_t) &= \frac{e^{\rho(t+s)}}{W^{(-\rho)}(x)}\mathbb{E}_x(\mathbf{1}_{\{\sigma_a > t+s\}}W^{(-\rho)}(X_{t+s})|\mathcal{F}_t) \\
&= \frac{e^{\rho(t+s)}}{W^{(-\rho)}(x)}\mathbf{1}_{\{\sigma_a > t\}}\mathbb{E}_{X_t}(\mathbf{1}_{\{\sigma_a > s\}}W^{(-\rho)}(X_s)) \\
&= \frac{e^{\rho(t+s)}}{W^{(-\rho)}(x)}\mathbf{1}_{\{\sigma_a > t\}}W^{(-\rho)}(X_t)e^{-\rho s} = D_t,
\end{aligned}$$

so D is a $\mathbb{P}$-martingale. Just as $W(X_t)\mathbf{1}_{\{T_0^* > t\}}$ can be used to construct a version of X conditioned to stay positive, so D can be used to construct a version of X conditioned to remain within the interval $(0, a)$. This programme was carried out in Lambert [72], where some further properties of the conditioned process were also derived.

9.6 Exit Problems for the Reflected Process

Recently, because of potential applications in mathematical finance, there has been considerable interest in the possibility of solving exit problems involving the reflected processes defined by

$$Y_t = X_t - \underline{X}_t,\ Y_t^* = \overline{X}_t - X_t,\ t \geq 0.$$

In Avram, Kyprianou and Pistorius [8] and Pistorius [82] some new results about the times at which Y and Y^* exit from finite intervals have been deduced from Theorem 31. The proofs of these results in the cited papers involve a combination of excursion theory, Itô calculus, and martingale techniques, and in [35] I showed that these results can be established by direct excursion-theory calculations. (See also [81] and [78] for different approaches.) My arguments are also based on Theorem 31, but the other ingredient is the representation for the characteristic measure $\underline{n}$ of the excursions of Y away from zero given in Chapter 8. Here I will explain the basis of my calculations, without going into all the details.

Let X be **any** Lévy process with the property that 0 is regular for $\{0\}$ for Y, and introduce the excursion measure $\underline{n}$ and the harmonic function h as in Section 2 of Chapter 8. In the following result ζ denotes the lifetime of an excursion and $\mathbb{Q}_x$ denotes the law of X killed on entering $(-\infty, 0)$.

Proposition 17. *Let $A \in \mathcal{F}_t, t > 0$, be such that $\underline{n}(A^o) = 0$, where A^o is the boundary of A with respect to the J-topology on D. Then for some constant k (which depends only on the normalization of the local time at zero of Y),*

$$\underline{n}(A, t < \varsigma) = k \lim_{x \downarrow 0} \frac{\mathbb{Q}_x(A)}{h(x)}. \tag{9.6.1}$$

Proof. According to Corollary 12, Section 4 of Chapter 8, for any $A \in \mathcal{F}_t$ we have

$$\underline{n}(A, t < \varsigma) = k\mathbb{E}^{\uparrow}(h(X_t)^{-1}; A), \tag{9.6.2}$$

where $\mathbb{P}^{\uparrow}$ is the weak limit in the Skorohod topology as $x \downarrow 0$ of the measures $\mathbb{P}_x^{\uparrow}$ which correspond to "conditioning X to stay positive", and are defined by

$$\mathbb{P}_x^{\uparrow}(X_t \in dy) = \frac{h(y)}{h(x)} \mathbb{Q}_x(X_t \in dy),\ x > 0, y > 0.$$

Combining these results and using the assumption on A gives (9.6.1). ■

(Since we will only be concerned with ratios of $\underline{n}$ measures in the following we will assume that $k = 1$.)

The relevance of this is that the results in Theorem 31 are in fact results about $\mathbb{Q}_x$, and moreover if now X is a spectrally negative Lévy process which does not drift to $-\infty$, then $h(x) = U^*(x) = W(x)$, which means it may be possible to compute the $\underline{n}$-measures of certain sets. Put $\eta(\varepsilon) := \sup_{t<\varsigma} \varepsilon(t)$ and $T_a(\varepsilon) = \inf\{t : \varepsilon(t) > a\}$ for the height and the first passage time of a generic excursion ε whose lifetime is denoted by $\varsigma(\varepsilon)$, and with $\boldsymbol{e}_q$ denoting an independent Exp(q) random variable set $A = \{T_a(\varepsilon) \wedge \boldsymbol{e}_q < \varsigma(\varepsilon)\} = A_1 \cup A_2$, where

$$A_1 = \{\varepsilon : \eta(\varepsilon) > a, T_a(\varepsilon) < \varsigma(\varepsilon) \wedge \boldsymbol{e}_q\},$$

and

$$A_2 = \{\varepsilon : \eta(\varepsilon) \leq a, \boldsymbol{e}_q < \varsigma(\varepsilon)\}.$$

Noting that $\underline{n}(\eta(\varepsilon) > x) = c/W(x)$ is continuous, we can apply (9.6.1) to see that

$$\underline{n}(\eta(\varepsilon) > a, T_a(\varepsilon) \in dt) = \lim_{x\downarrow 0} \frac{\mathbb{Q}_x\{T_a \in dt\}}{W(x)} = \lim_{x\downarrow 0} \frac{\mathbb{P}_x\{T_a < T_0^*, T_a \in dt\}}{W(x)},$$

and

$$\underline{n}\{T_a(\varepsilon) > t) = \lim_{x\downarrow 0} \frac{\mathbb{Q}_x\{T_a > t\}}{W(x)} = \lim_{x\downarrow 0} \frac{\mathbb{P}_x\{\sigma_a > t\}}{W(x)}.$$

Thus

$$\begin{aligned} \underline{n}(A) &= \underline{n}(A_1) + \underline{n}(A_2) \\ &= \lim_{x\downarrow 0} \frac{1}{W(x)} \left(\mathbb{E}_x\{e^{-qT_a}; T_a < T_0^*\} + \mathbb{P}_x\{\boldsymbol{e}_q < \sigma_a\}\right) \\ &= \lim_{x\downarrow 0} \frac{1}{W(x)} \left(1 - \mathbb{E}_x\{e^{-qT_0^*}; T_0^* < T_a\}\right). \end{aligned}$$

Combining this with (9.5.4) gives

$$\underline{n}(A) = \lim_{x\downarrow 0} \frac{1 - Z^{(q)}(x)}{W(x)} + \frac{Z^{(q)}(a)}{W^{(q)}(a)} \lim_{x\downarrow 0} \frac{W^{(q)}(x)}{W(x)} = \frac{Z^{(q)}(a)}{W^{(q)}(a)}. \tag{9.6.3}$$

In a similar way it follows from (9.5.5) that

$$\begin{aligned} \underline{n}\{\boldsymbol{e}_q < \zeta, \varepsilon(\boldsymbol{e}_q) \in dy, \overline{\varepsilon}(\boldsymbol{e}_q) \leq a\} &= \lim_{x\downarrow 0} \frac{\mathbb{P}_x\{\boldsymbol{e}_q < \sigma_a, X(\boldsymbol{e}_q) \in dy\}}{W(x)} \\ &= \lim_{x\downarrow 0} \frac{u^{(q)}(x,y)dy}{W(x)} = \lim_{x\downarrow 0} \frac{W^{(q)}(a-y)W^{(q)}(x)dy}{W(x)W^{(q)}(a)} \\ &= \frac{W^{(q)}(a-y)dy}{W^{(q)}(a)}. \end{aligned}$$

Note that for subsets B of A, $\underline{n}(B)/\underline{n}(A)$ is a probability measure, which excursion theory tells us coincides with

$$\mathbb{P}(Y(\underline{L}^{-1}(\hat{t})+\cdot)\in B),$$

where $\hat{t}=\inf(s:\varepsilon_s(\cdot)\in A)$ is the local time of the first excursion which either exits $[0,a]$ or spans $\boldsymbol{e}_q$. In particular, if $T_a=\inf\{t:Y_t>a\}$ for $y\in(0,a)$ we have

$$\begin{aligned}\mathbb{P}(T_a>\boldsymbol{e}_q, Y(\boldsymbol{e}_q)\in dy) &= \mathbb{P}(\overline{Y}(\boldsymbol{e}_q)\le a, Y(\boldsymbol{e}_q)\in dy)\\ &= \mathbb{P}(\overline{Y}(\boldsymbol{e}_q)\le a, Y(\boldsymbol{e}_q)\in dy)\\ &= \underline{n}\{\boldsymbol{e}_q<\zeta, \varepsilon(\boldsymbol{e}_q)\in dy, \overline{\varepsilon}(\boldsymbol{e}_q)\le a\}/\underline{n}(A)\\ &= \frac{W^{(q)}(a-y)dy}{W^{(q)}(a)}\cdot\frac{W^{(q)}(a)}{Z^{(q)}(a)} = \frac{W^{(q)}(a-y)dy}{Z^{(q)}(a)}.\end{aligned}$$

This leads to the first part of the following result, which gives the q-resolvent measures $R^{(q)}(x,A)$ and $R^{*(q)}(x,A)$ of Y and Y^* killed on exiting the interval $[0,a]$.

Theorem 33. *(Pistorius) (i) The measure $R^{(q)}(x,A)$ is absolutely continuous with respect to Lebesgue measure and a version of its density is*

$$r^{(q)}(x,y)=\frac{Z^{(q)}(x)}{Z^{(q)}(a)}W^{(q)}(a-y)-W^{(q)}(x-y),\ \ x,y\in[0,a). \tag{9.6.4}$$

(ii) For $0\le x\le a$ we have

$$R^{*(q)}(x,dy)=r^{*(q)}(x,0)\delta_0(dy)+r^{*(q)}(x,y)dy,$$

where

$$r^{*(q)}(x,0)=\frac{W^{(q)}(a-x)W^{(q)}(0)}{W_+^{(q)'}(a)}, \tag{9.6.5}$$

$$r^{*(q)}(x,y)=\frac{W^{(q)}(a-x)W_+^{(q)'}(y)}{W_+^{(q)'}(a)}-W^{(q)}(y-x), \tag{9.6.6}$$

$W_+^{(q)'}(y)$ denotes the right-hand derivative with respect to y of $W^{(q)}(y)$, and δ_0 denotes a unit mass at 0.

Proof. (i) This follows from the obvious decomposition

$$r^{(q)}(x,y)=u^{(q)}(x,y)+\mathbb{E}_x\{e^{-q\hat{T}_0};T_0^*<T_a\}r^{(q)}(0,y),$$

and the previous calculation.

(ii) This follows a similar pattern to (i), and I will just explain how $W_+^{(q)'}$ enters the picture. First note that now we have $h(x) = U(x) = x$, and so the analogue of (9.6.3) is given by

$$\begin{aligned}
\underline{n}^*(A) &= \lim_{x\downarrow 0} \frac{1}{x}\left(\mathbb{E}_{a-x}\{e^{-qT_0^*}; T_0^* < T_a\} + \mathbb{P}_{a-x}\{\, e_q < \sigma_a\}\right) \\
&= \lim_{x\downarrow 0} \frac{1}{x}\left(1 - \mathbb{E}_{a-x}\{e^{-qT_a}; T_a < T_0^*\}\right) \\
&= \lim_{x\downarrow 0} \frac{1}{x}\left(\frac{W^{(q)}(a) - W^{(q)}(a-x)}{W^{(q)}(a)}\right) = \frac{W_+^{(q)'}(a)}{W^{(q)}(a)}.
\end{aligned}$$

■

Remark 6. *We can deduce the joint distribution of the exit time and overshoot, just as we did for X.*

9.7 Addendum

There is one other special case where a similar idea works. The point is that some explicit results are known about the 2-sided exit problem in the case that X is a strictly stable process. In fact if we write σ for σ_1 and X is stable with parameter $0 < \alpha < 2, \alpha \neq 1$, and positivity parameter $\rho \in (1-1/\alpha, 1/\alpha)$, (so that we don't have a spectrally one-sided case) Rogozin [89] contains the following result. For $x \in (0,1)$, $y \in (1,\infty)$

$$\mathbb{P}_x(X_\sigma \in dy) = \frac{\sin \alpha\rho\pi}{\pi} \frac{(1-x)^{\alpha\rho} x^{\alpha(1-\rho)} dy}{(y-x)(y-1)^{\alpha\rho} y^{\alpha(1-\rho)}}. \tag{9.7.1}$$

(Note that we can get the corresponding result for downwards exit by considering $-X$, and for $\sigma_a, a \neq 1$ by scaling.) Since the downgoing ladder height process is a stable subordinator of index $\alpha(1-\rho)$, we can take $h(x) = x^{\alpha(1-\rho)}$, and rewrite (9.7.1) as

$$\mathbb{Q}_x(X_{T_1} \in dy) = h(x) \frac{\sin \alpha\rho\pi}{\pi} \frac{(1-x)^{\alpha\rho} dy}{(y-x)(y-1)^{\alpha\rho} y^{\alpha(1-\rho)}}.$$

Then it is immediate from Proposition 17 that, with $\tau_x = \inf\{u : \varepsilon(u) > x\}$,

$$\underline{n}(\varepsilon_{\tau_1} \in dy) = \frac{\sin \alpha\rho\pi}{\pi} \frac{dy}{(y-1)^{\alpha\rho} y^{1+\alpha(1-\rho)}}, \quad \text{and hence}$$

$$\underline{n}(\varepsilon_{\tau_1} < \infty) = \frac{\sin \alpha\rho\pi}{\pi} B(\alpha, 1-\alpha\rho).$$

Since there is no time-dependence, we can argue that

$$\mathbb{P}_0(Y_{T_1} \in dy) = \frac{\underline{n}(\varepsilon_{T_1} \in dy)}{\underline{n}(\varepsilon_{T_1} < \infty)} = \frac{dy}{B(\alpha, 1-\alpha\rho)(y-1)^{\alpha\rho} y^{1+\alpha(1-\rho)}}.$$

The value of $\mathbb{P}_x(Y_{T_1} \in dy)$ follows by using this in conjunction with (9.7.1) and

$$\mathbb{P}_x(Y_{T_1} \in dy) = \mathbb{P}_x(X_\sigma \in dy) + \mathbb{P}_x(X_\sigma \leq 0)\mathbb{P}_0(Y_{T_1} \in dy) :$$

see Kyprianou [68] for details.

10

Small-Time Behaviour

10.1 Introduction

In this chapter we present some limiting results for a Lévy process as $t \downarrow 0$, being mostly concerned with ideas related to relative stability and attraction to the normal distribution on the one hand and divergence to large values of the Lévy process on the other. These are questions which have been studied in great detail for random walks and in some detail for Lévy processes at ∞, but not so much in the small-time regime. The aim is to find analytical conditions for these kinds of behaviour which are in terms of the *characteristics* of the process, rather than its distribution. Some surprising results occur; for example, we may have $X_t/t \stackrel{P}{\rightarrow} +\infty$ $(t \downarrow 0)$ (weak divergence to $+\infty$), whereas $X_t/t \to \infty$ a.s. $(t \downarrow 0)$ is impossible (both are possible when $t \to \infty$), and the former can occur when the negative Lévy spectral component dominates the positive, in a certain sense. "Almost sure stability" of X_t, i.e., X_t/b_t tending to a nonzero constant a.s. as $t \downarrow 0$, where b_t is a non-stochastic measurable function, reduces to the same type of convergence but with normalisation by t, thus is equivalent to "strong law" behaviour. We also consider stability of the overshoot over a one-sided or two-sided barrier, both in the weak and strong sense; in particular we prove the result mentioned in Chapter 6, that in the one-sided case the overshoot is a.s. $o(r)$ as $r \downarrow 0$ if and only if $\delta_+ > 0$.

10.2 Notation and Preliminary Results

Throughout we will make the assumption

$$\Pi(\mathbb{R}) > 0, \tag{10.2.1}$$

since otherwise we are dealing with Brownian motion with drift.

riginally published in: *Ecole d'Eté de Probabilités de Saint-Flour XXXV – 2005*, Lecture Notes in athematics, Vol. **1897**, 115–132, DOI: 10.1007/978-3-540-48511-7_10, © Springer-Verlag Berlin Heidelberg 2007, eprint by Springer-Verlag Berlin Heidelberg 2012

Recall the notations, for $x > 0$,

$$N(x) = \Pi\{(x,\infty)\},\ M(x) = \Pi\{(-\infty,-x)\}, \tag{10.2.2}$$

the tail sum

$$L(x) = N(x) + M(x),\ x > 0, \tag{10.2.3}$$

and the tail difference

$$D(x) = N(x) - M(x),\ x > 0. \tag{10.2.4}$$

Each of L, N, and M, is non-increasing and right-continuous on $(0,\infty)$ and vanishes at ∞. The rôle of truncated mean is played by

$$A(x) = \gamma + D(1) + \int_1^x D(y)dy,\ x > 0, \tag{10.2.5}$$

and for a kind of truncated second moment we use

$$U(x) = \sigma^2 + 2\int_0^x yL(y)dy. \tag{10.2.6}$$

As previously mentioned, $A(x)$ and $U(x)$ are respectively the mean and variance of $\widetilde{X}_1^x$, where $\widetilde{X}^x$ is the Lévy process we get by replacing each jump in X which is bigger than x, (respectively less than $-x$) by a jump equal to x, (respectively $-x$).

Recall that always $\lim_{x\to 0} U(x) = \sigma^2$ and $\lim_{x\to 0} xA(x) = 0$, and if X is of bounded variation, $\lim_{x\to 0} A(x) = \delta$, the true drift of X.

We start with a few simple, but useful observations.

Lemma 12. *For each $t \geq 0$, $x > 0$, and non-stochastic measurable function $a(t)$*

$$4\mathbb{P}\{|X_t - a(t)| > x\} \geq 1 - e^{-tL(8x)}. \tag{10.2.7}$$

This follows by using symmetrisation and the maximal inequality.

The next result explains why A and U are slowly varying at 0, when the upcoming (10.3.5) or (10.3.23) hold.

Lemma 13. *Let f be any positive differentiable function such that, as $x \uparrow \infty$ $(x \downarrow 0)$,*

$$\varepsilon(x) := xf'(x)/f(x) \to 0. \tag{10.2.8}$$

Then f is slowly varying at $\infty(0)$.

Proof. Just note that $f(x) = f(1)\exp\int_1^x y^{-1}\varepsilon(y)dy$ and appeal to the representation theorem for slowly varying functions; see [20], p. 12, Theorem 1.3.1. ∎

Finally we note a variant of the Lévy–Itô decomposition, which is proved in exactly the same way that the standard version is:

Lemma 14. *For any fixed $t > 0$ and $1 \geq b > 0$*

$$X_t = A^*(b)t + \sigma B_t + Y_{t,b}^{(1)} + Y_{t,b}^{(2)}, \tag{10.2.9}$$

where

$$A^*(b) = \gamma - \int_{b<|x|<1} x\Pi(dx) = A(b) - bD(b), \tag{10.2.10}$$

$Y_{t,b}^{(1)}$ is the a.s. limit as $\varepsilon \downarrow 0$ of the compensated martingale

$$M_{\varepsilon,t}^{(1)} = \sum_{s \leq t} 1_{\{\varepsilon<|\Delta_s|\leq b\}} \Delta_s - t \int_{\varepsilon<|x|\leq b} x\Pi(dx),$$

$$Y_{t,b}^{(2)} = \sum_{s\leq t:|\Delta_s|>b} \Delta_s,$$

and $B_t, Y_{t,b}^{(1)}$ and $Y_{t,b}^{(2)}$ are independent.

10.3 Convergence in Probability

We start with a "weak law" at 0.

Theorem 34. *There is a non-stochastic δ such that*

$$\frac{X_t}{t} \xrightarrow{P} \delta, \text{ as } t \downarrow 0, \tag{10.3.1}$$

if and only if

$$\sigma^2 = 0, \ \lim_{x\downarrow 0} xL(x) = 0, \text{ and } \lim_{x\downarrow 0} A(x) = \delta. \tag{10.3.2}$$

When (10.3.2) holds, $\int_0^1 D(y)dy$ is conditionally convergent, at least, and satisfies, by (10.2.5),

$$\delta = \gamma + D(1) - \int_0^1 D(y)dy. \tag{10.3.3}$$

This does not imply that X is of bounded variation but if this is true then the δ in (10.3.3) equals the true drift of the process.

The conditions $\lim_{x\to\infty} xL(x) = 0$, and $\lim_{x\to\infty} A(x) = \mu$ are necessary and sufficient for $t^{-1}X_t \xrightarrow{P} \mu$ as $x \to \infty$. So we can think of $A(x)$ as both a generalised mean and a generalised drift.

Proof of Theorem 34. Assume (10.3.2), so $\sigma^2 = 0$, and note that $A^*(t) \to \delta$ as $t \downarrow 0$. Choose $b = t$ in (10.2.9) and note that as $t \downarrow 0$,

$$\begin{aligned}\mathbb{P}\{Y_{t,t}^{(2)} = 0\} &\geq \mathbb{P}\{\text{no jumps with } |\Delta_s| > t \text{ occur by time } t\} \\ &= \exp(-tL(t)) \to 1.\end{aligned}$$

Also $\mathbb{E}(Y_{t,t}^{(1)}) = 0$, and as $t \downarrow 0$,

$$\mathrm{Var}\{t^{-1}Y_{t,t}^{(1)}\} = t^{-1}\int_{|x|<t} x^2 \Pi(dx) \leq t^{-1}\int_0^t 2xL(x)dx \to 0,$$

so $Y_{t,t}^{(1)}/t \xrightarrow{P} 0$ as $t \downarrow 0$, and this establishes (10.3.1) via (10.2.9). On the other hand, if (10.3.1) holds we have $tL(t) \to 0$, by Lemma 12, so we can repeat this argument to see that $t^{-1}\{Y_{t,t}^{(1)} + Y_{t,t}^{(2)}\} \xrightarrow{P} 0$, and from $\sigma t^{-1}B_t + A^*(t) \xrightarrow{P} \delta$ it follows easily that $\sigma = 0$ and $A(t) \to \delta$. ■

Next we look at "relative stability" at 0.

Theorem 35. *There is a non-stochastic measurable function $b(t) > 0$ such that*

$$\frac{X_t}{b(t)} \xrightarrow{P} 1, \text{ as } t \downarrow 0, \tag{10.3.4}$$

if and only if

$$\sigma^2 = 0 \text{ and } \frac{A(x)}{xL(x)} \to \infty, \text{ as } x \downarrow 0. \tag{10.3.5}$$

If these hold, $A(x)$ is slowly varying as $x\downarrow 0$, and $b(t)$ is regularly varying of index 1 as $t \downarrow 0$. Also b may be chosen to be continuous and strictly decreasing to 0 as $t \downarrow 0$, and to satisfy $b(t) = tA(b(t))$ for small enough positive t.

Remark 7. *(We take $\sigma^2 = 0$ throughout this remark). It is possible for (10.3.5) to hold and $\lim_{x\downarrow 0} A(x)$ to be positive, zero, infinite, or non-existent.*

The first of these happens if and only if (10.3.2) holds with $\delta > 0$, so that $X_t/t \xrightarrow{P} \delta > 0$. For the second we require, by (10.3.3), $\gamma + D(1) - \int_0^1 D(y)\,dy = 0$, so that we can then write

$$A(x) = \int_0^x D(y)dy = \int_0^x \{N(y) - M(y)\}dy.$$

Insofar as it implies $A(x) > 0$ for all small enough x, (10.3.5) in this case implies some sort of dominance of the positive Lévy component N over the negative component M. As an extreme case we can have X spectrally positive, i.e. $M(\cdot) \equiv 0$. When this happens N has to be integrable at zero, which implies that X has bounded variation, so in fact a subordinator with drift zero. In these circumstances, (10.3.5) reduces to

$$\frac{xN(x)}{\int_0^x N(y)dy} \to 0 \text{ as } x \downarrow 0,$$

and from Lemma 13 we see that this happens if and only if $\int_0^x N(y)dy$ *is slowly varying (and tends to 0) at zero.*

The third case can only arise if $\int_x^1 \{M(y) - N(y)\}dy \to \infty$ *as* $x \downarrow 0$, *which implies* $\int_0^1 M(y)dy = \infty$, *so that* X *cannot have bounded variation. This clearly involves some sort of dominance of the negative Lévy component* M *over the positive component* N. *As an extreme case we can have* X *spectrally negative, i.e.* $N(\cdot) \equiv 0$, *so that (10.3.5) becomes*

$$\frac{xL(x)}{A(x)} = \frac{xM(x)}{\gamma - M(1) + \int_x^1 M(y)dy} \sim \frac{xM(x)}{\int_x^1 M(y)dy} \to 0 \text{ as } x \downarrow 0.$$

This happens if and only if $\int_x^1 M(y)dy$ *is slowly varying (and tends to* ∞*) as* $x \downarrow 0$.

Proof of Theorem 35. Assume (10.3.5), and note that condition (10.2.1) implies that $L(t) > 0$ in a neighbourhood of 0, so (10.3.5) implies then that $A(x) > 0$ for all small x, $x \le x_0$, say. A further use of (10.3.5) shows then that for any $z > 0$,

$$\frac{A(x)}{x} \ge zL(x) \tag{10.3.6}$$

for all small enough $x > 0$, and since $L(0+) > 0$ this means that $A(x)/x \to \infty$, as $x \downarrow 0$. Now define $b(t)$ for $t > 0$ by

$$b(t) = \inf\left\{0 < y \le x_0 : \frac{A(y)}{y} \le \frac{1}{t}\right\}. \tag{10.3.7}$$

Then $0 < b(t) < \infty$, $b(t)$ is nondecreasing for $t > 0$, and $b(t) \to 0$ as $t \downarrow 0$. Also, by the continuity of $A(\cdot)$,

$$\frac{tA(b(t))}{b(t)} = 1. \tag{10.3.8}$$

This means by (10.3.5) that $tL(b(t)) \to 0$ as $t \to 0$. Next, by Lemma 5.3, $A(\cdot)$ is slowly varying at 0. But (10.3.8) says that $b(\cdot)$ is the inverse of the function $x/A(x)$, and so $b(t)$ is regularly varying with index 1 as $t \downarrow 0$. (See [20], p. 28, Theorem 1.5.12.) It is easy to check by differentiation that $A(x)/x$ strictly increases to ∞ as $x \downarrow 0$, so $b(t)$ is continuous and strictly decreases to 0 as $t \downarrow 0$.

Now we apply (10.2.9) with $b = b(t)$, and $\sigma = 0$. From (10.3.8) and $tL(b(t)) \to 0$ we get $tA^*(b(t))/b(t) \to 1$, and

$$\begin{aligned}\mathbb{P}\{Y^{(2)}_{t,b(t)} = 0\} &\ge \mathbb{P}\{\text{no jumps with } |\Delta| > b(t) \text{ occur by time t}\}\\ &= \exp(-tL(b(t))) \to 1.\end{aligned}$$

Also

$$\mathrm{Var}\left\{Y^{(1)}_{t,b(t)}\right\} = t\int_{|x|<b(t)} x^2 \Pi(dx) = tU(b(t)) + O\{b^2(t)tL(b(t))\}. \quad (10.3.9)$$

By (10.3.5), $xL(x) = o(A(x))$; since A is slowly varying and $\sigma^2 = 0$ it follows that

$$U(x) = 2\int_0^x yL(y)dy = o(xA(x)), \text{ as } x \downarrow 0. \quad (10.3.10)$$

This in turn implies, using (10.3.8), that $tU(b(t)) = o\{b^2(t)\}$ as $t \downarrow 0$. Putting this into (10.3.9) we see that $\mathrm{Var}\{Y^{(1)}_{t,b(t)}/b(t)\} \to 0$, and now (10.2.9) shows that $X_t/b(t) \xrightarrow{P} 1$, i.e. (10.3.4) holds.

For the converse, assume (10.3.4) holds, and note first that this implies that $X^s_t/b(t) \xrightarrow{P} 0$. ($X^s$ is the symmetrised version of X, which has the distribution of $(X - \widetilde{X})/2$, where $\widetilde{X}$ is an independent copy of X.) Then Lemma 12 immediately gives

$$tL(zb(t)) \to 0 \text{ for any fixed } z. \quad (10.3.11)$$

Next, since (10.3.4) implies $-t\Psi(\theta/b(t)) \to i\theta$ for each θ, we have for any fixed $\alpha > 0$

$$\mathbb{E}(\exp\{i\theta X_{\alpha t}/\alpha b(t)\}) = \exp\{-\alpha t\Psi(\theta/\alpha b(t))\} \to \exp(i\theta),$$

on replacing θ by θ/α. This means that $X_{\alpha t}/\alpha b(t) \xrightarrow{P} 1$, so we see easily that $b(\cdot)$ is regularly varying of index 1. Again we use the decomposition (10.2.9) with $b = b(t)$, and as before, get $Y^{(2)}_{t,b(t)}/b(t) \xrightarrow{P} 0$. Thus, with

$$X^*_t = tA^*(b(t)) + \sigma B_t + Y^{(1)}_{t,b(t)},$$

we have $X^*_t/b(t) \xrightarrow{P} 1$. But $\mathbb{E}(\exp\{i\theta X^*_t\}) = \exp\{-t\Psi^*_t(\theta)\}$ where

$$\Psi^*_t(\theta) = -iA^*(b(t))\theta + \frac{1}{2}\sigma^2\theta^2 + \int_{-b(t)}^{b(t)} \left(1 - e^{i\theta x} + i\theta x\right) \Pi(dx).$$

Since the real part of $t\Psi^*_t(\theta/b(t)) \to 0$, we see easily that $\sigma = 0$ and $tU(b(t)) = o\{b^2(t)\}$. Thus $Y^{(1)}_{t,b(t)}/b(t) \xrightarrow{P} 0$, and so we have $tA^*(b(t))/b(t) \to 1$. Combining this with (10.3.11) gives

$$\frac{b(x)L(b(x))}{A^*(b(x))} = \frac{xL(b(x))}{xA^*(b(x))/b(x)} \to 0,$$

so, since $b(\cdot)$ is regularly varying with index 1, $xL(x)/A^*(x) \to 0$. Finally, since

$$\left|\frac{A(x)}{xL(x)} - \frac{A^*(x)}{xL(x)}\right| = \left|\frac{D(x)}{L(x)}\right| \le 1,$$

we see that (10.3.5) holds. ∎

Whenever (10.3.4) holds it forces

$$\mathbb{P}\{X_t \ge 0\} \to 1, \text{ as } t \downarrow 0. \qquad (10.3.12)$$

We have seen, in Chapter 7, that (10.3.14) below is the necessary and sufficient condition for this, so the result below actually shows that (10.3.12), (10.3.14), and (10.3.13) are equivalent.

Theorem 36. *(i) Suppose $\sigma^2 > 0$; then $\mathbb{P}\{X_t \ge 0\} \to 1/2$ as $t \downarrow 0$, so (10.3.12) implies $\sigma^2 = 0$.*

(ii) Suppose $\sigma^2 = 0$ and $M(0+) > 0$. There is a non-stochastic measurable function $b(t) > 0$ such that

$$\frac{X_t}{b(t)} \xrightarrow{P} \infty, \text{ as } t \downarrow 0, \qquad (10.3.13)$$

whenever

$$\frac{A(x)}{xM(x)} \to \infty, \text{ as } x \downarrow 0, \qquad (10.3.14)$$

and this implies (10.3.12). Furthermore, if (10.3.14) holds and $A(x) \to \infty$ then

$$\frac{X_t}{t} \xrightarrow{P} \infty, \quad \text{as} \quad t \downarrow 0. \qquad (10.3.15)$$

(iii) Suppose X is spectrally positive, i.e. $M(x) = 0$ for all $x > 0$. Then (10.3.12) is equivalent to

$$\sigma^2 = 0 \text{ and } A(x) \ge 0 \text{ for all small } x, \qquad (10.3.16)$$

and this happens if and only if X is a subordinator.

Remark 8. *Notice that for (10.3.14) to hold and (10.3.5) to fail requires, at least, that $\limsup_{x\downarrow 0} N(x)/M(x) = \infty$. It might be thought that this is incompatible with $\lim_{x\downarrow 0} A(x) = \infty$, which we have seen entails some kind of dominance of $M(\cdot)$ over $N(\cdot)$. However the following example satisfies (10.3.14) and has $\lim_{x\downarrow 0} A(x) = \infty$, but not (10.3.5), so that $X_t/t \xrightarrow{P} \infty$, as $t \downarrow 0$, but there is no $b(t) > 0$ with $X_t/b(t) \xrightarrow{P} 1$.*

Example 5. *Take a Lévy process with $\sigma^2 = 0$, $\gamma = 0$, and*

$$M(x) = x^{-1} 1_{\{0<x<1\}}, \ N(x) = \frac{c_n}{x_n} 1_{\{x_{n+1} \le x < x_n\}}, \ n \ge 0,$$

where $x_0 = 1$, $x_{n+1} = e^{-\sum_0^n c_r}, n \geq 0$, *the constants* c_n *being defined inductively by* $c_0 = 1$ *and*

$$c_n = \sum_{r=0}^{n-1} c_r e^{-c_r}, \ n \geq 1. \tag{10.3.17}$$

Notice that (10.3.17) implies that $c_n \uparrow \infty$, *and also that*

$$\begin{aligned} A(x_n) &= \int_{x_n}^1 \{M(y) - N(y)\}dy = \log \frac{1}{x_n} - \sum_{r=0}^{n-1} c_r(1 - \frac{x_{r+1}}{x_r}) \\ &= \sum_{r=0}^{n-1} c_r - \sum_{r=0}^{n-1} c_r(1 - e^{-c_r}) = c_n. \end{aligned}$$

It follows that

$$\frac{A(x_n)}{x_n L(x_n)} = \frac{c_n}{1 + c_n} \to 1,$$

so that (10.3.5) fails. Since $xM(x) = 1$, *(10.3.15) is equivalent to* $\lim_{x \downarrow 0} A(x) = \infty$. *Now when* $c_n > 1$, *it is easy to see that* $\inf_{(x_{n+1}, x_n)} A(x) = A(y_n)$, *where* $y_n = x_n / c_n$, *and*

$$\begin{aligned} A(y_n) &= \log \frac{1}{y_n} - \sum_{r=0}^{n-1} c_r(1 - \frac{x_{r+1}}{x_r}) - \frac{c_n}{x_n}(x_n - y_n) \\ &= \sum_{r=0}^{n-1} c_r e^{-c_r} - c_n + 1 + \log c_n = 1 + \log c_n, \end{aligned}$$

and we conclude that (10.3.15) holds.

Remark 9. *In the spectrally positive case (10.3.15) is not possible, because then Theorem 36 guarantees that* X *is a subordinator, in which case* $X_t/t \xrightarrow{P} \delta$ *as* $t \downarrow 0$ *by Theorem 34.*

Proof of Theorem 36. (i) If $\sigma^2 > 0$ it is immediate from (i) of Proposition 4 that

$$\mathbb{E}(\exp i\lambda X_t/\sqrt{t}) = \exp\{-t\Psi(\lambda/\sqrt{t})\} \to \exp(-\sigma^2\lambda^2/2),$$

so that $X_t/\sqrt{t}$ has a limiting $N(0, \sigma^2)$ distribution, as $t \downarrow 0$, and we conclude that $\lim_{t \downarrow 0} \mathbb{P}\{X_t > 0\} = 1/2$.

(ii) This proof is based on a refinement of (10.2.9) with $\sigma = 0$ which takes the form

$$\begin{aligned} X_t = tA(b) &+ \left\{ Y_{t,b}^{(1,+)} + Y_{t,b}^{(2,+)} - tbN(b) \right\} \\ &+ \left\{ Y_{t,b}^{(1,-)} + Y_{t,b}^{(2,-)} + tbM(b) \right\}, \end{aligned} \tag{10.3.18}$$

where $Y_{t,b}^{(1,\pm)}$ and $Y_{t,b}^{(2,\pm)}$ are derived from the positive (respectively, negative) jumps of Δ in the same way that $Y_{t,b}^{(1)}$ and $Y_{t,b}^{(2)}$ are derived from all the jumps of Δ. Since each jump in $Y_{t,b}^{(2,+)}$ is at least b we have the obvious lower bound $Y_{t,b}^{(2,+)} \geq bn^+(t)$, where $n^+(t)$ is the number of jumps in Δ exceeding b which occur by time t.

We start by noting that (10.3.14) and $M(0+) > 0$ imply that $A(x)M(x)/x \to \infty$ as $x \downarrow 0$, so if we put

$$K(x) = \sqrt{xA(x)M(x)}, \ x > 0,$$

then also $K(x)/x \to \infty$ as $x \downarrow 0$. As in the previous proof we can therefore define a $b(t) \downarrow 0$ which satisfies, since $K(\cdot)$ is right-continuous,

$$tK(b(t)) = b(t), \ t > 0. \tag{10.3.19}$$

Note that, as $t \downarrow 0$,

$$tM(b(t)) = \frac{b(t)M(b(t))}{K(b(t))} = \sqrt{\frac{b(t)M(b(t))}{A(b(t))}} \to 0. \tag{10.3.20}$$

Using (10.3.18) with $b = b(t)$ we see that $X_t \geq \widetilde{X}_t$ a.s., where

$$\frac{\widetilde{X}_t}{b(t)} = c(t) + \widetilde{Z}_t^+ + Z_t^-,$$

with

$$\widetilde{Z}_t^+ = \frac{Y_{t,b(t)}^{(1,+)}}{b(t)} + n^+(t) - tN(b(t)),$$

$$Z_t^- = \frac{Y_{t,b(t)}^{(1,-)} + Y_{t,b(t)}^{(2,-)}}{b(t)} + tM(b(t)). \tag{10.3.21}$$

By arguments similar to the previous proof we can show that $Z_t^-/c(t) \xrightarrow{P} 0$ and $\widetilde{Z}_t^+/c(t) \xrightarrow{P} 0$ as $t \downarrow 0$, which establishes that $\widetilde{X}_t/(b(t)c(t)) \xrightarrow{\mathbb{P}} 1$ as $t \downarrow 0$. Since $c(t) \to \infty$, we see that $\widetilde{X}_t/b(t) \xrightarrow{P} \infty$ and hence that (10.3.13) holds. Moreover we only need to remark that $b(t)c(t)/t = A(b(t))$ to see that (10.3.15) follows when $A(x) \to \infty$.

(iii) This is proved in [40], but we also proved it in Chapter 7 in a different way. ∎

Now we consider attraction of X_t to normality, as $t \downarrow 0$. The original characterisation of $D(N)$ for random walks is in Lévy [73], and $D_0(N)$ is studied in Griffin and Maller [52].

Theorem 37. *$X \in D(N)$, i.e. there are non-stochastic measurable functions $a(t)$, $b(t) > 0$ such that*

$$\frac{X_t - a(t)}{b(t)} \xrightarrow{D} N(0,1), \text{ as } t \downarrow 0, \tag{10.3.22}$$

if and only if

$$\frac{U(x)}{x^2 L(x)} \longrightarrow \infty, \quad \text{as } x \downarrow 0. \tag{10.3.23}$$

$X \in D_0(N)$, i.e. there is a non-stochastic measurable function $b(t) > 0$ such that

$$\frac{X_t}{b(t)} \xrightarrow{D} N(0,1), \text{ as } t \downarrow 0, \tag{10.3.24}$$

if and only if

$$\frac{U(x)}{x|A(x)| + x^2 L(x)} \to \infty, \text{ as } x \downarrow 0. \tag{10.3.25}$$

If (10.3.23) or (10.3.25) holds, $U(x)$ is slowly varying as $x \downarrow 0$, and $b(t)$ is regularly varying of index $1/2$ as $t\downarrow 0$, and may be chosen to be continuous and strictly decreasing to 0 as $t \downarrow 0$, and to satisfy $b^2(t) = tU(b(t))$ for small enough positive t; furthermore we may take $a(t) = tA(b(t))$ in (10.3.22).

Remark 10. *In the case $L(x) = 0$ for all $x > 0$, X is a Brownian motion and $(X_t - \gamma t)/\sigma\sqrt{t} \overset{D}{=} N(0,1)$ for all $t > 0$.*

Remark 11. *The case $b(t) = c\sqrt{t}$, for some $c > 0$, of a square root normalisation, is of special interest in Theorem 37. In this case it is easy to see that (10.3.22) or (10.3.24) holding with $b(t) \sim c\sqrt{t}$ for some $c > 0$ are each equivalent to $\sigma^2 > 0$, and then we may take $c = \sigma$.*

Remark 12. *It is easy to see that, when (10.3.24) holds, the normed process $(X_{t\cdot}/b(t))$ converges in the sense of finite-dimensional distributions to standard Brownian motion. In fact, using Theorem 2.7 of [93], we can conclude that we actually have weak convergence on the space D. A similar comment applies when (10.3.22) holds.*

Proof of Theorem 37. Suppose (10.3.23) holds, so that, by Lemma 13, U is slowly varying. Also since $L(0+) > 0$, $U(x)/x^2 \to \infty$ as $x \downarrow 0$. Hence we can define $b(t) > 0$ by

$$b(t) = \inf\left\{y > 0 : \frac{U(y)}{y^2} \le \frac{1}{t}\right\} \tag{10.3.26}$$

and have $b(t) \downarrow 0$ $(t \downarrow 0)$, and

$$tU(b(t)) = b^2(t). \tag{10.3.27}$$

Hence, for all $x > 0$,

$$\frac{tU(xb(t))}{b^2(t)} \to 1 \ (t \downarrow 0), \tag{10.3.28}$$

and then from (10.3.23), for all $x > 0$,

$$tL(xb(t)) \to 0 \ (t \downarrow 0). \tag{10.3.29}$$

Now we apply the decomposition (10.2.9) with $b = b(t)$. In virtue of (10.3.29), we see that $Y^{(2)}_{t,b(t)}/b(t) \xrightarrow{P} 0$. Putting $a(t) = tA^*(b(t))$, it suffices to show that if

$$X_t^{\#} = \sigma B_t + Y^{(1)}_{t,b(t)},$$

then $X_t^{\#}/b(t) \xrightarrow{D} N(0,1)$. With $\mathbb{E}(\exp\{i\theta X_t^{\#}\}) = \exp\{-t\Psi_t^{\#}(\theta)\}$, this is equivalent to $t\Psi_t^{\#}(\theta/b(t)) \to \theta^2/2$. But

$$\begin{aligned}
\Psi_t^{\#}(\theta) &= \frac{1}{2}\sigma^2\theta^2 + \int_{-b(t)}^{b(t)} \left(1 - \mathbb{E}^{i\theta x} - i\theta x\right) \Pi(dx) \\
&= \frac{1}{2}\sigma^2\theta^2 + \int_{-b(t)}^{b(t)} \left\{\frac{1}{2}(\theta x)^2 + o(\theta x)^2\right\} \Pi(dx) \\
&= \frac{\theta^2}{2}\left(\sigma^2 + \left\{\int_{-b(t)}^{b(t)} x^2 \Pi(dx)\right\}\{1 + o(1)\}\right).
\end{aligned}$$

Thus

$$t\Psi_t^{\#}(\theta/b(t)) = \frac{t\theta^2}{2b^2(t)}\left\{\sigma^2 + \left\{\int_{-b(t)}^{b(t)} x^2 \Pi(dx)\right\}\{1 + o(1)\}\right\}.$$

Now if $\sigma > 0$ we have $b(t) \sim \sigma\sqrt{t}$, and since the integral tends to 0 we get $t\Psi_t^{\#}(\theta/b(t)) \to \theta^2/2$. If $\sigma = 0$ then we note that

$$\begin{aligned}
\frac{t}{b^2(t)} \int_{-b(t)}^{b(t)} x^2 \Pi(dx) &= \frac{t}{b^2(t)} \int_0^{b(t)} x^2 d(-L(x)) \\
&= -tL(b(t)) + \frac{t}{b^2(t)} \int_0^{b(t)} xL(x)dx \\
&= -tL(b(t)) + \frac{tU(b(t))}{b^2(t)} \to 1,
\end{aligned}$$

where we have used (10.3.27) and (10.3.29). So again $t\Psi_t^{\#}(\theta/b(t)) \to \theta^2/2$.

The proof of the converse is omitted; see [40]. ■

Next we turn to problems involving overshoots, and begin with weak stability. Define the "two-sided" exit time

$$T(r) = \inf\{t > 0 : |X(t)| > r\}, \quad r > 0. \tag{10.3.30}$$

Theorem 38. *We have*

$$\frac{|X(T(r))|}{r} \xrightarrow{P} 1, \quad \text{as } r \downarrow 0, \tag{10.3.31}$$

if and only if

$$X \in D_0(N) \cup RS \quad (\text{at } 0). \tag{10.3.32}$$

$D_0(N)$ has been defined and characterised in Theorem 37.

RS is the class of processes *relatively stable* at 0; $X \in RS$ if there is a nonstochastic $b(t) > 0$ such that $X(t)/b(t) \xrightarrow{P} \pm 1$ as $t \downarrow 0$. This class has been characterised in Theorem 35.

Proof of Theorem 38. Using the notation and results from Chapter 7, we see easily that there are constants $c_1 > 0, c_2 > 0$ such that for all $\eta > 0, r > 0$,

$$\frac{c_1 L((\eta+1)r)}{k(r)} \le \mathbb{P}\left\{\frac{|\Delta(T(r))|}{r} > \eta\right\} \le \frac{c_2 L(\eta r)}{k(r)}, \tag{10.3.33}$$

where we recall

$$k(r) = r^{-1}|A(r)| + r^{-2}U(r).$$

Since $|X(T_r) - r| \le |\Delta(T(r))|$, we obtain, using (7.3.3), $|X(T(r))|/r \xrightarrow{P} 1$ as $r \downarrow 0$ if and only if

$$\frac{r|A(r)| + U(r)}{r^2 L(r)} \to \infty \text{ as } r \downarrow 0. \tag{10.3.34}$$

The proof is completed by the following result, which is surprising at first sight. However exactly the same result is known in the random-walk case; see Proposition 3.1 of Griffin and McConnell [54], also Lemma 2.1 of Kesten and Maller [63], and Griffin and Maller [52]. Furthermore the proof which is given in Doney and Maller [41] mimics the random-walk proof, so is omitted.

Lemma 15. *In the following, (10.3.34) implies (10.3.35) and (10.3.36), and (10.3.36) implies (10.3.34):*

$$\frac{x|A(x)|}{U(x)} \to 0 \text{ as } x \downarrow 0, \quad \text{or} \quad \liminf_{x \downarrow 0} \frac{x|A(x)|}{U(x)} > 0; \tag{10.3.35}$$

$$\frac{|A(x)|}{xL(x)} \to \infty \text{ as } x \downarrow 0, \quad \text{or} \quad \frac{U(x)}{x|A(x)| + x^2 L(x)} \to \infty \text{ as } x \downarrow 0. \tag{10.3.36}$$

Since (10.3.36) corresponds exactly to $X \in D_0(N) \cup RS$, the result follows. ■

10.4 Almost Sure Results

The following result, which we have already proved, explains why $X_t/t \overset{\text{a.s.}}{\to} \infty$ as $t \downarrow 0$ cannot occur.

Theorem 39. *If X has bounded variation then:*

$$\lim_{t\downarrow 0}\frac{X_t}{t}=\delta \text{ a.s.}, \tag{10.4.1}$$

where δ is the drift; if X has infinite variation then

$$-\infty=\liminf_{t\downarrow 0}\frac{X_t}{t}<\limsup_{t\downarrow 0}\frac{X_t}{t}=+\infty \text{ a.s.} \tag{10.4.2}$$

Now we turn to a.s. relative stability.

Theorem 40. *There is a non-stochastic measurable function $b(t)>0$ such that*

$$\frac{X_t}{b(t)}\stackrel{\text{a.s.}}{\to}1, \text{as } t\downarrow 0, \tag{10.4.3}$$

if and only if the drift coefficient δ is well defined, $\delta>0$, and

$$\frac{X_t}{t}\stackrel{\text{a.s.}}{\to}\delta, \text{as } t\downarrow 0. \tag{10.4.4}$$

Proof of Theorem 40. Let (10.4.3) hold and we will prove (10.4.4). Define

$$W_j=X(2^{-j})-X(2^{-j-1}),$$

which are independent rvs with the same distribution as $X(2^{-j}-2^{-j-1})=X(2^{-j-1})$. Also

$$\frac{X(2^{-n})}{b(2^{-n})}=\frac{1}{b(2^{-n})}\sum_{j=n}^{\infty}\left(X(2^{-j})-X(2^{-j-1})\right)=\frac{1}{b(2^{-n})}\sum_{j=n}^{\infty}W_j.$$

By (10.4.3), $\limsup_{n\to\infty}|X(2^{-n})|/b(2^{-n})<\infty$ a.s, hence

$$\limsup_{n\to\infty}\frac{|W_n|}{b(2^{-n})}=\limsup_{n\to\infty}\frac{|\sum_{j=n}^{\infty}W_j-\sum_{j=n+1}^{\infty}W_j|}{b(2^{-n})}<\infty \text{ a.s.}$$

The W_j are independent, so by the Borel–Cantelli lemma, $\sum_{n\geq 0}\mathbb{P}\{|W_n|>cb(2^{-n})\}$ converges for some $c>0$.

Now X_t is weakly relatively stable at 0 so we know from Theorem 35 that $\sigma^2=0$, $A(x)>0$ for all small x, and $b(t)$ can be taken to be continuous, strictly increasing, regularly varying with index 1 as $t\downarrow 0$, and to satisfy $b(t)=tA(b(t))$ for all small $t>0$. Note that we can write $W_n=W_{n+1}+W'_{n+1}$, where W'_{n+1} is an independent copy of W_{n+1}, so that

$$\begin{aligned}\mathbb{P}\left\{|W_n|>\frac{c}{2}b(2^{-n})\right\}&=\mathbb{P}\left\{|W_{n+1}+W'_{n+1}|>\frac{c}{2}b(2^{-n})\right\}\\&\leq 2\mathbb{P}\left\{|W_{n+1}|>\frac{c}{2}b(2^{-n})\right\}.\end{aligned}$$

Using this and the regular variation of $b(\cdot)$ we see that $\sum \mathbb{P}\{|W_n| > cb(2^{-n})\}$ converges for all $c > 0$. We also get from the proof of Theorem 35 that $xL(b(x)) \to 0$ as $x \downarrow 0$, so by Lemma 12,

$$\mathbb{P}\{|X_t| > b(t)\} \geq ctL(b(t))$$

for all small t, for some $c > 0$. Thus

$$\infty > \sum_{n \geq 0} \mathbb{P}\{|X(2^{-n-1})| > b(2^{-n})\} \geq c \sum_n 2^{-n} L(b(2^{-n})),$$

from which we see that

$$\int_0^1 L(b(x))dx < \infty. \tag{10.4.5}$$

From this we can deduce that

$$\int_0^1 \frac{L(x)}{A(x)} dx < \infty, \tag{10.4.6}$$

and then that $\int_0^1 L(x)dx < \infty$. Thus we can define the drift coefficient δ and write

$$A(x) = \gamma + D(1) - \int_x^1 D(y)dy = \delta + \int_0^x D(y)dy.$$

Now $A(x) > 0$ near 0, so we must have $\delta \geq 0$. If $\delta = 0$ we have

$$|A(x)| = |\int_0^x D(y)dy| \leq \int_0^x L(y)dy,$$

so from (10.4.6)

$$\int_0^b \frac{L(y)dy}{\int_0^y L(x)dx} < \infty$$

which is impossible. It follows that $\delta > 0$. Then $A(x) \to \delta$ as $x \downarrow 0$ so $b(t) \sim t\delta$ as $t \downarrow 0$, and (10.4.4) follows from (10.4.3). ∎

The next theorem characterises a.s. stability of the overshoot in the two-sided case.

Theorem 41. *We have*

$$\frac{|X(T(r))|}{r} \overset{a.s.}{\to} 1 \quad as \quad r \downarrow 0, \tag{10.4.7}$$

if and only if

$$\sigma^2 > 0 \text{ or } \sigma^2 = 0, \text{ and } X \text{ has bounded variation and drift } \delta \neq 0. \tag{10.4.8}$$

Remark 13. *It should be noted that the two situations in which (10.4.8) hold are completely different. In the first case the probability that X exits the interval at the top tends to $1/2$, whereas in the second case $X(T(r))/r \overset{a.s.}{\to} 1$ if $\delta > 0$ and $X(T(r))/r \overset{a.s.}{\to} -1$ if $\delta < 0$.*

Proof of Theorem 41. The crux of the matter is that, using the bound (10.3.33), it is possible to show that (10.4.7) occurs if and only if

$$\int_0^1 \frac{xL(x)dx}{x|A(x)| + U(x)} < \infty. \tag{10.4.9}$$

To see this choose $0 < \lambda < 1$ and $0 < \varepsilon < 1$ and assume (10.4.9). By (10.3.33), for some $c > 0$,

$$\sum_{n\geq 0} \mathbb{P}\{|\Delta(T(\lambda^n))| > \varepsilon\lambda^n\} \leq c \sum_{n\geq 0} \frac{L(\varepsilon\lambda^n)}{k(\varepsilon\lambda^n)}$$

$$\leq c \sum_{n\geq 0} \frac{\lambda^{-n}}{1-\lambda} \int_{\lambda^{n+1}}^{\lambda^n} \frac{L(\varepsilon y)dy}{k(\varepsilon\lambda^n)} \leq \frac{3c\lambda^{-3}}{1-\lambda} \sum_{n\geq 0} \int_{\lambda^{n+1}}^{\lambda^n} \frac{L(\varepsilon y)}{yk(\varepsilon y)} dy$$

$$= \frac{3c\lambda^{-3}}{1-\lambda} \int_0^1 \frac{L(\varepsilon y)dy}{yk(\varepsilon y)} = \frac{3c\lambda^{-3}}{1-\lambda} \int_0^\varepsilon \frac{L(y)dy}{yk(y)} < \infty.$$

Thus

$$\frac{\Delta(T(\lambda^n))}{\lambda^n} \to 0 \text{ a.s., as } n \to \infty, \tag{10.4.10}$$

and (10.4.7) follows.

Conversely, let (10.4.7) hold. Then, as $n \to \infty$,

$$\frac{|\Delta(T(2^{-n}))|}{2^{-n}} = \frac{|X(T(2^{-n})) - X(T(2^{-n})-)|}{2^{-n}} \overset{a.s.}{\leq} (1+\varepsilon) + 1 = 2 + \varepsilon.$$

Thus if we write $B_n = \{|\Delta(T(2^{-n}))| > (2+\varepsilon)2^{-n}\}$, we have

$$\mathbb{P}\{B_n \text{ i.o.}\} = 0. \tag{10.4.11}$$

Suppose we have

$$\sum \mathbb{P}\{B_n\} < \infty. \tag{10.4.12}$$

Then we easily get

$$\int_0^1 \frac{xL(x)dx}{x|A(x)| + U(x)} < \infty.$$

So we need to deduce (10.4.12) from (10.4.11). This can be done using a version of the Borel–Cantelli lemma, modifying the working of Griffin and

Maller, [52]. The hard part, which we omit, is to show that, were (10.4.12) false, we would have

$$\sum_{m=1}^{n-1}\sum_{l=m+1}^{n}\mathbb{P}(B_m\cap B_l)\le(c_1+o(1))\left(\sum_{m=1}^{n}\mathbb{P}(B_m)\right)^2. \tag{10.4.13}$$

By Spitzer ([94], p. 317) this implies $\mathbb{P}(B_n \text{ i.o.})>0$, which is impossible if (10.4.11) holds. Hence $\sum_{n\ge1}\mathbb{P}(B_n)<\infty$ and we have (10.4.12). To finish the proof we need the following analytic fact: (10.4.9) occurs if and only if (10.4.8) occurs. We will take this for granted, as it's proof again follows closely the random-walk argument. ■

Now define the "one-sided" exit time

$$T^*(r)=\inf\{t>0: X(t)>r\},\quad r>0. \tag{10.4.14}$$

As usual, let H_+ be the upwards ladder height subordinator associated with X, and let δ_+ be its drift. Define

$$T^*_+(r)=\inf\{t>0: H_+(t)>r\},\ r>0. \tag{10.4.15}$$

Then clearly

$$X(T^*(r))=H_+(T^*_+(r)). \tag{10.4.16}$$

Theorem 42. *We have*

$$\frac{X(T^*(r))}{r}\overset{\text{a.s.}}{\to}1 \text{ as } r\downarrow 0, \tag{10.4.17}$$

if and only if $\delta_+>0$.

Proof of Theorem 42. Simply use (10.4.16) to see that (10.4.17) is equivalent to $H_+(T^*_+(r))/r\to1$ a.s. Of course $T^*_+(r)$ is also the two-sided exit time for H_+, so (10.4.8) holds for H_+, and conversely. This is only possible if $\delta_+>0$. ■

Remark 14. *A similar argument using Theorem 38 shows that weak relative stability of the one-sided overshoot is equivalent to* $H_+\in RS$, *and according to Remark 7 this happens if and only if*

$$\overline{\mu}_+(x) \text{ is slowly varying as } x\downarrow 0.$$

What is this equivalent to for the characteristics of X*? Note that this certainly happens when* $\delta_+>0$, *so the solution to this problem would provide an interesting extension of Vigon's result Theorem 20, which characterizes all Lévy processes having* $\delta_+>0$.

10.5 Summary of Asymptotic Results

Recall the notations, for $x > 0$,

$$N(x) = \Pi\{(x, \infty)\}, \ M(x) = \Pi\{(-\infty, -x)\},$$
$$L(x) = N(x) + M(x), \ D(x) = N(x) - M(x),$$
$$A(x) = \gamma + D(1) + \int_1^x D(y)dy, \text{ and}$$
$$U(x) = \sigma^2 + 2\int_0^x yL(y)dy.$$

Also $X \in D(N)$ means $\exists$ $a(t)$ and $b(t) > 0$ such that $\frac{X_t - a(t)}{b(t)} \xrightarrow{D} N(0,1)$, $X \in D_0(N)$ means this is possible with $a(t) \equiv 0$, and $X \in RS$ means $\exists$ $b(t) > 0$ such that $\frac{X_t}{b(t)} \xrightarrow{P} 1$ or -1.

10.5.1 Laws of Large Numbers

The small-time results, assuming $\sigma^2 = 0$, are.

(i) $t^{-1}X_t \xrightarrow{P} \delta \in \mathbb{R} \Longleftrightarrow xL(x) \to 0,\ A(x) \to \delta$.

(ii) $t^{-1}X_t \xrightarrow{a.s.} \delta \in \mathbb{R} \Longleftrightarrow X$ has bounded variation, δ is the drift.

(iii) $\exists b > 0$ with $b(t)^{-1}X_t \xrightarrow{P} 1 \Longleftrightarrow A(x)/xL(x) \to \infty$, and $X \in RS \Longleftrightarrow |A(x)|/xL(x) \to \infty$.

(iv) $\exists b > 0$ with $b(t)^{-1}X_t \xrightarrow{a.s.} 1 \Longleftrightarrow X$ has bounded variation and drift $\delta > 0$, $b(t) \backsim \delta t$.

(v) $\exists b > 0$ with $b(t)^{-1}X_t \xrightarrow{P} \infty \Longleftrightarrow \mathbb{P}(X_t > 0) \to 1 \Longleftrightarrow A(x)/xM(x) \to \infty$.

(And we can take $b(t) = t$ if also $A(x) \to \infty$.)

(vi) $t^{-1}X_t \xrightarrow{a.s.} \infty$ is not possible.

The corresponding large-time results are similar, except we can allow $\sigma^2 > 0$. In (i), (ii), and (iv), δ is replaced by $\mu = \mathbb{E}X_1$. In (v) we can add $X_t \xrightarrow{P} \infty$ to the equivalences, but (vi) is different. $t^{-1}X_t \xrightarrow{a.s.} \infty$ as $t \to \infty$ is possible, and it is equivalent to $X_t \xrightarrow{a.s.} \infty$ as $t \to \infty$. The NASC for this is given in Erickson's test, at the end of Chapter 6.

10.5.2 Central Limit Theorems

The small-time results, assuming $\sigma^2 = 0$, are.

(i) $X \in D(N) \Longleftrightarrow U(x)/x^2L(x) \to \infty$.

(ii) $X \in D_0(N) \Longleftrightarrow U(x)/(x^2L(x) + x|A(x)|) \to \infty$.

The large-time results are the same, except that we can allow $\sigma^2 > 0$.

10.5.3 Exit from a Symmetric Interval

Here $T_r = \inf\{t : |X_t| > r\}$ denotes the exit time and $O_r = X_{T_r} - r$ the corresponding overshoot. The small-time results are.

(i) $\mathbb{P}(O_r > 0) \to 1 \Longleftrightarrow \mathbb{P}(X_t > 0) \to 1 \Longleftrightarrow A(x)/xM(x) \to \infty$.

(ii) $r^{-1}O_r \xrightarrow{P} 0 \Longleftrightarrow X \in RS \cup D_0(N)$.

(iii) $r^{-1}O_r \xrightarrow{a.s.} 0 \Longleftrightarrow \sigma^2 > 0$ or $\sigma^2 = 0$, X has bounded variation, and $\delta \neq 0$.

The large-time results are similar, except that in (iii) the condition is that either $\mathbb{E}X_1^2 < \infty$ and $\mathbb{E}X_1 = 0$, or $\mathbb{E}|X_1| < \infty$ and $\mathbb{E}X_1 \neq 0$.

Acknowledgement

I would like to thank the organisers, and in particular Jean Picard, for offering me the opportunity of delivering these lectures at St Flour, and the participants for their comments and suggestions. I would also like to thank my colleagues and co-authors whose work appears here, including Larbi Alili, Peter Andrew, Jean Bertoin, Loic Chaumont, Cindy Greenwood, Andreas Kyprianou, Ross Maller, Philippe Marchal, Vincent Vigon and Matthias Winkel. Finally my thanks are due to my students, Elinor Jones and Mladen Savov, for their careful reading of the manuscript.

References

1. Alili, L. and Chaumont, L. Quelques nouvelles identités de fluctuation pour les processus de Lévy. C. R. Acad. Sci. Paris, t. **328**, Série I, 613–616, (1999).
2. Alili, L. and Chaumont, L. A new fluctuation identity for Lévy processes and some applications. Bernoulli **7**, 557–569, (2001).
3. Alili, L., Chaumont, L., and Doney, R.A. On a fluctuation identity for random walks and Lévy processes Bull. London. Math. Soc., **37**, 141–148, (2005).
4. Alili, L. and Doney, R.A. Wiener–Hopf factorisation revisited and some applications. Stochastics and Stochastics Reports, **66**, 87–102, (1999).
5. Alili, L. and Doney, R.A. Martin boundaries associated with a killed random walk. Ann. Inst. Henri Poincaré, **37**, 313–338, (2001).
6. Andrew, P. On the limiting behaviour of Lévy processes at zero. To appear in Probab. Theory Relat. Fields (2007).
7. Andrew, P. On the possible limiting values of the probability that a Lévy process is positive and the probability it leaves an interval upwards. Preprint, (2005).
8. Avram, F., Kyprianou, A.E., Pistorius, M.R. Exit problems for spectrally positive Lévy processes and applications to (Canadized) Russian options. Ann. Appl. Probab., **14**, 215–238, (2003).
9. Bertoin, J. Sur la décomposition de la trajectoire d'un processus de Lévy spectralement positif en son infimum. Ann. Inst. Henri Poincaré, **27**, 537–547, (1991).
10. Bertoin, J. An extension of Pitman's theorem for spectrally positive Lévy processes. Ann. Probab. **20**, 1464–1483, (1992).
11. Bertoin, J. Splitting at the infimum and excursions in half-lines for random walks and Lévy processes. Stoch. Process, Appl. **47**, 17–35, (1993).
12. Bertoin, J. *Lévy Processes.* Cambridge University Press, Cambridge, (1996).
13. Bertoin, J. On the first exit time of a completely asymmetric stable process from a finite interval. Bull. London Math. Soc., **28**, 514–520, (1996).
14. Bertoin, J. Regularity of the half-line for Lévy processes. Bull. Sci. Math., **121**, 345–354, (1997).
15. Bertoin, J. Exponential decay and ergodicity of completely assymmetric Lévy processes in a finite interval. Ann. Appl. Probab., **7**, 156–169, (1997a).
16. Bertoin, J. *Subordinators: Examples and Applications. Ecole d'été de Probabilités de St-Flour XXVII,* Lecture Notes in Math. 1717, Springer, Berlin, (1999).

riginally published in: *Ecole d'Eté de Probabilités de Saint-Flour XXXV – 2005,* Lecture Notes in athematics, Vol. **1897**, 133–140, DOI: 10.1007/978-3-540-48511-7, © Springer-Verlag Berlin Heidelberg 2007, eprint by Springer-Verlag Berlin Heidelberg 2012

17. Bertoin, J. and Doney, R.A. On conditioning a random walk to stay nonnegative. Ann. Probab., **22**, 2152–2167, (1994).
18. Bertoin, J. and Doney. R.A. Spitzer's condition for random walks and Lévy processes. Ann. Inst. Henri Poincaré, **33**, 167–178, (1997).
19. Bingham, N.H. Fluctuation theory in continuous time. Adv. Appl. Probab., **7**, 705–766, (1975).
20. Bingham, N.H., Goldie, C.M., and Teugels, J.L. *Regular Variation.* Cambridge University Press, Cambridge, (1987).
21. Bingham, N.H., and Goldie, C.M. Extensions of regular variation. II:Representationa and indices. Proc. London Math. Soc., **44**, 497–534, (1982).
22. Bretagnolle, J. Résultats de Kesten sue les processus à accroissements indépendants. Sem. de Probab. V, 21–36, (1971).
23. Chaumont, L. Sur certains processus de Lévy conditionnés à rester positifs. Stochastics and Stoch. Rep., **47**, 1–20, (1994).
24. Chaumont, L. Conditionings and path decompositions for Lévy processes. Stoch. Proc. Appl., **64**, 39–54, (1996).
25. Chaumont, L. and Doney, R.A. On Lévy processes conditioned to stay positive. Elect. J. Probab., **10**, 948–961, (2005).
26. Chow, Y.S. On moments of ladder height variables. Adv. Appl. Math. **7**, 46–54, (1986).
27. Chow, Y.S. and Lai, T.L. Moments of ladder variables in driftless random walks. Z.f. Wahrsceinlichkeitsth., **48**, 253–257, (1979).
28. Doney, R.A. Spitzer's condition for asymptotically symmetric random walk. J. Appl. Probab. **17**, 856–859, (1980).
29. Doney, R.A. On the existence of the mean ladder height for random walk. Z. Wahr. verw Gebiete, **59**, 373–392, (1982).
30. Doney, R.A. On the Wiener–Hopf factorisation and the distribution of extrema for certain stable processes. Ann. Probab. **15**, 1352–1362, (1987).
31. Doney, R.A. Last exit times for random walks. Stoch. Proc. Appl. **31**, 321–331, (1989).
32. Doney, R.A. A path decomposition for Lévy processes. Stoch. Proc. Appl. **47**, 167–181, (1993).
33. Doney, R.A. Spitzer's condition and ladder variables for random walks. Probab. Theory Relat. Fields, **101**, 577–580, (1995).
34. Doney, R.A. Tanaka's construction for random walks and Lévy processes. Sem. de Probab. XXXVIII, Lecture Notes in Math. 1857, 1–4, (2004).
35. Doney, R.A. Some excursion calculations for spectrally one-sided Lévy processes. Sem. de Probab. XXXVIII, Lecture Notes in Math. 1857, 5–15, (2004).
36. Doney, R.A. Stochastic bounds for Lévy processes. Ann. Probab., **32**, 1545–1552, (2004).
37. Doney, R.A. Small-time behaviour of Lévy processes. Elect. J. Probab., **9**, 209–229, (2004).
38. Doney, R.A. and Greenwood, P.E. On the joint distribution of ladder variables of random walk. Probab. Theory Relat. Fields, **94**, 457–472, (1993).
39. Doney, R.A. and Kyprianou, A.E. Overshoots and Undershoots in Lévy processes. Ann. Appl. Probab., **16**, 91–106, (2006).
40. Doney, R.A. and Maller, R.A. Stability and attraction to normality at zero and infinity for Lévy processes. J. Theor. Probab., **15**, 751–792, (2002).

41. Doney, R.A. and Maller, R.A. Stability of the overshoot for Lévy processes. Ann. Probab. **30**, 188–212, (2002).
42. Doney R.A. and Maller R.A. Moments of passage times for transient Lévy processes. Ann. Inst. H. Poincare, **40**, 279–297, (2004).
43. Doney R.A. and Maller R.A. Passage times of random walks and Lévy processes across power-law boundaries, Probab. Theory Relat. Fields, **133**, 57–70, (2005).
44. Duquesne, T. Path decompositions for real Lévy processes. Ann. Inst. H. Poincaré Probab. Statist. **39**, 339–370, (2003).
45. Emery, D.J. Exit problem for a spectrally positive process. Adv. Appl. Probab., **5**, 498–520, (1973).
46. Erickson, K.B. The strong law of large numbers when the mean is undefined. Trans. Amer. Math. Soc. **185**, 371–381, (1973).
47. Feller, W. *An Introduction to Probability Theory and Its Applications.* Vol II, 2nd edition, Wiley, New York, (1971).
48. Fridstedt, B.E. Sample functions of processes with stationary, independent increments. Adv. in Probab., **3**, 241–396, (1974).
49. Greenwood, P.E., Omey, E., and Teugels, J.L. Harmonic renewal measures and bivariate domains of attraction in fluctuation theory. Z. fur Wahrschein. Verw. Geb., **61**, 527–539, (1982).
50. Greenwood, P.E. and Pitman, J.W. Fluctuation identities for Lévy processes and splitting at the maximum. Adv. Appl. Probab., **12**, 893–902, (1980).
51. Greenwood, P.E. and Pitman, J.W. Construction of local time and Poisson point processes from nested arrays. J. London. Math. Soc., **22**, 182–192, (1980)
52. Griffin, P.S. and Maller, R.A. On the rate of growth of the overshoot and the maximum partial sum. Adv. Appl. Prob. **30**, 181–196, (1998).
53. Griffin, P.S. and McConnell, T.R. On the position of a random walk at the time of first exit from a sphere. Ann. Probab., **20**, 825–854, (1992).
54. Griffin, P.S. and McConnell, T.R. L^p-boundedness of the overshoot in multidimensional renewal theory. Ann. Probab., **23**, 2022–2056, (1995).
55. Hirano, K. Lévy processes with negative drift conditioned to stay positive. Tokyo J. Math., **24**, 291–308, (2001).
56. Itô, K. Poisson point processes attached to Markov processes. *Proc. 6th Berkely Symp. Math. Stat. Probab. III,* 225–239, (1970).
57. Janson, S. Moments for first-passage and last-exit times, the minimum, and related quantities for random walks with positive drift. Adv. Applied Probab., **18**, 865–879, (1986).
58. Kesten. H. Hitting probabilities of single points for processes with independent increments. Mem. Amer. Math. Soc., **178**, 459–479, (1969).
59. Kesten. H. The limit points of a normalized random walk. Ann. Math. Stat. **41**, 1173–1205, (1970).
60. Kesten, H. and Maller, R.A. Infinite limits and infinite limit points of random walks and trimmed sums. Ann. Probab., **22**, 1473–152, (1994).
61. Kesten, H. and Maller, R.A. Two renewal theorems for random walks tending to infinity. Prob. Theor. Rel. Fields, **106**, 1–38, (1996).
62. Kesten, H. and Maller, R.A. Divergence of a random walk through deterministic and random subsequences. J. Theor. Prob., **10**, 395–427, (1997).
63. Kesten, H. and Maller, R.A. Random walks crossing power law boundaries. Studia Scientiarum Math. Hungarica, **34**, 219–252, (1998).
64. Kesten, H. and Maller, R.A. Random walks crossing high level curved boundaries. J. Theoret. Prob., **11**, 1019–1074, (1998).

65. Kesten, H. and Maller, R.A. Stability and other limit laws for exit times of random walks from a strip or a halfplane. Ann. Inst. Henri Poincaré, **35**, 685–734, (1999).
66. Klüppelberg, C., Kyprianou, A.E., and Maller, R.A. Ruin probabilities and overshoots for general Lévy insurance risk processes. Ann. Appl. Probab., **14**, 1766–1801, (2004).
67. Koryluk, V.S., Suprun, V.N. and Shurenkov, V.M. Method of potential in boundary problems for processes with independent increases and jumps of the same sign. Theory Probab. Appl., **21**, 243–249, (1976).
68. Kyprianou, A.E. Reflected Stable processes. Preprint, (2005).
69. Kyprianou, A.E. *Introductory Lectures on Fluctuations of Lévy processes with Applications.* Springer-Verlag, Berlin, (2006).
70. Kyprianou, A.E. and Palmowski, Z.A martingale review of some fluctuation theory for spectrally negative Lévy processes. Sem. de Probab. XXXVIII, Lecture Notes in Math. 1857, 16–29, (2004).
71. Lai, T.L. Asymptotic moments of random walks with applications to ladder variables and renewal theory. Ann. Probab., **4**, 51–66, (1976).
72. Lambert, A. Completely asymmetric Lévy processes confined in a finite interval. Ann. Inst. H. Poincaré Prob. Stat., **36**, 251–274, (2000).
73. Lévy, Paul. *Théorie de l'addition des variables aléatoires.* 2nd edition, Gauthier-Villiers, Paris, (1954).
74. Maisonneuve, B. Ensembles régéneratifs, temps locaux et subordinateurs, Sem. de Probab. V, Lecture Notes in Math. **191**, 147–169, (1971).
75. Marchal, P. On a new Wiener–Hopf factorization by Alili and Doney. Sém. de Probab. XXXV, Lecture Notes in Math., **1755**, 416–420, (2001).
76. Millar, P.W. Exit properties of processes with stationary independent increments. Trans. Amer. Meth. Soc., **178**, 459–479, (1973).
77. Millar, P.W. Zero–one laws and the minimum of a Markov process. Trans. Amer. Math. Soc. **226**, 365–391, (1977).
78. Nguyen-Ngoc, L. and Yor, M. Some martingales associated to reflected Lévy processes. Sem. de Probab. XXXVIII, Lecture Notes in Math., **1857**, 42–69, (2004).
79. Pecherskii, E.A. and Rogozin, B.A. On the joint distribution of random variables associated with fluctuations of a process with independent increments. Theory Probab. Appl., **14**, 410–423, (1969).
80. Pistorius, M.R. On exit and ergodicity of the spectrally negative Lévy process reflected at its infimum. J. Theor. Probab. **17**, 183–220, (2004).
81. Pistorius, M.R. A potential-theoretical review of some exit problems of spectrally negative Lévy processes. Séminaire de Probabilités XXXVIII, Lecture Notes in Math., **1857**, 30–41, (2004).
82. Pitman, J.W. One-dimensional Brownian motion and the three-dimensional Bessel process. Adv. Appl. Probab., **7**, 511–526, (1975).
83. Pruitt, W.E. The growth of random walks and Lévy processes. Ann. Probab. **9**, 948–956, (1981).
84. Rivero, V. Sinai's condition for real valued Lévy processes. Preprint, (2005).
85. Rogers, L.C.G. A new identity for real Lévy processes. Ann. Inst. Henri Poincaré, **20**, 21–34, (1984).
86. Rogers, L.C.G. The two-sided exit problem for spectrally positive Lévy processes. Adv. Appl. Probab., **22**, 486–487, (1990).

87. Rogers, L.C.G. Evaluating first-passage probabilities for spectrally one-sided Lévy processes. J. Appl. Probab., **37**, 1173–1180, (2000).
88. Rogozin, B.A. Local behaviour of processes with independent increments. Theory Probab. Appl., **13**, 482–486, (1968).
89. Rogozin, B.A. The distribution of the first hit for stable and asymptotically stable walks in an interval. Theory Probab. Appl. **17**, 332–338, (1968).
90. Sato, K-I. *Lévy Processes and Infinitely Divisible Distributions*, Cambridge University Press, Cambridge, (1999).
91. Sato, K-I. Basic results on Lévy processes. In: *Lévy Processes, Theory and Applications*, O. E. Barndorff-Nielsen, T. Mikosch, S. Resnick, Eds, Birkhäuser, Boston, (2001).
92. Silverstein, M.L. Classification of coharmonic and coinvariant functions for a Lévy process. Ann. Probab., **8**, 539–575, (1980).
93. Skorokhod, A.V. Limit theorems for stochastic processes with independent increments. Theory Probab. and Appl., **2**, 138–171, (1957).
94. Spitzer, F. *Principles of Random Walk;* 2nd edition, Springer-Verlag, New York, (1976).
95. Suprun, V.N. The ruin problem and the resolvent of a killed independent increment process. Ukrainian Math. J., **28**, 39–45, (1976).
96. Takács, L. *Combinatorial methods in the theory of stochastic processes.* Wiley, New York, (1966).
97. Tanaka, H. Time reversal of random walks in one dimension. Tokyo J. Math., **12**, 159–174, (1989).
98. Tanaka, H. Lévy processes conditioned to stay positive and diffusions in random environments. Advanced Studies in Pure Mathematics, **39**, 355–376, (2004).
99. Vigon, V. Votre Lévy ramp-t-il? *J. London Math. Soc.* **65**, 243–256, (2002).
100. Vigon, V. Simplifiez vos Lévy en titillant la factorisation de Wiener–Hopf. Thèse de l'INSA, Rouen, (2002). (This is down-loadable from:www-irma.u-strasbg.fr/~vigon/index.htm)
101. Vigon, V. Abrupt Lévy processes. Stoch. Proc. Appl., **103**, 155–168, (2003).
102. Vigon, V. Comparaison des deux composantes d'un subordinateur bivarié, puis étude de l'enveloppe supérieure d'un processus de Lévy. Ann. I. H. Poincaré, **39**, 993–1011, (2003).
103. Williams, D. Path decomposition and continuity of local time for one-dimensional diffusions. Proc. London Math. Soc., **28**, 738–768, (1974).

Index